# ABITUR

Prüfungsaufgaben mit Lösungen

# 2014

## Mathematik

Gymnasium
Thüringen

2011–2013



STARK

ISBN 978-3-8490-0672-3


17. neu bearbeitete und ergänzte Auflage
www.stark-verlag.de

# Inhalt

**Abiturprüfung 2012**



**Abiturprüfung 2013**



Sitzen alle mathematischen Begriffe? Unter www.stark-verlag.de/mathematik-glossar/ finden Sie ein kostenloses Glossar zum schnellen Nachschlagen aller wichtigen Definitionen mitsamt hilfreicher Abbildungen und Erläuterungen.

Jeweils zu Beginn des neuen Schuljahres erscheinen die neuen Ausgaben der Abiturprüfungsaufgaben mit Lösungen.

**Autoren:**

Irmhild Kantel, Gotha (2011 – 2013: Lösungen, Hinweise und Tipps zu A1, B2 und C)
Dr. Hubert Langlotz, Wutha-Farnroda (Übungsaufgaben 4 – 7 und 12 für den hilfsmittelfreien Teil; Orientierungsaufgaben: Lösungen, Hinweise und Tipps zu Teil A [Aufgaben 1 bis 5], B2 und C2)
Dr. Wilfried Zappe, Ilmenau (Übungsaufgaben 1 – 3, 8 – 11, 13 – 27 für den hilfsmittelfreien Teil und alle CAS-Übungsaufgaben; Orientierungsaufgaben: Lösungen, Hinweise und Tipps zu Teil A [Aufgaben 6 bis 9], B1 und C1; 2011 – 2013: Lösungen, Hinweise und Tipps zu A2 und B1)

# Vorwort

**Liebe Abiturientinnen und Abiturienten,**

dieses Buch hilft Ihnen, sich frühzeitig und umfassend auf die **Abiturprüfung 2014 im Kernfach Mathematik** der neu gestalteten Oberstufe vorzubereiten. Dazu enthält es neben den **Prüfungsaufgaben der Jahre 2011 bis 2013** speziell auf die neue Struktur der Prüfung mit Computeralgebrasystem (CAS) abgestimmte **Übungsaufgaben** sowohl für den hilfsmittelfreien Pflichtteil wie für alle Wahlaufgaben sowie die auf dem Thüringer Schulportal veröffentlichten **Orientierungsaufgaben für das Abitur 2014**, die noch nicht abschließend alle Entwicklungen der bundesweiten Diskussion um Bildungsstandards abbilden und somit auch keine vorweggenommenen Prüfungsaufgaben darstellen. Wenn Sie anhand dieser Aufgaben die Prüfungssituation „durchspielen", sollten Sie sich sowohl an der vorgegebenen Bearbeitungszeit orientieren als auch die Situation des „Auswählen-Müssens" von bestimmten Aufgaben berücksichtigen.

Neben den Lösungen zu den herkömmlichen Abituraufgaben finden Sie in diesem Buch auch die Aufgabenstellungen und Lösungen – oder zumindest Lösungshinweise – zum **CAS-Abitur**. Speziell hierfür haben wir in diesem Buch „Hinweise und Tipps zum Lösen von Abituraufgaben mit CAS-Rechnern" ergänzt. Um unnötige Wiederholungen zu vermeiden, wird für die meisten Aufgaben nur ein Lösungsteil angeboten. Dabei sind in der Lösung ohne CAS klare Hinweise gegeben, wie Sie die Lösung mit dem Taschencomputer erzielen können. Aufgaben des CAS-Abiturs, die vom herkömmlichen Abitur abweichen, sind ausführlich anhand des Taschencomputers vorgerechnet. (Die Bildschirmausdrucke im Lösungsteil wurden teils mit einem TI-Voyage, teils mit einem TI-Nspire erstellt. Sie sind aber jeweils in gleicher Weise mit einem anderen CAS weitgehend reproduzierbar.)

Weiter finden Sie zusätzliche **Hinweise und Tipps**, die zwischen den Aufgaben und Lösungen stehen und für jede Teilaufgabe ausgearbeitet sind. Diese liefern Denkanstöße zur Lösung und sind nach zunehmendem Grad der Hilfestellung geordnet. Sollten Sie bei einer Aufgabe also keinen eigenen Lösungsansatz finden, so lesen Sie zunächst den **ersten Tipp** zu der entsprechenden Teilaufgabe und verdecken die weiteren Tipps mit einem Blatt. Denken Sie über den Tipp nach und versuchen Sie nun selbst einen Ansatz zu schaffen. Sollten Sie gar nicht weiterkommen, dann lesen Sie den **nächsten Tipp** usw. Schlagen Sie in der Lösung erst nach, wenn Sie mit allen zu der Aufgabe gehörenden Tipps nicht weiterkommen. Im Lösungsteil werden zudem ausführliche **Hinweise** gegeben, die Ihnen die vorgerechnete **Lösung erläutern und erklären**, sodass Sie die Lösung selbstständig nachvollziehen und verstehen können. Bei der Lösungsdarstellung werden teilweise auch alternative Lösungswege aufgezeigt, damit Sie Ihre angefertigte Lösung korrigieren können und um zu zeigen, dass es oft eine Vielfalt von mathematischen Lösungsansätzen gibt.

Sollten nach Erscheinen dieses Bandes noch wichtige Änderungen in der Abitur-Prüfung 2014 vom Ministerium für Bildung, Wissenschaft und Kultur bekannt gegeben werden, finden Sie aktuelle Informationen dazu im Internet unter:
**http://www.stark-verlag.de/info.asp?zentrale-pruefung-aktuell**

Viel Erfolg!

*Ihr Autorenteam*

# Stichwortverzeichnis

*Das Verzeichnis gliedert sich in drei Themenbereiche:*

*A = Analysis*
*B = Analytische Geometrie*
*C = Stochastik*

*Folgende Abkürzungen wurden zur Kennzeichnung der einzelnen Aufgaben gewählt:*

| | |
|---|---|
| Ü-1 / 3 | Übungsaufgaben (für den hilfsmittelfreien Teil), Seite **Ü-1**, Aufgabe **3** |
| Ü-19 / 3c | (CAS-)Übungsaufgaben, Seite **Ü-19**, Teilaufgabe **3c** |
| OA 18 / 2b | **O**rientierungsaufgaben für das **A**bitur 2014, Seite **18**, Teilaufgabe **2b** |
| 11-31 b | Abitur 2011, Seite 20**11-31**, Teilaufgabe **b** |
| 12-13 a CAS | **CAS**-Abitur 2012, Seite 20**12-13**, Teilaufgabe **a** |

## A Analysis

## B Analytische Geometrie

## C Stochastik

# Hinweise und Tipps zur schriftlichen Abiturprüfung

## 1 Ablauf der Prüfung

Im Freistaat Thüringen gibt es im Kernfach Mathematik ein zentrales schriftliches Abitur. Die Aufgaben werden durch eine Abituraufgabenkommission erstellt, in der erfahrene Lehrerinnen und Lehrer mitarbeiten.

### Aufbau der Prüfungsaufgaben bis 2013

Bis zur Abiturprüfung 2013 wurde den Schülerinnen und Schülern ein Aufgabenvorschlag mit insgesamt fünf komplexen Aufgaben vorgelegt, von dem drei Aufgaben ausgewählt und bearbeitet werden mussten. Die Prüfungsarbeit hatte folgende Struktur:

| | |
|---|---|
| Analysis A1 | Analysis A2 |
| Vektorrechnung/Analytische Geometrie B1 | Stochastik B2 |
| Themenübergreifende Aufgabe C | |

Dabei konnte von den ersten beiden Aufgaben A1 und A2, die aus dem Stoffgebiet Analysis stammen, eine zur Bearbeitung ausgewählt werden. Im zweiten Teil konnte zwischen den Aufgaben B1 aus dem Stoffgebiet Vektorrechnung/Analytische Geometrie und der Aufgabe B2 aus dem Stoffgebiet Stochastik gewählt werden. Bei dieser Wahl sollte man sich daran orientieren, welcher Schwerpunkt im Unterricht der Klassenstufe 12 gesetzt wurde. Die themenübergreifende Aufgabe C musste von allen Prüfungsteilnehmern bearbeitet werden. Bei dieser Aufgabe C wurden Kenntnisse aus Analysis, Vektorrechnung/Analytische Geometrie I und Stochastik I geprüft.

### Aufbau der Prüfungsaufgaben ab 2014

Im Thüringer Abitur 2014 in Mathematik dürfen erstmalig *alle* Prüfungsteilnehmer ein Computeralgebrasystem (CAS) benutzen. Das neue Abitur hat folgende Struktur:

**Teil A:** Das ist der hilfsmittelfreie Teil. Er beinhaltet die Überprüfung von mathematischen Kompetenzen aus allen Lernbereichen.

**Teil B:** Der Teil kann mit CAS bearbeitet werden. Er dient der Lernerfolgskontrolle von mathematischen Kompetenzen aus der Analysis und beinhaltet zwei Wahlaufgaben, von denen Sie eine zur Bearbeitung auswählen können.

**Teil C:** Der Teil kann ebenfalls mit CAS bearbeitet werden. Hier werden Ihnen zwei Aufgaben zur Überprüfung mathematischer Kompetenzen aus der Vektorrechnung/Analytischen Geometrie und der Stochastik zur Wahl gestellt. Die Anteile der beiden Stoffgebiete sollen dabei in den zwei Wahlaufgaben unterschiedlich gewichtet sein.

**Dauer der Prüfung**

Die Bearbeitungszeit beträgt 270 Minuten. Die Aufgaben aus dem Teil A sind von allen Prüfungsteilnehmern zu Beginn der Bearbeitungszeit zu lösen. Als Hilfsmittel sind nur Zeichengeräte zugelassen. Nachdem der Prüfungsteilnehmer die Lösungen für den Teil A abgegeben hat, werden die Wahlaufgaben aus den Teilen B und C mit den angegebenen Hilfsmitteln bearbeitet.

**Zugelassene Hilfsmittel**

In Teil A dürfen außer Zeichengeräten keine weiteren Hilfsmittel verwendet werden. In den Teilen B und C kann die im Unterricht verwendete Formelsammlung sowie Taschenrechner und ein CAS verwendet werden. Dabei wird man sich an dem Gerät oder der Software orientieren, womit im vorangegangenen Unterricht gearbeitet wurde.

## 2 Inhalte und Schwerpunktthemen

Die verbindlichen Lehrplanvorgaben, nach denen in den vier Kurshalbjahren der Qualifikationsphase der gymnasialen Oberstufe unterrichtet wird, bestimmen die inhaltlichen Anforderungen.
Unter *https://www.schulportal-thueringen.de/web/guest/media/detail?tspi=1392* finden Sie eine ausführliche Darstellung des Lehrplans für den Erwerb der allgemeinen Hochschulreife im Fach Mathematik. Eine (nicht ganz vollständige) Übersicht über wichtige, abiturrelevante Kompetenzen dieses Lehrplans ist nachstehend aufgeführt.

**Analysis – Sachkompetenz**

Der Schüler kann
- grundlegende Begriffe zur Beschreibung von Funktionen anschaulich erläutern und anwenden,
- Zusammenhänge zwischen Funktion und Ableitungsfunktion erkennen, begründen und darstellen,
- die Ableitung einer Funktion als lokale Änderungsrate und als Differenzialquotient beschreiben, erläutern und geometrisch als Tangentenanstieg interpretieren,
- Ableitungsregeln für ganzrationale Funktionen, Potenzfunktionen, Sinus- und Kosinusfunktionen, e-Funktionen, auch ohne Hilfsmittel, anwenden,
- ein CAS zum algebraischen und numerischen Differenzieren von Funktionen nutzen,
- notwendige und hinreichende Bedingungen für lokale Extrem- und Wendepunkte anwenden,
- Eigenschaften der Funktionen $f(x) = e^x$ und $f(x) = \ln(x)$ angeben,
- Funktionen mit höchstens einem Parameter auf charakteristische Eigenschaften untersuchen,
- einfache Verknüpfungen und Verkettungen von Funktionen auf charakteristische Eigenschaften untersuchen,
- Gleichungen von Tangenten und Normalen ermitteln (für einfache Funktionen auch ohne CAS),
- das Newtonverfahren zur näherungsweisen Bestimmung von Nullstellen beschreiben,
- Funktionsgraphen darstellen und interpretieren,
- Gleichungen von ganzrationalen und einfachen gebrochenrationalen Funktionen aus vorgegebenen Eigenschaften ermitteln,
- Extremwertprobleme lösen,
- Eigenschaften von linearen Funktionen, Potenz- und Exponentialfunktionen zur Modellierung von Wachstums- und Zerfallsprozessen nutzen,
- das bestimmte Integral als aus Änderungen rekonstruierter Bestand und als Flächen-

inhalt beschreiben und erläutern,
- den Zusammenhang zwischen Ableitung und Integral darlegen,
- bestimmte Integrale mithilfe des Hauptsatzes der Differenzial- und Integralrechnung berechnen,
- Stammfunktionen und Integrale von ganzrationalen Funktionen, Potenzfunktionen, Sinus- und Kosinusfunktionen, e-Funktionen, auch ohne Hilfsmittel, ermitteln,
- ein CAS zum symbolischen und numerischen Integrieren von Funktionen nutzen,
- inner- und außermathematische Problemstellungen mithilfe der Differenzial- und Integralrechnung bearbeiten.

**Analysis – Methodenkompetenz**

Der Schüler kann
- selbstständig Problemlösestrategien auswählen und anwenden,
- dynamische Darstellungsmöglichkeiten des CAS nutzen, um mathematische Modelle zu vergleichen und diese zu variieren,
- Lösungswege verständlich, angemessen und nachvollziehbar auch unter Verwendung geeigneter Medien erläutern und präsentieren.

**Analysis – Selbst- und Sozialkompetenz**

Der Schüler kann
- mit Ergebnissen und Hinweisen, die das CAS anzeigt, kritisch umgehen und seine Lösungsstrategie ggf. entsprechend verändern,
- Informationen aus mathematischen Sachtexten und aus Computerdarstellungen entnehmen und anderen verständlich erläutern,
- selbstständig komplexe Problemstellungen zur Differenzial- und Integralrechnung bearbeiten.

**Vektorrechnung/Analytische Geometrie – Sachkompetenz**

Der Schüler kann
- Punkte, Geraden, Flächen und Körper im dreidimensionalen kartesischen Koordinatensystem darstellen und ihre Lage beschreiben,
- aus Darstellungen sowie Eigenschaften von Körpern und Flächen auf die Koordinaten von Punkten schließen,
- Vektoren in Koordinatendarstellung angeben und geometrisch interpretieren,
- Vektoren zeichnerisch und rechnerisch auch ohne Hilfsmittel addieren, subtrahieren, vervielfachen,
- die lineare Abhängigkeit und Unabhängigkeit von zwei bzw. drei Vektoren geometrisch deuten,
- den Betrag eines Vektors ermitteln,
- das Skalarprodukt zweier Vektoren
  - berechnen (in der Koordinatenform auch ohne Hilfsmittel),
  - zur Entscheidung über die Orthogonalität anwenden,
  - für Winkelberechnungen anwenden,
  - beim Beweisen nutzen,
- Geraden durch Gleichungen in der Parameterform beschreiben,
- Lagebeziehungen bestimmen und begründen für:
  - Punkt – Gerade,
  - Gerade – Gerade,
  - Gerade – Koordinatenebenen,
- Schnittpunkte und Schnittwinkel zweier Geraden berechnen,
- Schnittpunkte von Geraden und Koordinatenebenen bestimmen,

- Vorgehensweisen bei der Bestimmung der gegenseitigen Lage von Geraden und Koordinatenebenen ohne Hilfsmittel erläutern,
- Schnittwinkel einer Geraden mit einer Koordinatenebene ermitteln,
- Abstände berechnen:
  - Punkt – Punkt,
  - Punkt – Gerade,
- Probleme der Geometrie mit dynamischer Geometriesoftware veranschaulichen und lösen,
- seine Kenntnisse aus der Vektorrechnung und Analytischen Geometrie auf inner- und außermathematische Problemstellungen anwenden.

**Vektorrechnung/Analytische Geometrie – Methodenkompetenz**

Der Schüler kann
- zusammengesetzte Körper in geeigneten Darstellungen skizzieren,
- CAS und dynamische Geometriesoftware zur Lösung ebener sowie räumlicher geometrischer Problemstellungen selbstständig anwenden.

**Vektorrechnung/Analytische Geometrie – Selbst- und Sozialkompetenz**

Der Schüler kann
- zeichnerische Darstellungen selbstständig analysieren,
- über den Einsatz von Hilfsmitteln verantwortungsbewusst entscheiden.

**Stochastik – Sachkompetenz**

Der Schüler kann
- Binomialverteilungen in Abhängigkeit von der Trefferwahrscheinlichkeit und vom Stichprobenumfang beschreiben und grafisch darstellen,
- zur Berechnung von Werten und zur grafischen Veranschaulichung der Binomialverteilung CAS oder Tabellenkalkulationssoftware sicher und zielgerichtet anwenden,
- binomialverteilte Zufallsgrößen beschreiben:
  - Erwartungswert und Standardabweichung bestimmen und interpretieren,
  - die Wahrscheinlichkeit dafür bestimmen, dass die Werte einer Zufallsgröße in einem gegebenen Intervall liegen,
  - die Länge einer Bernoullikette bei gegebener Wahrscheinlichkeit bestimmen,
- Alternativtests konstruieren, auswerten und dabei
  - Hypothesen formulieren,
  - Annahme- und Ablehnungsbereich bestimmen,
  - Irrtumswahrscheinlichkeiten berechnen,
- Binomialverteilung und Alternativtest zur mathematischen Modellierung geeigneter Sachverhalte nutzen.

**Stochastik – Methodenkompetenz**

Der Schüler kann
- Überlegungen zur Durchführung und zu den Ergebnissen eines Tests in einer Präsentation darstellen.

**Stochastik – Selbst- und Sozialkompetenz**

Der Schüler kann
- die Bedingungen für die Modellierung von Alternativtests und die dabei gewonnenen Ergebnisse am Sachverhalt prüfen und kritisch werten.

## 3 Leistungsanforderungen und Bewertung

Bei den Leistungsanforderungen werden drei Anforderungsbereiche[1] unterschieden, die in den Prüfungsaufgaben angemessen repräsentiert sein sollen:

*Anforderungsbereich I*
Wiedergabe oder direkte Anwendung von grundlegenden Begriffen, Sätzen und Verfahren in geübten Zusammenhängen

*Anforderungsbereich II*
Bearbeiten bekannter Sachverhalte, wobei ein Verknüpfen verschiedener Kenntnisse, Fähigkeiten und Fertigkeiten erforderlich ist

*Anforderungsbereich III*
Bearbeiten von Sachverhalten mit wenig vertrautem Kontext, höherem Komplexitätsgrad oder höherem Allgemeinheitsgrad

Für die Bewertung der Prüfungsarbeit gibt die Aufgabenkommission einen Bewertungsvorschlag und einen Bewertungsmaßstab vor. Auf dieser Grundlage erfolgt die Bewertung Ihrer Abiturarbeit durch zwei Korrektoren. Selbstverständlich werden unkonventionelle aber richtige Lösungen entsprechend gewürdigt.
Die Erstkorrektur nimmt im Regelfall Ihr Fachlehrer vor. Die unabhängige Zweitkorrektur erfolgt durch einen anderen Mathematiklehrer Ihres oder eines anderen Gymnasiums. Einigen sich Erst- und Zweitkorrektor nicht auf eine abschließende Bewertung, entscheidet der Prüfungsvorsitzende ggf. unter Einbeziehung weiterer Gutachten über die Endnote.
Bei der Bewertung der Prüfungsarbeit können Sie insgesamt 60 Bewertungseinheiten (BE) erreichen, die sich gleichmäßig auf die drei Teile A, B und C mit je 20 BE verteilen.

Bis zur Prüfung 2013 verteilten sich diese 60 BE folgendermaßen:
- Bei der Aufgabe A1 bzw. A2 wurden maximal 30 BE vergeben.
- Bei der Aufgabe B1 bzw. B2 wurden maximal 20 BE vergeben.
- Bei der themenübergreifenden Aufgabe C wurden maximal 10 BE vergeben.

Natürlich sind fachliche Richtigkeit und Vollständigkeit die wichtigsten Grundlagen für die Bewertung. Dabei sollten Sie bei der Anfertigung Ihrer Prüfungsarbeit darauf achten, bei der Lösung der Aufgaben alle Ansätze in mathematisch korrekter Form zu notieren. Wesentliche Zwischenschritte müssen aus Gründen der Nachvollziehbarkeit und wegen der Anerkennung möglicher Folgefehler aufgeschrieben werden.
Bei Verstößen gegen die äußere oder die mathematische Form können bis zu zwei BE abgezogen werden.

## 4 Operatoren

Bei der Formulierung von zentralen Prüfungsaufgaben werden häufig sogenannte „Operatoren“ verwendet, die sicherstellen sollen, dass alle Schüler und Lehrer unter einer bestimmten Aufgabenstellung das Gleiche verstehen. Damit Sie die Aufgabenstellungen korrekt erfassen können, ist es wichtig, sich mit diesen Operatoren auseinanderzusetzen. Eine Auswahl solcher in den letzten Jahren im Thüringer Mathematikabitur häufig verwendeter Operatoren ist in der folgenden Übersicht zusammengestellt (Quelle: Veröffentlichung des ThILLM im Thüringer Schulportal). Außerdem sind Beispiele für Abituraufgaben angegeben, in denen solche Operatoren vorkommen.

1 Vgl. Thüringer Ministerium für Bildung, Wissenschaft und Kultur: Lehrplan für den Erwerb der allgemeinen Hochschulreife im Fach Mathematik, Erfurt 2011, Seite 44

| Operator | Bedeutung | Beispiele |
|---|---|---|
| analysieren | Einen gegebenen Sachverhalt in seine Bestandteile zerlegen, seine wesentlichen Merkmale auf der Grundlage von Kriterien erfassen und ihre Beziehungen zueinander darstellen. | |
| begründen | Für einen gegebenen Sachverhalt einen folgerichtigen Zusammenhang zwischen Ursache(n) und Wirkung(en) herstellen. | 2011; B1c<br>2012; A2c |
| berechnen | Ausschließlich rechnerische Generierung der Ergebnisse, wobei der Lösungsweg nachvollziehbar ist. | 2011 ; B2a<br>2012; A1b |
| beschreiben | Sachverhalte wie Objekte und Prozesse und Vorgehensweisen räumlich bzw. zeitlich geordnet darlegen. | 2011; A2a<br>2012; A2c |
| bestimmen, ermitteln | Rechnerische, grafische oder inhaltliche Generierung eines Ergebnisses. | 2011; B1e<br>2012; B1b |
| beurteilen, bewerten | Sachverhalte bzw. Aussagen anhand geeigneter Kriterien unter Nutzung von Fachwissen bzw. Fachmethoden reflektieren, prüfen, an Wertkategorien messen und auf dieser Grundlage eine begründete Stellungnahme formulieren. | Übungen für den hilfsmittelfreien Teil; Aufgabe 3 |
| beweisen, zeigen, nachweisen | Mithilfe von sachlichen Argumenten durch logisches Herleiten eine Behauptung/Aussage belegen bzw. widerlegen. | 2011; A2a<br>2012; A1a<br>2012; B1a |
| darstellen, präsentieren | Sachverhalte, Zusammenhänge, Methoden, Ergebnisse etc. strukturiert wiedergeben. | |
| definieren | Die Bedeutung eines Begriffs unter Abgrenzung zu benachbarten Begriffen und der Angabe unveränderlicher Merkmale bestimmen. | |
| entscheiden | Sich bei Alternativen eindeutig auf eine Möglichkeit festlegen. | OA; Teil A, Aufgabe 1 |
| erklären | Strukturen, Prozesse, Zusammenhänge usw. des Sachverhaltes erfassen und auf allgemeine Aussagen/Gesetze zurückführen. | |
| erläutern | Wesentliche Seiten eines Sachverhalts/Gegenstands/Vorgangs an Beispielen verständlich machen. | 2011; A2a |
| interpretieren | Sachverhalte/Zusammenhänge/Fakten oder Daten analysieren, sie deuten bzw. erklären. | CAS 5; 1c |
| klassifizieren, ordnen | Begriffe, Gegenstände etc. auf der Grundlage bestimmter Merkmale systematisch einteilen. | |
| messen | Größen mithilfe geeigneter Messgeräte bestimmen. | |
| nennen, angeben | Fakten/Sachverhalte, Begriffe ohne Erläuterung wiedergeben. | 2011; B2d<br>2012; A1f |
| protokollieren | Den Ablauf und mögliche Zwischen- und Endergebnisse einer Handlung, eines Versuchs oder eines Vorgangs übersichtlich und gegliedert festhalten. | |

| Operator | Bedeutung | Beispiele |
|---|---|---|
| prüfen | Wahrheitsgehalt feststellen. | OA; Teil A, Aufgabe 6b |
| skizzieren | Sachverhalte, Objekte, Strukturen oder Ergebnisse auf das Wesentliche reduziert (vereinfacht) übersichtlich darstellen. | 2013; A2a |
| untersuchen | Sachverhalte/Objekte erkunden, Merkmale und Zusammenhänge herausarbeiten. | 2011; B1a<br>2012; A2a |
| vergleichen | Gemeinsamkeiten und Unterschiede von Sachverhalten, Objekten, Lebewesen und Vorgängen auf der Basis festgelegter Kriterien feststellen. | |
| zeichnen | Eine exakte grafische Darstellung unter Verwendung von Zeichengeräten darstellen. | 2013; A2f |

## 5 Methodische Hinweise und allgemeine Tipps zur schriftlichen Prüfung

### Vorbereitung

- Fangen Sie nicht zu spät mit der Vorbereitung auf die schriftliche Prüfung an. Warten Sie damit nicht auf eine Aufforderung durch Ihre Lehrerin oder Ihren Lehrer. Sie sind selbst verantwortlich für Ihren Prüfungserfolg.
- Pauken allein nützt nichts. Gelerntes muss möglichst vielfältig im Kopf vernetzt werden und wirklich verstanden worden sein.
- Fertigen Sie sich exakte und überschaubare Aufzeichnungen an, auf die Sie in der unmittelbaren Prüfungsvorbereitung rasch zurückgreifen können.
- Stellen Sie sicher, dass Sie wirklich mit den zugelassenen Hilfsmitteln umgehen können.
- Versuchen Sie die Aufgaben in diesem Übungsbuch zunächst allein und ohne sofortige Zuhilfenahme des Lösungsteils zu bearbeiten. Sprechen Sie dann mit einem Partner über Ihre Lösungswege, versuchen Sie auch dessen Lösungsideen zu verstehen. Fragen Sie ggf. Ihre Lehrerin oder Ihren Lehrer, wenn Sie fachliche Unklarheiten nicht selbst beseitigen können.

### Prüfungssituation

- Gehen Sie ausgeruht und möglichst gelassen zur Prüfung.
- Legen Sie schon am Tag vorher die notwendigen Hilfsmittel und Utensilien zurecht.
- Sie müssen sich für Aufgaben entscheiden. Lesen Sie deshalb die Texte genau durch.
- Markieren Sie Schlüsselworte in Aufgabenstellungen ggf. farbig.
- Überlegen Sie, was die Operatoren von Ihnen verlangen.
- Beißen Sie sich nicht zu lange an für Sie schwierigen Aufgabenteilen fest. Mitunter ist es hilfreich, erst einmal eine andere Teilaufgabe zu lösen und dann mit einer neuen Idee zur schwierigen Aufgabe zurückzukehren.
- Die für Teilaufgaben vorgesehenen Bewertungseinheiten geben Ihnen eine gewisse Orientierung über den Umfang der von Ihnen erwarteten Kenntnisse.
- Schreiben Sie nicht alles zunächst ins „Unreine“, sondern fertigen Sie bei Anforderungen, die Ihnen leicht und vertraut vorkommen, sofort eine Reinschrift an. Das spart Zeit.
- Schreiben Sie sauber und übersichtlich, das freut nicht nur die Korrektoren und erspart unnötigen Punktabzug, sondern erleichtert Ihnen selbst die Orientierung in Ihren Aufzeichnungen.

## Hinweise zum Bearbeiten der Aufgaben, bei denen Hilfsmittel zugelassen sind

Sie arbeiten seit mehr als zwei Jahren im Mathematikunterricht mit einem CAS-Rechner. Hier werden Ihnen noch einige Tipps zu grundlegenden „CAS-Kompetenzen“ und anschließend Hinweise zur Dokumentation der Lösungen gegeben, die Sie mit dem CAS ermittelt haben. Das Weitere beschränkt sich auf den TI-Nspire CAS, aber die meisten Hinweise sind einfach auf das CAS übertragbar, welches Sie genutzt haben.

### Einstellungen

Die wichtigsten Einstellungen können Sie vornehmen unter:

[on] Einstellungen – Dokumenteinstellungen

Dazu gehören u. a.:

- Winkelmaß (Grad- und Bogenmaß)
- angezeigte Ziffern
- Helligkeit des Displays
- Standby-Zeit

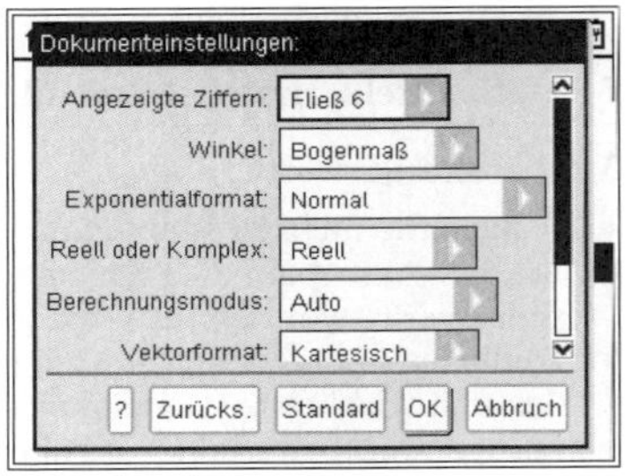


Die Einstellungen des Winkelmaßes u. a. können Sie auch in einem aktuellen Graphs- oder Geometry-Dokument durchführen, wenn Sie dort wählen:

[menu] Einstellungen ...

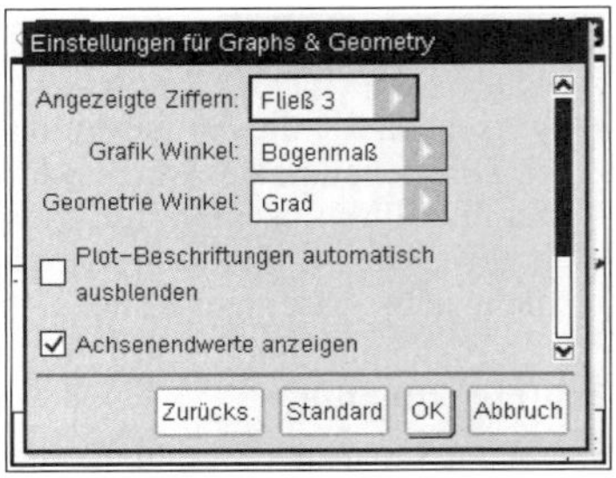


### Dokumente

Es ist sinnvoll, jede Aufgabe in einem Dokument zu speichern, damit Sie die Übersicht bewahren bzw. zu einem späteren Zeitpunkt wieder mit diesem Dokument arbeiten können.

[doc▾] Datei speichern oder speichern unter

Mit [on] Eigene Dateien können Sie auf gespeicherte Dokumente zugreifen.

Die Dokumente lassen sich in Ordnern speichern.

Jedes Dokument kann in Seiten und Probleme untergliedert werden.

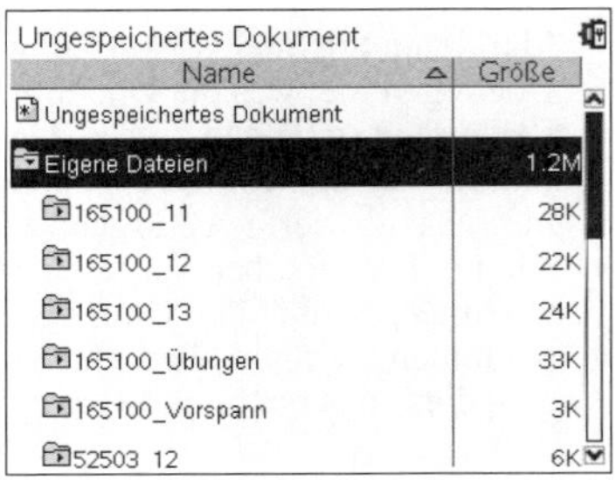

## Variable

Sie können Zahlen, mathematischen Termen oder Funktionen Variable zuordnen. Das hat den Vorteil, dass man z. B. lange Ausdrücke nicht immer wieder neu eintippen muss und mit den Variablenbezeichnungen arbeiten kann. Zum Definieren von Variablen gibt es drei Möglichkeiten:

- Define (im Calculator unter [menu] Aktionen)
- der Zuweisungsoperator [sto→] (über [ctrl] [var])
- der Zuweisungsoperator [:=] (über [ctrl] [⊞])

Durch Drücken von [var] kann man erkennen, welche Variablen definiert wurden.

Mit DelVar (über [menu] Aktionen – Variable löschen) werden Variable gelöscht.
Definierte Variable sind nur innerhalb ein und desselben Dokuments und dort immer nur in ein und demselben Problem gültig.

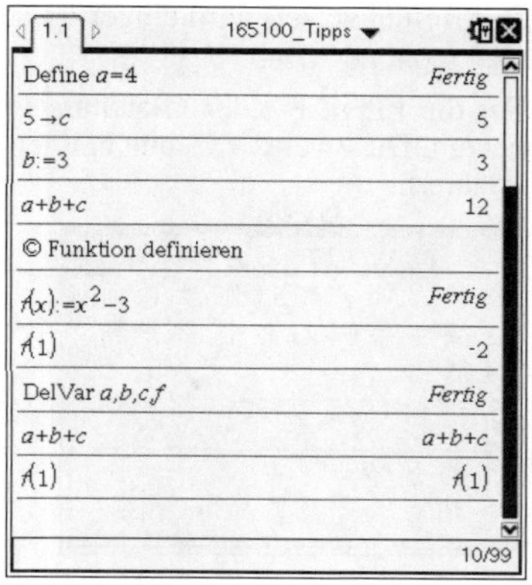


## Katalog

Die Syntax eines Rechnerbefehls können Sie im Katalog nachlesen: [📖] [1]

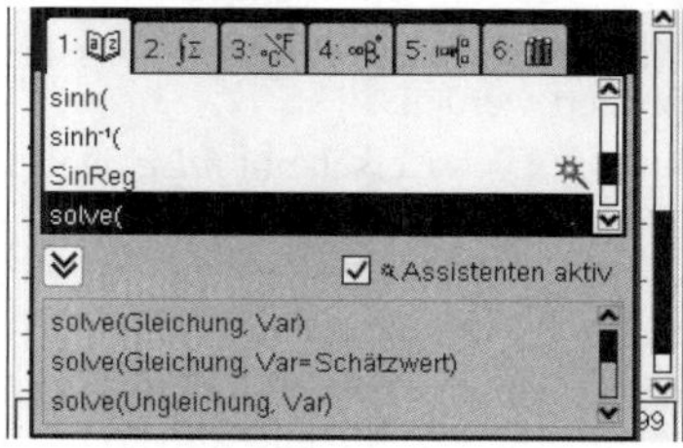


## Bedingungsoperator (WITH-Operator)

Mit dem Bedingungsoperator (als senkrechter Strich | erkennbar) lassen sich z. B. Termwerte berechnen oder Intervalle (u. a. beim Lösen von Gleichungen) einschränken.

Der Bedingungsoperator kann mit [|≠≥▸] (über [ctrl] [=]) geöffnet werden.

*Hinweis:* Setzen Sie den WITH-Operator immer **hinter** die den solve-Befehl schließende Klammer, nicht in die Klammer.

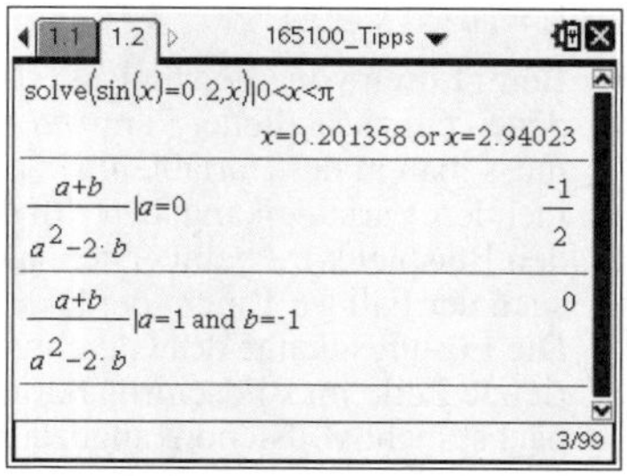


## Terme umformen

Ausmultiplizieren oder Polynomdivision mit:
expand()
(über [menu] Algebra – Entwickle)
oder propFrac()
(über [menu] Zahl – Bruchwerkzeuge – Echter Bruch)

Faktorisieren mit:
factor()
(über [menu] Algebra – Faktorisiere)

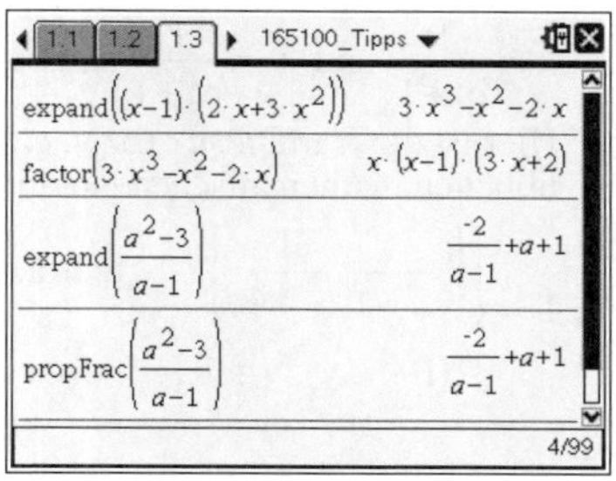

## Gleichungen/Ungleichungen/Gleichungssysteme lösen

Der Befehl solve() wird eingefügt durch:

[menu] Algebra – Löse

Für die Eingabe eines Gleichungssystems können Sie die Vorlagen unter [⊞] oder [📖][5] nutzen. Die zweite Variante hat den Vorteil, dass ein Assistent die Bedeutung der Vorlage erläutert.

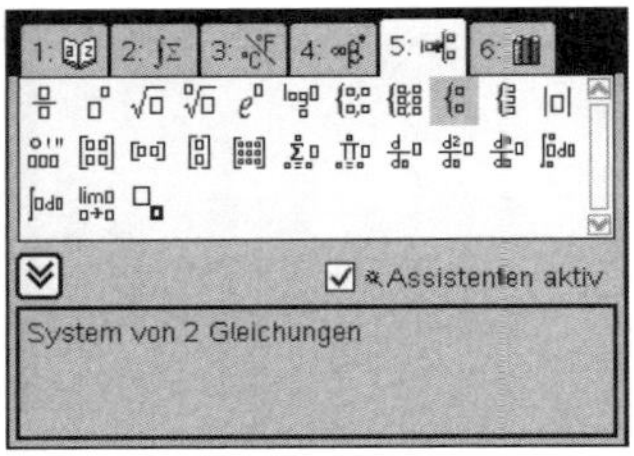


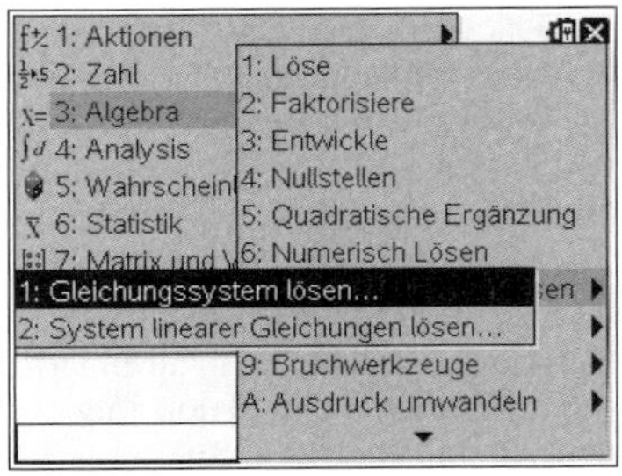


Alternativ kann beim Lösen von Gleichungssystemen die Vorlage auch geöffnet werden durch:

[menu] Algebra – Gleichungssystem lösen…

Die Anzeigen des Rechners müssen richtig interpretiert werden:

- Bei $x^2=-1$ erscheint *false*, weil keine reellen Lösungen existieren.
- Bei $x^2 \geq 0$ erscheint *true*, weil diese Ungleichung für alle reellen Zahlen erfüllt ist.
- Bei $\sin(x)=0$ wird die Lösungsmenge mit einer ganzzahligen Zählvariablen (n2) angezeigt. Die Anzeige ist so zu interpretieren: $L=\{k \cdot \pi, k \in \mathbb{Z}\}$
- Beim Lösen von Gleichungssystemen, in denen ein zusätzlicher Parameter vorkommt, muss man in der Variablenliste alle vorkommenden Variablen angeben: Im nebenstehenden Beispiel wird beim ersten Lösungsversuch der Fall $a=1$ nicht berücksichtigt.
  Die Lösungsmenge des Gleichungssystems (letzte Zeile im Bildschirmabdruck) wird zunächst nicht vollständig angezeigt. Scrollt man nach rechts, so erhält man auch die restlichen Daten. Die vollständige Anzeige ist:

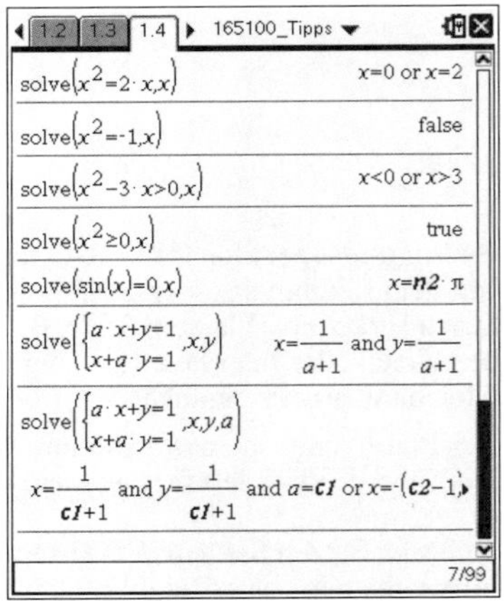


$$x=\frac{1}{c1+1} \text{ and } y=\frac{1}{c1+1} \text{ and } a=c1 \text{ or } x=-(c2-1) \text{ and } y=c2 \text{ and } a=1$$

Hier ist die Variable c1 (bzw. c2) eine reelle Zählvariable. Die Lösung lautet in der üblichen mathematischen Notation:

$$L=\begin{cases}\left\{\left(\frac{1}{a+1}; \frac{1}{a+1}\right)\right\}, & \text{falls } a \in \mathbb{R}, a \neq 1 \\ \{(1-y; y), y \in \mathbb{R}\}, & \text{falls } a=1\end{cases}$$

**Nullstellen berechnen**

Neben dem solve-Befehl lässt sich mitunter der Befehl zeros(Ausdruck, Variable) (über [menu] Algebra – Nullstellen) sinnvoll zum Lösen von Gleichungen einsetzen.

Mit dem Befehl zeros() wird das Ergebnis als Liste ausgegeben. Diese Liste können Sie einer Variablen zuweisen und dann mit dieser Variablen weitere Berechnungen anstellen.

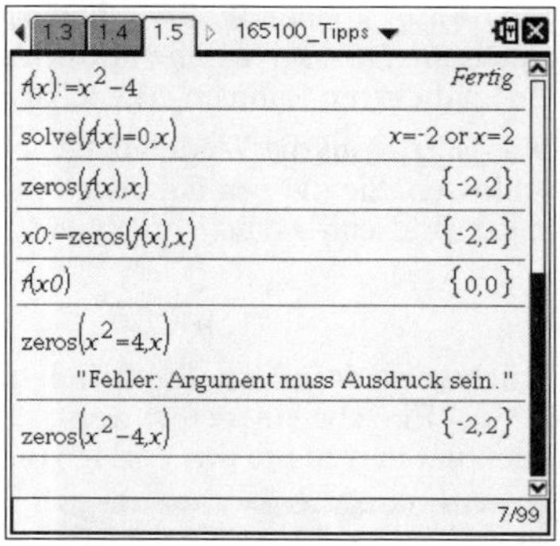


Es ist darauf zu achten, dass beim Befehl zeros() keine Gleichung, sondern ein Term eingegeben werden muss.

Will man z. B. die Gleichung $x^2 = 4$ mit zeros() lösen, muss so umgeformt werden, dass auf einer Seite der Gleichung der Wert null erreicht ist:
$x^2 - 4 = 0$

Den Term auf der anderen Seite der Gleichung kann man dann als Ausdruck für zeros(Ausdruck, Variable) verwenden:
zeros($x^2 - 4$, x)

**Graphen zeichnen**

Unter Graphs lassen sich u. a. Funktionen zeichnen und analysieren. Dabei muss gegebenenfalls die Fenstereinstellung so gewählt werden, dass Sie interessante Aspekte des Graphen auf dem Bildschirm auch erkennen können.

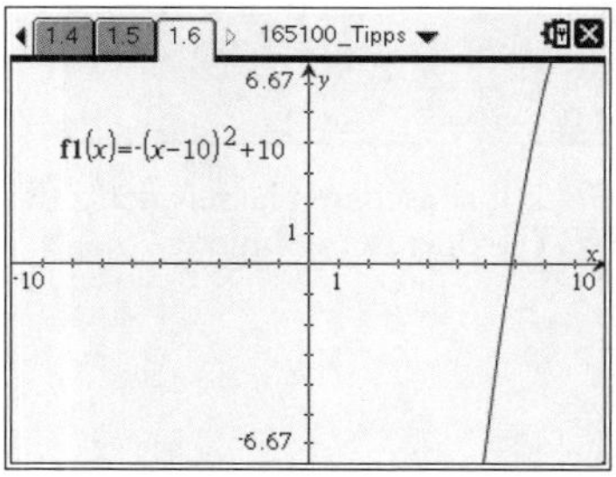


Zeichnen Sie z. B. den Graphen von
$y = -(x - 10)^2 + 10$
im Standardfenster, so ist nur ein Stück der zugehörigen Parabel zu erkennen. Erst nach einer geeigneten Veränderung des Koordinatensystems (z. B. mit [menu] Fenster – Fenstereinstellungen oder durch „Anfassen“ einer Achse und „Ziehen“) wird der Graph mit dem Scheitelpunkt sichtbar.

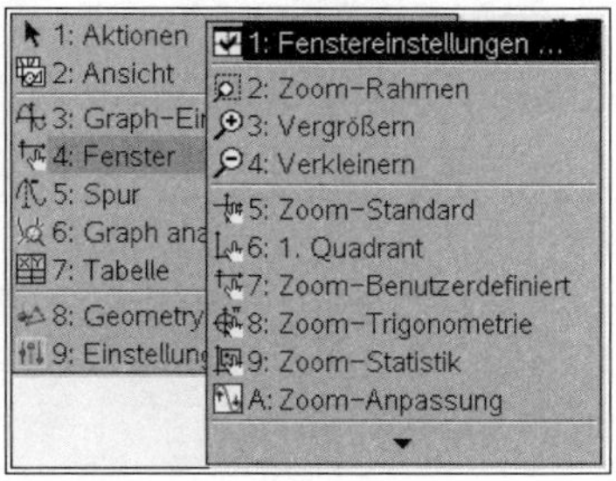


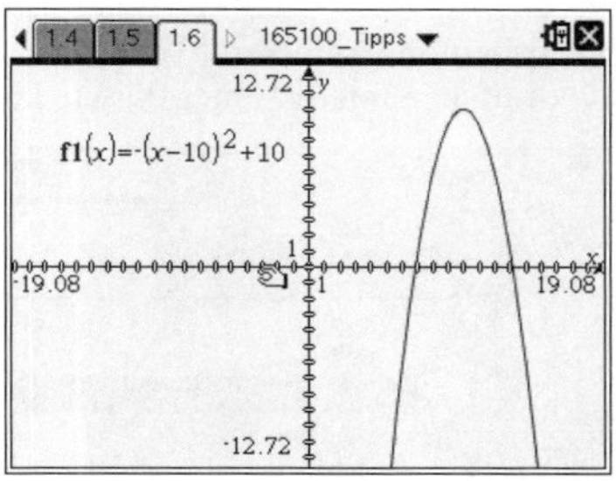


Die Eingabezeile für Funktionen lässt sich mit [tab] öffnen.

### Wertetabellen

Eine Wertetabelle wird mit [ctrl][T] angezeigt. Dabei wird automatisch die Seite geteilt.

Mit [ctrl][tab] können Sie zwischen den Seitenhälften wechseln. Die aktive Seite des Bildschirms ist an einem dickeren Rahmen erkennbar.

Mit [ctrl][T] wird die Wertetabelle auch wieder geschlossen. Sie müssen das aber von der linken Seite des Bildschirms aus vornehmen.

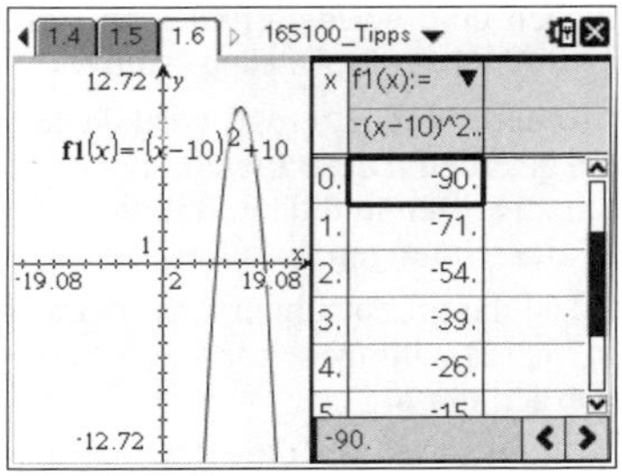


### Stückweise definierte Funktionen, Funktionenscharen

Für die Eingabe einer stückweise definierten Funktion nutzen Sie die Vorlage unter [⊞][5]:

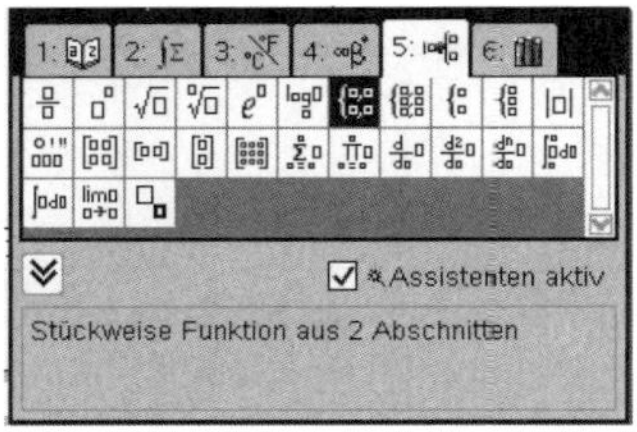


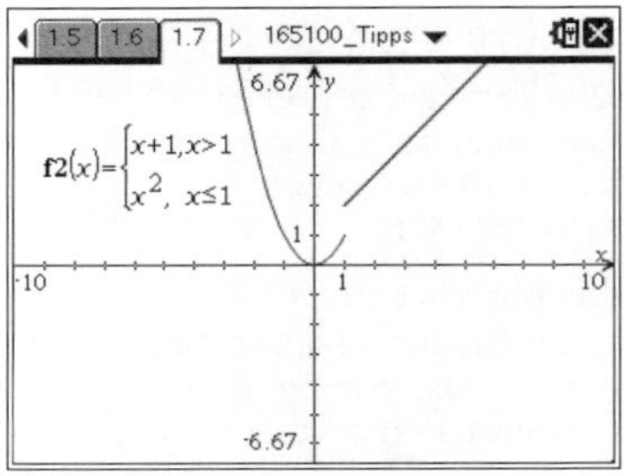


Funktionenscharen lassen sich z. B. mit dem WITH-Operator definieren.

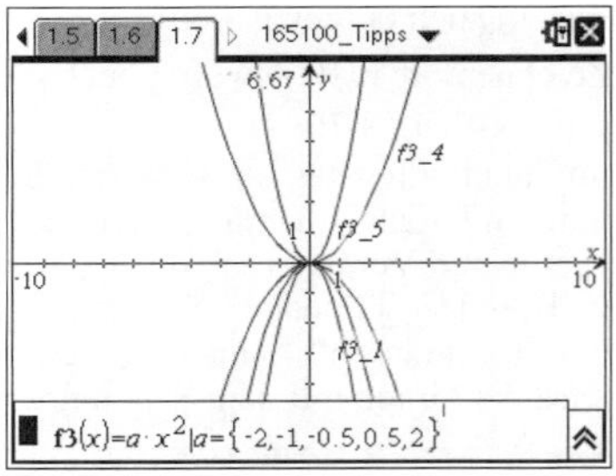


### Graphen analysieren

Koordinaten interessanter Punkte lassen sich sehr rasch bestimmen: [menu] Graph analysieren

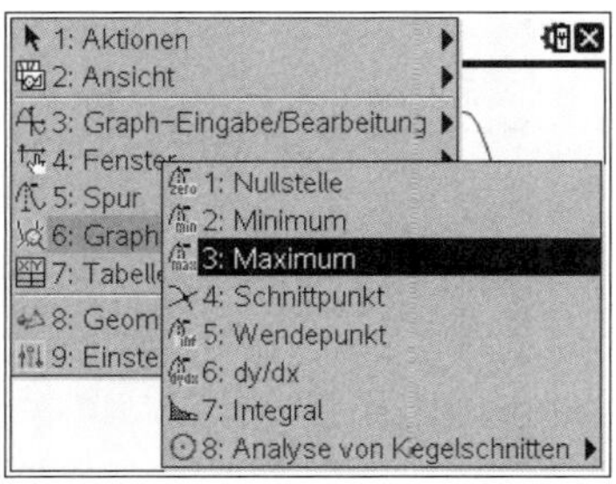


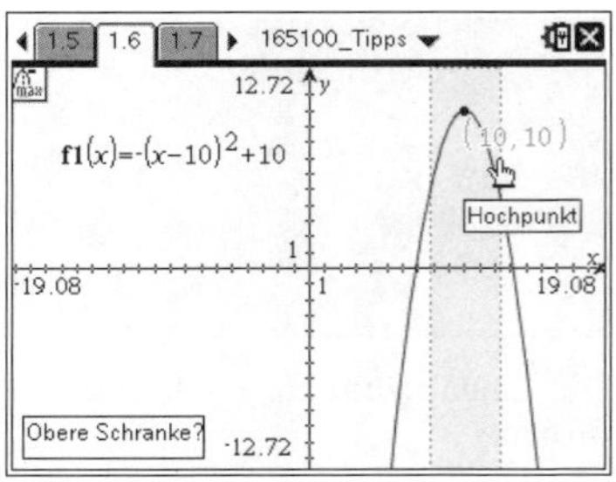


Nach Auswahl eines Menüpunktes wird oben links auf dem Bildschirm eine Hilfe angezeigt, die man durch Anklicken öffnen kann.

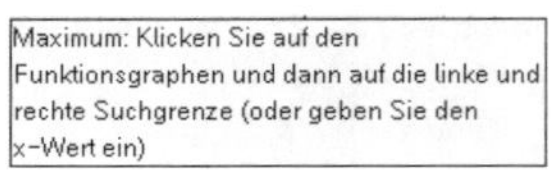

## Schieberegler

In den Applikationen Graphs, Geometry und Data & Statistics ist unter [menu] Aktionen ein Schieberegler verfügbar.

Nach Definition geeigneter Variablen lässt sich deren Einfluss z. B. auf die Lage des Graphen dynamisch untersuchen. Eventuell müssen die Einstellungen des Schiebereglers angepasst werden. Dazu setzen Sie den Cursor auf den Schieberegler und wählen im Kontextmenü: [ctrl] [menu] Einstellungen

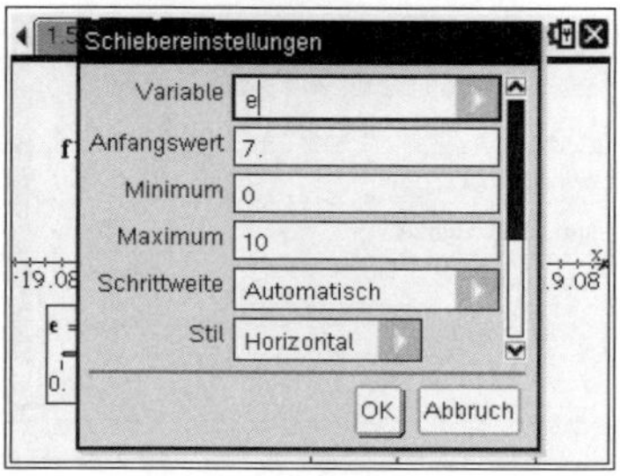


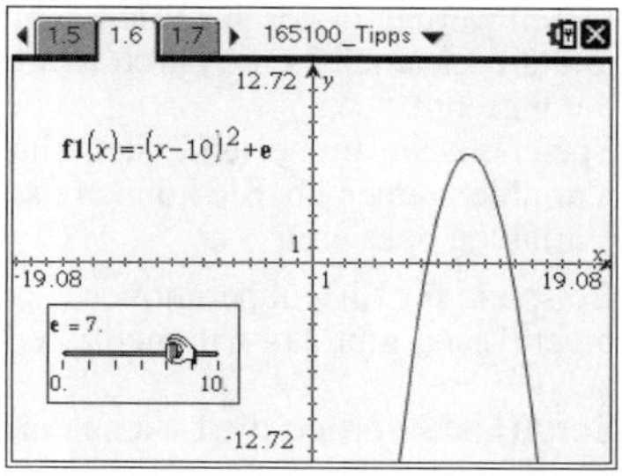


## Dynamische Geometriesoftware – Zugmodus

*Beispiel:* Das Mittenviereck in einem Viereck

Fügen Sie die Applikation Geometry ein. Konstruieren Sie ein beliebiges Viereck:
[menu] Formen – Polygon

*Hinweis:* Beachten Sie die Hilfe in der linken oberen Ecke des Bildschirms.

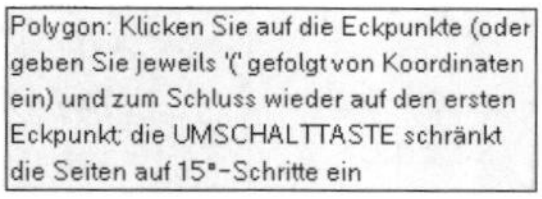
Polygon: Klicken Sie auf die Eckpunkte (oder geben Sie jeweils '(' gefolgt von Koordinaten ein) und zum Schluss wieder auf den ersten Eckpunkt; die UMSCHALTTASTE schränkt die Seiten auf 15°-Schritte ein

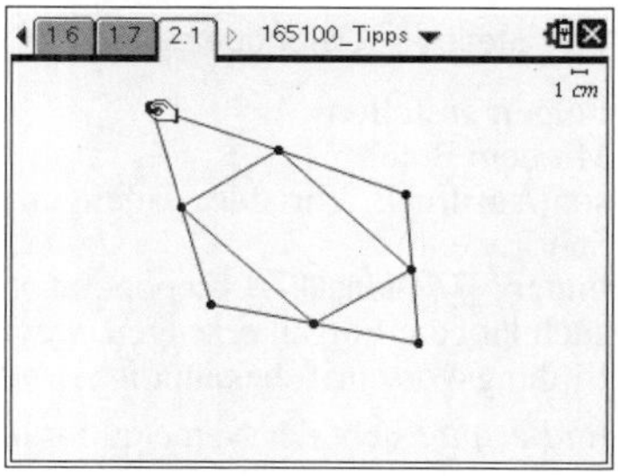


Konstruieren Sie die Mittelpunkte der Seiten des Vierecks: [menu] Konstruktion – Mittelpunkt

Verbinden Sie diese Mittelpunkte zu einem zweiten Polygon, dem Mittenviereck. Die Eckpunkte des ersten Polygons sind unabhängige Punkte. Diese können Sie mit dem Cursor greifen und ihre Lage im Zugmodus verändern. Beobachten Sie, wie sich das durch die abhängigen Punkte (Seitenmittelpunkte) bestimmte Polygon in seiner Form verändert.

## Dynamische Geometriesoftware – messen

*Beispiel:* Einbeschriebenes Dreieck mit maximalem Flächeninhalt

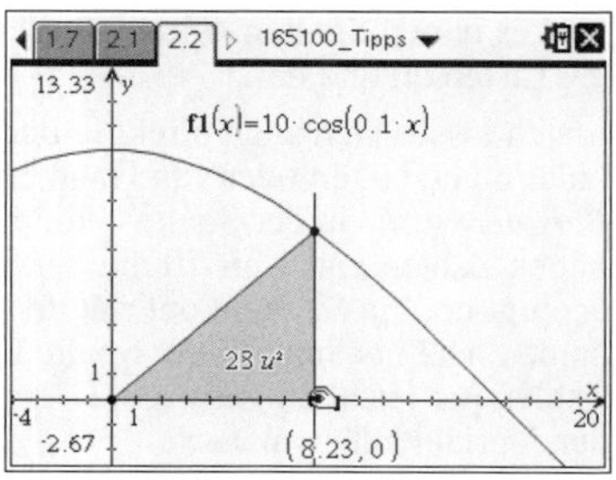


Fügen Sie die Applikation Graphs ein und zeichnen Sie in einem geeigneten Fenster (siehe nebenstehendes Bild) den Graphen der Funktion:

$y = 10\cos(0{,}1x)$

Konstruieren Sie eine Senkrechte zur x-Achse:
[menu] Geometry – Konstruktion – Senkrechte

Konstruieren Sie den Schnittpunkt der Senkrechten mit dem Graphen:
[menu] Geometry – Punkte & Geraden – Schnittpunkt

Zeichnen Sie das Dreieck, das durch den Ursprung und die Schnittpunkte der Senkrechten mit der x-Achse bzw. dem Graphen gegeben ist:
[menu] Geometry – Formen – Dreieck

Wählen Sie [menu] Geometry – Messung – Fläche, setzen Sie den Cursor auf das Dreieck und zeigen Sie durch einen Doppelklick das Ergebnis der Messung auf dem Bildschirm an.
Zeigen Sie die Koordinaten des Schnittpunktes der Senkrechten mit der x-Achse an. Setzen Sie dazu den Cursor auf den Punkt und wählen Sie [ctrl][menu] Koordinaten/Gleichung. Bewegen Sie nun diesen Punkt im Zugmodus und beobachten Sie, für welche Lage das Dreieck den größten Flächeninhalt hat.

**Listen erstellen, mit Listen arbeiten**

Listen werden in geschweifte Klammern gesetzt und die Listenelemente durch Kommata voneinander getrennt.
Speichern Sie am besten Listen unter sinnvollen Variablennamen ab. Sie können dann mit diesen Variablen operieren.

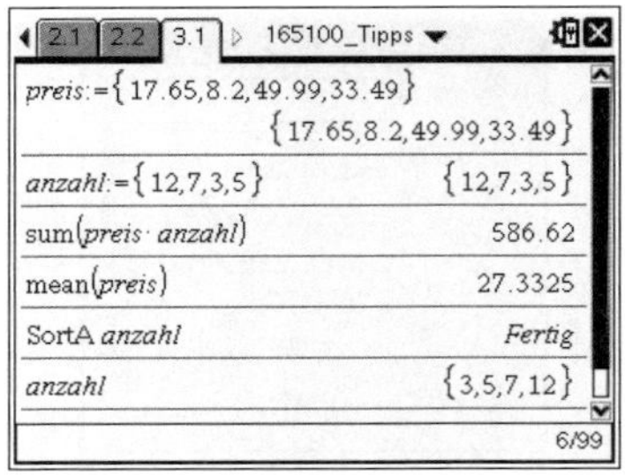


Beispiele für Listenoperationen:
mean(Liste) gibt das arithmetische Mittel der Liste an.
SortA(Liste) sortiert die Listenelemente aufwärts.

Weitere Listenoperationen finden Sie unter:
[menu] Statistik – Listen Mathematik und
[menu] Statistik – Listenoperationen

**Folgen erstellen**

Mit dem Befehl
seq(Ausdruck, Variable, Anfangswert, Endwert, Schrittweite)
(unter [menu] Statistik – Listenoperationen) lassen sich auch längere Folgen erzeugen, wenn für sie eine Bildungsvorschrift bekannt ist.

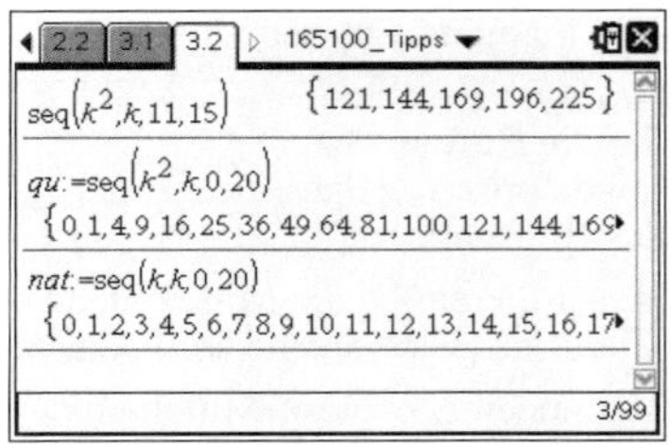


Im *Beispiel* steht der Name qu für die Liste der Quadratzahlen von 0 bis 20.
Unter dem Namen nat wurde die Liste der natürlichen Zahlen von 0 bis 20 abgespeichert.

**Tabellenkalkulation nutzen: Lists & Spreadsheet**

Sie können in dieser Tabellenkalkulation Listen eintragen, die bereits definiert sind. Im *Beispiel* sind es in den Spalten A bzw. B die oben definierten Listen qu und nat.

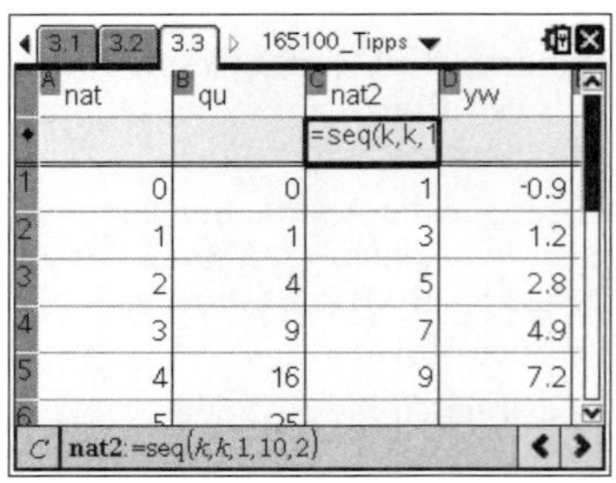


Listen lassen sich auch direkt in der Tabellenkalkulation erzeugen oder von Hand eintragen. Im *Beispiel* wurde in der Spalte C die Folge der natürlichen Zahlen von 1 bis 10 mit der Schrittweite 2 erzeugt und im Spaltenkopf mit dem Variablennamen nat2 benannt. In der Spalte D wurden die Zahlen per Hand eingetragen. Diese Liste erhielt den Variablennamen yw.

**Streudiagramm in Data & Statistics erstellen**
Fügen Sie die Applikation Data & Statistics ein.

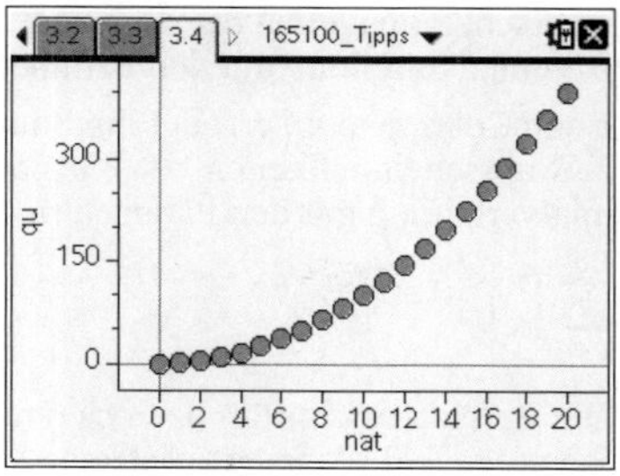


Im folgenden *Beispiel* werden die Listen von oben verwendet:
Klicken Sie auf die x-Achse und wählen Sie die Variable nat aus.
Klicken Sie auf die y-Achse und wählen Sie die Variable qu aus.
Sie erhalten das Diagramm, das die Zuordnung nat → qu veranschaulicht.

**Streudiagramm mit Regression analysieren**
Wählen Sie für ein vorliegendes Streudiagramm
[menu] Analysieren – Regression
und unter den vorgeschlagenen Regressionstypen einen zum Sachverhalt passenden Typ aus. Dabei kann man sich von inhaltlichen Erwägungen (z. B. dem charakteristischen Verlauf bekannter Funktionstypen) leiten lassen und den inhaltlichen Bezug des Problems berücksichtigen.

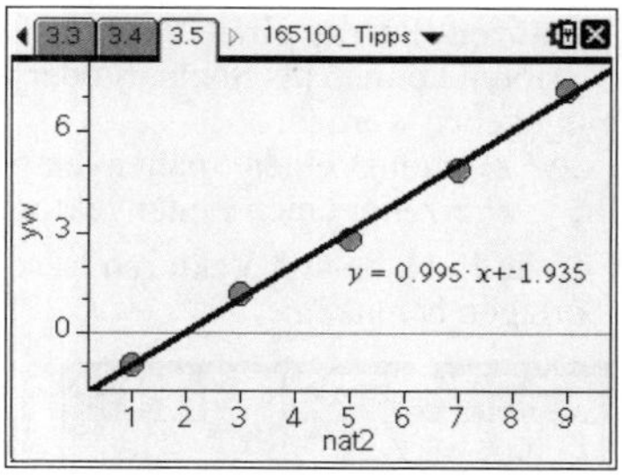


Im *Beispiel* wurden zunächst die Listen nat2 und yw (siehe oben) gegeneinander aufgetragen und eine lineare Regression gewählt. Als Ergebnis wird eine Ausgleichsgerade eingezeichnet und deren Gleichung (y = 0,995x – 1,935) angezeigt.

**Stochastik – Zufallszahlen erzeugen**
rand() ergibt eine Zufallszahl zwischen 0 und 1.

randint(a, b) ergibt eine ganzzahlige Zufallszahl im Intervall [a; b], randint(a, b, m) gibt eine Liste mit m ganzzahligen Zufallszahlen aus dem Intervall [a; b] zurück.

randbin(n, p) gibt eine Zufallszahl aus einer Binomialverteilung mit den Parametern n und p zurück, randbin(n, p, m) gibt eine Liste mit m Zufallszahlen aus einer Binomialverteilung mit den Parametern n und p zurück.

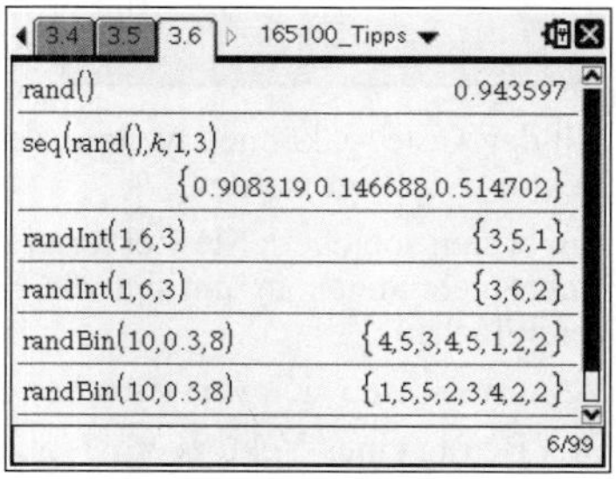


**Binomialverteilung – Wahrscheinlichkeiten berechnen**
binomPdf(n, p) erzeugt die Liste der (n + 1) Einzelwahrscheinlichkeiten einer Binomialverteilung mit den Parametern n und p.

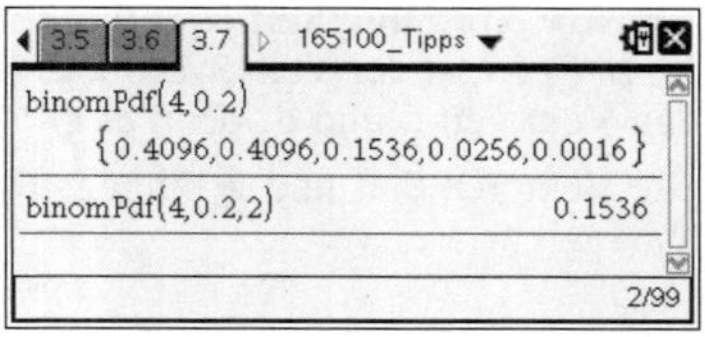


binomPdf(n, p, k) erzeugt die (k + 1)-te Einzelwahrscheinlichkeit ($0 \le k \le n$) einer Binomialverteilung mit den Parametern n und p:

$$\binom{n}{k} \cdot p^k \cdot (1-p)^{n-k}$$

binomCdf(n, p) erzeugt die Liste der (n + 1) Einzelwahrscheinlichkeiten der Summenfunktion einer Binomialverteilung mit den Parametern n und p.

binomCdf(n, p, a, b) erzeugt die Summe der Einzelwahrscheinlichkeiten von a bis b einer Binomialverteilung mit den Parametern n und p:

$$\sum_{k=a}^{b} \binom{n}{k} \cdot p^k \cdot (1-p)^{n-k}$$

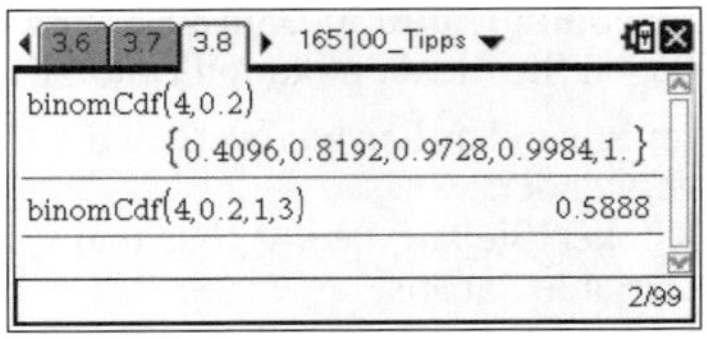


Die Befehle binomPdf() bzw. binomCdf() finden Sie unter [menu] Wahrscheinlichkeit – Verteilungen … oder im Katalog [📖] [1].

**Vektoren, Betrag eines Vektors**
Vektoren können als Spalten- oder Zeilenvektoren eingegeben werden:
[x; y; z] erzeugt einen Spaltenvektor.
[x, y, z] erzeugt einen Zeilenvektor.

Für die Eingabe von Vektoren lassen sich auch Vorlagen benutzen:

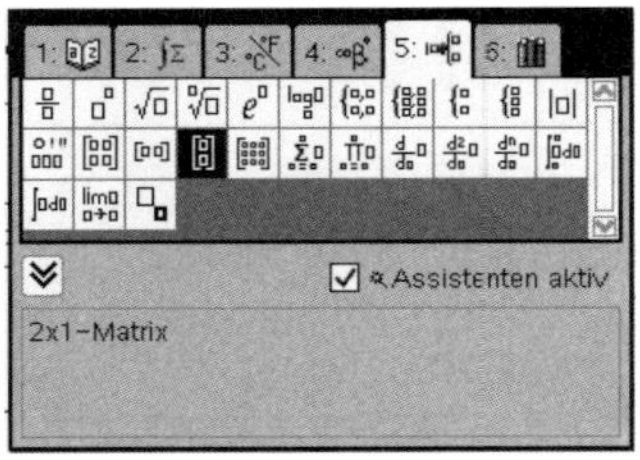


Mit der Taste [⏎] können weitere Zeilen in einen Vektor eingefügt werden.

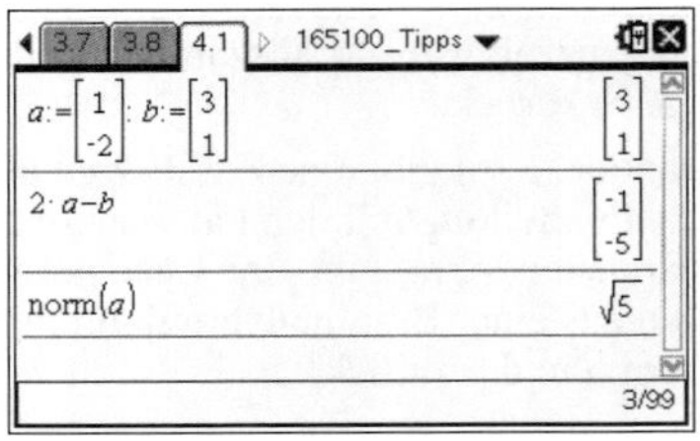


Am besten speichern Sie Vektoren unter Variablenbezeichnungen ab, um sich die Eintipparbeit zu vereinfachen.

Vektoren lassen sich vervielfachen und addieren.

Den Betrag eines Vektors erhält man durch den Befehl norm(Vektor).

**Lineare Abhängigkeit**
Im *Beispiel* ist der Vektor $\vec{e}$ linear abhängig von den Vektoren $\vec{c}$ und $\vec{d}$, denn es gilt $1 \cdot \vec{c} - 1 \cdot \vec{d} = \vec{e}$.

Die Vektoren $\vec{c}$, $\vec{d}$ und $\vec{g}$ hingegen sind linear unabhängig.

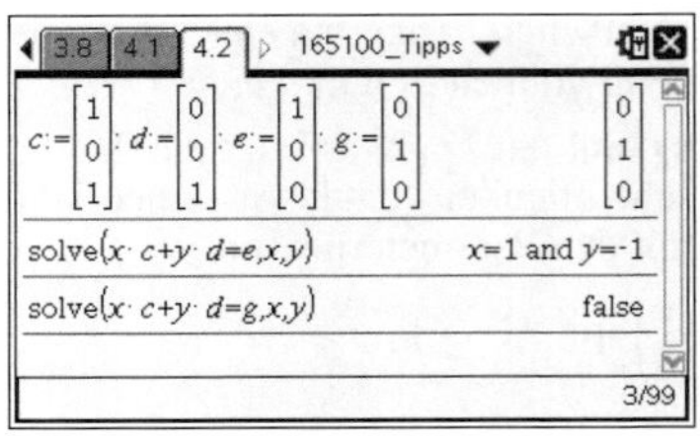

**Geradengleichungen**
Eine Geradengleichung der Form $\vec{x} = \vec{p}_0 + t \cdot \vec{a}$ können Sie z. B. unter der Variablen g(t) speichern und dann mit dieser Variablen arbeiten.

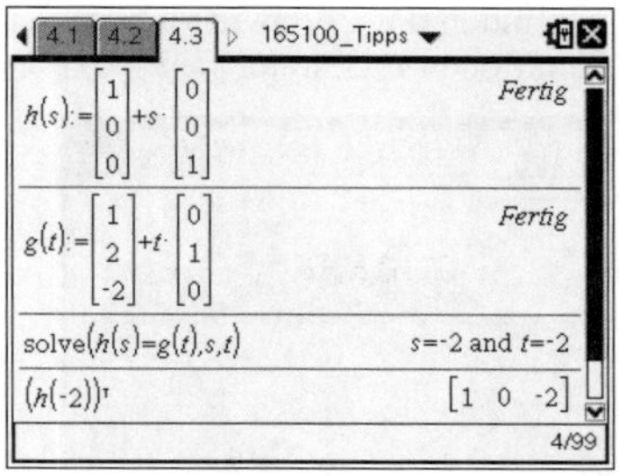


Im *Beispiel* wurden die Geraden auf ihren Schnittpunkt untersucht. Ihre Gleichungen wurden gleichgesetzt und das Gleichungssystem gelöst. Der Schnittpunkt wurde als Funktionswert h(–2) berechnet. Der Funktionswert ist hier ein Vektor.

Damit das Ergebnis als Zeilenvektor angezeigt wird (aus Platzgründen), wurde der Vektor h(–2) transponiert. Das Symbol $^T$ finden Sie unter [📖][4].

**Abstand eines Punktes von einer Geraden**
Die Berechnung des Abstandes eines Punktes P von einer Geraden g(t) lässt sich als Minimierungsproblem lösen. Man muss denjenigen Parameterwert t* der Geraden finden, für den der Betrag der Differenz des Ortsvektors eines beliebigen Punktes der Geraden und des Ortsvektors des gegebenen Punktes minimal wird.

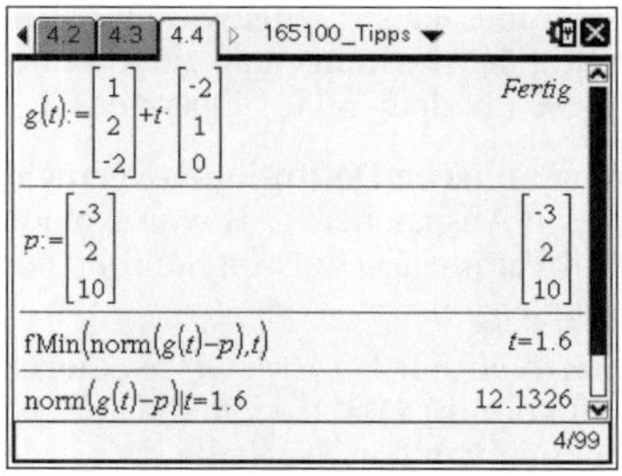


Mit t* kann dann der Betrag dieses Differenzvektors berechnet werden.

**Skalarprodukt und Vektorprodukt**
Skalarprodukt:
dotp(Vektor1, Vektor2)

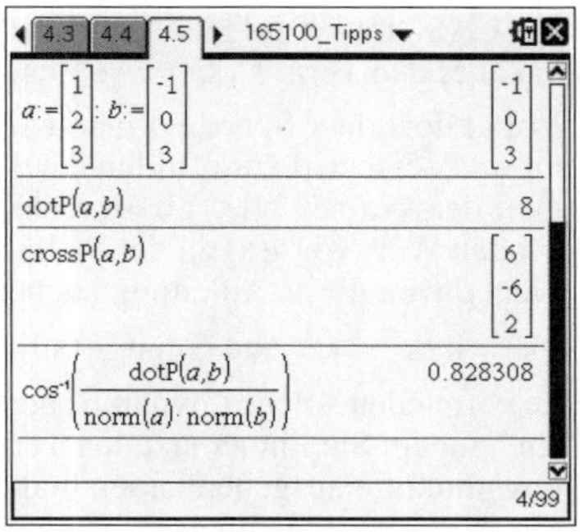


Vektorprodukt (Kreuzprodukt):
crossp(Vektor1, Vektor2)

Sie finden diese Befehle z. B. unter [menu] Matrix und Vektor – Vektor oder im Katalog [📖][1].

**Winkel zwischen Vektoren berechnen**
Die Berechnung erfolgt nach der Formel:

$$\cos(\alpha) = \frac{\vec{a} \circ \vec{b}}{|\vec{a}| \cdot |\vec{b}|} \quad \text{bzw.} \quad \alpha = \arccos\left(\frac{\vec{a} \circ \vec{b}}{|\vec{a}| \cdot |\vec{b}|}\right)$$

Die Anweisung arccos() finden Sie unter [trig] als $\cos^{-1}$. (Eine Eingabe von $\cos^{-1}$ mit der Taste [^] ist nicht möglich!)

Die Umrechnung eines im Bogenmaß angegebenen Winkels ist z. B. mithilfe des Konvertierungsoperators ▸ möglich, den Sie unter [📖][4] finden können:
▸DD wandelt Bogenmaß in Gradmaß um.
▸RAD wandelt Gradmaß in Bogenmaß um.

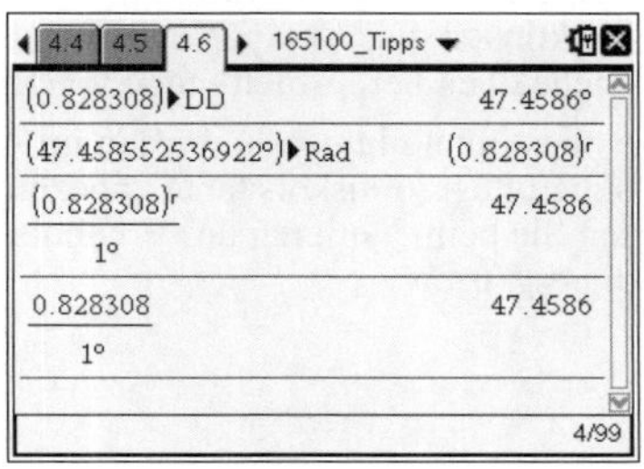


Alternativ können Sie ein Ergebnis im Bogenmaß auch durch 1° dividieren, um eine Umrechnung in das Gradmaß vorzunehmen. Das Gradzeichen finden Sie unter [?!▸].

**Ableitungen von Funktionen**
Sie finden die Vorlagen zum Differenzieren von Funktionen z. B. unter ⊡ 5:

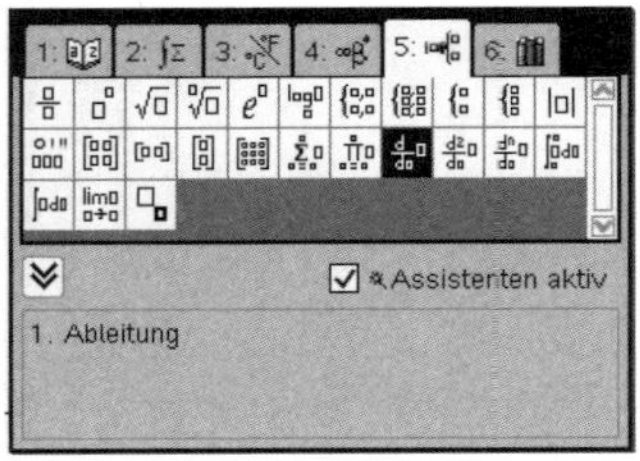


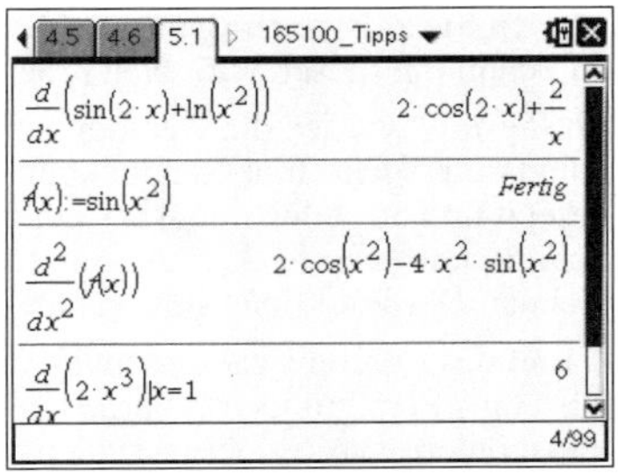


Sie können den Funktionsterm direkt eingeben oder mit den ggf. zugewiesenen Variablen arbeiten. Für Ableitungen an einer Stelle $x_0$ geben Sie diese mit dem WITH-Operator ein.

**Dynamische Definitionen vermeiden**
Beim Abspeichern z. B. von Ableitungsfunktionen mit Parametern müssen Sie folgenden Fehler vermeiden:

*Beispiel:* Für $f(x) = k \cdot x^2$ ist die 1. Ableitungsfunktion $f'(x) = 2k \cdot x$ und damit gilt für die 1. Ableitung von f an der Stelle k:

$f'(k) = 2k^2$

Das CAS gibt bei folgendem – **falschen!** – Vorgehen aber den Term $f'(k) = 3 \cdot k^2$ an.

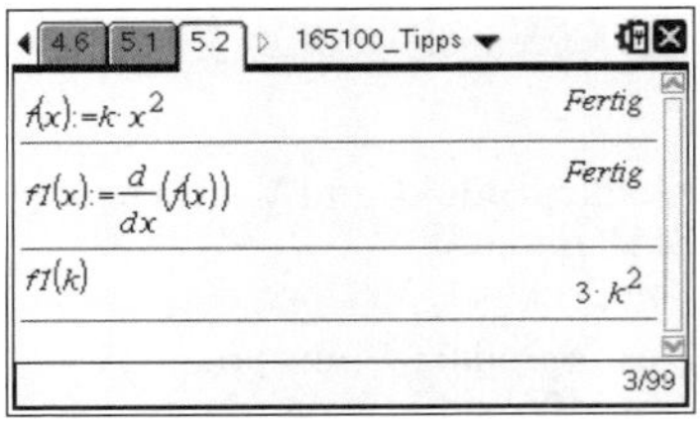


Woran liegt das? Speichert man wie im Beispiel nur die Vorschrift zum Bilden der 1. Ableitung unter dem Namen f1(x) ab, so rechnet das CAS erst den Wert von f(x) an der Stelle x = k aus und bildet davon die 1. Ableitung nach k:

$f(k) = k \cdot k^2 = k^3$ und damit $f'(k) = 3k^2$

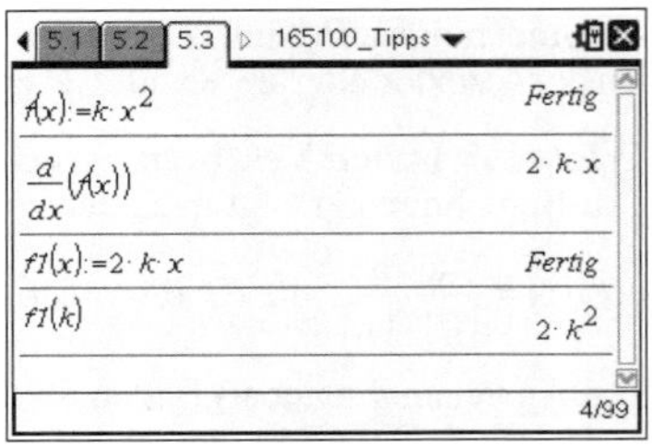


Sie vermeiden solche „dynamischen Definitionen“, indem Sie immer erst den Term der Ableitungsfunktion ausgeben lassen und den Funktionsterm dann unter einem geeigneten Namen abspeichern, wie es für dieses Beispiel gezeigt wird.

**Integrieren von Funktionen**
Sie können die Vorlagen zur Eingabe nutzen (siehe oben bei „Ableitungen von Funktionen“).

Unbestimmte Integrale werden im Allgemeinen ohne Integrationskonstante angezeigt. Diese müssen Sie beim Notieren des Ergebnisses selbstständig ergänzen.

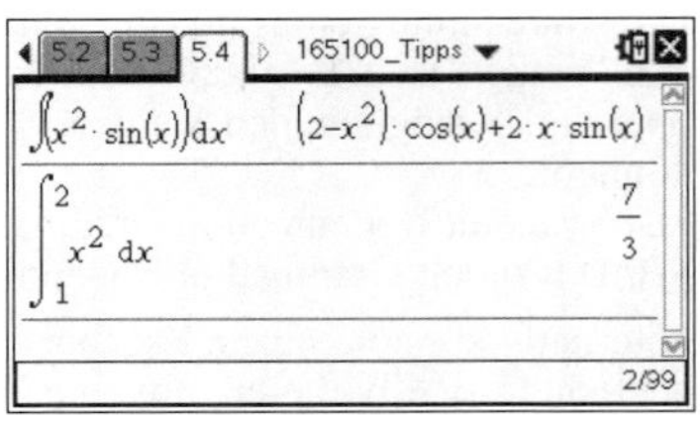

*Hinweis:* Bestimmte Integrale lassen sich auch im Grafikmodus unter [menu] Graph analysieren näherungsweise bestimmen. Bei der Abfrage von unterer und oberer Grenze können die Zahlenwerte über die Tastatur eingegeben werden.

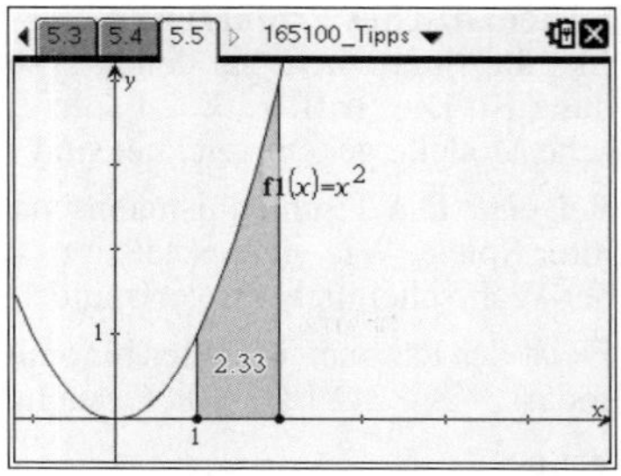


**Grenzwerte von Funktionen**
Nutzen Sie die Vorlagen (siehe oben bei „Ableitungen von Funktionen").

Das Unendlich-Symbol ∞ finden Sie unter [π▸].

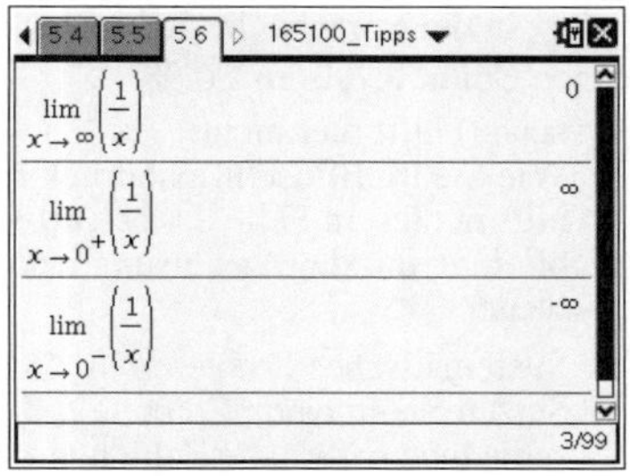


**Tangenten- und Normalengleichungen bestimmen**
Nutzen Sie die Befehle
tangentLine(f(x), x, $x_0$)
(unter [menu] Analysis – Tangententerm)
bzw.
normalLine(f(x), x, $x_0$)
(unter [menu] Analysis – Normalenterm)

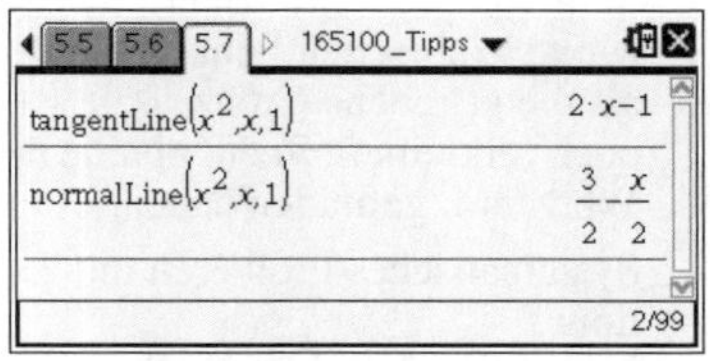


*Hinweis:* Tangenten lassen sich auch im Grafikmodus an den Graphen einer Funktion legen:
[menu] Geometry – Punkte & Geraden

Die Tangentengleichung erhalten Sie, nachdem Sie den Cursor auf die Tangente gesetzt haben, durch [ctrl][menu] Koordinaten / Gleichung.

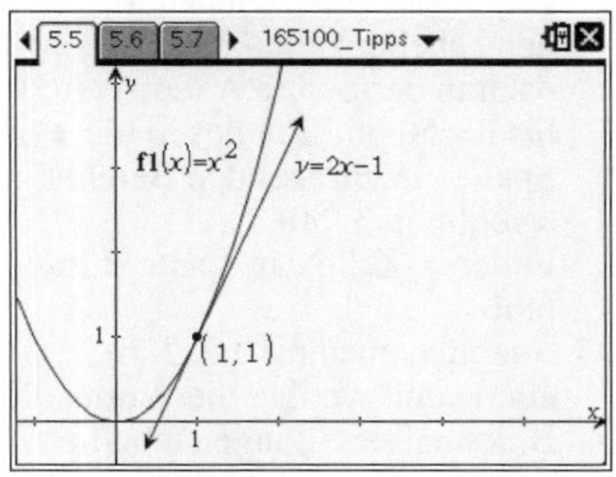


**Definitionsbereich bestimmen**
Mithilfe des domain()-Befehls kann man den Definitionsbereich eines Terms ermitteln.

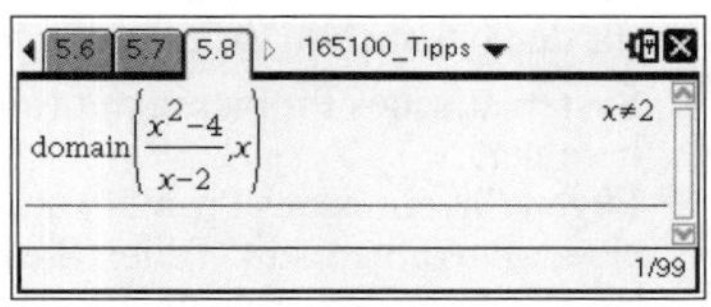

**Systematisches Probieren**

Es gibt Situationen, bei denen systematisches Probieren eine gute Wahl zur Lösungsfindung ist. Dies trifft z. B. auf solche Probleme zu, die durch endliche, diskrete mathematische Modelle gekennzeichnet sind.

*Beispiel:* Die Tischtennismannschaft eines Gymnasiums gewinnt erfahrungsgemäß 70 % ihrer Spiele. Wie viele Spiele muss diese Mannschaft mindestens durchführen, um mit einer Wahrscheinlichkeit von mindestens 98 % mindestens drei Spiele zu gewinnen?

Es ist der Parameter n einer binomialverteilten Zufallsgröße X mit $p = 0{,}70$ zu bestimmen, sodass $P(X \geq 3) \geq 0{,}98$ gilt. Gesucht ist also die Lösungsmenge der Ungleichung

$$\sum_{k=3}^{n} \binom{n}{k} \cdot 0{,}7^{k} \cdot 0{,}3^{n-k} \geq 0{,}98$$

oder „in der Sprache des Rechners“:

binomCdf(n, 0.7, 3, n) ≥ 0 98

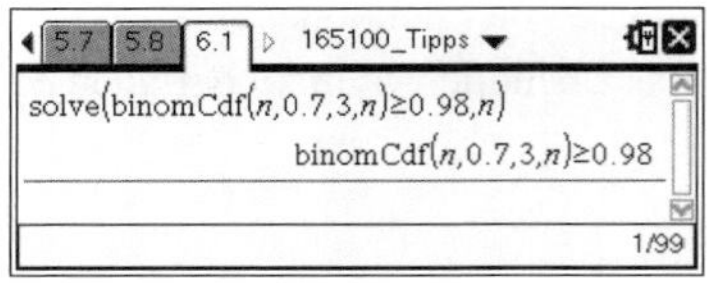


- solve() hilft hier nicht:
  Wie Sie im Bildschirmabdruck rechts sehen, hilft in diesem Falle der solve()-Befehl in Verbindung mit der Anweisung binomCdf() nicht weiter.

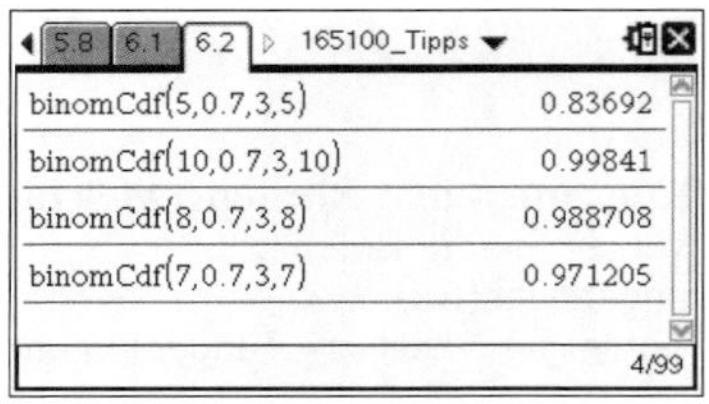


- Systematisches Probieren im Calculator:
  Setzen Sie in binomCdf(n, 0.7, 3, n) für n verschiedene natürliche Zahlen ein. Beachten Sie, dass binomCdf(n, 0.7, 3, n) mit wachsendem n immer größer wird. Beurteilen Sie, ob die angezeigte Wahrscheinlichkeit kleiner oder größer als die gegebene Grenze 0,98 ist. Vergrößern oder verkleinern Sie n, bis Sie den gesuchten Wert für n gefunden haben.

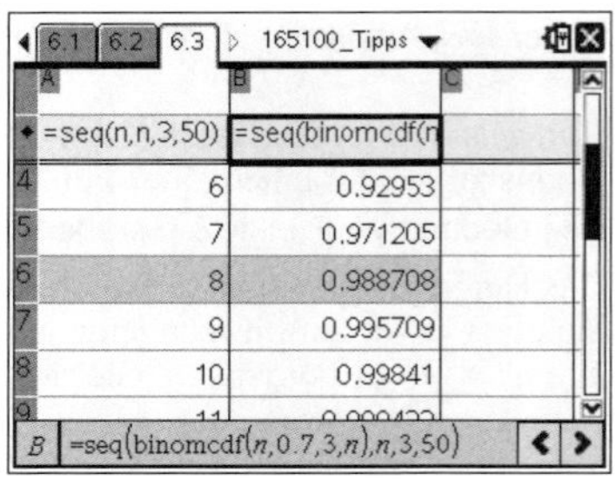


- Systematisches Probieren mit Tabellenkalkulation:
  Etwas eleganter können Sie die Lösung mithilfe der Tabellenkalkulation finden. Tabellieren Sie dazu in der Spalte A die Werte für n von n = 3 bis n = 50 mithilfe des in die ♦-Zelle dieser Spalte einzutragenden Befehls:
  = seq(n, n, 3, 50)
  In der ♦-Zelle der Spalte B tragen Sie den Befehl
  = seq(binomcdf(n, 0.7, 3, n), n, 3, 50)
  ein. Damit werden die Werte aller zugehörigen Binomialverteilungen tabelliert. Sie brauchen jetzt nur noch in der Tabelle nach unten zu gehen, bis Sie den kleinsten Wert für n finden, für den binomcdf(n, 0.7, 3, n) größer als 0,98 ist.

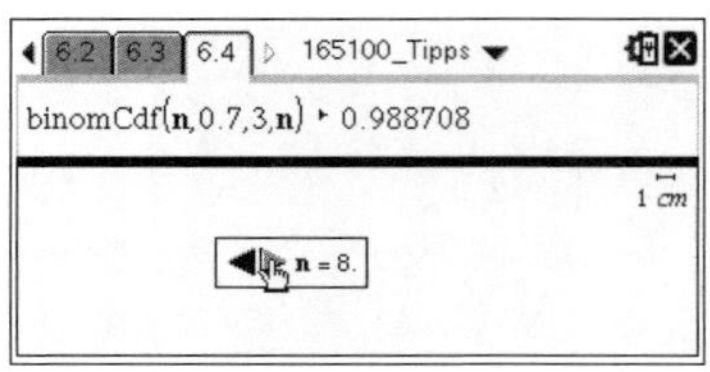


- Systematisches Probieren mit Notes und Schieberegler:
  Fügen Sie ein neues Problem und hier ein Notes-Dokument ein. Teilen Sie die Seite mit [doc▾] Seitenlayout – Layout auswählen – Layout 3.

Fügen Sie in der unteren Seitenhälfte die Applikation Geometry ein. In dieser Anwendung wird nun [menu] Aktionen – Schieberegler einfügen ausgewählt. Setzen Sie für die Variable v1 die Variable n ein. Ändern Sie mit [ctrl][menu] die Einstellungen des Schiebereglers: Entsprechend des Parameters n der gegebenen Binomialverteilung wird als Maximalwert 50, als Minimalwert 3 und als Schrittweite 1 gewählt. Außerdem wird die Anzeige minimiert.
Wechseln Sie dann mit [ctrl][tab] in die Notes-Applikation zurück. Dort wird mit [ctrl][M] ein Mathematik-Feld (Math Box) eingefügt, in das der Befehl binomCdf(n, 0.7, 3, n) eingegeben wird. Entsprechend der Belegung der Variablen n im Schieberegler wird der zugehörige Wert der Binomialverteilung angezeigt.

Wechseln Sie mit [ctrl][tab] in die Geometry-Applikation. Betätigen Sie nun den Schieberegler, bis Sie den gesuchten Wert für n gefunden haben.

## Lösungsplan

Aufgrund des Umfangs und der Komplexität von Aufgaben auf Abiturniveau empfiehlt es sich, beim Lösen systematisch zu arbeiten. Folgende Vorgehensweise hilft Ihnen dabei:

*Schritt 1:*
Nehmen Sie sich ausreichend Zeit zum **Analysieren** der Aufgabenstellung. Stellen Sie fest, zu welchem Themenbereich die Aufgabe gehört. Sammeln Sie alle Informationen, welche direkt gegeben sind, und achten Sie darauf, ob evtl. versteckte Informationen enthalten sind.

*Schritt 2:*
Markieren Sie die **Operatoren** in der Aufgabenstellung. Diese geben an, was in der Aufgabe von Ihnen verlangt wird. Vergegenwärtigen Sie sich die Bedeutung der verwendeten Fachbegriffe.

*Schritt 3:*
Versuchen Sie, den Sachverhalt zu veranschaulichen. Fertigen Sie gegebenenfalls mithilfe der Angaben und Zwischenergebnisse aus vorherigen Teilaufgaben eine **Skizze** an. Versuchen Sie, Vermutungen zum Ergebnis zu formulieren.

*Schritt 4:*
Erarbeiten Sie nun schrittweise den **Lösungsplan**, um aus den gegebenen Größen die gesuchte Größe zu erhalten. Notieren Sie sich, welche Einzel- bzw. Zwischenschritte auf dem Lösungsweg notwendig sind. Prinzipiell haben Sie zwei Möglichkeiten, oft hilft auch eine Kombination beider Vorgehensweisen:
- Sie gehen vom Gegebenen aus und versuchen, das Gesuchte zu erschließen.
- Sie gehen von dem Gesuchten aus und überlegen „rückwärts“, wie Sie zur Ausgangssituation kommen.

Bei diesem Schritt wird dann sukzessive die **Lösung dargestellt**.

*Schritt 5:*
Suchen Sie nach geeigneten Möglichkeiten, das Endergebnis zu **kontrollieren**. Oftmals sind bereits Überschlagsrechnungen, Punktproben oder Grobskizzen ausreichend.

## Hinweise zur Dokumentation: Beispielaufgabe mit dem CAS-Rechner

Am Beispiel einer Analysisaufgabe soll kurz dargestellt werden, was bei der Dokumentation der Lösungen zu beachten ist.

Gegeben sind Funktionen $f_k$ (k ist ein Parameter) durch die Gleichung $f_k(x) = k \cdot x^3 + 4x^2$ mit $k \in \mathbb{R} \setminus \{0\}$. Der Graph von $f_k$ sei $G_k$.

a) Untersuchen Sie den Einfluss des Parameters k auf die Lage und Art der lokalen Extrempunkte von $G_k$.

b) Der Graph $G_k$ schließt mit der x-Achse eine Fläche ein. Ermitteln Sie die Werte des Parameters k, für die der Inhalt dieser Fläche $\frac{512}{3}$ FE beträgt.

Lösungsvorschlag für Teilaufgabe a:

*Schritt 1:*
- Themenbereich: Kurvendiskussion einer Funktionenschar
- Lage und Art lokaler Extrempunkte in Abhängigkeit von k sind zu bestimmen.
- Für den reellen Parameter k gilt $k \neq 0$.

*Schritt 2 (Operatoren):*
Der Operator „Untersuchen“ bedeutet, Sachverhalte bzw. Objekte zu erkunden und Merkmale und Zusammenhänge herauszuarbeiten.

*Schritt 3 (Veranschaulichung, Vermutungen):*
- Eine Veranschaulichung für positive und negative Werte des Parameters k ergibt nebenstehendes Bild.

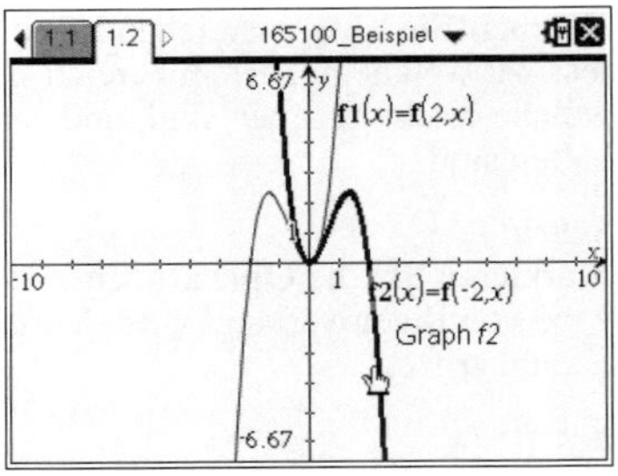


- Eine Veranschaulichung für verschieden große positive bzw. negative Werte von k zeigen die nächsten Bilder:

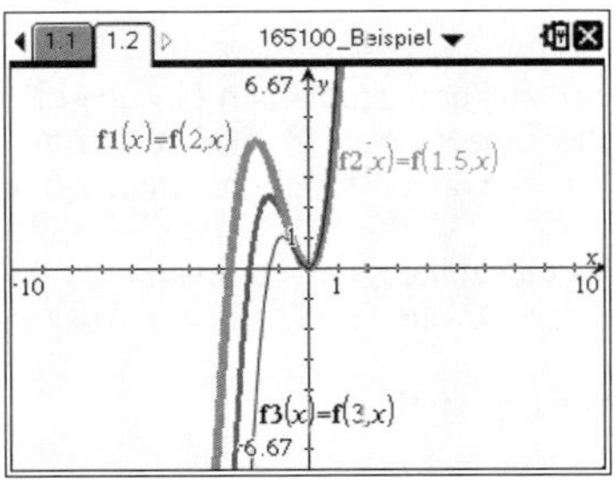


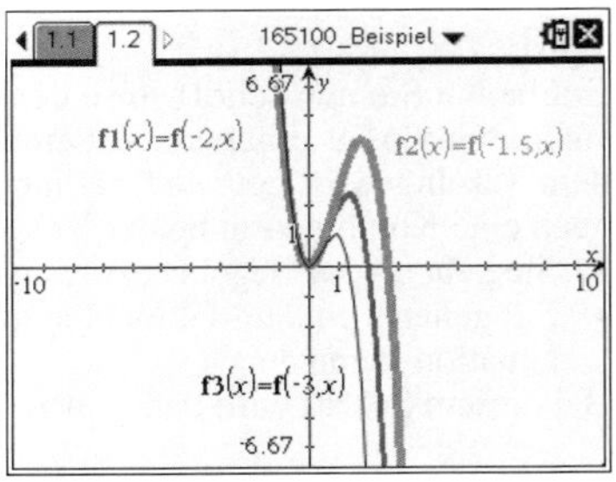


- Vermutungen zur Lage der Extremstellen:
  $k > 0$: Hochpunkt im II. Quadranten, $k < 0$: Hochpunkt im I. Quadranten
  Betrag von k zunehmend: Hochpunkt rückt näher an den Ursprung heran.
  Unabhängig von k existiert ein lokaler Tiefpunkt im Ursprung.

  Vermutung zur Art der Extremstellen:
  Es gibt einen „fixen“ Tiefpunkt im Ursprung.
  Es gibt einen Hochpunkt in Abhängigkeit von k, aber mit stets positiver Ordinate.

*Schritt 4 (Lösungsplan und -darstellung):*

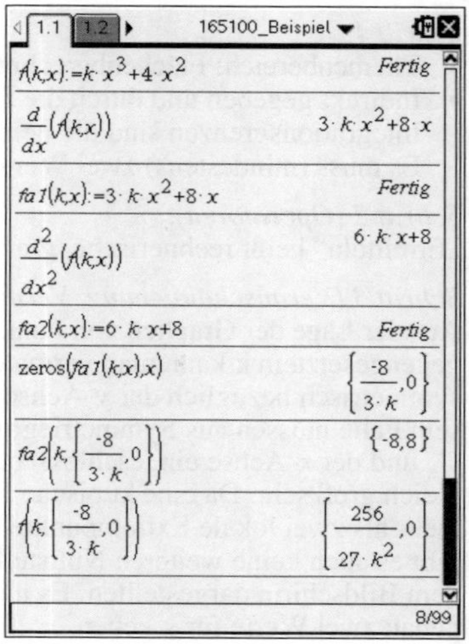


- 1. und 2. Ableitung von $f_k$ bilden: Geben Sie die Funktionsgleichung ein und bilden Sie die Ableitungsfunktionen, speichern Sie die Funktion und die Ableitungen.
- Notieren Sie die gefundenen Funktionen auf dem Prüfungsbogen. Die Gleichungen der Ableitungsfunktionen sind:
  $f_k'(x) = 3kx^2 + 8x; \quad f_k''(x) = 6kx + 8$
- Notwendige Bedingung für lokale Extremstellen untersuchen und notieren:
  Die Nullstellen von $f_k'(x)$, also mögliche Extremstellen, sind:
  $x_{e1} = \frac{-8}{3k}$ sowie $x_{e2} = 0$
- Hinreichende Bedingung für lokale Extrempunkte untersuchen und notieren:
  $f_k''\left(\frac{-8}{3k}\right) = -8 < 0$
  Da der Wert $-8$ der zweiten Ableitung an der Stelle $x_{e1}$ unabhängig von k ist, liegt hier also stets ein lokaler Hochpunkt vor.
  $f_k''(0) = 8 > 0$
  Auch an der Stelle $x_{e2}$ ist die 2. Ableitung unabhängig von k und zwar stets 8, also gibt es an dieser Stelle immer einen lokalen Tiefpunkt.
- Berechnen Sie die Ordinaten $f(x_e)$ und geben Sie die geordneten Paare $(x_e; y_e)$ an:
  Hochpunkt $H\left(\frac{-8}{3k}; \frac{256}{27k^2}\right)$ Tiefpunkt $T(0; 0)$
  Interpretation der Ergebnisse:
  Für alle $k \neq 0$ gilt $\frac{256}{27k^2} > 0$, also liegt H immer oberhalb der x-Achse.
  Für negative k liegt der Hochpunkt H immer im I. Quadranten, weil dann $\frac{-8}{3k} > 0$ ist.
  Für positive k ist $\frac{-8}{3k} < 0$, also liegt H im II. Quadranten.
  Weil k sowohl bei $x_e$ als auch bei $y_e$ nur im Nenner steht, rückt der Hochpunkt für betragsmäßig größer werdende Werte von k immer näher zum Ursprung.
  Der Tiefpunkt hängt nicht von k ab.
  Damit sind die Vermutungen aus dem Schritt 3 bestätigt.

*Schritt 5 (Probe):*
Berechnen des Hochpunktes für $k = -2$ in Graphs und Vergleich mit den berechneten Extrempunkten für $k = -2$ zeigt Übereinstimmung.

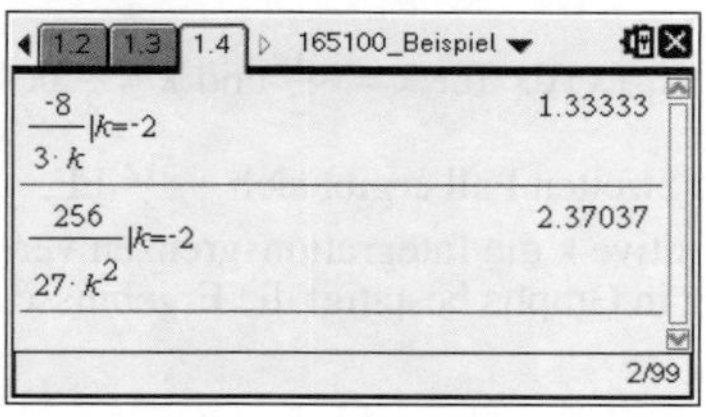


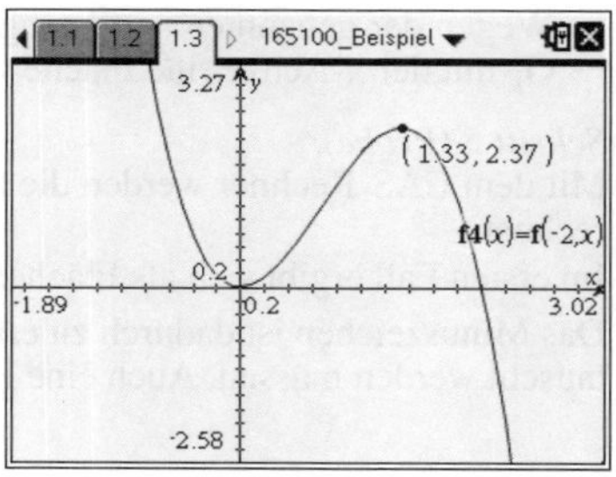

Lösungsvorschlag für Teilaufgabe b:

*Schritt 1:*
- Themenbereich: Flächenberechnung mithilfe des bestimmten Integrals
- Indirekt gegeben und durch die Beispiele in Teilaufgabe a verdeutlicht: Integrationsgrenzen sind die beiden Nullstellen von $f_k$.
  Es muss (mindestens) zwei Werte für k geben.

*Schritt 2 (Operatoren):*
„Ermitteln“ heißt rechnerische, grafische oder inhaltliche Generierung eines Ergebnisses.

*Schritt 3 (Veranschaulichung, Vermutungen):*
Aus der Lage der Graphen von Funktionen mit entgegengesetztem k kann man vermuten, dass diese symmetrisch bezüglich der y-Achse sind. In diesem Falle müssen aus Symmetriegründen die von $G_k$ und der x-Achse eingeschlossenen Flächen gleich groß sein. Da eine kubische Funktion nicht mehr als zwei lokale Extrempunkte haben kann, gibt es auch keine weiteren Nullstellen als die auf dem Bildschirm dargestellten. Es müsste deshalb genau zwei Werte für k geben.

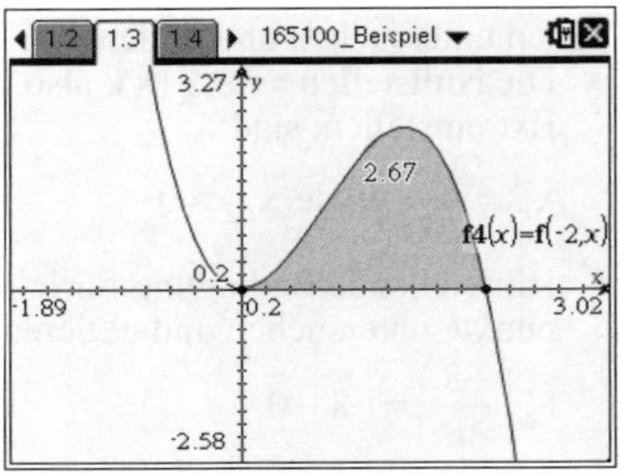


*Schritt 4 (Lösungsplan und -darstellung):*
- Die Nullstellen von $f_k(x) = k \cdot x^3 + 4x^2$ sind:
  $x_{01} = 0$ und $x_{02} = \dfrac{-4}{k}$

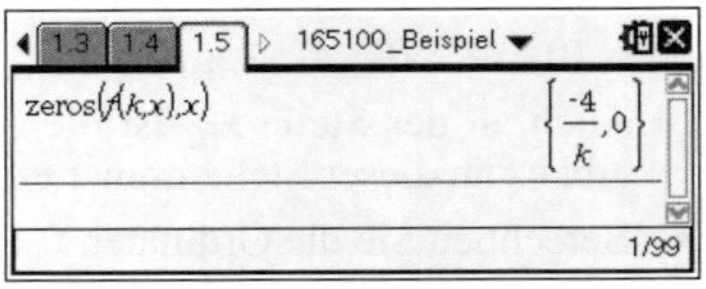


- Es gibt also genau zwei Nullstellen für jede Funktion $f_k$.
- Wenn die Graphen der Funktionen $f_k$ und $f_{-k}$ achsensymmetrisch bezüglich der y-Achse sind, so muss für alle reellen x gelten: $f_k(-x) = f_{-k}(x)$
  Diese Gleichung wird durch den CAS-Rechner als „wahr“ bestätigt.

- Für negative k liegt die von null verschiedene Nullstelle rechts von null. Sie kommt also als obere Integrationsgrenze infrage. Der Ansatz
  $\int_0^{\frac{-4}{k}} f_k(x)\,dx = \frac{512}{3}$ für die Flächenberechnung
  liefert $k = \frac{-1}{2}$ als Ergebnis.

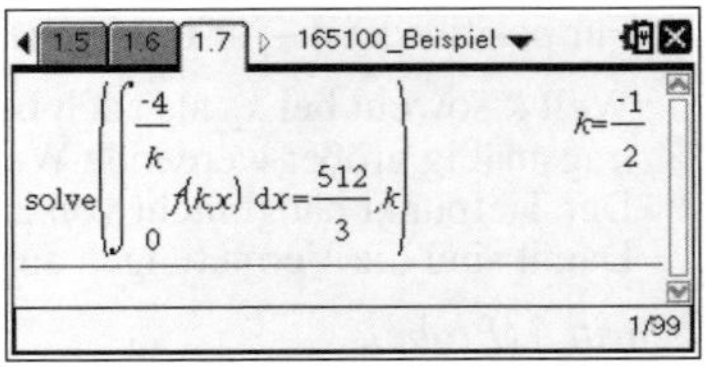


- Wegen der genannten und nachgewiesenen Symmetrie muss auch für $k = \frac{1}{2}$ der Graph $G_k$ mit der x-Achse eine Fläche von $\frac{512}{3}$ FE einschließen.

*Schritt 5 (Probe):*
Mit dem CAS-Rechner werden die beiden Integrale $\int_0^{\frac{-4}{k}} f_k(x)\,dx$ für $k = -\frac{1}{2}$ und $k = \frac{1}{2}$ berechnet.
Im ersten Fall ergibt sich als Flächeninhalt $\frac{512}{3}$ FE. Im zweiten Fall ergibt sich $-\frac{512}{3}$ FE.
Das Minuszeichen ist dadurch zu erklären, dass für positive k die Integrationsgrenzen vertauscht werden müssen. Auch eine Flächenberechnung in Graphs bestätigt die Ergebnisse.

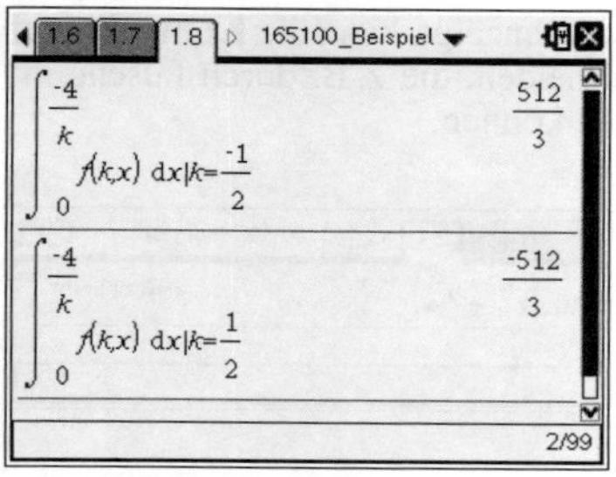


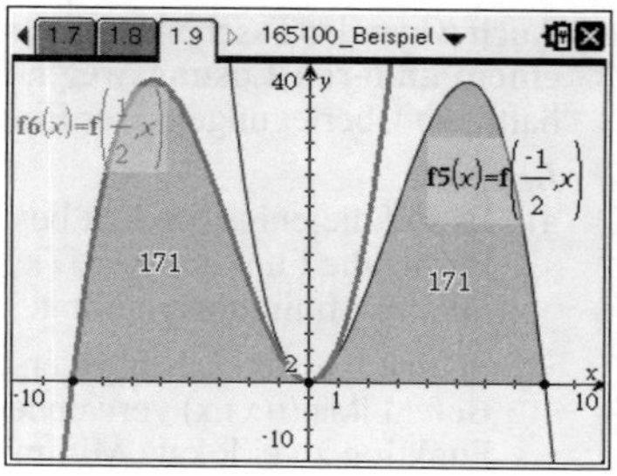


## 6 Hinweise und Warnungen für das Lösen von Abituraufgaben mit CAS-Rechnern

Da die Schülerinnen und Schüler im Unterricht der gymnasialen Oberstufe mit CAS-Rechnern gearbeitet haben, dürfen Sie diesen selbstverständlich auch im schriftlichen Abitur einsetzen. Damit Sie die damit verbundenen Vorteile auch effektiv nutzen können, sind hier einige Hinweise für das Lösen von Abituraufgaben mit CAS-Rechnern[2] aufgelistet.

- Das Thüringer Ministerium für Bildung, Wissenschaft und Kultur verlangt wegen der Gleichwertigkeit der äußeren Bedingungen, dass bei der Prüfung verwendete CAS-Rechner **vor dem Beginn des schriftlichen Mathematikabiturs** in einen für alle Abiturienten einheitlichen Ausgangszustand mit leerem Arbeitsspeicher zurückgesetzt werden. Das Löschen aller Dateien sollten Sie bereits spätestens am Vortag zu Hause vornehmen. So können Sie wichtige Dateien von Ihrem Taschencomputer auf einen PC übertragen und abspeichern, um sie später wieder zur Verfügung zu haben. Bei der Gelegenheit sollten Sie auch den technischen Zustand Ihres Taschencomputers überprüfen und eventuell den Akku aufladen.

- Es kommt nicht oft vor, aber man kann es nicht völlig ausschließen, dass der Taschencomputer an seine **technischen Grenzen** stößt. Deshalb sollte man **Warnhinweise** des Rechners **ernst nehmen** und versuchen, die **Lösung auf einem anderen Lösungsweg abzusichern**.[3]

  *Beispiel:* Die Lösungen der Gleichung $\sin x = e^x$ werden mit dem Taschencomputer auf algebraischem Wege ermittelt.

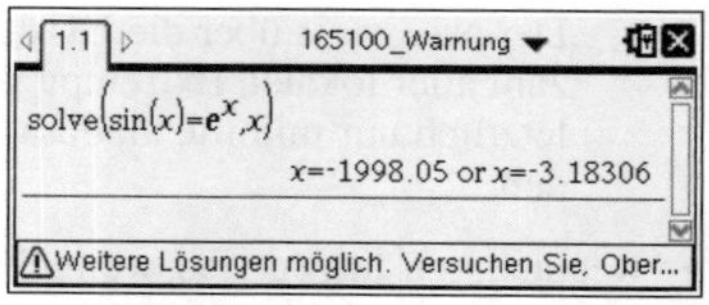


  Algebraisch werden nur zwei Näherungslösungen ermittelt, aber es wird eine Warnung „Weitere Lösungen möglich." angezeigt. In der grafischen Veranschaulichung erkennt man, dass es mehr als zwei Lösungen geben muss. Durch inhaltliche Überlegungen (Periodizität der Sinusfunktion und asymptotisches Verhalten der e-Funktion bezüglich der negativen x-Achse) wird klar, dass es sogar unendlich viele Lösungen dieser Gleichung gibt.

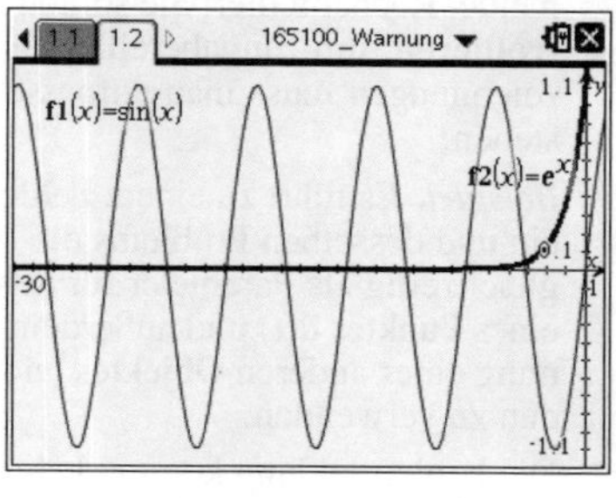


2 Diese Hinweise haben keinen Anspruch auf Vollständigkeit und können das Handbuch nicht ersetzen, sollen aber auf Sachverhalte hinweisen, die erfahrungsgemäß einigen Schülern Probleme bereiten.
3 Nicht jeder Warnhinweis ist berechtigt.

- Auch wenn der Taschencomputer keinen Warnhinweis anzeigt, kann die **Kontrolle auf einem anderen Lösungsweg** helfen, Fehler zu vermeiden, die z. B. durch falsche inhaltliche Überlegungen oder Eingabefehler entstehen können.

  *Beispiele:*

  a) Es soll diejenige Stelle x bestimmt werden, für die die Funktion $y = f(x) = x^2 \cdot e^{-x}$ ein lokales Minimum annimmt.

  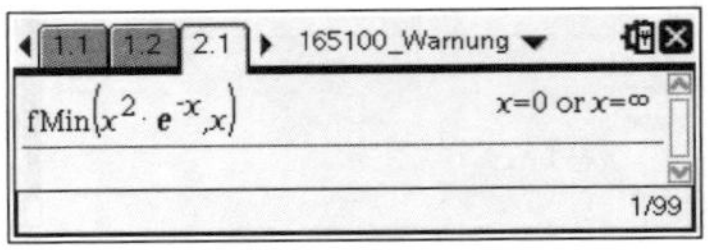
  

  In einem ersten Lösungsversuch wird der Befehl fMin(f(x),x) verwendet. Hat die Funktion zwei lokale Minima?

  Eine grafische Darstellung lässt vermuten, dass dieses Ergebnis nicht richtig sein kann, denn für $x \to \infty$ kann man eher eine asymptotische Annäherung an die x-Achse erwarten.

  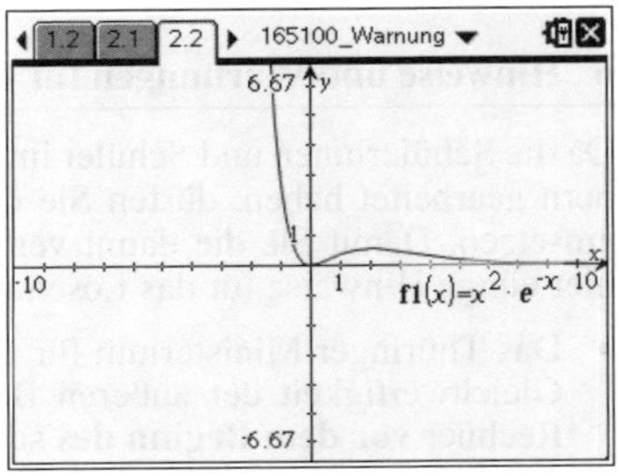
  

  Weitere Untersuchungen mit dem Ableitungskalkül bestätigen, dass nur für $x = 0$ ein lokales Minimum vorliegt. Für $x \to \infty$ nähern sich die Funktionswerte asymptotisch der x-Achse, ein weiteres lokales Minimum existiert also nicht.

  b) Der Graph der Funktion

  $$y = f(x) = \frac{(x-5)\cdot(x+3)}{x+4}$$

  soll auf lokale Extrempunkte untersucht werden. Er besitzt genau zwei lokale Extrempunkte. Die grafische Darstellung im Standardfenster zeigt aber nur einen lokalen Tiefpunkt an, obwohl die Funktion auch einen lokalen Hochpunkt besitzt.

  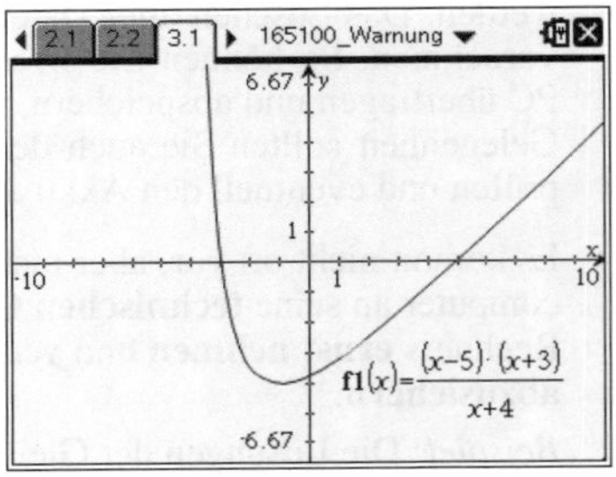
  

  Der Nachweis über die Existenz und Anzahl aller lokalen Extrempunkte gelingt letztlich nur mithilfe algebraischer Methoden.

- Rechnungen lassen sich weitgehend an das CAS übertragen. Das spart Zeit und vermeidet Rechenfehler. Sie sollten stets sehr **sorgfältig die Eingabe** in den Rechner **kontrollieren**, um Eingabefehler zu vermeiden. Auch bei der Auswahl der Variablenbezeichnungen muss man aufpassen, dass keine rechnerinternen Überschneidungen entstehen.

  *Beispiel:* Es führt zu einem Fehler, innerhalb ein und desselben Problems die Variable t gleichzeitig als Parameter für den Ortsvektor eines Punktes d(t) und außerdem als Bezeichnung eines anderen Objektes wie einer Geraden zu verwenden.

  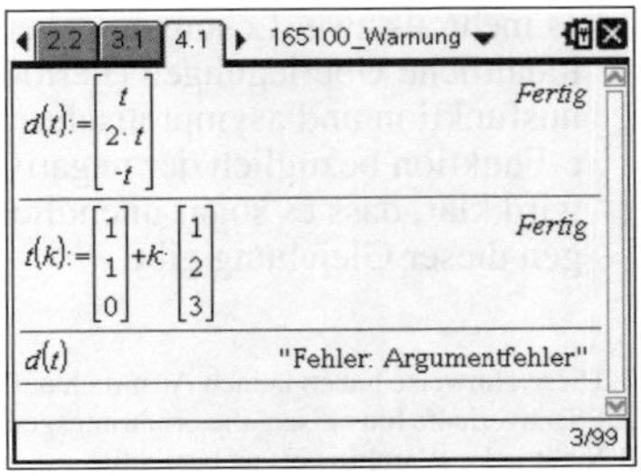
  

  Die Fehlermeldung kommt dadurch zustande, dass der Rechner bei d(t) für t die Eingabe einer Variablen oder Zahl erwartet, aber t hier als ein Vektor abgespeichert ist.

- Um Rundungsfehler zu vermeiden, sollte man die **Zwischenergebnisse** direkt **über Kopieren und Einfügen** (ctrl C bzw. ctrl V) im weiteren Rechengang **nutzen**.

  *Beispiel:* Eine Stadt hatte 70 000 Einwohner im Jahr 2000, im Jahr 2006 sind es 85 000. Unter der Annahme, dass exponentielles Wachstum vorliegt, soll das Jahr berechnet werden, in dem sich die Bevölkerungszahl gegenüber dem Jahr 2000 verdoppelt hat.

  Aus dem Ansatz ergibt sich ein exakter Wachstumsfaktor oder ein als Dezimalbruch angegebener Faktor mit vielen Nachkommastellen (siehe Bildschirmausdruck). Man ist versucht, mit einem gerundeten Wert weiterzurechnen, beispielsweise hier mit x = 1,03. Mit diesem gerundeten Zwischenergebnis erhält man eine Abweichung von fast zwei Jahren gegenüber dem Ergebnis, das aus dem nicht gerundeten Wert entsteht.

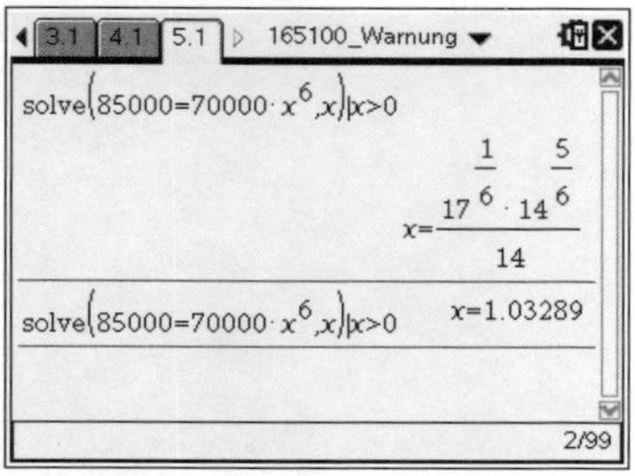


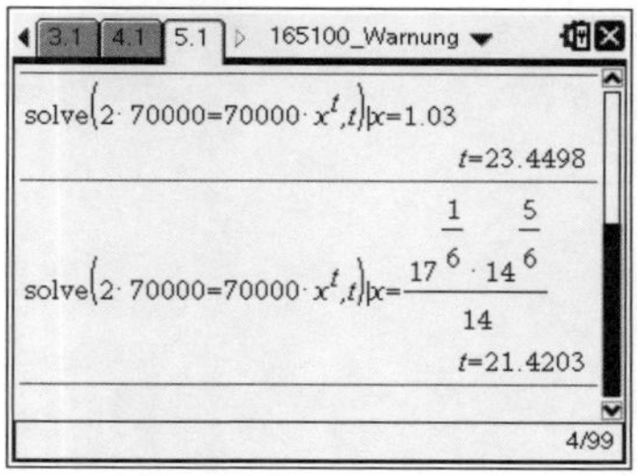


- Weil der Taschencomputer Ihnen viel Arbeit abnimmt, kann es passieren, dass Ihre Lösungsdarstellung zu knapp ausfällt. Gewöhnen Sie sich beizeiten daran, den Lösungsweg immer so zu notieren, dass er von anderen gut nachvollzogen werden kann. **Kommentieren Sie Ihre Lösungsansätze, notieren Sie Zwischenschritte und nehmen Sie in der Antwort immer Bezug auf die gestellte Aufgabe.** So haben Sie eine nachträgliche Kontrolle, ob Sie wirklich alle gestellten Aufgabenteile bearbeitet haben. Eventuell ist es dann auch möglich, bei der Korrektur Folgefehler anzuerkennen. Selbstverständlich trägt eine saubere und übersichtliche Darstellung des Lösungsweges zu einem positiven Gesamteindruck Ihrer Abiturarbeit bei.

## Kernfach Mathematik (Thüringen)
## Übungsaufgaben für den hilfsmittelfreien Teil

### Aufgabe 1

Ermitteln Sie die Lösungsmenge der Ungleichung $\sin(2x) \geq 0$ im Intervall $[-\pi; \pi]$.

### Aufgabe 2

Herr K verfügt über ein Sparguthaben von 2 000 Euro. Er will davon jeden zehnten Tag Geld abheben und zwar stets die Hälfte seines noch verbliebenen Guthabens.

a) Ermitteln Sie, wann Herr K nur noch $\frac{1}{8}$ seines ursprünglichen Guthabens besitzt.

b) Entscheiden Sie, welche der folgenden Funktionsvorschriften die Entwicklung des Guthabens von Herrn K beschreiben, wenn die Variable K für das Guthaben in Euro und die Variable t für die Zeit in Tagen steht.

A: $K(t) = 2\,000 - \frac{1}{2} \cdot t \cdot 10$ B: $K(t) = 2\,000 \cdot \left(\frac{1}{2}\right)^{\frac{t}{10}}$

C: $K(t) = 2\,000 \cdot \left(\frac{1}{2}\right)^{10 \cdot t}$ D: $K(t) = 2\,000 \cdot 2^{\frac{-t}{10}}$

### Aufgabe 3

Eine heiße Substanz kühlt an der Luft (konstante Umgebungstemperatur 20 °C) ab. Es werden in den ersten 20 Minuten folgende Werte gemessen:

| Zeit t in Minuten | 0 | 10 | 20 |
|---|---|---|---|
| Temperatur $\vartheta$ in °C | 80 | 56 | 42 |

Beurteilen Sie, welches der folgenden mathematischen Modelle den gesamten Abkühlungsprozess am sinnvollsten beschreibt.

**Modell A**

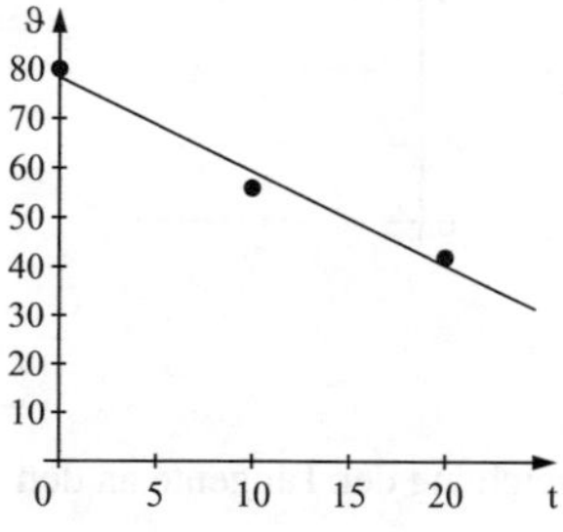


$\vartheta(t) = -1{,}9t + 78{,}33$

**Modell B**

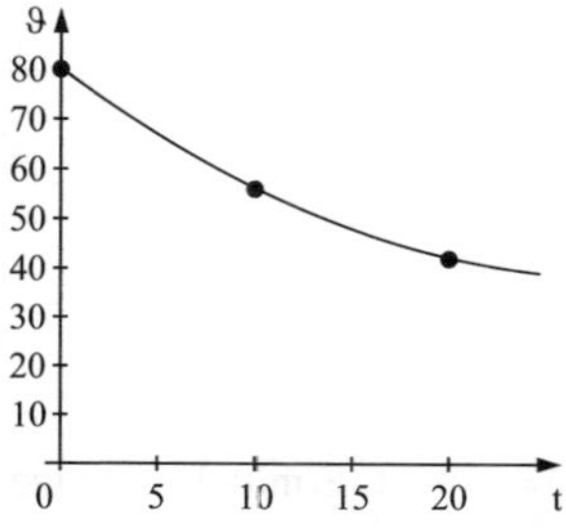


$\vartheta(t) = \frac{1}{20} \cdot \left((t-29)^2 + 759\right)$

**Modell C**

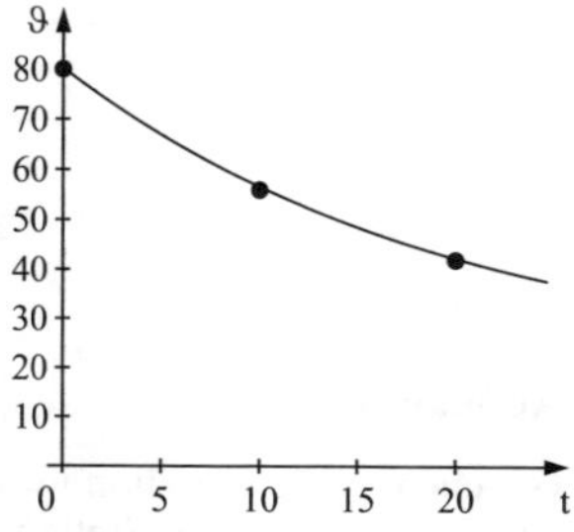


$\vartheta(t) = 20 + 60 \cdot e^{-0{,}05t}$

**Aufgabe 4**

Für eine Funktion f gelte $f'(5) = 0$.
Was lässt sich hieraus folgern? Begründen Sie Ihre Wahl.
(A) An der Stelle 5 hat die Ableitungsfunktion von f den Wert 0.
(B) $x = 5$ ist Extremstelle von f.
(C) $x = 5$ ist Sattelstelle (Wendestelle mit waagerechter Tangente) von f.
(D) $x = 5$ ist Extrem- oder Sattelstelle von f.

**Aufgabe 5**

Der Graph der Funktion $y = f(x) = 2x^2 + ax + b$ hat im Punkt P(2; 1) den Anstieg 2.
Berechnen Sie a und b.

**Aufgabe 6**

Untersuchen Sie, für welche Werte von b der Graph der Funktion $y = f(x) = x^4 + bx^2$ keine Wendepunkte besitzen kann.

**Aufgabe 7**

In einem Koordinatensystem ist der Graph einer der Funktionen
$y = f(x) = x^3 - x$
oder
$y = g(x) = x^3 - 2x + 1$
dargestellt.

a) Begründen Sie, welche der beiden Funktionen dargestellt ist.

b) Skizzieren Sie den Verlauf der Ableitungsfunktion der dargestellten Funktion in dasselbe Koordinatensystem.

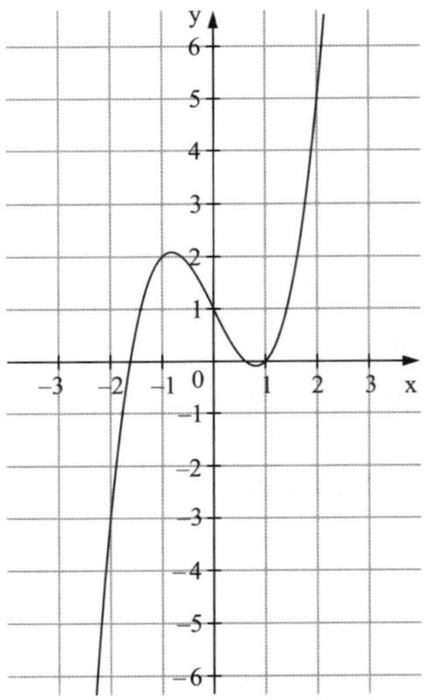


**Aufgabe 8**

Gegeben ist die Funktion $y = f(x) = -x^2 + 1$. Ermitteln Sie eine Gleichung der Tangente an den Graphen von f an der Stelle $x_0 = 2$.

**Aufgabe 9**

Begründen Sie, weshalb das Newton'sche Näherungsverfahren für die Funktion $y = f(x) = -(x-2)^2 + 3$ mit dem Startwert $x_1 = 2$ keine Lösung liefern kann.

**Aufgabe 10**

Ermitteln Sie diejenige Stammfunktion F von $y = f(x) = 1 - \frac{1}{x}$, die an der Stelle $x_0 = 1$ den Funktionswert 2 hat.

**Aufgabe 11**

Ein Gefäß enthält zu Beginn 10 Liter Wasser. Der Zu- und Abfluss wird über ein Ventil gesteuert. Die Änderungsrate in $\frac{\text{Liter}}{\text{min}}$ wird durch nebenstehendes Diagramm veranschaulicht.
Ermitteln Sie die Menge an Wasser in dem Gefäß nach 12 Minuten.

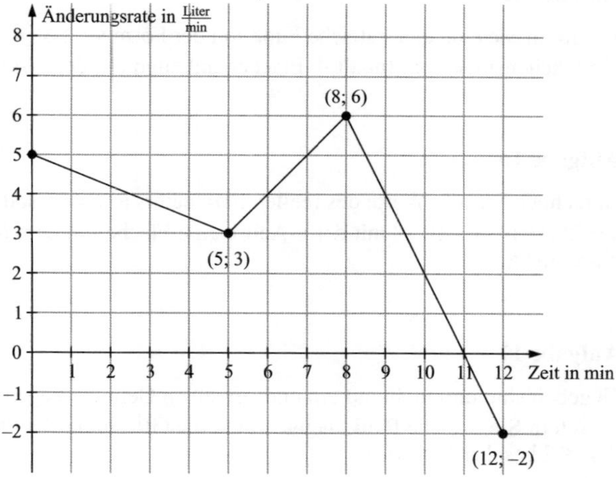


**Aufgabe 12**

In der Grafik wird die vertikale Geschwindigkeit eines Heißluftballons dargestellt, der zum Zeitpunkt $t = 0$ am Boden war (v in $\frac{\text{m}}{\text{min}}$, t in min).

a) Bestimmen Sie durch eine Schätzung die nach 30 Minuten erreichte Höhe.

b) Begründen Sie, dass die Ballonfahrt an einem höher gelegenen Ort endet.

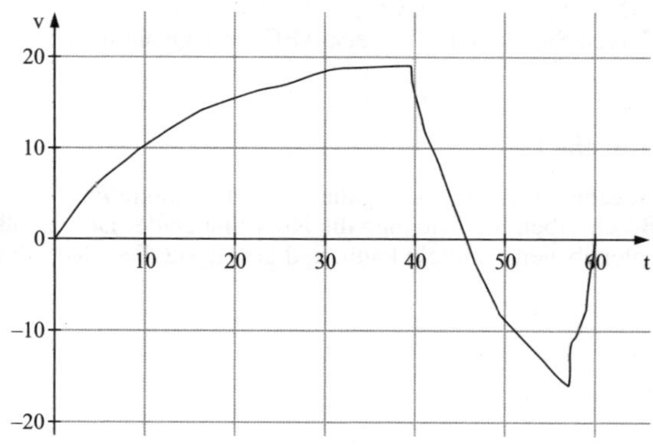

**Aufgabe 13**

Der Graph der Funktion $y = f(x) = -\frac{4}{9}x + 2$ schließt mit der x-Achse und den Geraden $x = 1$ sowie $x = 2$ eine Fläche ein. Bestimmen Sie die Größe dieser Fläche.

**Aufgabe 14**

Die Graphen der Funktionen $y = 2$ und $y = f(x) = x^2 - 2$ schließen eine Fläche ein. Veranschaulichen Sie diesen Sachverhalt in einer Skizze und zeigen Sie, dass der Inhalt dieser Fläche $\frac{32}{3}$ Flächeneinheiten beträgt.

**Aufgabe 15**

Ermitteln Sie eine quadratische Funktion der Form $y = g(x) = -x^2 + a$ mit $x; a \in \mathbb{R}; a > 0$, die ein Flächenstück vom Inhalt $\frac{4}{3}$ Flächeneinheiten mit der x-Achse eingrenzt.

**Aufgabe 16**

Berechnen Sie alle Werte des reellen Parameters a ($a \neq 0$), sodass der Graph der Funktion $y = f_a(x) = a \cdot (x - 2) \cdot x^2$ mit der x-Achse eine Fläche mit dem Inhalt $A = \frac{4}{3}$ FE vollständig einschließt.

**Aufgabe 17**

Gegeben sind drei nicht auf ein und derselben Geraden liegende Punkte O, A und B. Erläutern Sie, welche Punktmenge durch die Gleichung $\vec{x} = \overrightarrow{OA} + r \cdot \overrightarrow{AB}$ mit $r \in \mathbb{R}$ und $0 \leq r \leq 2$ beschrieben wird.

**Aufgabe 18**

In einem kartesischen Koordinatensystem sind die Punkte A, B, C und D gegeben:
A(5; 0; 0), B(5; 4; 3), C(0; 4; 3), D(0; 0; 0)
Zeigen Sie, dass das Viereck ABCD ein Quadrat ist.

**Aufgabe 19**

Gegeben ist die Gerade g, die durch die Punkte A(1; 2; 3) und B(–1; 1; –1) verläuft. Beschreiben Sie, wie man die Koordinaten der Durchstoßpunkte von g durch die drei Koordinatenebenen ermitteln kann, und geben Sie diese Koordinaten an.

**Aufgabe 20**

Gegeben ist ein Würfel ABCDEFGH mit zwei Strecken $\overline{AG}$ und $\overline{DM}$ (siehe Abbildung). Der Punkt M sei der Mittelpunkt der oberen rechten Kante.
Zeigen Sie, dass die beiden Strecken $\overline{AG}$ und $\overline{DM}$ einander schneiden.

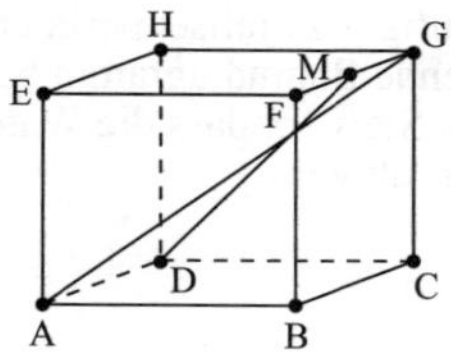


**Aufgabe 21**

Gegeben ist ein Würfel mit der Kantenlänge 5 cm entsprechend der nebenstehenden Abbildung.
Der Würfel steht mit seiner Grundfläche ABCD auf der xy-Ebene. Der Punkt M sei der Mittelpunkt der Seitenfläche BCGF.
Untersuchen Sie, ob die Gerade g durch die Punkte A und G die Gerade h durch die Punkte M und H schneidet.

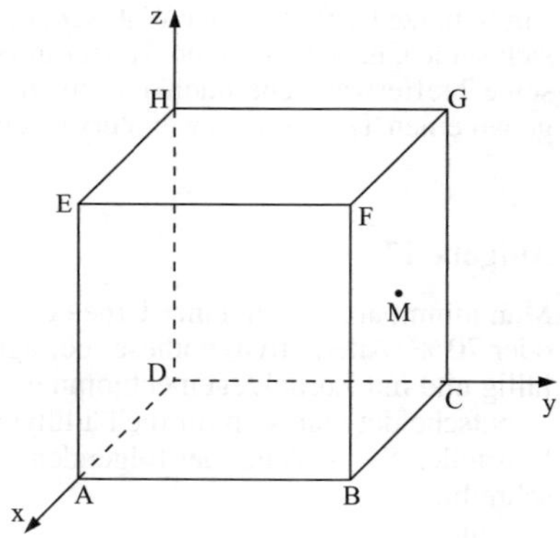


**Aufgabe 22**

Ermitteln Sie das Volumen der Pyramide ABCD mit den Eckpunkten A(1; 0; 1), B(1; 2; 1), C(0; 1; 1), D(1; 1; 3).

**Aufgabe 23**

Zwei Würfel werden dreimal nacheinander gleichzeitig geworfen. Berechnen Sie die Wahrscheinlichkeit, dass es jedes Mal einen „Pasch“ (also bei beiden Würfeln die gleiche Augenzahl) gibt.

**Aufgabe 24**

Drei Würfel werden einmal gleichzeitig geworfen. Bestimmen Sie die Wahrscheinlichkeit, dass keine Zahl mehrfach vorkommt.

**Aufgabe 25**

Ein zweistufiges Zufallsexperiment wird durch das nebenstehende Baumdiagramm beschrieben. Bestimmen Sie x so, dass die Wahrscheinlichkeit P(E) möglichst groß wird.

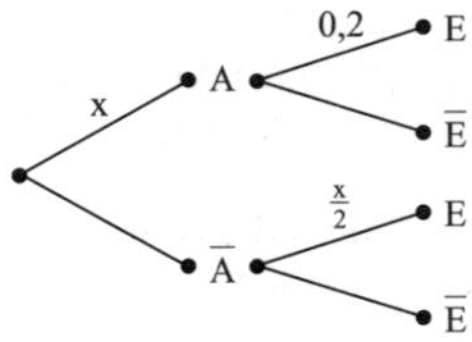


**Aufgabe 26**

Ein Schütze trifft mit einer Wahrscheinlichkeit von 60 % sein Ziel. Nach einem Treffer erhöht sich seine Chance auf einen Treffer um ein Zehntel, nach einem Fehlschuss verringert sich seine Trefferwahrscheinlichkeit um ein Viertel. Berechnen Sie die Wahrscheinlichkeit für genau einen Treffer aus zwei Versuchen.

**Aufgabe 27**

Man nimmt an, dass in einer Urne der Anteil roter Kugeln entweder 20 % (Nullhypothese) oder 70 % (Alternativhypothese) beträgt. In einer Stichprobe werden der Urne 20 Kugeln zufällig und mit Zurücklegen entnommen. Sind in der Stichprobe höchstens zehn rote Kugeln, so entscheidet man sich für die Nullhypothese.
Beurteilen Sie, welcher der folgenden Terme die Irrtumswahrscheinlichkeit dieses Tests beschreibt.

A: $\sum_{k=0}^{10} \binom{20}{k} \cdot 0{,}2^k \cdot 0{,}7^{20-k}$

B: $\sum_{k=11}^{20} \binom{20}{k} \cdot 0{,}2^k \cdot 0{,}8^{20-k}$

C: $\sum_{k=0}^{10} \binom{20}{k} \cdot 0{,}7^k \cdot 0{,}3^{20-k}$

## Hinweise und Tipps

**Aufgabe 1**

- Bestimmen Sie die kleinste Periode von $y = \sin(2x)$.
- Skizzieren Sie den Graphen von $y = \sin(2x)$ und lesen Sie aus der Skizze die Lösungsmenge ab.

**Aufgabe 2**

- Nach jeweils zehn Tagen wird das ursprüngliche Guthaben auf die Hälfte reduziert, man muss also jeweils mit $\frac{1}{2}$ multiplizieren. Außerdem gilt:
  $\frac{1}{8} = \left(\frac{1}{2}\right)^3$
- Überlegen Sie, wie groß das Guthaben nach zehn Tagen ist.
- Berechnen Sie für jeden der Terme den Termwert für $t = 10$. Sortieren Sie die Terme mit falschen Ergebnissen aus.

**Aufgabe 3**

- Beachten Sie, dass nach dem gesamten Abkühlungsprozess gefragt wird, also nach der Abkühlung bis auf die Höhe der Umgebungstemperatur von 20 °C.
- Überlegen Sie, welchen Verlauf das lineare Modell A bzw. das quadratische Modell B für größer werdende Zeiten annimmt.

**Aufgabe 4**

- Der Wert von $f'(x_0)$ trifft eine Aussage über den Anstieg des Graphen von f an der Stelle $x_0$.
- Für Extrem- und Wendepunkte sind notwendige und hinreichende Bedingungen zu berücksichtigen.

**Aufgabe 5**

- Bestimmen Sie den Term der Ableitungsfunktion $f'(x)$.
- Stellen Sie zwei Gleichungen auf, die aus den Angaben folgen, und lösen Sie das aus diesen Angaben sich ergebende Gleichungssystem.

**Aufgabe 6**

- Welche Bedingungen müssen für das Vorhandensein von Wendepunkten erfüllt sein?
- Bestimmen Sie den Term der 2. Ableitungsfunktion $f''(x)$.

**Aufgabe 7**

- Betrachten Sie z. B. die Koordinatenschnittpunkte und vergleichen Sie diese mit den Funktionstermen von f und g.
- Markieren Sie zunächst im Koordinatensystem die Stellen, an denen die Ableitungsfunktion null ist.
- Ermitteln Sie dann Intervalle, in denen die Ableitungsfunktion positive bzw. negative Werte annimmt.
- Von welchem Grad muss die Ableitungsfunktion sein?

**Aufgabe 8**

- Beachten Sie, dass $f'(x_0)$ den Anstieg m der Tangente liefert.
- Außerdem muss der Berührpunkt B(2; f(2)) die Tangentengleichung erfüllen.

**Aufgabe 9**

- Das Newton'sche Näherungsverfahren ist ein Tangentennäherungsverfahren. Es funktioniert nur, wenn die Tangenten die x-Achse schneiden.
- Vergleichen Sie die Abszisse des Scheitelpunktes des Graphen von f mit dem gegebenen Startwert.

**Aufgabe 10**

- Bestimmen Sie zuerst die Menge aller Stammfunktionen, also das unbestimmte Integral mit der Integrationskonstanten c.
- Ermitteln Sie den Wert der Integrationskonstanten c für $x = 1$ und $y = 2$.

**Aufgabe 11**

- Die Gesamtmenge ergibt sich unter Beachtung des Anfangswertes aus der Flächenbilanz der vom Graphen und der x-Achse eingeschlossenen Flächen.
- Dabei werden Teilflächen oberhalb der x-Achse als Zufluss- und Teilflächen unterhalb als Abflussmengen interpretiert.

**Aufgabe 12**

- Die nach 30 Minuten erreichte Höhe entspricht der Fläche unter dem Graphen von v im Intervall [0; 30].
- Nähern Sie den Graphen im Intervall [0; 30] durch eine Gerade an.
- Welche Bedeutung haben Flächen oberhalb bzw. unterhalb der waagerechten Achse bezogen auf diesen Sachverhalt?

**Aufgabe 13**

- Überlegen Sie, ob die zur Funktion f gehörende Gerade und die x-Achse eine Fläche einschließen, die vollständig oberhalb der x-Achse liegt.
- Den Flächeninhalt können Sie entweder elementar als Trapezfläche oder mithilfe der Integralrechnung bestimmen.

**Aufgabe 14**

- Die Gerade $y = 2$ verläuft parallel zur x-Achse, die Parabel $y = x^2 - 2$ ist nach oben geöffnet.
- Bestimmen Sie die Schnittpunkte beider Kurven.
- Vereinfachen Sie die Flächenberechnung mittels Integration durch Ausnutzung der Symmetrie zur y-Achse.

**Aufgabe 15**

- Die zu g gehörende Parabel ist nach unten geöffnet und besitzt wegen $a > 0$ einen oberhalb der x-Achse liegenden Scheitelpunkt.
- Bestimmen Sie die Nullstellen von g als Integrationsgrenzen und nutzen Sie zur Vereinfachung für den Ansatz der Flächenberechnung die Achsensymmetrie der Parabel aus.

**Aufgabe 16**

- Machen Sie sich klar, dass die Funktion $f_a$ genau zwei Nullstellen hat, und berechnen Sie diese Nullstellen.
- Beachten Sie, dass die zu berechnende Fläche in Abhängigkeit vom Vorzeichen des Parameters a oberhalb oder unterhalb der x-Achse liegen kann.

**Aufgabe 17**

- Skizzieren Sie den Sachverhalt.
- Veranschaulichen Sie die gegebenen Vektoren.

**Aufgabe 18**

- Es müssen drei Bedingungen erfüllt sein, z. B. $\overrightarrow{AB} = -\overrightarrow{CD}$ und $\overrightarrow{AB} \perp \overrightarrow{BC}$ sowie $|\overrightarrow{AB}| = |\overrightarrow{BC}|$.
- Die Orthogonalität zweier Vektoren kann mit dem Skalarprodukt überprüft werden.

**Aufgabe 19**

- Ermitteln Sie eine Gleichung der Geraden g.
- Damit g z. B. die xy-Ebene durchstößt, muss $z = 0$ sein.
- Setzen Sie $z = 0$ in die Gleichung von g ein und berechnen Sie daraus den Wert des Parameters in der Geradengleichung.

**Aufgabe 20**

- Damit sich zwei Geraden im Raum schneiden, müssen sie in ein und derselben Ebene liegen, dürfen aber nicht parallel zueinander sein.
- Alternativ können Sie die Aufgabe auch rechnerisch nach Einführung eines geeigneten Koordinatensystems lösen.

**Aufgabe 21**

- Sie können die Aufgabe elementargeometrisch lösen (siehe Hinweis zu Aufgabe 20).
- Alternativ ist auch eine rechnerische Lösung möglich. Stellen Sie dazu die Gleichungen der Geraden g(AG) und h(MH) auf, setzen Sie gleich und zeigen Sie, dass das Gleichungssystem genau eine Lösung hat.

**Aufgabe 22**

- Skizzieren Sie den Sachverhalt und machen Sie sich die besondere Lage und Form dieser Pyramide bewusst.
- Überlegen Sie, wie Sie die Höhe der Grundfläche ABC und die Höhe der Pyramide erhalten.

**Aufgabe 23**

- Bestimmen Sie die Wahrscheinlichkeit für einen Pasch.
- Beachten Sie die Unabhängigkeit der Ergebnisse beim dreimaligen Werfen zweier Würfel.

**Aufgabe 24**

- Überlegen Sie, wie viele mögliche Ergebnisse es beim ersten, zweiten und dritten Wurf gibt, wenn sich kein Ergebnis wiederholen darf.

**Aufgabe 25**

- Beschreiben Sie die Wahrscheinlichkeit P(E) mithilfe der Pfadregeln in Abhängigkeit von x durch eine Funktion f(x).
- Untersuchen Sie f(x) auf lokale Maxima.

**Aufgabe 26**

- Zeichnen Sie ein Baumdiagramm.
- Kennzeichen Sie die Pfade für genau einen Treffer aus zwei Versuchen.
- Ermitteln Sie die gesuchte Wahrscheinlichkeit mithilfe der Pfadregeln.

**Aufgabe 27**

- Die Irrtumswahrscheinlichkeit beschreibt die maximale Wahrscheinlichkeit, die Nullhypothese abzulehnen, obwohl sie in Wirklichkeit zutreffend ist.
- Die Nullhypothese wird bei der gegebenen Entscheidungsregel irrtümlich abgelehnt, wenn zufällig mindestens elf rote Kugeln in der Stichprobe auftauchen, der Anteil roter Kugeln aber 20 % beträgt.

## Lösungen

**Aufgabe 1**

Die kleinste Periode von $y = \sin(2x)$ ist $p = \frac{2\pi}{2} = \pi$.

Eine Skizze wie nebenstehend hilft bei der Lösungsfindung. Hieraus kann man die Lösungsmenge ablesen:

$$\underline{\underline{L = \left[-\pi; -\frac{\pi}{2}\right] \cup \left[0; \frac{\pi}{2}\right]}}$$

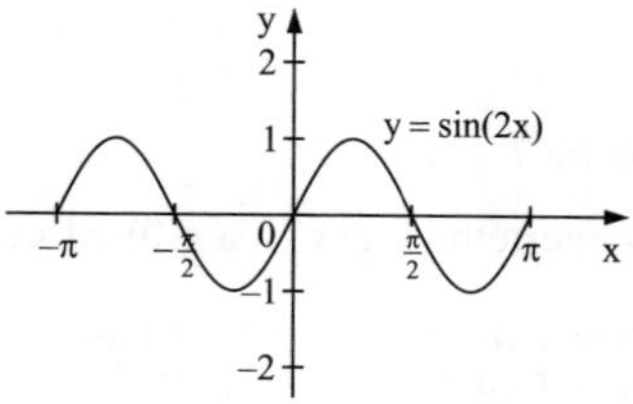


**Aufgabe 2**

a) $\frac{1}{8} = \left(\frac{1}{2}\right)^3$, also nach 3 Abhebungen, d. h. nach $3 \cdot 10 = \underline{\underline{30 \text{ Tagen}}}$

b) Richtig sind $\underline{\underline{B}}$ und $\underline{\underline{D}}$, denn es ist $\frac{1}{2} = 2^{-1}$.

**Aufgabe 3**

Obwohl alle drei Kurven eine angemessene Näherung für den Zeitraum $0 \le t \le 20$ bieten, sind die Modelle A und B für den Gesamtprozess nicht sinnvoll:
Modell A liefert eine Nullstelle für $t \approx 40$. Bei einer konstanten Umgebungstemperatur von 20 °C können aber nach 40 Minuten nicht 0 °C erreicht werden.

Modell B würde einen Verlauf der Abkühlungskurve liefern, bei dem nach 29 Minuten die Temperatur wieder ansteigt, weil die zugehörige Parabel den Scheitelpunkt $S\left(29; \frac{759}{20}\right)$ besitzt. Auch das ist für den Abkühlungsprozess ohne weitere äußere Wärmezufuhr nicht zu erwarten.

Die Werte im Modell C hingegen nähern sich für immer größer werdende Zeiten immer mehr dem Wert von 20 °C an.
Das $\underline{\underline{\text{Modell C}}}$ beschreibt den Abkühlungsprozess am sinnvollsten.

**Aufgabe 4**

Nur die Aussagen $\underline{\underline{A}}$ und $\underline{\underline{D}}$ sind richtig, da für die Aussage B das hinreichende Kriterium $f''(5) \neq 0$ fehlt und für die Aussage C nichts über die 2. Ableitung ausgesagt wird.

**Aufgabe 5**

Mit der Ableitung $f'(x) = 4x + a$ ist das Gleichungssystem $f(2) = 1$ und $f'(2) = 2$ zu lösen:
$8 + 2a + b = 1$ und $8 + a = 2$
Es ergibt sich für $\underline{\underline{a = -6}}$ und für $\underline{\underline{b = 5}}$.

**Aufgabe 6**

Damit die notwendige Bedingung für Wendepunkte erfüllt werden kann, muss $f''(x) = 0$ werden. Die zweite Ableitung $f''(x) = 12x^2 + 2b$ kann nur für $b \leq 0$ null werden, d. h., der Graph von f kann für $b > 0$ keine Wendepunkte haben.

**Aufgabe 7**

a) Dargestellt ist $\underline{\underline{g(x)}}$, da $g(0) = 1$ und $f(0) = 0$ ist.

b) Skizze des Graphen der Ableitungsfunktion $y = g'(x) = 3x^2 - 2$:

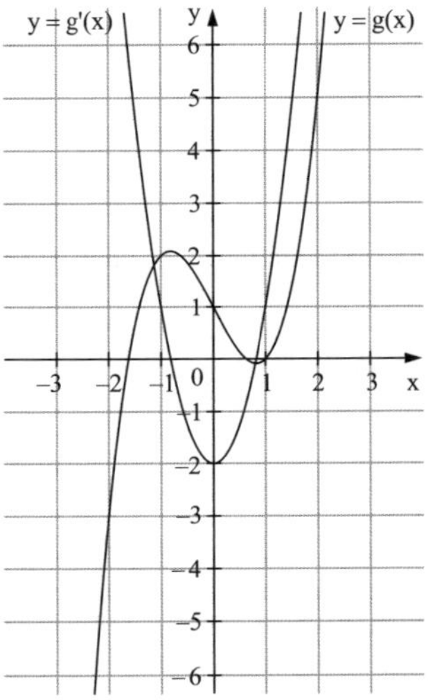


**Aufgabe 8**

$f'(x) = -2x \quad \Rightarrow \quad m = f'(2) = -4$

Außerdem ist $f(2) = -3$. Dies und m wird in den Ansatz $y = m \cdot x + n$ eingesetzt:

$-3 = -4 \cdot 2 + n \quad \Rightarrow \quad n = 5$

Damit ergibt sich die Tangentengleichung: $\underline{\underline{y = -4x + 5}}$

**Aufgabe 9**

Das Newtonverfahren ist ein Tangentennäherungsverfahren, bei dem die Nullstelle der Tangente an den Graphen von f einen Näherungswert für die gesuchte Nullstelle von f liefert.

Hier hat die gegebene Funktion f an der Stelle $x_1 = 2$ aber eine zur x-Achse parallele Tangente, sodass diese keine Nullstelle liefert, von der aus weitere Näherungswerte bestimmbar wären.

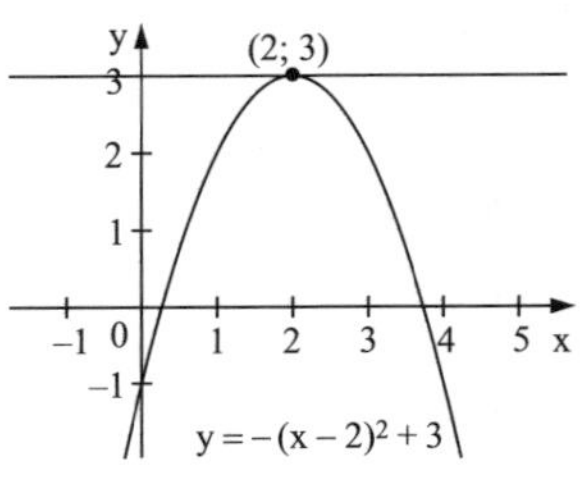

**Aufgabe 10**

Die Menge aller Stammfunktionen F ist das unbestimmte Integral
$\int \left(1-\frac{1}{x}\right) dx = x - \ln|x| + c.$

Mit $F(1)=2$ folgt $2=1-\ln(1)+c$. Wegen $\ln(1)=0$ ist also $c=1$.

Die gesuchte Stammfunktion hat die Gleichung $\underline{\underline{y = F(x) = x - \ln|x| + 1.}}$

**Aufgabe 11**

Die Fläche von $t=0$ bis $t=11$ unter der Randkurve zählt als Zufluss. Die zugehörigen Teilflächen (zwei Trapeze und ein Dreieck) ergeben zusammen

$$\frac{5+3}{2}\cdot 5+\frac{6+3}{2}\cdot 3+\frac{1}{2}\cdot 6\cdot 3=20+13{,}5+9=42{,}5 \text{ FE},$$

also fließen in diesem Zeitraum 42,5 Liter zu.

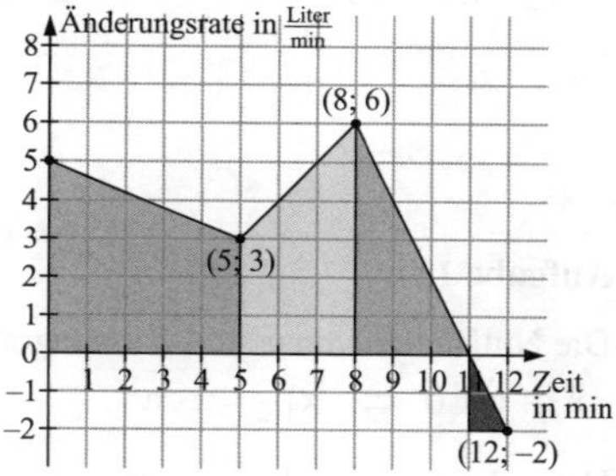


Die Fläche von $t=11$ bis $t=12$ liegt unterhalb der Abszissenachse, sie muss als Abfluss gezählt werden. Ihr Inhalt beträgt 1 FE, also fließt ein Liter ab.

Die Gesamtbilanz ergibt:

10 Liter + 42,5 Liter − 1 Liter = $\underline{\underline{51{,}5 \text{ Liter}}}$

befinden sich nach 12 Minuten im Gefäß.

**Aufgabe 12**

a) Ein möglicher Schätzwert ergibt sich, indem man z. B. durch die Punkte P(0; 0) und Q(30; 18) eine lineare Funktion legt. Die Fläche unter diesem Graphen entspricht näherungsweise der Höhe. Es gilt also $h \approx \frac{30\cdot 18}{2} = 270$ m; da man damit etwas zu niedrig liegt, wäre 300 m ein guter Schätzwert.

b) Der Ballon muss nach 60 s an einem höher gelegenen Ort landen, da die Fläche unter der t-Achse offensichtlich kleiner ist als die in Teilaufgabe a berechnete Fläche.

**Aufgabe 13**

Der Graph von f ist eine fallende Gerade. Wegen $f(2)=\frac{10}{9}>0$ liegt die Fläche komplett oberhalb der x-Achse. Die Größe berechnet sich daher zu:

$$\int_1^2 \left(-\frac{4}{9}x+2\right)dx=\left[-\frac{4}{9}\cdot\frac{1}{2}\cdot x^2+2x\right]_1^2=\left(-\frac{2}{9}\cdot 4+4\right)-\left(-\frac{2}{9}\cdot 1+2\right)=\underline{\underline{\frac{4}{3}}}$$

**Aufgabe 14**

Die Schnittstellen der beiden Graphen sind zugleich die Integrationsgrenzen für die Bestimmung des Flächeninhalts:

$x^2 - 2 = 2 \;\Rightarrow\; x_{1/2} = \pm 2$

Unter Ausnutzung der Achsensymmetrie zur y-Achse ergibt sich als Flächeninhalt der zu zeigende Wert:

$$A = 2 \cdot \int_0^2 \left(2 - (x^2 - 2)\right) dx = 2 \cdot \left[4x - \frac{1}{3} \cdot x^3\right]_0^2$$

$$= 2 \cdot \left(8 - \frac{8}{3}\right) = \frac{32}{3}$$

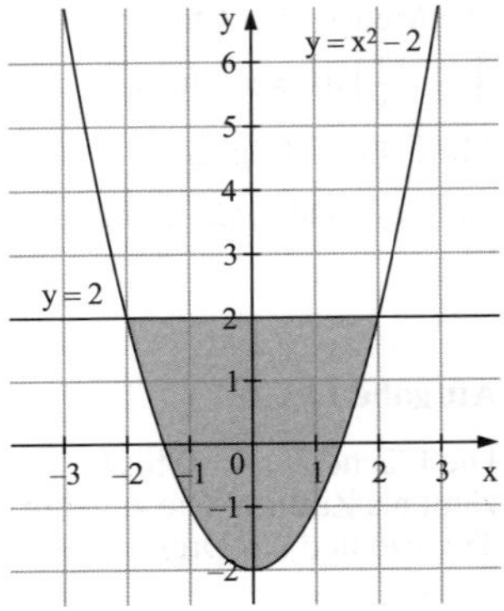


**Aufgabe 15**

Die Nullstellen von g sind die Integrationsgrenzen für die Bestimmung des Flächeninhalts:

$-x^2 + a = 0 \;\Rightarrow\; x_{1/2} = \pm\sqrt{a}$

Unter Ausnutzung der Achsensymmetrie zur y-Achse ergibt sich für den Flächeninhalt:

$$2 \cdot \int_0^{\sqrt{a}} (-x^2 + a)\,dx = \frac{4}{3}$$

$$2 \cdot \left[-\frac{1}{3} \cdot x^3 + a \cdot x\right]_0^{\sqrt{a}} = \frac{4}{3}$$

$$2 \cdot \left[-\frac{1}{3} \cdot a^{\frac{3}{2}} + a^{\frac{3}{2}}\right] = \frac{4}{3}$$

$$\frac{4}{3} \cdot a^{\frac{3}{2}} = \frac{4}{3}$$

$$a = 1$$

Die Funktion lautet $\underline{\underline{y = g(x) = -x^2 + 1}}$.

**Aufgabe 16**

Aus der Funktionsgleichung von $f_a$ lassen sich sofort die beiden einzigen Nullstellen $x_{01} = 0$ und $x_{02} = 2$, die zugleich die Integrationsgrenzen sind, ablesen.

Die Fläche kann oberhalb oder unterhalb der x-Achse liegen. Für ihren Inhalt A gilt dann:

$$A = \left| \int_0^2 f_a(x)\,dx \right| = \frac{4}{3}$$

Für die Integration ist es sinnvoll, den Funktionsterm auszumultiplizieren:

$f_a(x) = a \cdot (x^3 - 2x^2)$

Damit gilt:

$$\left| a \cdot \int_0^2 (x^3 - 2x^2)\,dx \right| = \frac{4}{3}$$

$$\left| a \cdot \left[ \frac{1}{4} \cdot x^4 - 2 \cdot \frac{1}{3} \cdot x^3 \right]_0^2 \right| = \frac{4}{3}$$

$$\left| a \cdot \left[ \frac{2^4}{4} - \frac{2 \cdot 2^3}{3} \right] \right| = \frac{4}{3}$$

$$\left| a \cdot \left( -\frac{4}{3} \right) \right| = \frac{4}{3}$$

$$|a| = 1$$

Für $\underline{\underline{a = 1}}$ oder $\underline{\underline{a = -1}}$ hat die Funktion $f_a$ die in der Aufgabe verlangte Eigenschaft.

**Aufgabe 17**

Die Punktmenge beschreibt eine Strecke, die vom Punkt A beginnend in Richtung des Vektors $\overrightarrow{AB}$ verläuft und doppelt so lang ist wie dieser Vektor.

**Aufgabe 18**

$$\overrightarrow{AB} = \begin{pmatrix} 0 \\ 4 \\ 3 \end{pmatrix};\ \overrightarrow{BC} = \begin{pmatrix} -5 \\ 0 \\ 0 \end{pmatrix};\ \overrightarrow{CD} = \begin{pmatrix} 0 \\ -4 \\ -3 \end{pmatrix} \Rightarrow \overrightarrow{AB} = -\overrightarrow{CD};\ |\overrightarrow{AB}| = 5;\ |\overrightarrow{BC}| = 5 \text{ und } \overrightarrow{AB} \circ \overrightarrow{BC} = 0$$

**Aufgabe 19**

Man bestimmt zunächst eine Gleichung der Geraden g, z. B. $\vec{x} = \overrightarrow{OA} + t \cdot \overrightarrow{AB}$ mit $t \in \mathbb{R}$:

$$\begin{pmatrix} x \\ y \\ z \end{pmatrix} = \begin{pmatrix} 1 \\ 2 \\ 3 \end{pmatrix} + t \cdot \begin{pmatrix} -2 \\ -1 \\ -4 \end{pmatrix}$$

Für den Durchstoßpunkt durch eine Koordinatenebene hat immer eine der Koordinaten den Wert null. Daraus kann der jeweilige Wert für den Parameter t bestimmt werden und damit werden die beiden anderen Koordinaten des Durchstoßpunktes ermittelt.

Durchstoßpunkt $S_{xy}$ durch die xy-Ebene:

$$z = 0, \text{ also } 0 = 3 - 4t \Rightarrow t = \frac{3}{4} \Rightarrow \overrightarrow{OS_{xy}} = \begin{pmatrix} 1 \\ 2 \\ 3 \end{pmatrix} + \frac{3}{4} \cdot \begin{pmatrix} -2 \\ -1 \\ -4 \end{pmatrix} = \begin{pmatrix} -\frac{1}{2} \\ \frac{5}{4} \\ 0 \end{pmatrix}$$

$$\underline{\underline{S_{xy} = \left( -\frac{1}{2}; \frac{5}{4}; 0 \right)}}$$

Durchstoßpunkt $S_{xz}$ durch die xz-Ebene:

$y=0$, also $0=2-t \Rightarrow t=2 \Rightarrow \overrightarrow{OS_{xz}}=\begin{pmatrix}1\\2\\3\end{pmatrix}+2\cdot\begin{pmatrix}-2\\-1\\-4\end{pmatrix}=\begin{pmatrix}-3\\0\\-5\end{pmatrix}$

$\underline{\underline{S_{xz}=(-3;\ 0;\ -5)}}$

Durchstoßpunkt $S_{yz}$ durch die yz-Ebene:

$x=0$, also $0=1-2t \Rightarrow t=\frac{1}{2} \Rightarrow \overrightarrow{OS_{yz}}=\begin{pmatrix}1\\2\\3\end{pmatrix}+\frac{1}{2}\cdot\begin{pmatrix}-2\\-1\\-4\end{pmatrix}=\begin{pmatrix}0\\\frac{3}{2}\\1\end{pmatrix}$

$\underline{\underline{S_{yz}=\left(0;\ \frac{3}{2};\ 1\right)}}$

**Aufgabe 20**

Die untere linke Kante $\overline{AD}$ und die obere rechte Kante $\overline{FG}$ sind echt parallel und spannen deshalb eine Ebene auf, in der auch die beiden Transversalen liegen.
Da die Transversalen nicht parallel zueinander sind, müssen sie sich schneiden.

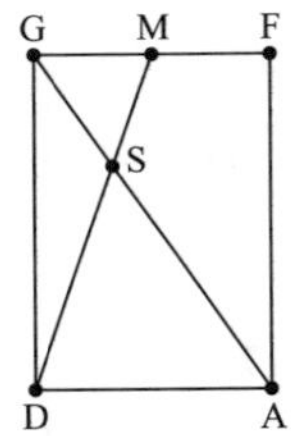


*Alternativ* kann man auch, wie in nebenstehender Skizze, ein Koordinatensystem einführen und den Nachweis rechnerisch führen. Der Würfel habe dabei die Kantenlänge a.
Dann kann man die Gerade g(AG) beschreiben durch

$\vec{x}=\begin{pmatrix}a\\0\\0\end{pmatrix}+r\cdot\begin{pmatrix}-a\\a\\a\end{pmatrix}.$

Für die Gerade h(DM) gilt $\vec{x}=s\cdot\begin{pmatrix}\frac{a}{2}\\a\\a\end{pmatrix}.$

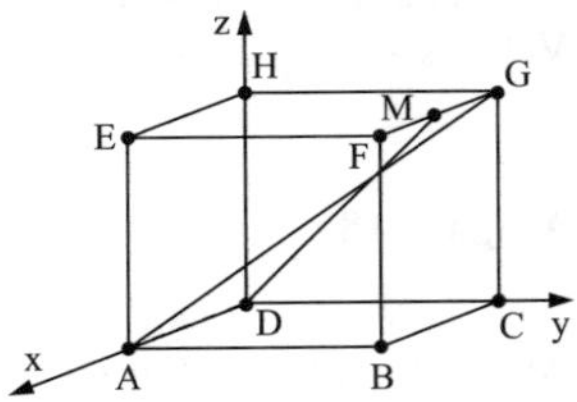


Gleichsetzen und Lösen des Gleichungssystems führt auf $r=s=\frac{2}{3}$. Das Gleichungssystem hat genau eine Lösung, d. h., es gibt einen Schnittpunkt der beiden Geraden.
Die Koordinaten des Schnittpunktes müssen nicht angegeben werden.

**Aufgabe 21**

*Elementargeometrische Lösung:*
Die Geraden g und h müssen einander schneiden, denn sie liegen beide in der Ebene, die durch die Punkte A, B, G und H aufgespannt wird.
Der Punkt M liegt ebenfalls in dieser Ebene, weil er der Mittelpunkt der Strecke $\overline{BG}$ ist.

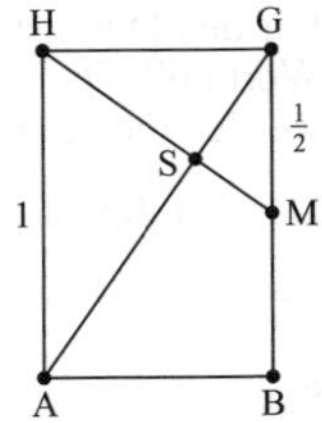


*Lösung als Schnitt zweier Geraden:*
Die Gerade g(AG) hat die Gleichung:

$\vec{x}=\begin{pmatrix}5\\0\\0\end{pmatrix}+r\cdot\begin{pmatrix}-5\\5\\5\end{pmatrix}$

Der Punkt M hat die Koordinaten M(2,5; 5; 2,5) und somit kann die Gerade h(MH) durch die Gleichung $\vec{x} = \begin{pmatrix} 0 \\ 0 \\ 5 \end{pmatrix} + s \cdot \begin{pmatrix} 2,5 \\ 5 \\ -2,5 \end{pmatrix}$ beschrieben werden.

Gleichsetzen beider Geradengleichungen führt auf das Gleichungssystem:

$$5 - 5r = 2,5s$$
$$5r = 5s$$
$$5r = 5 - 2,5s$$

Aus der zweiten Gleichung folgt $r = s$, dies eingesetzt in die erste bzw. dritte Gleichung ergibt $r = s = \frac{2}{3}$. Da die Richtungsvektoren nicht parallel sind, schneiden sich die Geraden g und h.

**Aufgabe 22**

Die Punkte A, B und C liegen in der gleichen Höhe $z = 1$. Sie bilden ein gleichschenkliges Dreieck mit der Basis $\overline{AB} = 2$ LE. Der Mittelpunkt der Basis hat die Koordinaten M(1; 1; 1). Die Höhe der Grundfläche ABC ist durch $\overline{MC} = 1$ LE gegeben. Der Punkt D liegt senkrecht über M, somit kann $\overline{MD} = 2$ LE als Höhe der Pyramide gewählt werden. Für das Volumen der Pyramide ergibt sich:

$$V = \frac{1}{3} \cdot \frac{1}{2} \cdot 2 \cdot 1 \cdot 2 = \underline{\underline{\frac{2}{3}\text{ VE}}}$$

**Aufgabe 23**

Die Wahrscheinlichkeit für einen Pasch beträgt $\frac{1}{6}$, für dreimal nacheinander auftretende Pasche also:

$$\left(\frac{1}{6}\right)^3 = \underline{\underline{\frac{1}{216}}}$$

**Aufgabe 24**

Für den ersten Würfel gibt es 6 mögliche Zahlen, für den zweiten nur noch 5 und für den dritten nur noch 4:

$$\frac{6 \cdot 5 \cdot 4}{6 \cdot 6 \cdot 6} = \frac{20}{36} = \underline{\underline{\frac{5}{9}}}$$

**Aufgabe 25**

$$P(E) = x \cdot 0,2 + (1 - x) \cdot \frac{x}{2} = 0,2 \cdot x + 0,5 \cdot x - 0,5 \cdot x^2 = 0,7 \cdot x - 0,5 \cdot x^2$$

Die Funktion $y = f(x) = 0,7 \cdot x - 0,5 \cdot x^2$ ist zu maximieren. Für die Ableitungen von f gilt:

$f'(x) = 0,7 - x$ und $f''(x) = -1$

Die Bedingungen $f'(x_E) = 0$ und $f''(x_E) < 0$ für ein lokales Maximum liefern $\underline{\underline{x_E = 0,7}}$.

**Aufgabe 26**

$$\begin{aligned} P(\text{genau ein Treffer}) &= P(T\overline{T}) + P(\overline{T}T) \\ &= 0,6 \cdot (1-0,66) + (1-0,6) \cdot 0,45 \\ &= 0,6 \cdot 0,34 + 0,4 \cdot 0,45 \\ &= 0,204 + 0,18 \\ &= \underline{\underline{0,384}} \end{aligned}$$

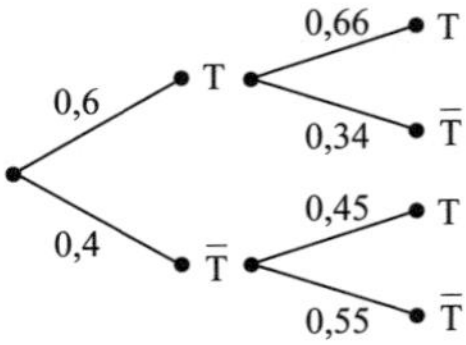


**Aufgabe 27**

Bei der Berechnung der Irrtumswahrscheinlichkeit wird der Fall betrachtet, dass die Nullhypothese abgelehnt wird, in der Stichprobe also mindestens elf rote Kugeln sind, obwohl sie zutrifft, der Anteil roter Kugeln in der Urne also 20 % beträgt.

Richtig ist daher Antwort $\underline{\underline{B}}$.

**Kernfach Mathematik (Thüringen)**
**CAS-Übungsaufgabe 1: Analysis (innermathematisch)**

Gegeben sei die Funktion $f_t$ durch $y = f_t(x) = (x-t)^2 \cdot e^{-\frac{x}{2t}}$ mit $x, t \in \mathbb{R}; t > 0$.

1. Berechnen Sie die exakten Koordinaten der
   a) Schnittpunkte mit den Achsen (2 BE)
   b) Extrempunkte (3 BE)
   c) Wendepunkte (2 BE)
   
   des Graphen von $f_t$.

2. Ermitteln Sie den Inhalt der Fläche $A_t$, die der Graph von $f_t$ mit den Koordinatenachsen vollständig einschließt. (2 BE)

3. Untersuchen Sie, ob es einen Wert für den Parameter t gibt, für den die Wendetangenten orthogonal zueinander sind. (2 BE)

Es sei nun bei den folgenden Teilaufgaben $t = 2$.

4. Die Punkte $P(2; f_2(2))$, $Q(u; 0)$ und $R(u; f_2(u))$ mit $u \in \mathbb{R}; u > 2$ sind die Eckpunkte des Dreiecks PQR.
   a) Begründen Sie, dass die Funktion $A(u) = \frac{1}{2} \cdot (u-2)^3 \cdot e^{-\frac{u}{4}}$ mit $u \in \mathbb{R}; u > 2$ den Flächeninhalt des Dreiecks PQR beschreibt. (2 BE)
   b) Geben Sie alle Näherungswerte von u an, für die $A(u) = 10$ ist. (1 BE)
   c) Erläutern Sie, weshalb es keine Werte für u geben kann, für die $A(u) = 10e$ gilt. (3 BE)
   d) Untersuchen Sie, ob man u so wählen kann, dass das Dreieck PQR gleichschenklig ist. (3 BE)

(20 BE)

## Hinweise und Tipps

### Aufgabe 1

*Schnittpunkte mit den Achsen*

- Definieren Sie die Funktion $f_t$ auf Ihrem Rechner.
- Schnittpunkte mit der x-Achse erhalten Sie durch Lösen der Gleichung $f_t(x)=0$.
- Der Schnittpunkt mit der y-Achse ergibt sich für $x=0$ und aus $f_t(0)$.

*Extrem- und Wendepunkte*

- Bilden Sie die 1., 2. und 3. Ableitung der Funktion $f_t$.
- Speichern Sie die Ableitungsfunktionen unter geeigneten Bezeichnungen ab.
- Extrempunkte:
  - Berechnen Sie für die notwendige Bedingung die Nullstellen $x_e$ der 1. Ableitungsfunktion.
  - Stellen Sie für die Überprüfung der hinreichenden Bedingung die Vorzeichen der 2. Ableitung an den Stellen $x_e$ fest.
  - Berechnen Sie die Funktionswerte an den Stellen $x_e$ und geben Sie die Koordinaten der Extrempunkte als geordnete Paare an.
- Wendepunkte:
  - Berechnen Sie für die notwendige Bedingung die Nullstellen $x_w$ der 2. Ableitungsfunktion.
  - Stellen Sie für die Überprüfung der hinreichenden Bedingung die Vorzeichen der 3. Ableitung an den Stellen $x_w$ fest.
  - Berechnen Sie die Funktionswerte an den Stellen $x_w$ und geben Sie die Koordinaten der Wendepunkte als geordnete Paare an.
- Achten Sie auf eine ausreichende Dokumentation des Lösungsweges.

### Aufgabe 2

*Flächeninhalt*

- Veranschaulichen Sie die zu berechnende Fläche durch eine grafische Darstellung für einen speziellen Wert des Parameters t.
- Beachten Sie für die Festlegung der Integrationsgrenzen Ergebnisse der Teilaufgabe 1 a.
- Kontrollieren Sie für einen speziellen Wert von t das Ergebnis auf grafischem und rechnerischem Wege.

### Aufgabe 3

*Orthogonalität der Wendetangenten*

- Zwei Geraden stehen aufeinander senkrecht, wenn das Produkt ihrer Anstiege den Wert $-1$ hat.
- Beachten Sie die Einschränkung $t>0$ aus der Aufgabenstellung.
- Kontrollieren Sie rechnerische Ergebnisse auf grafischem Wege.

### Aufgabe 4

*Flächeninhalt des Dreiecks*

- Der Flächeninhalt eines rechtwinkligen Dreiecks kann über die Längen seiner Katheten ermittelt werden.
- Die Länge einer der Katheten ist in diesem Falle die Differenz der x-Werte der Punkte P und Q, die Länge der anderen Kathete ergibt sich als Funktionswert an der Stelle u.

*Näherungswert für vorgegebenen Flächeninhalt*

Ermitteln Sie die Lösungen der Gleichung $A(u) = 10$.

*vorgegebener Flächeninhalt wird nicht angenommen*

Untersuchen Sie, wie groß der Flächeninhalt A(u) maximal werden kann. Vergleichen Sie diesen Wert mit der Zahl 10e.

*gleichschenkliges Dreieck*

Beachten Sie, dass das Dreieck PQR rechtwinklig ist. Die dem rechten Winkel gegenüberliegende Seite kann also nicht als Kathete infrage kommen.

Setzen Sie die Terme für die beiden Kathetenlängen gleich. Vereinfachen Sie diese Gleichung und versuchen Sie, eine Lösung mit dem CAS zu finden.

Falls das CAS keine Lösung anzeigt, so überlegen Sie, was die mathematische Ursache dafür sein könnte.

Zeigen Sie, dass sich als vereinfachte Gleichung angeben lässt:
$1 = (u-2) \cdot e^{-\frac{u}{4}} \quad (u > 2)$
Fassen Sie die linke und die rechte Seite dieser Gleichung als Funktionen auf. Untersuchen Sie die Funktion $h(u) = (u-2) \cdot e^{-\frac{u}{4}}$ für $u > 2$ auf lokale Extrema und ihr Verhalten im Unendlichen.

## Lösungen

1. a) Schnittpunkte mit der x-Achse ergeben sich für $f_t(x)=0$. Lösung dieser Gleichung ist $x=t$:

$\underline{\underline{S_x(t;0)}}$

Der Schnittpunkt mit der y-Achse wird für $x=0$ berechnet:

$\underline{\underline{S_y(0;t^2)}}$

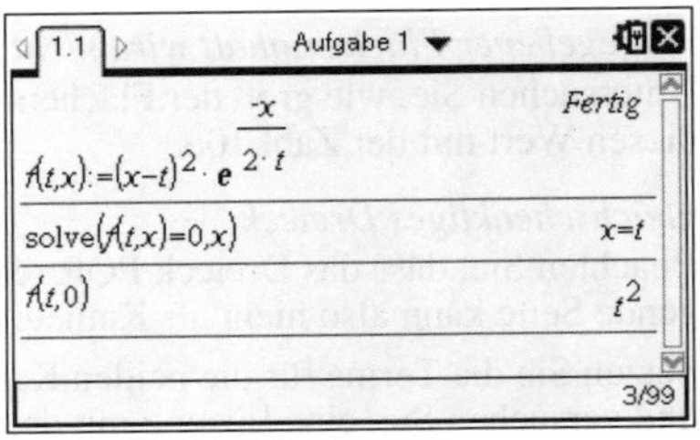


b) Für die Berechnung der Extrem- und Wendepunkte werden die ersten drei Ableitungen von $f_t$ gebraucht.
Sie werden mit dem CAS-Rechner bestimmt und unter geeigneten Variablen gespeichert.

1. Ableitung:

$$f_t'(x)=-\frac{1}{2t}\cdot(x-5t)\cdot(x-t)\cdot e^{-\frac{x}{2t}}$$

2. Ableitung:

$$f_t''(x)=\frac{1}{4t^2}\cdot(x^2-10t\cdot x+17t^2)\cdot e^{-\frac{x}{2t}}$$

3. Ableitung:

$$f_t'''(x)=-\frac{1}{8t^3}\cdot(x^2-14t\cdot x+37t^2)\cdot e^{-\frac{x}{2t}}$$

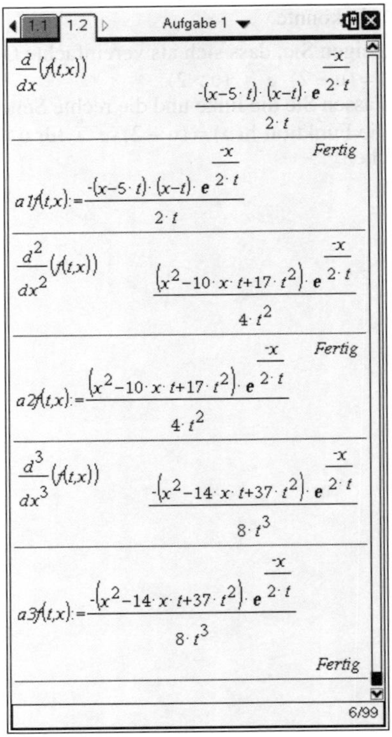


**Extrempunkte**
Notwendige Bedingung:
$f_t'(x)=0$
Lösungen dieser Gleichung und damit mögliche Extremstellen sind:
$x_{e1}=5t$ und $x_{e2}=t$

Hinreichende Bedingung:
$f_t''(x_e)\neq 0$

$f_t''(5t)=-2\cdot e^{-\frac{5}{2}}<0 \;\Rightarrow\;$ lokales Maximum

$f_t''(t)=2\cdot e^{-\frac{1}{2}}>0 \;\Rightarrow\;$ lokales Minimum

Koordinaten:

Hochpunkt $\underline{\underline{H(5t;16\cdot e^{-\frac{5}{2}}\cdot t^2)}}$

Tiefpunkt $\underline{\underline{T(t;0)}}$

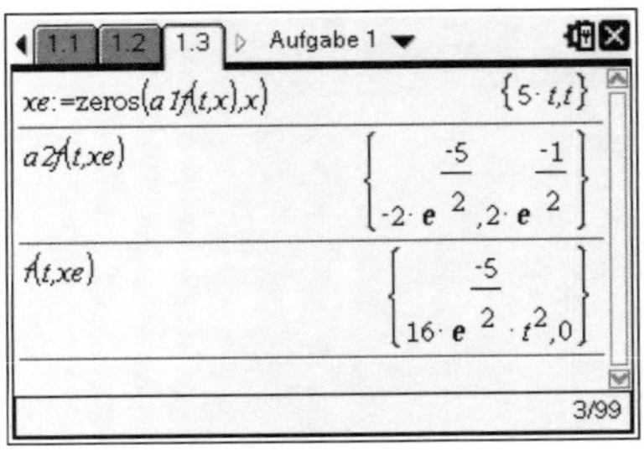

c) **Wendepunkte**

Notwendige Bedingung:

$f_t''(x) = 0$

Lösungen dieser Gleichung und damit mögliche Wendestellen sind:

$x_{w1} = -(2\cdot\sqrt{2}-5)\cdot t$ und

$x_{w2} = (2\cdot\sqrt{2}+5)\cdot t$

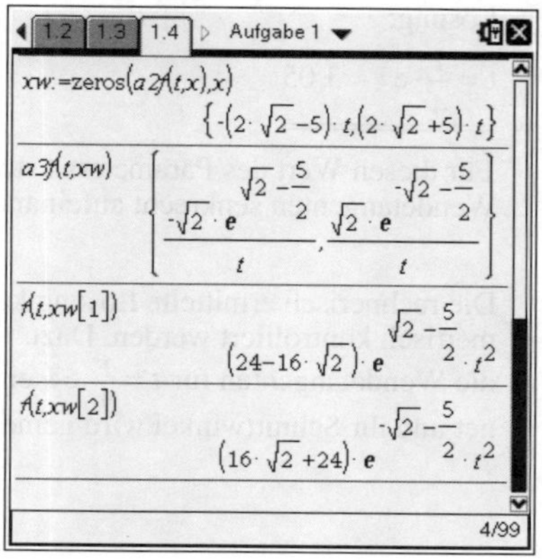


Hinreichende Bedingung:

$f_t'''(x_w) \neq 0$

$f_t'''(x_{w1}) = -\frac{\sqrt{2}}{t}\cdot e^{\sqrt{2}-\frac{5}{2}} \neq 0$

$f_t'''(x_{w2}) = \frac{\sqrt{2}}{t}\cdot e^{-\sqrt{2}-\frac{5}{2}} \neq 0$

Koordinaten:

Wendepunkt $W_1\left(-(2\cdot\sqrt{2}-5)\cdot t;\ (24-16\cdot\sqrt{2})\cdot e^{\sqrt{2}-\frac{5}{2}}\cdot t^2\right)$

Wendepunkt $W_2\left((2\cdot\sqrt{2}+5)\cdot t;\ (24+16\cdot\sqrt{2})\cdot e^{-\sqrt{2}-\frac{5}{2}}\cdot t^2\right)$

2. Die zu berechnende Fläche liegt nach den Ergebnissen von Teilaufgabe 1 a im Intervall $0 \leq x \leq t$.
Ihr Inhalt wird durch $\int_0^t f_t(x)\,dx$ berechnet und hat den Wert $\underline{(10-16\cdot e^{-\frac{1}{2}})\cdot t^3}$ FE.

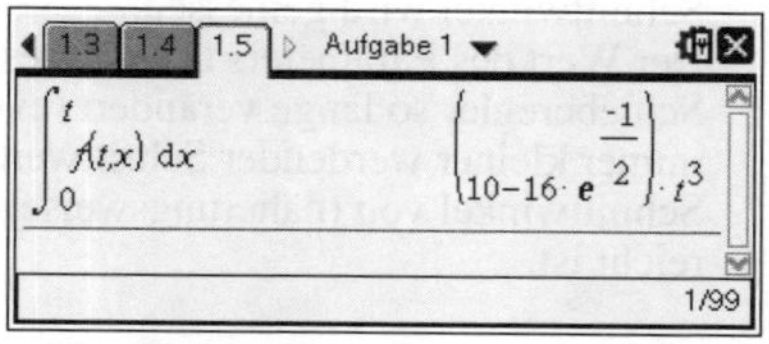


Eine grafische Kontrolle kann z. B. für $t = 2$ durchgeführt werden. Der berechnete Wert stimmt mit dem aus der Grafik ermittelten Wert (Graph analysieren – Integral) nahezu überein.

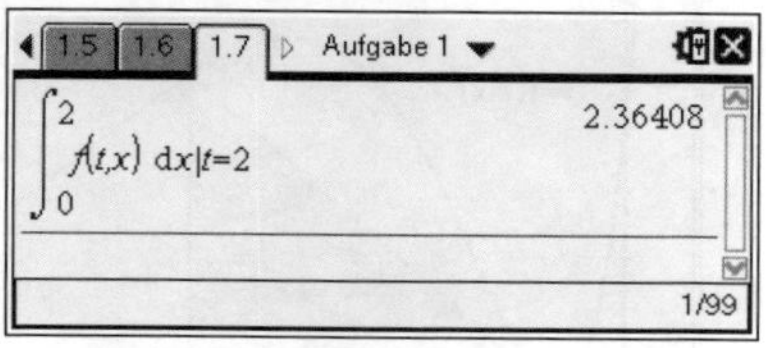


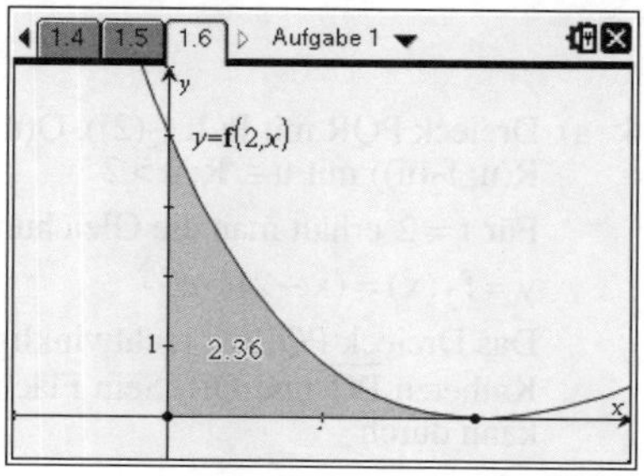


3. Wenn die Wendetangenten orthogonal zueinander sein sollen, dann muss für ihre Anstiege $m_1$ und $m_2$ gelten: $m_1 \cdot m_2 = -1$
Die Anstiege ergeben sich aus den Werten der 1. Ableitung an den Wendestellen:

$m_1 = 4t\cdot(\sqrt{2}-1)\cdot e^{\sqrt{2}-\frac{5}{2}}$

$m_2 = -4t\cdot(\sqrt{2}+1)\cdot e^{-\sqrt{2}-\frac{5}{2}}$

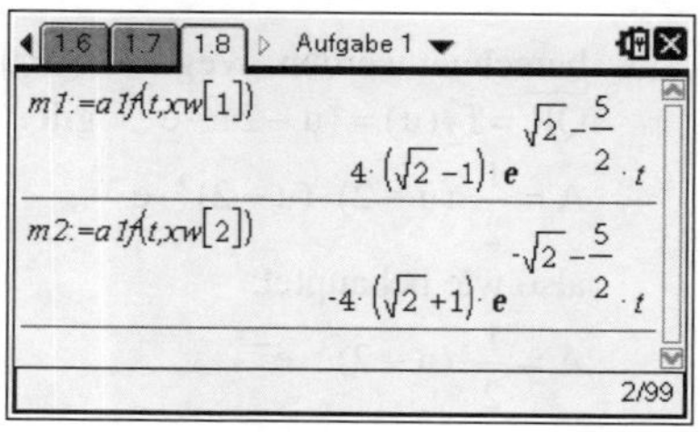

Die Gleichung $m_1 \cdot m_2 = -1$ hat für $t > 0$ die Lösung:

$$t = \frac{1}{4} \cdot e^{\frac{5}{2}} \approx 3{,}05$$

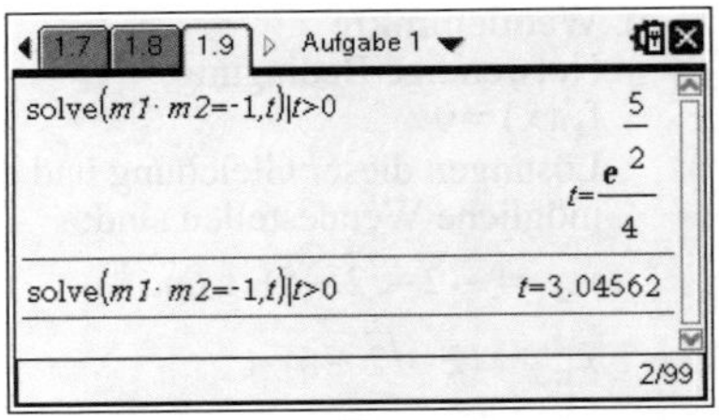


Für diesen Wert des Parameters t stehen die Wendetangenten senkrecht aufeinander.

Die rechnerisch ermittelte Lösung kann geometrisch kontrolliert werden. Dazu werden die Wendetangenten für $t = \frac{1}{4} \cdot e^{\frac{5}{2}}$ eingezeichnet und ihr Schnittwinkel wird gemessen.

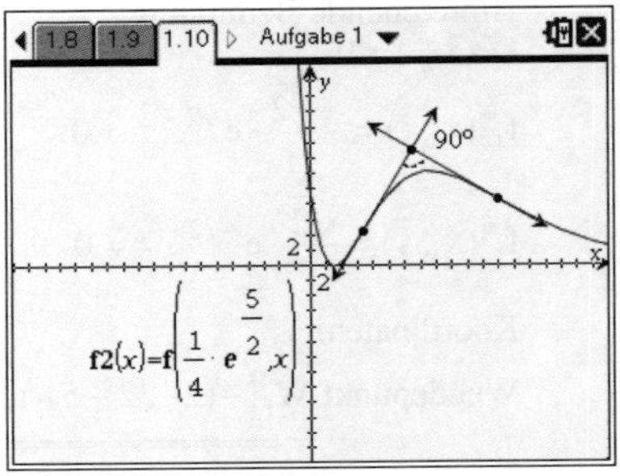


Alternativ kann die Untersuchung auch durch systematisches Probieren erfolgen. Dazu werden die Wendetangenten eingezeichnet und ihr Schnittwinkel wird gemessen.
Der Wert des Parameters t wird über einen Schieberegler so lange verändert (eventuell mit immer kleiner werdender Schrittweite), bis ein Schnittwinkel von (näherungsweise) 90° erreicht ist.

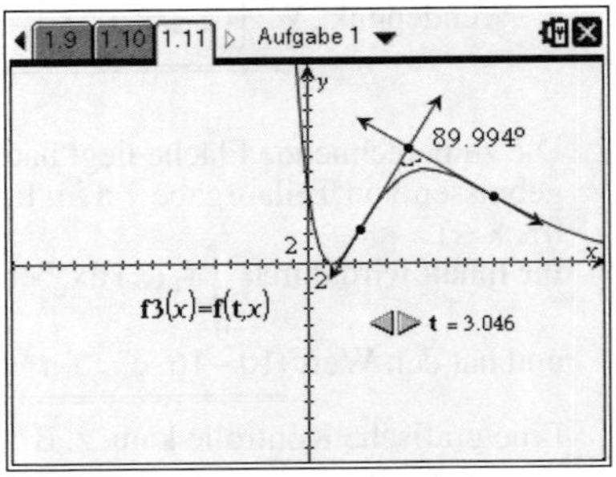


4. a) Dreieck PQR mit $P(2;\, f_2(2))$, $Q(u;\, 0)$ und $R(u;\, f_2(u))$ mit $u \in \mathbb{R};\, u > 2$

Für $t = 2$ erhält man die Gleichung:

$$y = f_2(x) = (x-2)^2 \cdot e^{-\frac{x}{4}}$$

Das Dreieck PQR ist rechtwinklig mit den Katheten $\overline{PQ}$ und $\overline{QR}$. Sein Flächeninhalt A kann durch

$$A = \frac{1}{2} \cdot \overline{PQ} \cdot \overline{QR}$$

berechnet werden. Wegen $\overline{PQ} = u - 2$ und $\overline{QR} = f_2(u) = (u-2)^2 \cdot e^{-\frac{u}{4}}$ gilt

$$A = \frac{1}{2} \cdot (u-2) \cdot (u-2)^2 \cdot e^{-\frac{u}{4}},$$

also wie behauptet:

$$A = \frac{1}{2} \cdot (u-2)^3 \cdot e^{-\frac{u}{4}}$$

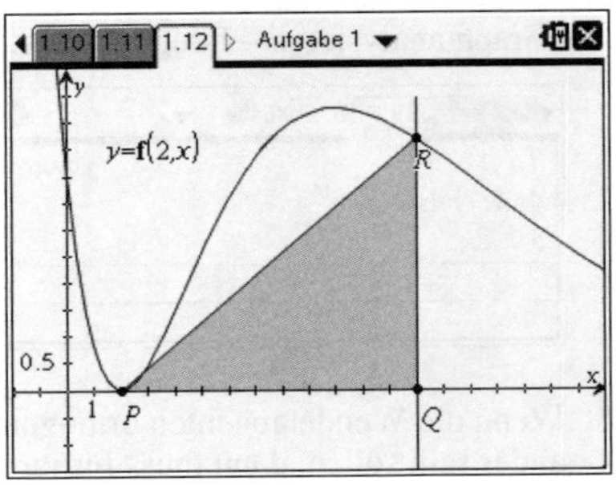

b) Die Formel zur Berechnung des Flächeninhaltes von Dreieck PQR wird als Funktion a(u) gespeichert.
Die Gleichung $a(u) = 10$ hat zwei Näherungslösungen:
$\underline{\underline{u_1 \approx 6{,}77}}$ und $\underline{\underline{u_2 \approx 26{,}31}}$

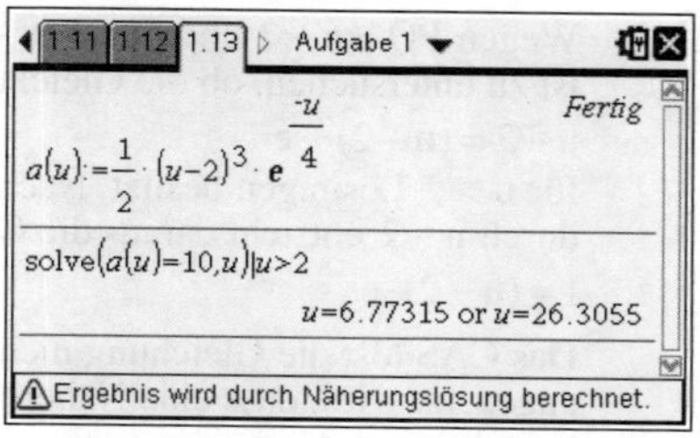


Alternativ kann man die Näherungslösungen auch geometrisch ermitteln, indem man das Dreieck PQR konstruiert, seine Fläche misst und die Koordinaten des Punktes Q anzeigen lässt.
Durch Verschieben von Q auf der x-Achse bestimmt man die beiden Stellen, für die der Flächeninhalt ca. 10 FE beträgt.

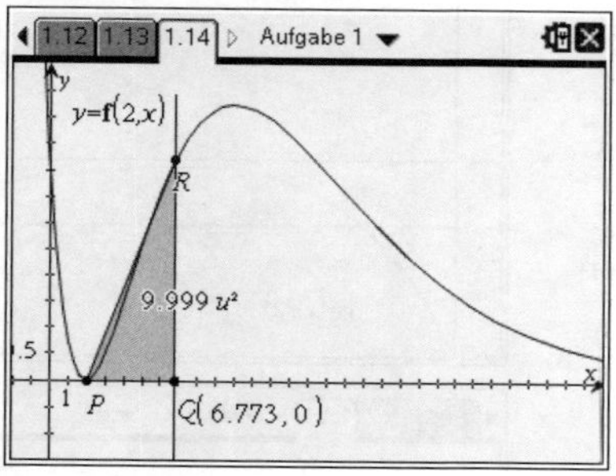


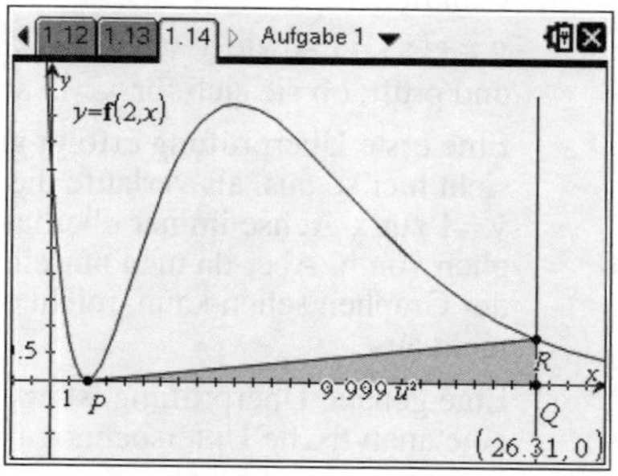


c) Der Versuch, die Gleichung $a(u) = 10e$ zu lösen, bringt kein Ergebnis.

Die Ursache liegt darin begründet, dass das Dreieck einen maximalen Flächeninhalt von
$a(14) \approx 26{,}09$ FE
hat und dass
$10e \approx 27{,}18 > 26{,}09$
ist. Es gibt also kein Dreieck PQR mit dem Flächeninhalt 10e.

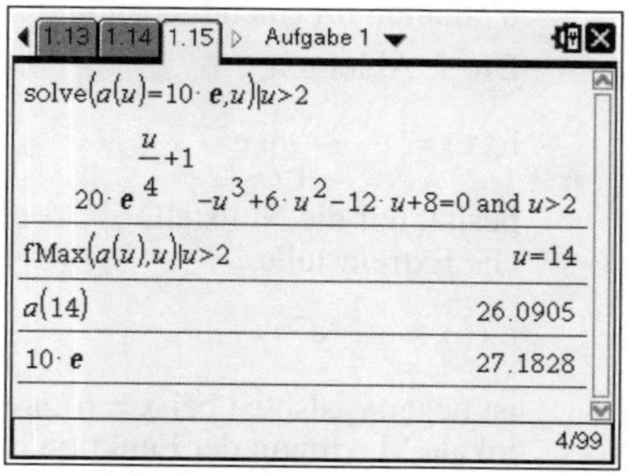


d) Da das Dreieck PQR rechtwinklig mit dem rechten Winkel bei Q ist, kann es nur dann gleichschenklig sein, wenn $\overline{PQ} = \overline{QR}$ ist.

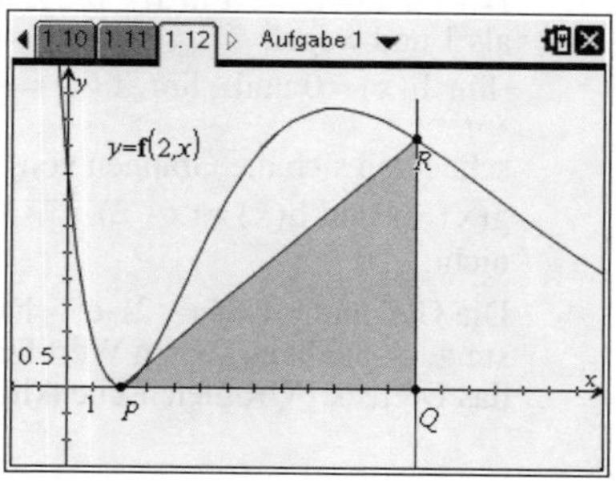

Wegen $\overline{PQ} = u-2$ und $\overline{QR} = (u-2)^2 \cdot e^{-\frac{u}{4}}$ ist zu untersuchen, ob die Gleichung

$u-2=(u-2)^2 \cdot e^{-\frac{u}{4}}$

für $u > 2$ Lösungen besitzt. Nach Division durch $u-2$ entsteht daraus die Gleichung:

$1=(u-2) \cdot e^{-\frac{u}{4}}$

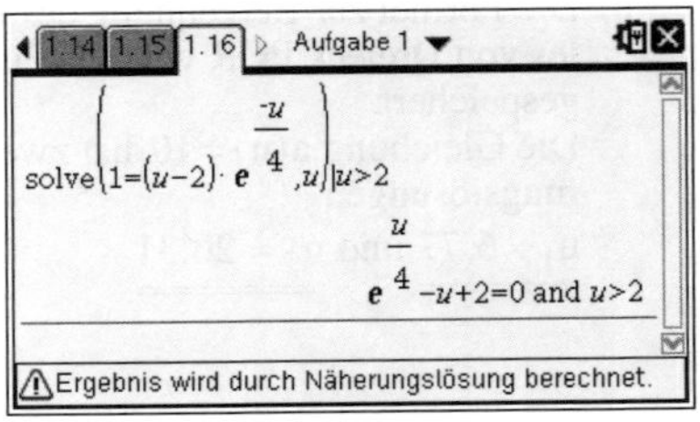


Das CAS löst die Gleichung nicht, obwohl angezeigt wird, dass eine Näherungslösung berechnet wird.

Ist das CAS „überfordert“ oder besitzt diese Gleichung vielleicht prinzipiell keine Lösung?

Zur Beantwortung dieser Frage betrachtet man nun beide Seiten der Gleichung als die Funktionen

$y = g(x) = 1$ sowie $y = h(x) = (x-2) \cdot e^{-\frac{x}{4}}$

und prüft, ob sie sich für $x > 2$ schneiden.

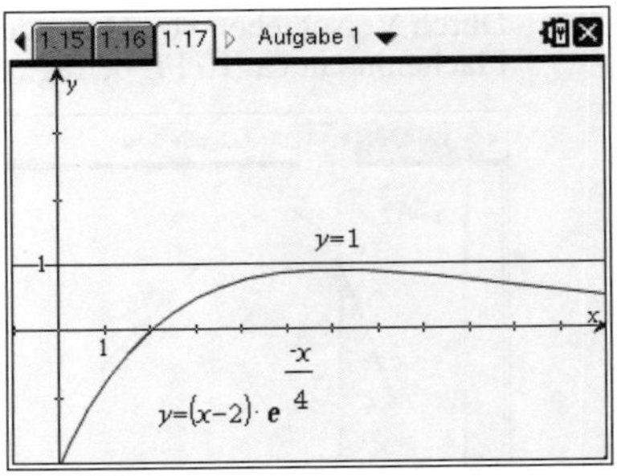


Eine erste Überprüfung erfolgt grafisch. Es sieht hier so aus, als verlaufe die Parallele $y = 1$ zur x-Achse immer oberhalb des Graphen von h. Aber da man nur einen Teil beider Graphen sehen kann, reicht das noch nicht aus.

Eine genaue Überprüfung ist erst durch eine analytische Untersuchung möglich. Dazu wird h auf lokale Extrema und das Verhalten im Unendlichen untersucht.

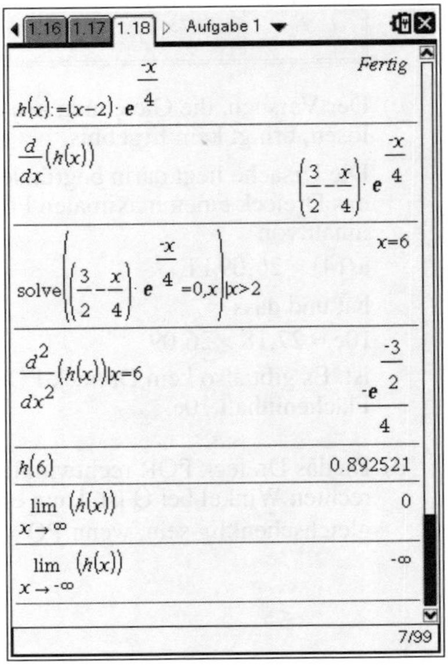


Die 1. Ableitung

$$h'(x) = \left(\frac{3}{2} - \frac{x}{4}\right) \cdot e^{-\frac{x}{4}}$$

besitzt nur die Nullstelle $x = 6$ als mögliche Extremstelle.

$$h''(6) = -\frac{1}{4} \cdot e^{-\frac{3}{2}}$$

ist negativ, also ist bei $x = 6$ das einzige lokale Maximum der Funktion h.

Der Funktionswert $h(6) \approx 0{,}893$ ist kleiner als 1 und wegen

$\lim\limits_{x \to \infty} h(x) = 0$ und $\lim\limits_{x \to -\infty} h(x) = -\infty$

schneiden sich die Graphen von $g(x) = 1$ und $h(x) = (x-2) \cdot e^{-\frac{x}{4}}$ nicht.

Die Gleichung $1 = (u-2) \cdot e^{-\frac{u}{4}}$ hat keine Lösung, also gibt es keinen Wert für u, sodass das Dreieck PQR gleichschenklig ist.

## Kernfach Mathematik (Thüringen)
## CAS-Übungsaufgabe 2: Analysis (anwendungsorientiert)

1. **Wetterballon**
Ein aufsteigender Wetterballon ermittelte u. a. folgende Daten über die Höhe h in Meter und den Luftdruck p in Hektopascal (hPa).

| h in m | 2 000 | 4 000 | 6 000 | 8 000 | 10 000 | 12 000 |
|---|---|---|---|---|---|---|
| p in hPa | 789 | 614 | 479 | 373 | 290 | 226 |

a) Begründen Sie anhand der Werte in der Tabelle, dass kein linearer, wohl aber ein exponentieller Zusammenhang zwischen der Höhe h und dem Luftdruck p zugrunde gelegt werden kann. (2 BE)

b) Ermitteln Sie eine Gleichung der Form $p(h) = p_0 \cdot e^{-k \cdot h}$ für die Funktion h (in m) $\mapsto$ p (in hPa).
Erläutern Sie, welche Bedeutung die Variable $p_0$ im Zusammenhang mit der Aufgabenstellung hat. (2 BE)

c) Zeigen Sie handschriftlich, dass für die Funktion $p(h) = p_0 \cdot e^{-k \cdot h}$ der Quotient aus der momentanen Änderungsrate des Luftdrucks und dem aktuellen Wert des Luftdrucks konstant ist.
Nennen Sie die dabei verwendeten Ableitungsregeln. (2 BE)

d) Berechnen Sie, um wie viel Prozent der Luftdruck jeweils sinkt, wenn die Höhe um 1 000 m zunimmt. (2 BE)

e) Bestimmen Sie die Höhendifferenz d für den Fall, dass der Luftdruck halbiert wird. (2 BE)

2. a) Finden Sie die Gleichung einer ganzrationalen Funktion 3. Grades, deren Graph im Punkt P(2; 0) den Anstieg $m = -6$, an der Stelle $x = -1$ einen lokalen Extrempunkt und auf der y-Achse einen Wendepunkt hat. (2 BE)

b) Die Graphen der Funktionen $y = f(x) = -\frac{2}{3} \cdot (x-2) \cdot (x+1)^2$ und $y = g(x) = \frac{1}{2} \cdot e^{-x}$ mit $x \in \mathbb{R}$ schließen einige Flächen vollständig ein.
Berechnen Sie den Gesamtinhalt dieser Flächen. (2 BE)

c) Die Punkte P(–1; f(–1)), Q(u; 0) und R(u; f(u)) mit $-1 < u < 2$ und mit $y = f(x) = -\frac{2}{3} \cdot (x-2) \cdot (x+1)^2$ begrenzen ein Dreieck PQR.
Ermitteln Sie u so, dass der Inhalt des Dreiecks PQR maximal ist. (2 BE)

d) Untersuchen Sie die Funktion $y = f_t(x) = -\frac{2}{3} \cdot (x+t^2) \cdot (x+1)^2$ auf die Anzahl und die Koordinaten ihrer Nullstellen in Abhängigkeit vom reellen Parameter t. (2 BE)

e) Begründen Sie, dass die Funktion $y = f_t(x) = -\frac{2}{3} \cdot (x+t^2) \cdot (x+1)^2$ für $t = \pm 1$ keine lokalen Extrema besitzt. (2 BE)

(20 BE)

## Hinweise und Tipps

### Aufgabe 1

*Zusammenhang zwischen Höhe und Luftdruck*

- Ein linearer Zusammenhang liegt vor, wenn die Differenzen der Druckwerte bei gleicher Differenz der Höhenwerte immer annähernd gleich groß sind.
- Ein exponentieller Zusammenhang liegt vor, wenn die Quotienten der Druckwerte bei gleicher Differenz der Höhenwerte immer annähernd gleich groß sind.
- Setzen Sie in die Gleichung $p(h) = p_0 \cdot e^{-k \cdot h}$ zwei Wertepaare (h; p) ein und lösen Sie dieses Gleichungssystem.
- Die Bedeutung von $p_0$ ergibt sich für $h = 0$ m.
- Beachten Sie, dass die momentane Änderungsrate einer Funktion f(x) deren 1. Ableitung f'(x) ist.

*Luftdruckänderung*

- Berechnen Sie den Quotienten $\frac{p(h+1000)}{p(h)}$, um die prozentuale Abnahme des Luftdrucks auf 1 000 m Höhenzunahme zu erhalten.
- Lösen Sie die Gleichung $\frac{1}{2} \cdot p(h) = p(h + d)$, um die Höhendifferenz d für die Halbierung des Luftdrucks zu bestimmen.

### Aufgabe 2

*Funktion mit vorgegebenen Eigenschaften*

- Stellen Sie aus den gegebenen Zusammenhängen ein lineares Gleichungssystem für die Koeffizienten a, b, c und d in $y = f(x) = ax^3 + bx^2 + cx + d$ auf.
- Beachten Sie, dass sich der Anstieg einer Funktion an einer Stelle $x_0$ durch den Wert ihrer 1. Ableitung an dieser Stelle ergibt.
- Verwenden Sie die notwendigen Bedingungen für lokale Extrempunkte bzw. für Wendepunkte, um weitere Gleichungen für das System aus den gegebenen Bedingungen aufzustellen.
- Lösen Sie das Gleichungssystem.
- Überprüfen Sie, ob sich aus der gefundenen Gleichung für f die geforderten Eigenschaften der Funktion ableiten lassen. Untersuchen Sie dabei auch die hinreichenden Bedingungen für Extrem- und Wendepunkte.

*Gesamtflächeninhalt*

- Veranschaulichen Sie den Sachverhalt durch grafische Darstellung.
- Berechnen Sie die Schnittstellen der Graphen von f und g. Vergleichen Sie die rechnerischen Ergebnisse mit der grafischen Darstellung. Verändern Sie dazu ggf. die Fenstereinstellungen.
- Berechnen Sie die Inhalte der Teilflächen durch Integration. Beachten Sie dabei die gegenseitige Lage der Graphen von f und g.
- Ermitteln Sie die Summe der Flächeninhalte.

*maximaler Flächeninhalt des Dreiecks*

- Veranschaulichen Sie das Dreieck in einer Skizze.
- Überlegen Sie, wo der rechte Winkel des Dreiecks PQR liegt, und wie Sie die Längen der Katheten mithilfe der Funktion f bzw. von u angeben können.
- Geben Sie eine Gleichung für den Flächeninhalt a(u) des Dreiecks PQR an.
- Bestimmen Sie das Maximum der Funktion $a(u) = \frac{1}{2} \cdot (u + 1) \cdot f(u)$ im Intervall $-1 < u < 2$.

- Kontrollieren Sie das Ergebnis auf geometrischem Wege. Sie können dazu einen Schieberegler für u verwenden.

*Nullstellen*

- Da die Gleichung von $f_t$ in faktorisierter Form gegeben ist, können Sie die Anzahl der Nullstellen durch Untersuchung der Faktoren bestimmen.
- Überlegen Sie, wann jeder der Faktoren $(x + t^2)$ bzw. $(x + 1)^2$ null werden kann und für welche Werte von t diese Nullstellen zusammenfallen.

*keine lokalen Extrema*

- Stellen Sie die Gleichung von $f_t$ für $t = \pm 1$ auf.
- Beschreiben Sie, wie diese Gleichung aus dem Graphen der Funktion $y = x^3$ hervorgegangen ist.
- Begründen Sie die Nichtexistenz von Extremstellen mithilfe von Eigenschaften der Funktion $y = x^3$.
- Alternativ können Sie die Begründung der Nichtexistenz von Extrempunkten auch mithilfe des Ableitungskalküls führen, also die notwendigen und hinreichenden Bedingungen für Extrempunkte mithilfe der Ableitungsfunktionen untersuchen.

# Lösungen

1. a) Würde ein **linearer Zusammenhang** vorliegen, so müssten die Werte für den Druck bei gleichem Abstand der Höhenwerte immer dieselbe Differenz aufweisen. Dies ist aber nicht der Fall, die Differenzen werden größer:
–175, –135, –106, –83, –64
(Die Differenzen wurden mithilfe der Tabellenkalkulation bestimmt.)

Es liegt also kein linearer Zusammenhang vor.

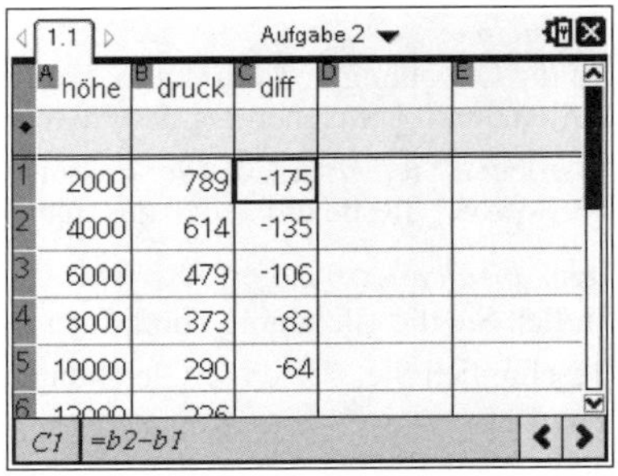


| höhe | druck | diff |
|---|---|---|
| 2000 | 789 | -175 |
| 4000 | 614 | -135 |
| 6000 | 479 | -106 |
| 8000 | 373 | -83 |
| 10000 | 290 | -64 |

Auf einen **exponentiellen Charakter** kann man schließen, wenn die Quotienten aufeinanderfolgender Drücke (bei gleichem Abstand der Höhenwerte) gleich sind. Dies ist hier der Fall:
Die Folge der Höhenwerte in der Tabelle wächst immer um 2 000 m.
Die Quotienten aufeinanderfolgender Druckwerte sind näherungsweise:
0,778, 0,780, 0,779, 0,777, 0,779

Sie haben annähernd den Wert 0,78. Man kann deshalb von einem exponentiellen Zusammenhang ausgehen.

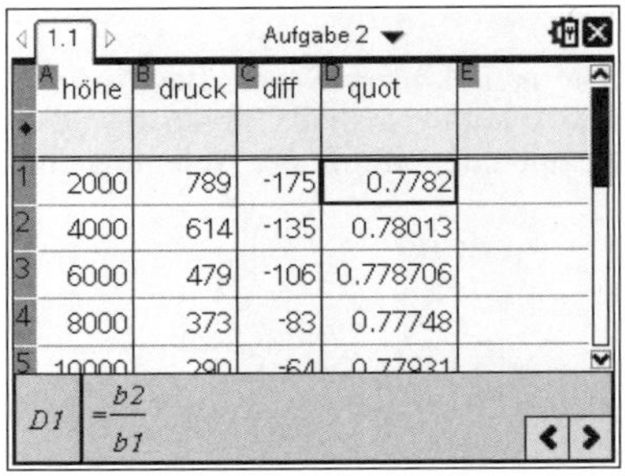


| höhe | druck | diff | quot |
|---|---|---|---|
| 2000 | 789 | -175 | 0.7782 |
| 4000 | 614 | -135 | 0.78013 |
| 6000 | 479 | -106 | 0.778706 |
| 8000 | 373 | -83 | 0.77748 |

b) *Variante 1:*
Für die Funktion $p(h) = p_0 \cdot e^{-k \cdot h}$ wird das Gleichungssystem

$p(2\,000) = 789$ und $p(12\,000) = 226$

nach $p_0$ und k gelöst. Es ergibt sich $p_0 = 1\,013{,}14$ und $k = 0{,}000125$, also:

$$\underline{\underline{p(h) = 1\,013{,}14 \cdot e^{-0{,}000125 \cdot h}}}$$

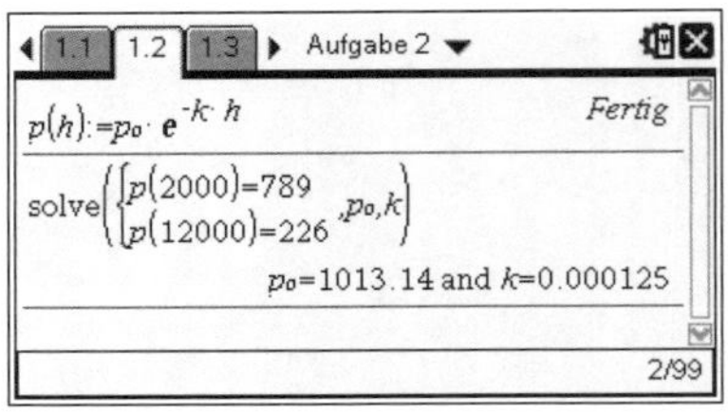


Das Gleichungssystem kann auch mit anderen Wertepaaren der Tabelle aufgestellt und gelöst werden.
Es ergeben sich geringfügig andere Werte für den Anfangswert $p_0$, also den Luftdruck in der Höhe 0 m.

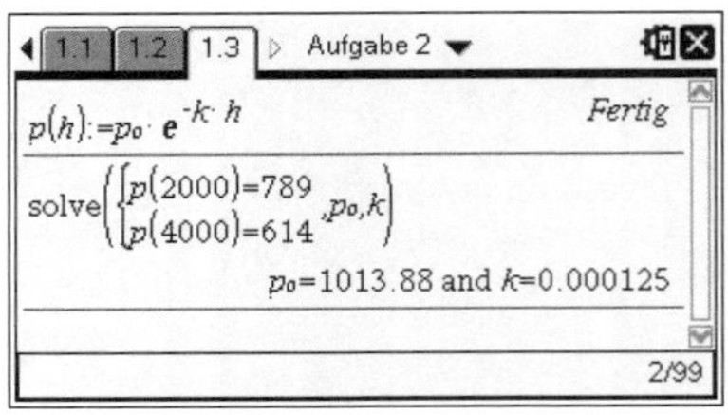

*Variante 2:*

Die Exponentialgleichung wird durch exponentielle Regression über alle Tabellenwerte bestimmt:

$p(h) = 1\,013{,}24 \cdot 0{,}999875^h$

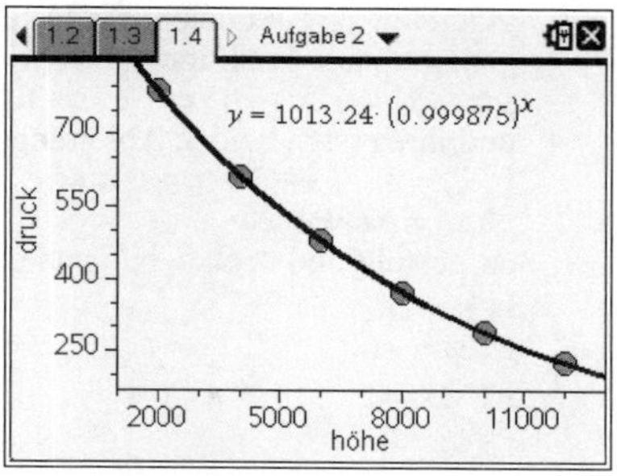


Dies ist aber noch nicht die verlangte Form einer Exponentialgleichung mit der Basis e. Um den Exponenten k in $e^{-k}$ zu bestimmen, wird die Gleichung

$0{,}999875 = e^{-k}$

gelöst, was

$k = 0{,}000125$

ergibt. Ergebnis:

$\underline{\underline{p(h) = 1\,013{,}24 \cdot e^{-0{,}000125 \cdot h}}}$

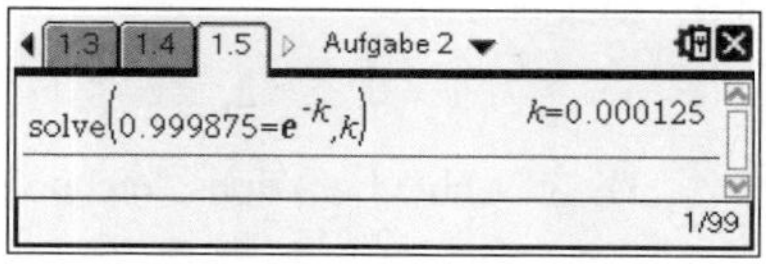


c) Die momentane Änderungsrate der Funktion p(h) ist die 1. Ableitung p'(h) dieser Funktion. Der aktuelle Wert des Luftdrucks wird durch p(h) angegeben.

Die Ableitung der Funktion $p(h) = p_0 \cdot e^{-k \cdot h}$ ist nach Faktor- und Kettenregel die Funktion:

$p'(h) = (-k) \cdot p_0 \cdot e^{-k \cdot h}$

Für den Quotienten aus Änderungsrate und Bestand gilt nach Kürzen wegen $p_0 \neq 0$:

$\frac{p'(h)}{p(h)} = -k$

Der Quotient hat also einen konstanten Wert.

d) Unter Verwendung der Gleichung

$p(h) = 1\,013{,}24 \cdot e^{-0{,}000125 \cdot h}$

wird der Quotient

$\frac{p(h + 1\,000)}{p(h)} \approx 0{,}88$

bestimmt. Der Luftdruck nimmt also bei einem Höhenzuwachs von 1 000 m um etwa $\underline{\underline{12\,\%}}$ ab.

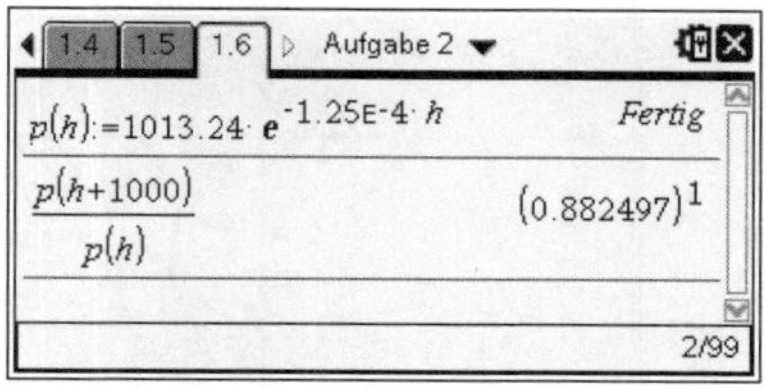


e) Um die Höhendifferenz d zu bestimmen, in der sich der Luftdruck jeweils halbiert, muss die Gleichung

$\frac{1}{2} \cdot p(h) = p(h + d)$

gelöst werden. Diese Gleichung hat die Lösung d = 5 545,18. Der Luftdruck halbiert sich also nach einer Höhenzunahme von ca. $\underline{\underline{5\,545\text{ m}}}$.

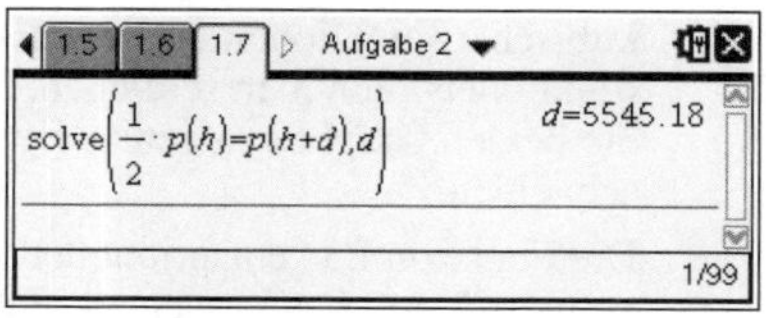

2. a) Aus den in der Aufgabe gegebenen Bedingungen wird ein Gleichungssystem für eine ganzrationale Funktion
$y = f(x) = a \cdot x^3 + b \cdot x^2 + c \cdot x + d$
und ihre ersten beiden Ableitungsfunktionen
$f'(x) = 3a \cdot x^2 + 2b \cdot x - c$ sowie
$f''(x) = 6a \cdot x + 2b$
aufgestellt und nach a, b, c und d aufgelöst:
$f(2) = 0$
$f'(2) = -6$
$f'(-1) = 0$
$f''(0) = 0$
Man erhält:
$a = -\frac{2}{3}, \; b = 0, \; c = 2, \; d = \frac{4}{3}$
Die gesuchte Funktionsgleichung lautet:
$$y = f(x) = -\frac{2}{3} \cdot x^3 + 2 \cdot x + \frac{4}{3}$$

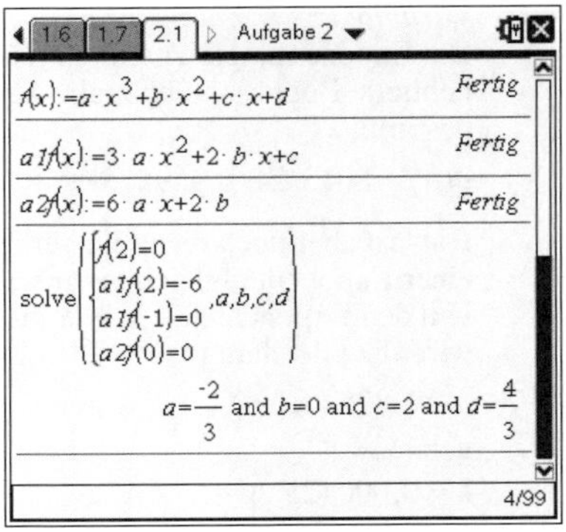


Anschließend wird überprüft, ob diese Funktion tatsächlich alle gegebenen Bedingungen erfüllt. Das kann rechnerisch (inklusive der hinreichenden Bedingung $f'''(0) \neq 0$ für Wendepunkte) oder analytisch-geometrisch (mittels Graph analysieren) erfolgen.

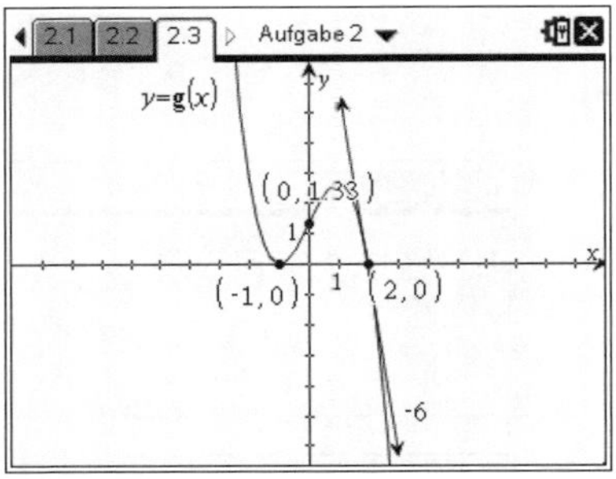


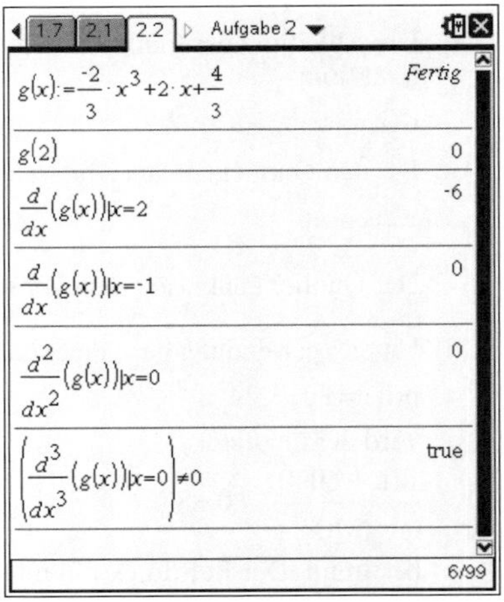


b) Aus der grafischen Darstellung beider Funktionen und den bekannten Eigenschaften kubischer Funktionen und von Exponentialfunktionen kann man schließen, dass sich die beiden Graphen in genau vier Punkten schneiden.

Die Funktion f(x) entspricht der in Teilaufgabe 2 a zu bestimmenden Funktion.

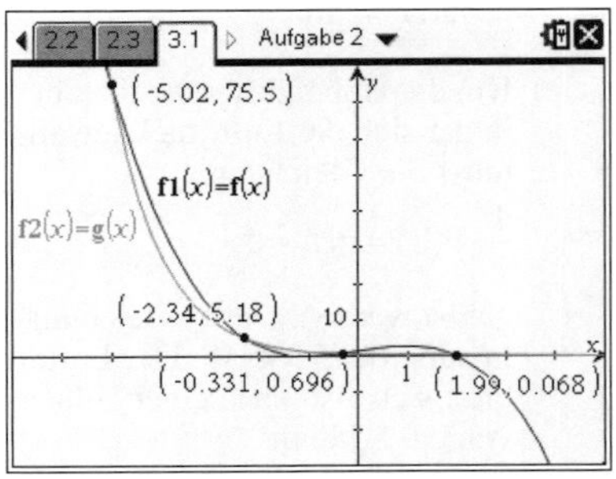

Die Schnittstellen der Kurven werden durch Lösen der Gleichung

$$\frac{1}{2}\cdot e^{-x} = -\frac{2}{3}\cdot (x-2)\cdot (x+1)^2$$

ermittelt. Die Lösungen lauten (gerundet):

$x_1 \approx -5{,}02;\quad x_2 \approx -2{,}34;$

$x_3 \approx -0{,}33;\quad x_4 \approx 1{,}99$

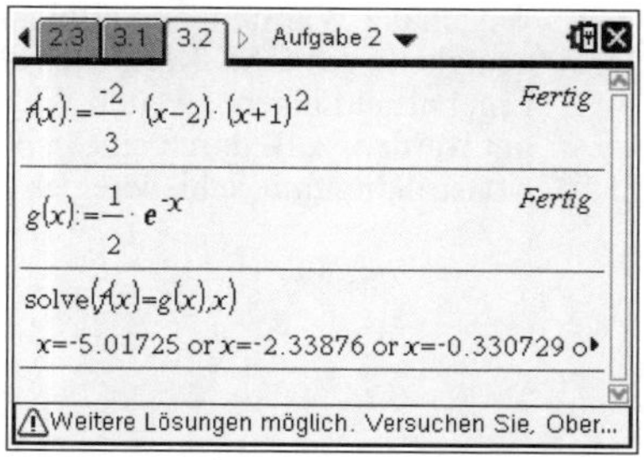


Die Warnmeldung „Weitere Lösungen möglich …“ ist hier nicht berechtigt.

Es muss also drei Teilflächen geben, aber Achtung: Die ganz links liegende Teilfläche ist im Standardbildschirm kaum zu erkennen.

Unter Beachtung der gegenseitigen Lage werden nun die Inhalte der drei Teilflächen mithilfe der Integralrechnung bestimmt:

$$A_1 = \int_{x_1}^{x_2} (f(x) - g(x))\,dx \approx 14{,}18$$

$$A_2 = \int_{x_2}^{x_3} (g(x) - f(x))\,dx \approx 2{,}19$$

$$A_3 = \int_{x_3}^{x_4} (f(x) - g(x))\,dx \approx 3{,}71$$

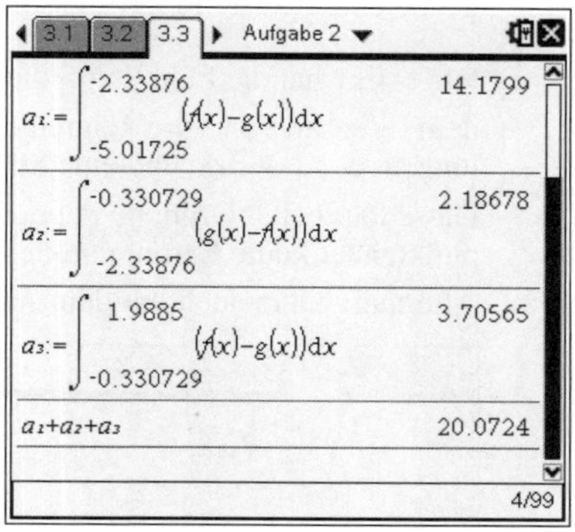


Gesamtflächeninhalt:

$A_1 + A_2 + A_3 \approx \underline{\underline{20{,}07\text{ FE}}}$

c) Das Dreieck PQR ist rechtwinklig mit dem rechten Winkel bei Q.
Der Flächeninhalt kann berechnet werden durch:

$$A(u) = \frac{1}{2}\cdot \overline{PQ}\cdot \overline{QR} = -\frac{1}{3}\cdot (u-2)\cdot (u+1)^3$$

Mit fMax() wird die Maximalstelle $\underline{\underline{u = 1{,}25}}$ ermittelt.

Der maximale Flächeninhalt ist dann:

$$A\left(\frac{5}{4}\right) = \frac{729}{256} \approx 2{,}85\text{ FE}$$

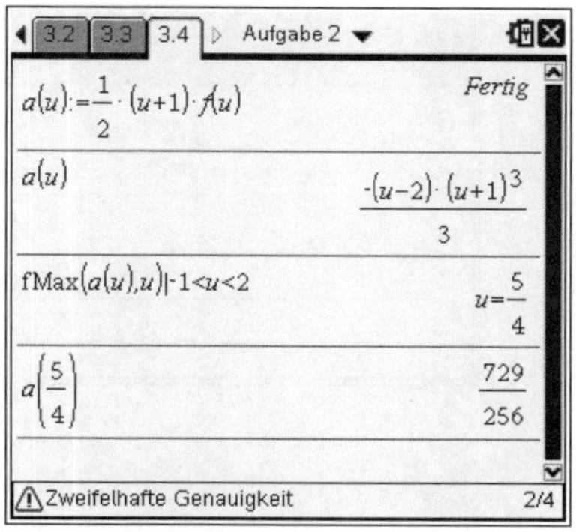

Wegen der Warnung „Zweifelhafte Genauigkeit“ des CAS-Rechners sollte das Ergebnis auf einem zweiten Wege bestätigt werden, z. B. durch eine geometrische Konstruktion mit Schieberegler für u.

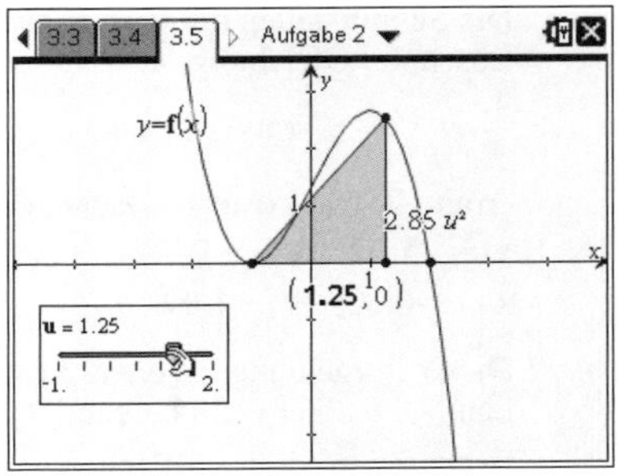


d) Die Funktion

$$y = f_t(x) = -\frac{2}{3} \cdot (x + t^2) \cdot (x + 1)^2$$

hat immer eine Doppelnullstelle bei $x = -1$ und eine Nullstelle für $x = -t^2$. Für $t = 1$ und für $t = -1$ fallen beide Nullstellen zusammen, sodass es in diesen beiden Fällen genau eine Nullstelle $x = -1$, sonst zwei Nullstellen $x_1 = -1$ und $x_2 = -t^2$ gibt.

e) Für $t = \pm 1$ hat die Funktion $f_t$ die Gleichung $y = f_t(x) = -\frac{2}{3} \cdot (x + 1)^3$. Ihr Graph ist aus dem Graphen von $y = x^3$ durch eine Verschiebung um $-1$ in x-Richtung, eine Spiegelung an der x-Achse und eine Streckung mit dem Faktor $\frac{2}{3}$ hervorgegangen.

Diese Parabel 3. Ordnung hat deshalb wie der Graph von $y = x^3$ nur einen Wendepunkt, aber keine Extrempunkte.

Alternativ kann auch mit dem Ableitungskalkül argumentiert werden:

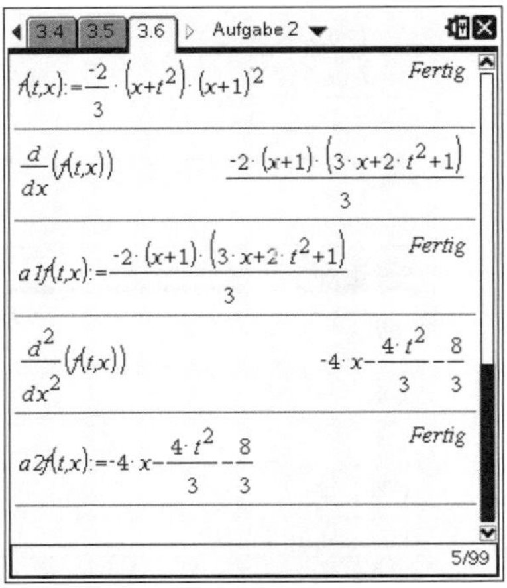


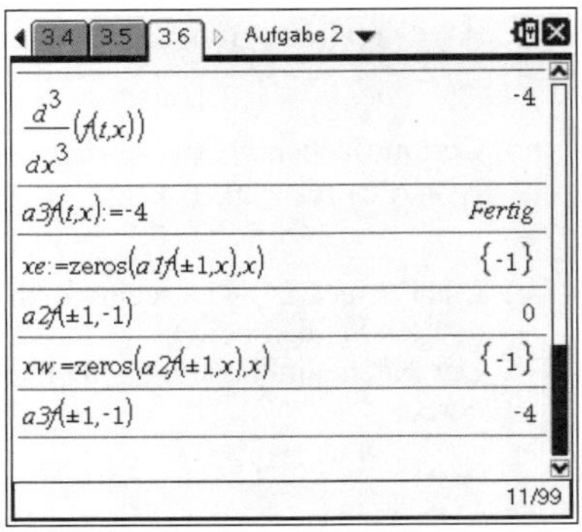

## Kernfach Mathematik (Thüringen)
## CAS-Übungsaufgabe 3: Analysis (anwendungsorientiert)

1. **Meerenge**

Die Abbildung stellt das vereinfachte Modell einer Meerenge dar. Eine Einheit auf den Achsen entspricht 1 km. Auf dem unteren Teil der Halbinsel, die von einem Stück des Graphen der Funktion

$$y = f(x) = \frac{x^2+3}{2x-2} \quad (x \in \mathbb{R},\, x > 1)$$

begrenzt wird, wird ein Tierreservat eingerichtet. Seine nördliche Grenze verläuft entlang des Graphen der Funktion $y = k(x) = 7 + \ln(x)$.
Die Küste des Festlandes verläuft in diesem Abschnitt entlang der Geraden $y = g(x) = 0{,}25x$.

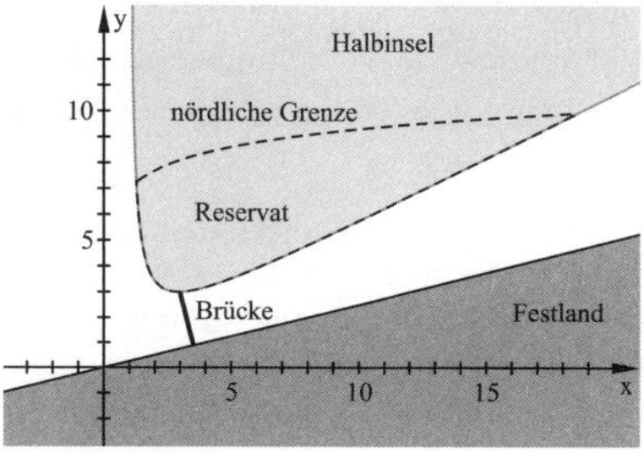


a) Berechnen Sie den Flächeninhalt des Tierreservats. Geben Sie das Ergebnis in Hektar an. (4 BE)

b) Vom tiefsten Punkt der Halbinsel aus soll eine möglichst kurze Brücke zum Festland gebaut werden.
Erläutern Sie, wie die Ingenieure die Koordinaten der Berührpunkte der Brücke an den Ufern der Halbinsel und des Festlandes sowie die Länge der Brücke berechnen können.
Führen Sie diese Berechnungen durch.
Nehmen Sie als Modell für die Brücke vereinfacht eine Strecke an. (6 BE)

2. Gegeben ist die Funktion $y = f_t(x) = \frac{x^2+t}{2x-2}$ $(x, t \in \mathbb{R},\, x \neq 1)$.

a) Untersuchen Sie, für welche Werte des Parameters t die Graphen der Funktion $f_t$ lokale Extrempunkte besitzen.
Geben Sie die Koordinaten der lokalen Extrempunkte in Abhängigkeit von t an.
Beschreiben Sie, wie man t wählen muss, damit die Koordinaten der lokalen Extrempunkte ganzzahlig sind. (5 BE)

b) Beurteilen Sie, ob die folgenden Aussagen wahr sind:

(1) „Für $t = -1$ stimmt der Graph der Funktion $f_t$ vollständig mit der Geraden $y = \frac{1}{2} \cdot (x+1)$ mit $x \in \mathbb{R}$ überein.“ (1 BE)

(2) „Für keinen reellen Wert des Parameters t haben die Graphen von $f_t$ Wendepunkte.“ (1 BE)

c) Setzen Sie $t = 4$ und ermitteln Sie eine Gleichung der Tangente $t_1$ an den Graphen der Funktion $f_4$ an der Stelle $x = 2$.
Es gibt genau eine weitere Tangente $t_2$ an den Graphen von $f_4$, die parallel zur Tangente $t_1$ ist.
Bestimmen Sie eine Gleichung der Tangente $t_2$.
Berechnen Sie den Abstand beider Tangenten. (3 BE)

(20 BE)

## Hinweise und Tipps

### Aufgabe 1

*Flächeninhalt des Tierreservats*

- Das Tierreservat wird von den Graphen der Funktionen f und k für $x > 1$ begrenzt.
- Ermitteln Sie die Schnittstellen der Graphen beider Funktionen für dieses Intervall.
- Verwenden Sie die Schnittstellen als Integrationsgrenzen bei der Flächenberechnung.
- Rechnen Sie das Ergebnis der Flächenberechnung in Hektar um.

*Brücke zum Festland*

- Ermitteln Sie die Koordinaten des Tiefpunktes von f für $x > 1$. Sie können dies mit der Anweisung fMin() oder über den Ableitungskalkül erreichen. Auch eine grafische Lösung mit *Graph analysieren – Minimum* kommt wegen des Operators „ermitteln" infrage.
- Damit die Brücke möglichst kurz wird, muss sie im rechten Winkel auf das Festland auftreffen.
- Die Brücke muss auf einer Normalen (mit der Gleichung $y = mx + n$) zur Geraden g liegen.
- Das Produkt der Anstiege der Normalen und der Geraden g muss deshalb den Wert $-1$ haben.
- Aus diesem Ansatz können Sie den Anstieg m der Normalen ermitteln.
- Da außerdem die Normale durch den Tiefpunkt von f verlaufen muss, können Sie durch Einsetzen auch den Durchgang n der Normalen durch die y-Achse bestimmen.
- Durch Gleichsetzen der Normalengleichung und der Gleichung für die Gerade g lässt sich der Schnittpunkt beider Graphen berechnen.
- Mit dem Satz des Pythagoras wird die Länge der Brücke als der Abstand dieses Schnittpunktes vom Tiefpunkt der Funktion f berechnet.
- Alternativ kann dieses Problem auch mithilfe eines aus der analytischen Geometrie bekannten Verfahrens zur Bestimmung des Abstandes eines Punktes von einer Geraden ermittelt werden. Dazu ist es sinnvoll, die Gleichung für g in die Parameterform umzuwandeln.

### Aufgabe 2

*lokale Extrempunkte*

- Zur Untersuchung auf lokale Extrempunkte der Funktion $f_t$ werden die 1. und die 2. Ableitungsfunktion von $f_t$ benötigt.
- Bestimmen Sie mögliche Extremstellen über die Nullstellen der 1. Ableitungsfunktion.
- Überprüfen Sie, für welche Werte von t diese Extremstellen existieren und eventuell zusammenfallen.
- Untersuchen Sie, ob für diese Werte von t auch die hinreichende Bedingung (Existenz und Vorzeichen der 2. Ableitungsfunktion an den möglichen Extremstellen) erfüllt ist.
- Geben Sie die vollständigen Koordinaten und die Art der Extrempunkte an.
- Diese Koordinaten werden ganzzahlig, wenn unter den auftretenden Quadratwurzeln Quadratzahlen stehen. Beschreiben Sie, für welche Eigenschaften des Parameters t dies der Fall ist.

*Wahrheitsgehalt der Aussagen*

- Vergleichen Sie den Definitionsbereich der Funktion $f_t$ für $t = -1$ mit dem Definitionsbereich der gegebenen Geraden.
- Untersuchen Sie die notwendige Bedingung für Wendepunkte.

*Tangenten*

- Tangentengleichungen lassen sich mit dem Befehl tangentLine(f(x),x,x0) bestimmen, wobei $x_0$ die Berührstelle von Graph und Tangente ist.
- Ermitteln Sie eine Gleichung der Tangente $t_1$.
- Die zu $t_1$ parallele Tangente $t_2$ muss denselben Anstieg wie $t_1$ haben. Außerdem entspricht der Tangentenanstieg an einer Stelle $x_0$ dem Wert der 1. Ableitungsfunktion an dieser Stelle. Aus diesen beiden Eigenschaften können Sie einen Ansatz zur Berechnung von $x_0$ gewinnen.
- Die Gleichung der zweiten Tangente können Sie wieder mit tangentLine(f(x),x,x0) bestimmen.
- Ermitteln Sie die Gleichung einer Normalen zu den beiden parallelen Tangenten. (Das Produkt der Anstiege der Normalen und der Tangenten muss den Wert –1 haben.)
- Berechnen Sie die Schnittpunkte der Normalen mit beiden Tangenten.
- Der Abstand der beiden Schnittpunkte kann mit dem Satz des Pythagoras berechnet werden. Er entspricht dem gesuchten Abstand der beiden parallelen Tangenten.
- Zur Kontrolle können Sie die Graphen von $f_4$, $t_1$, $t_2$ und der Normalen mit Ihrem CAS-Rechner darstellen, die Schnittpunkte bestimmen und deren Abstand messen.

# Lösungen

1. a) Für $x > 1$ werden die Schnittpunkte der Graphen von $y = k(x) = 7 + \ln(x)$ und $y = f(x) = \frac{x^2+3}{2x-2}$ durch Lösen der Gleichung

$$7 + \ln(x) = \frac{x^2+3}{2x-2}$$

berechnet. Man erhält:

$x_1 \approx 1{,}327$ sowie $x_2 \approx 18{,}622$

Diese Werte werden als Integrationsgrenzen für die Flächenberechnung gebraucht.

Die Fläche des Tierreservates wird durch

$$\int_{x_1}^{x_2} (k(x) - f(x))\, dx$$

ermittelt. Sie beträgt ca. 54,98 $km^2$.

Da 1 $km^2$ einer Fläche von 100 ha entspricht, sind dies etwa 5 498 ha.

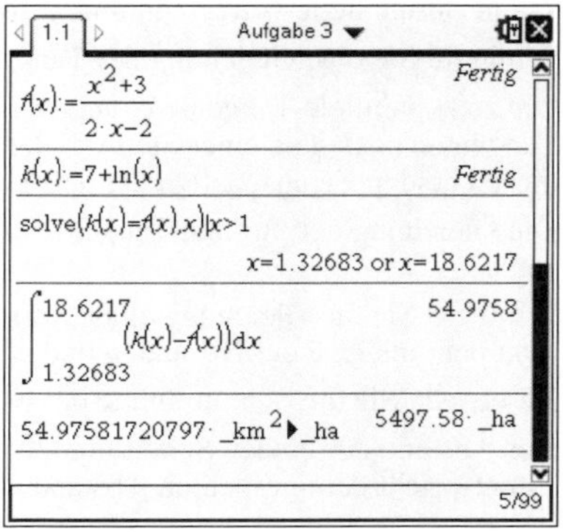


Die Umrechnung der Einheiten kann auch mit dem TI-Nspire vorgenommen werden.

b) Der Tiefpunkt von $y = f(x) = \frac{x^2+3}{2x-2}$ für $x > 1$ kann mit der Funktion fMin() ermittelt werden.

Der Tiefpunkt hat die Koordinaten:

T(3; 3)

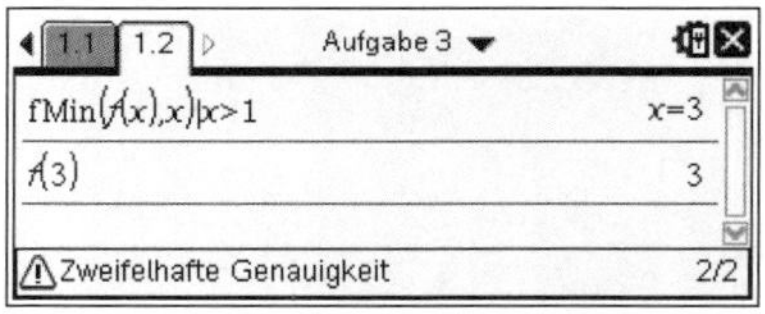


*Alternativ* und um die Warnung des Rechners („Zweifelhafte Genauigkeit") zu berücksichtigen, kann der Tiefpunkt auch mit dem Ableitungskalkül bestimmt werden.

Es werden die 1. und 2. Ableitung von f(x) gebildet:

$$f'(x) = \frac{x^2 - 2x - 3}{2 \cdot (x-1)^2}$$

$$f''(x) = \frac{4}{(x-1)^3}$$

Die notwendige Bedingung $f'(x) = 0$ führt auf die mögliche Extremstelle $x_e = 3$.

Die 2. Ableitung $f''(x_e) = \frac{1}{2} > 0$ bestätigt als hinreichendes Kriterium die Existenz eines lokalen Minimums.

Wegen $f(x_e) = 3$ ergibt sich auch hier der Tiefpunkt T(3; 3).

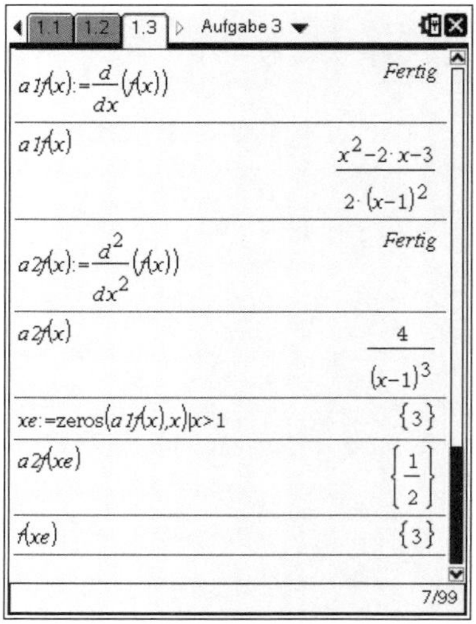

Auch eine grafische Lösung zur Bestimmung des Tiefpunktes ist möglich.

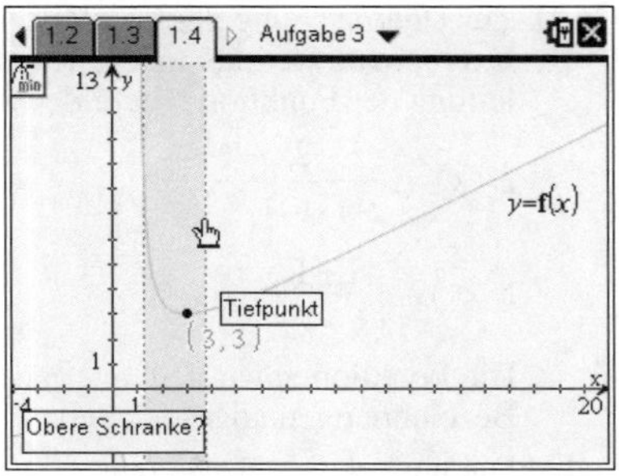


Damit eine möglichst kurze Brücke entsteht, muss sie im rechten Winkel auf das Ufer am Festland treffen. Die Strecke, die als Modell für die Brücke angenommen wird, liegt also auf der Normalen h zur Geraden

$y = g(x) = 0,25x$

und verläuft durch den Punkt T. Für die Anstiege $m_g$ bzw. $m_h$ von g bzw. h gilt deshalb:

$m_h \cdot m_g = -1$

Wegen $m_g = 0,25$ ist also $m_h = -4$.

Da der Punkt T(3; 3) auf h liegen muss, kann aus dem Ansatz $y = h(x) = m_h \cdot x + n$ mit $3 = -4 \cdot 3 + n$ auf $n = 15$ geschlossen werden. Damit ist die Gleichung der Normalen bekannt:

$y = h(x) = -4x + 15$

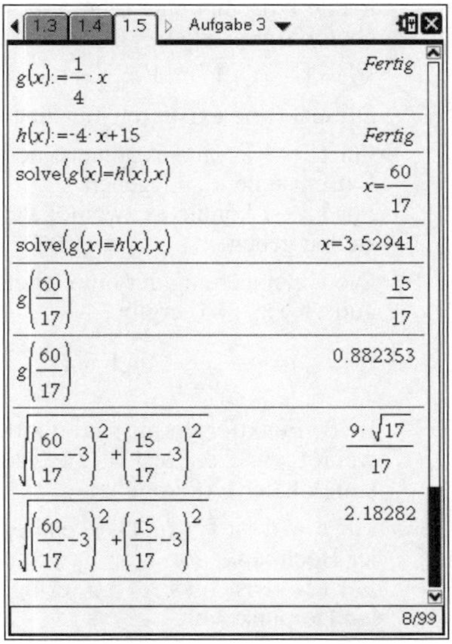


Der Schnittpunkt der Geraden g und h liefert die Koordinaten des Punktes G, bei dem die Brücke am Ufer des Festlandes ankommt.

Die Lösung der Gleichung $g(x) = h(x)$ führt auf:

$$\underline{\underline{G\left(\frac{60}{17}; \frac{15}{17}\right)}} \approx G(3,529; 0,882)$$

Die Länge d der Brücke kann mithilfe des Satzes des Pythagoras berechnet werden:

$$d = \sqrt{\left(\frac{60}{17} - 3\right)^2 + \left(\frac{15}{17} - 3\right)^2} \approx \underline{\underline{2,183\text{ km}}}$$

*Alternative Lösung:*

Der Abstand des Tiefpunktes T(3; 3) von der Geraden g wird mithilfe eines aus der analytischen Geometrie bekannten Verfahrens berechnet. Dazu wird die Gleichung von g in vektorieller Form angegeben:

$$\vec{x} = g(s) = s \cdot \begin{pmatrix} 1 \\ 0,25 \end{pmatrix} \quad \text{mit } s \in \mathbb{R}$$

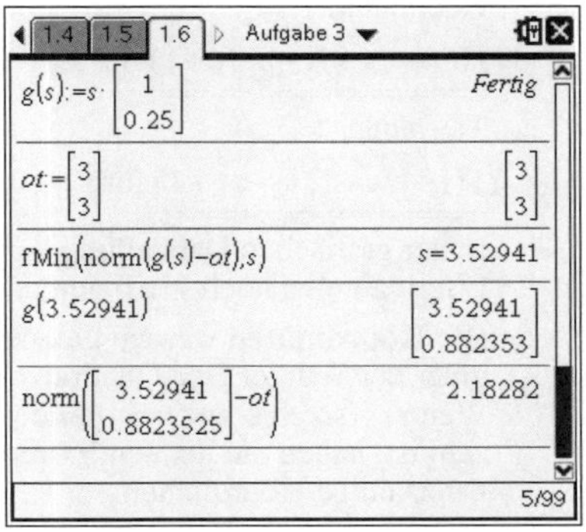


Der Betrag des Differenzvektors $g(s) - \overrightarrow{OT}$ beschreibt dann den Abstand d(t) eines beliebigen Punktes der Geraden g vom Punkt T in Abhängigkeit vom Parameter s.

Es wird das Minimum dieses Betrages bestimmt. Es liegt bei $s \approx 3,529$. Damit ergeben sich über g(s) die Koordinaten von G mit

$\underline{\underline{G(3,529; 0,882)}}$

sowie die Länge d der Brücke mit:

$\underline{\underline{d \approx 2,183\text{ km}}}$

2. a) Zur Untersuchung der **Existenz lokaler Extrempunkte** müssen die 1. und 2. Ableitung der Funktion $f_t$ gebildet werden:

$$f_t'(x) = \frac{x^2 - 2x - t}{2 \cdot (x-1)^2}$$

$$f_t''(x) = \frac{t+1}{(x-1)^3}$$

Die Funktionen werden unter geeigneten Bezeichnungen abgespeichert.

Die notwendige Bedingung $f_t'(x) = 0$ für lokale Extrempunkte führt auf die möglichen Extremstellen:

$x_{e1} = 1 - \sqrt{t+1}$ und $x_{e2} = 1 + \sqrt{t+1}$

Diese Terme existieren nur für $t + 1 \geq 0$.

Für $t = -1$ könnte es genau eine lokale Extremstelle $x_e = 1$ geben.
Für $t > -1$ könnte es zwei lokale Extremstellen geben.

Die Untersuchung der hinreichenden Bedingung $f_t''(x_e) \neq 0$ ergibt:

$$f_t''(x_{e1}) = -\frac{1}{\sqrt{t+1}} \quad \text{und} \quad f_t''(x_{e2}) = \frac{1}{\sqrt{t+1}}$$

Beide Funktionsterme sind nur definiert, wenn $t > -1$ ist. Für $t = -1$ existiert also kein lokaler Extrempunkt.

Für $t > -1$ ist $f_t''(x_{e1}) < 0$, es liegt ein lokaler Hochpunkt vor.
Für $t > -1$ ist $f_t''(x_{e2}) > 0$, es liegt ein lokaler Tiefpunkt vor.

Die Berechnung der Funktionswerte an den Stellen $x_e$ ermöglicht die Angabe der vollständigen **Koordinaten der lokalen Extrempunkte:**

Hochpunkt

$H(1 - \sqrt{t+1}; 1 - \sqrt{t+1})$ für $t > -1$

Tiefpunkt

$T(1 + \sqrt{t+1}; 1 + \sqrt{t+1})$ für $t > -1$

In der grafischen Darstellung kann man diese Überlegungen noch verifizieren.

Die **Koordinaten** werden **ganzzahlig**, wenn unter der Wurzel eine Quadratzahl steht. Wenn t also eine um 1 verminderte Quadratzahl ist, haben die lokalen Extrempunkte ganzzahlige Koordinaten.

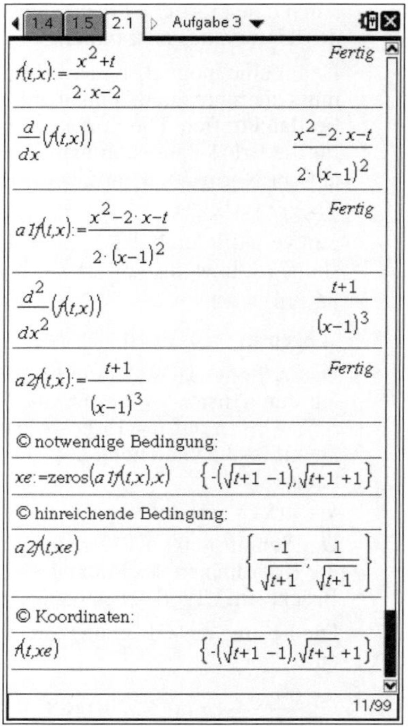


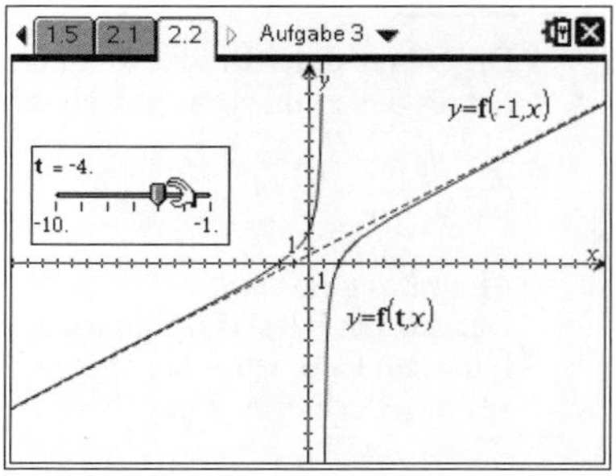


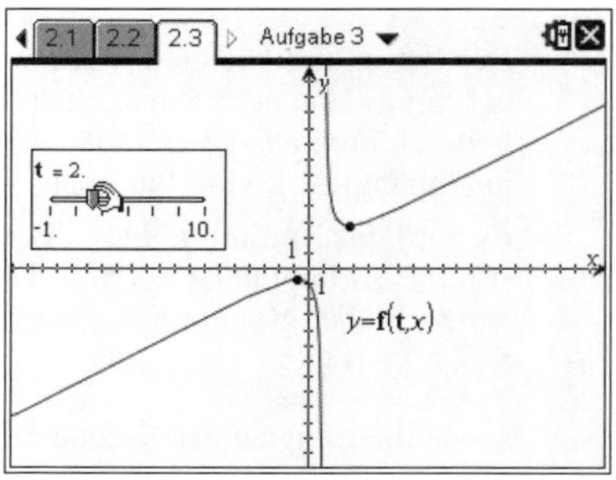

b) Die Aussage (1) ist **falsch**. Für $t=-1$ gilt:

$$y=f_{-1}(x)=\frac{x^2-1}{2x-2}=\frac{(x+1)\cdot(x-1)}{2\cdot(x-1)}=\frac{1}{2}\cdot(x+1) \quad \text{mit } x\in\mathbb{R};\ x\neq 1$$

Dies ist eine Gerade mit einem „Loch“, einer Definitionslücke bei $x=1$, die deshalb nicht mit der Geraden $y=\frac{1}{2}\cdot(x+1)$ mit $x\in\mathbb{R}$ übereinstimmt.

Die Aussage (2) ist **wahr**. Da

$$f_t''(x)=\frac{t+1}{(x-1)^3} \quad \text{für } t\neq -1 \text{ und } x\neq 1$$

stets ungleich null ist, ist die notwendige Bedingung für Wendepunkte nicht erfüllt. Für $t\neq -1$ haben die Graphen von $f_t$ bei $x=1$ eine Polstelle, also keine Wendestelle. Für $t=-1$ liegt eine Gerade mit einer Lücke bei $x=1$ vor, die ebenfalls keinen Wendepunkt hat.

c) Die Gleichung der Tangente $t_1$ an den Graphen von $f_4$ kann mithilfe des Befehls tangentLine() ermittelt werden:

$\underline{\underline{y=t_1(x)=-2x+8}}$

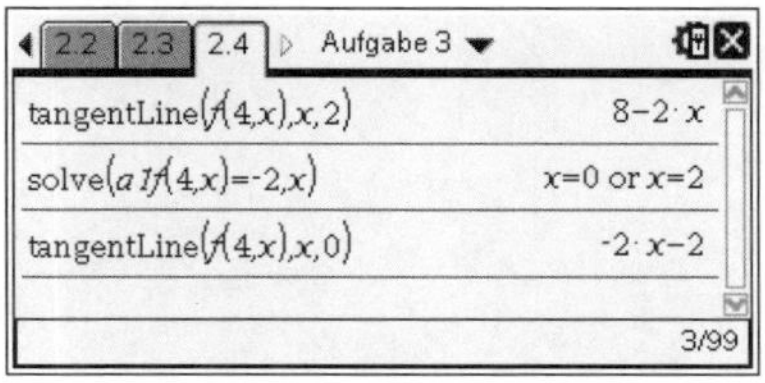


Eine dazu parallele Tangente muss denselben Anstieg $m=-2$ haben. Der Anstieg der Tangenten an den Graphen einer Funktion entspricht dem Wert der 1. Ableitung an den Berührstellen. Es ist also die Gleichung $f_4'(x)=-2$ zu lösen, um alle Berührstellen zu erhalten. Im Ergebnis erhält man neben der bekannten Berührstelle $x=2$ genau eine weitere Berührstelle $x=0$. Für diese Stelle wird nun die Gleichung der Tangente $t_2$ bestimmt: $\underline{\underline{y=t_2(x)=-2x-2}}$

Um den Abstand beider Tangenten zu berechnen, werden die Schnittpunkte der beiden Tangenten mit einer zu ihnen orthogonalen Geraden s ermittelt. Das Produkt der Anstiege orthogonaler Geraden muss –1 sein, also muss s den Anstieg $\frac{1}{2}$ haben. Möglich ist daher die Verwendung von:

$$y=s(x)=\frac{1}{2}x$$

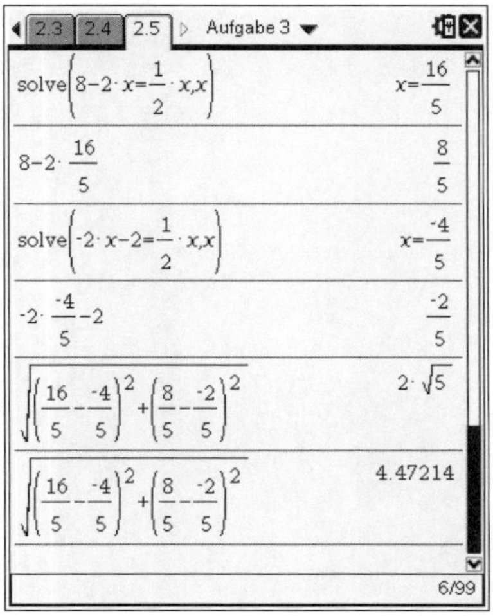


Für den Schnittpunkt $S_1$ von $t_1$ und s ergibt sich:

$$S_1\left(\frac{16}{5};\frac{8}{5}\right)$$

Für den Schnittpunkt $S_2$ von $t_2$ und s ergibt sich:

$$S_2\left(-\frac{4}{5};-\frac{2}{5}\right)$$

Der Abstand d der beiden Punkte $S_1$ und $S_2$ wird mit dem Satz des Pythagoras berechnet:

$$d=\sqrt{\left(\frac{16}{5}-\left(-\frac{4}{5}\right)\right)^2+\left(\frac{8}{5}-\left(-\frac{2}{5}\right)\right)^2}$$

$$=2\sqrt{5}\approx \underline{\underline{4{,}47 \text{ LE}}}$$

Zur Kontrolle werden die Graphen der Funktionen $f_4$, $t_1$, $t_2$ und s gezeichnet. Der Abstand d wird gemessen.
Es ergibt sich eine gute Übereinstimmung mit dem berechneten Wert.

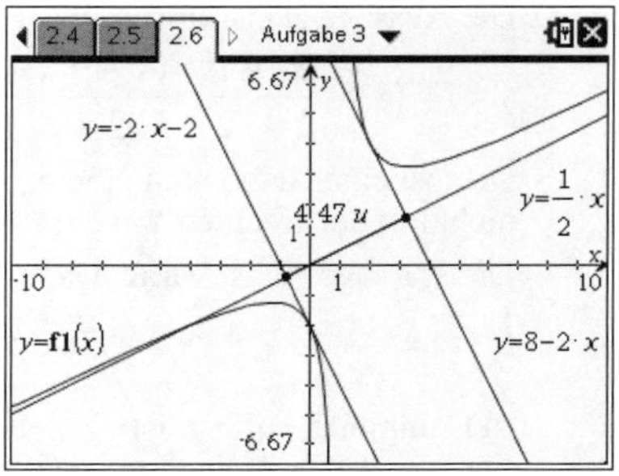

**Kernfach Mathematik (Thüringen)**
**CAS-Übungsaufgabe 4: Geometrie/Stochastik**

1. **Geraden und Punkte im Raum**
   a) Die Gerade $g_1$ liegt vollständig in der y-z-Ebene und oberhalb der x-y-Ebene. Sie verläuft im Abstand von 3 LE parallel zur y-Achse.
   Begründen Sie, dass die Gleichung
   $$\vec{x} = \begin{pmatrix} 0 \\ 2 \\ 3 \end{pmatrix} + t \cdot \begin{pmatrix} 0 \\ 1 \\ 0 \end{pmatrix} \text{ mit } t \in \mathbb{R}$$
   ein mathematisches Modell dieser Geraden $g_1$ ist. (1 BE)

   Die Gerade $g_2$ hat den Richtungsvektor $\vec{a} = \begin{pmatrix} 1 \\ -1 \\ 2 \end{pmatrix}$. Der Punkt P(–1; 3; 1) liegt auf $g_2$.
   Geben Sie eine Gleichung für $g_2$ an. (1 BE)

   Die Gerade $g_3$ verläuft durch die Punkte Q(–2; 3; –1) und R(0; 4; 3).
   Ermitteln Sie eine Gleichung für $g_3$. (1 BE)

   b) Die Geraden $g_1$ und $g_2$ schneiden sich im Punkt A, die Geraden $g_1$ und $g_3$ schneiden einander im Punkt B und die Geraden $g_2$ und $g_3$ haben den Schnittpunkt C.
   Berechnen Sie die Koordinaten von A, B und C. (2 BE)

   Ermitteln Sie die Länge der Strecke $\overline{AB}$ und den Abstand des Punktes C von der Geraden $g_1$. (2 BE)

   c) Beschreiben Sie, wie Sie die Endpunkte der Strecke s auf der Geraden $g_1$ ermitteln, für welche die Punkte von $g_1$ höchstens drei Längeneinheiten vom Punkt C entfernt sind.
   Weisen Sie nach, dass der Fußpunkt F des Lotes vom Punkt C auf die Gerade $g_1$ diese Strecke halbiert. (3 BE)

2. **Sicherheitsabstand**
   An einem Autobahnabschnitt, den täglich im Durchschnitt etwa 50 000 Pkw und 10 000 Lkw passieren, wurde durch Kontrollen festgestellt, dass ca. 10 % der Pkw-Fahrer und 20 % der Lkw-Fahrer nicht den notwendigen Sicherheitsabstand einhalten.
   Die Kontrollen erfolgen für beide Fahrzeugtypen mit einer Wahrscheinlichkeit von 0,01.

   a) Ermitteln Sie die Wahrscheinlichkeiten folgender Ereignisse.
   A: Unter 75 kontrollierten Pkw-Fahrern gibt es genau 70, die den Sicherheitsabstand einhalten. (1 BE)
   B: Von 80 kontrollierten Lkw-Fahrern halten mindestens zehn den Sicherheitsabstand nicht ein. (1 BE)
   C: Von zehn aufeinanderfolgenden Fahrzeugen (Pkw und Lkw) wird genau das zehnte kontrolliert. (1 BE)

   b) Bestimmen Sie, wie viele Lkw mindestens kontrolliert werden müssen, um mit einer Wahrscheinlichkeit von mehr als 90 % mindestens drei Lkw-Fahrer zu finden, die den Sicherheitsabstand nicht einhalten. (2 BE)

c) Wer hat recht, wer hat unrecht? Argumentieren Sie.
Herr K: „Im Durchschnitt halten 15 % aller Pkw- und Lkw-Fahrer den Sicherheitsabstand nicht ein.“
Frau S: „Knapp 12 % aller Pkw- und Lkw-Fahrer insgesamt halten den Sicherheitsabstand nicht ein.“ (2 BE)

d) Herr K behauptet, dass der Anteil der Lkw-Fahrer, die den Sicherheitsabstand nicht einhalten, von 20 % auf 30 % gestiegen sei. Diese Behauptung soll durch Kontrollen bei 300 Lkw-Fahrern getestet werden.
Ermitteln Sie den Ablehnungsbereich für die Nullhypothese $H_0$: „Der Anteil der Lkw-Fahrer, die den Sicherheitsabstand nicht einhalten, liegt noch immer bei 20 %.“ für eine Irrtumswahrscheinlichkeit von $\alpha \leq 0{,}05$.
Beschreiben Sie, was im Zusammenhang mit dem hier zugrunde liegenden Sachverhalt unter dem Fehler 1. Art und dem Fehler 2. Art zu verstehen ist.
Berechnen Sie das Risiko für den Fehler 2. Art. (3 BE)

(20 BE)

## Hinweise und Tipps

### Aufgabe 1

*Geradengleichungen*

- Eine Gerade liegt vollständig in der y-z-Ebene, wenn alle ihre Punkte die x-Koordinate null haben.
- Eine Gerade verläuft parallel zur y-Achse, wenn ihr Richtungsvektor von der Form $\begin{pmatrix} 0 \\ k \\ 0 \end{pmatrix}$ mit $k \neq 0$ ist.
- Hat der Aufpunkt einer zur y-Achse parallelen Geraden eine positive z-Koordinate, so verläuft diese Gerade oberhalb der x-y-Ebene. Der Wert der z-Koordinate gibt dann den Abstand zur x-y-Ebene an.
- Verwenden Sie für $g_2$ die Punkt-Richtungsform einer Geraden in Parameterdarstellung.
- Nutzen Sie für $g_3$ die Zwei-Punkteform einer Geraden in Parameterdarstellung.

*Schnittpunkte der Geraden*

- Die Existenz der Schnittpunkte wird vorausgesetzt. Sie müssen deshalb nicht überprüfen, ob die Geraden bzw. ihre Richtungsvektoren parallel zueinander sind.
- Speichern Sie die Geradengleichungen unter geeigneten Bezeichnungen ab.
- Berechnen Sie durch Gleichsetzen von je zwei Geradengleichungen, für welche Parameter Schnittpunkte vorliegen.
- Geben Sie mithilfe dieser Parameterwerte und der Geradengleichungen die Schnittpunkte an.
- Die Länge der Strecke $\overline{AB}$ können Sie wegen der besonderen Lage beider Punkte als Differenz zweier ihrer Koordinaten berechnen. Alternativ kann auch der Betrag des Vektors $\overrightarrow{AB}$ berechnet werden.
- Der Abstand des Punktes C von der Geraden $g_1$ lässt sich z. B. als Minimum des Betrages der Differenz aus dem Ortsvektor von C und dem Ortsvektor eines beliebigen Punktes der Geraden $g_1$ berechnen.

*Strecke auf einer der Geraden*

- Der Betrag der Differenz aus dem Ortsvektor von C und dem Ortsvektor eines beliebigen Punktes der Geraden $g_1$ muss kleiner oder gleich 3 sein. Lösen Sie die entsprechende Ungleichung mit dem CAS-Rechner.
- Setzen Sie die erhaltenen Intervallgrenzen für den Parameter t in die Gleichung von $g_1$ ein, um die Endpunkte der Strecke zu erhalten.
- Der Lotfußpunkt von C auf $g_1$ ist derjenige Punkt auf $g_1$, für den die Differenz aus dem Ortsvektor von C und dem Ortsvektor eines beliebigen Punktes der Geraden $g_1$ minimal ist. Verwenden Sie deshalb Ihre Überlegungen aus der vorigen Teilaufgabe, um die Koordinaten dieses Punktes zu ermitteln. Vergleichen Sie die Koordinaten des Lotfußpunktes mit den Koordinaten der Endpunkte der Strecke.

### Aufgabe 2

*Wahrscheinlichkeiten der Ereignisse*

- Es handelt sich bei den Ereignissen A und B um Ereignisse, die jeweils einer binomialverteilten Zufallsgröße zugeordnet werden können. Entnehmen Sie dem Text die zugehörigen Parameter n und p für jedes der Ereignisse.
- Berechnen Sie P(A) als Einzelwahrscheinlichkeit und P(B) als Intervallwahrscheinlichkeit.
- Sie können einen Ansatz zur Berechnung von P(C) mithilfe einer Pfadregel aufstellen.

*Dreifach-mindestens-Aufgabe*

- Es ist der Parameter n einer binomialverteilten Zufallsgröße $Z_{n;p}$ zu bestimmen, sodass $P(Z_{n;p} > 2) > 0{,}9$ gilt.
- Entnehmen Sie den Wert für p dem Aufgabentext.
- Sie können den Wert für n durch systematisches Probieren finden (z. B. Schieberegler oder Tabellenkalkulation).

*korrekte Argumentation*

- Zeichnen Sie ein zweistufiges Baumdiagramm mit dem Anteil der Pkw- bzw. Lkw-Fahrer in Stufe 1 und den Anteilen, die die Einhaltung des Sicherheitsabstandes repräsentieren, in Stufe 2.
- Wenden Sie die Pfadregeln an.

*Ablehnungsbereich sowie Fehler 1. und 2. Art*

- Formulieren Sie die Gegenhypothese.
- Überlegen Sie, ob der Ablehnungsbereich links oder rechts liegt.
- Ermitteln Sie die Grenze des Ablehnungsbereichs durch systematisches Probieren (Schieberegler oder Tabellenkalkulation).
- Geben Sie den Ablehnungsbereich an.
- Ein Fehler 1. Art liegt vor, wenn die Nullhypothese aufgrund des zufälligen Stichprobenergebnisses abgelehnt wird, obwohl sie in Wirklichkeit zutrifft.
- Ein Fehler 2. Art liegt vor, wenn die Nullhypothese aufgrund des zufälligen Stichprobenergebnisses nicht abgelehnt wird, obwohl sie in Wirklichkeit falsch ist, also die Gegenhypothese richtig ist.
- Verwenden Sie für die Berechnung der Wahrscheinlichkeit für den Fehler 2. Art die Wahrscheinlichkeit $p = 0{,}3$.

## Lösungen

1. a) Der Aufpunkt P(0; 2; 3) von $g_1$ liegt in der y-z-Ebene, weil seine x-Koordinate den Wert $x = 0$ hat. Weiterhin kann man den Koordinaten von P entnehmen:
P ist 2 LE von der z-Achse und 3 LE von der y-Achse entfernt. Der Punkt P liegt also oberhalb der x-y-Ebene und hat den Abstand 3 LE von der y-Achse.

Der Richtungsvektor $\begin{pmatrix} 0 \\ 1 \\ 0 \end{pmatrix}$ von $g_1$ entspricht dem Einheitsvektor auf der y-Achse.

Also verläuft diese Gerade, genau wie $g_1$, parallel zur y-Achse.

Gleichung für $g_2$: $\vec{x} = \begin{pmatrix} -1 \\ 3 \\ 1 \end{pmatrix} + r \cdot \begin{pmatrix} 1 \\ -1 \\ 2 \end{pmatrix}$ mit $r \in \mathbb{R}$

Gleichung für $g_3$: $\vec{x} = \begin{pmatrix} -2 \\ 3 \\ -1 \end{pmatrix} + s \cdot \begin{pmatrix} 2 \\ 1 \\ 4 \end{pmatrix}$ mit $s \in \mathbb{R}$

b) Die Geradengleichungen werden definiert und unter geeigneten Variablen abgespeichert.

Da die Existenz der Schnittpunkte vorausgesetzt wird, muss die Überprüfung der Richtungsvektoren auf Parallelität nicht durchgeführt werden.

Die Koordinaten der Schnittpunkte A, B und C werden durch Lösen der Gleichungssysteme

$g_1(t) = g_2(r)$,

$g_1(t) = g_3(s)$ und

$g_2(r) = g_3(s)$

und anschließendes Einsetzen der Lösungen in die Geradengleichungen bestimmt.

Die Koordinaten der Schnittpunkte sind:

A(0; 2; 3)

B(0; 4; 3)

$C\left(-\frac{4}{3}; \frac{10}{3}; \frac{1}{3}\right)$

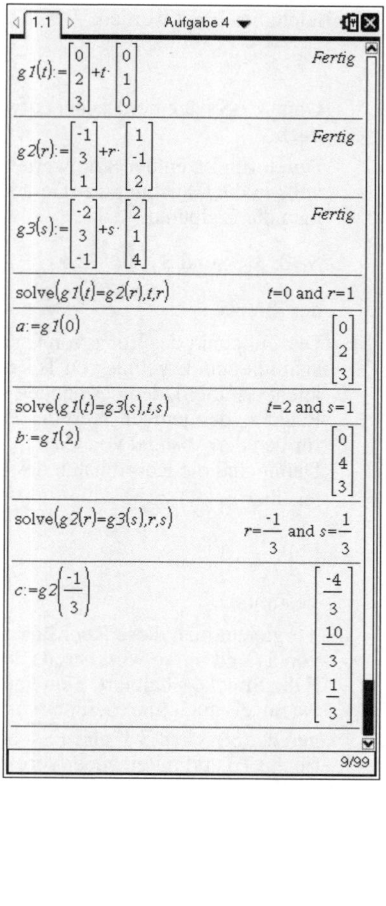


Da die Punkte A und B auf der zur y-Achse parallelen Geraden $g_1$ liegen, ist die Länge der Strecke $\overline{AB}$ gleich dem Betrag der Differenz ihrer y-Koordinaten:

$\overline{AB} = 2$ LE

Der Abstand d des Punktes C zur Geraden $g_1$ kann als das Minimum des Betrages des Vektors $\overrightarrow{OC} - g_1(t)$ bestimmt werden:

fMin($|\overrightarrow{OC} - g_1(t)|$, t) führt auf $t = \frac{4}{3}$ und damit auf den Minimalabstand $\underline{\underline{d = \frac{4}{3} \cdot \sqrt{5}}}$.

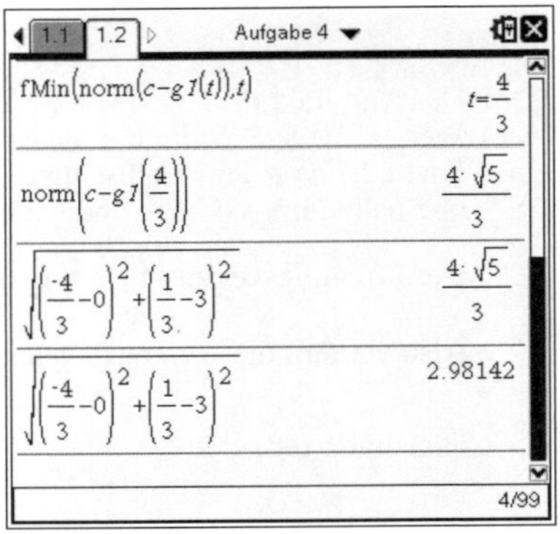


Dieser lässt sich *alternativ* wegen der besonderen Lage von $g_1$ (parallel zur y-Achse) auch mithilfe des Satzes des Pythagoras berechnen:

$$d = \sqrt{\left(-\frac{4}{3} - 0\right)^2 + \left(\frac{1}{3} - 3\right)^2}$$

$$= \frac{4}{3} \cdot \sqrt{5} \approx \underline{\underline{2{,}98\ \text{LE}}}$$

c) Der Betrag des Vektors $\overrightarrow{OC} - g_1(t)$ muss kleiner oder gleich 3 sein. Die Lösungen dieser Ungleichung können mit dem CAS leicht bestimmt werden:

$$1 \le t \le \frac{5}{3}$$

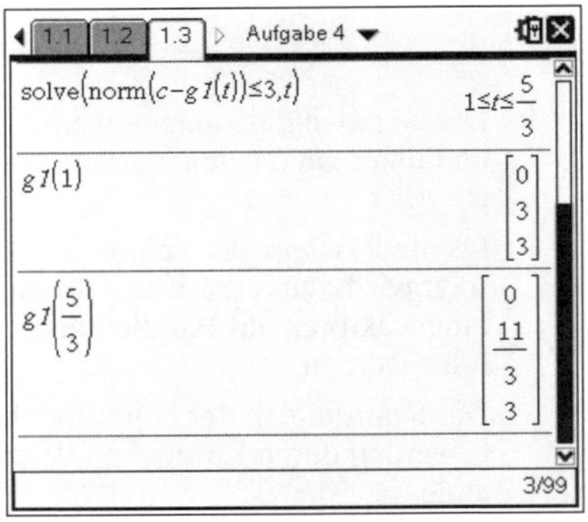


Ohne CAS wäre der Rechenaufwand sehr hoch.

Durch Einsetzen der Randwerte dieses Intervalls in die Gleichung der Geraden $g_1$ erhält man die Endpunkte

$S_1(0;\ 3;\ 3)$ und $S_2\left(0;\ \frac{11}{3};\ 3\right)$

der Strecke s.

Der Fußpunkt des Lotes von C auf $g_1$ lässt sich mit dem Ergebnis von Teilaufgabe 1 b leicht ermitteln, denn es handelt sich um den Punkt zu demjenigen Wert des Parameters t, für den der Abstand von C zu $g_1$ minimal ist. Damit sind die Koordinaten des Lotfußpunktes über $g_1\left(\frac{4}{3}\right)$ zu

$F\left(0;\ \frac{10}{3};\ 3\right)$

bestimmt.

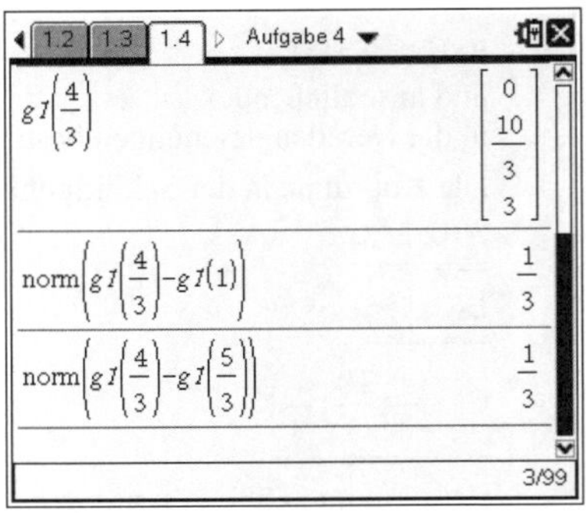


Vergleicht man diese Koordinaten mit denen von $S_1$ und $S_2$, so wird bereits deutlich, dass F die Strecke s halbiert. Man kann diesen Nachweis auch führen, indem man die Längen der Strecken $\overline{S_1F}$ und $\overline{FS_2}$ berechnet (je $\frac{1}{3}$ LE) und miteinander vergleicht.

2. a) *Ereignis A:*

X: Pkw-Fahrer hält den Sicherheitsabstand ein.

X ist binomialverteilt mit $n = 75$ und $p = 0{,}9$.

$$P(A) = P(X = 70) = \binom{75}{70} \cdot 0{,}9^{70} \cdot 0{,}1^{5} \approx \underline{\underline{0{,}108}}$$

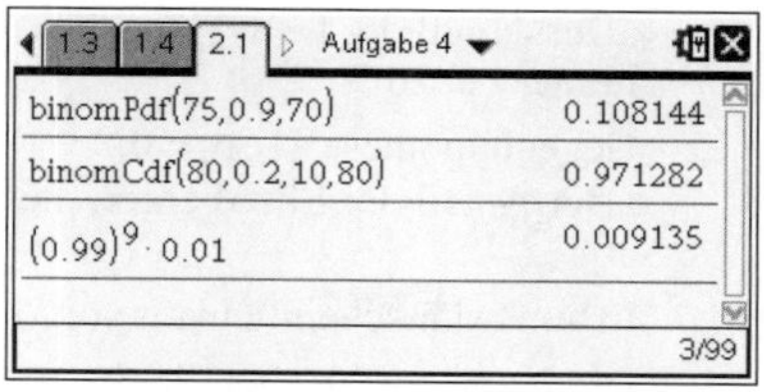


*Ereignis B:*

Y: Lkw-Fahrer hält den Sicherheitsabstand nicht ein.

Y ist binomialverteilt mit $n = 80$ und $p = 0{,}2$.

$$P(B) = P(Y \geq 10) = \sum_{k=10}^{80} \binom{80}{k} \cdot 0{,}2^{k} \cdot 0{,}8^{80-k} \approx \underline{\underline{0{,}971}}$$

*Ereignis C:*

Nach Pfadregel gilt: $P(C) = 0{,}99^{9} \cdot 0{,}01 \approx \underline{\underline{0{,}009}}$

b) Z: Lkw-Fahrer hält den Sicherheitsabstand nicht ein.

Z ist binomialverteilt mit unbekanntem n und $p = 0{,}2$.

Gesucht ist die kleinste natürliche Zahl n, sodass $P(Z \geq 3) > 0{,}90$ gilt:

$$\sum_{k=3}^{n} \binom{n}{k} \cdot 0{,}2^{k} \cdot 0{,}8^{n-k} > 0{,}90$$

Durch systematisches Probieren mit einem Schieberegler wird $\underline{\underline{n = 25}}$ ermittelt.

*Alternativ* kann die Lösung auch mit einer Tabellenkalkulation bestimmt werden.

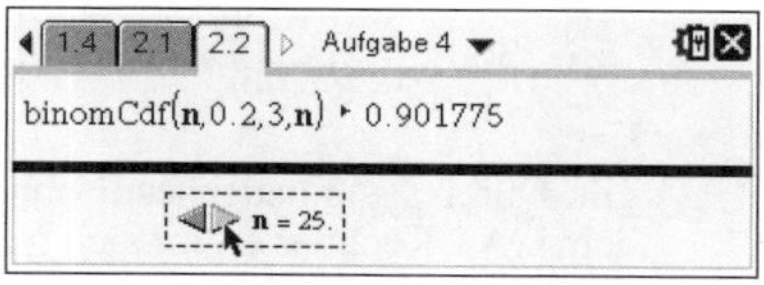


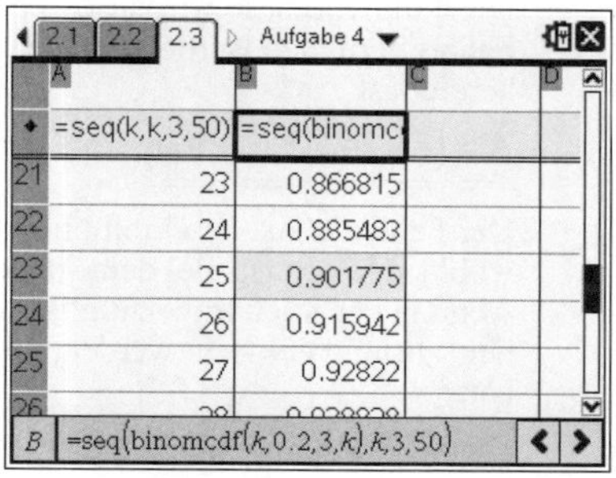


c) Nur Frau S hat recht, denn – etwa über ein Baumdiagramm – kann man den Anteil aller Pkw- und Lkw-Fahrer, die den Sicherheitsabstand nicht einhalten, folgendermaßen ermitteln:

$$\frac{5}{6} \cdot \frac{1}{10} + \frac{1}{6} \cdot \frac{2}{10} = \frac{7}{60} \approx 0{,}117 \approx 0{,}12$$

Herr K hat den Mittelwert aus 0,1 und 0,2 gebildet, ohne zu bedenken, dass fünfmal mehr Pkw-Fahrer als Lkw-Fahrer in die Berechnung einbezogen wurden.

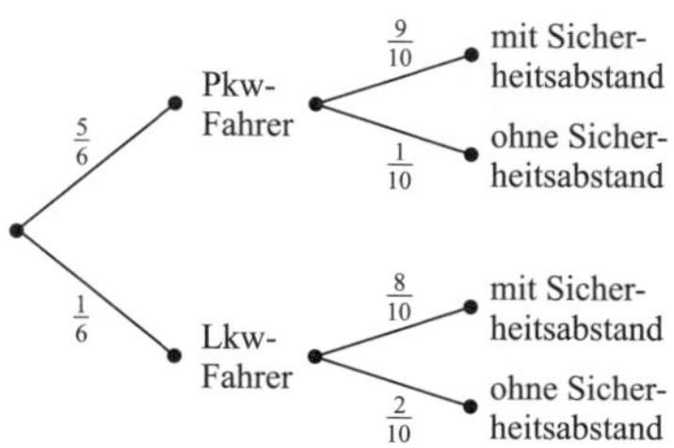

d) Nullhypothese $H_0$: $p_0 = 0,2$

„Der Anteil der Lkw-Fahrer, die den Sicherheitsabstand nicht einhalten, liegt noch immer bei 20 %.“

Gegenhypothese $H_1$: $p_1 = 0,3$

„Der Anteil der Lkw-Fahrer, die den Sicherheitsabstand nicht einhalten, liegt jetzt bei 30 %.“

Irrtumswahrscheinlichkeit von $\alpha \leq 0,05$.

Die Irrtumswahrscheinlichkeit beschreibt das Risiko für einen Fehler 1. Art, der darin besteht, die Nullhypothese abzulehnen, obwohl sie wahr ist. Die Nullhypothese wird wegen $p_0 < p_1$ irrtümlich abgelehnt, wenn sich in der Stichprobe zufällig sehr viele Lkw-Fahrer befinden, die den Sicherheitsabstand nicht einhalten.

Die Irrtumswahrscheinlichkeit soll höchstens 5 % betragen. Die Anzahl der Lkw-Fahrer, die den Sicherheitsabstand nicht einhalten, ist binomialverteilt mit n = 300 und $p = p_0$ für den Fehler 1. Art.

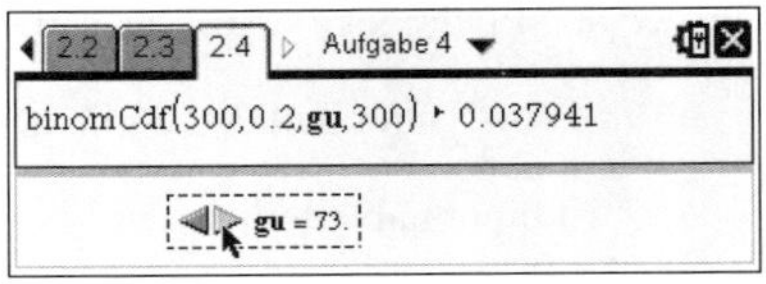


Es ist zu untersuchen, wie groß die untere Grenze $g_u$ zu wählen ist, damit erstmals

$$\sum_{k=g_u}^{300} \binom{300}{k} \cdot 0,2^k \cdot 0,8^{300-k} \leq 0,05$$

gilt. Durch systematisches Probieren mit dem CAS-Rechner ergibt sich $g_u = 73$.

Die Nullhypothese wird also abgelehnt, wenn in der Stichprobe mindestens 73 Lkw-Fahrer gefunden werden, die den Sicherheitsabstand nicht einhalten. Der Ablehnungsbereich ist:

$$\underline{\underline{\overline{A} = \{73, 74, 75, \ldots, 300\}}}$$

Der Fehler 2. Art beschreibt hier das Risiko, die Nullhypothese nicht abzulehnen, obwohl sie falsch ist. Bei dem soeben bestimmten Ablehnungsbereich ist das der Fall, wenn in der Stichprobe zufällig weniger als 73 Lkw-Fahrer mit zu geringem Sicherheitsabstand erwischt werden, obwohl sich ihr Anteil in Wirklichkeit auf 30 % erhöht hat.

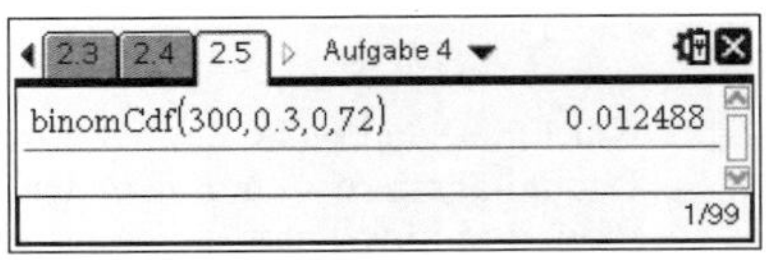


Die Wahrscheinlichkeit dafür wird angegeben durch:

$$\sum_{k=0}^{72} \binom{300}{k} \cdot 0,3^k \cdot 0,7^{300-k} \approx \underline{\underline{0,012}}$$

## Kernfach Mathematik (Thüringen)
## CAS-Übungsaufgabe 5: Stochastik / Geometrie

1. **Biosprit E10**

„Nur jeder siebte Autofahrer tankt Biosprit E10", lautete eine Schlagzeile im Sommer 2011.
Lösen Sie unter der Annahme, dass diese Aussage wahr ist, die folgenden Aufgaben.

© maho – Fotolia.com

a) Berechnen Sie die Wahrscheinlichkeiten folgender Ereignisse.
A: Von 562 Tageskunden einer Tankstelle tanken mehr als 50 und weniger als 100 Kunden Biosprit E10. (1 BE)
B: Von fünf Kunden tankt frühestens der vierte Kunde, aber mindestens einer, Biosprit E10. (1 BE)
C: Der fünfte Kunde ist der zweite E10 tankende Kunde. (1 BE)

b) Formulieren Sie im Zusammenhang mit dem hier betrachteten Sachverhalt ein Ereignis D, für dessen Wahrscheinlichkeit gilt:

$$P(D) = 1 - \left(\frac{6}{7}\right)^3$$ (1 BE)

c) Für eine Zufallsgröße X in diesem Zusammenhang gilt:

$$EX = 420 \cdot \frac{6}{7}$$

Interpretieren Sie X und $EX = 360$ im gegebenen Sachzusammenhang.
Ermitteln Sie ein zu EX symmetrisches Intervall, in dem X mit einer Wahrscheinlichkeit von ca. 92 % liegt. (3 BE)

Nach neueren Untersuchungen an einigen Tankstellen wird die Behauptung vertreten, dass der Anteil der Autofahrer, die Biosprit E10 tanken, auf 20 % gestiegen ist.

d) Es soll getestet werden, ob für die Wahrscheinlichkeit des Ereignisses E: „Ein Autofahrer tankt Biosprit E10" entweder $p = \frac{1}{7}$ oder $p = 0{,}2$ gilt.
Die Hypothese $p = \frac{1}{7}$ soll genau dann abgelehnt werden, wenn in der Zufallsstichprobe mehr als 50-mal das Ereignis E eingetreten ist.
Untersuchen Sie, wie groß der Umfang dieser Stichprobe mindestens sein muss, damit sowohl die Wahrscheinlichkeit für einen Fehler 1. Art als auch die Wahrscheinlichkeit für einen Fehler 2. Art höchstens 0,1 beträgt. (3 BE)

2. **Geraden**

Gegeben sind die Geraden $g_a$ mit der Gleichung

$$\vec{x} = \begin{pmatrix} 0 \\ 0 \\ a \end{pmatrix} + t \cdot \begin{pmatrix} 1 \\ a \\ 1 \end{pmatrix} \text{ mit } a, t \in \mathbb{R}.$$

Setzen Sie in den folgenden Teilaufgaben zunächst $a = 1$.

a) Untersuchen Sie, in welchen Punkten und unter welchem Winkel die Gerade $g_1$ die Koordinatenachsen schneidet. (2 BE)

b) Ermitteln Sie die Koordinaten der Schnittpunkte von $g_1$ mit den Koordinatenebenen. (2 BE)

In den folgenden Teilaufgaben von Aufgabe 2 sei der Parameter a eine beliebige reelle Zahl.

c) Begründen Sie, dass die Schnittpunkte der Geraden $g_a$ mit der x-y-Ebene auf einer Parabel mit der Gleichung $y = -x^2$ liegen. (1 BE)

d) Untersuchen Sie, für welche Werte von a sich die Geraden $g_a$ mit der Geraden $h: \vec{x} = \begin{pmatrix} -1 \\ -2 \\ 1 \end{pmatrix} + r \cdot \begin{pmatrix} 3 \\ 2 \\ 1 \end{pmatrix} \ (r \in \mathbb{R})$ schneiden.

Geben Sie, sofern vorhanden, die Koordinaten der Schnittpunkte an. (2 BE)

e) Begründen Sie, dass für den Abstand d(a) der Geraden $g_a$ zum Punkt $Q_a(1;\, 1;\, a)$ mit $a \in \mathbb{R}$ gilt:

$$d(a) = \frac{\sqrt{a^2 - 2a + 3}}{\sqrt{a^2 + 2}}$$

Beschreiben Sie den Verlauf des Graphen von d(a) über den gesamten Definitionsbereich im Sachzusammenhang. (3 BE)

(20 BE)

---

## Hinweise und Tipps

### Aufgabe 1

*Wahrscheinlichkeiten der Ereignisse*

- Prüfen Sie, für welches der Ereignisse A, B und C die Binomialverteilung als mathematisches Modell geeignet ist.
- Wenn von fünf Kunden frühestens der vierte, aber mindestens einer, Biosprit tankt, dann kann man zwei Fälle unterscheiden. Berechnen Sie die zugehörigen Wahrscheinlichkeiten mit den Pfadregeln.
- Wenn der fünfte Kunde der zweite E10 tankende Kunde ist, dann muss von den ersten vier Kunden genau einer bereits E10 getankt haben. Auf die Wahrscheinlichkeit für Letzteres passt die Binomialverteilung als Modell.

*Beschreibung des Ereignisses D*

- Den Term $\left(\frac{6}{7}\right)^3$ kann man im Sachzusammenhang interpretieren als die Wahrscheinlichkeit, dass von drei Kunden keiner E10 tankt. Der Term $1 - \left(\frac{6}{7}\right)^3$ kann dann als Gegenwahrscheinlichkeit aufgefasst werden.
- Beschreiben Sie das Gegenereignis zu „keiner von drei Kunden tankt E10“ mit Worten.

*Zufallsgröße X*

- Der Term $\frac{6}{7}$ kann im Kontext der Aufgabenstellung als Wahrscheinlichkeit dafür aufgefasst werden, dass ein Kunde kein E10 tankt.
- Beschreiben Sie die Zufallsgröße X und den Erwartungswert EX im Sachzusammenhang mit Worten.
- Entnehmen Sie die Parameter n und p der Zufallsgröße X der Aufgabenstellung.
- Ein zu EX symmetrisches Intervall kann z. B. durch $I = [360 - c; 360 + c]$ mit $c > 0$ beschrieben werden.
- Ermitteln Sie durch systematisches Probieren einen Wert für c, sodass $P(I) \approx 0{,}92$ ist (z. B. Schieberegler oder Tabellenkalkulation).

*Stichprobenumfang*

- Es ist sinnvoll H: $p = \frac{1}{7}$ als Nullhypothese aufzufassen, weil für diese Hypothese der Ablehnungsbereich beschrieben wird.
- Die untere Grenze des Ablehnungsbereichs ist $g_u = 51$, die obere Grenze n des Ablehnungsbereichs ist zu ermitteln.
- Der Fehler 1. Art entsteht dadurch, dass das Stichprobenergebnis zufällig im Ablehnungsbereich für die Nullhypothese liegt, obwohl die Nullhypothese wahr ist, also $p = \frac{1}{7}$ gilt.
- Der Fehler 2. Art entsteht dadurch, dass das Stichprobenergebnis zufällig im Annahmebereich für die Nullhypothese liegt, obwohl sie falsch ist, d. h., dass in Wirklichkeit $p = 0{,}2$ gilt.
- Beschreiben Sie die Wahrscheinlichkeiten für die Fehler 1. und 2. Art durch geeignete Summen in Abhängigkeit vom unbekannten Stichprobenumfang n.
- Ermitteln Sie z. B. durch systematisches Probieren (z. B. Schieberegler oder Tabellenkalkulation) denjenigen Wert für n, für den beide Wahrscheinlichkeiten gleichzeitig höchstens gleich 0,1 sind.

**Aufgabe 2**

*Schnitt mit den Koordinatenachsen*

- Setzen Sie $a = 1$ in die Gleichung für $g_a$ ein.
- Bei Schnittpunkten einer Geraden mit den Koordinatenachsen haben immer mindestens zwei der drei Koordinaten des Schnittpunktes den Wert null.
- Verwenden Sie diese Überlegung, um einen Ansatz für die Berechnung der Schnittpunkte zu finden.
- Lösen Sie die entsprechenden Gleichungssysteme und interpretieren Sie die Ergebnisse mit Blick auf die Existenz bzw. die Koordinaten der Schnittpunkte.
- Um einen Schnittwinkel der Geraden mit einer Achse zu berechnen, können Sie den Winkel zwischen dem Richtungsvektor der Geraden und einem Richtungsvektor der Achse berechnen. Schließen Sie gegebenenfalls auf den Nebenwinkel, falls die Rechnung einen stumpfen Winkel ergibt.
- Alternativ können Sie wegen der besonderen Lage der Geraden die Ergebnisse auch durch elementare inhaltliche Überlegungen erhalten.

*Schnitt mit den Koordinatenebenen*

- Den Schnittpunkt von $g_1$ mit zwei der drei Koordinatenebenen können Sie ohne aufwendige Rechnung aus dem Ergebnis der Teilaufgabe 2 a ableiten.
- Bei Schnittpunkten einer Geraden mit einer Koordinatenebene hat mindestens eine der Koordinaten des Schnittpunktes den Wert null.

- Verwenden Sie diese Überlegung, um einen Ansatz für die Berechnung des dritten Schnittpunktes zu finden.
- Lösen Sie das Gleichungssystem und verwenden Sie das Ergebnis zur Berechnung der Koordinaten des Schnittpunktes.

*Parabelgleichung*

- Im Prinzip können Sie Hinweise aus der vorigen Teilaufgabe hier wieder berücksichtigen.
- Wenn eine Gerade die x-y-Ebene schneidet, so muss $z=0$ sein.
- Bestimmen Sie den Wert des Parameters t in Abhängigkeit von a durch Gleichsetzen von $z=0$ mit der dritten Koordinate des Vektors, der die Geradengleichung beschreibt.
- Ermitteln Sie damit die restlichen Koordinaten des Schnittpunktes und weisen Sie den Zusammenhang $y=-x^2$ zwischen seiner y- und seiner x-Koordinate nach.

*Schnitt zweier Geraden*

- Setzen Sie die beiden Geradengleichungen gleich und lösen Sie dieses Gleichungssystem.
- Aus der Lösungsmenge können Sie die gesuchten Werte von a ablesen.
- Berechnen Sie zur Kontrolle die Koordinaten der Schnittpunkte mit beiden Geradengleichungen durch Einsetzen von geeigneten Elementen der Lösungsmenge des Gleichungssystems.

*Abstand der Geraden zu einem Punkt*

- Sie können den Abstand d(a) z. B. über das Funktionsminimum des Betrages der Differenz der Ortsvektoren des Punktes $Q_a$ und eines beliebigen Punktes der Geraden $g_a$ ermitteln.
- Sie erhalten denjenigen Wert $t_{Min}$ des Parameters t in Abhängigkeit von a, für den dieses Minimum angenommen wird.
- Drücken Sie den Betrag der Differenz der Ortsvektoren des Punktes $Q_a$ und des Punktes $g_a(t_{Min})$ der Geraden $g_a$ in Abhängigkeit von a aus. Vergleichen Sie das Ergebnis mit dem in der Aufgabenstellung gegebenen Funktionsterm für d(a).
- Stellen Sie die Funktion d(a) grafisch dar, um eine erste Vorstellung vom zugehörigen Kurvenverlauf zu bekommen. Das Grafikfenster bietet im Allgemeinen nur einen begrenzten Ausschnitt der Kurve an, deshalb ist eine analytische Untersuchung des Kurvenverlaufs notwendig.
- Führen Sie für die Funktion d(a) eine Kurvendiskussion durch. Verwenden Sie die Ergebnisse für eine Beschreibung des Graphen von d(a) im Kontext des Sachzusammenhangs, der hier durch den Abstand von $Q_a$ zur Geraden $g_a$ in Abhängigkeit von a gegeben ist.

## Lösungen

1. a) *Ereignis A:*

X sei die Zufallsgröße, die die Anzahl der Kunden beschreibt, die E10 tanken. Dann ist X binomialverteilt mit $n = 562$ und $p = \frac{1}{7}$.

$P(A) = P(50 < X < 100)$

$$= \sum_{k=51}^{99} \binom{562}{k} \cdot \left(\frac{1}{7}\right)^{k} \cdot \left(\frac{6}{7}\right)^{562-k} \approx \underline{\underline{0{,}988}}$$

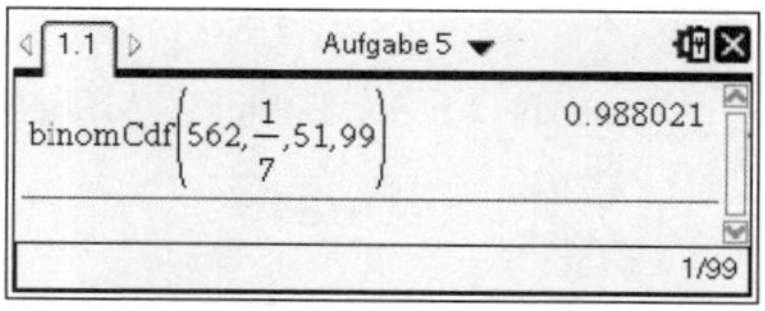


Es ist also fast sicher, dass Ereignis A eintritt.

*Ereignis B:*

Wenn frühestens der vierte von fünf Kunden E10 tankt, dann heißt das, dass entweder die ersten drei Kunden keinen Biosprit tanken, der vierte Kunde E10 nimmt und es vom fünften Kunden offenbleibt, was er tankt, oder die ersten vier Kunden tanken keinen Biosprit, aber der fünfte Kunde entscheidet sich als Erster für E10.
Dazu gehört die folgende Wahrscheinlichkeit:

$$P(B) = \left(\frac{6}{7}\right)^{3} \cdot \left(\frac{1}{7}\right)^{1} \cdot 1 + \left(\frac{6}{7}\right)^{4} \cdot \left(\frac{1}{7}\right)^{1} \approx \underline{\underline{0{,}167}}$$

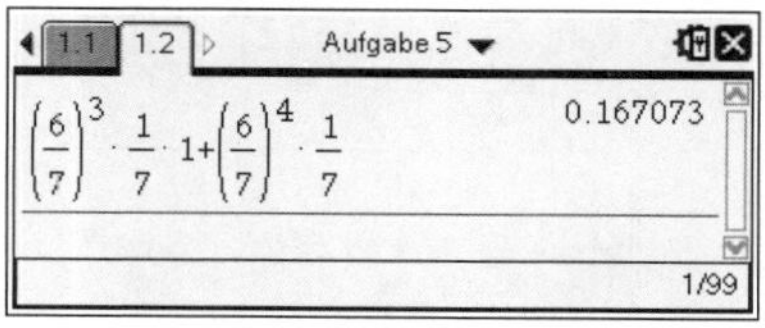


*Ereignis C:*

Unter den ersten vier Kunden ist genau ein E10 tankender Kunde und der fünfte Kunde tankt E10.

$$P(C) = \binom{4}{1} \cdot \left(\frac{1}{7}\right)^{1} \cdot \left(\frac{6}{7}\right)^{3} \cdot \frac{1}{7} \approx \underline{\underline{0{,}051}}$$

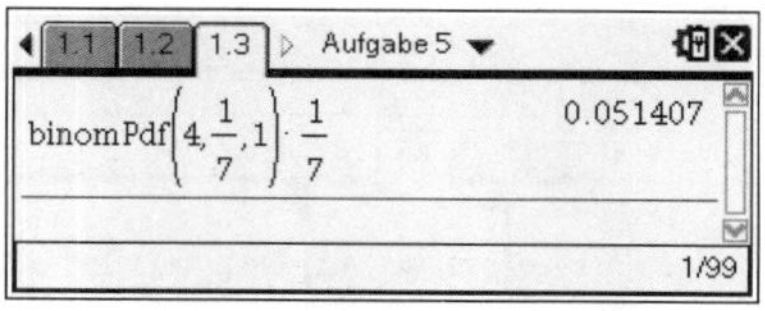


b) $1 - P(D) = \left(\frac{6}{7}\right)^{3}$ beschreibt die Wahrscheinlichkeit, dass von drei Kunden keiner Biosprit E10 tankt. Das Ereignis könnte also lauten: „Mindestens einer von drei Kunden tankt Biosprit E10.“

c) X kann hier als die Zufallsgröße betrachtet werden, die die Anzahl der Kunden beschreibt, die **keinen** Biosprit E10 tanken.

X ist binomialverteilt mit $n = 420$ und $p = \frac{6}{7}$. $EX = 360$ beschreibt dann den Erwartungswert von X.

Zu berechnen ist c mit:

$P(360 - c \le X \le 360 + c) \approx 0{,}92$

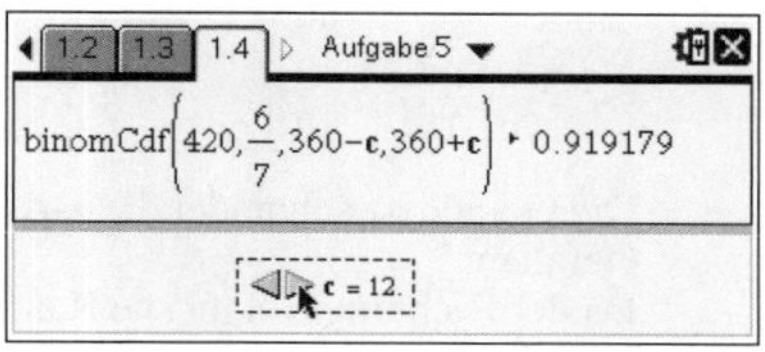


Der Wert für c kann z. B. durch systematisches Probieren gefunden werden. Es ergibt sich $c = 12$, sodass das gesuchte Intervall lautet: $\underline{\underline{[348; 372]}}$

d) Der Ablehnungsbereich ist gegeben durch:

$\overline{A} = \{51, 52, \ldots, n\}$

Das Risiko für den Fehler 1. Art ist dann

$$\sum_{k=51}^{n} \binom{n}{k} \cdot \left(\frac{1}{7}\right)^{k} \cdot \left(\frac{6}{7}\right)^{n-k}$$

und das für den Fehler 2. Art beträgt:

$$\sum_{k=0}^{50} \binom{n}{k} \cdot 0{,}2^{k} \cdot 0{,}8^{n-k}$$

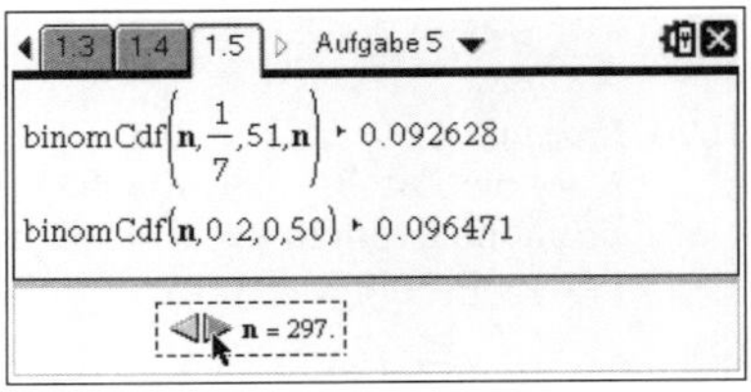


Durch systematisches Probieren über einen Schieberegler lässt sich $\underline{\underline{n = 297}}$ bestimmen.

*Alternativen:*
Grafische oder tabellarische Darstellung der Wahrscheinlichkeitssummenfunktionen:

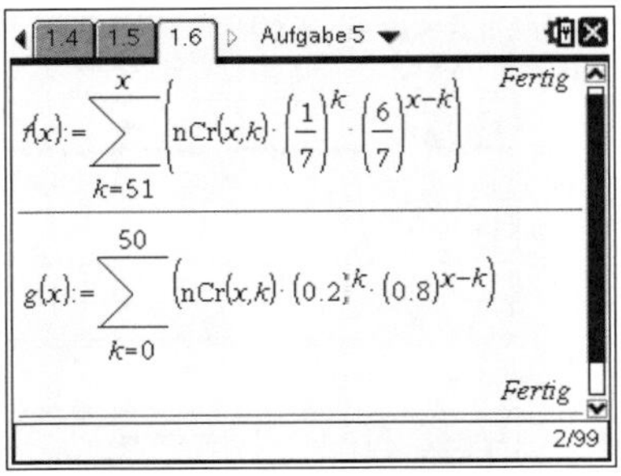


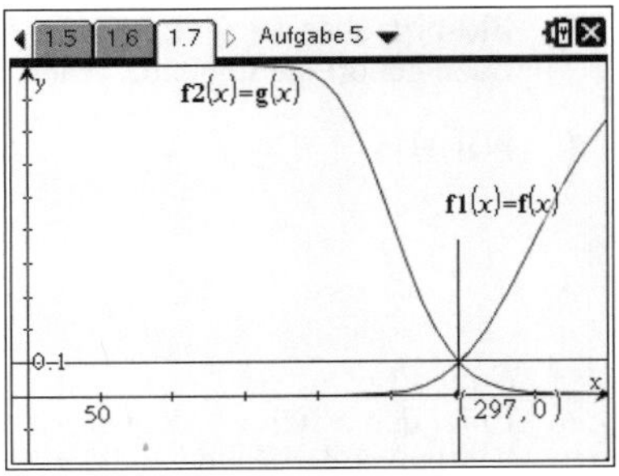


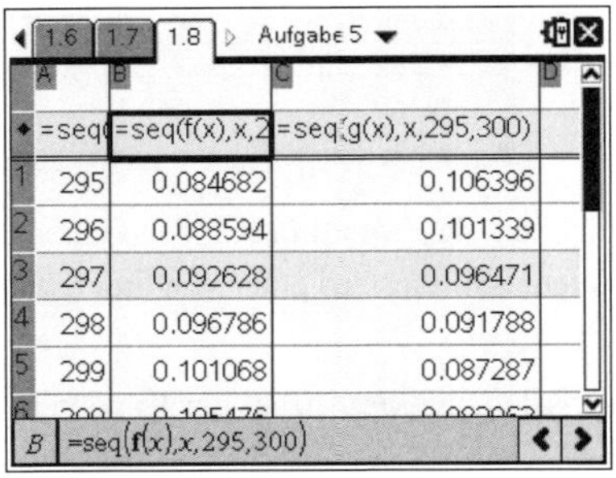


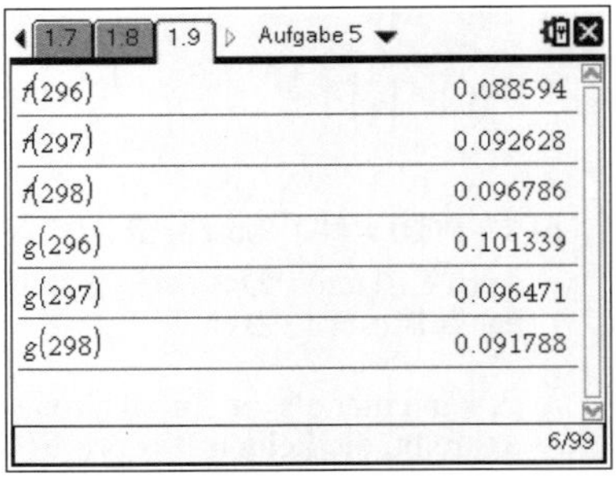


2. a) Für a = 1 ist:

$$g_1:\ \vec{x} = \begin{pmatrix} 0 \\ 0 \\ 1 \end{pmatrix} + t \cdot \begin{pmatrix} 1 \\ 1 \\ 1 \end{pmatrix}$$

Die Gerade $g_1$ schneidet die **z-Achse** im Punkt $\underline{\underline{P_z(0; 0; 1)}}$, dem festen Punkt dieser Geraden.
Da der Richtungsvektor die Raumdiagonale eines Einheitswürfels beschreibt, wird die z-Achse unter einem Winkel von ca. 54,74° geschnitten:

$\tan(\alpha) = \sqrt{2} \Rightarrow \underline{\underline{\alpha \approx 54{,}74°}}$ bzw. $\cos(\alpha) = \frac{1}{\sqrt{3}} \Rightarrow \underline{\underline{\alpha \approx 54{,}74°}}$

Zur Berechnung von Schnittpunkten mit der **x-Achse** wird $y = z = 0$ gesetzt:

$$\left.\begin{array}{lcl} x = 0 + t & & x = t \\ 0 = 0 + t & \Rightarrow & 0 = t \\ 0 = 1 + t & & -1 = t \end{array}\right\}$$ Die beiden letzten Zeilen ergeben einen Widerspruch.

Zur Berechnung von Schnittpunkten mit der **y-Achse** wird $x = z = 0$ gesetzt:

$$\left.\begin{array}{lcl} 0 = 0 + t & & 0 = t \\ y = 0 + t & \Rightarrow & y = t \\ 0 = 1 + t & & -1 = t \end{array}\right\}$$ Die erste und letzte Zeile widersprechen einander.

Es existieren keine weiteren Schnittpunkte bzw. Schnittwinkel mit den Achsen.

b) Die x-z- und die y-z-Ebene werden im Punkt $\underline{\underline{P_z(0; 0; 1)}}$ geschnitten (Teilaufgabe 2 a).

Der Schnittpunkt mit der x-y-Ebene wird für $z = 0$ erreicht:

$$\left.\begin{array}{l} x = 0 + t \\ y = 0 + t \\ 0 = 1 + t \;\Rightarrow\; t = -1 \end{array}\right\} \Rightarrow \underline{\underline{S_{xy}(-1; -1; 0)}}$$

c) Der Schnittpunkt mit der x-y-Ebene wird für $z = 0$ erreicht:

$$\left.\begin{array}{l} x = 0 + t \\ y = 0 + a \cdot t \\ 0 = a + t \;\Rightarrow\; t = -a \end{array}\right\} \Rightarrow S_{xy}(-a; -a^2; 0)$$

Mit $x = -a$ und $y = -a^2$ folgt $y = -x^2$.

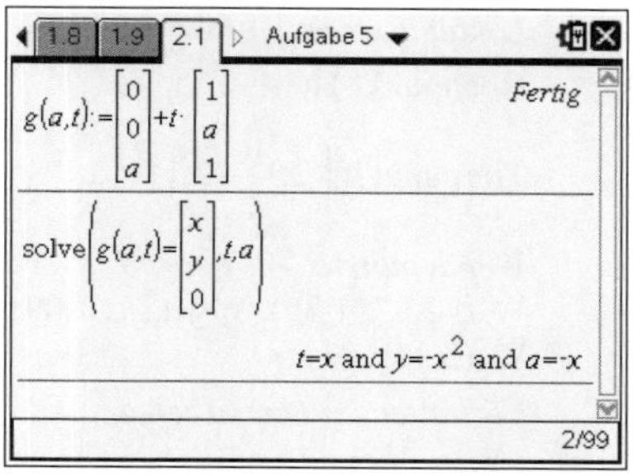


d) Gleichsetzen der beiden Geradengleichungen und Lösen des Gleichungssystems liefert zwei Fälle. Die Probe bestätigt das Ergebnis und liefert die Koordinaten der Schnittpunkte.

Die Geraden schneiden einander für $\underline{\underline{a = 2}}$ im Schnittpunkt $\underline{\underline{S_2(-1; -2; 1)}}$ und für $\underline{\underline{a = 0}}$ im Schnittpunkt $\underline{\underline{S_0(2; 0; 2)}}$.

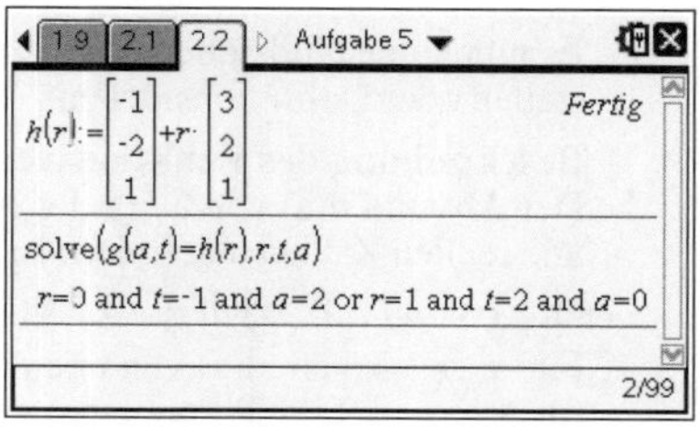


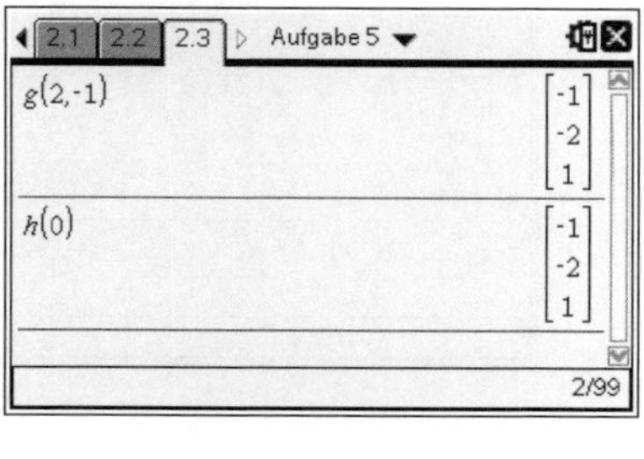


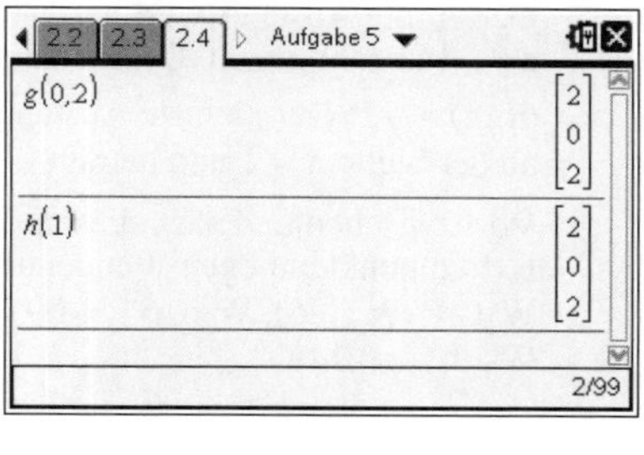

e) Der **Abstand d(a)** der Geraden $\vec{x} = g_a(t)$ zum Punkt $Q_a$ wird als Funktionsminimum des Betrages der Differenz der zugehörigen Ortsvektoren bestimmt:

$|\vec{q}_a - g_a(t)| \rightarrow$ Minimum

Mit dem hieraus berechneten Wert für $t_{Min}$ wird der Betrag d(a) der Differenz der Ortsvektoren in Abhängigkeit von a ermittelt. Es ergibt sich der behauptete Term.

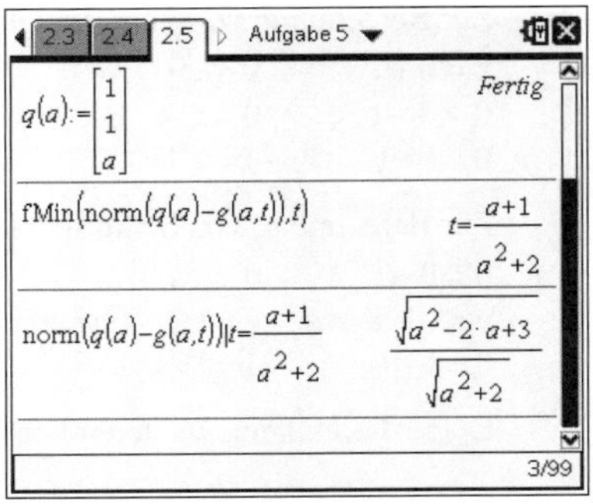


Um den Verlauf des Graphen über dem gesamten Definitionsbereich zu beschreiben, ist eine grafische Darstellung hilfreich, aber allein nicht ausreichend, weil nur ein Teil des Graphen auf dem Bildschirm zu sehen ist. Sie muss durch analytische Methoden untersetzt werden.

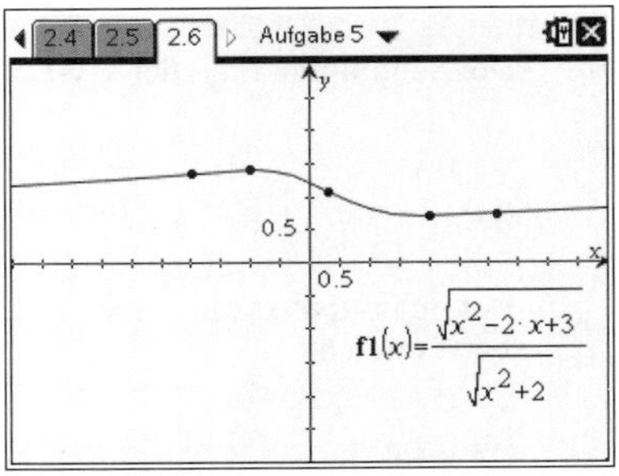


Die Funktion wird grafisch dargestellt und ihre Eigenschaften werden durch eine Kurvendiskussion ermittelt.

*Lokale Extrempunkte:*

Hochpunkt $H(-1; \sqrt{2})$

Tiefpunkt $T\left(2; \frac{1}{2}\sqrt{2}\right)$

*Wendepunkte:*

$W_1(-1{,}97; 1{,}36)$, $W_2(0{,}31; 1{,}09)$, $W_3(3{,}14; 0{,}74)$

*Verhalten im Unendlichen:*

$$\lim_{x \to \pm\infty} d(x) = 1$$

Es gibt keine Nullstellen und keine Polstellen oder Definitionslücken.

**Beschreibung des Funktionsverlaufs**

Der Abstand d(a) von $Q_a$ und $g_a(t)$ ist für alle reellen Zahlen a definiert. Er nimmt alle Werte im Bereich $\frac{1}{2}\sqrt{2} \le d(a) \le \sqrt{2}$ an.

Für $a \to -\infty$ geht d(a) von oben gegen 1, für $a \to \infty$ geht d(a) von unten gegen 1.

Der größte Abstandswert wird an der Stelle $a = -1$ angenommen. Der Abstand ist dort $d(-1) = \sqrt{2}$. Der kleinste Abstandswert ist an der Stelle $a = 2$ und beträgt $d(2) = \frac{1}{2}\sqrt{2}$.

Vor, zwischen und nach diesen lokalen Extrempunkten liegen Wendepunkte vor: $W_1(-1{,}97; 1{,}36)$, $W_2(0{,}31; 1{,}09)$, $W_3(3{,}14; 0{,}74)$

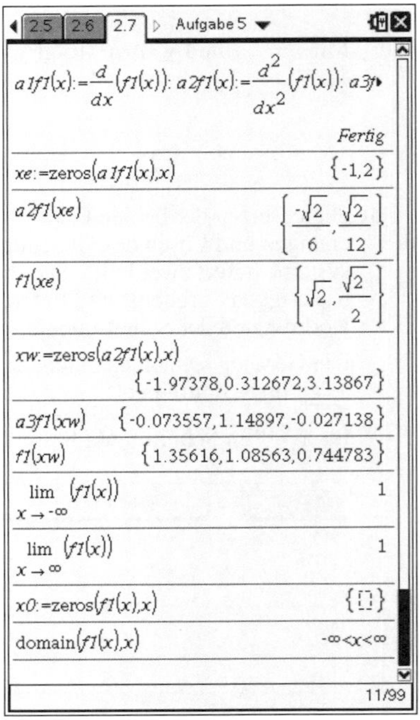

**Kernfach Mathematik (Thüringen): Orientierungsaufgaben für das Abitur 2014**
**Pflichtaufgaben Teil A (ohne Hilfsmittel zu lösen)**

1. Dargestellt sind die Graphen einer ganzrationalen Funktion f, der zugehörigen Ableitungsfunktion f' und einer weiteren Funktion g.

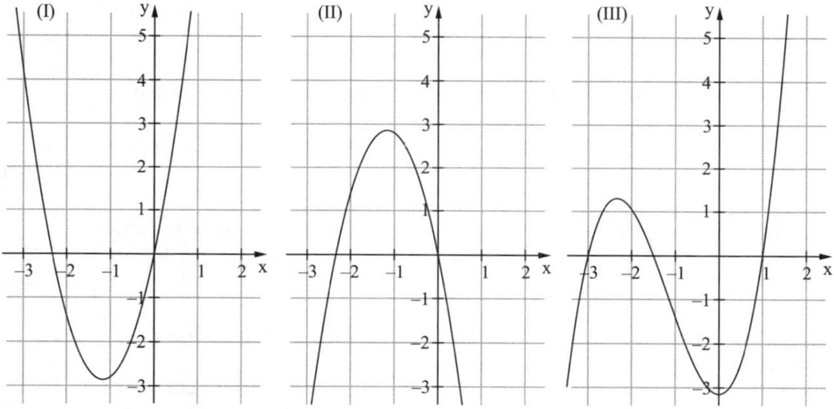


Entscheiden Sie, welche Abbildungen die Graphen der Funktionen f und f' sind. Begründen Sie Ihre Entscheidung. (2 BE)

2. Gegeben ist die Funktion f durch $y = f(x) = 2x^2 - 4x + 3$.
Untersuchen Sie, welche der folgenden Geraden die Normale an den Graphen von f an der Stelle $x = 2$ ist.

(I) $y = 4x - 5$ (II) $y = -\frac{1}{4}x + 3{,}5$

(III) $y = -\frac{1}{4}x - 5$ (IV) $y = -4x + 3{,}5$ (3 BE)

3. Die Graphen der Funktionen f und g besitzen an der Stelle $x = a$ mit $a \in \mathbb{R}$ eine gemeinsame Tangente.
Beschreiben Sie eine Möglichkeit zum Nachweis dieser Eigenschaft. (2 BE)

4. Bestimmen Sie eine Gleichung der Stammfunktion der Funktion f mit $y = f(x) = 6x^2 - 4x$, deren Graph durch den Punkt P(1; 3) verläuft. (2 BE)

5. Gegeben sind die Funktionen f durch $f(x) = 2^{x+3}$ und g durch $g(x) = 2^x$.
   a) Beschreiben Sie, wie der Graph von f aus dem Graphen der Funktion g hervorgeht. (1 BE)
   b) Bestimmen Sie die Stelle, an der die Funktion f den Funktionswert 1 besitzt. (1 BE)

6. Die Punkte A(3; 4; 1), B(6; 3; 2), C(3; 0; 3) und D(0; 1; 2) sind die Eckpunkte eines ebenen Vierecks ABCD.

   a) Weisen Sie nach, dass ABCD ein Parallelogramm ist. (2 BE)

   b) Prüfen Sie, ob dieses Viereck sogar ein Rechteck ist. (2 BE)

7. Für jeden Richtungsvektor $\vec{b}$ ($\vec{b} \neq \vec{o}$) ist eine Gerade gegeben durch

$$g\colon \vec{x} = \begin{pmatrix} 1 \\ 2 \\ 3 \end{pmatrix} + r \cdot \vec{b};\quad r \in \mathbb{R}.$$

   a) Geben Sie einen Vektor $\vec{b}$ so an, dass die Gerade g parallel zur x-Achse verläuft. (1 BE)

   b) Geben Sie einen Vektor $\vec{b}$ so an, dass die Gerade g parallel zur y-z-Ebene ist. (1 BE)

8. Ein idealer Würfel mit den Augenzahlen 1 bis 6 wird genau zweimal geworfen. Bestimmen Sie die Wahrscheinlichkeit dafür, dass das Produkt der Augenzahlen größer als 16 ist. (1 BE)

9. In einer Urne liegen 7 weiße und 2 schwarze Kugeln. Es wird nacheinander ohne Zurücklegen je eine Kugel zufällig gezogen.
   Wie oft muss man mindestens ziehen, sodass mit einer Wahrscheinlichkeit von mindestens 50 % mindestens eine der gezogenen Kugeln schwarz ist? (2 BE)

(20 BE)

## Hinweise und Tipps

**Aufgabe 1**

- Von welchem Grad könnten die Funktionsterme der dargestellten Funktionen sein?
- Welcher Zusammenhang besteht zwischen dem Grad von f und f' bei ganzrationalen Funktionen?
- Vergleichen Sie markante Stellen in der von Ihnen vermuteten Funktion f mit den entsprechenden Stellen in der möglichen Ableitungsfunktion f'.
- Berücksichtigen Sie in den Überlegungen den Zusammenhang zwischen Monotonieverhalten der Ausgangsfunktion und dem Verlauf der Ableitungsfunktion.

**Aufgabe 2**

- Die Normale in einem Kurvenpunkt steht senkrecht zu der Tangente in diesem Punkt.
- Der Anstieg $m_n$ der Normale kann mithilfe der 1. Ableitung an dieser Stelle ermittelt werden.
- Es gilt der Zusammenhang $m_n = -\frac{1}{m_t}$, wobei $m_t$ der Anstieg der Tangente an dieser Stelle ist.
- Die Normale hat an dieser Stelle den gleichen Funktionswert wie die Funktion.

**Aufgabe 3**

- Damit zwei Funktionen an einer Stelle eine gemeinsame Tangente haben, müssen zwei Bedingungen erfüllt sein: Die Funktionswerte müssen übereinstimmen und die Anstiege müssen gleich sein.

**Aufgabe 4**

- Bestimmen Sie zunächst den Term F(x), der alle Stammfunktionen von f umfasst.
- Setzen Sie dann die geforderte Bedingung $F(1)=3$ ein und lösen Sie die entstehende Gleichung.

**Aufgabe 5**

*Teilaufgabe a*

- Berücksichtigen Sie, welchen Einfluss verschiedene Parameter auf die Transformation (dazu zählen Verschiebung entlang der Achsen, Stauchung, Streckung) von Funktionsgraphen haben.
- Versuchen Sie den Term von f umzuformen; wenden Sie Potenzgesetze an.

*Teilaufgabe b*

- Schreiben Sie die zur genannten Bedingung zugehörige Gleichung auf. Für welche Exponenten erhält man beim Potenzieren den Wert 1?

**Aufgabe 6**

*Teilaufgabe a*

- Das Viereck ABCD ist ein Parallelogramm, wenn es ein Paar paralleler und gleichlanger Seiten gibt.
- Untersuchen Sie die zugehörigen Vektoren.

*Teilaufgabe b*

- Um zu prüfen, ob das Parallelogramm ABCD ein Rechteck ist, genügt es zu untersuchen, ob genau ein rechter Innenwinkel vorliegt.
- Diesen Nachweis können Sie z. B. mit dem Skalarprodukt führen.

**Aufgabe 7**

*Teilaufgabe a*

- Eine zur x-Achse parallele Gerade hat einen Richtungsvektor, der parallel zum Einheitsvektor der x-Achse ist.

*Teilaufgabe b*

- Der Richtungsvektor einer zur y-z-Ebene parallelen Geraden muss eine Linearkombination aus den Einheitsvektoren der y-Achse und der z-Achse sein.

**Aufgabe 8**

- Überlegen Sie, welche geordneten Paare alle Ergebnisse dieses Zufallsversuchs beschreiben.
- Bestimmen Sie den Anteil derjenigen dieser geordneten Paare an allen Paaren, für die das Produkt der Augenzahlen größer als 16 ist.

**Aufgabe 9**

- Sie lösen diese Aufgabe am besten durch Betrachtungen zum Gegenereignis des Ereignisses A: „Mindestens eine der gezogenen Kugeln ist schwarz."
- Nutzen Sie den Zusammenhang: $P(\overline{A}) = 1 - P(A)$
- Zeichnen Sie ein Baumdiagramm.
- Wenden Sie die 1. Pfadregel an.
- Beachten Sie, dass es sich um Ziehen ohne Zurücklegen handelt.

## Lösungen

1. Das Bild III muss der Graph von f sein, da dieser Graph mindestens vom Grad 3 ist und die übrigen Bilder Graphen vom Grad 2 zeigen.
   Betrachtet man nun wesentliche Stellen des Graphen von f, so kann man z. B. erkennen, dass links vom Hochpunkt der Anstieg positiv ist und bis 0 abnimmt und dann negativ wird.
   Damit bleibt für f' nur der Graph übrig, der im Bild I dargestellt ist.

2. Zuerst bestimmt man die 1. Ableitung von f und erhält $f'(x) = 4x - 4$.
   Der Anstieg an der Stelle $x = 2$ ergibt sich zu $m_n = f'(2) = 4$.
   Da für den Anstieg $m_t$ der Normale an dieser Stelle der Zusammenhang $m_n = -\frac{1}{m_t}$ gilt, bleiben nur noch II und III als mögliche Antwort übrig.
   Nun kann man z. B. f(2) berechnen, man erhält $f(2) = 3$ und kann damit die Gleichung $y = -\frac{1}{4}x + 3{,}5$ ermitteln, da $-\frac{1}{4}x + 3{,}5$ für $x = 2$ auch den Wert 3 ergibt. Die richtige Lösung ist also $\underline{\underline{\text{II}}}$.

3. Eine Möglichkeit zum Nachweis ist es, die Richtigkeit der beiden Gleichungen $f(a) = g(a)$ und $f'(a) = g'(a)$ zu überprüfen. Beide Gleichungen müssen wahre Aussagen liefern.

4. Die Menge aller Stammfunktionen ergibt sich mit:

$F(x) = \int (6x^2 - 4x)\,dx = 2x^3 - 2x^2 + c$

Nun muss mit der geforderten Bedingung $F(1) = 3$ der Parameter c ermittelt werden. Aus $3 = 2 \cdot 1^3 - 2 \cdot 1^2 + c$ folgt $c = 3$. Also ist $\underline{\underline{F(x) = 2x^3 - 2x^2 + 3}}$ die gesuchte Stammfunktion.

5. a) Es gibt zwei mögliche Antworten:

- f(x) entsteht aus g(x) durch Verschieben um drei Einheiten in negative Richtung entlang der x-Achse. (Man vergleiche dies z. B. mit den Funktionen $h(x) = x^2$ und $k(x) = (x+3)^2$.)
- Schreibt man f in der Form $f(x) = 2^{x+3} = 2^3 \cdot 2^x = 8 \cdot 2^x$, so kann man das Entstehen von f auch als Streckung von g entlang der y-Achse mit dem Faktor 8 erklären.

b) Wenn $1 = 2^{x+3}$ gelten soll, muss der Exponent den Wert 0 annehmen. Also gilt $x + 3 = 0$ und damit erhält man $\underline{\underline{x = -3}}$.

6. a) Die Ortsvektoren der Eckpunkte A, B, C und D sind:

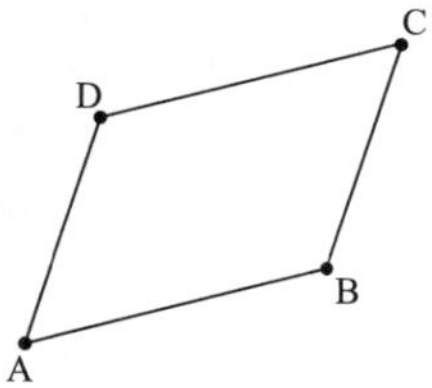


$\vec{a} = \begin{pmatrix} 3 \\ 4 \\ 1 \end{pmatrix}, \ \vec{b} = \begin{pmatrix} 6 \\ 3 \\ 2 \end{pmatrix}, \ \vec{c} = \begin{pmatrix} 3 \\ 0 \\ 3 \end{pmatrix}$ und $\vec{d} = \begin{pmatrix} 0 \\ 1 \\ 2 \end{pmatrix}$

Die Seite $\overline{AB}$ lässt sich durch den Vektor

$\overrightarrow{AB} = \vec{b} - \vec{a} = \begin{pmatrix} 6-3 \\ 3-4 \\ 2-1 \end{pmatrix} = \begin{pmatrix} 3 \\ -1 \\ 1 \end{pmatrix}$

beschreiben. Die Seite $\overline{CD}$ ist z. B. durch den Vektor

$\overrightarrow{CD} = \begin{pmatrix} 0-3 \\ 1-0 \\ 2-3 \end{pmatrix} = \begin{pmatrix} -3 \\ 1 \\ -1 \end{pmatrix}$

gegeben. Durch Vergleich der Komponenten der Vektoren $\overrightarrow{AB}$ und $\overrightarrow{CD}$ ist zu erkennen, dass es sich um zueinander entgegengesetzte Vektoren handelt. Sie sind deshalb parallel zueinander und gleichlang. Das Viereck ABCD ist ein Parallelogramm.

b) Die Vektoren

$\overrightarrow{AB} = \begin{pmatrix} 3 \\ -1 \\ 1 \end{pmatrix}$ und $\overrightarrow{AD} = \begin{pmatrix} 0-3 \\ 1-4 \\ 2-1 \end{pmatrix} = \begin{pmatrix} -3 \\ -3 \\ 1 \end{pmatrix}$

spannen einen der Innenwinkel des Parallelogramms ABCD auf. Für ihr Skalarprodukt gilt:

$\overrightarrow{AB} \circ \overrightarrow{AD} = 3 \cdot (-3) + (-1) \cdot (-3) + 1 \cdot 1 = -5 \neq 0$

Der Innenwinkel $\sphericalangle DAB$ ist deshalb kein rechter Winkel, und das Parallelogramm ABCD ist demzufolge <u>kein Rechteck</u>.

7. a) Ein zum Einheitsvektor der x-Achse paralleler Vektor $\vec{b}$ lässt sich angeben durch:

$\vec{b} = k \cdot \begin{pmatrix} 1 \\ 0 \\ 0 \end{pmatrix}$ mit $k \in \mathbb{R};\ k \neq 0$

Für $k = 1$ ergibt sich z. B.:

$$\underline{\underline{\vec{b} = \begin{pmatrix} 1 \\ 0 \\ 0 \end{pmatrix}}} \text{ und } g\colon \vec{x} = \begin{pmatrix} 1 \\ 2 \\ 3 \end{pmatrix} + r \cdot \begin{pmatrix} 1 \\ 0 \\ 0 \end{pmatrix}$$

b) Der Richtungsvektor $\vec{b}$ ist eine Linearkombination der Einheitsvektoren der y-Achse und der z-Achse. Es gilt also:

$$\vec{b} = s \cdot \begin{pmatrix} 0 \\ 1 \\ 0 \end{pmatrix} + t \cdot \begin{pmatrix} 0 \\ 0 \\ 1 \end{pmatrix} \text{ mit } s, t \in \mathbb{R}$$

Die Parameter s und t dürfen nicht gleichzeitig null sein. Für $s = 1$ und $t = 1$ ist dann z. B.:

$$\vec{b} = 1 \cdot \begin{pmatrix} 0 \\ 1 \\ 0 \end{pmatrix} + 1 \cdot \begin{pmatrix} 0 \\ 0 \\ 1 \end{pmatrix} = \underline{\underline{\begin{pmatrix} 0 \\ 1 \\ 1 \end{pmatrix}}} \text{ und } g\colon \vec{x} = \begin{pmatrix} 1 \\ 2 \\ 3 \end{pmatrix} + r \cdot \begin{pmatrix} 0 \\ 1 \\ 1 \end{pmatrix}$$

8. Beim zweimaligen Werfen eines Würfels ergibt sich folgende Ergebnismenge aus insgesamt $6 \cdot 6 = 36$ Ergebnissen:

| | | | | | |
|---|---|---|---|---|---|
| (1; 1) | (1; 2) | (1; 3) | (1; 4) | (1; 5) | (1; 6) |
| (2; 1) | (2; 2) | (2; 3) | (2; 4) | (2; 5) | (2; 6) |
| (3; 1) | (3; 2) | (3; 3) | (3; 4) | (3; 5) | (3; 6) |
| (4; 1) | (4; 2) | (4; 3) | (4; 4) | (4; 5) | (4; 6) |
| (5; 1) | (5; 2) | (5; 3) | (5; 4) | (5; 5) | (5; 6) |
| (6; 1) | (6; 2) | (6; 3) | (6; 4) | (6; 5) | (6; 6) |

Die zugehörigen Produkte der Augenzahlen sind:

| | | | | | |
|---|---|---|---|---|---|
| 1 | 2 | 3 | 4 | 5 | 6 |
| 2 | 4 | 6 | 8 | 10 | 12 |
| 3 | 6 | 9 | 12 | 15 | **18** |
| 4 | 8 | 12 | 16 | **20** | **24** |
| 5 | 10 | 15 | **20** | **25** | **30** |
| 6 | 12 | **18** | **24** | **30** | **36** |

Durch Abzählen derjenigen Produkte, die größer als 16 sind, ergibt sich deren Anteil zu:

$$\frac{10}{36} = \underline{\underline{\frac{5}{18}}}$$

9. Das Gegenereignis zum Ereignis A: „Mindestens eine der gezogenen Kugeln ist schwarz." ist $\overline{A}$: „Keine der gezogenen Kugel ist schwarz." bzw. $\overline{A}$: „Jede gezogene Kugel ist weiß."

Es soll die Anzahl n der Ziehungen so bestimmt werden, dass $P(A) > 0{,}5$ ist. Damit gilt

$1 - P(\overline{A}) > 0{,}5$

und nach Umstellen:

$P(\overline{A}) < 0{,}5$

Vereinfachtes Baumdiagramm:

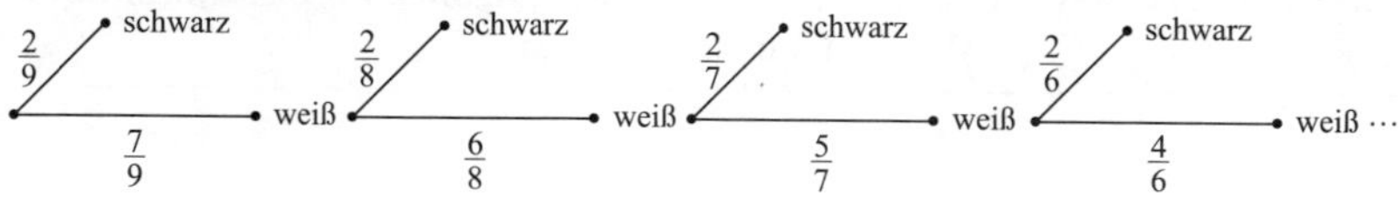


Wegen: $\overline{A}$: „Jede gezogene Kugel ist weiß." interessiert nur der Pfad entlang der weißen Kugeln. Durch systematisches Probieren ergibt sich mittels Anwenden der 1. Pfadregel:

| Anzahl n der Ziehungen | $P(\overline{A})$ |
|---|---|
| 1 | $\frac{7}{9} > 0{,}5$ |
| 2 | $\frac{7}{9} \cdot \frac{6}{8} = \frac{42}{72} = \frac{7}{12} > 0{,}5$ |
| 3 | $\frac{7}{9} \cdot \frac{6}{8} \cdot \frac{5}{7} = \frac{5}{12} < 0{,}5$ |

Man muss mindestens dreimal ohne Zurücklegen ziehen, damit die Wahrscheinlichkeit, dass mindestens eine der gezogenen Kugeln eine schwarze Kugel ist, mindestens 50 % ist.

Alternativ können Sie auch überlegen und prüfen, wie man ohne den Weg über das Gegenereignis zum Ergebnis kommt:

**Einmal** Ziehen:

$P(\text{im 1. Zug schwarz}) = \frac{2}{9} \mathbf{< 0,5}$

**Zweimal** Ziehen:

$P(\text{im 1. Zug schwarz und im 2. Zug weiß}) = P(sw) = \frac{2}{9} \cdot \frac{7}{8} = \frac{7}{36}$

$P(\text{im 1. Zug weiß und im 2. Zug schwarz}) = P(ws) = \frac{7}{9} \cdot \frac{2}{8} = \frac{7}{36}$

$P(\text{im 1. Zug schwarz und im 2. Zug schwarz }) = P(ss) = \frac{2}{9} \cdot \frac{1}{8} = \frac{1}{36}$

Also:

$$P(\text{mindestens eine schwarze Kugel bei zweimaligem Ziehen}) = P(sw) + P(ws) + P(ss)$$
$$= \frac{7}{36} + \frac{7}{36} + \frac{1}{36}$$
$$= \frac{15}{36} = \frac{5}{12} \mathbf{< 0,5}$$

**Dreimal** Ziehen:

$$P(\text{mindestens eine schwarze Kugel bei dreimaligem Ziehen})$$
$$= P(sww) + P(wsw) + P(wws) + P(wss) + P(sws) + P(ssw)$$
$$= \frac{2}{9} \cdot \frac{7}{8} \cdot \frac{6}{7} + \frac{7}{9} \cdot \frac{2}{8} \cdot \frac{6}{7} + \frac{7}{9} \cdot \frac{6}{8} \cdot \frac{2}{7} + \frac{7}{9} \cdot \frac{2}{8} \cdot \frac{1}{7} + \frac{2}{9} \cdot \frac{7}{8} \cdot \frac{1}{7} + \frac{2}{9} \cdot \frac{1}{8} \cdot \frac{7}{7}$$
$$= \frac{1}{6} + \frac{1}{6} + \frac{1}{6} + \frac{1}{36} + \frac{1}{36} + \frac{1}{36} = \frac{21}{36} = \frac{7}{12} \mathbf{> 0,5}$$

## Kernfach Mathematik (Thüringen): Orientierungsaufgaben für das Abitur 2014
## Wahlaufgabe B1: Analysis

Gegeben ist die Funktion f durch die Gleichung

$$y = f(x) = \frac{1}{2}x^2 \cdot e^{-\frac{1}{10}x} \quad (x \in \mathbb{R}).$$

a) Begründen Sie anhand des Funktionsterms, dass es nur einen Schnittpunkt mit den Koordinatenachsen gibt.
Untersuchen Sie den Graphen von f auf lokale Extrempunkte und geben Sie deren Koordinaten an.
Zeigen Sie, dass $x_{W_1} = -10 \cdot \sqrt{2} + 20$ und $x_{W_2} = 10 \cdot \sqrt{2} + 20$ die Wendestellen des Funktionsgraphen von f sind. (5 BE)

b) Gegeben sind die Graphen zweier Funktionen.
Begründen Sie anhand der Eigenschaften der Funktion f, welche Abbildung nicht den Verlauf des Graphen der Ableitungsfunktion f' von f wiedergibt.

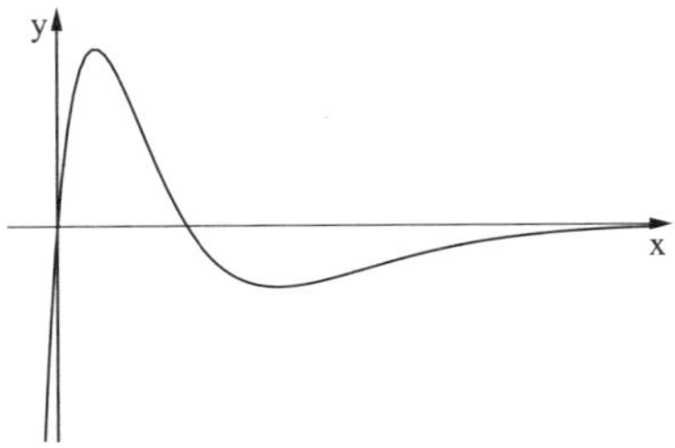


Abbildung 1

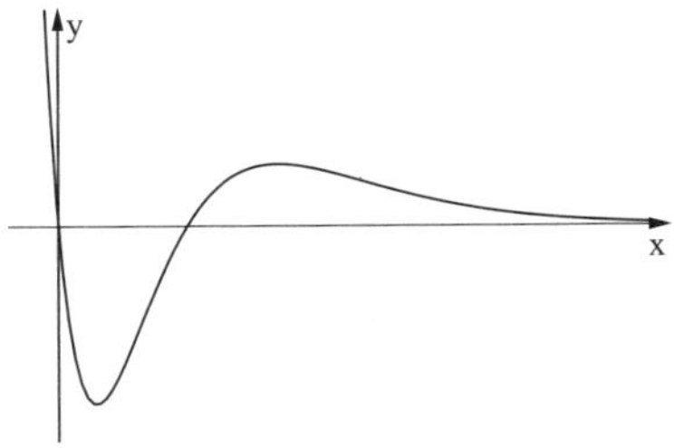


Abbildung 2

(1 BE)

c) Die Geraden $x = x_{W_1}$ und $x = x_{W_2}$, der Graph von f und die x-Achse begrenzen eine Fläche vollständig.
Ermitteln Sie eine Gleichung einer Geraden, die diese Fläche halbiert. (3 BE)

d) An einer Stelle u mit $u > 0$ ist die Differenz der Funktionswerte der Graphen der Funktion f und der zugehörigen Ableitungsfunktion f' maximal.
Berechnen Sie diese maximale Differenz. (4 BE)

e) Für jede reelle Zahl z ist eine Gerade durch die Gleichung $y = z$ gegeben.
Geben Sie näherungsweise die Schnittstellen für $z = 25{,}3$ an.
Untersuchen Sie die Anzahl der Schnittpunkte einer solchen Geraden mit dem Graphen der Funktion f in Abhängigkeit von z. (3 BE)

f) Für jede reelle Zahl t ist die Funktion $f_t$ mit

$$f_t(x) = \frac{1}{2}(x + t)^2 \cdot e^{-\frac{1}{10}(x + t)} \quad (x \in \mathbb{R}) \text{ gegeben.}$$

Beschreiben Sie, wie der Graph von $f_t$ aus dem Graphen von f hervorgeht.

An den Graphen von $f_t$ wird im Schnittpunkt von $f_t$ mit der y-Achse eine Tangente gelegt.
Für welche Werte von t bildet diese Tangente mit den Koordinatenachsen im 2. Quadranten ein gleichschenkliges Dreieck? (4 BE)

(20 BE)

---

## Hinweise und Tipps

### Aufgabe a

*Nur ein Schnittpunkt mit den Koordinatenachsen*

- Ein Schnittpunkt mit der y-Achse kann nur für $x = 0$ existieren.
- Schnittpunkte mit der x-Achse ergeben sich für $y = 0$.

*Lokale Extrempunkte*

- Untersuchen Sie als notwendige Bedingung die 1. Ableitungsfunktion von f auf Nullstellen, um x-Werte für mögliche Extremstellen $x_e$ zu erhalten.
- Betrachten Sie als hinreichende Bedingung die Vorzeichen der 2. Ableitung von f an den Stellen $x_e$.
- Berechnen Sie die y-Koordinaten der Extrempunkte.

*Wendestellen nachweisen*

- Um den Nachweis für die angegebenen Wendestellen zu führen, müssen Sie als notwendige Bedingung die Nullstellen $x_w$ der 2. Ableitung von f ermitteln und als hinreichende Bedingung die Vorzeichen der 3. Ableitung von f an den Stellen $x_w$ überprüfen.

### Aufgabe b

- Eine Entscheidung zwischen beiden Graphen können Sie erleichtern, indem Sie den Graphen der Ableitungsfunktion f' von f mit dem Rechner zeichnen.
- Beachten Sie aber, dass Sie die Entscheidung anhand der Eigenschaften der Funktion f begründen sollen. Dabei können Sie Ergebnisse der Teilaufgabe a nutzen.

### Aufgabe c

- Veranschaulichen Sie sich die beschriebene Fläche.
- Entwickeln Sie einen Lösungsplan.
- Flächeninhalte können durch bestimmte Integrale berechnet werden.

### Aufgabe d

- Zeichnen Sie die Graphen beider Funktionen.
- Überlegen Sie, in welcher Reihenfolge Sie die Differenz der beiden Funktionsterme bilden.
- Ermitteln Sie das Maximum der Differenz durch Rechnung, also am besten mithilfe des Ableitungskalküls. (Vergleichen Sie dazu die Hinweise zu „lokale Extrempunkte“ für Teilaufgabe a.)

**Aufgabe e**

- Die Gerade y = z ist eine Parallele zur x-Achse.
- Zeichnen Sie den Graphen von f und eine Parallele zur x-Achse.
- Verschieben Sie diese Parallele und verschaffen Sie sich so eine Vorstellung von der Anzahl der Schnittpunkte.
- Beachten Sie die Eigenschaften der Funktion f, insbesondere die Koordinaten der lokalen Extrempunkte und das Verhalten von f im Unendlichen, mit Blick auf die Anzahl der Schnittpunkte.

**Aufgabe f**

- Überlegen Sie, welchen Einfluss der Parameter t auf die Graphen von Funktionen f(x + t) hat, wenn der Graph von f(x) bekannt ist.
- Ermitteln Sie die Gleichung der Tangente an den Graphen von f in seinem Schnittpunkt mit der y-Achse.
- Veranschaulichen Sie für ein Beispiel ein solches von der Tangente und den Achsen im 2. Quadranten gebildetes Dreieck.
- Überlegen Sie, welchen Anstieg m die Tangente haben muss, damit ein solches Dreieck gleichschenklig ist.
- Sie können aus der Tangentengleichung einen Term für den Anstieg m finden.
- Lösen Sie die sich aus den beiden vorigen Überlegungen ergebende Gleichung.

## Lösungen

a) **nur ein Schnittpunkt mit den Koordinatenachsen**

Aus dem Funktionsterm $y = f(x) = \frac{1}{2}x^2 \cdot e^{-\frac{1}{10}x}$ ergibt sich durch Einsetzen von $x = 0$, dass $f(0) = 0$ ist. Der Schnittpunkt mit der y-Achse ist also der Punkt S(0; 0).

Für $y = 0$ ist festzustellen, dass die Gleichung $0 = \frac{1}{2}x^2 \cdot e^{-\frac{1}{10}x}$ nur erfüllt ist, wenn der Faktor $x^2$ null ist, denn es gilt $e^{-\frac{1}{10}x} \neq 0$ für alle reellen Zahlen x. Hier ergibt sich also als einzige Lösung für einen Schnittpunkt mit der x-Achse ebenfalls S(0; 0).

Der Punkt S(0; 0) ist der einzige Schnittpunkt des Graphen von f mit den Koordinatenachsen.

**lokale Extrempunkte**

Zunächst werden (auch mit Blick auf die Wendepunkte) die ersten drei Ableitungen von f bestimmt, unter geeigneten Variablen abgespeichert und in der Lösungsdarstellung notiert.

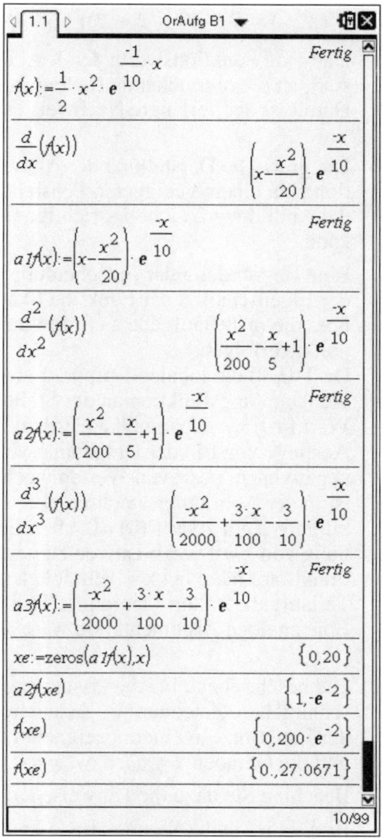


$$f'(x) = \left(x - \frac{x^2}{20}\right) \cdot e^{-\frac{x}{10}}$$

$$f''(x) = \left(\frac{x^2}{200} - \frac{x}{5} + 1\right) \cdot e^{-\frac{x}{10}}$$

$$f'''(x) = \left(-\frac{x^2}{2\,000} + \frac{3x}{100} - \frac{3}{10}\right) \cdot e^{-\frac{x}{10}}$$

Für die Untersuchung der notwendigen Bedingung für lokale Extrempunkte werden die Nullstellen $x_e$ von f'(x) berechnet.

Hinweise zu zeros() finden Sie auf Seite XI.

$f'(x) = 0$ ergibt $x_e \in \{0; 20\}$.

Mögliche Extremstellen sind:

$x_{e1} = 0$ und $x_{e2} = 20$

Aus den Vorzeichen der 2. Ableitung an den Stellen $x_e$ (hinreichende Bedingung) ergeben sich folgende Arten lokaler Extrema:

$f''(x_{e1}) = f''(0) = 1 > 0 \Rightarrow$ lokales Minimum

$f''(x_{e2}) = f''(20) = -e^{-2} = -\frac{1}{e^2} < 0$

$\Rightarrow$ lokales Maximum

Die Berechnung der Funktionswerte an den Stellen $x_e$ ergibt:

$f(x_{e1}) = f(0) = 0$

$f(x_{e2}) = f(20) = 200 \cdot e^{-2} \approx 27{,}07$

*Ergebnis:* Die Funktion f hat einen lokalen Tiefpunkt T(0; 0) und einen lokalen Hochpunkt H(20; $200 \cdot e^{-2}$) ≈ H(20; 27,07).

**Wendestellen nachweisen**

Die Nullstellen $x_W$ der 2. Ableitung von f werden berechnet (notwendige Bedingung für Wendepunkte). $f''(x)=0$ ergibt:

$x_W \in \{-10\cdot(\sqrt{2}-2); 10\cdot(\sqrt{2}+2)\}$

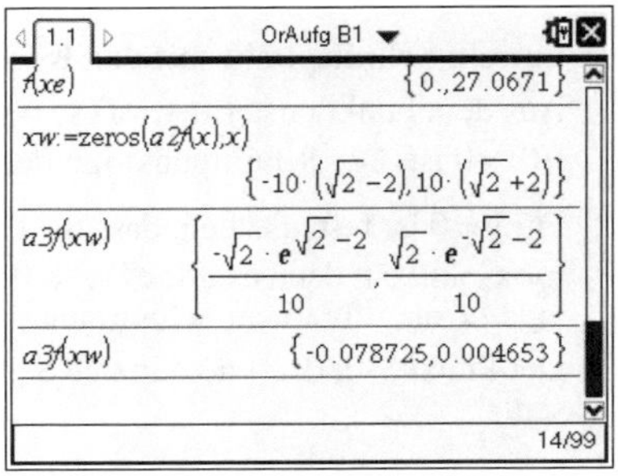


Durch Ausmultiplizieren ergeben sich die in der Aufgabenstellung gegebenen Terme:

$x_{W_1} = -10\cdot\sqrt{2}+20$ und $x_{W_2} = 10\cdot\sqrt{2}+20$

Ob diese Stellen wirklich Wendestellen sind, muss durch die hinreichende Bedingung überprüft werden. Dazu werden die Werte von $x_W$ in die 3. Ableitung eingesetzt:

$f'''(x_{W_1}) = f'''(-10\cdot\sqrt{2}+20) \approx -0{,}08 \neq 0$ und $f'''(x_{W_2}) = f'''(10\cdot\sqrt{2}+20) \approx 0{,}005 \neq 0$

Da beide Funktionswerte der 3. Ableitung von f an den Stellen $x_W$ von null verschieden sind, ist die hinreichende Bedingung für Wendestellen erfüllt.
Damit ist der verlangte Nachweis erbracht.

b) Die grafische Darstellung der Ableitungsfunktion f' in einem geeigneten Fenster zeigt, dass die Abbildung 2 nicht der richtige Graph sein kann.

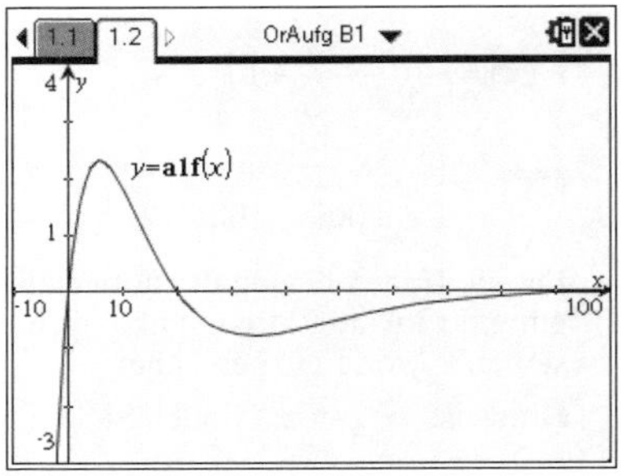


Eine Begründung der Entscheidung mithilfe der Eigenschaften der Funktion f kann z. B. über die in Teilaufgabe a ermittelten Extrempunkte erfolgen.
Da T(0; 0) ein lokaler Tiefpunkt von f ist, muss die Ableitungsfunktion an der Stelle $x=0$ den Wert $f'(0)=0$ haben und außerdem müssen die Anstiege von f in der Umgebung von $x=0$ von negativen zu positiven Werten wechseln. Das ist in der Abbildung 1 richtig, aber in der Abbildung 2 nicht so wiedergegeben. In der Abbildung 2 gilt zwar $f'(0)=0$, aber die Vorzeichen dieser Funktion wechseln in der Umgebung von $x=0$ von positiven zu negativen Werten, d. h., die zu diesem Graphen gehörende Funktion f hätte bei $x=0$ ein lokales Maximum, was im Widerspruch zum Ergebnis von Teilaufgabe a führt (Tiefpunkt T(0; 0)).
Eine analoge Argumentation wäre auch mit dem zweiten Extrempunkt möglich.

c) Die beschriebene Fläche lässt sich gut veranschaulichen. Zeichnen Sie dazu den Graphen der Funktion f in einem geeigneten Fenster und die Geraden $x = x_{W_1}$ bzw. $x = x_{W_2}$.

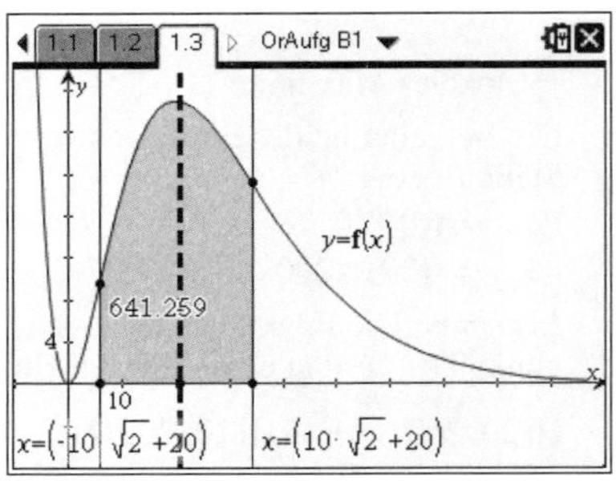


Beachten Sie dazu die Hinweise auf Seite XI.

Ermitteln Sie die Wendepunkte und den Inhalt der Fläche mit dem Menü *Graph analysieren*.

Beachten Sie dazu die Hinweise auf Seite XII.

Eine diese Fläche halbierende Gerade könnte z. B. eine Parallele zur y-Achse sein, die zwischen den beiden Wendestellen liegt.

Der Inhalt a der im Aufgabentext beschriebenen Fläche lässt sich durch ein bestimmtes Integral berechnen:

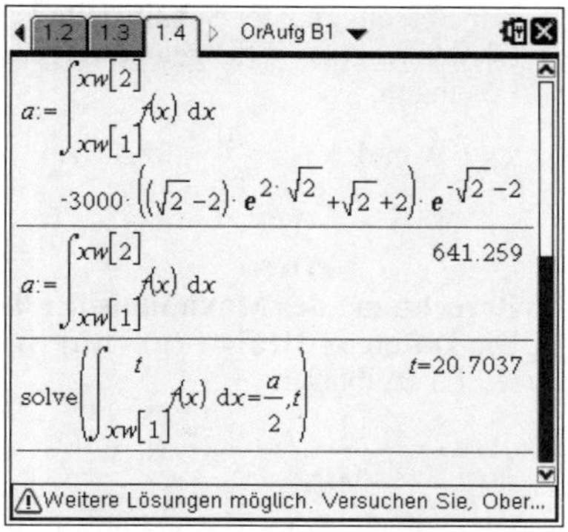


$$a = \int_{x_{w_1}}^{x_{w_2}} f(x)\,dx$$

$$= -3\,000\cdot\left(\left(\sqrt{2}-2\right)\cdot e^{2\cdot\sqrt{2}}+\sqrt{2}+2\right)\cdot e^{-\sqrt{2}-2}$$

$$\approx 641{,}26 \text{ FE}$$

Nun ist eine Gerade $x = t$ so zu bestimmen, dass gilt:

$$\int_{x_{w_1}}^{t} f(x)\,dx = \frac{a}{2} \approx \frac{641{,}26}{2}$$

Der Rechner liefert als Lösung dieser Gleichung $t = 20{,}7037$, gibt aber gleichzeitig eine Warnung aus, dass weitere Lösungen existieren können. Wegen der Warnung wird eine Probe durchgeführt. Die beiden Integrale

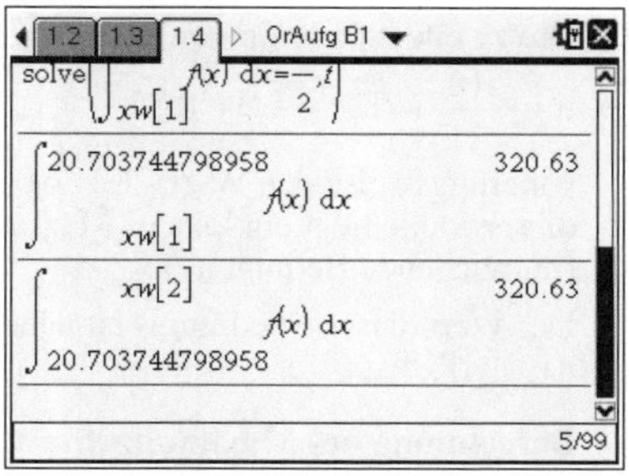


$$\int_{x_{w_1}}^{20{,}7037} f(x)\,dx \text{ und } \int_{20{,}7037}^{x_{w_2}} f(x)\,dx$$

müssen, wenn $t = 20{,}7037$ die Fläche halbiert, (annähernd) denselben Wert

$$\frac{a}{2} \approx \frac{641{,}26}{2} = 320{,}63$$

liefern. Beide Integrale werden mit dem Rechner ermittelt. Das Ergebnis bestätigt (näherungsweise) die Flächenhalbierung.

*Ergebnis:* Die Gerade $\underline{\underline{x = 20{,}7037}}$ liefert eine (näherungsweise) Halbierung der beschriebenen Fläche.

d) Zunächst werden die Graphen beider Funktionen in einem geeigneten Fenster gezeichnet. Es ist zu erkennen, dass sich die beiden Graphen nicht nur bei $x = 0$, sondern auch in der Nähe von $x = 2$ an einer Stelle $x_S$ schneiden.

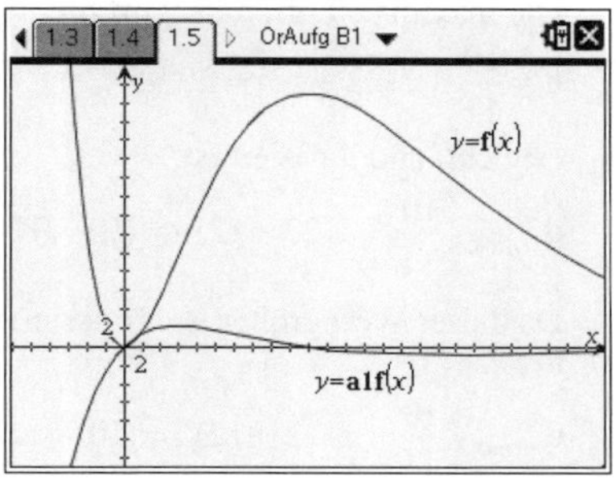


Im Intervall $0 < u < x_S$ liegt der Graph von f' oberhalb des Graphen von f, für $u > x_S$ liegt der Graph von f' unterhalb des Graphen von f. Entsprechend ist die Differenz in beiden Intervallen unterschiedlich zu bilden:

$0 < u < x_S$: $d1(u) = f'(u) - f(u)$

$u > x_S$: $d2(u) = f(u) - f'(u)$

Außerdem ist augenscheinlich, dass die Differenzen d(u) im Intervall $0 < u < x_S$ vermutlich nicht den größten Wert der Differenz d(u) bilden werden.

Zur Berechnung der Schnittstelle $x_s$ wird die Gleichung $f(x) = f'(x)$ gelöst. Es gibt zwei Lösungen:

$$x_{s1} = 0 \quad \text{und} \quad x_{s2} = \frac{20}{11} \approx 1{,}82$$

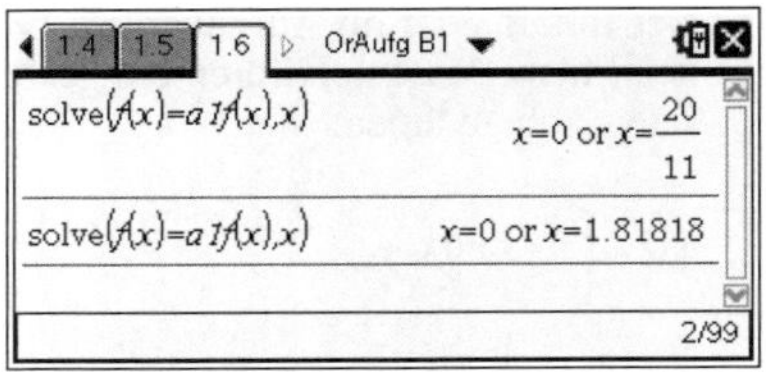


**Berechnung des Maximums für $0 < u < x_s$**
Die Differenz $d1(u) = f'(u) - f(u)$ wird abgeleitet. Es ergibt sich:

$$d1'(u) = \left(\frac{11}{200}u^2 - \frac{6}{5}u + 1\right) \cdot e^{-\frac{u}{10}}$$

Die Nullstelle dieser Ableitungsfunktion im Intervall $0 < u < x_s$ ist:

$$u = -\frac{10}{11} \cdot (\sqrt{122} - 12) \approx 0{,}87$$

(notwendige Bedingung für lokale Extrema)

Die zweite Ableitung von $d1(u)$ hat an der Stelle

$$u = -\frac{10}{11} \cdot (\sqrt{122} - 12) \approx 0{,}87$$

näherungsweise den Wert $-1{,}01 < 0$, d. h., an dieser Stelle liegt ein lokales Maximum vor (hinreichende Bedingung).

Der Wert dieses Maximums ist näherungsweise:
$d1_{max}(0{,}87) \approx 0{,}42$

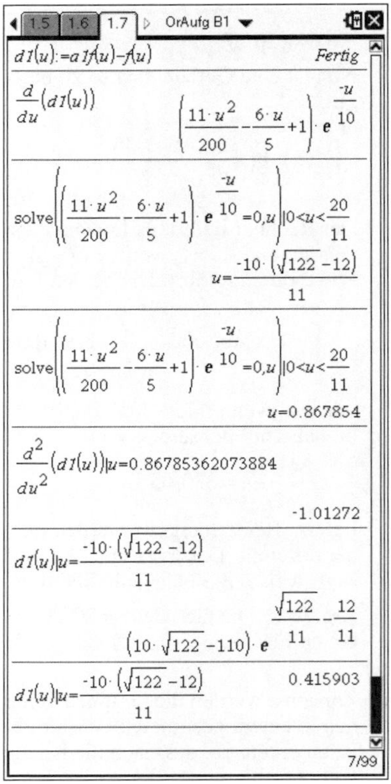


**Berechnung des Maximums für $u > x_s$**
Analog zu der im vorigen Abschnitt beschriebenen Vorgehensweise wird das lokale Maximum für $d2(u) = f(u) - f'(u)$ bestimmt. Hier ergibt sich:
Die maximale Differenz wird für

$$u = \frac{10}{11} \cdot (\sqrt{122} + 12) \approx 20{,}95$$

erreicht, und ihr Wert ist:

$$d2_{max}\left(\frac{10}{11} \cdot (\sqrt{122} + 12)\right) = (10 \cdot \sqrt{122} + 110) \cdot e^{-\frac{\sqrt{122}}{11} - \frac{12}{11}} \approx 27{,}13$$

Da dieser Wert größer ist als der maximale Wert, der im Intervall $0 < u < x_s$ berechnet wurde, ist

$$d2_{max}\left(\frac{10}{11} \cdot (\sqrt{122} + 12)\right) = (10 \cdot \sqrt{122} + 110) \cdot e^{-\frac{\sqrt{122}}{11} - \frac{12}{11}} \approx \underline{\underline{27{,}13}}$$

das gesuchte Maximum der Differenz der Funktionswerte von f und f'.

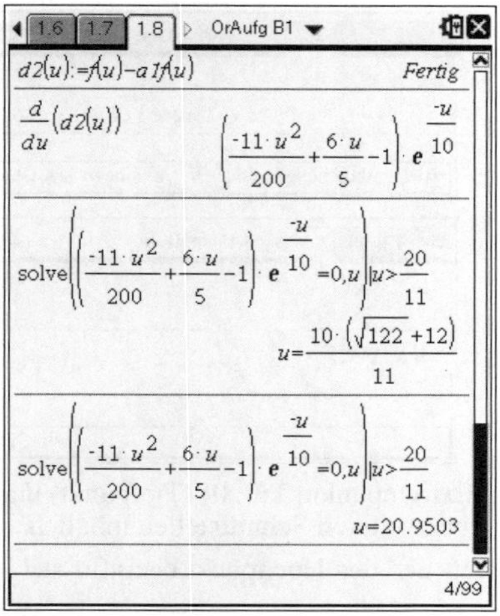


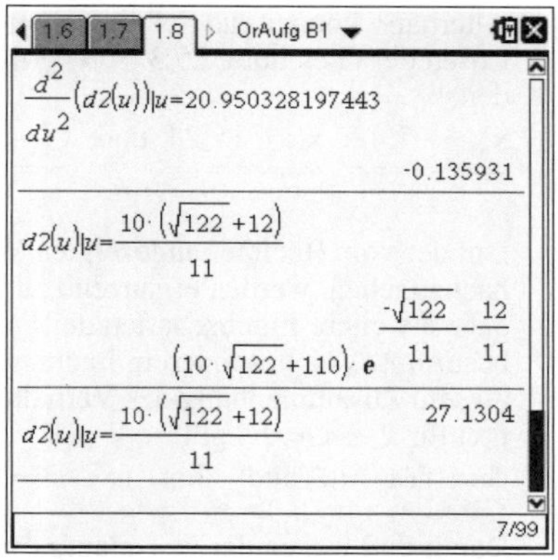


Kontrollieren Sie Ihre Rechnung durch eine geometrische Ermittlung der maximalen Differenz. Konstruieren Sie dazu

- eine Senkrechte s zur x-Achse im Punkt S(u; 0),
- die Schnittpunkte P und Q von s mit den beiden Graphen,
- die Strecke $\overline{PQ}$.

Messen Sie die Länge der Strecke $\overline{PQ}$ und lassen Sie die Koordinaten von S anzeigen. Bewegen Sie nun S im Zugmodus und beobachten Sie, für welche Lage von S die Strecke $\overline{PQ}$ maximale Länge hat.
Vergleichen Sie mit dem rechnerischen Ergebnis.

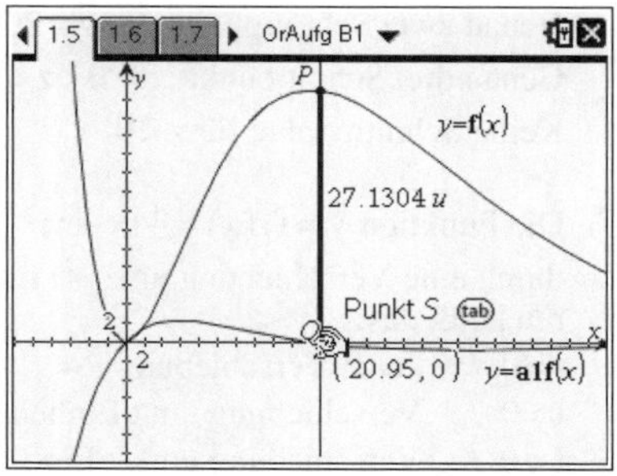


e) Da man die Schnittstellen von y = 25,3 mit dem Graphen von f nur näherungsweise „angeben" soll, reicht hier z. B. eine grafische Lösung. Dazu werden beide Graphen dargestellt und mit dem Menü *Graph analysieren* die Schnittpunkte ermittelt.

Beachten Sie dazu die Hinweise auf Seite XII.

*Ergebnis:*

$x_{s1} \approx -5{,}42$, $x_{s2} \approx 15{,}24$ und $x_{s3} \approx 25{,}66$

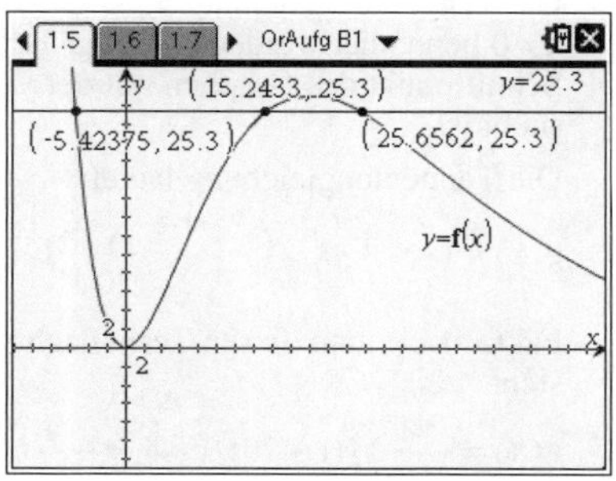

Alternativ können die Schnittstellen auch durch Lösen der Gleichung $25{,}3 = f(x)$ ermittelt werden:

$\underline{\underline{x_{s1} \approx -5{,}42}}$, $\underline{\underline{x_{s2} \approx 15{,}24}}$ und $\underline{\underline{x_{s3} \approx 25{,}66}}$

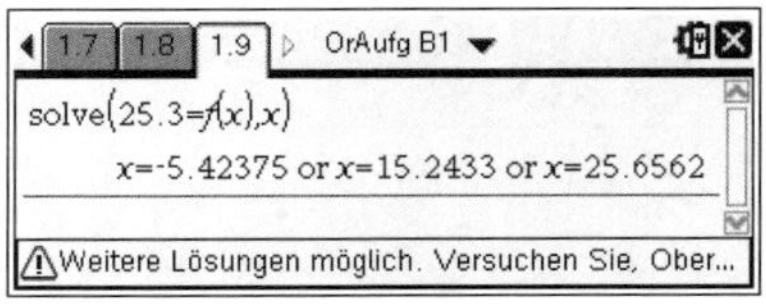


Um der vom Rechner angezeigten Warnung nachzugehen, werden ergänzend zu Teilaufgabe a weitere Eigenschaften der Funktion f bestimmt. Von besonderem Interesse ist in diesem Zusammenhang das Verhalten von f(x) für $x \to \pm\infty$. Es gilt:

$\lim\limits_{x \to \infty} f(x) = 0$ und $\lim\limits_{x \to -\infty} f(x) = \infty$

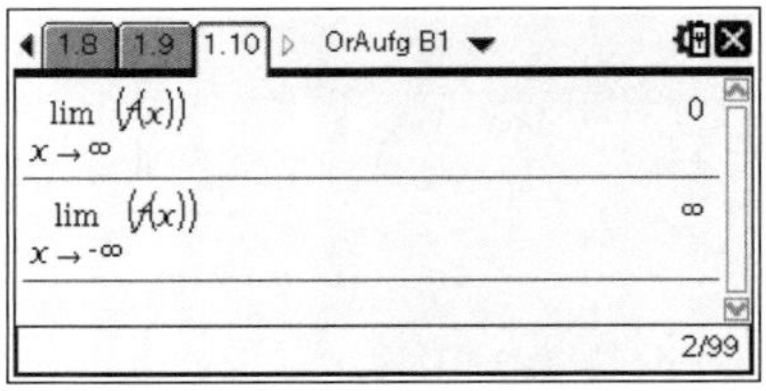


Damit und wegen der in Teilaufgabe a ermittelten Extrempunkte T(0; 0) (Tiefpunkt) und $H(20; 200 \cdot e^{-2}) \approx H(20; 27{,}1)$ (Hochpunkt) sind keine weiteren Schnittstellen möglich.

Die **Anzahl der Schnittpunkte** wird durch den Tief- und den Hochpunkt beeinflusst:

Genau ein Schnittpunkt für $z > 200 \cdot e^{-2}$ und für $z = 0$.

Genau zwei Schnittpunkte für $z = 200 \cdot e^{-2}$.

Genau drei Schnittpunkte für $0 < z < 200 \cdot e^{-2}$.

Keine Schnittpunkte für $z < 0$.

f) Die Funktion $y = f_t(x) = \frac{1}{2}(x+t)^2 \cdot e^{-\frac{1}{10}(x+t)}$ geht aus der Funktion $y = f(x) = \frac{1}{2}x^2 \cdot e^{-\frac{1}{10}x}$ durch eine Verschiebung um $(-t)$ Einheiten in Richtung der x-Achse hervor. Im Besonderen heißt das:

$t = 0 \Rightarrow$ keine Verschiebung

$t > 0 \Rightarrow$ Verschiebung um t Einheiten nach links

$t < 0 \Rightarrow$ Verschiebung um $-t$ Einheiten nach rechts

Die Ermittlung der Tangentengleichung kann mit dem Befehl tangentLine( ) erfolgen.

Hinweise hierzu finden Sie auf Seite XIX.

Die Tangentengleichung muss an der Stelle $x = 0$ berechnet werden, weil die Tangente im Schnittpunkt des Graphen mit der y-Achse gesucht ist.

Die Tangentengleichung lautet:

$$g(x) = t \cdot e^{-\frac{t}{10}} \cdot x + t^2 \cdot \left(\frac{1}{2} - \frac{x}{20}\right) \cdot e^{-\frac{t}{10}}$$

Faktorisiert man diesen Term nach x, so ergibt sich:

$$g(x) = -\frac{1}{20} t \cdot (t-20) \cdot e^{-\frac{t}{10}} \cdot x - \frac{1}{2} t^2 \cdot e^{-\frac{t}{10}}$$

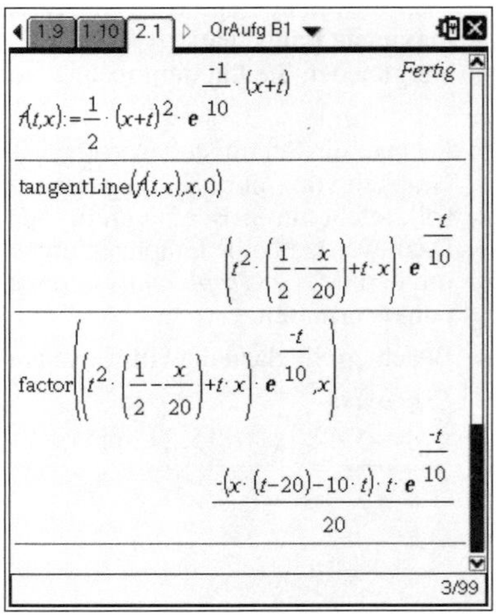


Zur Entwicklung eines Lösungsplans für die Bestimmung gleichschenkliger Dreiecke werden für Werte $t > 0$ und $t < 0$ solche Dreiecke eingezeichnet.

In der Aufgabenstellung wird nur die Untersuchung für Dreiecke im 2. Quadranten verlangt, also für Werte $t > 0$.

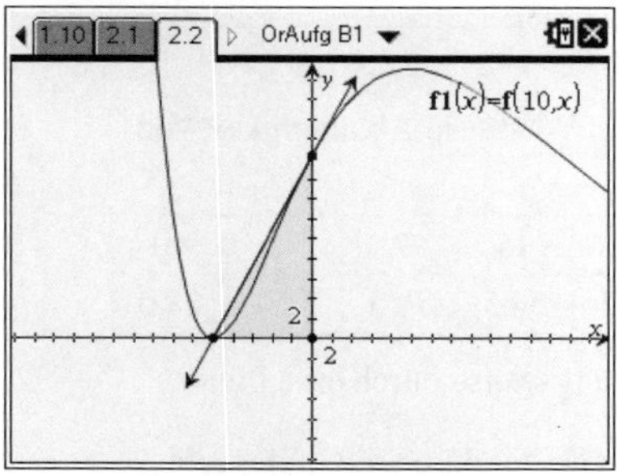


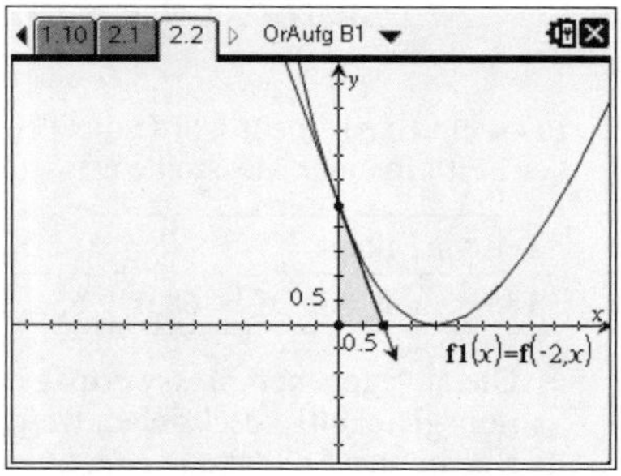


Diese rechtwinkligen Dreiecke können nur dann gleichschenklig sein, wenn die Katheten gleich lang sind. Das ist genau dann der Fall, wenn der zugehörige Tangentenanstieg den Wert $m = 1$ hat.

Den Term für den Tangentenanstieg kann man der Tangentengleichung entnehmen:

$$m = -\frac{1}{20} t \cdot (t - 20) \cdot e^{-\frac{t}{10}}$$

Für $m = 1$ ergeben sich aus dieser Gleichung die Lösungen $\underline{\underline{t_1 \approx 1{,}20}}$ und $\underline{\underline{t_2 \approx 14{,}18}}$.

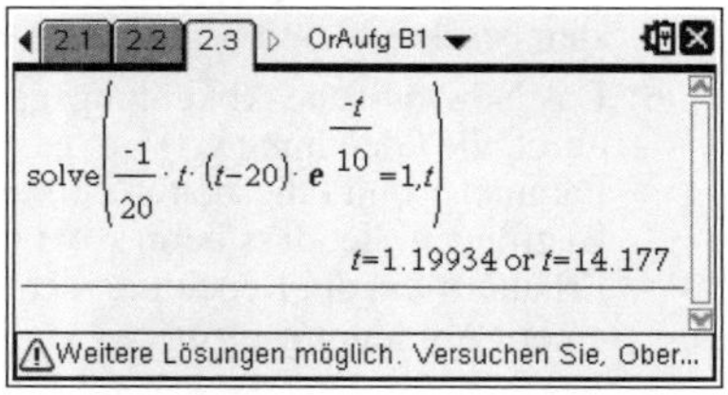


Die Warnung des Rechners sollte man ernst nehmen und prüfen, ob weitere Lösungen möglich sind. Beachten Sie dazu die Hinweise auf Seite XXV.

Veranschaulichen Sie sich z. B. durch eine grafische Darstellung der Funktionen $y = 1$ und $m(t) = -\frac{1}{20} \cdot t \cdot (t - 20) \cdot e^{-\frac{t}{10}}$, dass die angegebenen Lösungen die einzigen Lösungen der Gleichung sind.

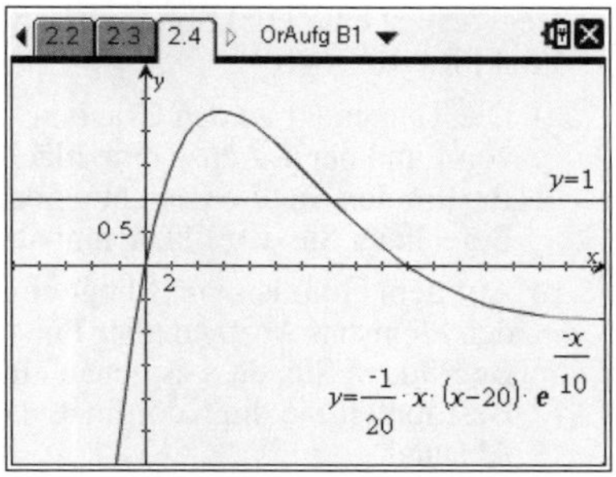


Auch eine analytische Untersuchung der Eigenschaften der Funktion m(t) mithilfe des Ableitungskalküls kann zu einer Prüfung des Warnhinweises beitragen. Diese ist hier aus Platzgründen nicht dargestellt.

**Kernfach Mathematik (Thüringen): Orientierungsaufgaben für das Abitur 2014**
**Wahlaufgabe B2: Analysis**

1. In einem Experiment wurde die Temperatur $\vartheta$ von Wasser in Abhängigkeit von der Zeit t in einer Messreihe erfasst:

| Zeit t in Minuten | 0 | 2 | 5 | 10 | 15 | 30 | 45 | 60 |
|---|---|---|---|---|---|---|---|---|
| Temperatur $\vartheta$ in °C | 68,0 | 65,2 | 61,3 | 55,5 | 50,5 | 39,5 | 32,4 | 28,0 |

   a) Die angegebenen Messwertpaare sollen näherungsweise durch eine Funktionsgleichung beschrieben werden.
   Bestimmen Sie dazu je eine lineare Funktion, eine Funktion 4. Grades und eine Exponentialfunktion.
   Skizzieren Sie die Graphen der von Ihnen angegebenen Funktionen im Bereich von 0 bis 150 Minuten.
   Geben Sie den Funktionstyp an, der den Abkühlungsprozess am sinnvollsten beschreibt und begründen Sie Ihre Entscheidung. (6 BE)

   b) Das Newton'sche Abkühlungsgesetz beschreibt den Temperaturverlauf durch die Gleichung $g(t) = a \cdot e^{k \cdot t} + c$ $(a > 0;\ c > 0)$. Dabei sind a, k sowie c Parameter und t die Zeit in Minuten.
   Begründen Sie, dass beim Abkühlen $k < 0$ gilt.
   Erläutern Sie die Bedeutung der Parameter a und c im Zusammenhang mit einem Abkühlungsprozess. (3 BE)

2. Gegeben ist eine Funktion f durch $y = f(x) = 60 \cdot e^{-\frac{1}{10} \cdot x} + 20$ und der Punkt $B(-10;\ f(-10))$.

   a) Die Tangente t an den Graphen von f im Punkt B begrenzt mit dem Graphen von f und der y-Achse eine Fläche A vollständig.
   Bestimmen Sie die Gleichung der Tangente t.
   Berechnen Sie den Flächeninhalt von A. (3 BE)

   b) Auf dem Graphen von f liegt ein Punkt P, der vom Koordinatenursprung den kleinsten Abstand aller Punkte des Graphen besitzt.
   Begründen Sie, dass es genau einen Punkt mit dem kleinsten Abstand gibt.
   Bestimmen Sie die Koordinaten des Punktes P und berechnen Sie diesen Abstand. (5 BE)

   c) Untersuchen Sie, ob es auf dem Graphen von f einen Punkt Q gibt, sodass der Winkel $\sphericalangle QOB = 90°$ ist.
   Geben Sie für diesen Fall die x-Koordinate des Punktes Q an. (3 BE)

(20 BE)

## Hinweise und Tipps

### Aufgabe 1

*Teilaufgabe a*

- Erfassen Sie die gegebenen Daten in einer Tabellenkalkulation.
- Stellen Sie die Daten geeignet dar.
- Bestimmen Sie mit dem Regressionsmodul Ihrer Software die geforderten Funktionstypen.
- Alternative: Führen Sie für die geforderten Funktionstypen eine geeignete Rekonstruktion durch, z. B. für die Funktion 4. Grades mittels $f(x) = ax^4 + bx^3 + cx^2 + dx + e$.

*Teilaufgabe b*

- Skizzieren Sie sich den Verlauf der Funktion $f(t) = e^t$.
- Ergänzen sie nacheinander die einzelnen Parameter a, k und c und berücksichtigen Sie den Einfluss der verschiedenen Parameter auf den Verlauf:
  $f(x) + d$ Verschiebung in y-Richtung
  $b \cdot f(x)$ Streckung/Stauchung in y-Richtung
  $f(-x)$ Spiegelung an der y-Achse

### Aufgabe 2

*Teilaufgabe a*

- Definieren Sie sich die Funktion f und stellen Sie diese gemeinsam mit der Tangente dar.
- Entscheiden Sie sich für eine rechnerische bzw. grafische Lösung zur Bestimmung der Tangentengleichung.
- Der Inhalt des gesuchten Flächenstücks lässt sich mithilfe eines bestimmten Integrals berechnen.

*Teilaufgabe b*

- Der kleinste Abstand eines Punktes eines Graphen vom Koordinatenursprung kann auf verschiedene Arten bestimmt werden:
  - Zur Bestimmung des Punktes P(x; y) versucht man das Problem zurückzuführen auf die Bestimmung des Abstandes zweier Punkte, wobei die Punkte O(0; 0) und P(x; f(x)) sind. Der Abstand lässt sich dann mithilfe des Satzes von Pythagoras bestimmen.
    Dann sucht man von all diesen Punkten denjenigen, bei dem der Abstand minimal wird. Findet man nur einen solchen Punkt, auf den dies zutrifft, ist die Aussage damit auch begründet.
  - Man sucht den Punkt auf dem Graphen, sodass die Verbindungsstrecke zum Ursprung senkrecht auf der Tangente durch den Graphenpunkt steht.

*Teilaufgabe c*

- Betrachten Sie das Problem geometrisch und stellen Sie für die gegebenen Punkte entsprechende Ortsvektoren auf.
- Berücksichtigen Sie, was für das Skalarprodukt zweier Vektoren gilt, wenn diese senkrecht aufeinander stehen.
- Lösen Sie das Problem zur Kontrolle auch näherungsweise durch eine geeignete geometrische Konstruktion.

## Lösungen

1. a) Die Daten erfasst man in der Tabellenkalkulation. Um einen ersten Blick auf die Daten zu haben, stellt man diese grafisch dar.

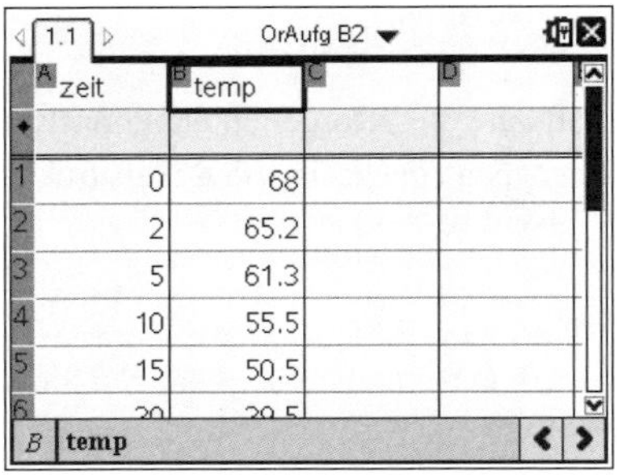


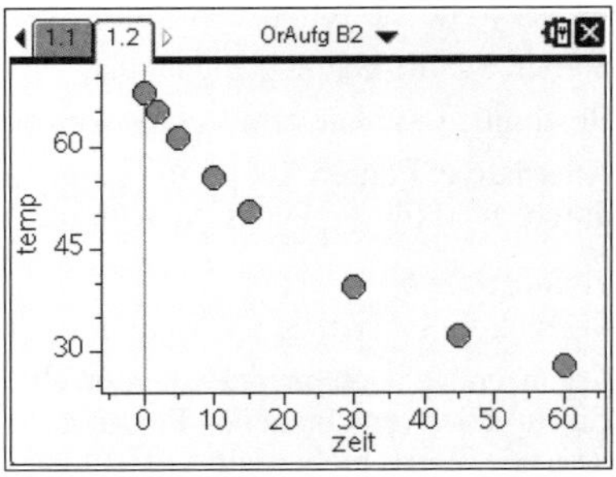


Mit der Durchführung der linearen Regression erhält man als Funktionsterm:

$$f1(x) = -0{,}67x + 64{,}11$$

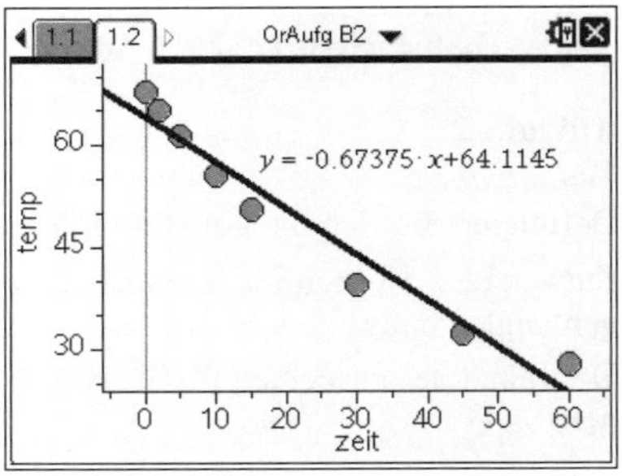


Die Durchführung der Regression vierten Grades liefert:

$$f2(x) = 9{,}40 \cdot 10^{-7} x^4 - 2{,}06 \cdot 10^{-4} x^3$$

$$+ 2{,}21 \cdot 10^{-2} x^2 - 1{,}45x + 68{,}02$$

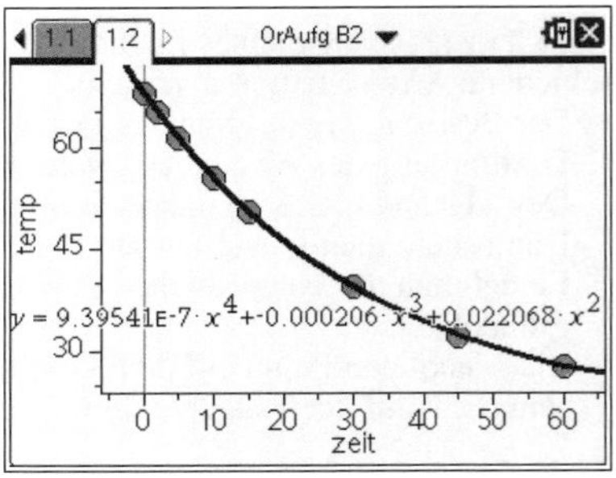


Die Durchführung der exponentiellen Regression liefert:

$$f3(x) = 65{,}50x \cdot 0{,}985^x$$

Beachten Sie bei der Durchführung der Regressionen die Hinweise auf Seite XV.

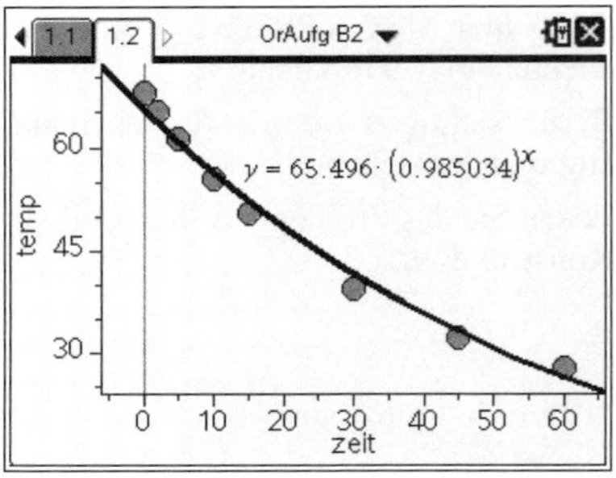

Die Skizze der drei ermittelten Funktionstypen zeigt, dass für den gegebenen Bereich die Exponentialfunktion den Verlauf der Abkühlung am sinnvollsten beschreibt. Dies liegt daran, dass bei der Funktion 4. Grades die Temperatur wieder ansteigt und bei der linearen Funktion die Werte in den negativen Bereich gehen.
Ein exponentieller Vorgang ist auch deshalb sinnvoll, da die Temperaturabnahme immer im Verhältnis zur Differenz zur Umgebungstemperatur zu sehen ist.

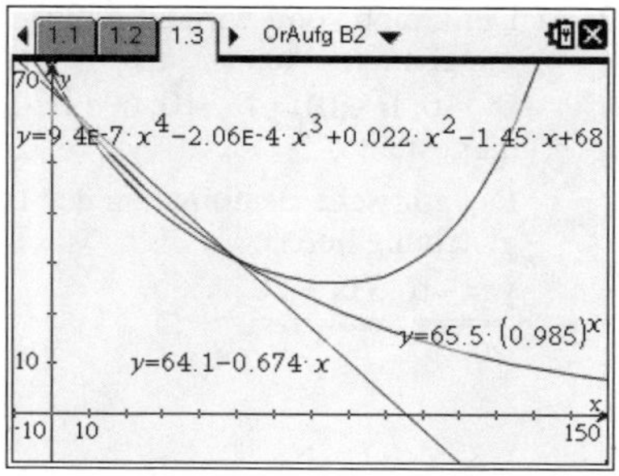


Alternative Lösungen durch Rekonstruktionslösungen sind möglich.
Im Bild ist ein möglicher Ansatz für eine Exponentialfunktion dargestellt, die berücksichtigt, dass die Abnahme der Temperatur nur bis zur Umgebungstemperatur erfolgen kann.

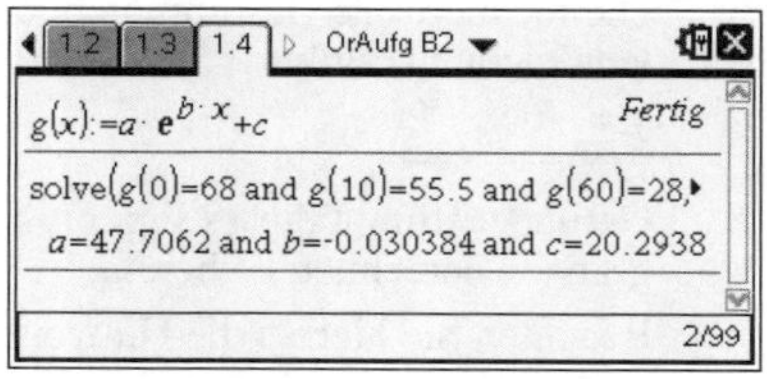


b) Wenn im Funktionsterm $e^{kx}$ der Parameter $k < 0$ wird, so wird der Graph gegenüber der Funktion mit dem gleichen Term, aber mit $k > 0$ einfach an der y-Achse gespiegelt. Um also den Verlauf einer Funktion zu erhalten, die durch eine Exponentialfunktion mit dem gegebenen Term beschrieben werden soll, muss $k < 0$ sein.

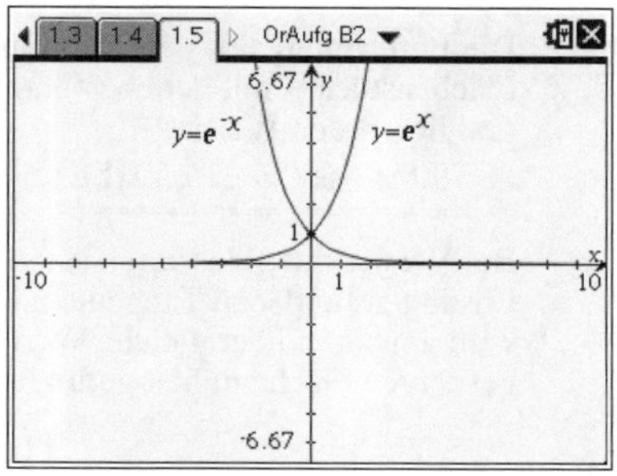


Für $k > 0$ ist die Funktion $y = e^x$ monoton steigend, für $k < 0$ monoton fallend. Die Parameter a und c haben keinen Einfluss auf das prinzipielle Monotonieverhalten, da a eine Streckung/Stauchung und c eine Verschiebung (in y-Richtung) des Funktionsgraphen bewirken. Bei einem Abkühlungsprozess sinkt die Temperatur, deshalb kann man als Modell die monoton fallende Funktion $y = f(t) = ae^{kt} + c$ mit $k < 0$ annehmen.

Der Parameter c gibt für den dargestellten Funktionsterm den Grenzwert für $t \to \infty$ an und stellt z. B. die Umgebungstemperatur dar.

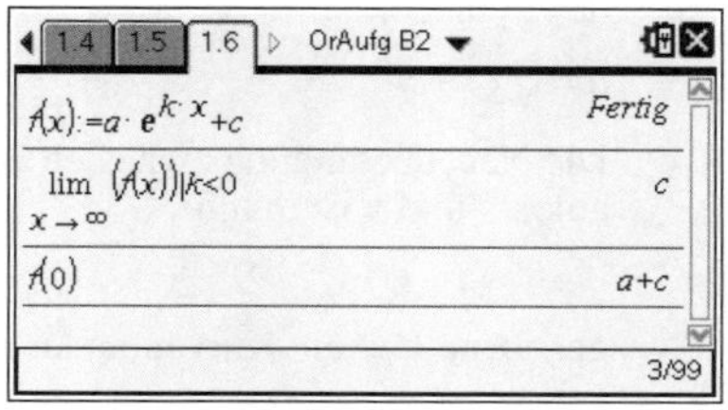


Der Parameter a ergibt zusammen mit c den Wert der Temperatur zum Zeitpunkt $t = 0$.

2. a) Der Graph von f wird zusammen mit der Tangente im Punkt $B(-10; f(-10)) = B(-10; 60e + 20)$ dargestellt.

Die grafische Bestimmung der Tangentengleichung liefert:

$$\underline{\underline{y = -16{,}31x + 20}}$$

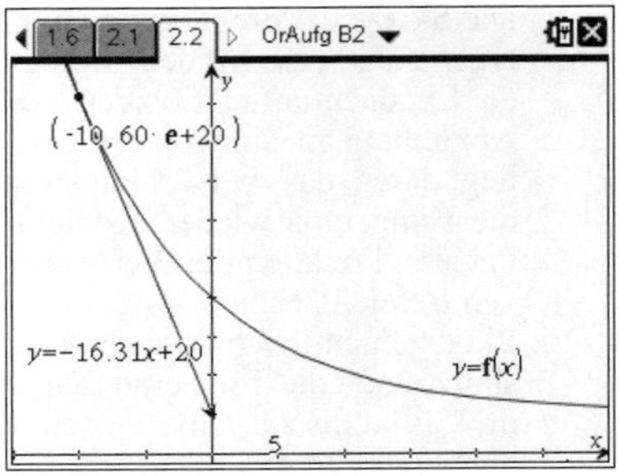


Die rechnerische Bestimmung der Tangentengleichung ergibt:

$$\underline{\underline{y = -6ex + 20}}$$

Gerundet stimmt dieses Ergebnis mit dem grafisch berechneten überein.

Beachten Sie hierbei die Hinweise auf Seite XIX.

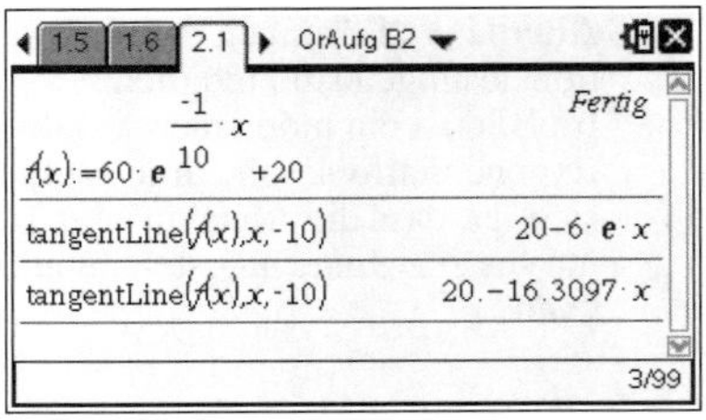


Die Berechnung des gesuchten Inhalts des Flächenstückes mit dem bestimmten Integral liefert den Wert:

$$\underline{\underline{A = 300e - 600 \approx 215{,}49\,[FE]}}$$

Bei Verwendung der durch die grafische Lösung gefundenen Tangentengleichung wird annähernd der gleiche Wert für den gesuchten Flächeninhalt gefunden.

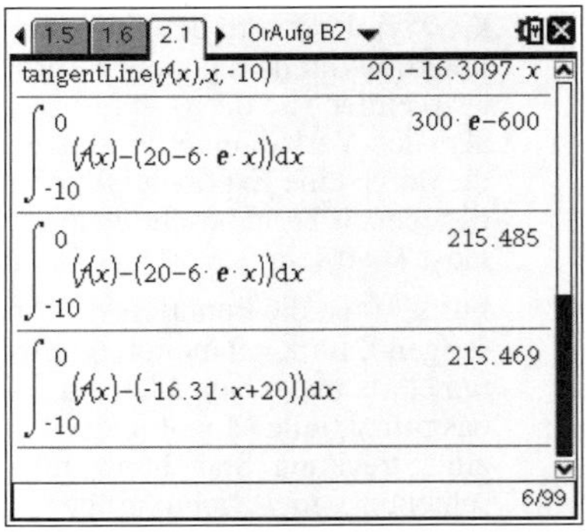


b) Bezeichnet man die Koordinaten des Punktes P mit x und y sowie den Abstand zum Ursprung mit d, dann gilt nach dem Satz des Pythagoras:

$$d = \sqrt{x^2 + y^2}$$

Die Nebenbedingung zwischen den Variablen x und y ist durch

$$y = f(x) = 60 \cdot e^{-\frac{1}{10}x} + 20$$

gegeben, da P ein Kurvenpunkt von f ist.

Damit erhält man als Zielfunktion:

$$d(x) = e^{-\frac{x}{10}} \cdot \sqrt{(x^2 + 400) \cdot e^{\frac{x}{5}} + 2\,400 \cdot e^{\frac{x}{10}} + 3\,600}$$

(siehe Bildschirmabdruck auf der nächsten Seite)

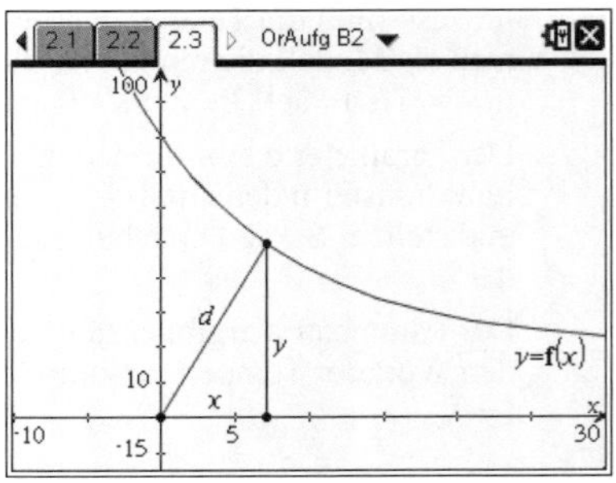

Die Bestimmung des gesuchten Minimums und der Koordinaten des Punktes P kann mittels der Funktion fmin() erfolgen. Man ermittelt näherungsweise den Punkt P mit $\underline{\underline{P(20{,}75;\ 27{,}54)}}$ und für den Abstand erhält man $\underline{\underline{d \approx 34{,}48\ \text{LE}}}$.

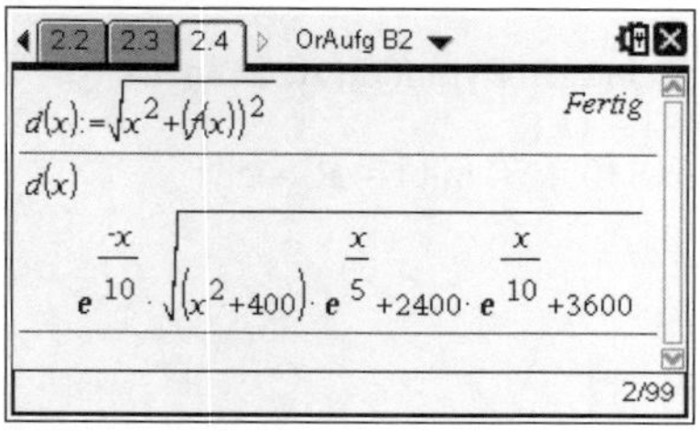


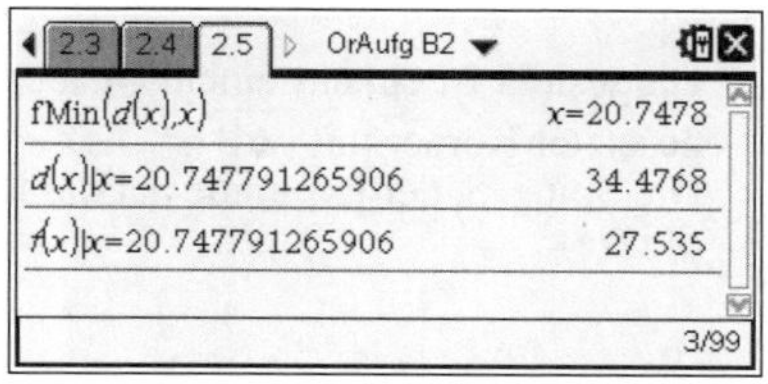


Man kann auch die bekannten Kriterien zur Bestimmung eines Extremwertes nutzen.

Alternativ bietet sich ferner eine elegante Lösung an, indem man die Koordinaten desjenigen Punktes P(x; f(x)) bestimmt, dessen Ortsvektor minimale Länge hat.

Da man mithilfe der Kriterien zur Bestimmung von Extrempunkten genau einen solchen Punkt gefunden hat, ist hiermit auch die Begründung gegeben, dass es genau einen solchen Punkt gibt.

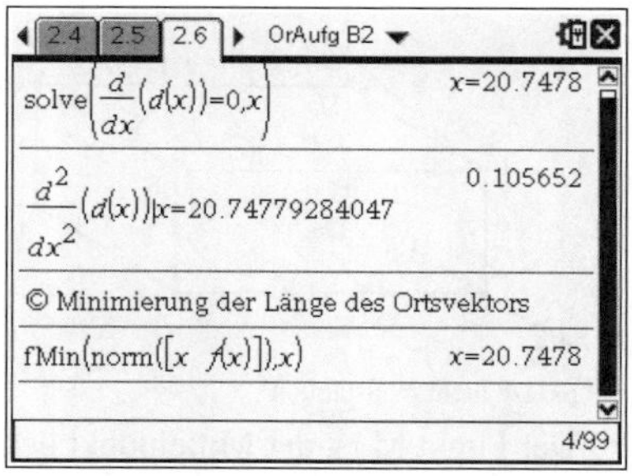


c) Man definiert sich die erforderlichen Punkte O, B und Q.

Damit der Winkel $\sphericalangle QOB = 90°$ ist, muss für das Skalarprodukt $\overrightarrow{OB} \circ \overrightarrow{OQ} = 0$ gelten. Dies untersucht man mithilfe der entsprechenden Funktion dotp().

Man ermittelt als x-Koordinate für den Punkt Q den Wert $\underline{\underline{x \approx 366{,}19}}$.

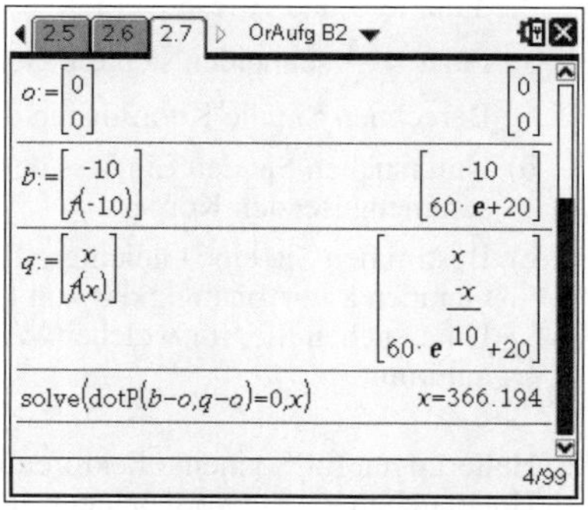


Der Punkt Q kann auch durch eine geometrische Konstruktion näherungsweise ermittelt werden (vgl. Hinweise auf Seite XIII).

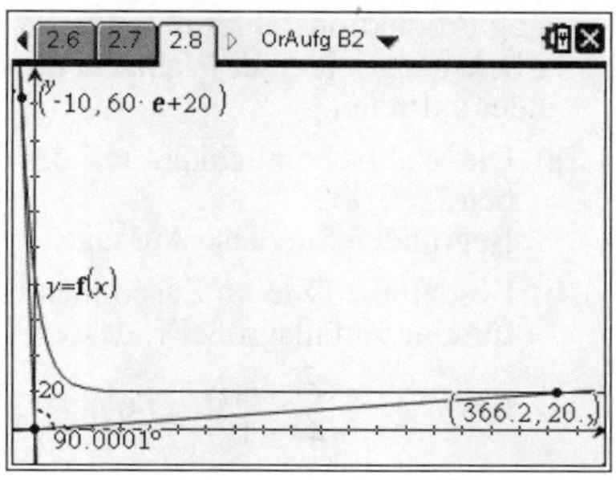

## Kernfach Mathematik (Thüringen): Orientierungsaufgaben für das Abitur 2014
## Wahlaufgabe C1: Geometrie/Stochastik

1. Dargestellt ist ein aus einem Quader und einer schrägen Pyramide zusammengesetzter Körper mit $|\overline{AB}| = |\overline{AD}| = 5$ LE, $|\overline{AE}| = 3$ LE.
Die Spitze $S_t$ der Pyramide hat die Koordinaten $S_t(0; t; 8)$ mit $t \in \mathbb{R}$ (siehe Skizze).

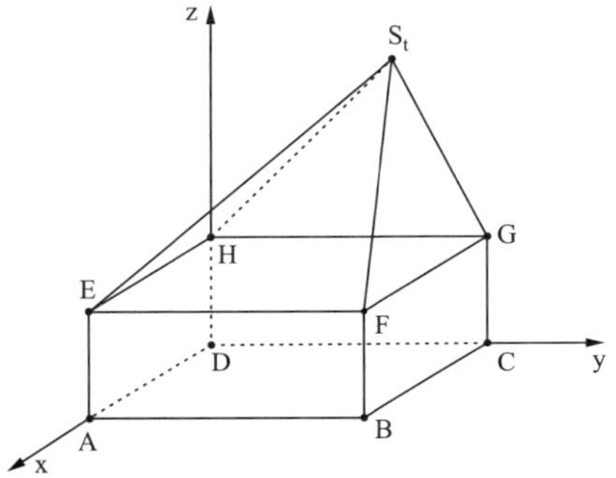


Skizze nicht maßstäblich

Der Punkt M ist der Mittelpunkt der Kante $\overline{AD}$. Für jede reelle Zahl t gibt es eine Gerade $g_t$, die durch die Punkte M und $S_t$ verläuft. Die Gerade k ist durch die Punkte B und H festgelegt.

a) Für $t = \frac{25}{3}$ schneiden sich die Geraden $g_{\frac{25}{3}}$ und k im Punkt P.
Berechnen Sie die Koordinaten des Schnittpunktes P. (4 BE)

b) Untersuchen Sie den Einfluss des Parameters t auf das Volumen des zusammengesetzten Körpers. (2 BE)

c) Bestimmen Sie eine Gleichung für den Abstand d(t) des Punktes $S_t$ zur Geraden k in Abhängigkeit von t.
Untersuchen Sie, für welchen Wert von t der Abstand d(t) ein Minimum annimmt. (4 BE)

2. Halterungen für Sonnenkollektoren werden in zwei Arbeitsgängen produziert. Untersuchungen der vergangenen Jahre haben gezeigt, dass im ersten Arbeitsgang Produktionsfehler mit einer Wahrscheinlichkeit von 0,06 und im zweiten Arbeitsgang mit einer Wahrscheinlichkeit von 0,04 jeweils unabhängig voneinander auftreten.

a) Die Wahrscheinlichkeit, mit der eine Halterung fehlerfrei produziert wird, beträgt 0,9024.
Begründen Sie diese Aussage. (1 BE)

b) Beschreiben Sie im Zusammenhang mit der Aufgabenstellung ein Ereignis für eine Zufallsgröße X, dessen Wahrscheinlichkeit mit

$$P(X \leq 2) = \sum_{k=0}^{2} \binom{50}{k} \cdot 0{,}0976^k \cdot (1 - 0{,}0976)^{50-k}$$

berechnet werden kann. (2 BE)

c) Der Produktion werden zufällig mehrere Halterungen entnommen und untersucht. Dabei war die neunte untersuchte Halterung die erste defekte Halterung.
Berechnen Sie die Wahrscheinlichkeit für dieses Ereignis. (1 BE)

d) Wie viele Halterungen sind mindestens zu überprüfen, damit die Wahrscheinlichkeit, dass mindestens zwei fehlerhaft produzierte darunter sind, größer als 0,98 ist? (2 BE)

Für die Befestigung der Halterungen werden Schrauben benötigt. Bei einem Karton mit 10 000 solcher Schrauben ist die Information verloren gegangen, ob es sich um Schrauben 1. Wahl (der Anteil fehlerhafter Schrauben beträgt 6 %) oder 2. Wahl (15 % fehlerhafte Schrauben) handelt.
Die Hypothese $H_0$: „Der Karton enthält Schrauben 1. Wahl" soll durch eine Untersuchung an 100 Schrauben dieses Kartons getestet werden. Wenn dabei höchstens neun fehlerhafte Schrauben gefunden werden, soll der Inhalt des Kartons als 1. Wahl, sonst als 2. Wahl eingestuft werden.

e) Erläutern Sie, welche Fehler bei dieser Entscheidungsregel auftreten können und berechnen Sie die Risiken der möglichen Fehleinschätzungen. (4 BE)

(20 BE)

---

## Hinweise und Tipps

### Aufgabe 1

*Teilaufgabe a*

- Lesen Sie aus der Abbildung die Koordinaten der benötigten Punkte ab.
- Stellen Sie die Gleichungen der Geraden in Parameterform auf.
- Achten Sie darauf, die Parameter durch verschiedene Variablen zu bezeichnen.
- Setzen Sie $t = \frac{25}{3}$ in die Gleichung für die Gerade $g_t$ ein.
- Setzen Sie die beiden Geradengleichungen gleich und lösen Sie dieses Gleichungssystem.
- Mit den Lösungen können Sie durch Einsetzen in die Geradengleichungen die Schnittpunktkoordinaten berechnen.

*Teilaufgabe b*

- Machen Sie sich die Lage der Punkte $S_t(0;\, t;\, 8)$ für alle reellen Zahlen t bezüglich der y-z-Ebene bzw. der y-Achse klar.
- Bedenken Sie, dass sich das Volumen des zusammengesetzten Körpers aus einem Quader und einer schiefen Pyramide zusammensetzt.
- Das Volumen des Quaders hängt nicht von $S_t$ ab.
- Zeigen Sie, dass auch das Volumen der aufgesetzten schiefen Pyramide von der Lage des Punktes $S_t$ unabhängig ist.

*Teilaufgabe c*

- Der Abstand d(t) des Punktes $S_t$ von der Geraden k entspricht dem Minimum der Beträge der Differenzvektoren aus den Ortsvektoren von $S_t$ und eines beliebigen Punktes der Geraden k.
- Beschreiben Sie diese Ortsvektoren durch ihre Koordinaten.
- Stellen Sie den Differenzvektor der Ortsvektoren dar.

- Der Betrag des Differenzvektors ist minimal, wenn er auf beiden Geraden, also auch auf ihren Richtungsvektoren, senkrecht steht.
- Für aufeinander senkrecht stehende Vektoren ist das Skalarprodukt null.
- Berechnen Sie für ein solches Skalarprodukt den zugehörigen Wert des Parameters der Geraden k.
- Ermitteln Sie mit diesem Ergebnis den Term d(t) für den Betrag des Differenzvektors.
- Bestimmen Sie das Minimum von d(t).

**Aufgabe 2**

*Teilaufgabe a*

- Zeichnen Sie ein zweistufiges Baumdiagramm zu diesem Sachverhalt.
- Kennzeichnen Sie den hier interessierenden Pfad und überprüfen Sie den gegebenen Wert mithilfe der Pfadregel.

*Teilaufgabe b*

- Beachten Sie, dass $1-0{,}9024=0{,}0976$ ist.
- Vergleichen Sie diesen Wert mit dem in Teilaufgabe a beschriebenen Ereignis.
- Für welches Ereignis im Baumdiagramm ist die Wahrscheinlichkeit 0,0976?
- Die Summenformel weist auf eine binomialverteilte Zufallsgröße hin.
- Überlegen Sie, was Sie in diesem Zusammenhang als „Treffer" interpretieren können und wie groß n und p für $X_{n;\,p}$ sind.
- Formulieren Sie ein mögliches Ereignis in diesem Kontext mit eigenen Worten.

*Teilaufgabe c*

- Wenn die neunte untersuchte Halterung die erste defekte war, dann müssen die ersten acht untersuchten Halterungen fehlerfrei gewesen sein.
- Die zugehörige Wahrscheinlichkeit kann mit der Pfadregel berechnet werden.

*Teilaufgabe d*

- Übersetzen Sie die gegebene Ungleichung in „die Sprache des Rechners".
- Probieren Sie in der Ungleichung binomCdf(n, p, 2, n) für wachsende Werte von n aus, bis die Ungleichung für den gegebenen Parameter p erstmals erfüllt ist.

*Teilaufgabe e*

- Es handelt sich um einen Alternativtest mit zwei konkurrierenden Hypothesen $H_0$ und $H_1$.
- Die Zuordnung der Wahrscheinlichkeiten kann man dem Text entnehmen.
- Überlegen Sie, weshalb man näherungsweise eine binomialverteilte Zufallsgröße für die Anzahl der fehlerhaften Schrauben in der Stichprobe annehmen kann.
- Geben Sie den Ablehnungsbereich für $H_0$ an.
- Formulieren Sie, was im Sachzusammenhang als Fehler 1. Art bzw. als Fehler 2. Art zu verstehen ist.
- Berechnen Sie die zugehörigen Wahrscheinlichkeiten.

## Lösungen

1. a) Der Abbildung und dem Aufgabentext lassen sich die Koordinaten der für die Geraden $g_t$ und k benötigten Punkte ablesen: A(5; 0; 0), D(0; 0; 0), B(5; 5; 0), H(0; 0; 3), $S_t(0; t; 8)$ mit $t \in \mathbb{R}$

Da der Punkt M der Mittelpunkt der Kante $\overline{AD}$ ist, hat er die Koordinaten:

$$M\left(\frac{5}{2}; 0; 0\right)$$

Somit ergeben sich folgende Geradengleichungen:

$$g_t\colon \vec{x} = \overrightarrow{OM} + r \cdot \overrightarrow{MS_t} = \begin{pmatrix} \frac{5}{2} \\ 0 \\ 0 \end{pmatrix} + r \cdot \begin{pmatrix} 0 - \frac{5}{2} \\ t - 0 \\ 8 - 0 \end{pmatrix}$$

$$= \begin{pmatrix} \frac{5}{2} \\ 0 \\ 0 \end{pmatrix} + r \cdot \begin{pmatrix} -\frac{5}{2} \\ t \\ 8 \end{pmatrix} \text{ mit } r, t \in \mathbb{R}$$

$$k\colon \vec{x} = \overrightarrow{OB} + q \cdot \overrightarrow{BH} = \begin{pmatrix} 5 \\ 5 \\ 0 \end{pmatrix} + q \cdot \begin{pmatrix} 0 - 5 \\ 0 - 5 \\ 3 - 0 \end{pmatrix}$$

$$= \begin{pmatrix} 5 \\ 5 \\ 0 \end{pmatrix} + q \cdot \begin{pmatrix} -5 \\ -5 \\ 3 \end{pmatrix} \text{ mit } q \in \mathbb{R}$$

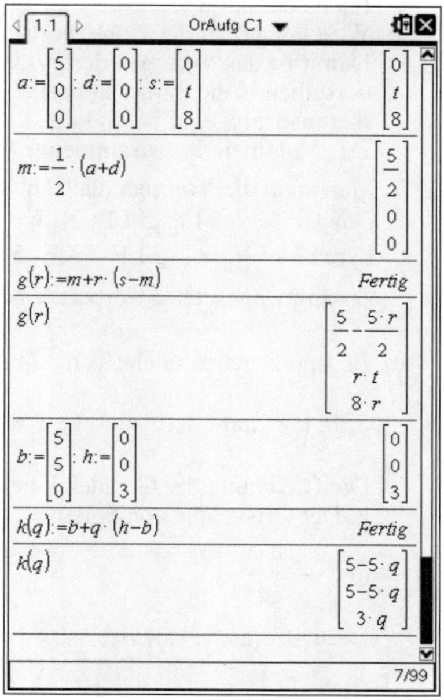


Achten Sie beim Definieren der Punkte und Geraden auf die Wahl verschiedener Variablen für die Parameter.

Für $t = \frac{25}{3}$ entsteht durch Gleichsetzen der Geradengleichungen $g(r) = k(q)$ ein Gleichungssystem für r und q:

$$\begin{pmatrix} \frac{5}{2} \\ 0 \\ 0 \end{pmatrix} + r \cdot \begin{pmatrix} -\frac{5}{2} \\ \frac{25}{3} \\ 8 \end{pmatrix} = \begin{pmatrix} 5 \\ 5 \\ 0 \end{pmatrix} + q \cdot \begin{pmatrix} -5 \\ -5 \\ 3 \end{pmatrix}$$

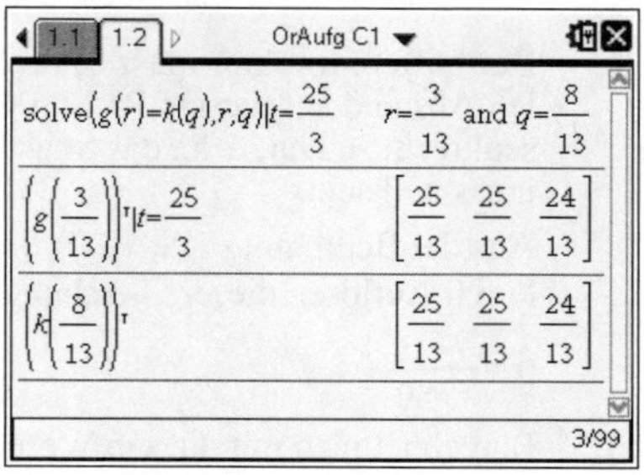


Dieses Gleichungssystem wird mit dem Rechner gelöst. Es ergeben sich die Lösungen:

$$r = \frac{3}{13} \text{ und } q = \frac{8}{13}$$

Setzt man diese Werte in die zugehörige Geradengleichung ein, so erhält man den Schnittpunkt P beider Geraden mit den Koordinaten:

$$\underline{\underline{P\left(\frac{25}{13}; \frac{25}{13}; \frac{24}{13}\right)}}$$

Beachten Sie die Hinweise auf Seite XVII.

b) Wegen z = 8 und x = 0 liegen alle Punkte $S_t$ auf einer Parallelen im Abstand von 8 LE zur y-Achse und vollständig in der y-z-Ebene. Der Abstand des Punktes $S_t$ zur Grundfläche der aufgesetzten Pyramide ist also immer konstant und hat den Wert 5. Dieser Wert entspricht der Höhe dieser Pyramide.
Damit ist das Volumen der Pyramide $EFGHS_t$ wegen der gleichen Grundfläche und derselben Höhe immer konstant, also hat auch der Gesamtkörper immer dieselbe Volumenmaßzahl, egal wo $S_t$ liegt.
Das Volumen des zusammengesetzten Körpers ist unabhängig vom Parameter t.

Man kann die Volumenmaßzahl sogar angeben, dies ist aber nicht verlangt:
Quader: $V_1 = 5\text{ LE} \cdot 5\text{ LE} \cdot 3\text{ LE} = 75\text{ VE}$
Pyramide: $V_2 = \frac{1}{3} \cdot 5\text{ LE} \cdot 5\text{ LE} \cdot 5\text{ LE} = \frac{125}{3}\text{ VE}$
Zusammengesetzter Körper: $V = V_1 + V_2 = \frac{350}{3}\text{ VE}$

c) Es sind gegeben (siehe Teilaufgabe a):

$S_t(0; t; 8)$ mit $t \in \mathbb{R}$ und k: $\vec{x} = \begin{pmatrix} 5 \\ 5 \\ 0 \end{pmatrix} + q \cdot \begin{pmatrix} -5 \\ -5 \\ 3 \end{pmatrix}$ mit $q \in \mathbb{R}$

Die Gleichung der Geraden k beschreibt den Ortsvektor eines beliebigen Punktes K von k. Der Ortsvektor von $S_t$ ist:

$$\overrightarrow{OS_t} = \begin{pmatrix} 0 \\ t \\ 8 \end{pmatrix}$$

Der Differenzvektor ist:

$$\overrightarrow{S_t K} = \begin{pmatrix} 5 \\ 5 \\ 0 \end{pmatrix} + q \cdot \begin{pmatrix} -5 \\ -5 \\ 3 \end{pmatrix} - \begin{pmatrix} 0 \\ t \\ 8 \end{pmatrix}$$

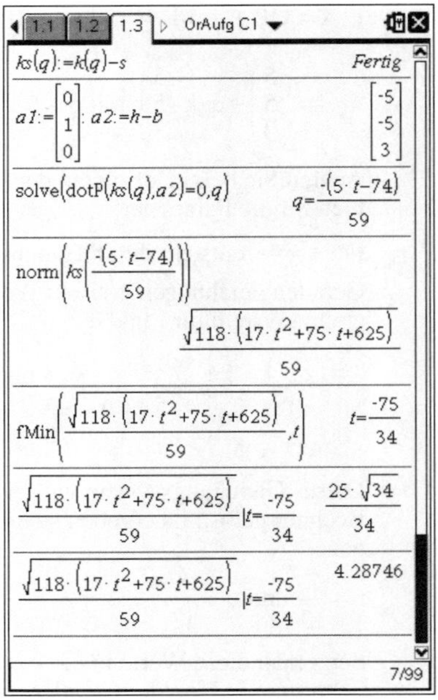


Die Gerade s, auf der alle Punkte $S_t$ liegen, hat den Richtungsvektor $\vec{a}_1 = \begin{pmatrix} 0 \\ 1 \\ 0 \end{pmatrix}$. Die Gerade k hat den Richtungsvektor $\vec{a}_2 = \begin{pmatrix} -5 \\ -5 \\ 3 \end{pmatrix}$.

Der Differenzvektor muss für den minimalen Abstand auf diesem Richtungsvektor senkrecht stehen, d. h., das Skalarprodukt muss null sein.

Aus der Bedingung $\overrightarrow{KS_t} \circ \vec{a}_2 = 0$ ergibt sich durch Auflösen dieser Gleichung nach q:

$$q = \frac{74 - 5t}{59}$$

Berechnet man mit diesem Wert den Betrag des Differenzvektors, so ergibt sich ein gesuchter Term für d(t):

$$\underline{\underline{d(t) = \frac{\sqrt{118 \cdot (17t^2 + 75t + 625)}}{59}}}$$

Das Minimum für diesen Term kann z. B. mit dem Befehl fMin( ) bestimmt werden.

Für $\underline{\underline{t = -\frac{75}{34}}}$ ist $d\left(-\frac{75}{34}\right) = \frac{25 \cdot \sqrt{34}}{34} \approx 4{,}29.$

- Aus der Bedingung $\overrightarrow{KS_t} \circ \vec{a}_1 = 0$ ergibt sich $q = \frac{5-t}{5}$ und damit:

  $$d(t) = \frac{\sqrt{34t^2 + 150t + 625}}{5}$$

  Dieser Term stellt aber den in der Aufgabe gesuchten Abstand nicht allgemein dar.
- Dieses Resultat führt zum gleichen Ergebnis bezüglich des minimalen Abstandes:

  $$\underline{\underline{t = -\frac{75}{34}}} \quad \text{und} \quad d\left(-\frac{75}{34}\right) = \frac{25 \cdot \sqrt{34}}{34} \approx 4{,}29$$

  Dies ist der Abstand der beiden windschiefen Geraden k und s.
- Das Minimum kann jeweils auch mithilfe des Ableitungskalküls ermittelt werden.
- Vergleichen Sie die Hinweise auf den Seiten IX und XVII.

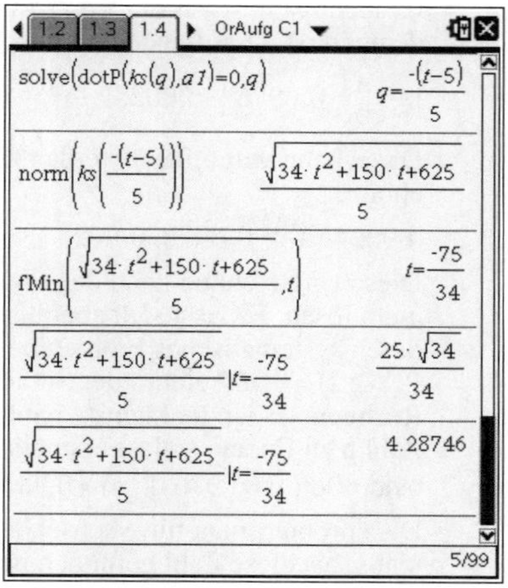


2. a) Das Baumdiagramm mit den zugehörigen Wahrscheinlichkeiten wird gezeichnet. Eine Halterung wird fehlerfrei produziert, wenn in jedem Arbeitsgang kein Fehler auftritt. Die zugehörige Wahrscheinlichkeit ergibt sich aus der 1. Pfadregel mit dem Produkt:

   $0{,}94 \cdot 0{,}96 = 0{,}9024$

   Dies entspricht dem im Aufgabentext angegebenen Wert.

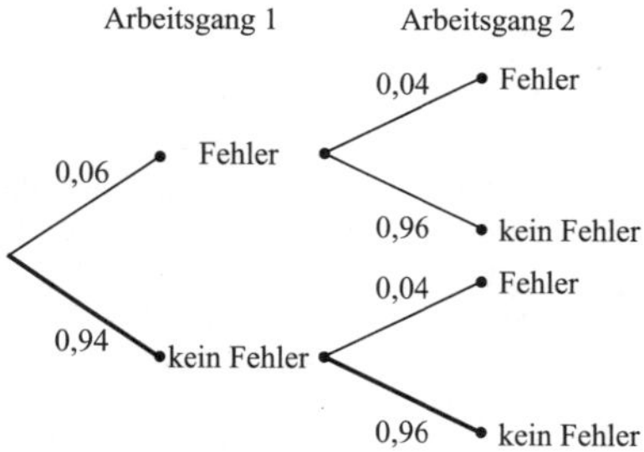


   b) Es ist $1 - 0{,}9024 = 0{,}0976$, dies ist im Zusammenhang mit der Aufgabenstellung interpretierbar als Wahrscheinlichkeit dafür, dass eine Halterung nicht fehlerfrei produziert wird, also mindestens einen der genannten Fehler aufweist.
   Wenn die Zufallsgröße X die zufällige Anzahl nicht fehlerfrei produzierter Halterungen beschreibt, dann ist X binomialverteilt mit $n = 50$ und $p = 0{,}0976$. Der Ausdruck

   $$P(X_{50;\,0{,}0976} \le 2) = \sum_{k=0}^{2} \binom{50}{k} \cdot 0{,}0976^k \cdot (1 - 0{,}0976)^{50-k}$$

   beschreibt dann die Wahrscheinlichkeit für das Ereignis, dass unter 50 Halterungen höchstens zwei nicht fehlerfrei produziert werden.

   c) Ereignis C: „Die neunte untersuchte Halterung war die erste defekte."
   Die ersten acht untersuchten Halterungen waren fehlerfrei, dann kommt die erste defekte Halterung. Es gilt also nach der 1. Pfadregel:

   $P(A) = 0{,}9024^8 \cdot 0{,}0976 \approx \underline{\underline{0{,}0429}}$

   d) Die Zufallsgröße Y sei die zufällige Anzahl fehlerhaft produzierter Halterungen.
   Y ist binomialverteilt mit unbekanntem n und $p = 0{,}0976$.

Gesucht ist n, sodass $P(Y \geq 2) > 0{,}98$, was mit $1 - P(Y = 0) - P(Y = 1) > 0{,}98$ gleichbedeutend ist. Dies wiederum entspricht der Ungleichung

$$1 - \binom{n}{0} \cdot 0{,}0976^0 \cdot 0{,}9024^n - \binom{n}{1} \cdot 0{,}0976^1 \cdot 0{,}9024^{n-1} > 0{,}98$$

Diese kann vereinfacht werden zur Ungleichung:

$$0{,}9024^n + n \cdot 0{,}0976 \cdot 0{,}9024^{n-1} < 0{,}02$$

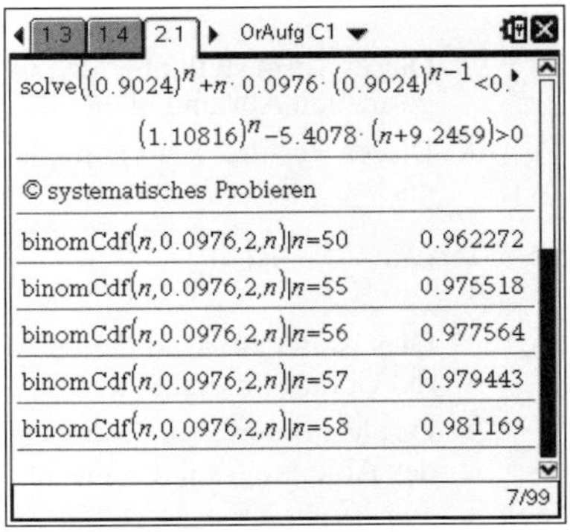


Diese Ungleichung kann der TI-Nspire CAS nicht lösen. Es lässt sich aber die Lösung durch systematisches Probieren finden: $P(Y \geq 2) > 0{,}98$ heißt in der Sprache des Rechners, es ist die kleinste natürliche Zahl n zu finden, sodass erstmals gilt:

binomCdf(n, 0.0976, 2, n) > 0,98

Dies probiert man für wachsende Werte von n aus, bis diese Zahl gefunden ist.

*Ergebnis:* Es sind mindestens 58 Halterungen zu überprüfen.

Das systematische Probieren kann man eleganter mithilfe der Tabellenkalkulation oder in der Applikation Notes durchführen. Tipps dazu gibt es auf Seite XX.

e) Es soll die Hypothese $H_0$: „Die Schrauben sind 1. Wahl.“ ($p = 0{,}06$) gegen die Alternativhypothese $H_1$: „Die Schrauben sind 2. Wahl.“ ($p = 0{,}15$) getestet werden. Obwohl es sich um ein Ziehen ohne Zurücklegen handelt, kann man wegen der großen Grundgesamtheit von 10 000 Schrauben im Vergleich zum Umfang $n = 100$ der Stichprobe näherungsweise eine binomialverteilte Zufallsgröße X zugrunde legen. Die Zufallsgröße X beschreibe die Anzahl der fehlerhaften Schrauben in der Probe. X ist (näherungsweise) binomialverteilt mit $n = 100$ und $p = 0{,}06$ (bei Annahme der Richtigkeit von $H_0$).
Man wird sich gegen die Nullhypothese (1. Wahl) entscheiden, wenn in der Stichprobe viele fehlerhafte Schrauben sind. Der Ablehnungsbereich für $H_0$ liegt rechts, es ist:

$$\overline{A} = \{10, 11, \ldots, 100\}$$

**Fehler 1. Art**

$H_0$ wird irrtümlich abgelehnt (also $H_1$ als richtig angenommen), obwohl in Wirklichkeit $H_0$ zutrifft. Das ist der Fall, wenn zufällig mehr als neun Ausschussschrauben in der Stichprobe enthalten sind.
Das Risiko für den Fehler 1. Art ist dann:

$$\sum_{k=10}^{100} \binom{100}{k} \cdot 0{,}06^k \cdot 0{,}094^{100-k} \approx \underline{\underline{0{,}0775}}$$

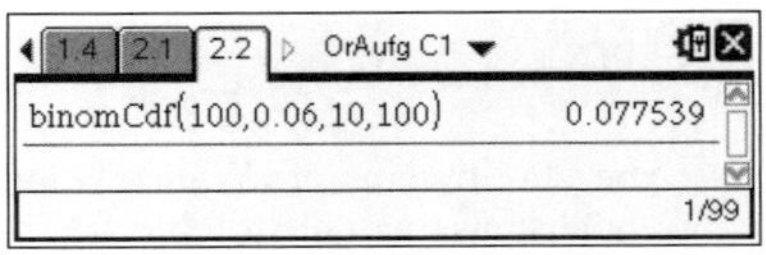


**Fehler 2. Art**

$H_0$ wird aufgrund des zufälligen Stichprobenergebnisses nicht abgelehnt (also $H_0$ als richtig angenommen), obwohl in Wirklichkeit $H_1$ gilt. Dies ist der Fall, wenn in der Stichprobe höchstens neun fehlerhafte Schrauben entdeckt werden, obwohl in Wirklichkeit die Alternativhypothese $H_1$: $p = 0{,}15$ zutrifft.
Der Fehler 2. Art wird dann berechnet über:

$$\sum_{k=0}^{9} \binom{100}{k} \cdot 0{,}15^k \cdot 0{,}85^{100-k} \approx \underline{\underline{0{,}0551}}$$

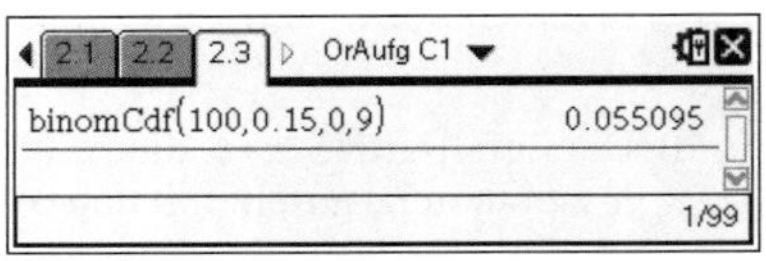

**Kernfach Mathematik (Thüringen): Orientierungsaufgaben für das Abitur 2014**
**Wahlaufgabe C2: Geometrie / Stochastik**

1. Gegeben sind die Gerade g durch die Punkte A(3; 4; 5) und B(4; 4; 4) und eine zu g parallele Gerade h durch den Punkt C(1; 0; 2).
   a) Geben Sie für die Geraden g und h je eine Gleichung an. (2 BE)
   b) Weisen Sie nach, dass die Gerade h die x-Achse im Punkt S(3; 0; 0) schneidet.
   Ermitteln Sie die Größe des Schnittwinkels der Gerade h mit der x-Achse. (4 BE)
   c) Berechnen Sie den Abstand der Geraden g und h. (2 BE)

2. Ein Zirkus plant zum ersten Mal fünf Vorstellungen in einer Thüringer Kleinstadt. Sein Zirkuszelt bietet Platz für 350 Besucher, von denen erfahrungsgemäß 40 % Erwachsene sind.
   a) Nach Rücksprache mit dem Bürgermeister rechnet der Zirkusdirektor mit fünf ausverkauften Veranstaltungen in dieser Stadt und kalkuliert dafür Einnahmen in Höhe von 14 000 €. Die Eintrittskarte für ein Kind kostet 2 € weniger als die für einen Erwachsenen. Andere Ermäßigungen gibt es nicht. Bestimmen Sie unter Verwendung dieser Vorgaben den Eintrittspreis für einen Erwachsenen. (2 BE)
   b) Der Clown Arthur schafft es, bei seinem Auftritt 99 % der Kinder und 90 % der Erwachsenen zum Lachen zu bringen.
   Berechnen Sie mithilfe eines Baumdiagrammes die Wahrscheinlichkeit, dass Arthur einen beliebig ausgewählten Besucher mit seinem Auftritt zum Lachen bringt. (2 BE)
   c) Während eines neuen Tricks der Hochseilartisten sitzt die vierjährige Ida auf dem Seil. Gehen Sie davon aus, dass ihr diese Darbietung momentan nur zu 95 % gelingt.
   Bestimmen Sie die Wahrscheinlichkeiten folgender Ereignisse.
   A:= „Ida gelingt ihre Darbietung in allen fünf Vorstellungen."
   B:= „In genau einer Vorstellung gelingt die Darbietung nicht."
   C:= „Ida misslingt ihre Darbietung frühestens bei der vierten Vorstellung." (3 BE)
   d) Aus Erfahrung weiß der Zirkusdirektor, dass 5 % der Einwohner eine der Vorstellungen besuchen. Der Bürgermeister ist sicher, dass in seiner Stadt 10 % der Einwohner eine Vorstellung besuchen und bietet ihm eine Wette an:
   Es werden 50 rein zufällig ausgewählte Bürger telefonisch befragt. Der Bürgermeister hat die Wette gewonnen, wenn mindestens 4 der Befragten angeben, in den Zirkus zu gehen. Sollte der Zirkusdirektor aufgrund seiner Erfahrung diese Wette annehmen?
   Begründen Sie Ihre Entscheidung. (3 BE)
   e) Für eine Zirkusnummer werden Zuschauer in die Manege gebeten. Sie sollen jeweils 5 Bälle in einen Eimer werfen. Erfahrungsgemäß treffen die Mitspieler bei 2 von 3 Würfen.
   Wie viele Mitspieler werden benötigt, damit die Wahrscheinlichkeit, dass mindestens 15 und höchstens 20 Bälle in dem Eimer landen, maximal wird? (2 BE)

(20 BE)

## Hinweise und Tipps

### Aufgabe 1

*Teilaufgabe a*

- Für die Angabe einer Geradengleichung kann man entweder die Zwei-Punkte- oder die Punkt-Richtungsgleichung verwenden.
- Zwei Geraden verlaufen parallel, wenn deren beide Richtungsvektoren $\vec{u}$ und $\vec{v}$ parallel verlaufen, d. h. wenn gilt: $\vec{u} = r \cdot \vec{v}$ mit $r \in \mathbb{R}$ und $r \neq 0$

*Teilaufgabe b*

- Führen Sie eine Punktprobe durch.
- Der Schnittwinkel zweier Geraden kann mit dem Skalarprodukt ermittelt werden.
- Ermitteln Sie dazu zunächst den Richtungsvektor der x-Achse.

*Teilaufgabe c*

- Da die Geraden parallel sind, lässt sich das Problem zurückführen auf die Berechnung des Abstandes eines Punktes von einer Geraden.
- Der Abstand kann auf verschiedene Weisen berechnet werden:
  - Mithilfe des Skalarproduktes unter Verwendung der Orthogonalitätsbedingung.
  - Mithilfe der Differenzialrechnung, indem man ausgehend von einem frei gewählten Punkt P auf der einen Geraden den Punkt Q auf der anderen Geraden sucht, der den geringsten Abstand zu P hat; dazu definiert man sich den Vektor $\overrightarrow{PQ}$ und minimiert dessen Länge.

### Aufgabe 2

*Teilaufgabe a*

- Erfassen Sie die gegebenen Daten und stellen Sie dazu eine Gleichung auf.
- Bezeichnen Sie z. B. den Preis für einen Erwachsenen mit e und den Preis für Kinder mit k.

*Teilaufgabe b*

- Betrachten Sie den Vorgang als zweistufigen Zufallsprozess. Erste Stufe: Die Person ist ein Kind bzw. ein Erwachsener; zweite Stufe: Clown bringt Person zum Lachen bzw. bringt die Person nicht zum Lachen.
- Zeichnen Sie ein zweistufiges Baumdiagramm zu diesem Sachverhalt.
- Kennzeichnen Sie die hier interessierenden Pfade und berechnen Sie die gesuchte Wahrscheinlichkeit mithilfe der Pfadregeln.

*Teilaufgabe c*

- Der beschriebene Vorgang kann als Bernoulli-Experiment aufgefasst werden.
  Treffer: Die Darbietung gelingt.
  Niete: Die Darbietung gelingt nicht.
- Führen Sie eine Zufallsgröße X ein, die beschreibt wie oft die Darbietung gelingt. X ist somit binomialverteilt mit $n = 5$ und $p = 0{,}95$.
- Wenn frühestens der vierte Versuch misslingt, dann müssen die ersten drei Versuche gelungen sein.

*Teilaufgabe d*

- Es handelt sich um einen leicht abgewandelten Alternativtest mit zwei konkurrierenden Hypothesen $H_0$ und $H_1$.
- Die Zuordnung der Wahrscheinlichkeiten kann man dem Text entnehmen.

- Überlegen Sie, weshalb man näherungsweise eine binomialverteilte Zufallsgröße für die Anzahl der Besucher annehmen kann und notieren Sie sich die entsprechenden Parameter für diese Verteilung.
- Da der Zustand der Wirklichkeit nicht bekannt ist, muss für beide Fälle untersucht werden, wie hoch die Wahrscheinlichkeit ist, dass der Zirkusdirektor gewinnt.

*Teilaufgabe e*

- Überlegen Sie, weshalb man näherungsweise von einem Bernoulli-Experiment ausgehen kann.
- Die Parameter für eine binomialverteilte Zufallsgröße sind n und p. Berücksichtigen Sie, dass jeder Mitspieler 5 Bälle werfen darf.
- Führen Sie die Untersuchung beginnend mit der kleinstmöglichen Personenzahl 3 durch.

## Lösungen

1. a) Die gegebenen geometrischen Objekte werden definiert.

Die Gleichungen für die Geraden g und h müssen in der mathematisch üblichen Notation angegeben werden; z. B.:

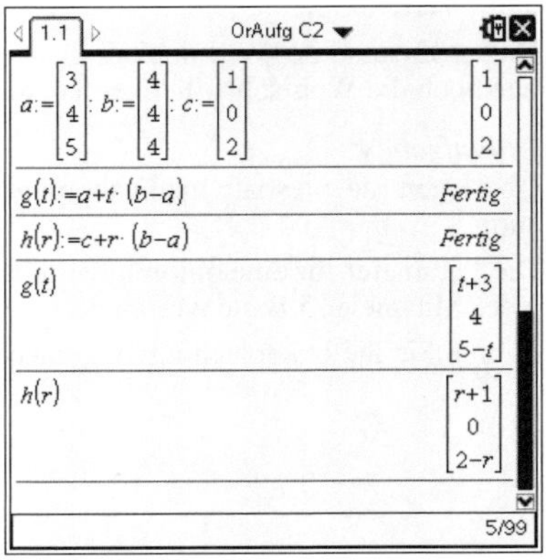


$$g\colon \vec{x} = \begin{pmatrix}3\\4\\5\end{pmatrix} + t\cdot\begin{pmatrix}1\\0\\-1\end{pmatrix} \quad \text{mit } t\in\mathbb{R}$$

$$h\colon \vec{x} = \begin{pmatrix}1\\0\\2\end{pmatrix} + r\cdot\begin{pmatrix}1\\0\\-1\end{pmatrix} \quad \text{mit } r\in\mathbb{R}$$

b) Um nachzuweisen, dass die Gerade h durch den Punkt S(3; 0; 0) verläuft, definiert man sich den Punkt S und führt eine Punktprobe durch.

Für r = 2 ergibt die Punktprobe eine wahre Aussage, also schneidet h die x-Achse im Punkt S.

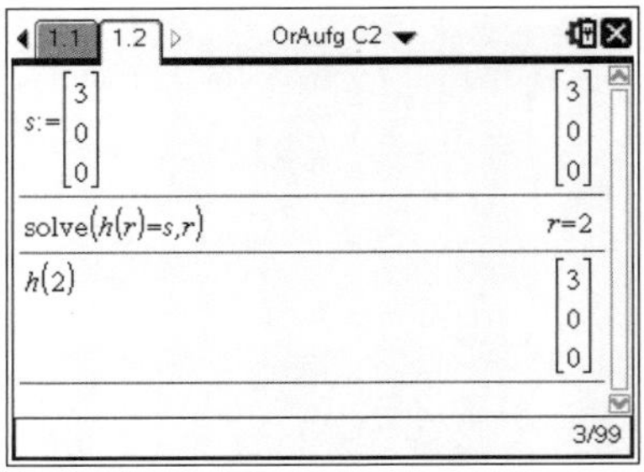


Zur Bestimmung des Winkels α zwischen zwei Geraden kann man die folgende Beziehung nutzen, wobei $\vec{u}$ und $\vec{v}$ die Richtungsvektoren der beiden Geraden sind:

$$\cos\alpha = \frac{\vec{u}\circ\vec{v}}{|\vec{u}|\cdot|\vec{v}|}$$

Der Richtungsvektor $\vec{u}$ der Geraden h ergibt sich aus $\vec{u} = \overrightarrow{OB} - \overrightarrow{OA}$ und die x-Achse hat den Richtungsvektor:

$$\vec{v} = \begin{pmatrix}1\\0\\0\end{pmatrix}$$

Hiermit ergibt sich für den Schnittwinkel:
$\alpha = 45°$

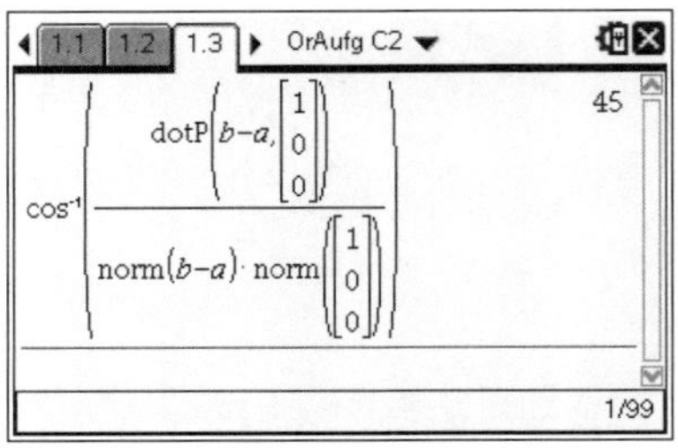


Um sofort den Winkel α berechnen zu können wurde die Umkehrfunktion der Kosinusfunktion verwendet. Man beachte auch, dass die Winkeleinstellung auf Gradmaß eingestellt ist.
Beachten Sie die Hinweise auf Seite XVII.

c) Die Berechnung des Abstandes der beiden zueinander parallelen Geraden führt man zurück auf die Berechnung des Abstandes des Punktes C von der Geraden g. Dazu definiert man sich einen allgemeinen Punkt der Geraden g und nennt diesen z. B.:

$$N = g(t) = \begin{pmatrix} 3+t \\ 4 \\ 5-t \end{pmatrix}$$

Danach ermittelt man den Abstandsvektor $\overrightarrow{CN}$ und nutzt die Orthogonalitätsbedingung für die beiden Vektoren $\overrightarrow{CN}$ und den Richtungsvektor der Geraden h aus, um N zu bestimmen. Für N erhält man:

$$N\left(\frac{7}{2}; 4; \frac{9}{2}\right)$$

Den Abstand ermittelt man durch Bestimmung des Betrages des Vektors $\overrightarrow{CN}$. Man erhält für den Abstand:

$$d = \frac{\sqrt{114}}{2} \approx 5{,}34\,[\text{LE}]$$

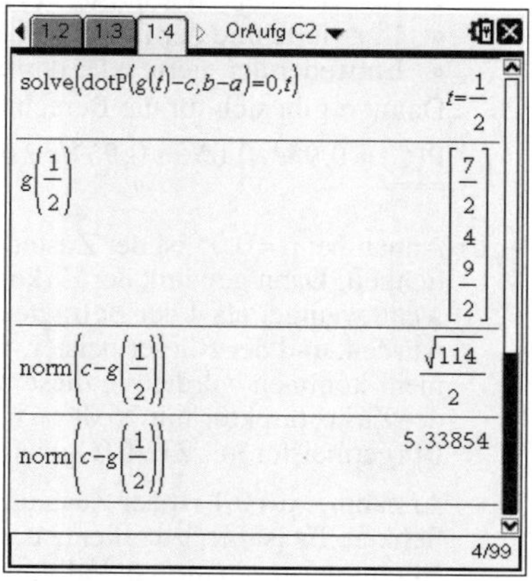


2. a) Wird der Preis für Erwachsene mit e bezeichnet, so beträgt der für Kinder $k = e - 2$. Für eine Vorstellung kann mit Einnahmen von $0{,}4 \cdot 350 \cdot e + 0{,}6 \cdot 350 \cdot k$ gerechnet werden. Damit wird die Gleichung für fünf Vorstellungen aufgestellt und gelöst:
$e = 9{,}20$ €

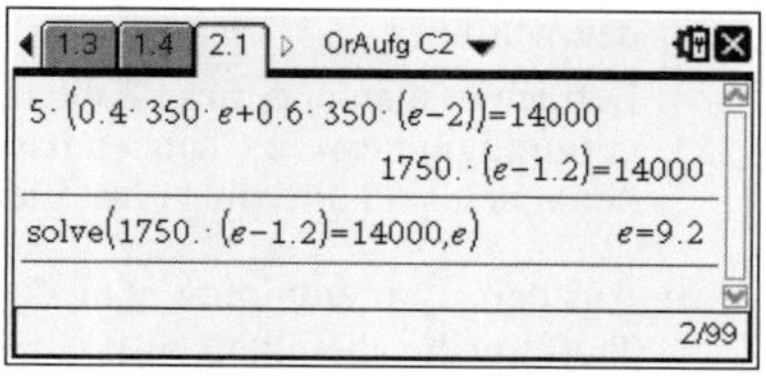


b) Das Baumdiagramm wird gezeichnet und die interessierenden Pfade werden markiert. Dabei steht L für „Lachen“ und kL für „kein Lachen“.
Die Berechnung der gesuchten Wahrscheinlichkeit erfolgt mithilfe der Pfadregeln. Man erhält:
$P = 0{,}4 \cdot 0{,}9 + 0{,}6 \cdot 0{,}99 = 0{,}954$

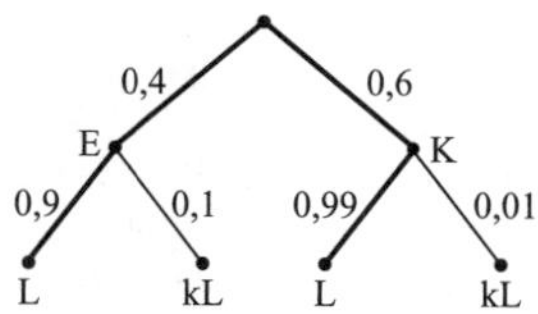


c) Die Zufallsgröße X beschreibe, wie oft die Darstellung gelingt. X ist binomialverteilt mit $n = 5$ und $p = 0{,}95$.

Für die ersten beiden gesuchten Wahrscheinlichkeiten erhält man hiermit:

$P(A) = P(X = 5) = 0{,}95^5 \approx 0{,}7738$ und

$P(B) = P(X = 4) = 5 \cdot 0{,}95^4 \cdot 0{,}05 \approx 0{,}2036$

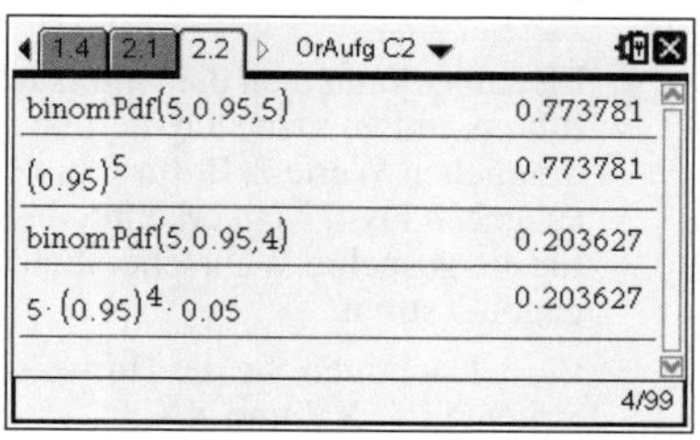

Um die Wahrscheinlichkeit des Ereignisses C zu berechnen, muss man berücksichtigen, dass der Fall „frühestens bei der vierten Vorstellung misslingt die Darbietung“ gleichbedeutend ist mit „die Darbietung gelingt in den ersten drei Vorstellungen“:

$P(C) = 0{,}95^3 \approx 0{,}8574$

Alternativ kann argumentiert werden, dass die folgenden drei Fälle vorliegen können:

- Der vierte und der fünfte Versuch misslingen beide.
- Der vierte und der fünfte Versuch gelingen beide.
- Entweder der vierte oder der fünfte Versuch misslingt.

Damit ergibt sich für die Berechnung der Wahrscheinlichkeit:

$P(C) = 0{,}95^3 \cdot 0{,}05^2 + 0{,}95^5 + 2 \cdot 0{,}95^4 \cdot 0{,}05 \approx 0{,}8574$

d) Annahme: $p = 0{,}05$ ist der Zustand der Wirklichkeit. Dann gewinnt der Zirkusdirektor, wenn weniger als 4 der Befragten kommen würden, und der Bürgermeister, wenn 4 oder mehr kommen würden. In diesem Fall würde der Zirkusdirektor mit 76,04 % bzw. der Bürgermeister mit 23,96 % gewinnen.

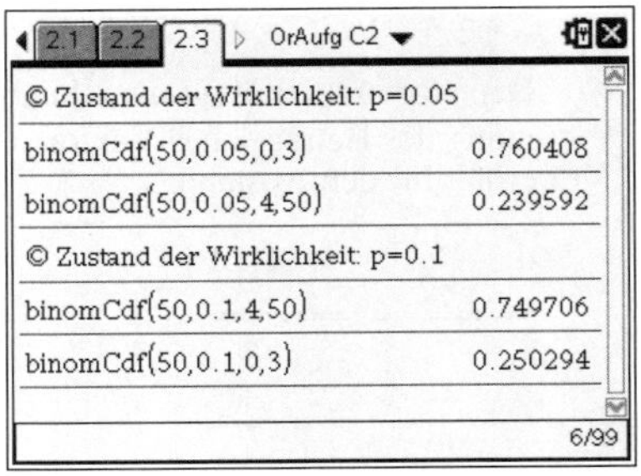


Annahme: $p = 0{,}1$ ist der Zustand der Wirklichkeit. Es ist hier zu erkennen, dass der Bürgermeister in diesem Fall mit 74,97 % bzw. der Zirkusdirektor mit 25,03 % gewinnen würde.

Betrachtet man nun diese Zahlen, so könnte man vermuten, dass der Zirkusdirektor geringfügig bessere Chancen hat, die Wette zu gewinnen. Beide Gewinnwahrscheinlichkeiten sind allerdings fast gleich: Er sollte ein Geldstück werfen!

e) Aus dem Text entnimmt man, dass die Trefferwahrscheinlichkeit $p = \frac{2}{3}$ ist und dass man die Länge der Bernoullikette nicht kennt. Man weiß, dass jeder Teilnehmer 5 Bälle wirft, also muss man die Untersuchung mit einer Kettenlänge von 15 beginnen und dann weiter in Fünferschritten den Vorgang untersuchen, bis erkennbar ist, dass die größte Gewinnwahrscheinlichkeit schon erreicht wurde.

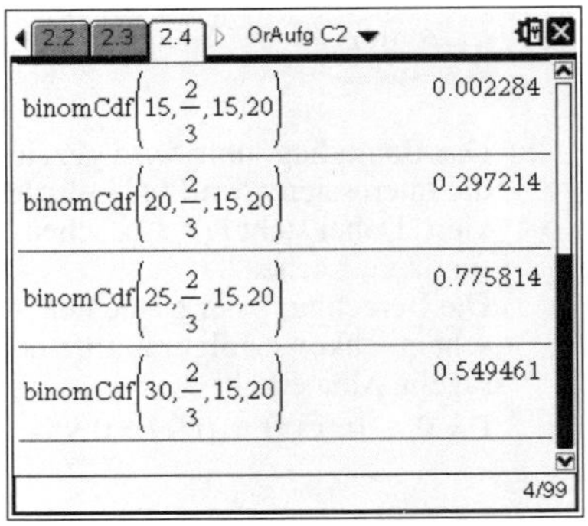


Man erkennt, dass für 25 Bälle anscheinend der höchste Wert erzielt wird, d. h. für 5 Teilnehmer.

Eleganter kann man die Untersuchung durchführen, indem man sich die Liste für alle möglichen Werte z. B. für 3 bis 15 Spieler ausgeben lässt. Man erkennt, dass der Wert für die gesuchte Wahrscheinlichkeit schnell gegen 0 strebt.

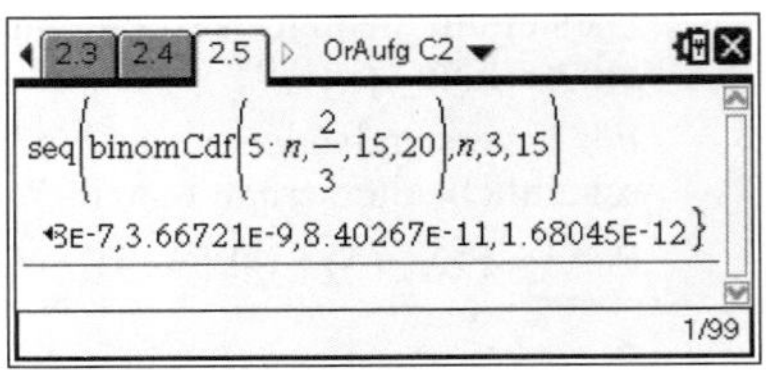


Berücksichtigen Sie die Hinweise auf den Seiten XIV, XV und XX.

## Kernfach Mathematik (Thüringen): Abiturprüfung 2011
## Aufgabe A1: Analysis

Gegeben ist eine Funktion f durch

$$y = f(x) = \frac{1}{2}x + \frac{2}{x}.$$

a) Geben Sie den größtmöglichen Definitionsbereich von f an.
Untersuchen Sie den Graphen von f auf Symmetrie sowie auf Schnittpunkte mit der x-Achse, auf lokale Extrempunkte und auf Wendepunkte. Geben Sie gegebenenfalls deren Koordinaten an.
Geben Sie die Gleichungen aller Asymptoten des Graphen von f an.
Skizzieren Sie den Graphen von f und seine Asymptoten im Intervall $-5 \leq x \leq 5$.
Geben Sie den Wertebereich von f an. (13 BE)

b) Im Punkt P(1; f(1)) wird die Tangente t an den Graphen von f gelegt. Die Tangente t und die Gerade g mit der Gleichung $y = g(x) = \frac{1}{2}x$ begrenzen mit der y-Achse ein Dreieck.
Berechnen Sie den Flächeninhalt dieses Dreiecks.
Bestimmen Sie die Größe des Schnittwinkels der Tangenten t und der Geraden g. (6 BE)

c) Geben Sie eine Gleichung der Stammfunktion F von f für $x > 0$ an.
Der Graph von f, die Gerade g mit der Gleichung $y = g(x) = \frac{1}{2}x$ sowie die Geraden $x = 1$ und $x = 4$ begrenzen eine Fläche vollständig.
Berechnen Sie deren Flächeninhalt. (3 BE)

d) Die Gerade h ist gegeben durch $y = h(x) = -x + 2$.
Bestimmen Sie die Stelle u $(u > 0)$, an der die Differenz der Funktionswerte der beiden Funktionen f und h minimal wird.
Geben Sie die minimale Differenz an. (5 BE)

Für jede reelle Zahl a $(a \neq 0)$ ist eine Funktion $f_a$ mit der Gleichung

$$y = f_a(x) = \frac{x^2 - 2x}{x + a} \text{ gegeben.}$$

e) Für welchen Wert von a hat die Funktion $f_a$ genau eine Nullstelle?
Beschreiben Sie für diesen Fall den Verlauf des Graphen der zugehörigen Funktion $f_a$. (3 BE)

(30 BE)

**Aufgabenstellung für das CAS-Abitur**

Gegeben ist eine Funktion f durch

$$y = f(x) = \frac{x^2 + 4}{2x}.$$

a) Geben Sie den größtmöglichen Definitionsbereich von f an.
Untersuchen Sie den Graphen von f auf Symmetrie sowie auf Schnittpunkte mit der x-Achse, auf lokale Extrempunkte und auf Wendepunkte.
Berechnen Sie gegebenenfalls die Koordinaten dieser Punkte.
Bestimmen Sie die Gleichungen aller Asymptoten des Graphen von f.
Geben Sie den Wertebereich von f an. (CAS: 10 BE)

b) Im Punkt P(1; f(1)) wird die Tangente t an den Graphen von f gelegt. Die Tangente t und die Gerade g mit der Gleichung $y = g(x) = \frac{1}{2}x$ begrenzen mit der y-Achse ein Dreieck.
Berechnen Sie den Flächeninhalt dieses Dreiecks.
Die Dreiecksfläche rotiert um die y-Achse.
Berechnen Sie das Volumen des dabei entstehenden Körpers.
Die Gerade p ist eine weitere Tangente an den Graphen von f, die parallel zur Tangente t verläuft.
Geben Sie die Gleichung dieser Tangente p an.
Berechnen Sie den Abstand der Tangenten p und t. (CAS: 10 BE)

c) Die Funktion F ist eine Stammfunktion von f.
Geben Sie die geometrische Bedeutung des Terms $F(5) - F(3)$ an.
Der Graph von f, die Gerade g mit der Gleichung $y = g(x) = \frac{1}{2}x$ sowie die Geraden $x = 1$ und $x = 4$ begrenzen eine Fläche vollständig.
Berechnen Sie deren Flächeninhalt. (CAS: 3 BE)

d) Die Gerade h ist gegeben durch $y = h(x) = 2 - x$.
Bestimmen Sie die Stelle u ($u > 0$), an der die Differenz der Funktionswerte der beiden Funktionen f und h minimal wird.
Geben Sie die minimale Differenz an. (CAS: 3 BE)

Für jede reelle Zahl k ist eine Funktion $f_k$ mit der Gleichung

$$y = f_k(x) = \frac{x^2 - 2x}{x + k} \text{ gegeben.}$$

e) Untersuchen Sie die Graphen der Funktionen $f_k$ auf die Anzahl der Nullstellen und der Polstellen in Abhängigkeit von k. (CAS: 4 BE)

(CAS: 30 BE)

## Hinweise und Tipps

### Aufgabe a

*Abitur ohne CAS*

- Der Funktionsterm kann sowohl als Summe als auch als Quotient untersucht werden.

*Ableitungen*

- Wird der Funktionsterm als eine Summe aus Vielfachen von x-Potenzen geschrieben, kann man ihn mittels Summen- und Potenzregel differenzieren.
- Wird der Funktionsterm als Quotient geschrieben, kann er mittels Quotientenregel differenziert werden.

*Definitionsbereich*

- Ein Argument x gehört genau dann zum Definitionsbereich einer Funktion f, wenn man den zugehörigen Funktionswert berechnen kann.
- Der vorliegende Funktionsterm f(x) ist zusammengesetzt aus einem linearen und einem gebrochenen Funktionsterm.
- Gebrochenrationale Funktionen sind nur definiert, wenn ihr Nennerterm ungleich null ist.

*Symmetrie*

- Zu entscheiden ist, ob der Graph von f axialsymmetrisch zur y-Achse verläuft oder punktsymmetrisch zum Koordinatenursprung liegt oder keine von beiden Eigenschaften aufweist.
- Gilt $f(-x) = -f(x)$ für alle x des Definitionsbereiches von f, dann ist der Graph von f punktsymmetrisch zum Koordinatenursprung.

*Schnittpunkte mit der x-Achse*

- Der Graph von f schneidet die x-Achse nur dann an den (Null-)Stellen x, für die $f(x) = 0$ gilt.
- Beachten Sie, dass das Gesuchte Punkte und nicht (Null-)Stellen sind.

*lokale Extrempunkte*

- Die Extrempunkte können Sie mit der ersten und zweiten Ableitung bestimmen.
- Mögliche Extremstellen $x_E$ erhalten Sie als Lösungen der Gleichung $f'(x) = 0$.
- Gilt für eine mögliche Extremstelle $x_E$ außerdem $f''(x_E) \neq 0$, so ist $x_E$ tatsächlich eine Extremstelle.
  (Gilt $f''(x_E) < 0$, so ist $x_E$ eine lokale Maximumstelle; gilt $f''(x_E) > 0$, so ist $x_E$ eine lokale Minimumstelle.)

*Wendepunkte*

- Die Wendepunkte können Sie mit der zweiten und dritten Ableitung von f bestimmen.
- Mögliche Wendestellen $x_W$ erhalten Sie als Lösungen der Gleichung $f''(x) = 0$.
- Gilt für eine mögliche Wendestelle $x_W$ außerdem $f'''(x_W) \neq 0$, so ist $x_W$ tatsächlich eine Wendestelle.

*Asymptoten*

- Zu untersuchen ist, ob $G_f$ senkrechte, waagerechte oder schiefe Asymptoten besitzt.
- $G_f$ besitzt senkrechte Asymptoten, wenn f Polstellen besitzt.

$G_f$ mit $f(x) = \dfrac{Z(x)}{N(x)}$

f besitzt eine schiefe Asymptote, wenn die entsprechende Polynomdivision Z(x) : N(x) als ganzrationalen Anteil einen linearen Term liefert.
$G_f$ besitzt waagerechte Asymptoten, wenn Z(x) : N(x) als ganzrationalen Anteil eine Konstante liefert (bzw. die Grenzwerte $\lim_{x \to \infty} f(x)$ oder $\lim_{x \to -\infty} f(x)$ endliche Werte annehmen).

*Wertebereich*

- Der Wertebereich einer Funktion f umfasst alle ihre Funktionswerte y.
- Der Wertebereich kann dem Graphen $G_f$ entnommen werden, wenn man dabei sein Verhalten an den Grenzen seines Definitionsbereiches beachtet.

**Aufgabe b**

*Gleichung der Tangente t*

- Die Gleichung der Tangente t ist eine Geradengleichung der Form $t(x) = mx + n$.
- Der Tangentenanstieg m ist gleich dem Anstieg von $G_f$ im Berührungspunkt P.
- Der somit erhaltenen Gleichung $t(x) = f'(1) \cdot x + n$ müssen auch die Koordinaten von P(1; f(1)) genügen.

*Flächeninhalt des Dreiecks*

- Veranschaulichen Sie sich den beschriebenen Dreiecksflächeninhalt.
- Die Gleichung der Tangente t im Punkt P(1; f(1)) ist eine Geradengleichung der Form $t(x) = m \cdot x + n$.
- Für den Tangentenanstieg gilt $m = f'(x_P)$.
- Die y-Achsenschnittstelle n bestimmt sich durch Einsetzen der Koordinaten $x_P$ und $y_P$ sowie des bereits berechneten Wertes m.
- Der Flächeninhalt eines Dreiecks ABC lässt sich nach der Formel $A = \frac{1}{2} c \cdot h_c$ (bzw. nach einer anderen Flächeninhaltsformel des Tafelwerks bzw. mittels bestimmten Integrals) berechnen.
- Die Seitenlänge c entspricht n und die Höhe $h_c$ der Abszisse $x_C$ des Punktes C.
- $x_C$ bestimmt man als Schnittstelle der Geraden g und t, indem man die Gleichung $g(x) = t(x)$ löst.

*Abitur ohne CAS: Schnittwinkel $\alpha$ der Geraden t und g*

- Beachten Sie, dass als Schnittwinkel zweier Geraden stets der spitze (ggf. rechte) Winkel zwischen ihnen bezeichnet wird.
- Der Schnittwinkel $\alpha$ der Geraden t und g lässt sich als eine Differenz der Anstiegswinkel von t und g berechnen (oder mittels der entsprechenden Formel für $\tan \alpha$ oder $\cos \alpha$).

*CAS-Abitur: Volumen des Rotationskörpers*

- Bei der Rotation des Dreiecks um die y-Achse entsteht ein Doppelkegel, dessen Volumen sich als Summe zweier Kegelvolumina berechnen lässt.
- Die Volumenformel für einen Kegel kann dem Tafelwerk entnommen werden.
- Ermitteln Sie für jeden der beiden Kegel sowohl seinen Radius als auch seine Höhe, indem Sie das Lot vom Schnittpunkt S(2; g(2)) auf die y-Achse fällen.
- Beide Kegel besitzen als Radius die Abszisse $x_S$ des Schnittpunktes und als Höhe die (positive) Differenz der Tangentenschnittstelle $n_t$ bzw. der Geradenschnittstelle $n_g$ und der Ordinate $y_S$ des Schnittpunktes S.

*CAS-Abitur: Gleichung der Tangente p*

Die Tangente p an $G_f$ muss vier Eigenschaften besitzen:

- Die Tangente p ist eine Gerade.
- Der Anstieg von p ist gleich dem Anstieg der Tangente t.
- Der Berührungspunkt $Q(x_Q; y_Q)$ liegt sowohl auf $G_f$ als auch auf p und ist ungleich dem Punkt P(1; f(1)).
- An der Berührungsstelle $x_Q$ besitzen $G_f$ und p denselben Anstieg.

Diesen vier Eigenschaften von p entsprechen die vier Gleichungen:

- $p(x) = m \cdot x + n$
- $m = m_t = -1{,}5$
- $p(x_Q) = f(x_Q)$ mit $x_Q \neq 1$
- $m = f'(x_Q)$ mit $x_Q \neq 1$

*CAS-Abitur: Abstand der Tangenten t und p*

Es ist der Abstand zweier paralleler Geraden zu ermitteln.

Der Abstand zweier zueinander paralleler Geraden ist die kürzeste Entfernung eines (beliebigen, aber fest gewählten) Punktes $P(x_P; y_P)$ zu einem Punkt R der Geraden p.

Jeder Punkt R der Geraden p besitzt die Koordinaten $(x; -1{,}5x - 4)$.

Die Entfernung $\overline{PQ}$ der Punkte P und Q lässt sich als Länge des Vektors $\overrightarrow{PQ}$ berechnen.

Die Minimumstelle der Funktion e mit $e(x) = \left|\begin{pmatrix} x - x_P \\ -1{,}5x - 4 - y_P \end{pmatrix}\right|$ lässt sich kurz (statt mit den Mitteln der Differenzialrechnung) über die Taschencomputerfunktion fMin berechnen.

**Aufgabe c**

*Abitur ohne CAS: Stammfunktion*

Eine Funktion F ist genau dann eine Stammfunktion von f, wenn $F'(x) = f(x)$ gilt.

Wenn F eine Stammfunktion von f ist, dann sind auch alle Funktionen $F_C$ mit $F_C(x) = F(x) + C$ $(C \in \mathbb{R})$ eine Stammfunktion von f. Die Gesamtheit all dieser Funktionen $F_C$ erhält man durch Integration:

$F_C(x) = \int f(x)\,dx = F(x) + C$

*CAS-Abitur: Geometrische Interpretation von F(5) – F(3)*

Die Differenz $F(b) - F(a)$ zweier Funktionswerte der Stammfunktion F von f ist gleich dem bestimmten Integral $\int_a^b f(x)\,dx$.

Das bestimmte Integral $\int_a^b f(x)\,dx$ ist als ein Flächeninhalt des Graphen $G_f$ im Intervall [a; b] zu interpretieren.

Liegt der Graph $G_f$ im Intervall [a; b] stets oberhalb der x-Achse, so gibt $\int_a^b f(x)\,dx$ den Inhalt der Fläche an, die von $G_f$, der x-Achse sowie den beiden Senkrechten in $x = a$ und $x = b$ eingeschlossen wird.

*Inhalt A der eingeschlossenen Fläche*

- Veranschaulichen Sie sich die Fläche, deren Inhalt zu berechnen ist.
- Diese Fläche wird im ersten Quadranten durch den Graphen von f, die Ursprungsgerade g sowie die zwei senkrechten Geraden begrenzt.
- Der Inhalt A der eingeschlossenen Fläche lässt sich mithilfe eines bestimmten Integrals berechnen.
- Zu integrieren ist die Differenz der Funktionsterme $f(x)-g(x)$ über dem Intervall, das durch die senkrechten Geraden begrenzt wird.

**Aufgabe d**

- Bestimmen Sie den Funktionsterm für $d(u)=f(u)-h(u)$.
- Mögliche lokale Extremstellen $u_E$ lassen sich mit dem notwendigen Kriterium $d'(u)=0$ bestimmen.
- Ob eine ermittelte mögliche Extremstelle $u_E$ eine lokale Minimumstelle $u_{min}$ ist, lässt sich mit dem hinreichenden Kriterium $d''(u_E)>0$ überprüfen.
- Die minimale Differenz berechnet sich als Funktionswert $d(u_{min})$.

**Aufgabe e**

- $x_0$ ist eine Nullstelle einer gebrochenrationalen Funktion $f_a$ mit $f_a(x)=\frac{Z(x)}{N_a(x)}$ genau dann, wenn sowohl $Z(x_0)=0$ als auch $N_a(x_0)\neq 0$ gilt.
- Alle Lösungen der Gleichung $Z(x)=0$ sind mögliche Nullstellen von $f_a$.
- Eine mögliche Nullstelle $x_0$ von $f_a$ ist keine Nullstelle von $f_a$, wenn a $(a\neq 0)$ so gewählt wird, dass $N_a(x_0)=0$ gilt.

*Abitur ohne CAS: Beschreiben des Graphen von $f_a$ mit nur einer Nullstelle*

- Besitzt $f_a$ eine mögliche Nullstelle $x_0$, die aber keine Nullstelle von $f_a$ ist, so lässt sich sowohl der Zählerfunktionsterm $Z(x)$ als auch der Nennerfunktionsterm $N_a(x)$ als ein Produkt mit dem Faktor $x-x_0$ schreiben.
- Diesen gemeinsamen Faktor $x-x_0$ kann man herauskürzen. Dabei ist zu beachten, dass $x=x_0$ auch nicht zum Definitionsbereich von $f_a$ mit dem vereinfachten Funktionsterm gehört.
- Nun ist noch zu entscheiden, ob diese Definitionslücke $x=x_0$ eine Polstelle oder eine Lücke ist.

*CAS-Abitur: Anzahl der Nullstellen von $f_k$*

- Der Graph von $f_k$ mit $f_k(x)=\frac{Z(x)}{N_k(x)}$ besitzt genau dann eine Nullstelle $x_0$, wenn $Z(x_0)=0$ und $N_k(x_0)\neq 0$ gilt.
- Für alle Lösungen $x_0$ der Gleichung $Z(x)=0$ sind alle die k zu bestimmen, für die die Ungleichung $N_k(x_0)\neq 0$ gilt.

*CAS-Abitur: Anzahl der Polstellen von $f_k$*

- Der Graph von $f_k$ mit $f_k(x)=\frac{Z(x)}{N_k(x)}$ besitzt genau dann eine Polstelle $x_P$, wenn $N_k(x_P)=0$ und $Z(x_P)\neq 0$ gilt.
- Für alle Lösungen $x_P$ der Gleichung $N_k(x)=0$ sind alle die k zu bestimmen, für die die Ungleichung $Z(x_P)\neq 0$ gilt.

## Lösungen

$$f(x)=\frac{1}{2}x+\frac{2}{x}=\frac{x^2+4}{2x}=:\frac{Z(x)}{N(x)}$$

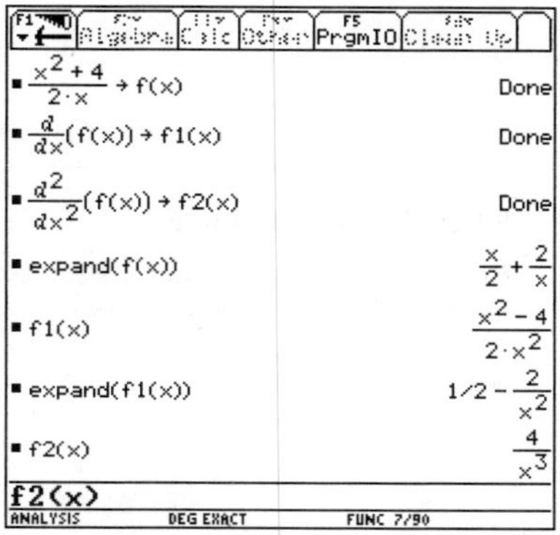


$$f'(x)=\left(\frac{1}{2}x+\frac{2}{x}\right)'=\left(\frac{1}{2}x+2x^{-1}\right)'$$

$$=\frac{1}{2}+2\cdot(-1)\cdot x^{-2}=\frac{1}{2}-\frac{2}{x^2}$$

$$f''(x)=\left(\frac{1}{2}-2x^{-2}\right)'=0-2\cdot(-2)\cdot x^{-3}=\frac{4}{x^3}$$

Alternativ kann $f(x)=\frac{x^2+4}{2x}$ auch mittels Quotientenregel abgeleitet werden:

$$f'(x)=\frac{2x\cdot 2x-(x^2+4)\cdot 2}{(2x)^2}=\frac{4x^2-2x^2-8}{4x^2}$$

$$=\frac{2x^2-8}{4x^2}=\frac{x^2-4}{2x^2}=\frac{1}{2}-\frac{2}{x^2}$$

$$f''(x)=\frac{2x\cdot 2x^2-(x^2-4)\cdot 4x}{(2x^2)^2}=\frac{4x^3-4x^3+16x}{4x^4}=\frac{16x}{4x^4}=\frac{4}{x^3}$$

$G_f$ bezeichne den Graphen der Funktion f.

a) **größtmöglicher Definitionsbereich $D_f$**

Die Funktion f ist für alle die x-Werte definiert, für die auch $\frac{2}{x}$ definiert ist.

$$D_f=\left\{x \;\middle|\; \frac{2}{x}\text{ ist definiert}\right\}$$

$$\underline{\underline{D_f=\{x \mid x\neq 0\}=\mathbb{R}\setminus\{0\}}}$$

**Symmetrieverhalten von $G_f$**

*Lösungsweg 1:*

$$f(-x)=\frac{1}{2}(-x)+\frac{2}{-x}=-\frac{1}{2}x-\frac{2}{x}$$

$$=-\left(\frac{1}{2}x+\frac{2}{x}\right)=-f(x)$$

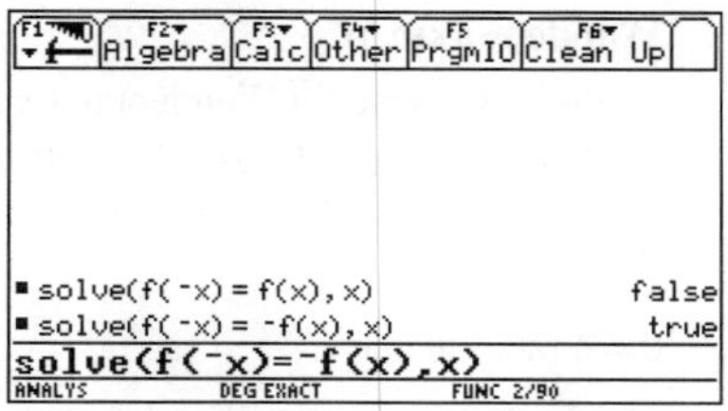


⇒ $G_f$ ist punktsymmetrisch zum Koordinatenursprung.

*Lösungsweg 2:*

Der Funktionsterm $\frac{x^2+4}{2x}$ enthält im Zähler mit $x^2$ und $4x^0$ nur geradzahlige Exponenten bei x sowie im Nenner mit $2\cdot x^1$ nur ungeradzahlige Exponenten bei x.

⇒ $G_f$ ist punktsymmetrisch zum Koordinatenursprung.

**Schnittpunkte $S_x$ mit der x-Achse**

$G_f$ kann die x-Achse nur im Punkt $S_x(x; f(x))$ mit $f(x) = 0$ schneiden:

$$0 = f(x) = \frac{x^2 + 4}{2x}$$

$0 = x^2 + 4$ nicht lösbar $\Rightarrow$ $G_f$ besitzt keinen Schnittpunkt mit der x-Achse.

**lokale Extrempunkte E**

$E(x_E; f(x_E))$ ist ein lokaler Extrempunkt von $G_f$, wenn sowohl die Gleichung $f'(x_E) = 0$ als auch die Ungleichung $f''(x_E) \neq 0$ gelten.

$$0 = f'(x) = \frac{1}{2} - \frac{2}{x^2}$$

$$\frac{2}{x^2} = \frac{1}{2}$$

$$x^2 = 4$$

$$x_1 = -2$$

$$x_2 = 2$$

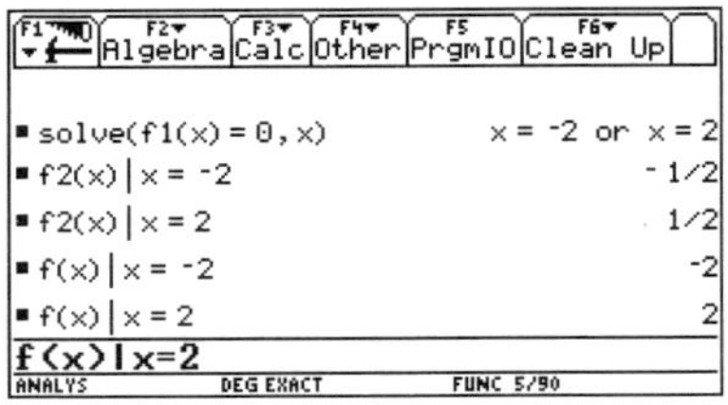


$\Rightarrow$ $x_1 = -2$ und $x_2 = 2$ sind die einzig möglichen Extremstellen von $G_f$.

$$f''(-2) = \frac{4}{(-2)^3} = -\frac{1}{2} < 0$$

$$f''(2) = \frac{4}{2^3} = \frac{1}{2} > 0$$

$\Rightarrow$ $x_1 = -2$ und $x_2 = 2$ sind die einzigen lokalen Extremstellen von $G_f$.

$$f(-2) = \frac{1}{2} \cdot (-2) + \frac{2}{-2} = -2$$

$$f(2) = \frac{1}{2} \cdot 2 + \frac{2}{2} = 2$$

$\Rightarrow$ Als einzige Extrempunkte von $G_f$ sind $E_1(-2; -2)$ der Hochpunkt und $E_2(2; 2)$ der Tiefpunkt von $G_f$.

**Wendepunkte W**

$W(x_W; f(x_W))$ ist ein Wendepunkt von $G_f$, wenn sowohl die Gleichung $f''(x_W) = 0$ als auch die Ungleichung $f'''(x_W) \neq 0$ gelten.

$$0 = f''(x) = \frac{4}{x^3}$$

$0 = 4$ nicht lösbar

$\Rightarrow$ $G_f$ besitzt keinen Wendepunkt.

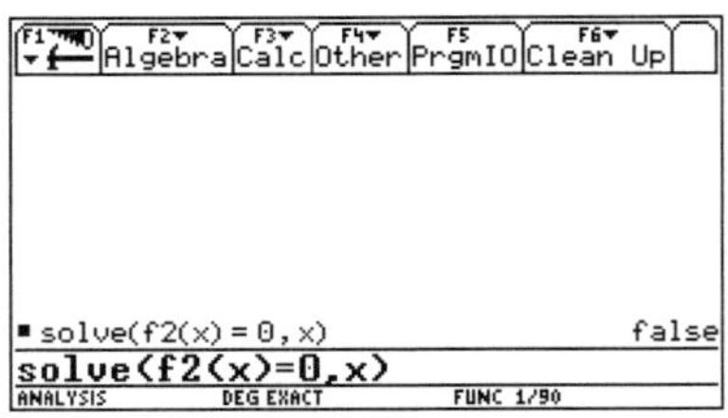

**Asymptoten**

Ist $x_P$ eine Polstelle von f, so besitzt $G_f$ die senkrechte Asymptote mit der Gleichung $x = x_P$.

$0 = N(x) = 2x$

$x = 0$ mit $Z(0) = 0^2 + 4 = 4 \neq 0 \quad \Rightarrow \quad x_P = 0$

$\Rightarrow$ $G_f$ besitzt die senkrechte Asymptote mit der Gleichung x = 0, d. h. die y-Achse ist die einzige senkrechte Asymptote von $G_f$.

**Abitur ohne CAS**

Das Ergebnis der Polynomdivision Z(x) : N(x) ist bereits durch die Funktionsgleichung $f(x) = \frac{1}{2}x + \frac{2}{x}$ vorgegeben.

$\frac{1}{2}x$ ist der lineare Anteil und für den zweiten Summanden gilt $\lim\limits_{x \to \pm\infty} \frac{2}{x} = 0.$

**CAS-Abitur**

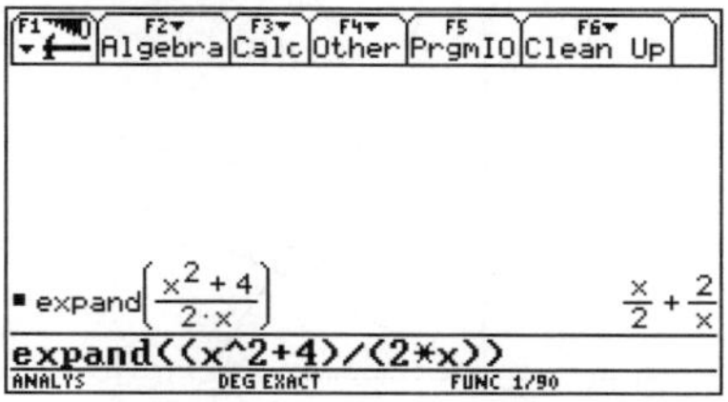


$\Rightarrow$ Die Gerade g mit der Gleichung $g(x) = \frac{1}{2}x$ ist die einzige schiefe Asymptote von $G_f$.

**Abitur ohne CAS: Skizze des Graphen $G_f$ und der Asymptoten**

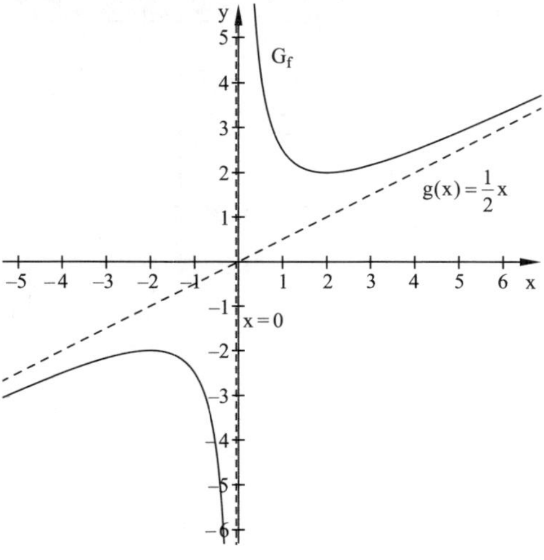


Hochpunkt H(–2; –2)
Tiefpunkt T(2; 2)

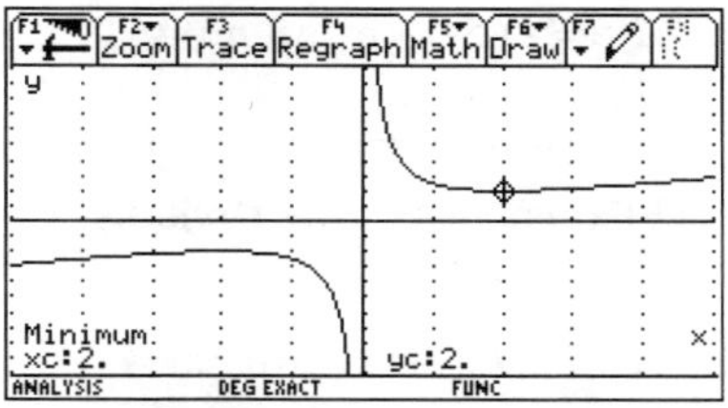


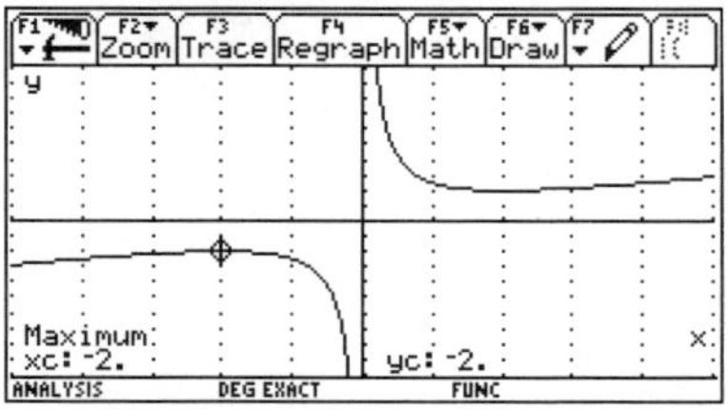


**Wertebereich $W_f$**

Der Wertebereich kann dem Graphen entnommen werden.

$W_f = \{y \mid y \leq y_H \text{ oder } y \geq y_T\}$

$W_f = \{y \mid y \leq -2 \text{ oder } y \geq 2\} = ]-\infty; -2] \cup [2; \infty[ = \mathbb{R} \setminus ]-2; 2[$

b) **Gleichung der Tangente t**

Die Tangente t wird im Punkt P(1; f(1)) = P(1; 2,5) an $G_f$ gelegt.

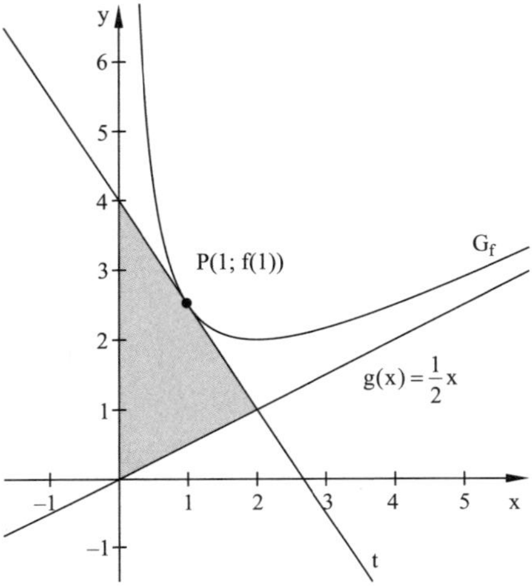


$t(x) = m \cdot x + n \quad$ mit $m = f'(1) = \frac{1}{2} - \frac{2}{1^2} = -1{,}5$

$t(x) = -1{,}5 \cdot x + n$ mit $P(1; 2{,}5) \in t$

$2{,}5 = -1{,}5 \cdot 1 + n \;\Rightarrow\; n = 4$

$\underline{\underline{t(x) = -1{,}5x + 4}}$

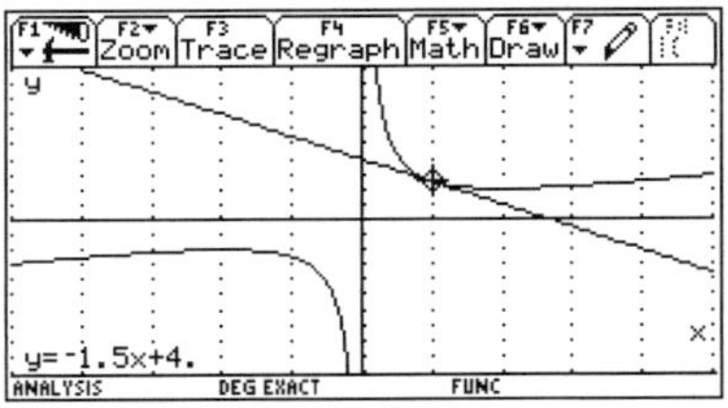


**Flächeninhalt A des Dreiecks**

*Lösungsweg 1:*

$A = \frac{1}{2} c \cdot h_c$ mit $c = t(0) = n = 4$

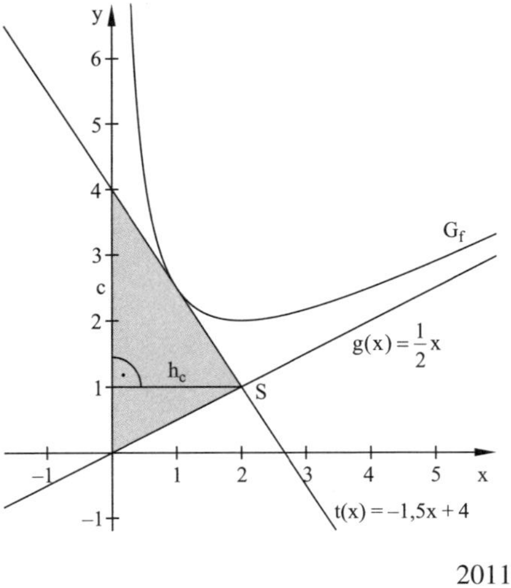

$A = \frac{1}{2} \cdot 4 \cdot h_c$ mit $h_c = x_S$, d. h., $h_c$ ist gleich der Abszisse des Schnittpunktes S von t und g

$$t(x) = g(x)$$

$$-1{,}5x + 4 = \frac{1}{2}x$$

$$4 = 2x$$

$$\Rightarrow x_S = 2$$

$$A = \frac{1}{2} \cdot 4 \cdot 2$$

$$\underline{\underline{A = 4}}$$

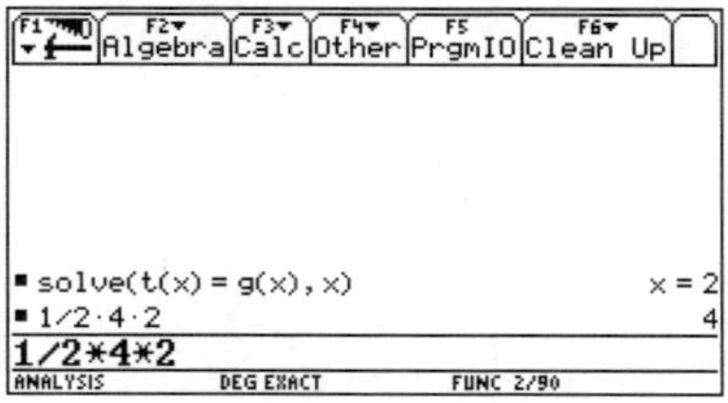


*Lösungsweg 2:*

$$A = \int_0^{x_S} (t(x) - g(x))\, dx \quad \text{mit } x_S = 2 \text{ (siehe oben)}$$

$$A = \int_0^2 \left(-1{,}5x + 4 - \frac{1}{2}x\right) dx = \int_0^2 (-2x + 4)\, dx$$

$$= \left[-x^2 + 4x\right]_0^2 = -4 + 8 - 0$$

$$\underline{\underline{A = 4}}$$

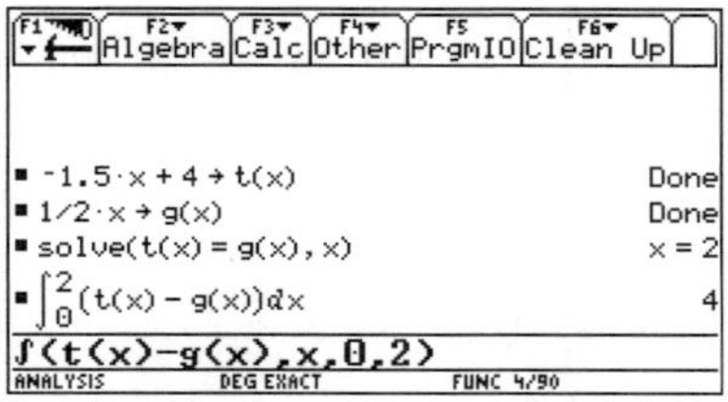


*Lösungsweg 3:*

$A = \sqrt{s\,(s-a)\,(s-b)\,(s-c)}$ nach der heronschen Formel

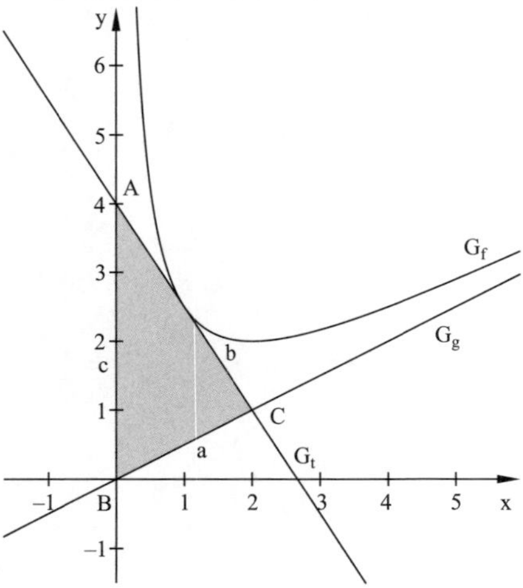

Mit c = t(0) = n = 4:

$$a=\sqrt{x_C^2+y_C^2}=\sqrt{x_S^2+(g(x_S))^2}$$
$$=\sqrt{2^2+1^2}=\sqrt{5}$$
$$b=\sqrt{x_S^2+(c-g(x_S))^2}$$
$$=\sqrt{2^2+(4-1)^2}=\sqrt{13}$$
$$s=\frac{1}{2}(a+b+c)$$

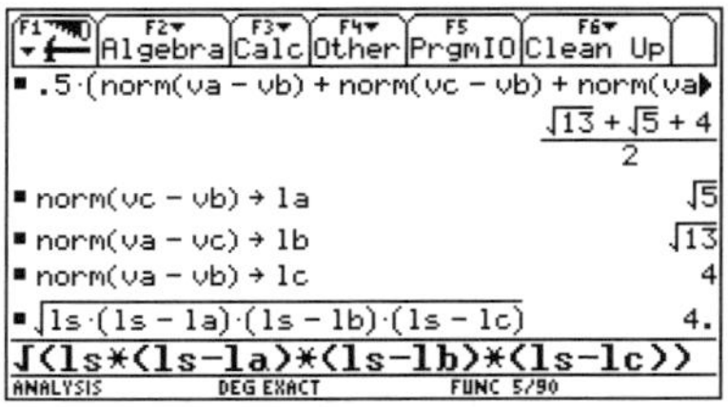


$\underline{\underline{A=4}}$

*Lösungsweg 4:*

$$A=\frac{1}{2}\cdot c\cdot a\cdot\sin\beta \qquad \text{mit } c=4 \text{ (siehe oben)}$$
$$a=\sqrt{5}$$
$$\tan\varphi=\frac{1}{2}\quad\Rightarrow\quad\varphi=26{,}6^\circ\quad\Rightarrow\quad\beta=90^\circ-\varphi\approx 63{,}4^\circ$$

$$A\approx\frac{1}{2}\cdot 4\cdot\sqrt{5}\cdot\sin 63{,}4^\circ$$
$$A\approx 3{,}99878$$
$$\underline{\underline{A\approx 4}} \qquad \left(A=\frac{1}{2}\cdot 4\cdot\sqrt{5}\cdot\sin\left(90^\circ-\tan^{-1}\left(\frac{1}{2}\right)\right)=4\right)$$

Der Flächeninhalt des Dreiecks beträgt 4 FE.

**Abitur ohne CAS: Schnittwinkel α der Geraden t und g**

*Lösungsweg 1:*

Anstiegswinkel von t:
$$\beta_1=\tan^{-1}(-1{,}5)$$
$$\beta_1\approx -56{,}3^\circ+180^\circ$$
$$\beta_1\approx 123{,}7^\circ$$

Anstiegswinkel von g:
$$\beta_2=\tan^{-1}\left(\frac{1}{2}\right)$$
$$\beta_2\approx 26{,}6^\circ$$

Schnittwinkel α:
$$\beta_1-\beta_2\approx 123{,}7^\circ-26{,}6^\circ=97{,}1^\circ>90^\circ$$
$$\Rightarrow\quad\alpha\approx 180^\circ-97{,}1^\circ$$
$$\underline{\underline{\alpha\approx 82{,}9^\circ}}$$

*Lösungsweg 2:*

$$\tan\alpha=\left|\frac{m_t-m_g}{1+m_t\cdot m_g}\right|=\left|\frac{-1{,}5-0{,}5}{1+(-1{,}5)\cdot 0{,}5}\right|$$
$$\Rightarrow\quad\underline{\underline{\alpha\approx 82{,}9^\circ}}$$

*Lösungsweg 3:*

$$\cos\alpha = \frac{\overrightarrow{CB}\cdot\overrightarrow{CA}}{|\overrightarrow{CB}|\cdot|\overrightarrow{CA}|} \quad \text{mit } A(0;\,4),\ B(0;\,0),\ C(x_S;\,g(x_S)) = C(2;\,1) \ \text{(siehe oben)}$$

$$= \frac{\begin{pmatrix}-2\\-1\end{pmatrix}\cdot\begin{pmatrix}-2\\3\end{pmatrix}}{\sqrt{(-2)^2+(-1)^2}\cdot\sqrt{(-2)^2+3^2}} = \frac{(-2)\cdot(-2)+(-1)\cdot 3}{\sqrt{5}\cdot\sqrt{13}}$$

$$\Rightarrow \quad \underline{\underline{\alpha \approx 82{,}9^\circ}}$$

**CAS-Abitur: Volumen V des Rotationskörpers**

Bei der Rotation des Dreiecks ABC um die y-Achse entsteht ein Doppelkegel. Der obere Kegel besitzt den Radius $r = x_C$ und die Höhe $h_1 = y_A - y_C$. Der untere Kegel besitzt den Radius $r = x_C$ und die Höhe $h_2 = y_C$.

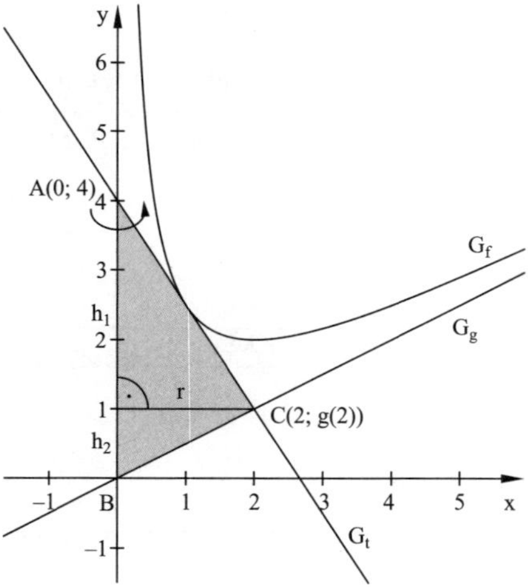


$$V = \frac{1}{3}\pi\cdot r^2\cdot h_1 + \frac{1}{3}\pi\cdot r^2\cdot h_2$$

$$V = \frac{1}{3}\pi\cdot r^2\cdot(h_1+h_2) \quad \text{mit } h_1 = y_A - y_C = 4 - g(2) = 4 - 1 = 3$$
$$h_2 = g(2) = 1$$

$$V = \frac{1}{3}\pi\cdot 2^2\cdot(3+1)$$

$$\underline{\underline{V = \frac{16}{3}\pi \approx 16{,}76}}$$

Das Volumen des Rotationskörpers beträgt ca. 16,76 VE.

**CAS-Abitur: Gleichung der Tangente p**

Die Tangente p hat denselben Anstieg $m = -1{,}5$ wie die Tangente t und verläuft durch den Punkt Q des Graphen $G_f$ mit $f'(x_Q) = -1{,}5$.

$$p(x) = -1{,}5x + n_p \quad \text{mit } Q(x_Q;\,f(x_Q)) \in p$$

*Lösungsweg 1:*

$f'(x) = -1{,}5$

$x_1 = 1 = x_P$

$x_2 = -1 = x_Q$

$f(x_Q) = f(-1) = -2{,}5$

$p(x) = -1{,}5x + n_P$ mit $Q(-1; -2{,}5) \in p$

$-2{,}5 = -1{,}5 \cdot (-1) + n_P$

$n_P = -4$

$\Rightarrow \underline{\underline{p(x) = -1{,}5x - 4}}$

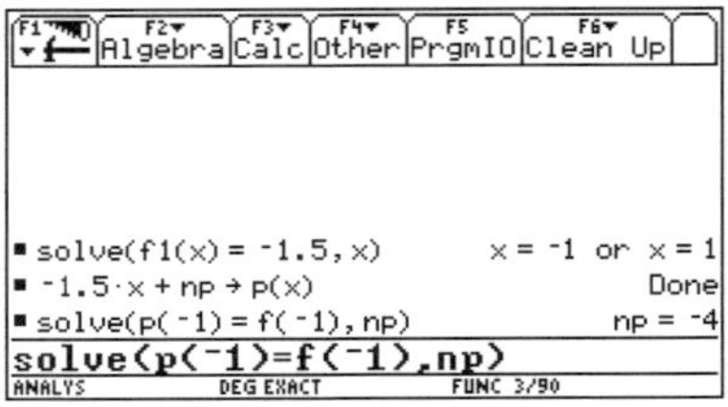


*Lösungsweg 2:*

Aufgrund der Punktsymmetrie zum Koordinatenursprung von $G_f$ gilt $x_Q = -x_p = -1$ und $n_p = -n_t = -4$.

**CAS-Abitur: Abstand a der Tangenten t und p**

Der Abstand a ist die kürzeste Entfernung des Punktes $P \in t$ von einem Punkt $R \in p$.

$\overline{PR} = |\overrightarrow{PR}|$ mit $P(1; 2{,}5)$ und $R(x; -1{,}5x - 4)$

$= \left|\begin{pmatrix} x-1 \\ -1{,}5x - 4 - 2{,}5 \end{pmatrix}\right|$

$= \left|\begin{pmatrix} x-1 \\ -1{,}5x - 6{,}5 \end{pmatrix}\right|$

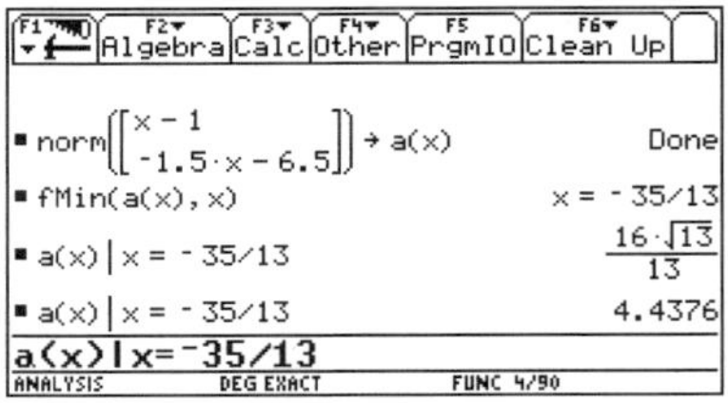


Das Minimum der Streckenlänge $\overline{PR}$ wird bei $x = -\frac{35}{13}$ angenommen und beträgt ca. $\underline{\underline{4{,}44 \text{ LE}}}$.

c) **Abitur ohne CAS: Bestimmen einer Stammfunktion F**

Eine Stammfunktion erhält man über $F_C(x) = \int f(x)\,dx = F(x) + C$ für einen speziellen C-Wert, z. B. $C = 0$.

$$F_C(x) = \int f(x)\,dx = \int \left(\frac{1}{2}x + \frac{2}{x}\right) dx = \frac{1}{4}x^2 + 2\ln|x| + C \text{ mit } x > 0 \text{ und für } C = 0$$

$$\Rightarrow \underline{\underline{F(x) = \frac{1}{4}x^2 + 2\ln x}}$$

**CAS-Abitur: Geometrische Interpretation von F(5) – F(3)**

Eine Differenz F(b) – F(a) zweier Funktionswerte einer Stammfunktion F von f ist gleich dem bestimmten Integral $\int_a^b f(x)\,dx$.

$$F(5) - F(3) = \int_3^5 f(x)\,dx$$

Da der Graph $G_f$ im Intervall [3; 5] stets oberhalb der x-Achse verläuft, ist F(5) – F(3) als Inhalt der Fläche zu interpretieren, die eingeschlossen wird von $G_f$, der x-Achse sowie den beiden vertikalen Geraden mit den Gleichungen $x = 3$ und $x = 5$.

**Inhalt A der eingeschlossenen Fläche**

Der Graph $G_f$ liegt im gesamten Intervall [1; 4] oberhalb der Geraden g.

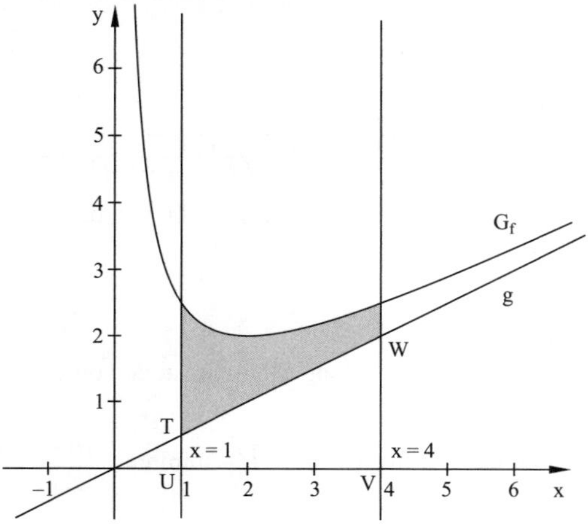


*Lösungsweg 1:*

$$A = \int_1^4 (f(x) - g(x))\,dx = \int_1^4 \left(\frac{1}{2}x + \frac{2}{x} - \frac{1}{2}x\right) dx$$

$$= \int_1^4 \left(\frac{2}{x}\right) dx = 2 \cdot [\ln|x|]_1^4$$

$$\underline{\underline{A = 2\ln 4 = 4 \cdot \ln 2 \approx 2{,}77}}$$

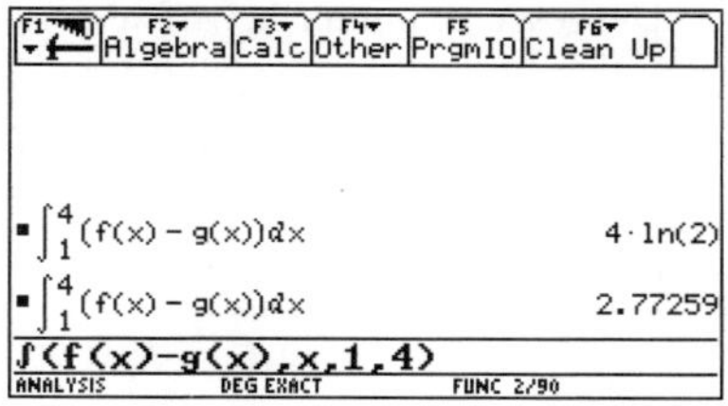


*Lösungsweg 2:*

$$A = F(4) - F(1) - A_{\text{Trapez TUVW}}$$

$$= \frac{1}{4} \cdot 4^2 + 2 \cdot \ln 4 - \frac{1}{4} \cdot 1^2 - 2 \cdot \ln 1 - \frac{g(1) + g(4)}{2} \cdot (4 - 1)$$

$$\underline{\underline{A = 4 \cdot \ln 2 \approx 2{,}77}}$$

Der Inhalt der eingeschlossenen Fläche beträgt ca. 2,77 FE.

d) **Minimumstelle $u_{min}$**

Die Funktionswertedifferenz $d(u) = f(u) - h(u)$ besitzt die lokale Minimumstelle $u_{min}$, wenn sowohl die Gleichung $d'(u_{min}) = 0$ gilt als auch die Ungleichung $d''(u_{min}) > 0$.

$$d(u) = f(u) - h(u) = \frac{1}{2}u + \frac{2}{u} + u - 2$$

$$= 1{,}5u + \frac{2}{u} - 2 = 1{,}5u + 2u^{-1} - 2$$

$$d'(u) = 1{,}5 - 2u^{-2} = 1{,}5 - \frac{2}{u^2}$$

$$0 = 1{,}5 - \frac{2}{u^2}$$

$$u^2 = \frac{4}{3} \text{ mit } u > 0$$

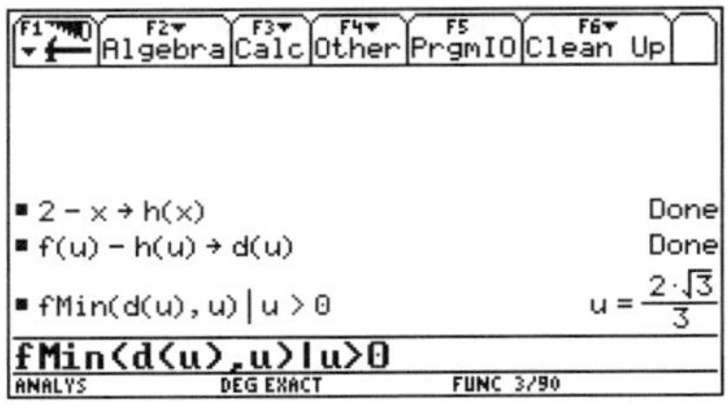


$\Rightarrow$ $u = \frac{2}{\sqrt{3}} = \frac{2\sqrt{3}}{3}$ ist die einzig mögliche lokale Extremstelle von d.

$$d''(u) = (1{,}5 - 2u^{-2})' = 4u^{-3} = \frac{4}{u^3}$$

$d''\left(\frac{2}{\sqrt{3}}\right) = 2{,}598\ldots > 0 \quad \Rightarrow \quad \underline{\underline{u_{min} = \frac{2}{\sqrt{3}} = \frac{2\sqrt{3}}{3}}}$ ist die lokale Minimumstelle von d.

Die Funktionswertedifferenz $d(u) = f(u) - h(u)$ wird für $u = \frac{2}{\sqrt{3}} = \frac{2\sqrt{3}}{3}$ minimal.

**Minimale Differenz**

Die gesuchte minimale Differenz ist der Wert der Funktion d an der Stelle $u_{min} = \frac{2}{\sqrt{3}} = \frac{2\sqrt{3}}{3}$.

$$d(u_{min}) = 1{,}5 \cdot \frac{2}{\sqrt{3}} + 2 \cdot \frac{\sqrt{3}}{2} - 2 = \sqrt{3} + \sqrt{3} - 2$$

$$\underline{\underline{d(u_{min}) = 2\sqrt{3} - 2 \approx 1{,}46}}$$

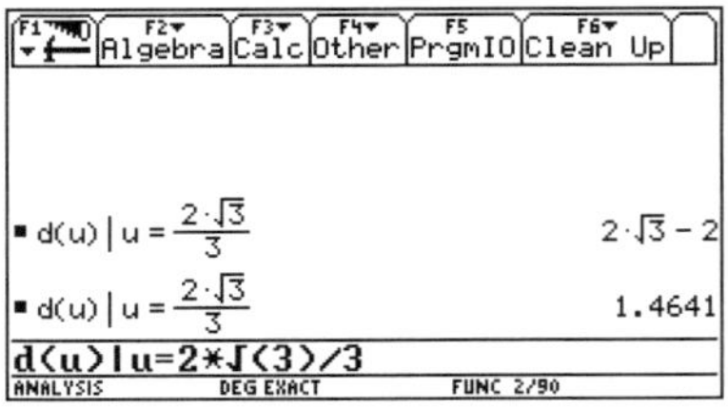


e) **Abitur ohne CAS: Bestimmen des Parameters a**

Damit die gebrochenrationale Funktion $f_a$ genau eine Nullstelle besitzt, darf ihre Zählerfunktion nur eine Nullstelle besitzen, für die die Nennerfunktion von f ungleich null ist.

$$0 = f_a(x) = \frac{x^2 - 2x}{x + a} =: \frac{Z(x)}{N(x)} \quad \text{mit } a \neq 0$$

$0 = Z(x)$

$0 = x^2 - 2x$

$0 = x(x - 2)$

$x_1 = 0$ $\quad N(0) = 0 + a = a \neq 0 \quad \Rightarrow \quad x = 0$ ist für jede Funktion $f_a$ eine Nullstelle.

$\Rightarrow$ Damit $f_a$ nur eine Nullstelle besitzt, darf eine zweite mögliche Nullstelle keine Nullstelle sein.

$x_2 = 2$ $\quad \Rightarrow$ $N(2) = 2 + a$ muss gleich null sein, sonst hätte $f_a$ zwei Nullstellen.

$2 + a = 0 \quad \Rightarrow \quad \underline{\underline{a = -2}}$

Nur die Funktion $f_{-2}$ besitzt genau eine Nullstelle.

**Abitur ohne CAS: Beschreiben des Graphen von $f_{-2}$**

$$f_{-2}(x) = \frac{x^2 - 2x}{x-2} = \frac{x(x-2)}{x-2} = \begin{cases} x & \text{für } x \neq 2 \\ \text{nicht definiert} & \text{für } x = 2 \end{cases}$$

Der Graph von $f_{-2}$ ist die Ursprungsgerade mit dem Anstieg 1 und dem Loch (2; 2).

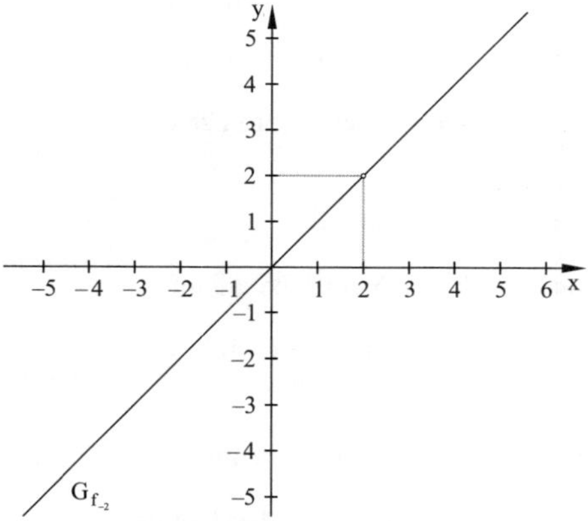


**CAS-Abitur: Anzahl der Nullstellen von $f_k$**

$f_k$ mit $f_k(x) = \frac{x^2 - 2x}{x + k}$ besitzt an der Stelle $x_0$ genau dann eine Nullstelle, wenn $x_0^2 - 2x_0 = 0$ und $x_0 + k \neq 0$ gilt.

$x^2 - 2x = 0$

$x(x-2) = 0$

$x_{01} = 0 \quad 0 + k \neq 0 \Rightarrow k \neq 0$

$x_{02} = 2 \quad 2 + k \neq 0 \Rightarrow k \neq -2$

Der Graph von $f_k$ besitzt genau dann nur eine Nullstelle, wenn $k = 0$ oder $k = -2$ gilt. Der Graph von $f_k$ besitzt genau zwei Nullstellen sonst, d. h. wenn $k \neq 0$ und $k \neq -2$ gilt.

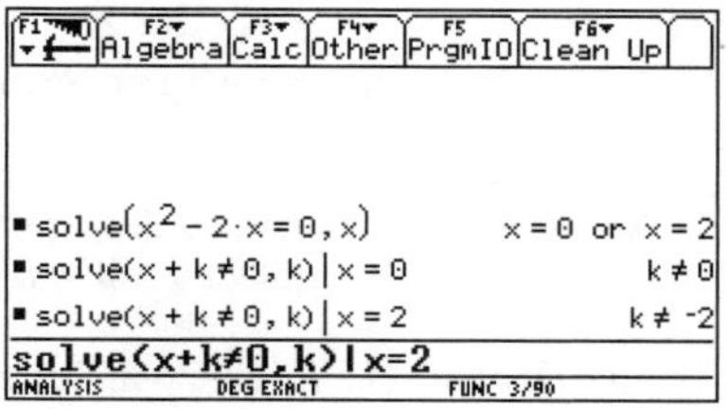


**CAS-Abitur: Anzahl der Polstellen von $f_k$**

$f_k$ mit $f_k(x) = \frac{x^2 - 2x}{x + k}$ besitzt an der Stelle $x = x_P$ genau dann eine Polstelle, wenn $x + k = 0$ und $x_P^2 - 2x_P \neq 0$ gilt.

$x + k = 0$

$x = -k \quad (-k)^2 - 2 \cdot (-k) \neq 0$

$k^2 + 2k \neq 0$

$k \cdot (k+2) \neq 0$

$\Rightarrow k \neq 0 \text{ und } k + 2 \neq 0$

$k \neq 0 \text{ und } k \neq -2$

Der Graph von $f_k$ besitzt genau dann nur eine Polstelle, wenn $k \neq 0$ und $k \neq -2$ gilt. Der Graph von $f_k$ besitzt keine Polstelle sonst, d. h. wenn $k = 0$ oder $k = -2$ gilt.

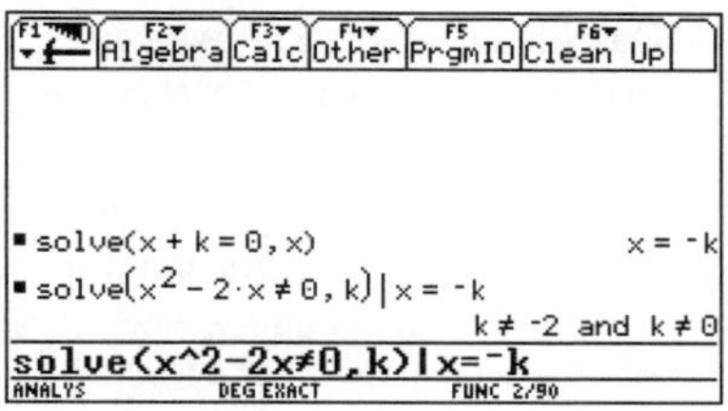

Gegeben sind die Funktionen f und g durch

$$y = f(x) = (2-x)\cdot e^x \quad \text{und} \quad y = g(x) = (1-x)\cdot e^{x+1} \quad (x \in \mathbb{R}).$$

a) Untersuchen Sie den Graphen von f auf Schnittpunkte mit den Koordinatenachsen, auf lokale Extrempunkte und auf Wendepunkte.
Geben Sie gegebenenfalls deren Koordinaten an.
Skizzieren Sie den Graphen von f in einem geeigneten Intervall.
Geben Sie den Wertebereich von f an.
Der Graph von g geht aus dem Graphen von f durch eine Verschiebung um eine Einheit nach links hervor.
Weisen Sie diesen Sachverhalt anhand der Funktionsgleichungen nach.
Skizzieren Sie den Graphen von g in dasselbe Koordinatensystem. (13 BE)

b) Zeigen Sie, dass die Funktion F mit $F(x) = (3-x)\cdot e^x + e^2$ eine Stammfunktion von f ist.
Der Graph von f, die Gerade mit der Gleichung $x = 1$ und die x-Achse begrenzen eine Fläche vollständig.
Berechnen Sie den Flächeninhalt dieser Fläche.
Der Graph von g begrenzt mit den Koordinatenachsen eine zweite Fläche vollständig.
Geben Sie deren Flächeninhalt an. (4 BE)

c) An den Graphen von f wird im Schnittpunkt mit der x-Achse die Tangente h gelegt.
Bestimmen Sie eine Gleichung dieser Tangente h.
An welchen Stellen besitzt der Graph von f Tangenten mit positivem Anstieg?
Ermitteln Sie den größten positiven Anstieg der Funktion f. (4 BE)

d) Eine quadratische Parabel p mit dem Scheitelpunkt H(1; f(1)) verläuft durch den Punkt N(2; f(2)).
Bestimmen Sie eine Funktionsgleichung der Parabel p.
Es gibt weitere Funktionen, deren Graphen durch die Punkte H und N verlaufen.
Ermitteln Sie eine Gleichung einer solchen Funktion. (5 BE)

e) Das Abkühlen einer Flüssigkeit wird durch das Newtonsche Abkühlungsgesetz $\vartheta(t) = \vartheta_u + (\vartheta_0 - \vartheta_u)\cdot e^{-kt}$ beschrieben.

Dabei sind

$\vartheta(t)$ ... die Temperatur zur Zeit in t in °C,

$\vartheta_0$ ... die Anfangstemperatur in °C,

$\vartheta_u$ ... die Umgebungstemperatur in °C,

k ... Konstante in $\frac{1}{\text{min}}$.

Während einer Messung wurden folgende Werte ermittelt:
$\vartheta_u = 22\,°C$, $\vartheta_0 = 82\,°C$ und $\vartheta(10\text{ min}) = 42\,°C$.

Berechnen Sie die Temperatur der Flüssigkeit 5 Minuten nach Beginn der Messung.
Nach welcher Zeit liegt die Temperatur der Flüssigkeit 5 Kelvin über der Umgebungstemperatur? (4 BE)

(30 BE)

**Aufgabenstellung für das CAS-Abitur**

Gegeben sind die Funktionen f und g durch

$$y = f(x) = (2 - x) \cdot e^x \quad \text{und} \quad y = g(x) = (1 - x) \cdot e^{x+1} \quad (x \in \mathbb{R}).$$

a) Untersuchen Sie den Graphen von f auf Schnittpunkte mit den Koordinatenachsen, auf lokale Extrempunkte und auf Wendepunkte.
Berechnen Sie gegebenenfalls deren Koordinaten.
Beschreiben Sie, wie der Graph von g aus dem Graphen von f hervorgeht, und weisen Sie diesen Sachverhalt anhand der Funktionsgleichungen nach.
Erläutern Sie unter Verwendung der bisherigen Ergebnisse, wie auf das Monotonieverhalten der Funktion g geschlossen werden kann. (CAS: 10 BE)

b) Die Koordinatenachsen und die Graphen der Funktionen f und g schließen eine Fläche vollständig ein.
Berechnen Sie den Flächeninhalt dieser Fläche. (CAS: 3 BE)

c) An den Graphen von f wird im Schnittpunkt mit der x-Achse die Tangente h gelegt.
Berechnen Sie deren Gleichung.
Eine weitere Tangente an den Graphen von f hat den Anstieg $m = -\frac{e}{2}$.
Ermitteln Sie deren Berührungsstelle.
An welchen Stellen besitzt der Graph von f Tangenten mit positivem Anstieg?
Ermitteln Sie den größten positiven Anstieg der Funktion f. (CAS: 6 BE)

d) Für alle u ($u \in \mathbb{R}$, $0 < u < 2$) wird durch die Punkte O(0; 0), P(u; 0) und Q(u; f(u)) ein Dreieck bestimmt.
Berechnen Sie den Wert u, für den der Flächeninhalt dieses Dreiecks maximal wird, und geben Sie diesen maximalen Flächeninhalt an. (CAS: 4 BE)

e) Eine quadratische Parabel p mit dem Scheitelpunkt H(1; f(1)) verläuft durch den Punkt N(2; f(2)).
Bestimmen Sie eine Funktionsgleichung der Parabel p.
Es gibt weitere Funktionen, deren Graphen durch die Punkte H und N verlaufen.
Ermitteln Sie eine Gleichung einer solchen Funktion. (CAS: 4 BE)

f) Das Abkühlen einer Flüssigkeit wird durch das Newtonsche Abkühlungsgesetz $\vartheta(t) = \vartheta_u + (\vartheta_0 - \vartheta_u) \cdot e^{-kt}$ beschrieben.
Dabei sind
$\vartheta(t)$ ... die Temperatur zur Zeit in t in °C,
$\vartheta_0$ ... die Anfangstemperatur in °C,
$\vartheta_u$ ... die Umgebungstemperatur in °C,
k ... Konstante in $\frac{1}{\text{min}}$.

Während einer Messung wurden folgende Werte ermittelt:
$\vartheta_u = 22\ °C$, $\vartheta_0 = 82\ °C$ und $\vartheta(10\ min) = 42\ °C$.
Berechnen Sie die Temperatur der Flüssigkeit 5 Minuten nach Beginn der Messung.
Nach welcher Zeit liegt die Temperatur der Flüssigkeit 5 Kelvin über der Umgebungstemperatur? (CAS: 3 BE)

(CAS: 30 BE)

---

## Hinweise und Tipps

**Hinweis für CAS-Nutzer**

- Lesen Sie bitte auch die Hinweise und Tipps sowie die Lösungen für das Abitur ohne CAS. In vielen Teilen sind Ihre Aufgabenstellungen mit denen des Abiturs ohne CAS identisch, sodass auf eine getrennte Darstellung verzichtet wurde. Jedoch sind an den Stellen, an denen es sinnvoll erscheint, Hinweise zur CAS-Nutzung eingefügt worden.
- Die Lösungswege sind nachvollziehbar zu dokumentieren.

**Aufgabe a**

- Beachten Sie, dass Sie zunächst die Funktion $y = f(x) = (2 - x) \cdot e^x$ zu untersuchen haben.

*Schnittpunkte mit den Koordinatenachsen*

- Schnittpunkte mit der x-Achse erhalten Sie für $y = 0$.
- Schnittpunkte mit der y-Achse können Sie berechnen, wenn Sie $x = 0$ setzen.

*Ableitungen der Funktion f*

- Beachten Sie die Produktregel beim Bilden der ersten drei Ableitungen von f.

*Lokale Extrempunkte*

- Berechnen Sie für die notwendige Bedingung die Nullstelle $x_e$ von $f'(x)$.
- Überprüfen Sie für die hinreichende Bedingung, ob $f''(x_e) \neq 0$ gilt.
- Entscheiden Sie, welche Art des Extremums vorliegt. Beachten Sie dazu das Vorzeichen von $f''(x_e)$.
- Berechnen Sie die y-Koordinate $y_e = f(x_e)$ des Extrempunktes und geben Sie die Koordinaten des Extrempunktes als geordnetes Paar $H(x_e; y_e)$ an.

*Wendepunkte*

- Berechnen Sie für die notwendige Bedingung die Nullstelle $x_w$ von $f''(x)$.
- Überprüfen Sie für die hinreichende Bedingung, ob $f'''(x_w) \neq 0$ gilt.
- Berechnen Sie die y-Koordinate $y_w = f(x_w)$ des Wendepunktes und geben Sie die Koordinaten des Wendepunktes als geordnetes Paar $H(x_w; y_w)$ an.

*Abitur ohne CAS: Skizze*

- Verwenden Sie die bereits berechneten besonderen Punkte und eventuell weitere über die Funktionsgleichung bestimmte Punkte zum Skizzieren des Graphen.

*Abitur ohne CAS: Wertebereich*

- Der Wertebereich ergibt sich aus der Menge der möglichen y-Werte der Funktion f.
- Da Sie den Wertebereich nur angeben sollen, ist eine Begründung nicht notwendig.

*CAS-Abitur: Kontrollmöglichkeiten*

- Auch wenn keine Skizze verlangt ist, ist man gut beraten, sich die Funktion vom CAS-Rechner grafisch darstellen zu lassen und die Ergebnisse anhand der Grafik zu kontrollieren. Es ist aber nicht ausreichend, Extrempunkt und Wendepunkt allein auf diesem Wege zu bestimmen, weil man immer nur einen Teil des Funktionsgraphen auf dem Bildschirm sieht und deshalb nicht sicher sein kann, die Aufgabe vollständig gelöst zu haben.

*Abitur ohne CAS: Verschiebung der Graphen von f und g*

- Eine Verschiebung des Graphen um d Einheiten in x-Richtung liegt vor, wenn gilt: $g(x)=f(x+d)$. Für $d>0$ geht der Graph von g durch eine Verschiebung des Graphen von f um d Einheiten nach links hervor.
- Nutzen Sie diese Eigenschaft auch, um den Graphen von g zu skizzieren.

*CAS-Abitur: Zusammenhang zwischen den Graphen von f und g*

- Durch grafische Darstellung der beiden Funktionen f und g auf dem Rechner in ein und dasselbe Koordinatensystem kann man eine Vermutung über den Zusammenhang der beiden Graphen finden und beschreiben.
- Dieser Zusammenhang ist auch hilfreich, um aus den Eigenschaften der Funktion f auf das Monotonieverhalten der Funktion g zu schließen.
- Eine Skizze des Graphen von g auf Papier ist nicht verlangt.

**Aufgabe b für das Abitur ohne CAS**

*Nachweis Stammfunktion*

- Zeigen Sie, dass $F'(x)=f(x)$ gilt.

*Flächenberechnung zur Funktion f*

- Identifizieren Sie die zu berechnende Fläche anhand einer Skizze.
- Beachten Sie, dass diejenige Fläche zu berechnen ist, die vom Graphen von f, der Geraden $x=1$ und der x-Achse **vollständig** eingeschlossen wird.
- Zur Flächenberechnung können Sie ein bestimmtes Integral verwenden.
- Nutzen Sie die Stammfunktion F zur Berechnung.

*Flächenberechnung zur Funktion g*

- Verwenden Sie die Tatsache, dass der Graph von g durch Verschiebung aus dem Graphen von f hervorgeht.

**Aufgabe b für das CAS-Abitur**

- Stellen Sie beide Graphen in ein und demselben Koordinatensystem auf dem Rechner dar.
- Veranschaulichen Sie durch eine Skizze die zu berechnende Fläche.
- Beachten Sie, dass die **Koordinatenachsen und die beiden Graphen** die Fläche **vollständig** begrenzen sollen.
- Zerlegen Sie zur Berechnung die Gesamtfläche geeignet in Teilflächen.
- Berechnen Sie die Schnittstelle der beiden Graphen von f und g.

**Aufgabe c**

*Tangentengleichung bestimmen*

- Den Schnittpunkt $S_x$ mit der x-Achse haben Sie in Teilaufgabe a bestimmt.
- Die Tangente ist Graph einer linearen Funktion $y=t(x)=m\cdot x+n$.

- Der Anstieg m der Tangente in diesem Punkt ergibt sich aus dem Wert der 1. Ableitung von f an dieser Stelle.
- Den Wert für n können Sie durch Einsetzen der Koordinaten von $S_x$ und des Wertes von m berechnen.
- *CAS-Nutzer:* Beachten Sie, dass eine **Berechnung** der Tangentengleichung verlangt wird. Schreiben Sie dazu also einen nachvollziehbaren und etwas ausführlicheren Lösungsweg auf.

*Ergänzung für das CAS-Abitur: Tangente mit dem Anstieg* $m = -\frac{e}{2}$

- Nutzen Sie die 1. Ableitung von f, um die Stelle mit dem Anstieg $m = -\frac{e}{2}$ zu bestimmen.

*Tangenten mit positivem Anstieg*

- Nutzen Sie Ihre Erkenntnisse aus Teilaufgabe a über den lokalen Extrempunkt.

*Größter positiver Anstieg*

- Sie können Ihre Erkenntnisse über den Wendepunkt verwenden.
- Verwenden Sie, dass der Wendepunkt einer Funktion f ein Extrempunkt ihrer 1. Ableitungsfunktion f' ist.

**Aufgabe d für das CAS-Abitur**

- Veranschaulichen Sie den Zusammenhang in einer Skizze.
- Das Dreieck $\Delta OPQ$ ist rechtwinklig mit dem rechten Winkel bei P.
- Der Flächeninhalt A eines rechtwinkligen Dreiecks mit den Katheten a und b wird durch $A = \frac{1}{2} \cdot a \cdot b$ berechnet.
- Stellen Sie damit die Zielfunktion A(u) auf.
- Untersuchen Sie die Zielfunktion A(u) auf lokale Extrema.

**Aufgabe d für das Abitur ohne CAS bzw.**
**Aufgabe e für das CAS-Abitur**

*Funktionsgleichung einer quadratischen Parabel*

- Nutzen Sie die Scheitelpunktsform der Parabelgleichung, um Parameter der Gleichung zu bestimmen.
- Der Scheitelpunkt H ist gegeben, seine Koordinaten können in die Scheitelpunktsform eingesetzt werden.
- Setzen Sie die Koordinaten des Punktes N ein, um den fehlenden Parameter zu ermitteln.

*Funktionen, deren Graphen durch H und N verlaufen*

- Sie können beliebige Ihnen bekannte Funktionsklassen verwenden.
- Am sinnvollsten ist es aber, eine möglichst einfach zu berechnende Funktion zu wählen, etwa eine lineare Funktion.

**Aufgabe e für das Abitur ohne CAS bzw.**
**Aufgabe f für das CAS-Abitur**

- Setzen Sie die Angaben für t = 10 Minuten in die Gleichung des Newton'schen Abkühlungsgesetzes ein und berechnen Sie den Wert für die Konstante k.
- Mit diesem Wert für k lassen sich dann auch über das Newton'sche Abkühlungsgesetz die Temperatur nach 5 Minuten bzw. die Zeit t für eine Temperatur 5 Kelvin über der Umgebungstemperatur bestimmen.

## Lösungen

a) **Schnittpunkte mit den Achsen**

Schnittpunkte des Graphen der Funktion f mit der **x-Achse** ergeben sich für $y = 0$:

$0 = (2 - x) \cdot e^x$

Dieses Produkt ist null, wenn ein Faktor null ist:

$(2 - x) = 0 \quad | e^x \neq 0$ für alle $x \in \mathbb{R}$

$x = 2$

Der Schnittpunkt mit der x-Achse ist $S_x(2; 0)$.

| | |
|---|---|
| Define $f(x)=(2-x)\cdot e^x$ | *Fertig* |
| solve$(f(x)=0,x)$ | $x=2$ |

Schnittpunkte mit der **y-Achse** erhält man für $x = 0$:

$y = f(0) = (2 - 0) \cdot e^0 = 2 \cdot 1 = 2$

Der Schnittpunkt mit der y-Achse ist $S_y(0; 2)$.

| | |
|---|---|
| $f(0)$ | 2 |

**Ableitungen der Funktion f**

$f(x) = (2 - x) \cdot e^x$

$f'(x) = (-1) \cdot e^x + (2 - x) \cdot e^x = (-1 + 2 - x) \cdot e^x = (1 - x) \cdot e^x$

$f''(x) = (-1) \cdot e^x + (1 - x) \cdot e^x = (-1 + 1 - x) \cdot e^x = -x \cdot e^x$

$f'''(x) = (-1) \cdot e^x + (-x) \cdot e^x = (-1 - x) \cdot e^x$

**Lösungshinweis für das CAS-Abitur**

Ableitungen mit dem CAS bilden und speichern:

| | |
|---|---|
| $\frac{d}{dx}(f(x))$ | $(1-x)\cdot e^x$ |
| $fa1(x):=(1-x)\cdot e^x$ | *Fertig* |
| $\frac{d}{dx}(fa1(x))$ | $-x\cdot e^x$ |

| | |
|---|---|
| $fa2(x):=-x\cdot e^x$ | *Fertig* |
| $\frac{d}{dx}(fa2(x))$ | $(-x-1)\cdot e^x$ |
| $fa3(x):=(-x-1)\cdot e^x$ | *Fertig* |

**Lokaler Extrempunkt**

Bestimmen der Nullstelle $x_e$ von $f'(x)$:

$f'(x) = (1 - x) \cdot e^x = 0$

Wegen $e^x \neq 0$ ist dieses Produkt genau dann null, wenn der Faktor $1 - x = 0$ ist.
Dies ist für $x_e = 1$ der Fall.

Ob $x_e = 1$ tatsächlich eine lokale Extremstelle ist, wird durch Einsetzen in $f''(x)$ überprüft:

$f''(1) = -1 \cdot e^1 = -e \approx -2{,}72 < 0$

Es liegt also ein lokales Maximum vor.

| | |
|---|---|
| solve$(fa1(x)=0,x)$ | $x=1$ |
| $fa2(1)$ | $-e$ |
| $f(1)$ | $e$ |

Die Koordinate $y_e$ ergibt sich zu:

$f(1) = (2 - 1) \cdot e^1 = e \approx 2{,}72$

Es gibt also genau einen lokalen Hochpunkt H(1; e).

**Wendepunkt**

Bestimmen der Nullstelle von $f''(x) = -x \cdot e^x$:

$-x \cdot e^x = 0$

Wegen $e^x \neq 0$ ist $x_w = 0$ die einzige mögliche Wendestelle.

Überprüfung, ob $f'''(x_W) \neq 0$ ist:
$f'''(0) = (-1 - 0) \cdot e^0 = -1 \neq 0$

Es liegt also tatsächlich eine Wendestelle vor.

Die zugehörige y-Koordinate ist
$y_W = f(0) = (2 - 0) \cdot e^0 = 2.$

Der Wendepunkt hat die Koordinaten W(0; 2). Er stimmt mit $S_y$ überein.

| | |
|---|---|
| solve(fa2(x)=0,x) | x=0 |
| fa3(0) | -1 |
| f(0) | 2 |

**Lösungshinweis für das CAS-Abitur**

Kontrolle der Ergebnisse auf grafischem Wege mit dem CAS:

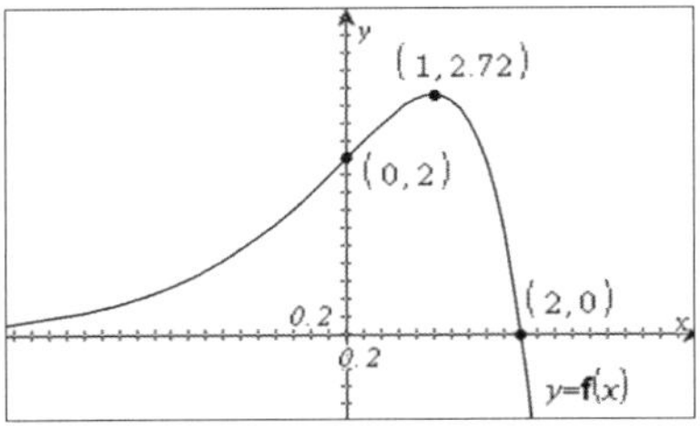


**Abitur ohne CAS: Skizze des Graphen und Wertebereich von f; Nachweis der Behauptung; Skizze des Graphen von g**

Mit den oben berechneten Werten lässt sich die **Skizze** schon realisieren, wenn man noch einige Werte berechnet und bedenkt, dass offensichtlich gilt:

$$\lim_{x \to -\infty} f(x) = 0$$

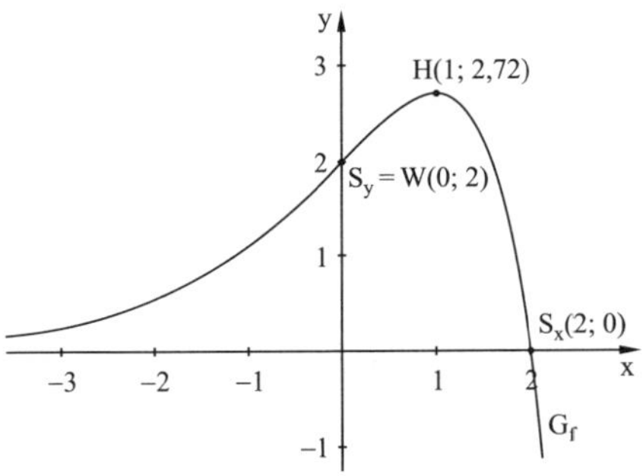


Der **Wertebereich** von f ist
$-\infty < x \leq e.$

Der **Nachweis der Behauptung** „Der Graph der Funktion g geht aus dem Graphen der Funktion f durch eine Verschiebung um eine Einheit nach links hervor." geschieht folgendermaßen:

$g(x) = (1 - x) \cdot e^{x+1} = (2 - (x + 1)) \cdot e^{x+1} = f(x + 1)$

Der **Graph von g** kann nun leicht skizziert werden, wenn man einige Punkte des Graphen von f um eine Einheit nach links verschiebt und sie dann geeignet verbindet.

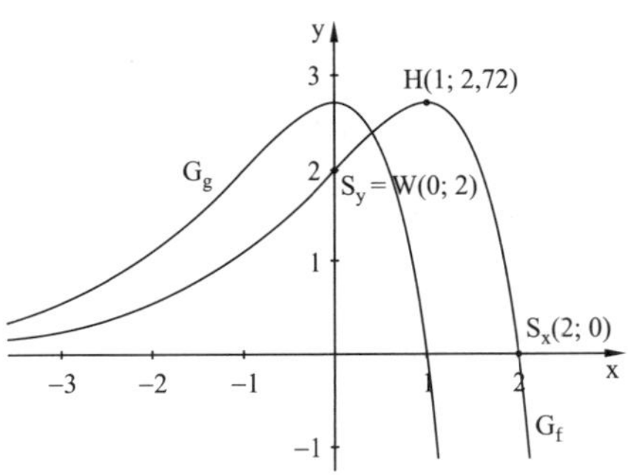

### CAS-Abitur: Zusammenhang zwischen den Graphen von f und g; Monotonie von g

Durch Darstellung der Graphen von f und g in ein und demselben Koordinatensystem gewinnt man rasch die Vermutung, dass der Graph von g durch Verschiebung des Graphen von f um eine Einheit nach links entsteht.

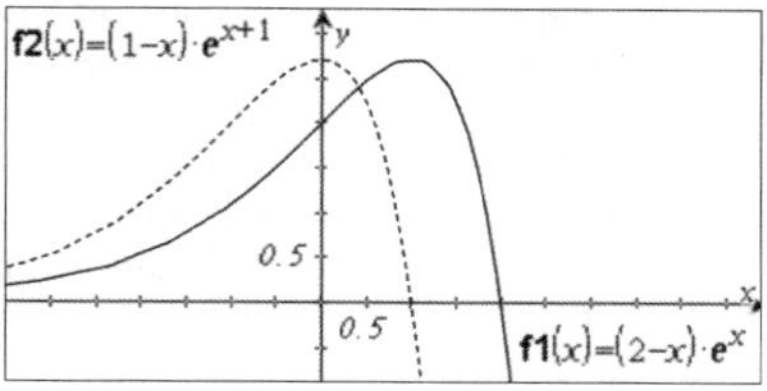


Diese Vermutung kann durch den Vergleich der Funktionen g und f(x + 1) sowohl grafisch als auch rechnerisch bestätigt werden:

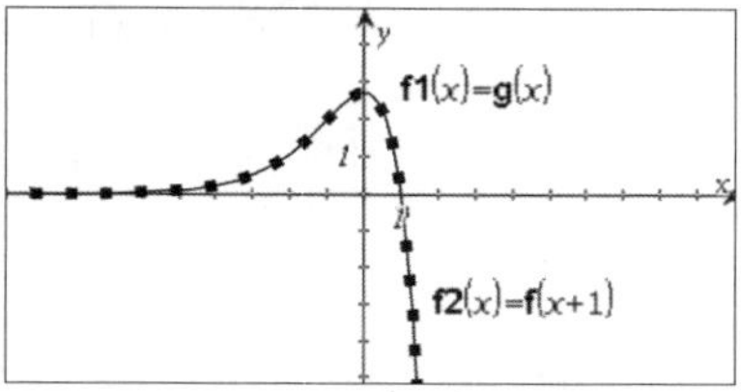


| | |
|---|---|
| Define $f(x)=(2-x)\cdot e^{x}$ | *Fertig* |
| Define $g(x)=(1-x)\cdot e^{x+1}$ | *Fertig* |
| $g(x)=f(x+1)$ | true |

f(x + 1) ist hier dick und punktiert gezeichnet. Beide Funktionsgraphen sind identisch. Der Nachweis kann so geführt werden wie oben (für das Abitur ohne CAS) angegeben oder unter Verwendung des Rechners (rechtes Bild).

**Monotonie von g**

Da g durch eine Verschiebung um eine Einheit nach links aus dem Graphen von f hervorgeht, kann man das Monotonieverhalten von f auf das von g übertragen.
Da f den Hochpunkt H(1; e) besitzt, liegt der Hochpunkt H' von g bei H'(0; e).
Demzufolge ist der Graph von g für $x < 0$ streng monoton steigend und für $x > 0$ streng monoton fallend.

b) **für das Abitur ohne CAS**

**Nachweis Stammfunktion**

$F(x) = (3-x)\cdot e^x + e^2$

Zu zeigen ist $F'(x) = f(x)$.

Beim Ableiten von F muss die Produktregel beachtet werden. Der von x unabhängige konstante Summand $e^2$ wird beim Ableiten null.

$F'(x) = (-1)\cdot e^x + (3-x)\cdot e^x + 0 = (-1+3-x)\cdot e^x = (2-x)\cdot e^x = f(x)$

**Flächenberechnung zur Funktion f**

Die zu berechnende Fläche liegt im Intervall [1; 2], denn der Schnittpunkt des Graphen von f mit der x-Achse wurde in Teilaufgabe a mit $S_x(2; 0)$ berechnet.

$$A = \int_1^2 f(x)\,dx = F(2) - F(1) = \left[(3-x)\cdot e^x + e^2\right]_1^2$$

$$= \left((3-2)\cdot e^2 + e^2\right) - \left((3-1)\cdot e^1 + e^2\right)$$

$$= \left(1\cdot e^2 + e^2\right) - \left(2\cdot e^1 + e^2\right)$$

$$\underline{\underline{A = e^2 - 2e \approx 1{,}95\text{ FE}}}$$

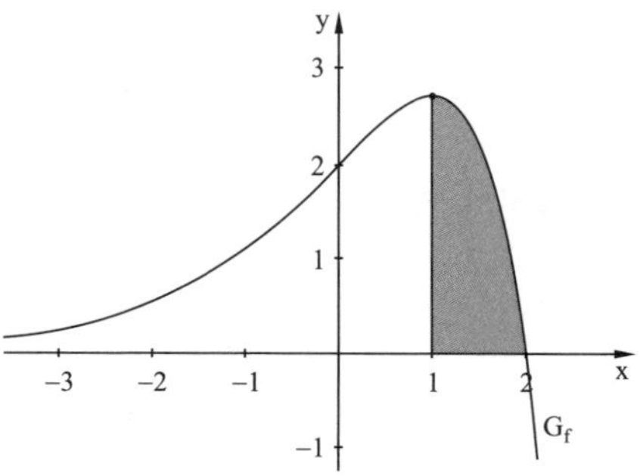

**Flächenberechnung zur Funktion g**

Die vom Graphen von g und den Koordinatenachsen begrenzte Fläche kann man sich aus der soeben berechneten Fläche mit dem Inhalt $A = e^2 - 2e$ durch eine Verschiebung um eine Einheit nach links entstanden denken, da ja gerade dieser Zusammenhang zwischen den Graphen von f und g in Teilaufgabe a nachgewiesen wurde.

Diese Fläche muss also denselben Flächeninhalt $\underline{\underline{A = e^2 - 2e \approx 1{,}95 \text{ FE}}}$ haben.

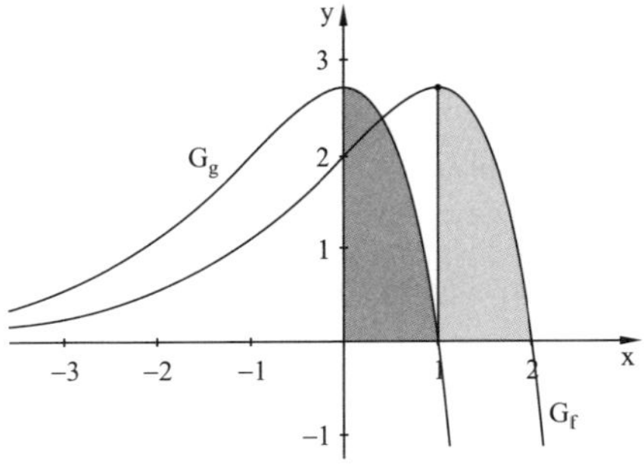


b) **für das CAS-Abitur**

Das linke Bild zeigt die zu berechnende Gesamtfläche.
Das rechte Bild veranschaulicht die Zerlegung in zwei Teilflächen.

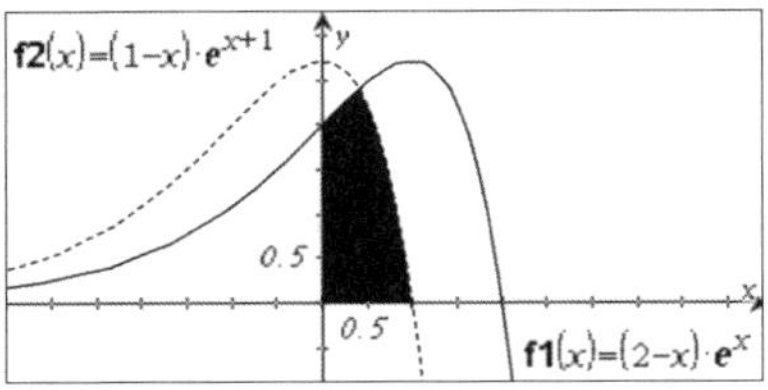


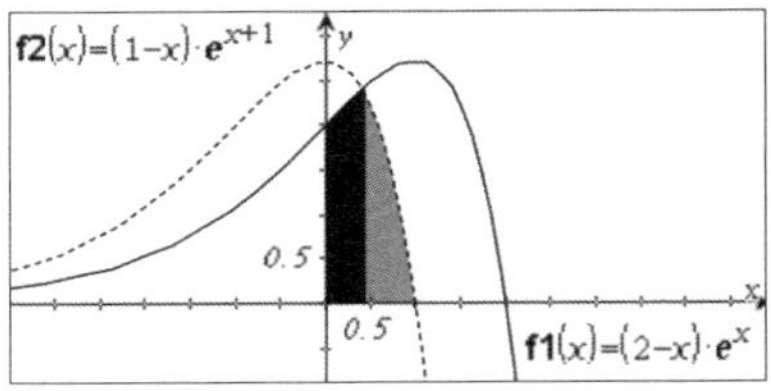


Für die Flächenberechnung ist die Schnittstelle $x_s$ beider Graphen von Bedeutung.
Die erste Teilfläche liegt im Intervall $[0; x_s]$ unterhalb des Graphen der Funktion f(x).
Die zweite Teilfläche liegt im Intervall $[x_s; 1]$ unter dem Graphen von g(x).
Die Schnittstelle $x_s$ der Graphen von f und g ergibt sich aus der Lösung der Gleichung $f(x) = g(x)$. Sie kann mit dem CAS ermittelt oder ohne Hilfsmittel berechnet werden:

$$(2-x)\cdot e^x = (1-x)\cdot e^{x+1}$$

$$(2-x)\cdot e^x = (1-x)\cdot e^x \cdot e^1 \qquad |: e^x \neq 0$$

$$(2-x) = (1-x)\cdot e^1$$

$$2 - x = e - x\cdot e$$

$$2 - e = x - x\cdot e$$

$$x = \frac{2-e}{1-e} = \frac{e-2}{e-1} \approx 0{,}418$$

| | |
|---|---|
| Define $f(x)=(2-x)\cdot e^x$ | *Fertig* |
| Define $g(x)=(1-x)\cdot e^{x+1}$ | *Fertig* |
| solve$(f(x)=g(x),x)$ | $x=\frac{e-2}{e-1}$ |
| $xs:=\frac{e-2}{e-1}$ | $\frac{e-2}{e-1}$ |

Der Inhalt der Fläche ist dann:

$$A = \int_0^{\frac{e-2}{e-1}} f(x)\,dx + \int_{\frac{e-2}{e-1}}^{1} g(x)\,dx$$

$$= (1-e)\cdot e^{\frac{e-2}{e-1}} + e^2 - 3 \approx \underline{\underline{1{,}8}}$$

| | |
|---|---|
| $\int_0^{xs} f(x)\,dx + \int_{xs}^{1} g(x)\,dx$ | $-(e-1)\cdot e^{1-\frac{1}{e-1}} + e^2 - 3$ |
| $\int_0^{xs} f(x)\,dx + \int_{xs}^{1} g(x)\,dx$ | 1.77906 |

Der Inhalt der gesuchten Fläche beträgt ca. 1,8 FE.

c) **Tangentengleichung bestimmen**

Der Schnittpunkt $S_x$ von f mit der x-Achse hat die Koordinaten $S_x(2; 0)$. Die 1. Ableitung von f hat die Gleichung $f'(x) = (1-x) \cdot e^x$. Somit gilt:
$m = f'(2) = (1-2) \cdot e^2 = -e^2$
Einsetzen der Koordinaten von $S_x$ und des Wertes von m in $y = t(x) = m \cdot x + n$ ergibt:
$0 = -e^2 \cdot 2 + n \;\Rightarrow\; n = 2 \cdot e^2$
Die Tangentengleichung lautet $y = t(x) = -e^2 \cdot x + 2 \cdot e^2$.

**Lösungshinweis für CAS-Nutzer**

Die Berechnung der Tangentengleichung sollte mit dem CAS-Rechner grafisch und rechnerisch kontrolliert werden:

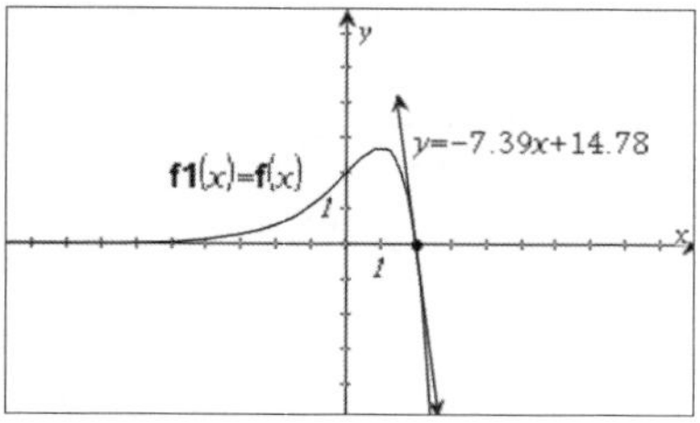


| | |
|---|---|
| Define $f(x)=(2-x)\cdot e^x$ | *Fertig* |
| tangentLine$(f(x),x,2)$ | $2\cdot e^2-e^2\cdot x$ |
| tangentLine$(f(x),x,2)$ | $14.7781-7.38906\cdot x$ |

**Ergänzung für das CAS-Abitur: Tangente mit dem Anstieg $m = -\frac{e}{2}$**

Um die Stelle mit dem Anstieg $m = -\frac{e}{2}$ zu finden, wird die Gleichung

$$f'(x) = -\frac{e}{2}$$

gelöst. Dies ist eine Gleichung, die man nur näherungsweise lösen kann. Der CAS-Rechner liefert das Ergebnis $x \approx \underline{\underline{1{,}35}}$.

| | |
|---|---|
| Define $f(x)=(2-x)\cdot e^x$ | *Fertig* |
| $\frac{d}{dx}(f(x))$ | $(1-x)\cdot e^x$ |
| solve$\left((1-x)\cdot e^x=\frac{-e^1}{2},x\right)$ | $x=1.35173$ |

**Tangenten mit positivem Anstieg**

Da die Funktion f genau einen lokalen Hochpunkt H(1; e) besitzt, hat ihr Graph an allen Stellen links von $x = 1$, also für $\underline{\underline{x < 1}}$, Tangenten mit positivem Anstieg.

**Größter positiver Anstieg**

Der größte positive Anstieg liegt im Wendepunkt W(0; 2) vor, denn dieser Wendepunkt liegt links von $x = 1$ und hat deshalb eine Tangente mit positivem Anstieg. Seiner Definition nach ist außerdem der Wendepunkt das Extremum der 1. Ableitungsfunktion.
Der größte positive Anstieg der Funktion f ist aus diesem Grunde an der Stelle $x_w = 0$ zu finden. Er ist $\underline{\underline{f'(0)}} = (1-0) \cdot e^0 = \underline{\underline{1}}$.

d) **für das CAS-Abitur**

Der Zusammenhang wird in einer Skizze veranschaulicht.

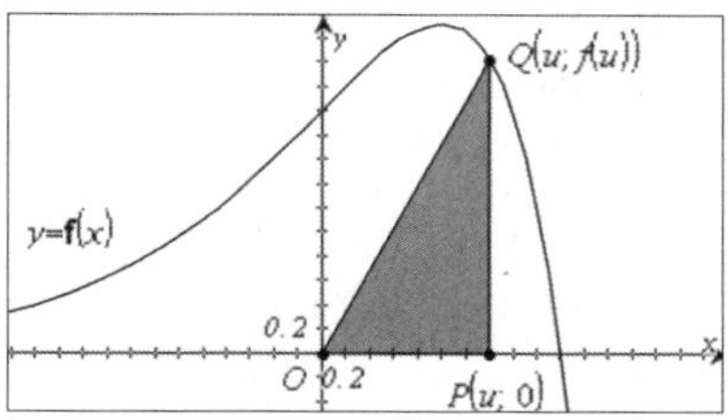


Die Zielfunktion ist

$$A(u) = \frac{1}{2} \cdot u \cdot f(u) = \frac{1}{2} \cdot u \cdot (2-u) \cdot e^u$$

mit $0 < u < 2$.

**Lokale Extrema**

Die notwendige Bedingung ist:

$$A'(u) = \left(1 - \frac{u^2}{2}\right) \cdot e^u = 0$$

Die Lösung dieser Gleichung ist (unter Beachtung des Definitionsbereichs)

$u = \sqrt{2}$.

| | |
|---|---|
| Define $a(u)=\frac{1}{2}\cdot u\cdot f(u)$ | *Fertig* |
| $\frac{d}{du}(a(u))$ | $\left(1-\frac{u^2}{2}\right)\cdot \mathbf{e}^u$ |
| solve$\left(\left(1-\frac{u^2}{2}\right)\cdot \mathbf{e}^u=0,u\right)\vert 0<u<2$ | $u=\sqrt{2}$ |

Für die hinreichende Bedingung wird in die 2. Ableitung

$$A''(u) = \left(1 - u - \frac{u^2}{2}\right) \cdot e^u$$

der Wert $u = \sqrt{2}$ eingesetzt.

Als Resultat erhält man die negative Zahl

$A''(\sqrt{2}) = -\sqrt{2} \cdot e^{\sqrt{2}} \approx -5{,}82.$

| | |
|---|---|
| $\frac{d^2}{du^2}(a(u))$ | $\left(\frac{-u^2}{2}-u+1\right)\cdot \mathbf{e}^u$ |
| $\left(\frac{-u^2}{2}-u+1\right)\cdot \mathbf{e}^u \vert u=\sqrt{2}$ | $-\sqrt{2}\cdot \mathbf{e}^{\sqrt{2}}$ |

Demzufolge liegt an der Stelle $u = \sqrt{2}$ ein lokales Maximum der Funktion A(u) vor.

Der zugehörige Funktionswert ist:

$A(\sqrt{2}) = (\sqrt{2} - 1) \cdot e^{\sqrt{2}} \approx 1{,}70$

| | |
|---|---|
| $a(u)\vert u=\sqrt{2}$ | $(\sqrt{2}-1)\cdot \mathbf{e}^{\sqrt{2}}$ |
| $a(u)\vert u=\sqrt{2}$ | 1.70376 |

Das Dreieck $\Delta OPQ$ besitzt für $0 < u < 2$ an der Stelle $\underline{\underline{u = \sqrt{2}}}$ den maximalen Flächeninhalt.

Er beträgt ca. $\underline{\underline{1{,}70 \text{ FE}}}$.

*Alternativer Lösungsweg*

Mit dem TI-Nspire kann mit einem einzigen Befehl die Stelle bestimmt werden, an der eine Funktion ihren maximalen Wert annimmt.

| | |
|---|---|
| fMax$(a(u),u)\vert 0<u<\sqrt{2}$ | $u=\sqrt{2}$ |
| $a(u)\vert u=\sqrt{2}$ | $(\sqrt{2}-1)\cdot \mathbf{e}^{\sqrt{2}}$ |

d) **für Nicht-CAS-Nutzer bzw.**

e) **für CAS-Nutzer**

**Funktionsgleichung einer quadratischen Parabel**

Die Scheitelpunktsform der Gleichung einer Parabel mit dem Scheitelpunkt S(b; c) lautet $y = p(x) = a \cdot (x - b)^2 + c$.

Der Punkt H(1; f(1)) ist der in Teilaufgabe a berechnete lokale Hochpunkt H(1; e). Da H der Scheitelpunkt der Parabel sein soll, ergibt sich bereits $y = p(x) = a \cdot (x - 1)^2 + e$.

Der Buchstabe e steht hier für die Euler'sche Zahl.

Der Punkt N(2; f(2)) ist der in Teilaufgabe a ermittelte Schnittpunkt $S_x(2; 0)$ mit der x-Achse. Diese Koordinaten werden in die Gleichung eingesetzt, um den fehlenden Parameter a zu ermitteln:

$0 = a \cdot (2 - 1)^2 + e$

$a = -e$

Die Parabelgleichung lautet also $y = p(x) = -e \cdot (x - 1)^2 + e = -e \cdot x^2 + 2ex$.

**Funktionen, deren Graphen durch H und N verlaufen**

Man wählt am einfachsten eine lineare Funktion $y = h(x) = m \cdot x + n$, die durch die Punkte H(1; e) und N(2; 0) verläuft.

Die Koordinaten von H und N in die Gleichung eingesetzt, ergibt ein lineares Gleichungssystem für m und n:

$H(1; e) \rightarrow e = m + n \quad (1)$

$N(2; 0) \rightarrow \underline{0 = 2m + n} \quad (2)$

Aus Gleichung (2) folgt $n = -2m$. Einsetzen in (1) ergibt

$e = m - 2m \Rightarrow m = -e$ und damit $n = 2e$.

Die lineare Funktion, deren Graph durch die Punkte H und N verläuft, hat die Gleichung $y = h(x) = -e \cdot x + 2e$.

**Lösungshinweis für CAS-Nutzer**

Eine Kontrolle durch grafische Darstellung ist angeraten.

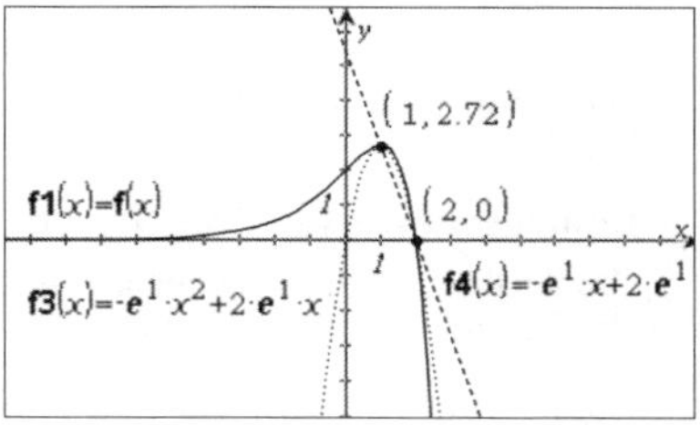


e) **für Nicht-CAS-Nutzer bzw.**
f) **für CAS-Nutzer**

Die Angaben für t = 10 min werden in die Gleichung des Newton'schen Abkühlungsgesetzes eingesetzt:

$$42\,°C = 22\,°C + (82\,°C - 22\,°C) \cdot e^{-k \cdot 10} \quad |-22\,°C$$

$$20\,°C = (60\,°C) \cdot e^{-k \cdot 10} \quad |:60\,°C$$

$$\frac{1}{3} = e^{-k \cdot 10} \quad |\text{logarithmieren}$$

$$-k \cdot 10 = \ln\left(\frac{1}{3}\right) \quad \left|\ \ln\left(\frac{a}{b}\right) = \ln(a) - \ln(b)\right.$$

$$-k \cdot 10 = \ln(1) - \ln(3) \quad |\ln(1) = 0$$

$$k = \frac{\ln(3)}{10} \approx 0{,}1099$$

Das Newton'sche Abkühlungsgesetz lautet für den hier betrachteten Zusammenhang also:

$$\vartheta(t) = 22\,°C + (60\,°C) \cdot e^{-\frac{\ln(3)}{10} \cdot t}$$

Für t = 5 min ergibt sich:

$$\underline{\underline{\vartheta(5)}} = 22\,°C + (60\,°C) \cdot e^{-\frac{\ln(3)}{10} \cdot 5} \approx \underline{\underline{56{,}6\,°C}}$$

Die Temperatur der Flüssigkeit beträgt 5 Minuten nach Beginn der Messung ca. 57 °C.

Wenn die Temperatur 5 Kelvin über der Umgebungstemperatur von 22 °C liegt, dann beträgt der aktuelle Temperaturwert 27 °C:

$$27\ °C = 22\ °C + (60\ °C) \cdot e^{-\frac{\ln(3)}{10} \cdot t} \qquad \left| -22\ °C \right.$$

$$5\ °C = (60\ °C) \cdot e^{-\frac{\ln(3)}{10} \cdot t} \qquad \left| : 60\ °C \right.$$

$$\frac{1}{12} = e^{-\frac{\ln(3)}{10} \cdot t} \qquad \left| \text{logarithmieren} \right.$$

$$-\frac{\ln(3)}{10} \cdot t = \ln\left(\frac{1}{12}\right) \qquad \left| \ln\left(\tfrac{a}{b}\right) = \ln(a) - \ln(b) \text{ und } \ln(1) = 0 \right.$$

$$-\frac{\ln(3)}{10} \cdot t = -\ln(12) \qquad \left| \cdot \tfrac{-10}{\ln(3)} \right.$$

$$\underline{\underline{t}} = \frac{10 \cdot \ln(12)}{\ln(3)} \approx \underline{\underline{22{,}6}}$$

Die Temperatur liegt etwa 23 Minuten nach Beobachtungsbeginn 5 Kelvin über der Umgebungstemperatur.

**Lösungshinweis für CAS-Nutzer**

Die Ansätze zur Lösung entsprechen den oben erläuterten Überlegungen.
Die Rechnungen können mit dem CAS ausgeführt werden.

| | |
|---|---|
| $\text{solve}\left(42=22+(82-22)\cdot e^{-k\cdot 10},k\right)$ | $k=\frac{\ln(3)}{10}$ |
| $\text{solve}\left(42=22+(82-22)\cdot e^{-k\cdot 10},k\right)$ | $k=0.109861$ |

| | |
|---|---|
| $\text{Define } f(t)=22+60\cdot e^{\frac{-\ln(3)}{10}\cdot t}$ | *Fertig* |
| $f(5)$ | 56.641 |
| $\text{solve}(f(t)=27,t)$ | $t=22.6186$ |

## Kernfach Mathematik (Thüringen): Abiturprüfung 2011
## Aufgabe B1: Analytische Geometrie / Vektorrechnung

Gegeben ist ein Quader ABCDEFGH mit der quadratischen Grundfläche ABCD. Die Kantenlänge der Grundfläche beträgt 3 m und die Höhe des Quaders 13 m. Der Punkt A liegt im Koordinatenursprung und der Punkt G hat die Koordinaten G(3; 3; 13).

a) Stellen Sie den Quader in einem kartesischen Koordinatensystem dar und geben Sie die Koordinaten der restlichen Eckpunkte an.
Der Punkt M ist der Mittelpunkt der Kante $\overline{CG}$. Der Punkt P liegt auf der Kante $\overline{AE}$. Es gilt: $\overline{AP} : \overline{PE} = 2:11$.
Untersuchen Sie, ob die Vektoren $\overrightarrow{PM}$ und $\overrightarrow{PB}$ orthogonal zueinander sind. (5 BE)

b) Die Gerade g verläuft durch die Punkte B und H, die Gerade h durch die Punkte M und P.
Untersuchen Sie die gegenseitige Lage der Geraden g und h. (3 BE)

c) Die Punkte F, M und H bilden ein Dreieck.
Begründen Sie, dass es sich um ein spezielles Dreieck handelt.
Berechnen Sie die Größe des Innenwinkels HMF.
Der Punkt M wird an der Geraden durch die Punkte F und H gespiegelt.
Geben Sie die Koordinaten des Spielgelpunktes von M an. (4 BE)

d) Das Dreieck FMH liegt in der Ebene $\varepsilon$.
Geben Sie für die Ebene $\varepsilon$ eine Parametergleichung und eine Koordinatengleichung an.
Die Gerade k verläuft durch die Punkte P und G.
Bestimmen Sie die Koordinaten des Durchstoßpunktes Q der Geraden k mit der Ebene $\varepsilon$. (5 BE)

e) Auf der Kante $\overline{BF}$ existiert ein Punkt R, der vom Koordinatenursprung genauso weit entfernt ist wie vom Punkt H.
Ermitteln Sie die Koordinaten des Punktes R. (3 BE)

(20 BE)

## Hinweise und Tipps

**Allgemeines für CAS-Nutzer**

- Die Aufgabe B1 für das Abitur ohne CAS ist identisch mit der Aufgabe B1 im CAS-Abitur. Aus diesem Grunde wurde auf eine getrennte Darstellung verzichtet. Hinweise zum Einsatz des CAS-Rechners sind eingefügt worden.
- Die Rechenwege fallen bei effektiver Nutzung des CAS-Rechners mitunter sehr knapp aus. Beachten Sie deshalb, dass Sie den Lösungsweg ausführlich, übersichtlich, sauber und nachvollziehbar dokumentiert aufschreiben.

**Aufgabe a**

*Koordinaten der Eckpunkte und Darstellung des Quaders*

- Veranschaulichen Sie die Lage des Quaders im Koordinatensystem zunächst mit einer Skizze.
- Beachten Sie, dass der Punkt A im Koordinatenursprung liegen soll.
- Überprüfen Sie, ob die Lage des Punktes G in Ihrer Skizze mit den Angaben zu den Koordinaten von G im Aufgabentext übereinstimmt.
- Überlegen Sie, welche Auswirkungen die quadratische Grundfläche auf die Koordinaten von Eckpunkten hat.
- Achten Sie bei der Darstellung des Quaders im Koordinatensystem auf Festlegungen hinsichtlich verdeckter Kanten, vollständige Bezeichnung und Sauberkeit.

*Orthogonalität der Vektoren $\overrightarrow{PM}$ und $\overrightarrow{PB}$*

- Bestimmen Sie die Koordinaten des Mittelpunktes M der Kante $\overline{CG}$.
- Ermitteln Sie die Koordinaten des Punktes P. Nutzen Sie dazu die Angaben über das Streckenverhältnis.
- Geben Sie die Koordinatendarstellung der Vektoren $\overrightarrow{PM}$ und $\overrightarrow{PB}$ an.
- Mithilfe des Skalarprodukts können Sie die Orthogonalität der Vektoren $\overrightarrow{PM}$ und $\overrightarrow{PB}$ überprüfen.

**Aufgabe b**

*Geradengleichungen der Geraden g und h*

- Bestimmen Sie jeweils einen Richtungsvektor beider Geraden und stellen Sie die Punkt-Richtungsform der Geradengleichungen auf.

*Gegenseitige Lage der Geraden g und h*

- Überprüfen Sie die Richtungsvektoren der Geraden auf Parallelität.
- Entscheiden Sie, ob das aus den Geradengleichungen gebildete Gleichungssystem eine Lösung hat oder nicht.
- Leiten Sie aus dem Ergebnis Ihrer Untersuchung Ihre Entscheidung über die gegenseitige Lage der Geraden ab.

**Aufgabe c**

*Begründung für spezielles Dreieck ΔFMH*

- Ergänzen Sie Ihre Skizze aus Teilaufgabe a um das Dreieck ΔFMH.
- Sie können auf die speziellen Eigenschaften des Dreiecks ΔFMH aus den besonderen Eigenschaften des Quaders schließen.
- Vergleichen Sie die beiden Teildreiecke ΔFMG und ΔMHG.

*Größe des Innenwinkels HMF*

- Sie können die spezielle Eigenschaft des Dreiecks $\Delta FMH$ bei der Winkelberechnung ausnutzen.
- Zerlegen Sie das Dreieck in zwei kongruente rechtwinklige Teildreiecke.
- Berechnen Sie einen geeigneten Innenwinkel eines solchen Teildreiecks und schließen Sie auf die Größe des gesuchten Winkels.
- Alternativ können Sie den Winkel auch mithilfe des Skalarprodukts der den Winkel einschließenden Vektoren berechnen.

*Spiegelpunkt von M*

- Der Spiegelpunkt liegt auf einer Senkrechten zur Spiegelgeraden und ist vom Schnittpunkt dieser beiden Geraden genauso weit entfernt wie der Originalpunkt.
- Der Schnittpunkt N dieser beiden Geraden ist der Mittelpunkt der quadratischen Deckfläche.
- Sie können die Koordinaten des Spiegelpunktes auch ohne Rechnung durch inhaltliche Überlegungen finden.

**Aufgabe d**

*Gleichungen der Ebene $\varepsilon$*

- Um eine Parametergleichung der Ebene aufzustellen, benötigen Sie neben einem festen Punkt zwei nicht parallele Vektoren, die die Ebene aufspannen.
- Verwenden Sie Ergebnisse aus den Teilaufgaben a bis c.
- Um aus der Parametergleichung eine Koordinatengleichung zu entwickeln, müssen Sie die Parameter eliminieren.
- Schreiben Sie dazu die Parametergleichung als Gleichungssystem.
- Ermitteln Sie aus zwei Gleichungen Terme für die Parameter.
- Setzen Sie diese Terme in die dritte Gleichung ein.

*Gleichung der Geraden k*

- Verwenden Sie einen der Punkte P oder G als festen Punkt der Geraden und z. B. den Vektor $\overrightarrow{PG}$ als Richtungsvektor von k.

*Koordinaten des Durchstoßpunktes*

- Setzen Sie die Koordinaten der Geradengleichung in die Koordinatenform der Ebenengleichung ein und lösen Sie die entstandene Gleichung nach dem Parameter auf.
- Setzen Sie den Parameterwert in die Gleichung von k ein und bestimmen Sie die Koordinaten des Durchstoßpunktes.

**Aufgabe e**

- Da der Punkt R auf der Kante $\overline{BF}$ liegt, hat er die Koordinaten R(3; 0; r).
- Die fehlende Koordinate r können Sie durch einen Ansatz über die gleichen Abstände von R zu A bzw. zu H berechnen.
- Die Vektoren $\overrightarrow{AR}$ und $\overrightarrow{HR}$ müssen gleiche Beträge haben.

a) **Koordinaten der Eckpunkte und Darstellung des Quaders**

Die Koordinaten der Eckpunkte des Quaders sind:

A(0; 0; 0), B(3; 0; 0), C(3; 3; 0), D(0; 3; 0)

E(0; 0; 13), F(3; 0; 13), G(3; 3; 13), H(0; 3; 13)

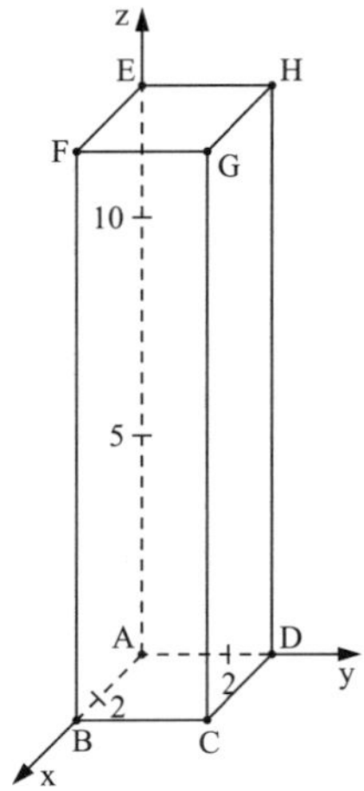


**Orthogonalität der Vektoren $\overrightarrow{PM}$ und $\overrightarrow{PB}$**

Der Punkt M liegt genau über dem Punkt C und halb so hoch wie der Punkt G über der x-y-Ebene.
Er hat deshalb die Koordinaten

M(3; 3; 6,5).

Wenn der Punkt P auf der Kante $\overline{AE}$ liegt, dann liegt er genau über dem Ursprung des Koordinatensystems.

Aus dem Streckenverhältnis $\overline{AP} : \overline{PE} = 2 : 11$ kann man entnehmen, dass P zwei Einheiten über der x-y-Ebene liegen muss, weil $\overline{AE} = 13 = 2 + 11$ ist. Damit ergeben sich die Koordinaten für P zu

P(0; 0; 2).

Die Vektoren $\overrightarrow{PM}$ und $\overrightarrow{PB}$ haben also folgende Koordinatendarstellungen:

$$\overrightarrow{PM} = \overrightarrow{OM} - \overrightarrow{OP} = \begin{pmatrix} 3 \\ 3 \\ 6{,}5 \end{pmatrix} - \begin{pmatrix} 0 \\ 0 \\ 2 \end{pmatrix} = \begin{pmatrix} 3 \\ 3 \\ 4{,}5 \end{pmatrix}$$

$$\overrightarrow{PB} = \overrightarrow{OB} - \overrightarrow{OP} = \begin{pmatrix} 3 \\ 0 \\ 0 \end{pmatrix} - \begin{pmatrix} 0 \\ 0 \\ 2 \end{pmatrix} = \begin{pmatrix} 3 \\ 0 \\ -2 \end{pmatrix}$$

Die beiden Vektoren $\overrightarrow{PM}$ und $\overrightarrow{PB}$ sind orthogonal zueinander, weil ihr Skalarprodukt null ergibt:

$$\overrightarrow{PM} \circ \overrightarrow{PB} = \begin{pmatrix} 3 \\ 3 \\ 4{,}5 \end{pmatrix} \circ \begin{pmatrix} 3 \\ 0 \\ -2 \end{pmatrix}$$

$$= 3 \cdot 3 + 3 \cdot 0 + 4{,}5 \cdot (-2) = 9 - 9 = 0$$

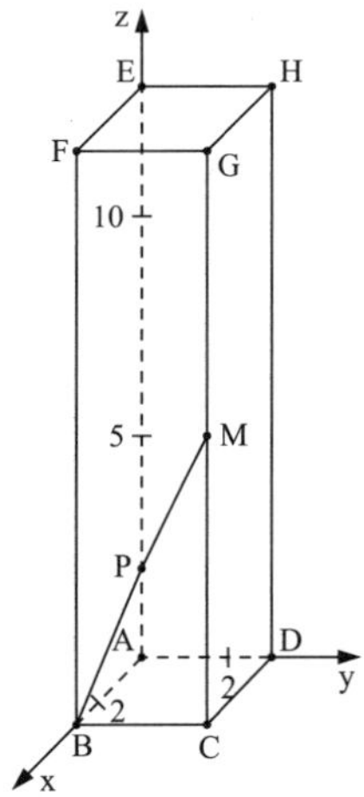


**Lösungshinweis für das CAS-Abitur**

Die Ortsvektoren der Punkte werden als Variable gespeichert, um mit diesen Variablen zu arbeiten.

| | |
|---|---|
| $p:=\begin{bmatrix} 0 \\ 0 \\ 2 \end{bmatrix}:m:=\begin{bmatrix} 3 \\ 3 \\ 6.5 \end{bmatrix}:b:=\begin{bmatrix} 3 \\ 0 \\ 0 \end{bmatrix}$ | $\begin{bmatrix} 3 \\ 0 \\ 0 \end{bmatrix}$ |
| dotP(m−p,b−p) | 0. |

b) **Gleichung der Geraden g**
Richtungsvektor:

$$\overrightarrow{BH} = \overrightarrow{OH} - \overrightarrow{OB} = \begin{pmatrix} 0 \\ 3 \\ 13 \end{pmatrix} - \begin{pmatrix} 3 \\ 0 \\ 0 \end{pmatrix} = \begin{pmatrix} -3 \\ 3 \\ 13 \end{pmatrix}$$

$$h:=\begin{bmatrix} 0 \\ 3 \\ 13 \end{bmatrix} \qquad \begin{bmatrix} 0 \\ 3 \\ 13 \end{bmatrix}$$

$$h-b \qquad \begin{bmatrix} -3 \\ 3 \\ 13 \end{bmatrix}$$

Gerade g: $\vec{x} = \overrightarrow{OB} + r \cdot \overrightarrow{BH}$

$$= \begin{pmatrix} 3 \\ 0 \\ 0 \end{pmatrix} + r \cdot \begin{pmatrix} -3 \\ 3 \\ 13 \end{pmatrix} \text{ mit } r \in \mathbb{R}$$

**Gleichung der Geraden h**
Richtungsvektor:

$$\overrightarrow{MP} = \overrightarrow{OP} - \overrightarrow{OM} = \begin{pmatrix} 0 \\ 0 \\ 2 \end{pmatrix} - \begin{pmatrix} 3 \\ 3 \\ 6{,}5 \end{pmatrix} = \begin{pmatrix} -3 \\ -3 \\ -4{,}5 \end{pmatrix}$$

$$= -1{,}5 \cdot \begin{pmatrix} 2 \\ 2 \\ 3 \end{pmatrix}$$

$$p-m \qquad \begin{bmatrix} -3 \\ -3 \\ -4.5 \end{bmatrix}$$

Wegen der einfacheren Rechnungen wird im Weiteren der Vektor $\begin{pmatrix} 2 \\ 2 \\ 3 \end{pmatrix}$ als Richtungsvektor der Geraden h verwendet.

Gerade h: $\vec{x} = \overrightarrow{OP} + s \cdot \overrightarrow{MP} = \begin{pmatrix} 0 \\ 0 \\ 2 \end{pmatrix} + s \cdot \begin{pmatrix} 2 \\ 2 \\ 3 \end{pmatrix}$ mit $s \in \mathbb{R}$

**Gegenseitige Lage der Geraden g und h**

Zunächst erfolgt ein Vergleich der Richtungsvektoren von g und h auf Parallelität.

Die Richtungsvektoren $\overrightarrow{BH}$ und $\overrightarrow{MP}$ sind parallel zueinander, wenn es eine reelle Zahl k ($k \neq 0$) gibt, sodass $\overrightarrow{BH} = k \cdot \overrightarrow{MP}$ ist.

$$\begin{pmatrix} -3 \\ 3 \\ 13 \end{pmatrix} = k \cdot \begin{pmatrix} 2 \\ 2 \\ 3 \end{pmatrix} \Rightarrow \begin{array}{l} -3 = 2k \Rightarrow k = -\frac{3}{2} \\ 3 = 2k \Rightarrow k = \frac{3}{2} \\ 13 = 3k \Rightarrow k = \frac{13}{3} \end{array}$$

© Parallelität der Richtungsvektoren

$$(h-b)\ ./\ (p-m) \qquad \begin{bmatrix} 1 \\ -1 \\ -2.88889 \end{bmatrix}$$

Eine solche reelle Zahl k gibt es in diesem Falle nicht, also sind die Richtungsvektoren $\overrightarrow{BH}$ und $\overrightarrow{MP}$ nicht parallel zueinander.

Die Geraden g und h sind daher entweder windschief zueinander oder sie schneiden sich in einem Punkt S. Um dazu eine Entscheidung zu treffen, wird aus den Geradengleichungen für g und h (siehe oben) durch Gleichsetzen ein lineares Gleichungssystem aufgestellt und dessen Lösungsmenge ermittelt.

(1) $3 - 3r = 0 + 2s$

(2) $0 + 3r = 0 + 2s$

(3) $0 + 13r = 2 + 3s$

© Untersuchung des Gleichungssystems

solve$(b+r\cdot(h-b)=m+s\cdot(p-m),r,s)$ false

Aus (2) folgt $s = \frac{3}{2}r$. In (1) eingesetzt ergibt dies $3 - 3r = 2 \cdot \frac{3}{2}r$, also $r = \frac{1}{2}$ und $s = \frac{3}{4}$.
Eingesetzt in (3) folgt $13 \cdot \frac{1}{2} = 2 + 3 \cdot \frac{3}{4}$, also $\frac{13}{2} = \frac{17}{4}$.

Dies ist eine falsche Aussage. Das Gleichungssystem hat keine Lösung, also sind die beiden Geraden g und h windschief zueinander.

c) **Begründung für spezielles Dreieck ΔFMH**

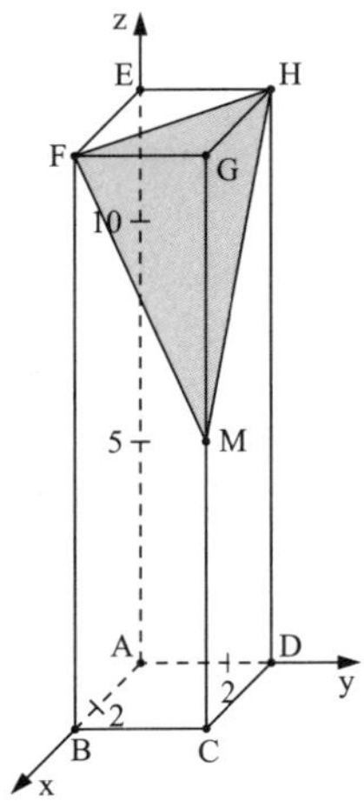


Der Quader ABCDEFGH hat eine quadratische Grund- und Deckfläche. Deshalb sind die Seitenkanten $\overline{FG}$ und $\overline{GH}$ gleich lang. Die Seite $\overline{GM}$ gehört zu beiden Dreiecken ΔFMG und ΔMHG. Außerdem besitzen diese beiden Dreiecke bei G je einen rechten Winkel.
Darum sind nach dem Kongruenzsatz sws die Dreiecke ΔFMG und ΔMHG kongruent.

Deshalb gilt auch $\overline{FM} = \overline{HM}$. Daraus folgt:
Das Dreieck ΔFMH ist gleichschenklig.

*Alternativ* kann die Gleichheit der beiden Strecken $\overline{FM}$ und $\overline{HM}$ auch rechnerisch nachgewiesen werden:

$$\overrightarrow{FM} = \begin{pmatrix} 3-3 \\ 3-0 \\ 6{,}5-13 \end{pmatrix} = \begin{pmatrix} 0 \\ 3 \\ -6{,}5 \end{pmatrix}$$

$$\Rightarrow \quad |\overrightarrow{FM}| = \sqrt{0^2 + 3^2 + (-6{,}5)^2} = \frac{\sqrt{205}}{2} \approx 7{,}16 \text{ m}$$

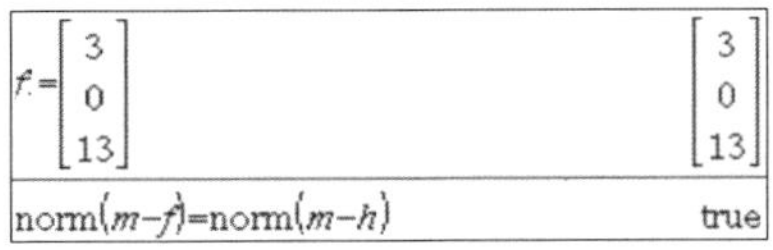


$$\overrightarrow{HM} = \begin{pmatrix} 3-0 \\ 3-3 \\ 6{,}5-13 \end{pmatrix} = \begin{pmatrix} 3 \\ 0 \\ -6{,}5 \end{pmatrix}$$

$$\Rightarrow \quad |\overrightarrow{HM}| = \sqrt{3^2 + 0^2 + (-6{,}5)^2} = \frac{\sqrt{205}}{2} \approx 7{,}16 \text{ m}$$

**Größe des Innenwinkels HMF**

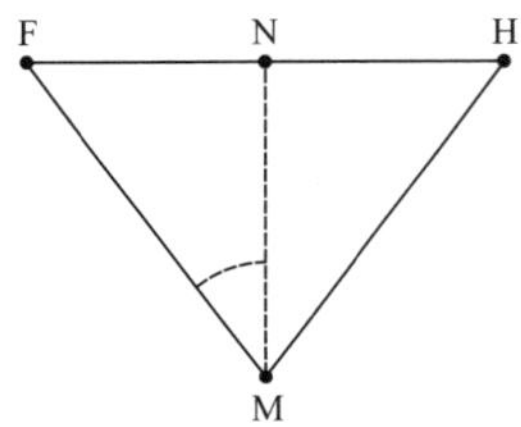


Der Mittelpunkt N der Seite $\overline{FH}$ zerlegt das gleichschenklige Dreieck ΔFMH in zwei kongruente rechtwinklige Teildreiecke ΔFMN und ΔNMH.
Im Dreieck ΔFMN gilt:

$$\sin(\measuredangle FMN) = \frac{\overline{FN}}{\overline{FM}}$$

Da $\overline{FH}$ die Diagonale im Quadrat EFGH mit der Seitenlänge 3 LE ist, folgt:

$$\overline{FN} = \frac{1}{2} \cdot \overline{FH} = \frac{1}{2} \cdot \sqrt{2} \cdot 3 \text{ m}$$

Die Länge der Seite $\overline{FM}$ wurde weiter oben bereits berechnet:

$$\overline{FM} = \frac{\sqrt{205}}{2} \text{ m}$$

Somit gilt:

$$\sin(\measuredangle FMN) = \frac{\frac{1}{2} \cdot \sqrt{2} \cdot 3}{\frac{\sqrt{205}}{2}} = \frac{3 \cdot \sqrt{2}}{\sqrt{205}} \approx 0{,}2963 \quad \Rightarrow \quad \measuredangle FMN \approx 17{,}237°$$

Der gesuchte Winkel $\measuredangle$ HMF ist wegen der Achsensymmetrie des Dreiecks ΔFHM doppelt so groß:

$$\underline{\underline{\measuredangle FMH \approx 34{,}47°}}$$

*Alternativ* kann die Berechnung des gesuchten Winkels auch über das Skalarprodukt erfolgen:

$$\cos(\measuredangle \mathrm{FMH}) = \left| \frac{\overrightarrow{\mathrm{MF}} \circ \overrightarrow{\mathrm{MH}}}{|\overrightarrow{\mathrm{MF}}| \cdot |\overrightarrow{\mathrm{MH}}|} \right| = \left| \frac{\begin{pmatrix} 0 \\ -3 \\ 6{,}5 \end{pmatrix} \circ \begin{pmatrix} -3 \\ 0 \\ 6{,}5 \end{pmatrix}}{\sqrt{0^2 + (-3)^2 + 6{,}5^2} \cdot \sqrt{(-3)^2 + 0^2 + 6{,}5^2}} \right| = \left| \frac{\frac{169}{4}}{\frac{205}{4}} \right|$$

$$= \frac{169}{205} \approx 0{,}8244 \quad \Rightarrow \quad \underline{\underline{\measuredangle \mathrm{FMH} \approx 34{,}47^\circ}}$$

**Lösungshinweis für das CAS-Abitur**

Der Winkel sollte im Gradmaß angegeben werden.

| | |
|---|---|
| $\left\vert \frac{\text{dotP}(f-m,h-m)}{\text{norm}(f-m)\cdot\text{norm}(h-m)} \right\vert$ | 0.82439 |
| $\frac{\cos^{-1}(0.82439024390244)}{1^\circ}$ | 34.4733 |

**Spiegelpunkt von M**

Weil die Deckfläche EFGH ein Quadrat ist und M auf der Seitenkante $\overline{\mathrm{CG}}$ liegt, ist der Vektor $\overrightarrow{\mathrm{MN}}$ senkrecht zur Spiegelgeraden durch F und H.

Vergleichen Sie dazu die Überlegungen zu den speziellen Eigenschaften des Dreiecks ΔFMH.

Weil außerdem Original- und Spiegelpunkt gleiche Abstände zur Spiegelgeraden haben, ergeben sich die Koordinaten des Spiegelpunktes $M_1$ durch $\overrightarrow{\mathrm{OM_1}} = \overrightarrow{\mathrm{ON}} + \overrightarrow{\mathrm{MN}}$.

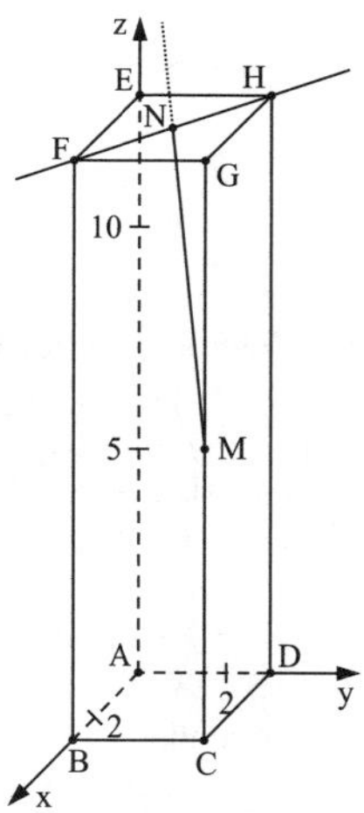


Der Mittelpunkt N der Strecke $\overline{\mathrm{FH}}$ hat die Koordinaten $\mathrm{N}\left(\frac{3+0}{2}; \frac{0+3}{2}; \frac{13+13}{2}\right)$, also $\mathrm{N}\left(\frac{3}{2}; \frac{3}{2}; 13\right)$.

Damit folgt:

$$\overrightarrow{\mathrm{OM_1}} = \begin{pmatrix} \frac{3}{2} \\ \frac{3}{2} \\ 13 \end{pmatrix} + \begin{pmatrix} \frac{3}{2} - 3 \\ \frac{3}{2} - 3 \\ 13 - \frac{13}{2} \end{pmatrix} = \begin{pmatrix} 0 \\ 0 \\ \frac{39}{2} \end{pmatrix}$$

Der Spiegelpunkt hat die Koordinaten $\underline{\underline{\mathrm{M_1}\left(0; 0; \frac{39}{2}\right)}}$.

**Lösungshinweis für das CAS-Abitur**

Die Ortsvektoren der Punkte werden als Variable gespeichert, um mit diesen Variablen zu arbeiten.

| | |
|---|---|
| $g:=\begin{bmatrix} 3 \\ 3 \\ 13 \end{bmatrix}: n:=\frac{f+h}{2}$ | $\begin{bmatrix} \frac{3}{2} \\ \frac{3}{2} \\ 13 \end{bmatrix}$ |
| $n+n-m$ | $\begin{bmatrix} 0 \\ 0 \\ 19.5 \end{bmatrix}$ |

*Alternative Lösung* durch inhaltliche Überlegungen:
Die Gerade, auf der der Spiegelpunkt $M_1$ liegt, geht durch die Punkte M und N, wobei N der Mittelpunkt der Strecke $\overline{FH}$ ist.

Der Spiegelpunkt muss außerdem auf der Verlängerung der Kante $\overline{AE}$ über E hinaus liegen, denn die Spiegelung von M an der Geraden durch die Punkte F und H ist gleichbedeutend mit einer Drehung des Dreiecks $\Delta NMG$ um 180° um den Punkt N.

Weil die Deckfläche EFGH ein Quadrat ist, kommt dabei der Punkt G mit dem Punkt E zur Deckung und der Punkt M geht in den Spiegelpunkt $M_1$ über.

$M_1$ ist dann von E genauso weit entfernt wie M von G, nämlich 6,5 m.

Die Koordinaten von $M_1$ lauten also $\underline{\underline{M_1(0;0;19{,}5)}}$.

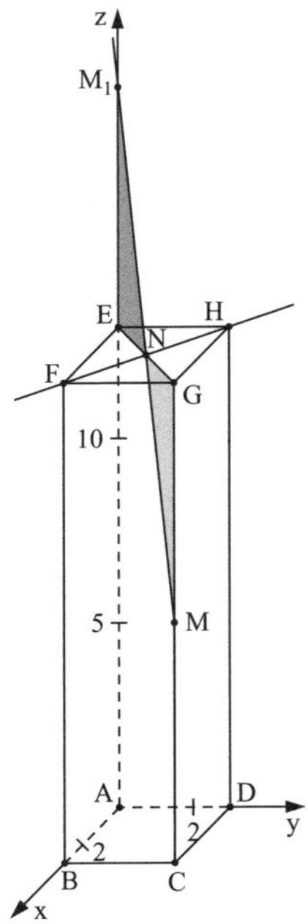


d) **Gleichungen der Ebene ε**

Für die Parametergleichung der Ebene ε kann als fester Punkt zum Beispiel der Punkt M(3; 3; 6,5) gewählt werden. Als Spannvektoren werden die in Teilaufgabe c bereits ermittelten Vektoren

$$\overrightarrow{MF} = \begin{pmatrix} 0 \\ -3 \\ 6{,}5 \end{pmatrix} \text{ und } \overrightarrow{MH} = \begin{pmatrix} -3 \\ 0 \\ 6{,}5 \end{pmatrix}$$

verwendet:

$$\varepsilon\colon \vec{x} = \overrightarrow{OM} + r \cdot \overrightarrow{MF} + s \cdot \overrightarrow{MH} \text{ mit } r, s \in \mathbb{R}$$

$$\varepsilon\colon \vec{x} = \begin{pmatrix} 3 \\ 3 \\ 6{,}5 \end{pmatrix} + r \cdot \begin{pmatrix} 0 \\ -3 \\ 6{,}5 \end{pmatrix} + s \cdot \begin{pmatrix} -3 \\ 0 \\ 6{,}5 \end{pmatrix} \text{ mit } r, s \in \mathbb{R}$$

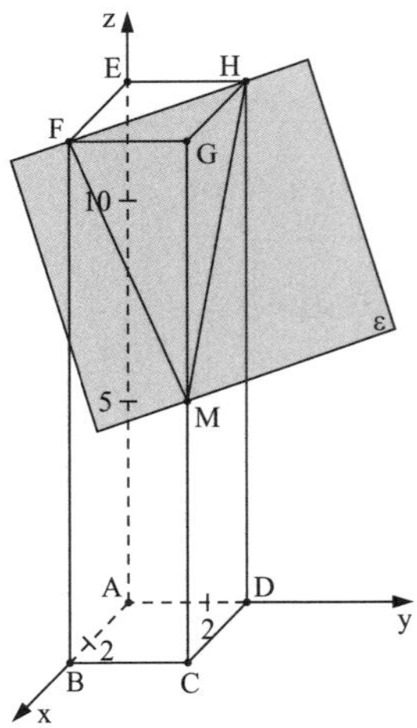


| © Gleichung der Ebene ε | |
| --- | --- |
| $m+r\cdot(f-m)+s\cdot(h-m)$ | $\begin{bmatrix} 3-3\cdot s \\ 3-3\cdot r \\ 6.5\cdot r+6.5\cdot s+6.5 \end{bmatrix}$ |

Zeilenweise aufgeschrieben, ist auch das folgende Gleichungssystem eine Parameterdarstellung der Ebene ε:

(1) $x = 3 \qquad\qquad - 3s$

(2) $y = 3 - \quad 3r$

(3) $z = 6{,}5 + 6{,}5r + 6{,}5s$

Um diese Gleichung parameterfrei zu bekommen, werden die Gleichungen (1) und (2) nach r bzw. s umgestellt:

$$s = \frac{3-x}{3} \text{ und } r = \frac{3-y}{3}$$

Die Ergebnisse werden in (3) eingesetzt und dabei wird der Dezimalbruch 6,5 durch $\frac{13}{2}$ ersetzt:

$$z = \frac{13}{2} + \frac{13}{2} \cdot \frac{3-y}{3} + \frac{13}{2} \cdot \frac{3-x}{3} \qquad | \cdot 6$$

$$6z = 39 + 39 - 13y + 39 - 13x \qquad | \text{zusammenfassen und ordnen}$$

$$13x + 13y + 6z = 117$$

Dies ist eine Koordinatengleichung der Ebene ε.

**Lösungshinweise für das CAS-Abitur**

Das Gleichungssystem wird nach r und s aufgelöst.

Der markierte Teil entspricht der Koordinatengleichung.

$$\text{solve}\left(\begin{cases} x=3-3\cdot s \\ y=3-3\cdot r \\ z=\frac{13}{2}\cdot r+\frac{13}{2}\cdot s+\frac{13}{2} \end{cases}, r, s\right)$$

$$s=\frac{13\cdot y+6\cdot(z-13)}{39} \text{ and } x=\frac{-(13\cdot y+3\cdot(2\cdot z-39))}{13}$$

Der markierte Teil wird in die Eingabezeile kopiert, um die Gleichung zu vereinfachen.

$$\left(x=\frac{-(13\cdot y+3\cdot(2\cdot z-39))}{13}\right)\cdot 13$$

$$13\cdot x=-(13\cdot y+3\cdot(2\cdot z-39))$$

$$\text{expand}(13\cdot x=-(13\cdot y+3\cdot(2\cdot z-39)))$$

$$13\cdot x=-13\cdot y-6\cdot z+117$$

*Alternativ* kann die Koordinatengleichung auch über das Vektorprodukt bestimmt werden. Ein Normalenvektor ist z. B.:

$$\vec{n} = \overrightarrow{MF} \times \overrightarrow{MH} = \begin{pmatrix} 0 \\ -3 \\ 6{,}5 \end{pmatrix} \times \begin{pmatrix} -3 \\ 0 \\ 6{,}5 \end{pmatrix} = \begin{pmatrix} -19{,}5 \\ -19{,}5 \\ -9 \end{pmatrix}$$

$$\text{crossP}(f-m, h-m) \quad \begin{bmatrix} -19.5 \\ -19.5 \\ -9 \end{bmatrix}$$

Für die Koordinatengleichung gilt dann:

$$\vec{n} \circ (\vec{x} - \overrightarrow{OM}) = 0$$

$$\begin{pmatrix} -19{,}5 \\ -19{,}5 \\ -9 \end{pmatrix} \circ \left[\begin{pmatrix} x \\ y \\ z \end{pmatrix} - \begin{pmatrix} 3 \\ 3 \\ 6{,}5 \end{pmatrix}\right] = 0$$

$$-19{,}5x - 19{,}5y - 9z + 175{,}5 = 0 \qquad | \cdot (-\tfrac{2}{3})$$

$$13x + 13y + 6z = 117$$

$$\text{dotP}\left(\begin{bmatrix} -19.5 \\ -19.5 \\ -9 \end{bmatrix}, \begin{bmatrix} x \\ y \\ z \end{bmatrix} - m\right)$$

$$-19.5\cdot x-19.5\cdot y-9\cdot z+175.5$$

Das ist dieselbe Koordinatengleichung wie oben.

**Gleichung der Geraden k**

Mit P als Aufpunkt (festem Punkt) der Geradengleichung und $\overrightarrow{PG}$ als Richtungsvektor lautet die Geradengleichung von k:

$\vec{x} = \overrightarrow{OP} + t \cdot \overrightarrow{PG}$ mit $t \in \mathbb{R}$

$$\vec{x} = \begin{pmatrix} 0 \\ 0 \\ 2 \end{pmatrix} + t \cdot \begin{pmatrix} 3 \\ 3 \\ 11 \end{pmatrix} \text{ mit } t \in \mathbb{R}$$

$p+t\cdot(g-p)$ $\quad \begin{bmatrix} 3\cdot t \\ 3\cdot t \\ 11\cdot t+2 \end{bmatrix}$

**Koordinaten des Durchstoßpunktes**

Die Koordinaten der Geradengleichung werden in die Koordinatenform der Ebenengleichung eingesetzt:

$$13 \cdot (0+3t) + 13 \cdot (0+3t) + 6 \cdot (2+11t) = 117$$

Die Gleichung wird nach t aufgelöst:

$$39t + 39t + 12 + 66t = 117$$
$$144t = 105$$
$$t = \frac{105}{144} = \frac{35}{48}$$

solve$(13\cdot 3\cdot t+13\cdot 3\cdot t+6\cdot(11\cdot t+2)=117,t)$ $\quad t=\frac{35}{48}$

Dieser Wert wird in die Gleichung der Geraden k eingesetzt:

$$\vec{x} = \begin{pmatrix} 0 \\ 0 \\ 2 \end{pmatrix} + \frac{35}{48} \cdot \begin{pmatrix} 3 \\ 3 \\ 11 \end{pmatrix} = \begin{pmatrix} \frac{35}{16} \\ \frac{35}{16} \\ \frac{481}{48} \end{pmatrix} \approx \begin{pmatrix} 2{,}1875 \\ 2{,}1875 \\ 10{,}0208 \end{pmatrix}$$

$\begin{bmatrix} 3\cdot t \\ 3\cdot t \\ 11\cdot t+2 \end{bmatrix} \Big| t=\frac{35}{48}$ $\quad \begin{bmatrix} \frac{35}{16} \\ \frac{35}{16} \\ \frac{481}{48} \end{bmatrix}$

Der Durchstoßpunkt Q hat die Koordinaten

$\underline{\underline{Q\left(\frac{35}{16}; \frac{35}{16}; \frac{481}{48}\right)}}$.

e) Der Punkt R hat die Koordinaten R(3; 0; r) mit $0 < r < 13$.
Der Punkt H ist gegeben durch H(0; 3; 13) und der Ursprung durch O(0; 0; 0), wobei O = A.

Damit ergibt sich für den Vektor $\overrightarrow{AR}$:

$$\overrightarrow{AR} = \begin{pmatrix} 3 \\ 0 \\ r \end{pmatrix} \text{ und}$$

$$|\overrightarrow{AR}| = \sqrt{9 + r^2} \text{ mit } 0 < r < 13$$

Für den Vektor $\overrightarrow{HR}$ gilt:

$$\overrightarrow{HR} = \begin{pmatrix} 3 \\ -3 \\ r-13 \end{pmatrix} \text{ und}$$

$$|\overrightarrow{HR}| = \sqrt{3^2 + (-3)^2 + (r-13)^2} = \sqrt{r^2 - 26r + 187} \text{ mit } 0 < r < 13$$

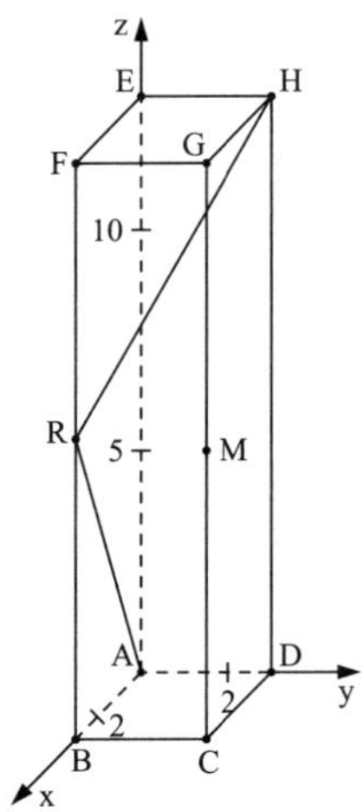

Wegen $|\overrightarrow{AR}| = |\overrightarrow{HR}|$ ist:

$$\sqrt{9+r^2} = \sqrt{r^2-26r+187} \quad | \text{quadrieren (Auf Scheinlösungen achten!)}$$

$$9+r^2 = r^2-26r+187 \quad | -r^2$$

$$r = \frac{178}{26} = \frac{89}{13}$$

Probe wegen möglicher Scheinlösungen:

$$\overrightarrow{AR} = \begin{pmatrix} 3 \\ 0 \\ \frac{89}{13} \end{pmatrix} \text{ und } |\overrightarrow{AR}| = \sqrt{9+\left(\frac{89}{13}\right)^2} = \frac{\sqrt{9442}}{13} \approx 7{,}47$$

$$\overrightarrow{HR} = \begin{pmatrix} 3 \\ -3 \\ \frac{89}{13}-13 \end{pmatrix} = \begin{pmatrix} 3 \\ -3 \\ -\frac{80}{13} \end{pmatrix} \text{ und } |\overrightarrow{HR}| = \sqrt{3^2+(-3)^2+\left(-\frac{80}{13}\right)^2} = \frac{\sqrt{9442}}{13} \approx 7{,}47$$

Der Punkt R hat die Koordinaten $\underline{\underline{R\left(3;0;\frac{89}{13}\right)}}$.

**Lösungshinweise für das CAS-Abitur**

Bei der Definition des Ortsvektors von R(3; 0; r) muss ggf. darauf geachtet werden, dass keine zirkuläre Definition entsteht, weil der TI-Nspire bei Variablen nicht zwischen Klein- und Großbuchstaben unterscheidet. Eine Umbenennung ist deshalb zweckmäßig, z. B. so: R(3; 0; z)

| | |
|---|---|
| $a:=\begin{bmatrix}0\\0\\0\end{bmatrix}:r:=\begin{bmatrix}3\\0\\z\end{bmatrix}$ | $\begin{bmatrix}3\\0\\z\end{bmatrix}$ |
| solve(norm(r−a)=norm(r−h),z) | $z=\frac{89}{13}$ |

## Kernfach Mathematik (Thüringen): Abiturprüfung 2011
## Aufgabe B2: Stochastik

Zwanzig ehemalige Auszubildende (Azubis) treffen sich im Ausbildungsbetrieb. Acht von ihnen haben die Lehre in zwei Jahren erfolgreich abgeschlossen, neun in drei Jahren. Die restlichen Azubis haben die Lehre abgebrochen.

Die Kellnerin bringt ihnen die ersten sechs Sektgläser.

a) Berechnen Sie die Wahrscheinlichkeiten der Ereignisse.
   A := „Das erste Glas bekommt jemand, der die Lehre nach zwei Jahren erfolgreich abgeschlossen hat."
   B := „Das erste Glas bekommt jemand, der die Lehre erfolgreich abgeschlossen hat."
   C := „Das zweite Glas ist das erste, das an einen Abbrecher geht."
   D := „Spätestens das dritte Glas geht an einen Abbrecher."
   E := „Alle sechs Gläser gehen an ehemalige Azubis, die die Lehre in zwei Jahren geschafft haben."
   F := „Unter denen, die die sechs Gläser bekommen, sind alle drei Abbrecher." (7 BE)

b) Der Ausbilder berichtet stolz, dass nur noch 10 % seiner Azubis die Lehre abbrechen.
   Mit welcher Wahrscheinlichkeit schließen die nächsten fünf Azubis die Lehre erfolgreich ab?
   Mit welcher Wahrscheinlichkeit schließen mindestens vier der nächsten fünf Azubis die Lehre erfolgreich ab?
   Der Ausbilder stellt fest, dass unter den diesjährigen 25 Azubis auch wieder Mädchen sind. Die Wahrscheinlichkeit, bei zufälliger Wahl zweier Azubis nur Mädchen zu wählen, beträgt 0,05.
   Berechnen Sie die Anzahl der Mädchen unter den diesjährigen Azubis. (4 BE)

c) Nach dem Anstoßen erinnert einer der ehemaligen Azubis an ein Prüfverfahren für Werkstücke. Von diesem Verfahren wurden 90 % der fehlerhaften Werkstücke als solche erkannt, jedoch wurden auch 5 % der fehlerfreien Werkstücke fälschlicherweise als fehlerhaft aussortiert. Die Wahrscheinlichkeit, dass ein als fehlerhaft eingestuftes Werkstück auch tatsächlich fehlerhaft war, betrug $\frac{18}{67}$.
   Wie viel Prozent der geprüften Werkstücke waren fehlerhaft? (4 BE)

d) Der Firmeninhaber meint, dass nur 2 % der Werkstücke fehlerhaft sind. Einer der ehemaligen Azubis, der übernommen wurde, vermutet jedoch, dass sich der Anteil auf 3 % erhöht hat. Die ehemaligen Azubis wollen einen Prüfplan erstellen, der folgende Eigenschaften haben soll:
   (1) Es werden 1500 Werkstücke überprüft.
   (2) Die Meinung des Firmeninhabers trifft zu, aber seine Hypothese wird dennoch mit Wahrscheinlichkeit kleiner als 5 % abgelehnt.
   Geben Sie einen solchen Prüfplan an.
   Bestimmen Sie ferner die sich aus diesem Prüfplan ergebende Wahrscheinlichkeit dafür, dass die Vermutung des ehemaligen Azubis wahr ist, sie aber abgelehnt wird. (5 BE)

(20 BE)

# Binomialverteilung

| n | k | p = 0,01 | | p = 0,02 | | p = 0,03 | | p = 0,04 | |
|---|---|---|---|---|---|---|---|---|---|
| | | B(n; p; k) | $\sum_{i=0}^{k} B(n; p; i)$ | B(n; p; k) | $\sum_{i=0}^{k} B(n; p; i)$ | B(n; p; k) | $\sum_{i=0}^{k} B(n; p; i)$ | B(n; p; k) | $\sum_{i=0}^{k} B(n; p; i)$ |
| 1500 | 0 | 0 | 0 | 0 | 0 | 0 | 0 | 0 | 0 |
| | 1 | 0 | 0 | 0 | 0 | 0 | 0 | 0 | 0 |
| | 2 | 0 | 0 | 0 | 0 | 0 | 0 | 0 | 0 |
| | 3 | 0,0002 | 0,0002 | 0 | 0 | 0 | 0 | 0 | 0 |
| | 4 | 0,0006 | 0,0008 | 0 | 0 | 0 | 0 | 0 | 0 |
| | 5 | 0,0019 | 0,0027 | 0 | 0 | 0 | 0 | 0 | 0 |
| | 6 | 0,0047 | 0,0074 | 0 | 0 | 0 | 0 | 0 | 0 |
| | 7 | 0,0102 | 0,0176 | 0 | 0 | 0 | 0 | 0 | 0 |
| | 8 | 0,0192 | 0,0368 | 0 | 0 | 0 | 0 | 0 | 0 |
| | 9 | 0,0321 | 0,0689 | 0 | 0 | 0 | 0 | 0 | 0 |
| | 10 | 0,0484 | 0,1172 | 0 | 0 | 0 | 0 | 0 | 0 |
| | 11 | 0,0662 | 0,1834 | 0 | 0,0001 | 0 | 0 | 0 | 0 |
| | 12 | 0,0829 | 0,2664 | 0,0001 | 0,0001 | 0 | 0 | 0 | 0 |
| | 13 | 0,0959 | 0,3623 | 0,0002 | 0,0004 | 0 | 0 | 0 | 0 |
| | 14 | 0,1029 | 0,4651 | 0,0005 | 0,0008 | 0 | 0 | 0 | 0 |
| | 15 | 0,1030 | 0,5681 | 0,0010 | 0,0018 | 0 | 0 | 0 | 0 |
| | 16 | 0,0965 | 0,6646 | 0,0018 | 0,0036 | 0 | 0 | 0 | 0 |
| | 17 | 0,0851 | 0,7497 | 0,0032 | 0,0068 | 0 | 0 | 0 | 0 |
| | 18 | 0,0708 | 0,8205 | 0,0054 | 0,0123 | 0 | 0 | 0 | 0 |
| | 19 | 0,0558 | 0,8763 | 0,0086 | 0,0209 | 0 | 0 | 0 | 0 |
| | 20 | 0,0417 | 0,9181 | 0,0131 | 0,0339 | 0 | 0 | 0 | 0 |
| | 21 | 0,0297 | 0,9478 | 0,0188 | 0,0527 | 0 | 0 | 0 | 0 |
| | 22 | 0,0202 | 0,9680 | 0,0258 | 0,0785 | 0,0001 | 0,0001 | 0 | 0 |
| | 23 | 0,0131 | 0,9811 | 0,0338 | 0,1122 | 0,0001 | 0,0002 | 0 | 0 |
| | 24 | 0,0081 | 0,9892 | 0,0424 | 0,1547 | 0,0002 | 0,0004 | 0 | 0 |
| | 25 | 0,0049 | 0,9941 | 0,0511 | 0,2058 | 0,0003 | 0,0007 | 0 | 0 |
| | 26 | 0,0028 | 0,9968 | 0,0592 | 0,2650 | 0,0006 | 0,0013 | 0 | 0 |
| | 27 | 0,0015 | 0,9984 | 0,0659 | 0,3309 | 0,0010 | 0,0024 | 0 | 0 |
| | 28 | 0,0008 | 0,9992 | 0,0708 | 0,4017 | 0,0017 | 0,0040 | 0 | 0 |
| | 29 | 0,0004 | 0,9996 | 0,0733 | 0,4750 | 0,0026 | 0,0067 | 0 | 0 |
| | 30 | 0,0002 | 0,9998 | 0,0734 | 0,5484 | 0,0040 | 0,0107 | 0 | 0 |
| | 31 | 0,0001 | 0,9999 | 0,0710 | 0,6194 | 0,0058 | 0,0165 | 0 | 0 |
| | 32 | 0 | 1 | 0,0665 | 0,6859 | 0,0083 | 0,0248 | 0 | 0 |
| | 33 | 0 | 1 | 0,0604 | 0,7463 | 0,0114 | 0,0362 | 0 | 0,0001 |
| | 34 | 0 | 1 | 0,0532 | 0,7995 | 0,0152 | 0,0514 | 0,0001 | 0,0001 |
| | 35 | 0 | 1 | 0,0455 | 0,8449 | 0,0197 | 0,0712 | 0,0001 | 0,0003 |
| | 36 | 0 | 1 | 0,0378 | 0,8827 | 0,0248 | 0,0960 | 0,0002 | 0,0005 |
| | 37 | 0 | 1 | 0,0305 | 0,9131 | 0,0304 | 0,1264 | 0,0003 | 0,0008 |
| | 38 | 0 | 1 | 0,0240 | 0,9371 | 0,0362 | 0,1626 | 0,0005 | 0,0013 |
| | 39 | 0 | 1 | 0,0183 | 0,9554 | 0,0420 | 0,2045 | 0,0008 | 0,0022 |
| | 40 | 0 | 1 | 0,0137 | 0,9691 | 0,0474 | 0,2519 | 0,0013 | 0,0034 |
| | 41 | 0 | 1 | 0,0099 | 0,9790 | 0,0522 | 0,3041 | 0,0019 | 0,0053 |
| | 42 | 0 | 1 | 0,0070 | 0,9860 | 0,0561 | 0,3602 | 0,0027 | 0,0080 |
| | 43 | 0 | 1 | 0,0049 | 0,9909 | 0,0588 | 0,4190 | 0,0038 | 0,0119 |
| | 44 | 0 | 1 | 0,0033 | 0,9942 | 0,0602 | 0,4793 | 0,0053 | 0,0172 |
| | 45 | 0 | 1 | 0,0022 | 0,9964 | 0,0603 | 0,5395 | 0,0071 | 0,0243 |
| | 46 | 0 | 1 | 0,0014 | 0,9978 | 0,0590 | 0,5985 | 0,0094 | 0,0337 |
| | 47 | 0 | 1 | 0,0009 | 0,9987 | 0,0564 | 0,6549 | 0,0121 | 0,0459 |
| | 48 | 0 | 1 | 0,0005 | 0,9992 | 0,0528 | 0,7077 | 0,0153 | 0,0612 |
| | 49 | 0 | 1 | 0,0003 | 0,9995 | 0,0484 | 0,7561 | 0,0189 | 0,0801 |
| | 50 | 0 | 1 | 0,0002 | 0,9997 | 0,0434 | 0,7996 | 0,0229 | 0,1030 |

## Hinweise und Tipps

### Aufgabe a

- Bestimmen Sie die gesuchten Wahrscheinlichkeiten unter den beiden Modellannahmen, dass
  - jeder höchstens ein Glas erhält und dass
  - jeder, der noch ohne Glas ist, mit derselben Wahrscheinlichkeit das nächste Glas erhält.
- Das Verteilen der sechs Gläser ist somit als ein sechsstufiges Zufallsexperiment modellierbar, bei dem die Wahrscheinlichkeiten auf jeder Stufe nach der Laplace-Regel zu berechnen sind. Um die gesuchten Wahrscheinlichkeiten zu ermitteln, können Teile eines sechsstufigen Baumdiagramms hilfreich sein, das auf jeder Stufe die drei Verzweigungen A2, A3 und Aa besitzt.
- Die Wahrscheinlichkeiten P(A) und P(B) können der ersten Stufe des „umfassenden" Baumdiagramms entnommen werden.
- P(C) ist den Pfadwahrscheinlichkeiten mit den ersten zwei Stufen des „umfassenden" Baumdiagramms zu entnehmen.
- P(D) kann den Pfadwahrscheinlichkeiten mit den ersten <u>drei</u> Stufen entnommen werden. Besonders rationell ist, wenn Sie dabei das Gegenereignis $\overline{D}$ betrachten. Einen anderen Zugang zur Ermittlung von P(D) bietet die sogenannte „Lottoformel".
- Für P(E) und P(F) benötigen Sie alle sechs Stufen des Baumdiagramms. Auch hier lassen sich beide Wahrscheinlichkeiten mit der „Lottoformel" berechnen.

### Aufgabe b

- Betrachten Sie das Abbrechen der Lehre für jeden Azubi jeweils als ein Bernoulli-Experiment mit der Erfolgswahrscheinlichkeit p, indem Sie die im Aufgabentext gegebenen 10 % als $1-p=0{,}10$ interpretieren.
- Die zufällige Anzahl $X_n$ der „Erfolgreichen" unter n Azubis ist binomialverteilt mit den Parametern n und p.
- Betrachten Sie die zufällige Auswahl zweier Mädchen als ein zweimaliges Losen „ohne Zurücklegen".
- Den Ansatz zur gegebenen Wahrscheinlichkeit können Sie über ein zweistufiges Baumdiagramm oder über die „Lottoformel" $\frac{\binom{M}{m}\cdot\binom{N-M}{n-m}}{\binom{N}{n}}$ herleiten.

### Aufgabe c

- Lösen Sie diese Aufgabe unter der Modellannahme, dass jedes fehlerhafte Werkstück mit der Wahrscheinlichkeit $p=0{,}90$ als fehlerhaft eingestuft und jedes fehlerfreie Werkstück mit der Wahrscheinlichkeit $q=0{,}05$ als fehlerhaft eingestuft wird.
- Das zu betrachtende Zufallsexperiment lässt sich in einem zweistufigen Baumdiagramm veranschaulichen, wobei die Übergangswahrscheinlichkeiten auf der zweiten Stufe durch die bedingten Wahrscheinlichkeiten p und q beschrieben werden.
- Die gegebene bedingte Wahrscheinlichkeit $\frac{18}{67}$ lässt sich aufgrund der Definition $P_B(A)=\frac{P(A\cap B)}{P(B)}$ mithilfe von p und q sowie der unbekannten Wahrscheinlichkeit $x := P(\text{„das Werkstück wird fehlerhaft produziert"})$ darstellen.
- Die nun über eine lineare Gleichung zu berechnende Wahrscheinlichkeit x gibt den zu *erwartenden* Prozentsatz fehlerhaft produzierter Werkstücke an. Der *tatsächliche* Prozentsatz kann aufgrund der gegebenen Daten nicht ermittelt werden.

**Aufgabe d**

- Erstellen Sie den Prüfplan unter der abgeänderten Eigenschaft (2): *Wenn* die Meinung des Firmeninhabers zutrifft, wird seine Hypothese mit einer Wahrscheinlichkeit kleiner als 0,05 abgelehnt. („Die Meinung des Firmeninhabers trifft zu …" erübrigt das Aufstellen eines Prüfplanes.)
- Konstruieren Sie einen Alternativtest mit der Nullhypothese $p = 0{,}02$ und der Gegenhypothese $p = 0{,}03$ sowie einem Stichprobenumfang von $n = 1500$ und einem Signifikanzniveau $\alpha < 0{,}05$.
- Wählen Sie als binomialverteilte Testgröße X die zufällige Anzahl der fehlerhaften Werkstücke unter den geprüften.
- Wählen Sie als Ablehnungsbereich $\overline{A}$ die Werte von X, die gegen $H_0$ und damit für $H_1$ sprechen.
- Der Fehler 1. Art tritt auf, wenn $H_0$ wahr ist, aber aufgrund des Testergebnisses abgelehnt wird. Seine Fehlerwahrscheinlichkeit soll kleiner als 0,05 sein.
- Ermitteln Sie den Ablehnungsbereich $\overline{A} = \{k; k+1; \ldots; 1500\}$ so, dass $B_{1500;\,0{,}02}(X \geq k) < 0{,}05$ gilt.
- Als abschließend zu bestimmende Wahrscheinlichkeit ist die Wahrscheinlichkeit für einen Fehler 2. Art und damit die bedingte Wahrscheinlichkeit $P_{p=0{,}03}(X \in A)$ gemeint.

  Die unbedingte Wahrscheinlichkeit, dass die Vermutung $p = 0{,}03$ wahr ist, sie aber abgelehnt wird, ist aufgrund eines Alternativtests nicht zu berechnen.

## Lösungen

**Modellannahme:** Dem Verteilen der sechs Gläser entspricht das sechsmalige Ziehen jeweils genau einer Kugel „auf gut Glück“ und ohne Zurücklegen. Zu Beginn befinden sich in der Urne genau 20 Kugeln (acht A2-Kugeln und neun A3-Kugeln für die Azubis, die nach zwei bzw. drei Jahren ihre Lehre erfolgreich abgeschlossen haben, sowie drei Aa-Kugeln für die Azubis, die ihre Lehre abgebrochen haben).

a) **Wahrscheinlichkeiten P(A) und P(B)**

$$P(A) = \frac{8}{20} = \underline{\underline{0{,}4}}$$

$$P(B) = \frac{8}{20} + \frac{9}{20} = \frac{17}{20} = \underline{\underline{0{,}85}}$$

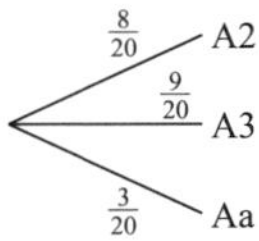


**Wahrscheinlichkeit P(C)**

$$P(C) = \frac{8}{20} \cdot \frac{3}{19} + \frac{9}{20} \cdot \frac{3}{19} = \frac{51}{380} \approx \underline{\underline{0{,}13}}$$

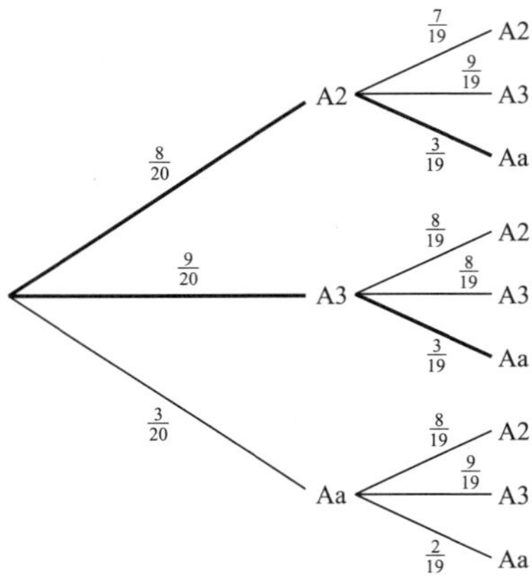


**Wahrscheinlichkeit P(D)**

*Lösungsweg 1:*

Da für das Ereignis D nur die ersten drei Stufen des Zufallsexperiments von Interesse sind und auf jeder dieser Stufen nur beobachtet werden muss, ob entweder ein „Abbrecher“ (Aa) oder ein „Nichtabbrecher“ ($\overline{Aa}$) das jeweilige Glas erhält, lässt sich ein vereinfachtes (dreistufiges) Baumdiagramm mit nur jeweils zwei Verzweigungen nutzen.

$$P(D) = \frac{17}{20} \cdot \frac{16}{19} \cdot \frac{3}{18} + \frac{17}{20} \cdot \frac{3}{19} + \frac{3}{20} = \frac{23}{57} \approx \underline{\underline{0{,}40}}$$

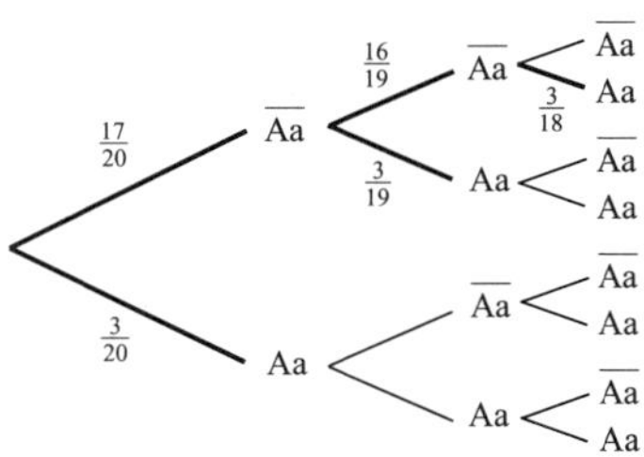

*Lösungsweg 2:*

Zu dem Gegenereignis $\overline{D}$ = „die ersten drei Gläser erhalten ‚Nichtabbrecher' " führt nur ein einziger Pfad.

$$P(D) = 1 - P(\overline{D}) = 1 - \frac{17}{20} \cdot \frac{16}{19} \cdot \frac{15}{18} = \underline{\underline{\frac{23}{57}}} \approx 0,40$$

$\xrightarrow{\frac{17}{20}} \overline{Aa} \xrightarrow{\frac{16}{19}} \overline{Aa} \xrightarrow{\frac{15}{18}} \overline{Aa}$

*Lösungsweg 3:*

Um P(D) zu berechnen, kann das (auf die ersten drei Stufen reduzierte) Zufallsexperiment auch durch folgendes Urnenmodell beschrieben werden: Einer Urne mit 20 Kugeln (3 Abbrecher-Kugeln und 17 Nichtabbrecher-Kugeln) werden „auf gut Glück" und mit einem Griff (d. h. ohne Zurücklegen und ohne Beachtung der Reihenfolge) genau drei Kugeln entnommen.

$P(D) = P($„unter den drei Kugeln ist mindestens eine Abbrecher-Kugel"$)$

$= 1 - P(\overline{D}) = 1 - P($„alle drei Kugeln sind Nichtabbrecher-Kugeln"$)$

$$= 1 - \frac{\binom{17}{3} \cdot \binom{3}{0}}{\binom{20}{3}} \quad \text{nach der „Lottoformel"}$$

$$= \underline{\underline{\frac{23}{57}}} \approx 0,40$$

**Wahrscheinlichkeit P(E)**

*Lösungsweg 1:*

Nur ein Pfad des sechsstufigen Ausgangsbaumdiagramms stellt das Ereignis E dar.

$$P(E) = \frac{8}{20} \cdot \frac{7}{19} \cdot \frac{6}{18} \cdot \frac{5}{17} \cdot \frac{4}{16} \cdot \frac{3}{15} = \underline{\underline{\frac{7}{9690}}} \approx 0,00072$$

$\xrightarrow{\frac{8}{20}} A2 \xrightarrow{\frac{7}{19}} A2 \xrightarrow{\frac{6}{18}} A2 \xrightarrow{\frac{5}{17}} A2 \xrightarrow{\frac{4}{16}} A2 \xrightarrow{\frac{3}{15}} A2$

*Lösungsweg 2:*

Um P(E) zu berechnen, kann das Zufallsexperiment auch durch folgendes Urnenmodell beschrieben werden: Einer Urne mit genau 20 Kugeln (8 A2-Kugeln und 12 $\overline{A2}$-Kugeln) werden „auf gut Glück" und mit „einem Griff" genau sechs Kugeln entnommen.

$P(E) = P($„alle sechs Kugeln sind A2-Kugeln"$)$

$$= \frac{\binom{8}{6} \cdot \binom{12}{0}}{\binom{20}{6}} \quad \text{nach der „Lottoformel"}$$

$$= \underline{\underline{\frac{7}{9690}}} \approx 0,00072$$

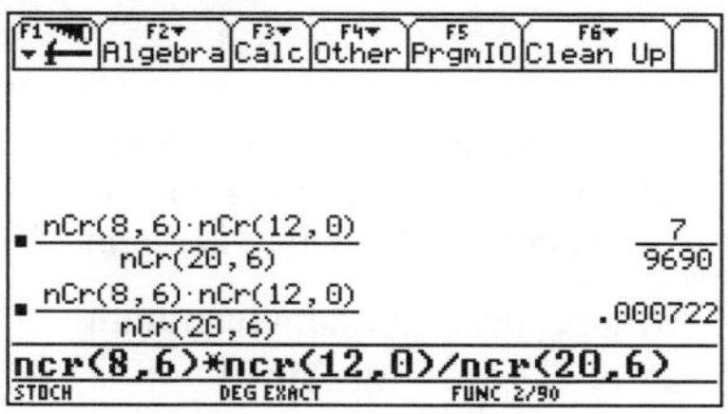

**Wahrscheinlichkeit P(F)**

*Lösungsweg 1:*

In dem Ausgangsbaumdiagramm gehören alle die Pfade zum Ereignis F, die genau drei Ergebnisse Aa enthalten. Die Anzahl dieser Pfade ist gleich der Anzahl der Möglichkeiten, aus 6 Elementen drei Elemente ohne Wiederholung und ohne Beachtung der Reihenfolge auszuwählen.

$$P(F) = \binom{6}{3} \cdot \frac{3}{20} \cdot \frac{2}{19} \cdot \frac{1}{18} \cdot \frac{17}{17} \cdot \frac{16}{16} \cdot \frac{15}{15} = \underline{\underline{\frac{1}{57} \approx 0{,}018}}$$

*Lösungsweg 2:*

Um P(F) zu berechnen, kann das Zufallsexperiment auch durch folgendes Urnenmodell beschrieben werden: Einer Urne mit genau 20 Kugeln (3 Abbrecher-Kugeln und 17 Nichtabbrecher-Kugeln) werden „auf gut Glück" und „mit einem Griff" genau sechs Kugeln entnommen.

P(F) = P(„genau drei Abbrecher-Kugeln werden entnommen")

$$= \frac{\binom{3}{3} \cdot \binom{17}{3}}{\binom{20}{6}} \quad \text{nach der „Lottoformel"}$$

$$= \underline{\underline{\frac{1}{57} \approx 0{,}018}}$$

b) **Binomialwahrscheinlichkeiten $B_{n;\,p}$**

Die zufällige Anzahl $X_5$ der „Erfolgreichen" unter fünf Azubis ist binomialverteilt mit den Parametern $n = 5$ und $p = 0{,}90$.

$$P(X_5 = 5) = \binom{5}{5} \cdot 0{,}90^5 \cdot 0{,}10^0 = 0{,}90^5 \approx \underline{\underline{0{,}59}}$$

$$P(X_5 \geq 4) = P(X_5 = 4) + P(X_5 = 5)$$

$$= \binom{5}{4} \cdot 0{,}90^4 \cdot 0{,}10^1 + \binom{5}{5} \cdot 0{,}90^5 \cdot 0{,}10^0$$

$$\approx \underline{\underline{0{,}92}}$$

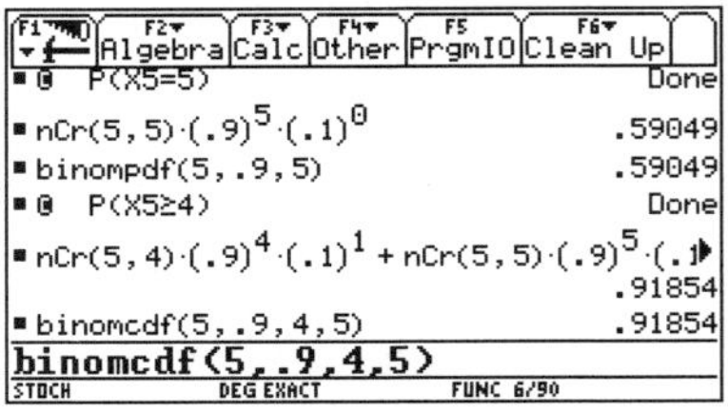


Die Auswahl zweier Mädchen aus 25 Azubis, unter denen genau m Mädchen sind, erfolge durch zweimaliges Losziehen und damit „ohne Zurücklegen". In der Lostrommel befinden sich genau m Mädchen-Lose und 25 – m Jungen-Lose.

*Lösungsweg 1:* Baumdiagramm

$$0{,}05 = \frac{m}{25} \cdot \frac{m-1}{24}$$

$$25 \cdot 24 \cdot 0{,}05 = m^2 - m$$

$$0 = m^2 - m - 25 \cdot 24 \cdot 0{,}05$$

$\Rightarrow$ $m_1 = -5$ entfällt als Anzahl

$\underline{\underline{m_2 = 6}}$

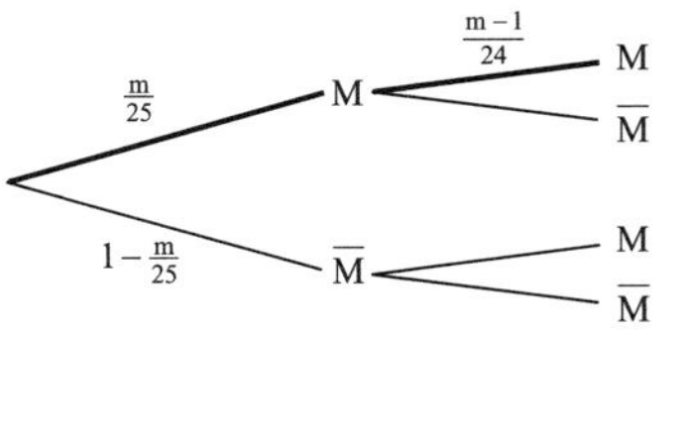

*Lösungsweg 2:* Lottoformel

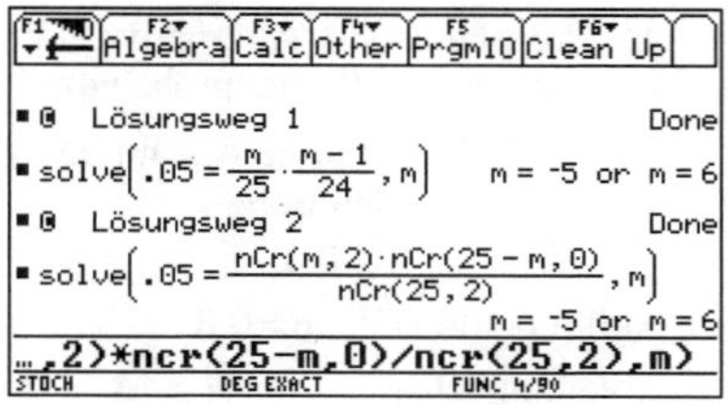


$$0{,}05=\frac{\binom{m}{2}\cdot\binom{25-m}{0}}{\binom{25}{2}}=\frac{\binom{m}{2}}{\binom{25}{2}}$$

$$0{,}05=\frac{\frac{m!}{2!(m-2)!}}{\frac{25!}{2!23!}}=\frac{\frac{(m-1)\cdot m}{2}}{\frac{24\cdot 25}{2}}$$

$$0{,}05=\frac{(m-1)\cdot m}{24\cdot 25}$$

$$25\cdot 24\cdot 0{,}05=m^2-m$$

$$0=m^2-m-25\cdot 24\cdot 0{,}05 \quad \text{mit } m>0$$

$$\Rightarrow \quad \underline{\underline{m=6}}$$

Sechs Mädchen befinden sich unter den diesjährigen Azubis.

c) **Der zu erwartende Prozentsatz**

Wenn Sie die gegebenen Prozentsätze als relative Häufigkeiten und damit als Näherungswerte $p \approx 0{,}90$ und $q \approx 0{,}05$ für die entsprechenden bedingten Wahrscheinlichkeiten p und q interpretieren, lässt sich das beschriebene Zufallsexperiment durch ein zweistufiges Baumdiagramm veranschaulichen. Dabei sind $p = P_{\{\text{fehlerhaft produziert}\}}(\{\text{als fehlerhaft eingestuft}\})$ und $q = P_{\{\text{fehlerfrei produziert}\}}(\{\text{als fehlerhaft eingestuft}\})$ zwei Übergangswahrscheinlichkeiten auf der zweiten Stufe.

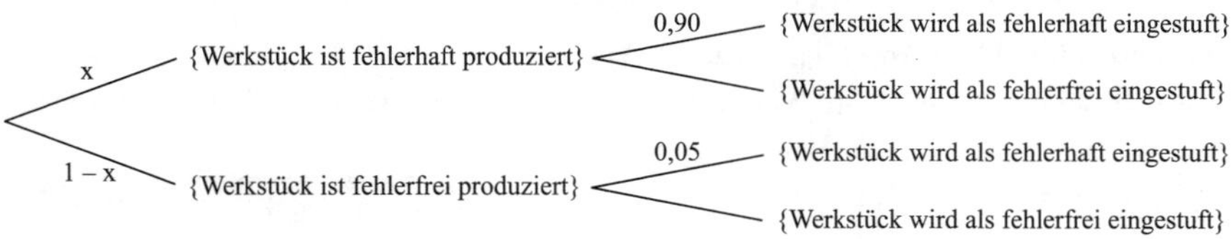


$$\frac{18}{67}=P_{\{\text{fehlerhaft eingestuft}\}}(\{\text{fehlerhaft produziert}\})$$

$$=\frac{P(\{\text{fehlerhaft produziert und fehlerhaft eingestuft}\})}{P(\{\text{fehlerhaft eingestuft}\})}$$

$$\frac{18}{67}=\frac{x\cdot 0{,}90}{x\cdot 0{,}90+(1-x)\cdot 0{,}05}=\frac{0{,}90x}{0{,}85x+0{,}05}$$

$$18\cdot 0{,}85x+18\cdot 0{,}05=67\cdot 0{,}9x$$

$$-45x=-0{,}9$$

$$\underline{\underline{x=0{,}02}}$$

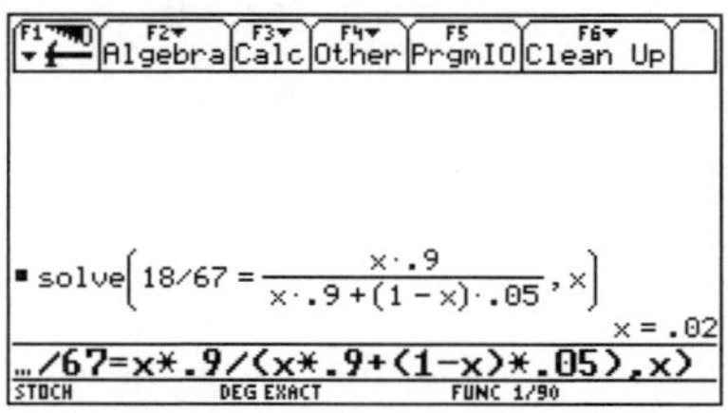


Die Wahrscheinlichkeit, dass ein Werkstück fehlerhaft produziert wird, beträgt 0,02, d. h., es sind 2 % fehlerhaft produzierte Werkstücke *zu erwarten*. Die gestellte Frage nach dem *tatsächlichen* Prozentsatz der fehlerhaften unter den geprüften Werkstücken ist aufgrund der gegebenen Daten nicht zu beantworten.

d) **Alternativtest**

Als Prüfplan ist ein Alternativtest zu entwickeln für die Hypothesen $p = 0{,}02$ und $p = 0{,}03$ sowie einer Zufallsstichprobe vom Umfang $n = 1500$ und einem Signifikanzniveau $\alpha < 0{,}05$.

Testgröße X: zufällige Anzahl der fehlerhaften Werkstücke unter 1500 aus der Zufallsstichprobe

$X \sim B_{1500;\,p}$

Nullhypothese $H_0$: $p = 0{,}02$ Gegenhypothese $H_1$: $p = 0{,}03$

Ablehnungsbereich für $H_0$: $\overline{A} = \{k;\ k+1;\ \ldots;\ 1500\}$

Annahmebereich für $H_0$: $A = \{0;\ 1;\ \ldots;\ k-1\}$

Der größtmögliche Ablehnungsbereich $\overline{A}$ ist so zu bestimmen, dass die Wahrscheinlichkeit für einen Fehler 1. Art kleiner als 0,05 wird.

$$P_{p=0{,}02}(\overline{A}) = P_{p=0{,}02}(X \geq k) = B_{1500;\,0{,}02}(\{k;\ k+1;\ \ldots;\ 1500\})$$

$$= 1 - B_{1500;\,0{,}02}(\{0;\ 1;\ \ldots;\ k-1\}) < 0{,}05$$

$$0{,}95 < B_{1500;\,0{,}02}(X \leq k-1)$$

$$0{,}95 < \sum_{i=0}^{k-1} \binom{1500}{i} \cdot 0{,}02^i \cdot 0{,}98^{1500-i}$$

$\Rightarrow$ $39 \leq k-1$ nach $B_{1500;\,0{,}02}$-Tabelle

$40 \leq k$

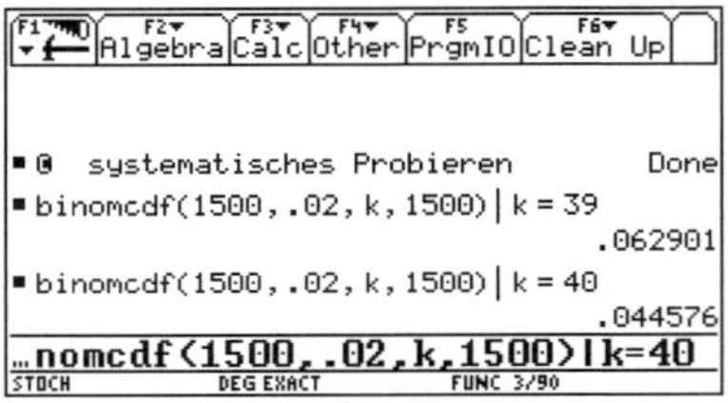


$\Rightarrow$ $\overline{A} = \{40;\ 41;\ \ldots;\ 1500\}$ und demzufolge $A = \{0;\ 1;\ \ldots;\ 39\}$

**Wahrscheinlichkeit für einen Fehler 2. Art**

Gesucht sei nun die bedingte Wahrscheinlichkeit $P_{p=0{,}03}(A)$ und damit die Wahrscheinlichkeit für einen Fehler 2. Art.

$$P_{p=0{,}03}(A) = P_{p=0{,}03}(X \leq 39)$$

$$= B_{1500;\,0{,}03}(\{0;\ 1;\ \ldots;\ 39\})$$

$$= \sum_{i=0}^{39} \binom{1500}{i} \cdot 0{,}03^i \cdot 0{,}97^{1500-i}$$

$$\approx \underline{\underline{0{,}20}} \quad \text{nach } B_{1500;\,0{,}03}\text{-Tabelle}$$

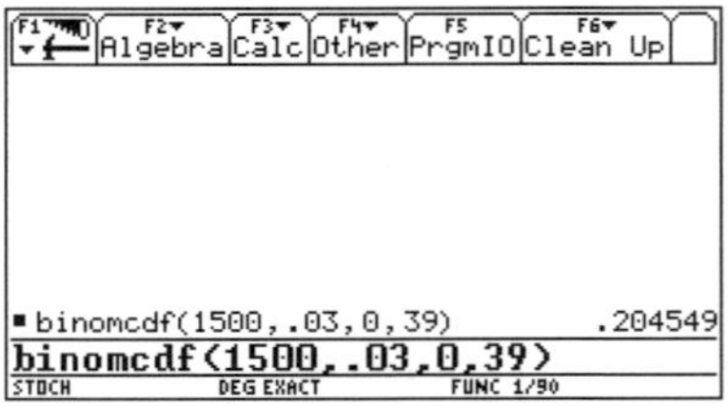

## Kernfach Mathematik (Thüringen): Abiturprüfung 2011
## Aufgabe C: Themenübergreifend

a) Ermitteln Sie den Definitionsbereich des Terms.
$\sqrt{x^2 - 4x}$ (2 BE)

b) Für jede positive reelle Zahl a ist eine Funktion $f_a$ mit $y = f_a(x) = a \cdot \sin x$ gegeben.
Der Graph von $f_a$ begrenzt im Intervall $0 \leq x \leq \pi$ mit der x-Achse eine Fläche mit dem Inhalt 4 FE vollständig.
Berechnen Sie a. (2 BE)

**Formulierung für das CAS-Abitur**
Der Graph von $f_a$ begrenzt im Intervall $0 \leq x \leq 2\pi$ mit der x-Achse eine Fläche mit dem Inhalt 8 FE vollständig.
Berechnen Sie a.

c) Gegeben sind die Graphen der Funktionen f, g und h.

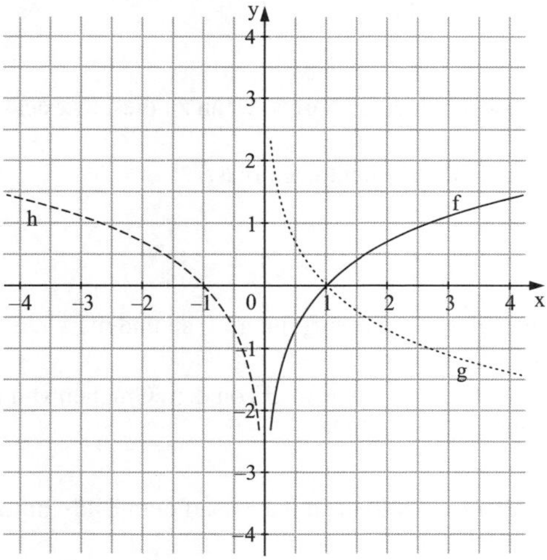


Die Funktion f hat die Gleichung $y = f(x) = \ln(x)$ mit $x > 0$.
Geben Sie jeweils eine Gleichung für die Funktionen g und h an. (2 BE)

d) Gegeben sind die Eckpunkte eines Dreiecks A(–4; 5; 1), B(3; 4; –5) und C(0; 5; 7).
Bestimmen Sie die Koordinaten eines Punktes D so, dass die vier Punkte A, B, C und D ein Parallelogramm bilden.
Wie viele Möglichkeiten für einen solchen Punkt D existieren? (2 BE)

e) Auf das dargestellte Spielfeld wird auf zwei zufällig ausgewählte Felder je ein Spielstein gelegt.

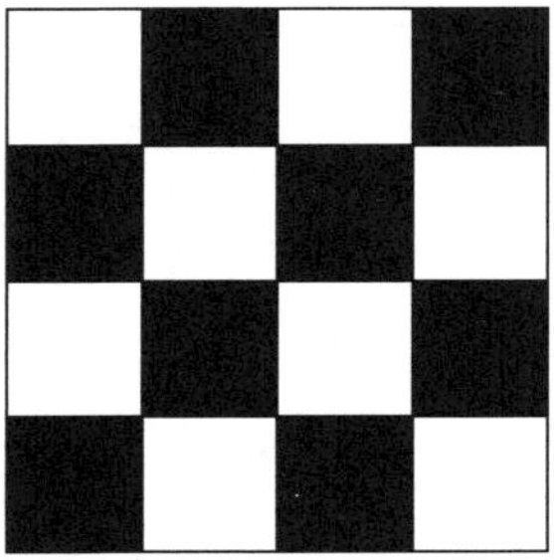

Berechnen Sie die Wahrscheinlichkeiten der folgenden Ereignisse.
A := „Beide Steine liegen auf einem schwarzen Feld."
B := „Beide Steine liegen auf verschiedenfarbigen Feldern." (2 BE)

(10 BE)

---

## Hinweise und Tipps

### Aufgabe a

- Ein x-Wert gehört genau dann zum Definitionsbereich eines Terms, wenn zu diesem x der zugehörige Termwert existiert.
- Eine Quadratwurzel ist nur definiert, wenn ihr Radikand nicht negativ ist.

### Aufgabe b

*Abitur ohne CAS*

- Fertigen Sie zunächst eine Skizze des Graphen einer Funktion $f_a$ mit $a > 0$ an und markieren Sie darin die Fläche, deren Inhalt vorgegeben ist.
- Die zu markierende Fläche liegt nur im ersten Quadranten und wird von dem Graphen von $f_a$ und der x-Achse im Intervall $[0; \pi]$ vollständig eingeschlossen.

*CAS-Abitur*

- Veranschaulichen Sie zunächst den Graphen einer Funktion $f_a$ mit $a > 0$ auf dem Bildschirm, um die Fläche zu erkennen, deren Inhalt vorgegeben ist.
- Die über dem Intervall $[0; 2\pi]$ zu betrachtende Fläche liegt teils oberhalb und teils unterhalb der x-Achse.
- Die Hälfte der zu betrachtenden Fläche liegt nur im ersten Quadranten und wird von dem Graphen von $f_a$ und der x-Achse im Intervall $[0; \pi]$ vollständig eingeschlossen.

### Aufgabe c

- Wenn die Graphen $G_g$ und $G_h$ der Funktionen g und h jeweils dieselbe Gestalt wie der Graph $G_f$ von f haben sollen, gehen $G_g$ und $G_h$ jeweils durch eine oder mehrere Bewegungen aus $G_f$ hervor.
- $G_g$ ist das Spiegelbild von $G_f$ bezüglich der x-Achse.
- $G_h$ ist das Spiegelbild von $G_f$ bezüglich der y-Achse.

**Aufgabe d**

- Aus dem Dreieck ABC entsteht das Parallelogramm ABCD nur dann, wenn die Seiten $\overline{AB}$ und $\overline{DC}$ parallel liegen und dieselbe Länge besitzen.
- Eckpunkt D kann über die Gleichheit der Vektoren $\overrightarrow{AB}$ und $\overrightarrow{DC}$ bestimmt werden.
- Um zu erkennen, welche Parallelogramme noch aus dem Dreieck ABC und einem Punkt D entstehen können, sollten Sie eine entsprechende Skizze anfertigen.

**Aufgabe e**

- Das Setzen der zwei Spielsteine stellt ein zweistufiges Zufallsexperiment dar. Auf jeder der beiden Stufen können genau zwei verschiedene Ergebnisse eintreten.
- Erstellen Sie für das beschriebene Zufallsexperiment ein Baumdiagramm. Beachten Sie dabei, dass auf jedes Feld höchstens ein Spielstein gelegt werden darf.

## Lösungen

a) **Definitionsbereich**

Der Quadratwurzelterm ist für alle die x-Werte definiert, für die auch der Radikand nicht negativ ist.

*Lösungsweg 1:*

$D = \{x \mid x^2 - 4x \geq 0\}$

$D = \{x \mid x(x-4) \geq 0\}$

Ein Produkt $a \cdot b$ ist genau dann nicht negativ, wenn $a \geq 0$ und $b \geq 0$ oder wenn $a \leq 0$ und $b \leq 0$.

$D = \{x \mid (x \geq 0 \text{ und } x-4 \geq 0) \text{ oder } (x \leq 0 \text{ und } x-4 \leq 0)\}$

$D = \{x \mid (x \geq 0 \text{ und } x \geq 4) \text{ oder } (x \leq 0 \text{ und } x \leq 4)\}$

$\underline{\underline{D = \{x \mid x \geq 4 \text{ oder } x \leq 0\}}} = \underline{\underline{\mathbb{R} \setminus \,]0; 4[}}$

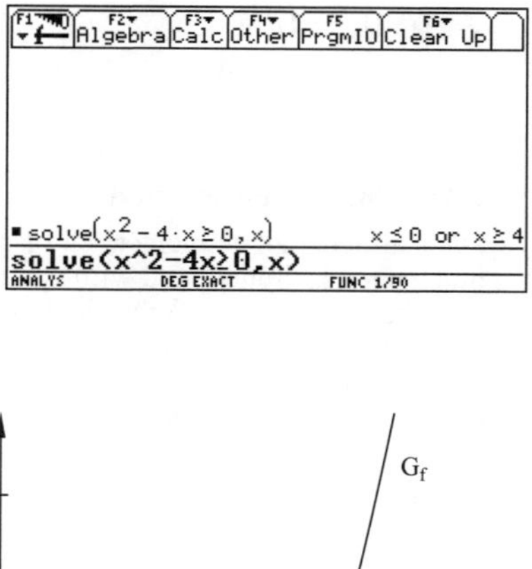


*Lösungsweg 2:*

$D = \{x \mid x^2 - 4x \geq 0\}$

Der Graph von f mit $f(x) = x^2 - 4x$ ist eine nach oben geöffnete Parabel mit den Nullstellen $x_1 = 0$, $x_2 = 4$. Der Skizze ist zu entnehmen, dass $f(x) \geq 0$ gilt, genau dann, wenn $x \leq 0$ oder wenn $x \geq 4$.

$\underline{\underline{D = \{x \mid x \leq 0 \text{ oder } x \geq 4\}}} = \underline{\underline{\mathbb{R} \setminus \,]0; 4[}}$

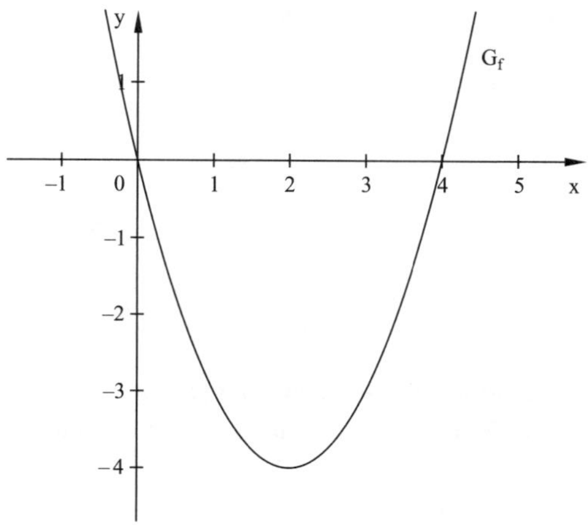

b) **Abitur ohne CAS: Bestimmen des Parameters a**

Es ist der Parameter a so zu bestimmen, dass der Inhalt der Fläche, die der Graph von $f_a$ mit der x-Achse über dem Intervall $[0; \pi]$ einschließt, 4 FE betragen soll. Diese Fläche liegt nirgends unterhalb der x-Achse, weil $a > 0$ gilt.

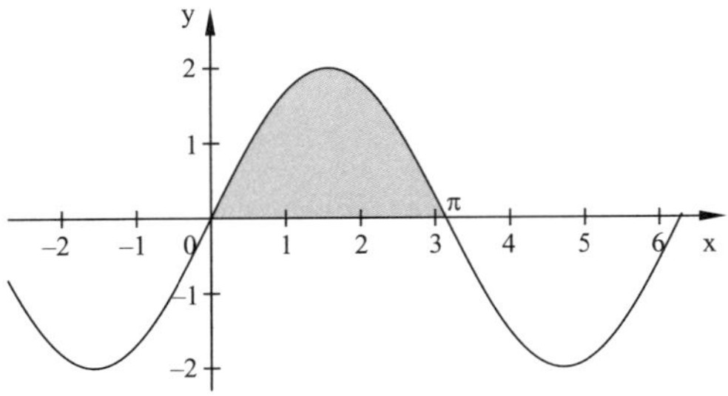

$$A = \int_0^{\pi} a \cdot \sin x \, dx = 4$$

$$a \cdot \int_0^{\pi} \sin x \, dx = 4$$

$$a \cdot [-\cos x]_0^{\pi} = 4$$

$$a \cdot [-(-1) - (-1)] = 4$$

$$2a = 4$$

$$\underline{\underline{a = 2}}$$

**CAS-Abitur: Bestimmen des Parameters a**

Die Hälfte der zu betrachtenden Fläche liegt nur im ersten Quadranten und wird von dem Graphen von $f_a$ und der x-Achse im Intervall $[0; \pi]$ vollständig eingeschlossen.
Damit ergibt sich derselbe Ansatz wie im Abitur ohne CAS und das CAS liefert dieselbe Lösung:
$\underline{\underline{a = 2}}$

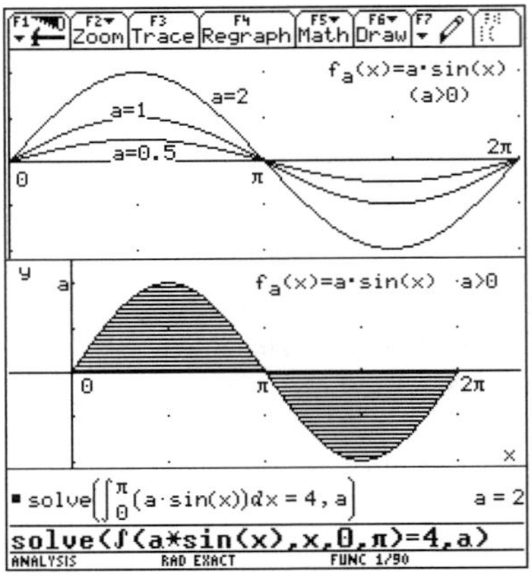


c) **Funktionsgleichungen von g und h**

Der Graph von g geht durch eine Spiegelung an der x-Achse aus dem Graphen von f hervor.

$g(x) = -f(x)$

$\underline{\underline{g(x) = -\ln x \qquad (x > 0)}}$

Der Graph von h geht durch eine Spiegelung an der y-Achse aus dem Graphen von f hervor.

$h(x) = f(-x)$

$\underline{\underline{h(x) = \ln(-x) \qquad (x < 0)}}$

d) **Koordinaten des Eckpunktes D**

Aus dem Dreieck ABC entsteht das Parallelogramm ABCD nur, wenn D der Gleichung $\overrightarrow{AB} = \overrightarrow{DC}$ genügt.

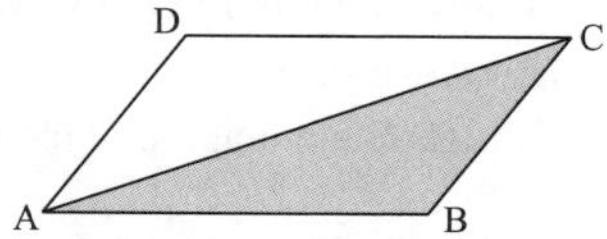


*Lösungsweg 1:*

$\overrightarrow{AB} = \overrightarrow{DC}$ mit D(x; y; z)

$$\begin{pmatrix} 3-(-4) \\ 4-5 \\ -5-1 \end{pmatrix} = \begin{pmatrix} 0-x \\ 5-y \\ 7-z \end{pmatrix}$$

$$\left.\begin{array}{l} 7 = -x \Rightarrow x = -7 \\ -1 = 5-y \Rightarrow y = 6 \\ -6 = 7-z \Rightarrow z = 13 \end{array}\right\} \Rightarrow \underline{\underline{D(-7; 6; 13)}}$$

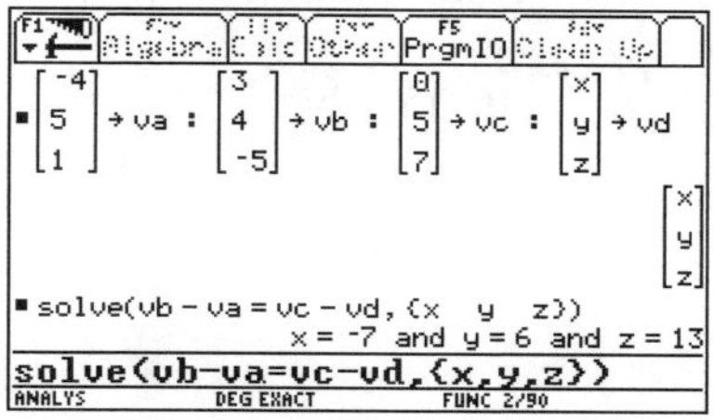


*Lösungsweg 2:*

$$\overrightarrow{OD} = \overrightarrow{OA} + \overrightarrow{AD}$$

$$= \overrightarrow{OA} + \overrightarrow{BC}$$

$$= \begin{pmatrix} -4 \\ 5 \\ 1 \end{pmatrix} + \begin{pmatrix} 0-3 \\ 5-4 \\ 7-(-5) \end{pmatrix}$$

$$\underline{\underline{\overrightarrow{OD} = \begin{pmatrix} -7 \\ 6 \\ 13 \end{pmatrix}}}$$

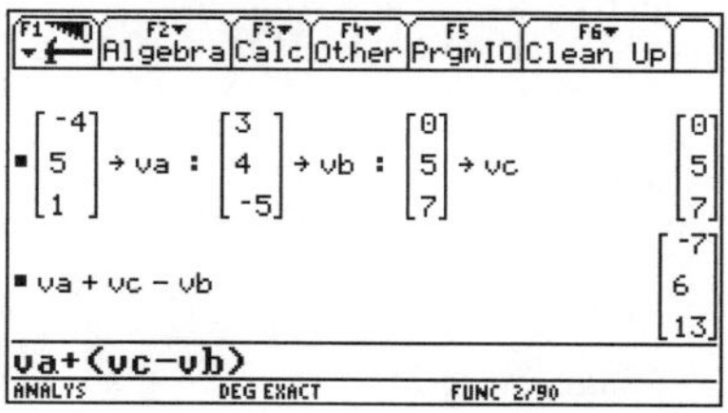


**Anzahl der möglichen Parallelogramme**

*Lösungsweg 1:*

mögliche Parallelogramme:

$ABCD_1$

$ABD_2C$

$AD_3BC$

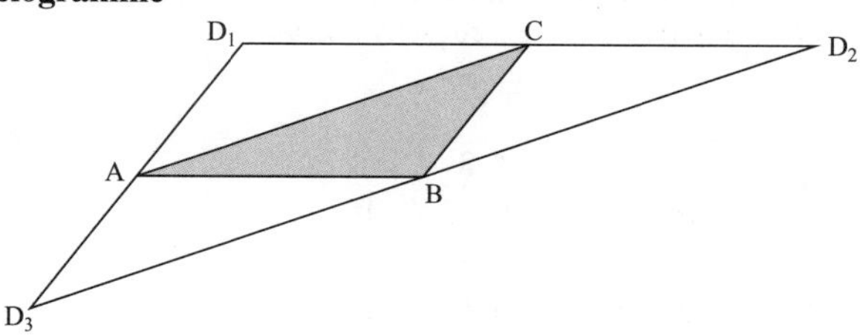


*Lösungsweg 2:*

Die Anzahl der möglichen Parallelogramme mit den Eckpunkten A, B, C und D ergibt sich aus der Anzahl der Möglichkeiten, die vier Buchstaben in einer Reihe (ohne Wiederholung) so anzuordnen, dass A stets links von B und B stets links von C steht.

ABCD
ABDC
ADBC
DABC

Dabei sind jedoch die Parallelogramme ABCD und DABC identisch.
Es existieren folglich genau drei Möglichkeiten für einen derartigen Parallelogrammeckpunkt D.

Analog zur Bestimmung der Koordinaten von $D = D_1$ lassen sich auch die Koordinaten der Eckpunkte $D_2(7; 4; 1)$ und $D_3(-1; 4; -11)$ berechnen.

e) **Wahrscheinlichkeiten P(A), P(B)**

*Lösungsweg 1:*

Mittels Baumdiagramm lässt sich das angegebene zweistufige Zufallsexperiment beschreiben.

P(A) = P(„Beide Steine liegen jeweils auf einem schwarzen Feld.“)

$$P(A) = \frac{8}{16} \cdot \frac{7}{15} = \underline{\underline{\frac{7}{30}}}$$

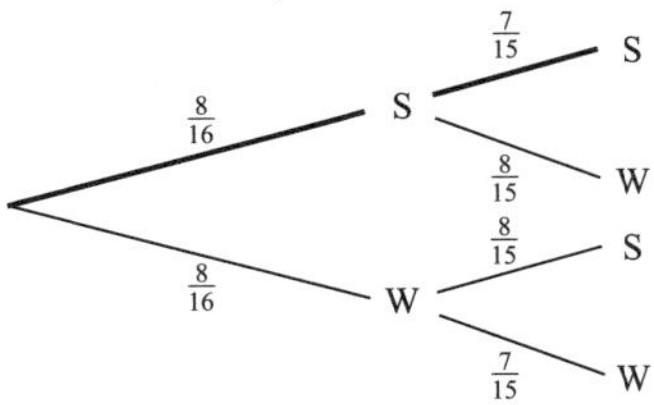


P(B) = P(„Beide Steine liegen auf verschiedenfarbigen Feldern.“)

$$P(B) = \frac{8}{16} \cdot \frac{8}{15} + \frac{8}{16} \cdot \frac{8}{15} = \underline{\underline{\frac{8}{15}}}$$

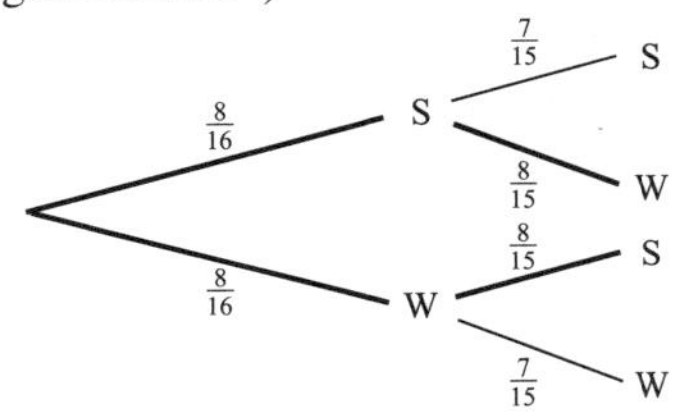


*Lösungsweg 2:*

Auch mittels einer Vierfeldertafel lässt sich das angegebene zweistufige Zufallsexperiment beschreiben.

X:= „erster Stein auf ein schwarzes Feld“
Y:= „zweiter Stein auf ein schwarzes Feld“

| | $Y$ | $\overline{Y}$ | |
|---|---|---|---|
| $X$ | $\frac{8 \cdot 7}{16 \cdot 15}$ | $\frac{8 \cdot 8}{16 \cdot 15}$ | $\frac{8}{16}$ |
| $\overline{X}$ | $\frac{8 \cdot 8}{16 \cdot 15}$ | $\frac{8 \cdot 7}{16 \cdot 15}$ | $\frac{8}{16}$ |
| | $\frac{1}{2}$ | $\frac{1}{2}$ | |

$$P(A) = P(X \cap Y) = \frac{8 \cdot 7}{16 \cdot 15} = \underline{\underline{\frac{7}{30}}}$$

$$P(B) = P(X \cap \overline{Y}) + P(\overline{X} \cap Y) = \frac{8 \cdot 8}{16 \cdot 15} + \frac{8 \cdot 8}{16 \cdot 15} = \underline{\underline{\frac{8}{15}}}$$

## Kernfach Mathematik (Thüringen): Abiturprüfung 2012
## Aufgabe A1: Analysis

Gegeben sind die Funktion f durch $y = f(x) = (-x^2 + 3) \cdot e^{-x}$ und die Funktion g durch $y = g(x) = e^{-x}$ $(x \in \mathbb{R})$.

a) Untersuchen Sie den Graphen von f auf Schnittpunkte mit den Koordinatenachsen sowie auf lokale Extrempunkte.
Geben Sie gegebenenfalls die Koordinaten dieser Punkte an.
Geben Sie das Verhalten von f im Unendlichen an.
Skizzieren Sie den Graphen von f im Intervall $-2 \leq x \leq 6$.
Begründen Sie, dass der Graph von f zwei Wendepunkte besitzt. (12 BE)

b) Skizzieren Sie den Graphen von g in das Koordinatensystem aus Teilaufgabe a.
Berechnen Sie die Größe des Winkels, unter dem sich die Graphen der Funktionen f und g im II. Quadranten schneiden. (4 BE)

c) Weisen Sie nach, dass die Funktion F mit der Gleichung $F(x) = (x^2 + 2x - 1) \cdot e^{-x}$ eine Stammfunktion der Funktion f ist.
Bestimmen Sie den Inhalt der Fläche, die von den Graphen der Funktionen f und g vollständig begrenzt wird. (3 BE)

d) Die Graphen der Funktionen f und g schneiden sich in den Punkten $S_1(x_1; f(x_1))$ und $S_2(x_2; f(x_2))$.
Bestimmen Sie die Stelle p mit $x_1 < p < x_2$, für welche die Differenz der Funktionswerte maximal wird.
(Auf den Nachweis des Maximums kann verzichtet werden.) (3 BE)

e) An die Graphen von f und g werden jeweils im Schnittpunkt mit der y-Achse die Tangenten gelegt. Diese Tangenten begrenzen mit der y-Achse ein Dreieck.
Berechnen Sie dessen Flächeninhalt.
Begründen Sie, dass es für $x < -1$ einen Punkt auf dem Graphen der Funktion f gibt, in dem die Tangente mit den Koordinatenachsen ein gleichschenkliges Dreieck bildet. (5 BE)

f) Für jede reelle Zahl t ist eine Funktion $f_t(x) = (-x^2 + 3) \cdot e^{-x} + t$ $(x \in \mathbb{R})$ gegeben.
Geben Sie jeweils einen Wert von t an, für den $f_t(x)$
- keine Nullstelle,
- genau eine Nullstelle bzw.
- drei Nullstellen

besitzt. (3 BE)

(30 BE)

## Hinweise und Tipps

### Aufgabe a

*Ableitungen*

- Die Funktionsterme sind Produkte und können demzufolge mittels der Produktregel differenziert werden.
- Um $e^{-x}$ zu differenzieren, kann die Kettenregel angewendet werden.

*Schnittpunkte mit den Koordinatenachsen*

- Um die Schnittstellen des Graphen von f mit der x-Achse zu berechnen, lösen Sie die Gleichung $f(x)=0$.
- Die Schnittstelle des Graphen von f mit der y-Achse ist der Funktionswert f(0).
- Beachten Sie, dass das Gesuchte Punkte und keine Stellen sind.

*lokale Extrempunkte*

- Die Extremstellen können Sie mit der ersten und der zweiten Ableitung von f bestimmen.
- Mögliche Extremstellen $x_E$ erhalten Sie als Lösung der Gleichung $f'(x)=0$.
- Gilt für eine mögliche Extremstelle $x_E$ außerdem $f''(x_E)\neq 0$, so ist $x_E$ tatsächlich eine Extremstelle.
  (Gilt $f''(x_E)<0$, so ist $x_E$ eine lokale Maximumstelle; gilt $f''(x_E)>0$, so ist $x_E$ eine lokale Minimumstelle.)
- Die Extrempunkte ergeben sich als $E(x_E; f(x_E))$.

*Verhalten im Unendlichen*

- Um das Verhalten von f im Unendlichen zu ermitteln, sind nur die beiden Grenzwerte $\lim\limits_{x\to+\infty} f(x)$ und $\lim\limits_{x\to-\infty} f(x)$ zu bestimmen. (Obwohl der Funktionsterm als Quotient $f(x)=\frac{-x^2+3}{e^x}$ aufgefasst werden kann, besitzt f keine Polstelle, da der Nenner $e^x$ stets ungleich null ist.)
- $\lim\limits_{x\to+\infty} f(x)$ bzw. $\lim\limits_{x\to-\infty} f(x)$ kann man angeben, wenn man f(x) bzw. f(–x) für „große“ x-Werte berechnet. Eine zusätzliche Kontrollmöglichkeit bietet der noch zu skizzierende Graph $G_f$.

*Wendepunkte*

- Die Wendestellen können Sie mit der zweiten und dritten Ableitung von f bestimmen.
- Mögliche Wendestellen $x_W$ erhalten Sie als Lösungen der Gleichung $f''(x)=0$.
- Gilt für eine mögliche Wendestelle $x_W$ außerdem $f'''(x_W)\neq 0$, so ist $x_W$ tatsächlich eine Wendestelle.
- Die Wendepunkte ergeben sich als $W(x_W; f(x_W))$.

### Aufgabe b

*Schnittwinkel*

- Beachten Sie, dass als Schnittwinkel zweier Geraden stets der spitze (ggf. rechte) Winkel zwischen ihnen bezeichnet wird.
- Wenn sich die zwei Graphen $G_f$ und $G_g$ im Punkt S schneiden, so berechnet sich ihr zugehöriger Schnittwinkel als Schnittwinkel der beiden Tangenten an $G_f$ und $G_g$ im Punkt S.
- Der Schnittpunkt $S(x_S; f(x_S))$ von $G_f$ und $G_g$ liegt genau dann („echt“) im zweiten Quadranten, wenn $x_S<0$ und $f(x_S)>0$ gilt.

- An der Schnittstelle $x_S$ muss $f(x_S) = g(x_S)$ gelten.
- Den Schnittwinkel $\alpha$ zweier Tangenten und damit zweier Geraden mit den Anstiegen $m_1 = f'(x_S)$ und $m_2 = g'(x_S)$ kann man über $\tan \alpha$ mittels Formel aus dem Tafelwerk berechnen.

**Aufgabe c**

*Stammfunktion F*

- Eine Funktion F ist genau dann eine Stammfunktion von f, wenn $F'(x) = f(x)$ gilt.

*Inhalt A der eingeschlossenen Fläche*

- Veranschaulichen Sie sich die Fläche, deren Inhalt zu berechnen ist.
- Der Inhalt A der eingeschlossenen Fläche lässt sich mithilfe eines bestimmten Integrals berechnen.
- Zu integrieren ist die Differenz $f(x) - g(x)$ von der „linken" Schnittstelle $x_{S1}$ bis zur „rechten" Schnittstelle $x_{S2}$ der Graphen von f und g.
- Wenn man bedenkt, dass $\int_{x_{S1}}^{x_{S2}} (f(x) - g(x))\,dx = \int_{x_{S1}}^{x_{S2}} f(x)\,dx - \int_{x_{S1}}^{x_{S2}} g(x)\,dx$ gilt, kann man das Integral unter Zuhilfenahme der Stammfunktion F berechnen.

**Aufgabe d**

*Maximumstelle*

- Bestimmen Sie den Funktionsterm $d(x) = f(x) - g(x)$ der Zielfunktion d.
- Mögliche lokale Extremstellen $x_E$ lassen sich mit dem notwendigen Kriterium $d'(x) = 0$ berechnen.
- Die gesuchte Stelle p ist die mögliche Extremstelle $x_E$, die zwischen den beiden Schnittstellen $x_{S1}$ und $x_{S2}$ der Graphen von f und g liegt.

**Aufgabe e**

*Flächeninhalt des Dreiecks*

- Veranschaulichen Sie sich den bezeichneten Dreiecksflächeninhalt.
- Um den Flächeninhalt des Dreiecks zu bestimmen, muss man die Koordinaten des Schnittpunktes R der beiden Tangenten $t_1$ und $t_2$ berechnen.
- Die Gleichung der Tangente $t_1$ im Punkt P(0; f(0)) ist eine Geradengleichung der Form $t_1(x) = m \cdot x + n$ mit $m = f'(x_P)$ und $n = y_P$.
- Die Gleichung der Tangente $t_2$ im Punkt Q(0; g(0)) ist die Geradengleichung der Form $t_2(x) = m \cdot x + n$ mit $m = g'(x_Q)$ und $n = y_Q$.
- Der Flächeninhalt eines Dreiecks ABC lässt sich nach der Formel $A = \frac{1}{2} \cdot c \cdot h_c$ (bzw. nach einer anderen Flächeninhaltsformel des Tafelwerks oder mittels bestimmten Integrals) berechnen.
- Die Seitenlänge c entspricht $\overline{PQ}$ und die Höhe $h_c$ der Abszisse $x_R$ des Punktes R.
- $x_R$ berechnet man als Schnittstelle der Tangenten $t_1$ und $t_2$, indem man die Gleichung $t_1(x) = t_2(x)$ löst.

*Existenznachweis*

- Einen Nachweis zur Existenz des beschriebenen Punktes B kann man führen, indem man die Koordinaten eines derartigen Punktes berechnet (dazu wird eine entsprechende Rechentechnik benötigt) oder indem man die Existenz von B aufgrund geometrischer Betrachtungen begründet.
- Damit eine Tangente t an den Graphen von f mit den Koordinatenachsen ein gleichschenkliges (rechtwinkliges) Dreieck bildet, muss sie einen Anstieg $m = 1$ oder $m = -1$ besitzen.
- Wenn für die (stetige) Funktion f' gilt $f'(a) = k$ und $f'(b) = \ell$, wobei $k \leq \ell$, so muss f'(x) jeden Wert aus $[k; \ell]$ annehmen.
- Durch Betrachten des Graphen von f und Probieren kann man derartige Intervalle $[k; \ell]$ mit $k < 1 < \ell$ bzw. $k < -1 < \ell$ finden. Damit existiert tatsächlich ein $x_B$ zwischen a und b mit den geforderten Eigenschaften.
- Probieren Sie z. B. mit den Werten $f'(-1)$ und $f'(-2)$ oder $f'(-1)$ und $f'(0)$.

**Aufgabe f**

- Die Nullstellen der Funktion $f_t$ bestimmt man als Lösung der Gleichung $f_t(x) = 0$. Mit dem Taschenrechner ist dies aber nicht möglich.
- Da aber nur die Anzahl der Nullstellen von $f_t$ zu ermitteln ist, genügt es, den Graphen von $f_t$ genauer zu betrachten.
- Der Graph von $f_t$ besitzt dieselbe Gestalt wie der Graph von f, nur ist er um t LE in Richtung der y-Achse verschoben, weil $f_t(x) = f(x) + t$ gilt. Für $t > 0$ wird der Graph nach „oben“ und für $t < 0$ nach „unten“ verschoben.
- An der in Aufgabe a angefertigten Skizze des Graphen von f mit seinen genau zwei Nullstellen kann man sich überlegen, wie weit dieser nach „oben“ bzw. nach „unten“ verschoben werden könnte bzw. müsste, damit der dabei entstehende Graph von $f_t$ keine, genau eine bzw. genau drei Nullstellen besitzt.
- Betrachten Sie beispielsweise $t = -6$, $t = 1$ und $t = 0{,}1$.

## Lösungen

$f(x) = (-x^2 + 3) \cdot e^{-x}$
$f'(x) = (-2x) \cdot e^{-x} + (-x^2 + 3) \cdot (-e^{-x}) = (-2x + x^2 - 3) \cdot e^{-x} = (x^2 - 2x - 3) \cdot e^{-x}$
$f''(x) = (2x - 2) \cdot e^{-x} + (x^2 - 2x - 3) \cdot (-e^{-x}) = (2x - 2 - x^2 + 2x + 3) \cdot e^{-x} = (-x^2 + 4x + 1) \cdot e^{-x}$
$f'''(x) = (-2x + 4) \cdot e^{-x} + (-x^2 + 4x + 1) \cdot (-e^{-x}) = (-2x + 4 + x^2 - 4x - 1) \cdot e^{-x} = (x^2 - 6x + 3) \cdot e^{-x}$

$g(x) = e^{-x}$
$g'(x) = e^{-x} \cdot (-x)' = e^{-x} \cdot (-1) = -e^{-x}$

$G_f$ bzw. $G_g$ bezeichnet den Graphen der Funktion f bzw. der Funktion g.

a) **Schnittpunkte $S_x$ und $S_y$ mit den Koordinatenachsen**

$G_f$ kann die x-Achse nur in den Punkten $S_x(x; f(x))$ mit $f(x) = 0$ schneiden.

$0 = f(x) = (-x^2 + 3) \cdot e^{-x}$
$0 = -x^2 + 3 \qquad\qquad 0 = e^{-x}$ (nicht lösbar)
$x^2 = 3$
$x_{1,2} = \pm\sqrt{3}$ sind die Nullstellen von f.

$\Rightarrow$ $G_f$ schneidet die x-Achse nur in den beiden Punkten $\underline{\underline{S_{x_{1,2}}(\pm\sqrt{3}; 0)}}$.

$G_f$ kann die y-Achse nur im Punkt $S_y(0; f(0))$ schneiden.

$f(0) = 3$
$\Rightarrow$ $G_f$ schneidet die y-Achse nur im Punkt $\underline{\underline{S_y(0; 3)}}$.

**lokale Extrempunkte E**

$E(x_E; f(x_E))$ ist ein lokaler Extrempunkt von $G_f$, wenn sowohl die Gleichung $f'(x_E) = 0$ als auch die Ungleichung $f''(x_E) \neq 0$ gelten.

$0 = f'(x) = (x^2 - 2x - 3) \cdot e^{-x}$
$0 = x^2 - 2x - 3 \qquad\qquad 0 = e^{-x}$ (nicht lösbar)
$x_{1,2} = 1 \pm \sqrt{1 + 3}$
$x_1 = 3$
$x_2 = -1$

$\Rightarrow$ $x_1 = 3$ und $x_2 = -1$ sind die einzig möglichen Extremstellen von $G_f$.

$f''(3) = (-3^2 + 4 \cdot 3 + 1) \cdot e^{-3} = 4 \cdot e^{-3} > 0$
$f''(-1) = (-(-1)^2 + 4 \cdot (-1) + 1) \cdot e^{-(-1)} = -4 \cdot e < 0$

$\Rightarrow$ $x_1 = 3$ und $x_2 = -1$ sind die einzigen lokalen Extremstellen von $G_f$.

$f(3) = (-3^2 + 3) \cdot e^{-3} = -6 \cdot e^{-3} \approx -0{,}299$
$f(-1) = (-(-1)^2 + 3) \cdot e^{-(-1)} = 2 \cdot e \approx 5{,}44$

$\Rightarrow$ Als einzige Extrempunkte von $G_f$ sind $\underline{\underline{E_1(3; -6e^{-3})}}$ der Tiefpunkt T und $\underline{\underline{E_2(-1; 2e)}}$ der Hochpunkt H von $G_f$.

**Verhalten im Unendlichen**

$$\lim_{x \to +\infty} f(x) = \lim_{x \to +\infty} \frac{-x^2+3}{e^x} = 0; \qquad \lim_{x \to -\infty} f(x) = \lim_{x \to -\infty} (-x^2+3) \cdot e^{-x} = -\infty$$

**Skizze des Graphen $G_f$**

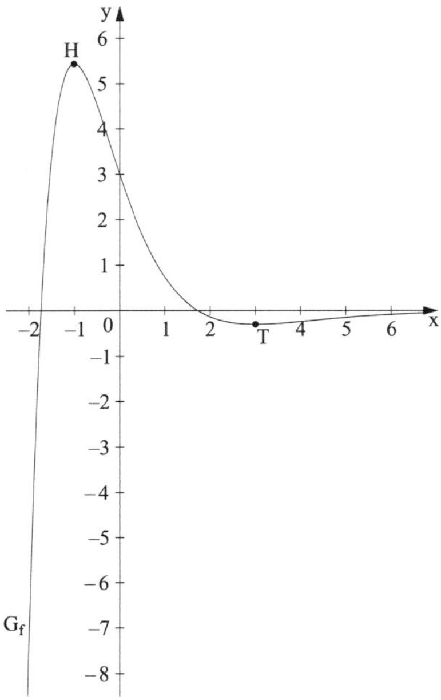


f(–2) = –7,39…
f(6) = –0,08…

**Wendepunkte W**

*Begründungsmöglichkeit 1:* Berechnen der Koordinaten von W

$W(x_W; f(x_W))$ ist ein Wendepunkt von $G_f$, wenn sowohl die Gleichung $f''(x_W) = 0$ als auch die Ungleichung $f'''(x_W) \neq 0$ gelten.

$$0 = f''(x) = (-x^2 + 4x + 1) \cdot e^{-x}$$

$$0 = -x^2 + 4x + 1 \qquad\qquad 0 = e^{-x} \text{ (nicht lösbar)}$$

$$0 = x^2 - 4x - 1$$

$$x_{1,2} = 2 \pm \sqrt{4+1}$$

$$x_1 = 2 + \sqrt{5} \approx 4{,}24$$

$$x_2 = 2 - \sqrt{5} \approx -0{,}236$$

$\Rightarrow$ $G_f$ besitzt zwei mögliche Wendestellen.

$$f'''(2+\sqrt{5}) = \left((2+\sqrt{5})^2 - 6 \cdot (2+\sqrt{5}) + 3\right) \cdot e^{-(2+\sqrt{5})} \approx -0{,}0647 \neq 0$$

$$f'''(2-\sqrt{5}) = \left((2-\sqrt{5})^2 - 6 \cdot (2-\sqrt{5}) + 3\right) \cdot e^{-(2-\sqrt{5})} \approx 5{,}66 \neq 0$$

$\Rightarrow$ $G_f$ besitzt die zwei (verschiedenen) Wendestellen $x_{W_1} = 2 + \sqrt{5}$ und $x_{W_2} = 2 - \sqrt{5}$ und damit zwei Wendepunkte $W_1(x_{W_1}; f(_{W_1}))$ und $W_2(x_{W_2}; f(x_{W_2}))$.

*Begründungsmöglichkeit 2*: Interpretation des Graphen $G_f$

$G_f$ ist der Graph einer stetigen Funktion f mit den (genau) zwei lokalen Extrempunkten H und T. Daher besitzt $G_f$ zwischen H und T einen Wendepunkt W mit $x_H < x_W < x_T$.
Da $\lim\limits_{x \to \infty} f(x) = 0$, besitzt $G_f$ noch einen Wendepunkt rechts von T, d. h. mit $x_W > x_T$.

$\Rightarrow$ $G_f$ besitzt (mindestens) zwei Wendepunkte.

b) **Skizze von $G_g$**

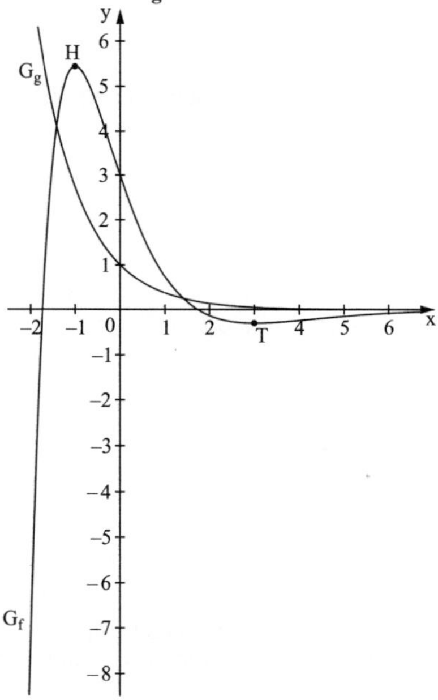


**Schnittwinkel α**

Der gesuchte Schnittwinkel α ist der Schnittwinkel der beiden Tangenten an $G_f$ und $G_g$ in ihrem Schnittpunkt S, der im II. Quadranten liegt

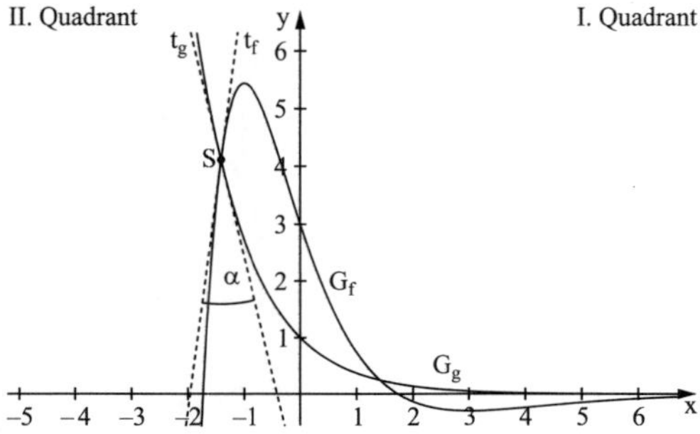

Die Schnittstelle $x_S$ ist die negative Lösung der Gleichung $f(x) = g(x)$.

$$f(x) = g(x)$$

$$(-x^2+3)\cdot e^{-x} = e^{-x} \qquad \big|: e^{-x}\text{, da stets gilt } e^{-x} \neq 0$$

$$-x^2+3 = 1$$

$$x^2 = 2$$

$$x_1 = -\sqrt{2} < 0 \quad \Rightarrow \quad x_S = -\sqrt{2}$$

$$x_2 = \sqrt{2} > 0$$

Die Größe des spitzen Winkels $\alpha$ ist mithilfe der Anstiege der Tangenten $t_f$ und $t_g$ zu berechnen.

Anstieg von $t_f$: $m_f = f'(x_S) = \left((-\sqrt{2})^2 - 2\cdot(-\sqrt{2}) - 3\right)\cdot e^{-(-\sqrt{2})} = (2\sqrt{2}-1)\cdot e^{\sqrt{2}}$

Anstieg von $t_g$: $m_g = g'(x_S) = -e^{-x_s} = -e^{\sqrt{2}}$

*Lösungsweg 1:*
Anstiegswinkel von $t_f$: $\beta_f = \tan^{-1}\left((2\sqrt{2}-1)\cdot e^{\sqrt{2}}\right) \approx 82{,}43°$

Anstiegswinkel von $t_g$: $\beta_g = \tan^{-1}(-e^{\sqrt{2}}) \approx -76{,}34° + 180° = 103{,}66°$

Schnittwinkel $\alpha$: $\beta_g - \beta_f \approx 103{,}66° - 82{,}43° \quad \Rightarrow \quad \underline{\underline{\alpha = 21{,}2°}}$

*Lösungsweg 2:*

$$\tan\alpha = \left|\frac{m_f - m_g}{1 + m_f \cdot m_g}\right| = \left|\frac{(2\sqrt{2}-1)\cdot e^{\sqrt{2}} + e^{\sqrt{2}}}{1-(2\sqrt{2}-1)\cdot e^{\sqrt{2}+\sqrt{2}}}\right| \quad \Rightarrow \quad \underline{\underline{\alpha = 21{,}2°}}$$

c) **Nachweis, dass F eine Stammfunktion von f ist**

Für den Nachweis, dass F eine Stammfunktion von f ist, genügt es zu zeigen, dass $F'(x) = f(x)$ für alle $x \in D_f$ gilt. Bei der folgenden Differenziation werden insbesondere die Produkt- und die Kettenregel angewandt.

$$\begin{aligned} F'(x) &= ((x^2+2x-1)\cdot e^{-x})' = (x^2+2x-1)'\cdot e^{-x} + (x^2+2x-1)\cdot(e^{-x})' \\ &= (2x+2)\cdot e^{-x} + (x^2+2x-1)\cdot(-e^{-x}) = (2x+2-x^2-2x+1)\cdot e^{-x} \\ &= (-x^2+3)\cdot e^{-x} \\ &= f(x) \end{aligned}$$

**Inhalt A der eingeschlossenen Fläche**

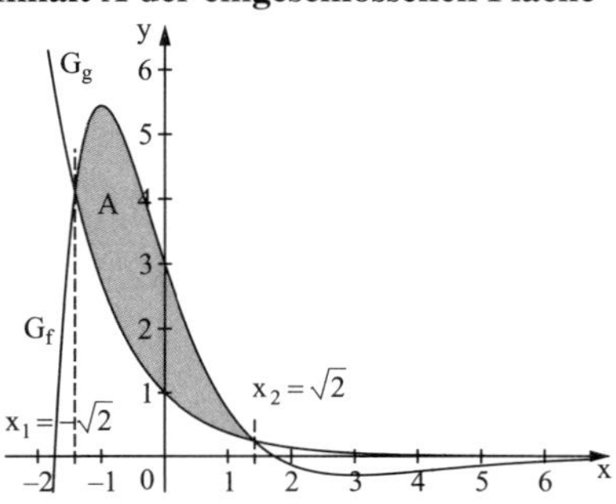

Es ist der Inhalt A der Fläche zu bestimmen, die von den Graphen $G_f$ und $G_g$ eingeschlossen wird und die nicht ins Unendliche reicht.

$$A = \int_{-\sqrt{2}}^{\sqrt{2}} (f(x) - g(x))\,dx = \int_{-\sqrt{2}}^{\sqrt{2}} f(x)\,dx - \int_{-\sqrt{2}}^{\sqrt{2}} g(x)\,dx = F(\sqrt{2}) - F(-\sqrt{2}) - \int_{-\sqrt{2}}^{\sqrt{2}} e^{-x}\,dx$$

$$= F(\sqrt{2}) - F(-\sqrt{2}) + \left[e^{-x}\right]_{-\sqrt{2}}^{\sqrt{2}}$$

$$= \left((\sqrt{2})^2 + 2\cdot\sqrt{2} - 1\right)\cdot e^{-\sqrt{2}} - \left((-\sqrt{2})^2 + 2\cdot(-\sqrt{2}) - 1\right)\cdot e^{\sqrt{2}} + e^{-\sqrt{2}} - e^{\sqrt{2}}$$

$$\underline{\underline{A = (2\sqrt{2} + 2)\cdot e^{-\sqrt{2}} - (-2\sqrt{2} + 2)\cdot e^{\sqrt{2}} \approx 4{,}6}}$$

Der Inhalt der eingeschlossenen Fläche beträgt ca. 4,6 FE.

d) **Maximumstelle p**

Als Zielfunktion ist die Funktion d mit den nichtnegativen Funktionswertedifferenzen $d(x) = f(x) - g(x)$ im Intervall $[-\sqrt{2}; \sqrt{2}]$ zu betrachten. p ist eine mögliche lokale Maximumstelle von d, wenn die Gleichung $d'(p) = 0$ gilt.

$$d(x) = f(x) - g(x) = (-x^2 + 3)\cdot e^{-x} - e^{-x} = e^{-x}\cdot(-x^2 + 2)$$

$$d'(x) = (e^{-x})'\cdot(-x^2 + 2) + e^{-x}\cdot(-x^2 + 2)' = -e^{-x}\cdot(-x^2 + 2) + e^{-x}\cdot(-2x) = e^{-x}\cdot(x^2 - 2 - 2x)$$

$$0 = d'(x)$$

$$0 = e^{-x}\cdot(x^2 - 2 - 2x)$$

$$0 = x^2 - 2x - 2 \qquad\qquad 0 = e^{-x} \text{ (nicht lösbar)}$$

$$x_{1,2} = 1 \pm \sqrt{1 + 2}$$

$$x_1 = 1 - \sqrt{3} \approx -0{,}732 \in [-\sqrt{2}; \sqrt{2}]$$

$$x_2 = 1 + \sqrt{3} \approx 2{,}73 \notin [-\sqrt{2}; \sqrt{2}]$$

$$\Rightarrow \quad \underline{\underline{p = 1 - \sqrt{3}}}$$

$p = 1 - \sqrt{3}$ ist die gesuchte mögliche Maximumstelle. (Auf den Nachweis, dass p tatsächlich die gesuchte Maximumstelle ist, kann laut Aufgabenstellung verzichtet werden.)

e) **Flächeninhalt $A_D$ des Dreiecks**

Das Dreieck PQR, dessen Flächeninhalt $A_D$ zu berechnen ist, wird begrenzt durch die beiden Tangenten $t_1$ und $t_2$ sowie die y-Achse.

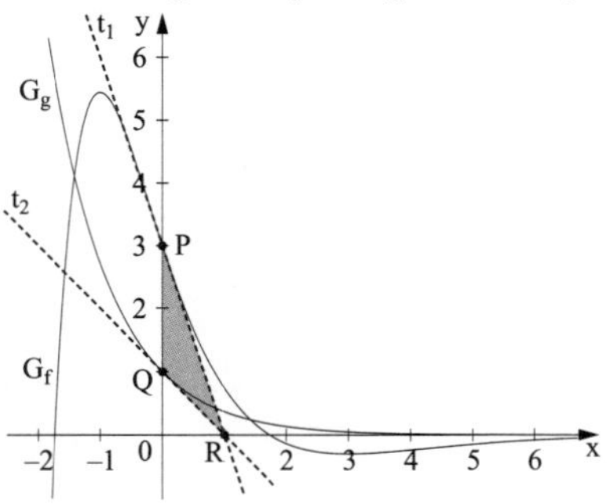

*Lösungsweg 1:* Dreiecksformel

$$A_D = \frac{1}{2} \cdot \overline{PQ} \cdot h \quad \text{mit } P(0;\ f(0)) = P(0;\ 3)$$
$$Q(0;\ g(0)) = Q(0;\ 1)$$
$$\overline{PQ} = y_P - y_Q = 3 - 1 = 2$$
$$h = x_R$$

$$A_D = \frac{1}{2} \cdot 2 \cdot x_R = x_R$$

$x_R$ ist die Schnittstelle der beiden Tangenten $t_1$ und $t_2$.
Die Tangente $t_1$ wird im Punkt P(0; 3) an $G_f$ gelegt.

$$t_1(x) = m \cdot x + n \quad \text{mit } m = f'(0) = -3$$
$$t_1(x) = -3 \cdot x + n \quad \text{mit } P(0;\ 3) \in t_1$$
$$3 = -3 \cdot 0 + n \quad \Rightarrow \quad n = 3$$
$$t_1(x) = -3 \cdot x + 3$$

Die Tangente $t_2$ wird im Punkt Q(0; 1) an $G_g$ gelegt.

$$t_2(x) = m \cdot x + n \quad \text{mit } m = g'(0) = -1$$
$$t_2(x) = -x + n \quad \text{mit } Q(0;\ 1) \in t_2$$
$$1 = -0 + n \quad \Rightarrow \quad n = 1$$
$$t_2(x) = -x + 1$$

$x_R$ ist die Lösung der Gleichung $t_1(x) = t_2(x)$.

$$t_1(x) = t_2(x)$$
$$-3x + 3 = -x + 1 \quad |+x-3$$
$$-2x = -2$$
$$x = 1$$
$$\Rightarrow \quad x_R = 1 \quad \Rightarrow \quad \underline{\underline{A_D = 1}}$$

Alternativ zur Formel $A_D = \frac{1}{2} \cdot \overline{PQ} \cdot h$ kann auch die Differenz $A_{POR} - A_{QOR}$ mit O(0; 0) verwendet werden, um $A_D$ zu berechnen.

*Lösungsweg 2:* bestimmtes Integral

$$A_D = \int_0^{x_R} (t_1(x) - t_2(x))\, dx \quad \text{mit } t_1(x) = -3x + 3$$
$$t_2(x) = -x + 1$$
$$x_R = 1 \text{ (siehe Lösungsweg 1)}$$

$$= \int_0^1 (-3x + 3 + x - 1)\, dx$$
$$= \int_0^1 (-2x + 2)\, dx$$
$$= \left[-x^2 + 2x\right]_0^1$$
$$= -1 + 2 - 0$$
$$\underline{\underline{A_D = 1}}$$

*Lösungsweg 3: Vektorprodukt*

$A_D = \frac{1}{2} \cdot |\overrightarrow{RQ} \times \overrightarrow{RP}|$ mit $Q(0;\ g(0)) = Q(0;1)$

$P(0;\ f(0)) = P(0;\ 3)$

R ist der Schnittpunkt der Tangenten $t_1$ und $t_2$.

$\Rightarrow\ x_R = 1$ (vgl. $t_1$, $t_2$ und $x_R$ im Lösungsweg 1)

$y_R = t_1(x_R) = -3 \cdot 1 + 3 = 0$

$$= \frac{1}{2} \cdot \left| \begin{pmatrix} 0-1 \\ 1-0 \end{pmatrix} \times \begin{pmatrix} 0-1 \\ 3-0 \end{pmatrix} \right|$$

$$= \frac{1}{2} \cdot \left| \begin{pmatrix} -1 \\ 1 \end{pmatrix} \times \begin{pmatrix} -1 \\ 3 \end{pmatrix} \right|$$

$$= \frac{1}{2} \cdot \left\| \begin{matrix} \vec{i} & -1 & -1 \\ \vec{j} & 1 & 3 \\ \vec{k} & 0 & 0 \end{matrix} \right\| = \frac{1}{2} \cdot \left| \begin{pmatrix} 0 \\ 0 \\ -3-(-1) \end{pmatrix} \right| = \frac{1}{2} \cdot \left| \begin{pmatrix} 0 \\ 0 \\ -2 \end{pmatrix} \right| = \frac{1}{2}\sqrt{0^2 + 0^2 + (-2)^2} = \frac{1}{2}\sqrt{4}$$

$\underline{\underline{A_D = 1}}$

Der gesuchte Flächeninhalt beträgt 1 FE.

**Nachweis der Existenz eines speziellen Punktes B**

Es ist die Existenz eines solchen Punktes B mit $x_B < -1$ nachzuweisen, der Berührungspunkt einer Tangente t an den Graphen $G_f$ ist, die die Koordinatenachsen in den Punkten A und C mit $\overline{OA} = \overline{OC}$ schneidet, d. h., den Anstieg $m = f'(x_B) = 1$ besitzt.

*Lösungsweg 1*

$t(x) = m \cdot x + n$ mit $m = 1$

$t(x) = x + n$ mit $B(x_B;\ f(x_B)) \in t$ und $f'(x_B) = 1$

$(x^2 - 2x - 3) \cdot e^{-x} = 1 \ \Rightarrow\ x \approx -1{,}08$

Diese Lösung kann mit einigen zugelassenen Nicht-CAS-Taschenrechnern ermittelt werden.
Der Punkt $B(x_B;\ f(x_B))$ mit den geforderten Eigenschaften existiert für $x_B \approx -1{,}08$.

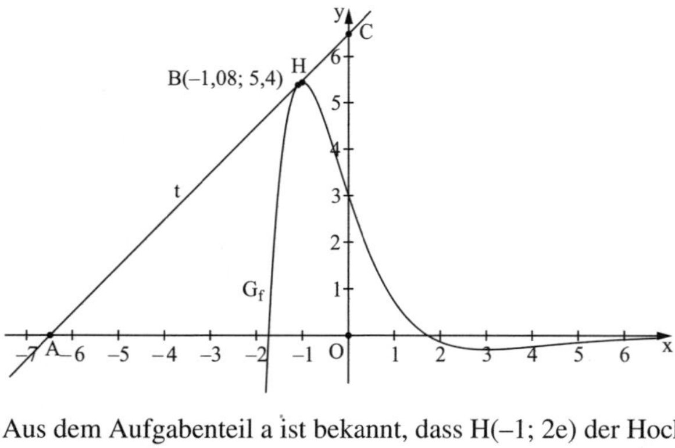


Aus dem Aufgabenteil a ist bekannt, dass H(–1; 2e) der Hochpunkt des Graphen $G_f$ ist.

*Lösungsweg 2*

Für $-\infty < x < -1$ nimmt die Ableitungsfunktion f' alle Werte $0 < f'(x) < \infty$ an und damit existiert auch ein $x_B$ mit $f'(x_B) = 1$. Der Punkt $B(x_B;\ f(x_B))$ mit den geforderten Eigenschaften existiert also.

f) **Parameter t für eine bestimmte Anzahl von Nullstellen**

Die Funktion $f_t$ besitzt eine Nullstelle, wenn die Gleichung $f_t(x)=0$ eine Lösung besitzt.

$$0=f_t(x)=(-x^2+3)\cdot e^{-x}+t$$

$$(x^2-3)\cdot e^{-x}=t$$

Diese Gleichung ist aber rechnerisch nicht elementar lösbar.
Der Graph von $f_t$ entsteht jedoch aus dem Graphen $G_f$ durch eine Verschiebung in y-Achsen-Richtung um t.

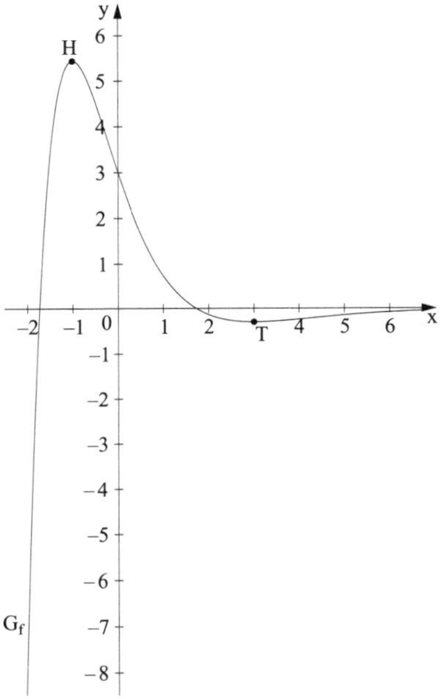


- Wenn ein $t<-y_H=-2e$ gewählt wird, verläuft demzufolge der Graph von $f_t$ stets unterhalb der x-Achse, d. h., $f_t$ mit z. B. $t=-6$ besitzt keine Nullstelle.
- Wenn $t=-y_H=-2e$, so liegt H auf der x-Achse und der Graph von $f_t$ ansonsten unterhalb der x-Achse, demzufolge besitzt $f_{-2e}$ nur eine Nullstelle. Wenn ein $t>|y_T|=6e^{-3}$ gewählt wird, liegt der lokale Tiefpunkt des Graphen von $f_t$ oberhalb der x-Achse und $f_t$ besitzt damit z. B. für $t=1$ nur eine Nullstelle.
- Wenn ein t mit $0<t<|y_T|=6e^{-3}$ gewählt wird, besitzt der Graph von $f_t$ außer einer negativen Nullstelle $x_{01}$ und einer Nullstelle $0<x_{02}<x_T$ „rechts" von $x_T$ noch eine dritte Nullstelle $x_{03}>x_T$, d. h. genau drei Nullstellen z. B. für $t=0{,}1$.

## Kernfach Mathematik (Thüringen): Abiturprüfung 2012
## Aufgabe A1: Analysis (mit CAS)

Gegeben sind die Funktion f durch $y = f(x) = (3 - x^2) \cdot e^{-x}$ und die Funktion g durch $y = g(x) = e^{-x}$ $(x \in \mathbb{R})$.

a) Bestimmen Sie die Koordinaten der Schnittpunkte des Graphen der Funktion f mit den Koordinatenachsen.
Zeigen Sie unter Verwendung von Ableitungsregeln, dass für die erste Ableitung der Funktion f gilt: $f'(x) = -f(x) - 2x \cdot e^{-x}$
Berechnen Sie gegebenenfalls die Koordinaten der lokalen Extrempunkte und Wendepunkte des Graphen von f. (9 BE)

b) An den Graphen der Funktion f wird an der Stelle $x = 1$ eine Tangente t gelegt. Die Tangente und die Koordinatenachsen begrenzen ein Dreieck. Bei der Rotation dieses Dreiecks um die y-Achse entsteht ein Körper.
Berechnen Sie das Volumen dieses Körpers.
Eine weitere Tangente h an den Graphen der Funktion f begrenzt mit den Koordinatenachsen ebenfalls ein Dreieck, das um die y-Achse rotiert. Es entsteht ein zweiter Körper.
Ermitteln Sie eine Gleichung für eine Tangente h so, dass Höhe und Durchmesser dieses Körpers übereinstimmen. (5 BE)

c) Die Punkte P(p; f(p)) und Q(p; 0) mit $-\sqrt{3} < p < 0$ sowie der Koordinatenursprung O sind Eckpunkte des Dreiecks QOP.
Berechnen Sie p so, dass der Flächeninhalt dieses Dreiecks maximal wird. (3 BE)

d) Berechnen Sie die Größe des Winkels, unter dem sich die Graphen der Funktionen f und g im II. Quadranten schneiden.
Der Graph der Funktion g teilt die Fläche, die der Graph der Funktion f und die x-Achse vollständig einschließen, in zwei Teilflächen.
Berechnen Sie den Flächeninhalt dieser Teilflächen. (6 BE)

e) Der Graph der Funktion z mit

$$y = z(x) = \begin{cases} f(x), & -\sqrt{3} \leq x \leq 0 \\ f(-x), & 0 < x \leq \sqrt{3} \end{cases}$$

lässt sich im Intervall $-\sqrt{3} \leq x \leq \sqrt{3}$ durch einen Graphen einer Funktion 4. Grades annähern.
Bestimmen Sie eine Gleichung für eine solche Funktion. (3 BE)

f) Für jede reelle Zahl a ist eine Funktion $k_a$ durch $y = k_a(x) = f(x) + a$ gegeben. Geben Sie die Anzahl der Nullstellen der Funktion $k_a$ in Abhängigkeit von a an. (4 BE)

(30 BE)

## Hinweise und Tipps

### Aufgabe a

*Schnittpunkte mit den Koordinatenachsen*

- Die Schnittstellen des Graphen von f mit der x-Achse sind die Lösungen der Gleichung $f(x) = 0$.
- Die Schnittstelle des Graphen von f mit der y-Achse ist der Funktionswert f(0).
- Beachten Sie, dass das Gesuchte Punkte und keine Stellen sind.

*Nachweis*

- Der Funktionsterm ist ein Produkt und kann demzufolge mithilfe der Produktregel differenziert werden.
- Um $e^{-x}$ zu differenzieren, kann die Kettenregel angewendet werden.

*Lokale Extrempunkte*

- Die Extremstellen können Sie mit der ersten und zweiten Ableitung von f bestimmen.
- Mögliche Extremstellen $x_E$ erhalten Sie als Lösung der Gleichung $f'(x) = 0$.
- Gilt für eine mögliche Extremstelle $x_E$ außerdem $f''(x_E) \neq 0$, so ist $x_E$ tatsächlich eine Extremstelle.
  (Gilt $f''(x_E) < 0$, so ist $x_E$ eine lokale Maximumstelle; gilt $f''(x_E) > 0$, so ist $x_E$ eine lokale Minimumstelle.)
- Die gesuchten Extrempunkte ergeben sich als $E(x_E; f(x_E))$.

*Wendepunkte*

- Die Wendestellen können Sie mit der zweiten und dritten Ableitung von f bestimmen.
- Mögliche Wendestellen $x_W$ erhalten Sie als Lösung der Gleichung $f''(x) = 0$.
- Gilt für eine mögliche Wendestelle $x_W$ außerdem $f'''(x_W) \neq 0$, so ist $x_W$ tatsächlich eine Wendestelle.
- Die gesuchten Wendepunkte ergeben sich als $W(x_W; f(x_W))$.

### Aufgabe b

*Volumen*

- Veranschaulichen Sie sich die beschriebene Dreiecksfläche und wie diese rotieren soll.
- Das Volumen V des Rotationskörpers lässt sich mithilfe der Volumenformel für Kegel (oder auch mittels Integralrechnung) ermitteln.

*Tangente*

- Ein Kegel, dessen Höhe doppelt so lang ist wie dessen Radius, besitzt eine Mantelfläche, die mit dem Anstieg 2 zur Grundfläche geneigt ist.
- Da die beschriebene Tangente Mantellinie des Kegels ist, muss sie einen Anstieg von entweder $m = 2$ oder $m = -2$ aufweisen.
- Ein Näherungswert einer Berührungsstelle $x_B$ ergibt sich als eine Lösung der Gleichung $f'(x) = 2$ bzw. $f'(x) = -2$.
- Das noch fehlende n der Gleichung $h(x) = m \cdot x + n$ einer gesuchten Tangente mit der Berührungsstelle $x_B$ kann man sowohl rein rechnerisch als auch im Graphikmodus (jeweils nur näherungsweise) bestimmen.

**Aufgabe c**

- Veranschaulichen Sie sich die Lage und die Art des beschriebenen Dreiecks QOP.
- Die Zielfunktion A für das zu lösende Extremwertproblem beschreibt den Flächeninhalt des rechtwinkligen Dreiecks QOP.
- Wenn p den beiden Bedingungen $A'(p)=0$ und $A''(p)<0$ genügt, ist p die gesuchte Maximumstelle.

**Aufgabe d**

*Schnittwinkel*

- Beachten Sie, dass als Schnittwinkel zweier Geraden stets der spitze (ggf. rechte) Winkel zwischen ihnen bezeichnet wird.
- Wenn sich die zwei Graphen $G_f$ und $G_g$ im Punkt S schneiden, so berechnet sich ihr zugehöriger Schnittwinkel als Schnittwinkel der beiden Tangenten an $G_f$ und $G_g$ im Punkt S.
- Der Schnittpunkt $S(x_S; f(x_S))$ liegt genau dann („echt") im zweiten Quadranten, wenn $x_S<0$ und $f(x_S)>0$ gilt.
- An der Schnittstelle $x_S$ muss $f(x_S)=g(x_S)$ gelten.
- Den Schnittwinkel $\alpha$ zweier Tangenten und damit zweier Geraden mit den Anstiegen $m_1=f'(x_S)$ und $m_2=g'(x_S)$ kann man über $\tan\alpha$ mittels Formel aus dem Tafelwerk oder mit dem Taschenrechner im DEG-Modus berechnen.

*Flächeninhalte*

- Veranschaulichen Sie sich die zu berechnenden Flächeninhalte im Koordinatensystem mit den Graphen von f und g.
- Die eine Teilfläche besitzt den Inhalt $A_1$ der Fläche, die von den Graphen f und g (im Endlichen) eingeschlossen wird.
- $A_1$ berechnet sich als positives bestimmtes Integral von $f(x)-g(x)$ mit den Schnittstellen von f und g als Integrationsgrenzen.
- Die zweite Teilfläche besitzt den Inhalt $A_2$ der Fläche, die von den Graphen von f und g sowie der x-Achse eingeschlossen wird.
- $A_2$ kann man berechnen als positive Differenz aus dem Flächeninhalt, den $G_f$ mit der x-Achse im Endlichen einschließt, und $A_1$.

**Aufgabe e**

- Veranschaulichen Sie sich den Graphen von z.
- Die gesuchte Funktion h sollte eine gerade ganzrationale Funktion 4. Grades sein, da der Graph von z axialsymmetrisch zur y-Achse verläuft.
- $h(x)=ax^4+bx^2+c$ $(a\neq 0)$ wäre ein sinnvoller Ansatz für eine Funktionsgleichung von h.
- Zur Bestimmung der drei Parameter a, b und c genügen drei (voneinander unabhängige) geltende Gleichungen.
- Drei derartige Gleichungen ergeben sich z. B. aus den Bedingungen, dass der Hochpunkt des Graphen von f (und damit auch von z) und der lokale Tiefpunkt des Graphen von z auch Hoch- und Tiefpunkt des Graphen von h sind.
  Alternativ dazu (und noch einfacher) lassen sich drei Gleichungen dadurch finden, dass h und z an drei markanten Stellen (z. B. $x=-\sqrt{3}$, $x=-1$ und $x=0$) jeweils dieselben Funktionswerte aufweisen.

**Aufgabe f**

Der zum Bestimmen der Nullstellen von $k_a$ gewohnte Ansatz ergibt die Gleichung $k_a(x) = 0$, die aber rechnerisch nicht elementar zu lösen ist.

Aber der Funktionsterm $k_a(x)$ stimmt bis auf eine additive Konstante a mit dem bereits untersuchten Funktionsterm f(x) überein, d. h., der Graph von $k_a$ geht durch eine Verschiebung um a in y-Achsen-Richtung aus dem Graphen von f hervor.

Am Graphen von f kann man daher ablesen, wie er zu verschieben ist, damit der Graph von $k_a$ eine bestimmte Anzahl von Nullstellen besitzt.

Achten Sie darauf, dass Sie alle Werte von $a \in \mathbb{R}$ in ihre diesbezüglichen Untersuchungen einbeziehen.

## Lösungen

$f(x) = (3 - x^2) \cdot e^{-x}$
$f'(x) = (x^2 - 2x - 3) \cdot e^{-x}$
$f''(x) = (-x^2 + 4x + 1) \cdot e^{-x}$
$f'''(x) = (x^2 - 6x + 3) \cdot e^{-x}$

$g(x) = e^{-x}$
$g'(x) = -e^{-x}$

$G_f$ bzw. $G_g$ bezeichnet den Graphen der Funktion f bzw. der Funktion g.

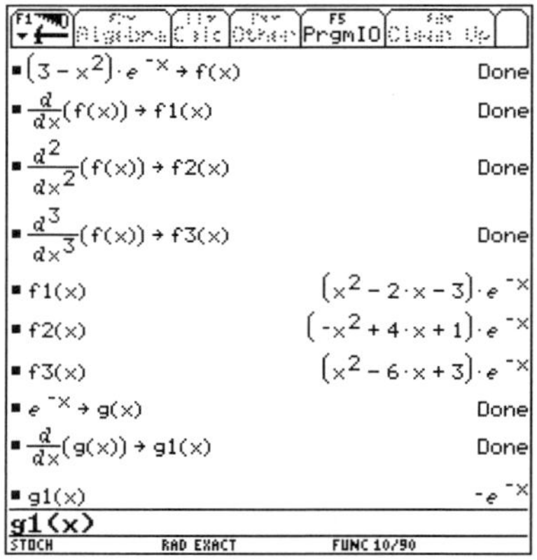


a) **Schnittpunkte $S_x$ und $S_y$ mit den Koordinatenachsen**

$G_f$ kann die x-Achse nur in den Punkten $S_x(x; f(x))$ mit $f(x) = 0$ schneiden.

$0 = f(x)$

$x_{1,2} = \pm\sqrt{3}$

$\Rightarrow$ $G_f$ schneidet die x-Achse nur in den beiden Punkten $\underline{\underline{S_{x_{1,2}}(\pm\sqrt{3}; 0)}}$.

$G_f$ kann die y-Achse nur im Punkt $S_y(0; f(0))$ schneiden.

$f(0) = 3$

$\Rightarrow$ $G_f$ schneidet die y-Achse nur im Punkt $\underline{\underline{S_y(0; 3)}}$.

**Nachweis**

Unter Verwendung von Ableitungsregeln ist nachzuweisen, dass für f' gilt:
$f'(x) = -f(x) - 2x \cdot e^{-x}$

$f'(x) = ((3 - x^2) \cdot e^{-x})' = (3 - x^2)' \cdot e^{-x} + (3 - x^2) \cdot (e^{-x})'$ nach Produktregel
$f'(x) = (-2x) \cdot e^{-x} + (3 - x^2) \cdot (-e^{-x})$ nach Summen-, Potenz- und Kettenregel
$f'(x) = -2x \cdot e^{-x} - f(x)$
$f'(x) = -f(x) - 2x \cdot e^{-x}$

**lokale Extrempunkte E**

$E(x_E; f(x_E))$ ist ein lokaler Extrempunkt von $G_f$, wenn sowohl die Gleichung $f'(x_E) = 0$ als auch die Ungleichung $f''(x_E) \neq 0$ gelten.

$0 = f'(x)$

$x_1 = 3$

$x_2 = -1$

$\Rightarrow$ $x_1 = 3$ und $x_2 = -1$ sind die einzig möglichen Extremstellen von $G_f$.

$f''(3) > 0$

$f''(-1) < 0$

$f(3) = -6 \cdot e^{-3} \approx -0{,}299$

$f(-1) = 2 \cdot e \approx 5{,}44$

$\Rightarrow$ Als einzige Extrempunkte von $G_f$ sind $\underline{\underline{E_1(3; -6e^{-3})}}$ der Tiefpunkt T und $\underline{\underline{E_2(-1; 2e)}}$ der Hochpunkt H von $G_f$.

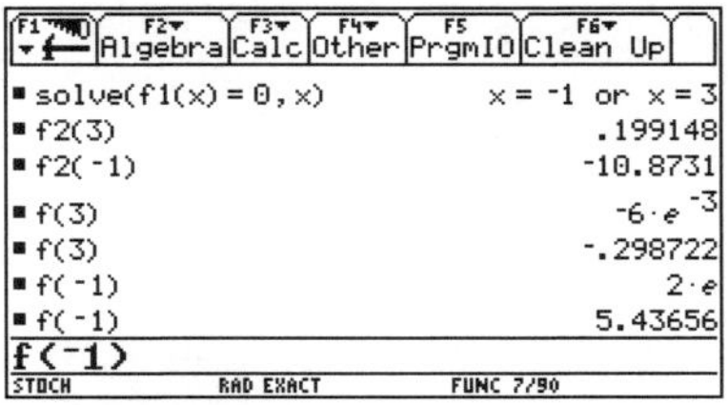


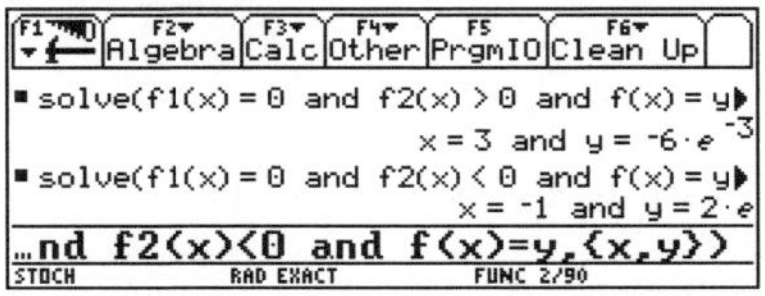


**Wendepunkte W**

$W(x_W; f(x_W))$ ist ein Wendepunkt von $G_f$, wenn sowohl die Gleichung $f''(x_W) = 0$ als auch die Ungleichung $f'''(x_W) \neq 0$ gelten.

$0 = f''(x)$

$x_1 = 2 + \sqrt{5} \approx 4{,}24$

$x_2 = 2 - \sqrt{5} \approx -0{,}236$

$f'''(2 + \sqrt{5}) \neq 0$

$f'''(2 - \sqrt{5}) \neq 0$

$f(2 + \sqrt{5}) = (-4\sqrt{5} - 6) \cdot e^{-\sqrt{5} - 2} \approx -0{,}216$

$f(2 - \sqrt{5}) = (4\sqrt{5} - 6) \cdot e^{\sqrt{5} - 2} \approx 3{,}73$

$\Rightarrow$ $\underline{\underline{W_1(2 + \sqrt{5}; (-4\sqrt{5} - 6) \cdot e^{-\sqrt{5} - 2})}}$

$= \underline{\underline{W_1(\approx 4{,}24; \approx -0{,}216)}}$ und

$\underline{\underline{W_2(2 - \sqrt{5}; (4\sqrt{5} - 6) \cdot e^{\sqrt{5} - 2}) = W_2(\approx -0{,}236; \approx 3{,}73)}}$

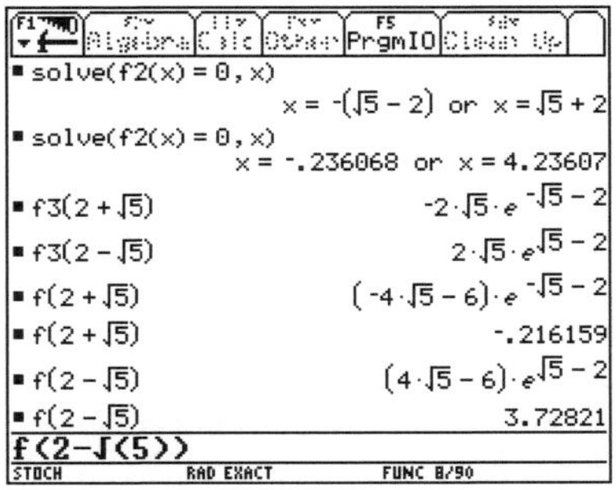


b) **Volumen**

Bei der Rotation des Dreiecks OPQ um die y-Achse entsteht als Rotationskörper ein Kegel mit dem Radius $\overline{OP}$ und der Höhe $h = \overline{OQ}$.

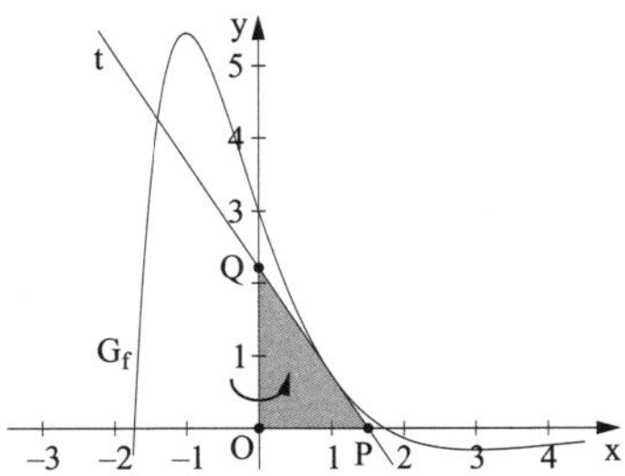

*Lösungsweg 1*

Das Kegelvolumen kann man nach der Volumenformel $V = \frac{1}{3}\pi r^2 h$ für Kegel berechnen.

$$V = \frac{1}{3}\pi r^2 \cdot h \quad \text{mit } r = \overline{OP} \text{ und } h = \overline{OQ}$$

$$V = \frac{1}{3} \cdot \overline{OP}^2 \cdot \pi \cdot \overline{OQ}$$

$$V = \frac{1}{3} \cdot x_P^2 \cdot \pi \cdot t(0)$$

$$\text{mit } t(x) = m \cdot x + n \quad \text{mit } m = f'(1)$$
$$t(1) = f(1)$$

$$\Rightarrow \quad t(x) = -\frac{4}{e} \cdot x + \frac{6}{e}$$

mit $x_P$ als Nullstelle von t $\Rightarrow$ $x_P = 1{,}5$

$$V = \frac{1}{3} \cdot 1{,}5^2 \cdot \pi \cdot t(0)$$

$$V = \frac{9\pi}{2e} \approx 5{,}20$$

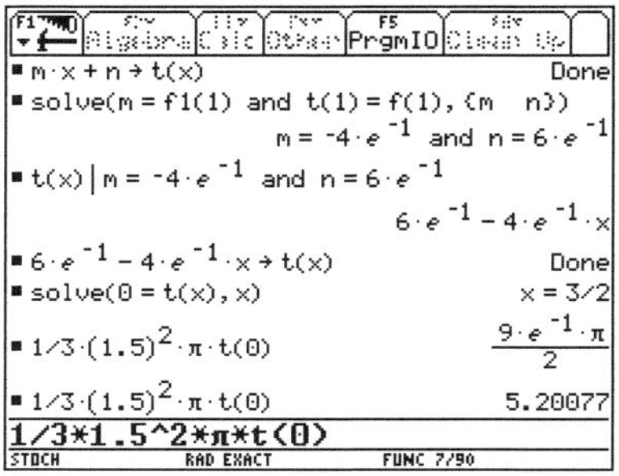


*Lösungsweg 2*

$$V = \int_{x = x_P}^{x = 0} \pi \cdot x^2 \cdot dy$$

$$\text{mit } y = t(x) = -\frac{4}{e} \cdot x + \frac{6}{e} \quad \text{(vgl. Lösungsweg 1)}$$

$$\Rightarrow \quad dy = t'(x) \cdot dx = -\frac{4}{e} \cdot dx$$

mit $x_P = 1{,}5$ (vgl. Lösungsweg 1)

$$V = \int_{1{,}5}^{0} \pi \cdot x^2 \cdot \left(-\frac{4}{e}\right) dx$$

$$V = \frac{9\pi}{2e} \approx 5{,}20$$

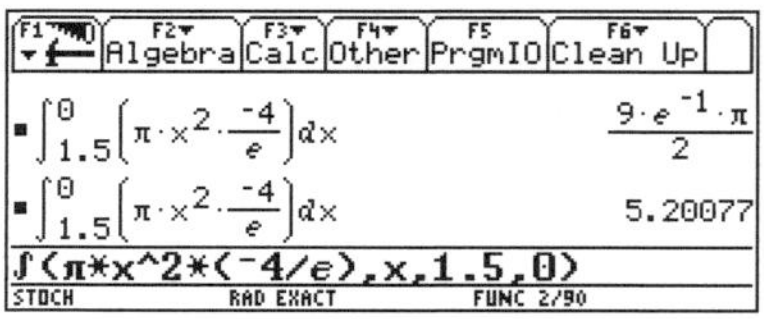


Der Rotationskörper besitzt ein Volumen von ca. 5,2 VE.

**Tangente h**

Eine Tangente mit den geforderten Eigenschaften kann einen positiven oder einen negativen Anstieg besitzen.

*Fall 1:* positiver Anstieg

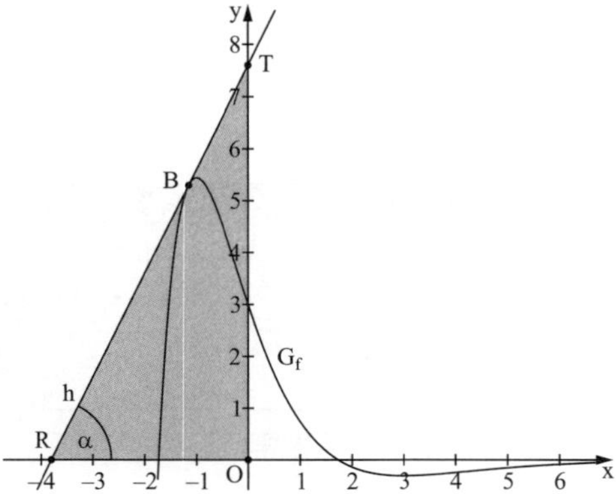


$h(x) = m \cdot x + n$ mit $m = f'(x_B)$ und

$$m = \tan\alpha = \frac{\overline{OT}}{\overline{RO}} = \frac{2 \cdot \overline{RO}}{\overline{RO}} = 2$$

$h(x) = 2x + n$ mit $B(x_B;\, f(x_B)) \in h$

$\Rightarrow\ f'(x_B) = 2$

$\Rightarrow\ x_B = -1{,}152\ldots$

$f(x_B) = 5{,}293\ldots$

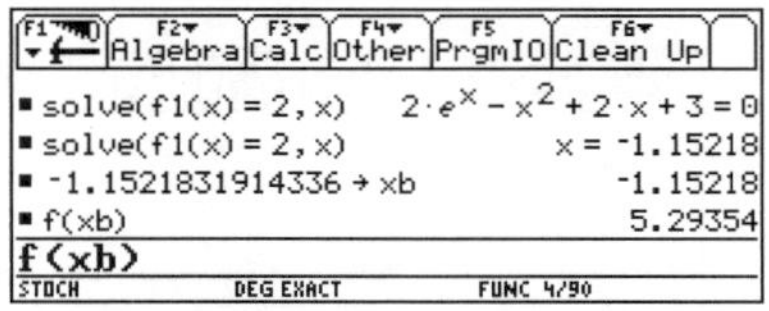


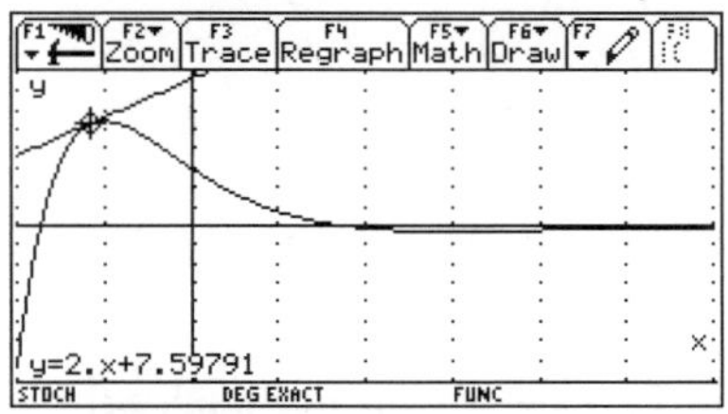


Tangente an der Stelle $x_B$

$5{,}293\ldots = 2 \cdot (-1{,}152\ldots) + n$

$7{,}597\ldots = n$

$\Rightarrow\ \underline{\underline{h(x) = 2x + 7{,}60}}$ (näherungsweise)

*Fall 2:* negativer Anstieg

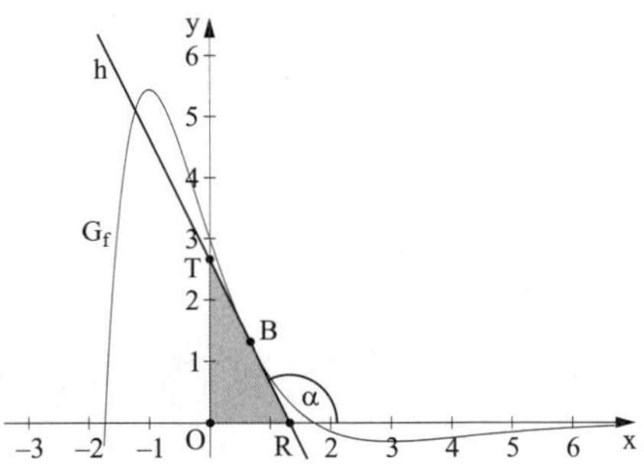

$h(x) = m \cdot x + n \quad$ mit $m = f'(x_B)$ und $m = \tan\alpha$

$$\tan(180° - \alpha) = \frac{\overline{OT}}{\overline{OR}} = \frac{2 \cdot \overline{OR}}{\overline{OR}} = 2$$

$$\Rightarrow \qquad \tan(-\alpha) = 2$$

$$\Rightarrow \qquad \tan\alpha = -2$$

$h(x) = 2x + n \quad$ mit $B(x_B; f(x_B)) \in h$

$m = f'(x_B) = -2$

$\Rightarrow \quad x_{B_1} = -0{,}7471\ldots$

$f(x_{B_1}) = 5{,}154\ldots$

$\Rightarrow \quad x_{B_2} = 0{,}6646\ldots$

$f(x_{B_2}) = 1{,}316\ldots$

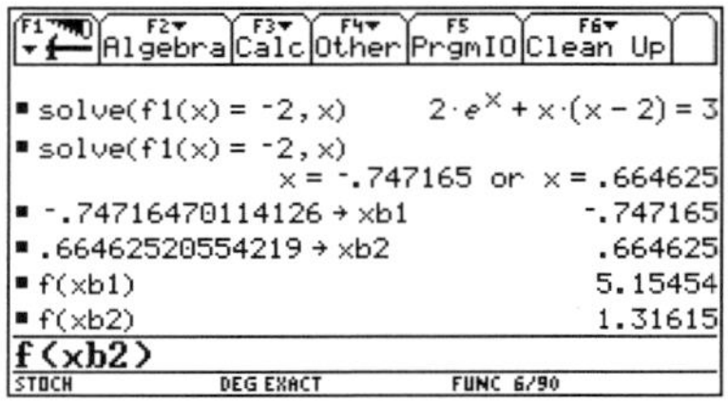


$5{,}154\ldots = 2 \cdot (-0{,}7471\ldots) + n$

$3{,}660\ldots = n$

$\Rightarrow \quad \underline{\underline{h_1(x) = -2x + 3{,}66}} \quad$ (näherungsweise)

$1{,}316\ldots = -2 \cdot 0{,}6646\ldots + n$

$2{,}645\ldots = n$

$\Rightarrow \quad \underline{\underline{h_2(x) = -2x + 2{,}65}} \quad$ (näherungsweise)

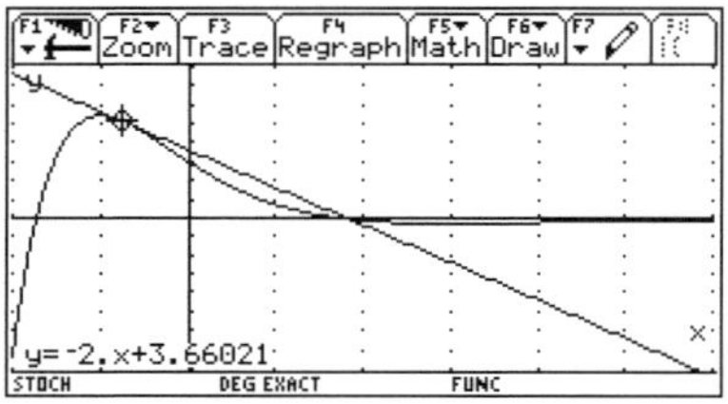


Tangente an der Stelle $x_{B_1}$

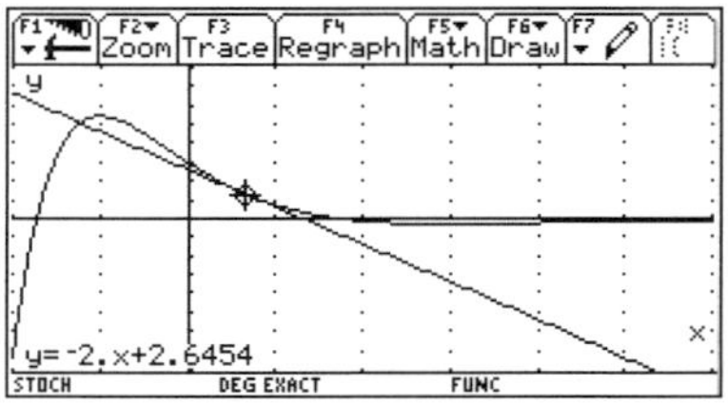


Tangente an der Stelle $x_{B_2}$

*Hinweis:* Als Lösung der Aufgabe genügt es, die Gleichung für eine der Tangenten h, $h_1$, $h_2$ zu ermitteln.

c) **Parameter p für maximalen Dreiecksflächeninhalt**
Die Dreiecke QOP sind rechtwinklig mit den Katheten $\overline{QO}$ und $\overline{QP}$.

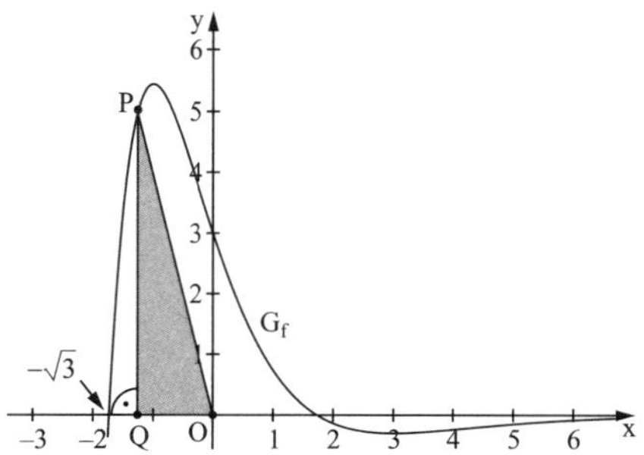


Q(p; 0), O(0; 0), P(p; f(p)) mit $-\sqrt{3} < p < 0$

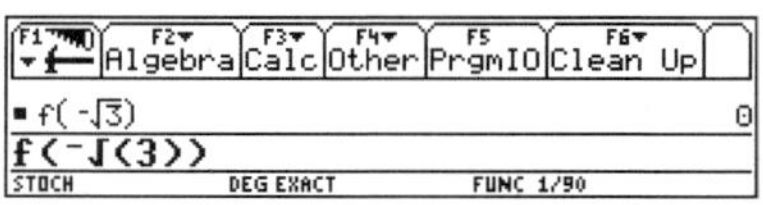

Aufstellen der Zielfunktion:

$$A(p)=\frac{1}{2}a\cdot b \quad \text{mit } a=\overline{QO}=|p|=-p \text{ und } b=f(p)$$

$$A(p)=-\frac{1}{2}p\cdot f(p)=\frac{p}{2}\cdot(p^2-3)\cdot e^{-p} \quad \text{mit } -\sqrt{3}<p<0$$

*Lösungsweg 1:*

Der Flächeninhalt A(p) des Dreiecks QOP kann nur für ein solches p ein (lokales) Maximum annehmen, das den Bedingungen $A'(p)=0$ und $A''(p)<0$ genügt.

Notwendige Bedingung für die Existenz einer lokalen Maximumstelle:

$0=A'(p)$ unter der Bedingung $-\sqrt{3}<p<0$

$$0=\left(-\frac{p^3}{2}+\frac{3p^2}{2}+\frac{3p}{2}-\frac{3}{2}\right)\cdot e^{-p}$$

$\Rightarrow \quad p=-1{,}261\ldots$ ist die einzige mögliche negative Extremstelle.

Hinreichende Bedingung für die Existenz einer lokalen Maximumstelle:

$A''(p)\neq 0$

$A''(-1{,}261\ldots)=-16{,}50\ldots<0$

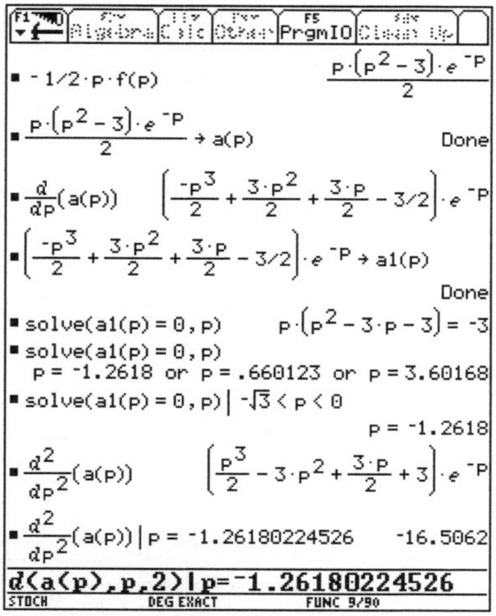


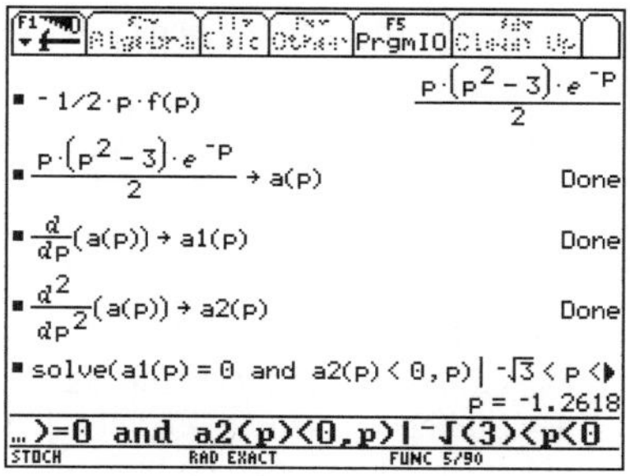


Die Funktion A besitzt also für $-\sqrt{3}<p<0$ die einzige lokale Maximumstelle bei $p=-1{,}261\ldots$

*Lösungsweg 2:*

Die gesuchte lokale Maximumstelle von A lässt sich mit dem Taschencomputer grafisch bestimmen.

Das Dreieck QOP besitzt für $\underline{\underline{p\approx-1{,}26}}$ seinen maximalen Flächeninhalt.

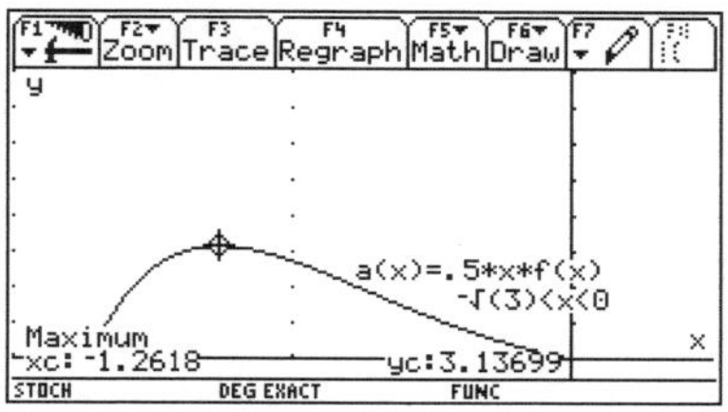

*Lösungsweg 3:*

Taschencomputer eröffnen auch die Möglichkeit, mit nur einem Befehl die gesuchte Maximumstelle der Zielfunktion A zu berechnen.

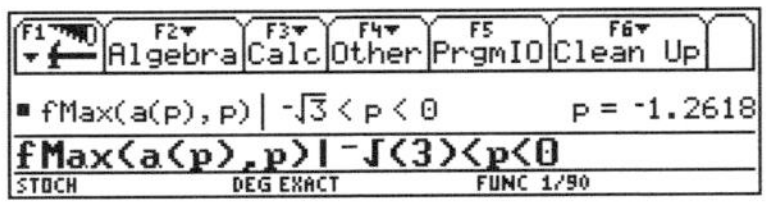


Das Dreieck QOP besitzt für $\underline{\underline{p \approx -1{,}26}}$ seinen maximalen Flächeninhalt.

d) **Schnittwinkel α**

Der gesuchte Schnittwinkel α ist der Schnittwinkel der beiden Tangenten an $G_f$ und $G_g$ in ihrem Schnittpunkt S, der im II. Quadranten liegt.

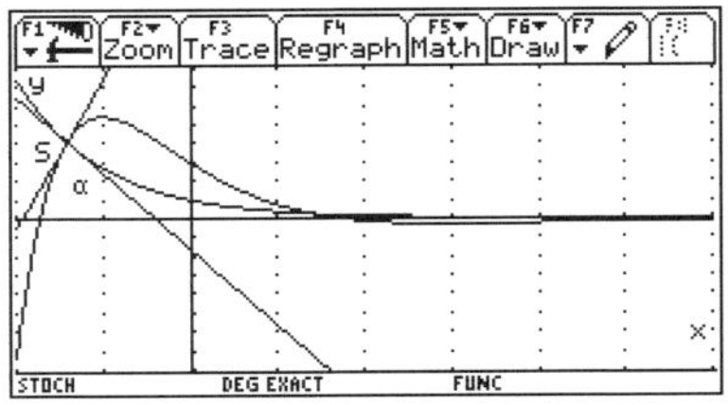


Die Schnittstelle $x_S$ ist die negative Lösung der Gleichung $f(x) = g(x)$.

$$f(x) = g(x) \text{ und } x < 0$$

$$\Rightarrow \quad x_S = -\sqrt{2}$$

Die Größe des Winkels α ist mithilfe der Anstiege der Tangenten $t_f$ und $t_g$ zu berechnen.

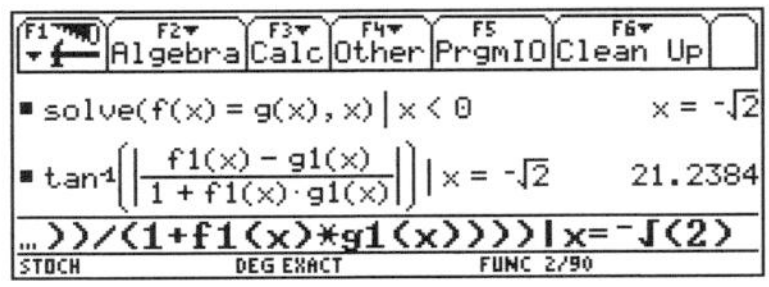


$$\tan\alpha = \left|\frac{m_f - m_g}{1 + m_f \cdot m_g}\right| = \left|\frac{f'(x_S) - g'(x_S)}{1 + f'(x_S) \cdot g'(x_S)}\right|$$

$$\Rightarrow \quad \underline{\underline{\alpha \approx 21{,}2^\circ}}$$

**Flächeninhalte $A_1$ und $A_2$**

Die Graphen $G_f$ und $G_g$ schneiden sich an den Stellen $x_{S1}$ und $x_{S2}$ und umschließen eine Fläche mit dem Inhalt $A_1$.

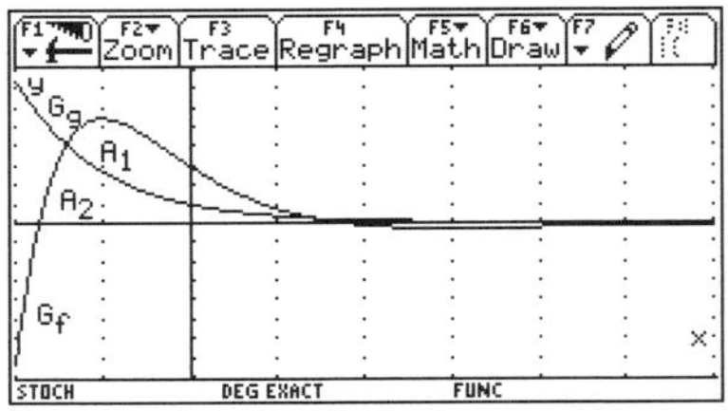


$$A_1 = \int_{x_{S1}}^{x_{S2}} (f(x) - g(x))\,dx$$

mit den Schnittstellen $x_{S1}$ und $x_{S2}$

$$f(x) = g(x)$$

$$\Rightarrow \quad x_{S1} = -\sqrt{2}$$

$$x_{S2} = \sqrt{2}$$

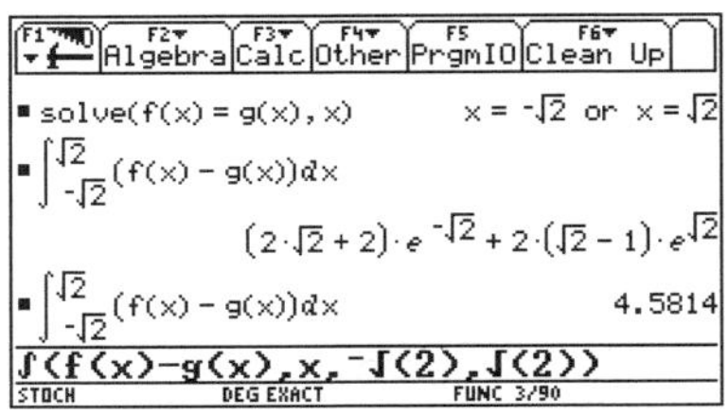


$$\underline{\underline{A_1 \approx 4{,}58}}$$

Die Fläche mit dem Inhalt $A_2$ wird eingeschlossen von $G_f$, $G_g$ und der x-Achse.

*Lösungsweg 1:*

$A_2$ berechnet sich als positive Differenz aus dem Flächeninhalt, den $G_f$ mit der x-Achse (im Endlichen) einschließt, und $A_1$.

$$A_2 = \int_{x_{01}}^{x_{02}} f(x)\,dx - A_1 \quad \text{mit } x_{01} = -\sqrt{3} \text{ und}$$
$$x_{02} = \sqrt{3}$$
(vgl. Teilaufgabe a)

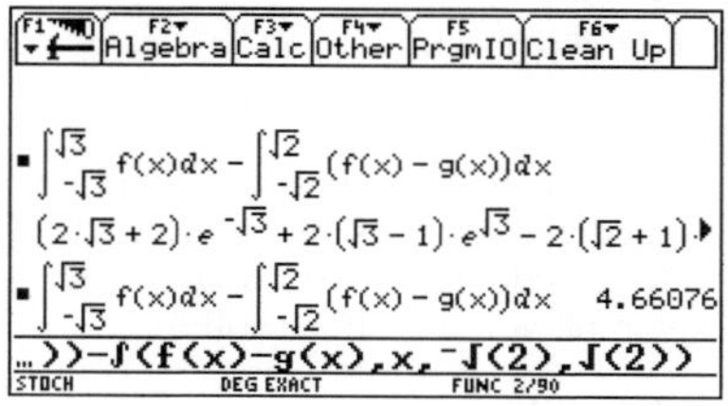


$\underline{\underline{A_2 \approx 4{,}66}}$

*Lösungsweg 2:*

$A_2$ berechnet sich als Inhalt der Fläche, die von $G_f$, $G_g$ und der x-Achse (im Endlichen) eingeschlossen wird.

$$A_2 = \int_{x_{01}}^{x_{S1}} f(x)\,dx + \int_{x_{S1}}^{x_{S2}} g(x)\,dx + \int_{x_{S2}}^{x_{02}} f(x)\,dx$$

mit $x_{01} = -\sqrt{3}$ und $x_{S1} = -\sqrt{2}$

$x_{02} = \sqrt{3}$ und $x_{S2} = \sqrt{2}$

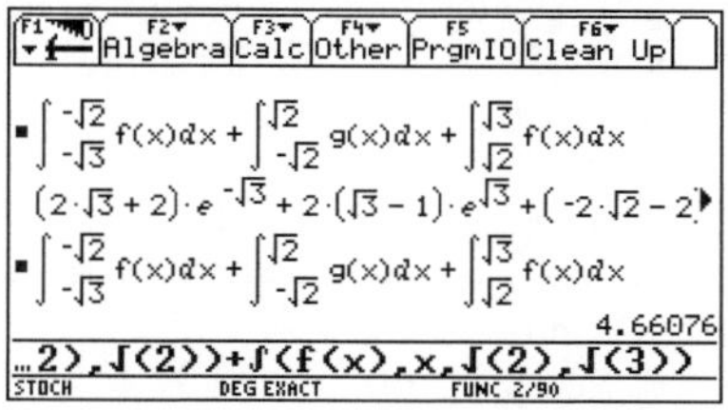


$\underline{\underline{A_2 \approx 4{,}66}}$

Die Inhalte der beiden Teilflächen betragen ca. 4,58 FE und ca. 4,66 FE.

e) **Funktion h als Näherungsfunktion**

Die Funktion z besitzt einen zur y-Achse symmetrischen Graphen, folglich sollte auch der Graph von h axialsymmetrisch zur y-Achse verlaufen, d. h., h sollte eine gerade Funktion sein.

$h(x) = ax^4 + bx^2 + c \quad (a \neq 0)$

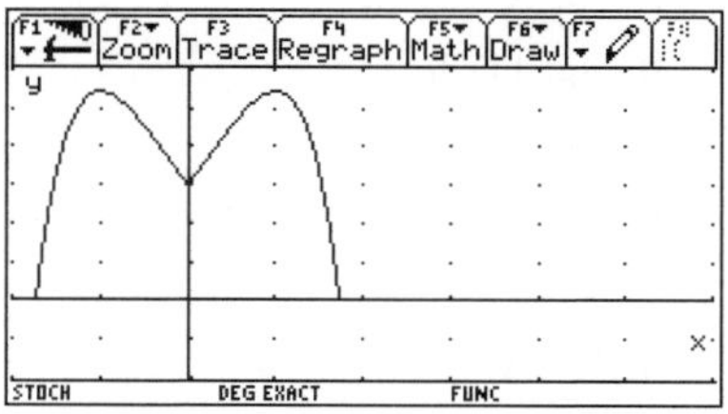


Um die Parameter a, b und c zu bestimmen, gibt es verschiedenartige Ansätze, von denen nachfolgend zwei ausgewählt werden.

*Lösungsweg 1:*

Der Graph von z besitzt den Hochpunkt H(–1; 2e), den auch der Graph von h besitzen sollte.

I $h(-1) = 2e$

II $h'(-1) = 0$

III $h''(-1) < 0$

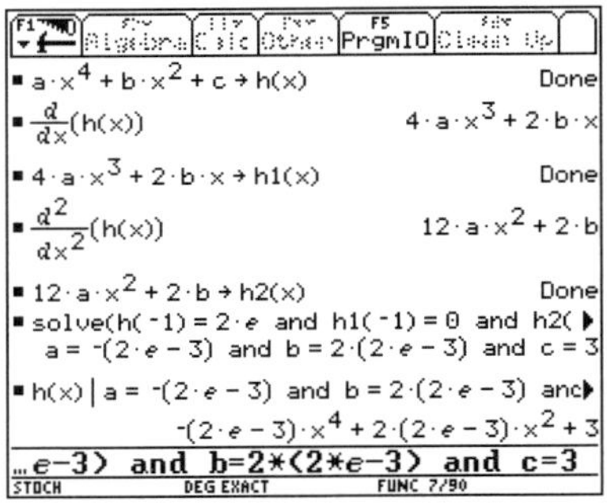


Der Graph von z besitzt (obwohl die Funktion z an der Stelle $x = 0$ nicht differenzierbar ist) den Tiefpunkt $T(0; f(0)) = T(0; 3)$, den auch der Graph von h besitzen sollte.

IV $h(0) = 3$

V $h'(0) = 0$

VI $h''(0) > 0$

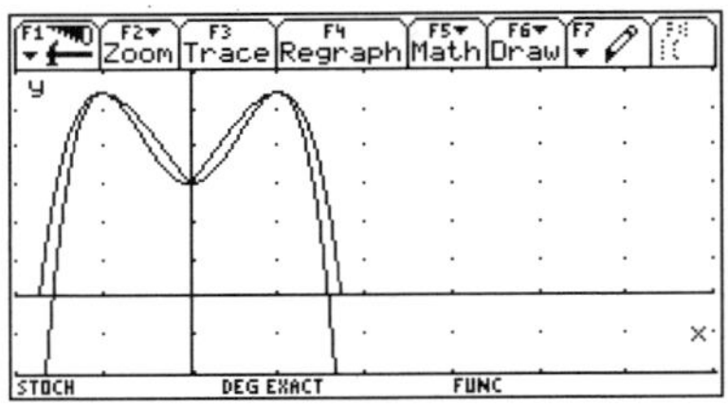


Die Lösung des Systems dieser Gleichungen bzw. Ungleichungen von I bis VI liefert:

$a = 3 - 2e$

$b = 4e - 6$

$c = 3$

$\Rightarrow \underline{\underline{h(x) = (3 - 2e) \cdot x^4 + (4e - 6) \cdot x^2 + 3}}$

mit $-\sqrt{3} < x < \sqrt{3}$

*Lösungsweg 2:*

Der Graph von z verläuft durch die drei markanten Punkte $(-\sqrt{3}; f(-\sqrt{3}))$, $(-1; f(-1))$ und $(0; f(0))$, die auch auf dem Graphen von h liegen sollten.

I $h(-\sqrt{3}) = f(-\sqrt{3})$

II $h(-1) = f(-1)$

III $h(0) = f(0)$

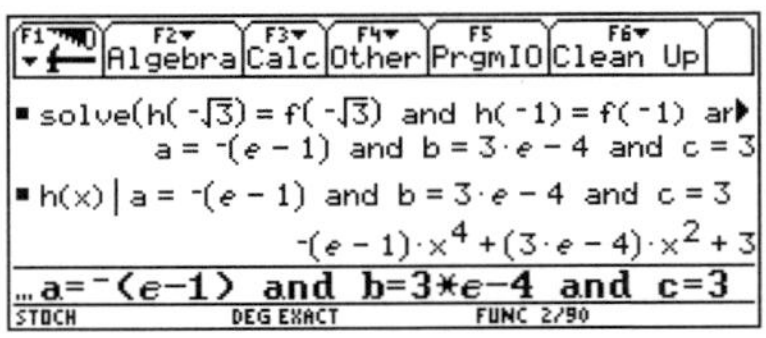


Die Lösung des Systems dieser drei Gleichungen I, II, III liefert:

$a = 1 - e$

$b = 3e - 4$

$c = 3$

$\Rightarrow \underline{\underline{h(x) = (1 - e) \cdot x^4 + (3e - 4) \cdot x^2 + 3}}$

mit $-\sqrt{3} < x < \sqrt{3}$

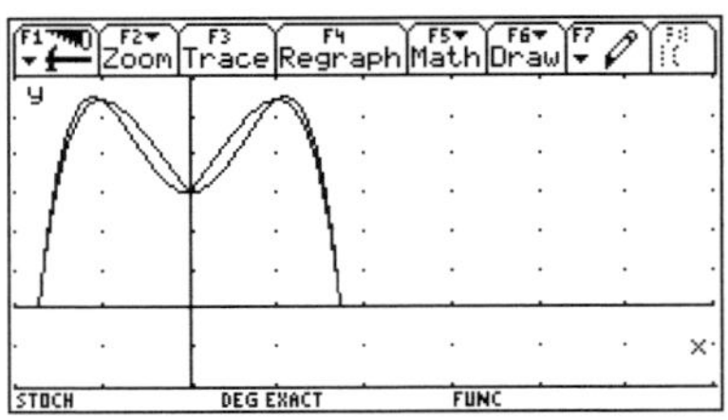

f) **Parameterabhängige Anzahl der Nullstellen**

Die Funktion $k_a$ besitzt eine Nullstelle, wenn die Gleichung $k_a(x) = 0$ eine Lösung besitzt.

$$0 = k_a(x) = (-x^2 + 3) \cdot e^{-x} + a$$

$(x^2 - 3) \cdot e^{-x} = a$

Diese Gleichung ist aber rechnerisch nicht elementar lösbar.

Der Graph von $k_a$ entsteht jedoch aus dem Graphen $G_f$ durch eine Verschiebung in y-Achsen-Richtung um a.

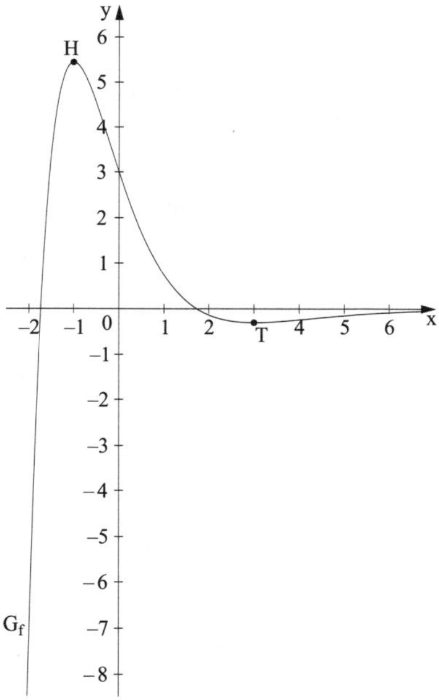


- Wenn ein $a < -y_H = -2e$ gewählt wird, verläuft demzufolge der Graph von $k_a$ stets unterhalb der x-Achse, d. h., $k_a$ besitzt keine Nullstelle.

- Wenn $a = -y_H = -2e$, so liegt H auf der x-Achse und der Graph von $k_a$ ansonsten unterhalb der x-Achse, demzufolge besitzt $k_{-2e}$ nur eine Nullstelle. Wenn ein $a > |y_T| = 6e^{-3}$ gewählt wird, liegt der lokale Tiefpunkt des Graphen von $k_a$ oberhalb der x-Achse und $k_a$ besitzt nur eine Nullstelle.

- Wenn ein a mit $0 < a < |y_T| = 6e^{-3}$ gewählt wird, besitzt der Graph von $k_a$ außer einer negativen Nullstelle $x_{01}$ und einer Nullstelle $0 < x_{02} < x_T$ „rechts" von $x_T$ noch eine dritte Nullstelle $x_{03} > x_T$, d. h. genau drei Nullstellen.

- Wenn $a = |y_T| = 6e^{-3}$ oder ein a mit $-2e = -y_H < a \leq 0$ gewählt wird, liegt der lokale Tiefpunkt des Graphen von $k_a$ auf der x-Achse oder die Extrempunkte $H_a$ und $T_a$ des Graphen von $k_a$ liegen wie bei $G_f$ im II. und IV. Quadranten mit $k_a(x) < 0$ für $x > x_{T_a}$, d. h., $k_a$ besitzt genau zwei Nullstellen.

Damit sind alle Möglichkeiten zur Wahl von $a \in \mathbb{R}$ betrachtet.

## Kernfach Mathematik (Thüringen): Abiturprüfung 2012
## Aufgabe A2: Analysis

Gegeben sind die Funktion f durch

$$y = f(x) = \frac{1}{3}(9x - x^3)$$

und für jede reelle Zahl a mit $a \neq 0$ eine quadratische Funktion $p_a$ durch

$$y = p_a(x) = ax(x-3) \quad (x \in \mathbb{R}).$$

a) Untersuchen Sie den Graphen von f auf Symmetrie, auf Schnittpunkte mit den Koordinatenachsen, auf lokale Extrempunkte und Wendepunkte.
Geben Sie gegebenenfalls die Koordinaten dieser Punkte an.
Skizzieren Sie den Graphen von f in einem geeigneten Intervall.
Ermitteln Sie eine Gleichung für die Tangente t an den Graphen von f im Punkt P(0; 0).
Berechnen Sie die Größe des Anstiegswinkels der Tangente t. (11 BE)

b) Der Punkt R(r; f(r)) mit $0 < r < 3$ und $r \in \mathbb{R}$ liegt auf dem Graphen von f.
Die Punkte P(0; 0), Q(r; 0) und R bilden ein Dreieck.
Berechnen Sie r so, dass der Flächeninhalt des Dreiecks PQR maximal wird. (4 BE)

c) Gegeben ist die Gleichung $\int_{-1}^{c} f(x)\,dx = 0.$
Geben Sie ohne Rechnung eine Lösung dieser Gleichung an.
Geben Sie an, wie viele Lösungen diese Gleichung besitzt. (2 BE)

d) Skizzieren Sie den Graphen von $p_a$ für $a = -2$ in das Koordinatensystem aus Teilaufgabe a.
Geben Sie jeweils einen Wert für a so an, dass der Graph von $p_a$ im Vergleich zum Graphen von $p_{-2}$
– in Richtung der y-Achse gestreckt ist.
– in Richtung der y-Achse gestaucht und an der x-Achse gespiegelt ist. (3 BE)

e) Bestimmen Sie jeweils einen Wert für a so, dass
– der Extrempunkt von $p_a$ auf dem Graphen von f liegt.
– sich die Graphen von f und $p_a$ im Punkt B(3; f(3)) berühren. (5 BE)

f) Der Graph von f begrenzt im I. Quadranten mit der x-Achse eine Fläche vollständig. Der Graph von $p_a$ begrenzt ebenfalls mit der x-Achse eine Fläche vollständig.
Bestimmen Sie einen Wert für a so, dass beide Flächen den gleichen Inhalt besitzen. (5 BE)

(30 BE)

## Hinweise und Tipps

### Aufgabe a

*Symmetrie*

- Überlegen Sie, welche Symmetriearten für Funktionsgraphen Sie kennengelernt haben.
- Ziehen Sie Rückschlüsse aus der Tatsache, dass die Funktion f eine ganzrationale Funktion dritten Grades mit nur ungeraden Exponenten ist.
- Untersuchen Sie, ob eine der Gleichungen $f(-x) = f(x)$ oder $f(-x) = -f(x)$ für die gegebene Funktion erfüllt ist. Welchen Schluss kann man daraus bezüglich der Symmetrie ziehen?
- Ist die Gleichung $f(-x) = f(x)$ für alle $x \in D_f$ erfüllt, handelt es sich um eine gerade Funktion. Es liegt dann Achsensymmetrie zur y-Achse vor.
- Gilt für alle $x \in D_f$ die Gleichung $f(-x) = -f(x)$, handelt es sich um eine ungerade Funktion. Es liegt dann Punktsymmetrie bezüglich des Koordinatenursprungs vor.

*Schnittpunkte mit den Koordinatenachsen*

- Schnittpunkte mit der x-Achse ergeben sich für $0 = f(x)$.
- Schnittpunkte mit der y-Achse erhalten Sie durch den Ansatz $f(0)$.

*Lokale Extrempunkte*

- Bilden Sie die ersten drei Ableitungen der Funktion f.
- Lösen Sie die Gleichung $f'(x) = 0$, um mögliche Extremstellen $x_e$ von f zu finden.
- Untersuchen Sie für jedes $x_e$, welches Vorzeichen $f''(x_e)$ besitzt, und schließen Sie daraus auf die Existenz und die Art der lokalen Extrema.
- Für $f''(x_e) < 0$ liegt ein lokales Maximum, für $f''(x_e) > 0$ ein lokales Minimum vor.
- Berechnen Sie für jedes $x_e$ den zugehörigen Funktionswert $f(x_e)$ und geben Sie die lokalen Extrempunkte als geordnete Paare an.

*Wendepunkt*

- Lösen Sie die Gleichung $f''(x) = 0$, um mögliche Wendestellen $x_w$ von f zu finden.
- Untersuchen Sie, ob $f'''(x_w) \neq 0$ gilt und schließen Sie daraus auf die Existenz des Wendepunktes.
- Berechnen Sie den zugehörigen Funktionswert $f(x_w)$ und geben Sie den Wendepunkt als geordnetes Paar an.

*Graph von f*

- Verwenden Sie die bisher berechneten Punkte und die Symmetrieeigenschaft sowie einige weitere berechnete Werte, um den Graphen zu skizzieren.
- Achten Sie darauf, die Achsen zu beschriften, die Einheiten anzugeben und sauber zu arbeiten.

*Tangente t im Punkt P(0; 0)*

- Da die Tangente durch den Ursprung gehen soll, hat sie eine Gleichung von der Form $y = f(x) = m \cdot x$.
- Der Anstieg m der Tangente entspricht dem Wert der 1. Ableitung von f an der Stelle $x_0 = 0$.

*Anstiegswinkel der Tangente t*

- Für den Anstiegswinkel $\alpha$ einer Geraden $y = mx + n$ gilt $\tan(\alpha) = m$.
- Beachten Sie, bei der Winkelberechnung mit dem Taschenrechner das Gradmaß einzustellen.

**Aufgabe b**

- Skizzieren Sie den Sachverhalt.
- Der Punkt R liegt auf dem Graphen von f.
- Beachten Sie, dass der Punkt Q senkrecht unter dem Punkt R liegt.
- Beachten Sie, dass das Dreieck PQR ein rechtwinkliges Dreieck ist, dessen Flächeninhalt sich durch $A = \frac{1}{2} \cdot a \cdot b$ berechnen lässt. Dabei sind a und b die Kathetenlängen des Dreiecks.
- Geben Sie den Flächeninhalt A(r) in Abhängigkeit von r an.
- Berechnen Sie das Maximum von A(r) für $0 < r < 3$ mithilfe des Ableitungskalküls.

**Aufgabe c**

- Nutzen Sie Eigenschaften des bestimmten Integrals.
- Das bestimmte Integral hat den Wert null, wenn untere und obere Grenze übereinstimmen.
- Das bestimmte Integral kann als Flächeninhalt interpretiert werden, wenn die Funktion f in dem betrachteten Intervall nur nichtnegative Funktionswerte besitzt.
- Liegt der Graph von f in einem Intervall unterhalb der x-Achse, so ergibt das zugehörige bestimmte Integral einen negativen Wert, dessen Betrag dem Inhalt der Fläche entspricht, die im betrachteten Intervall zwischen dem Graphen von f und der x-Achse liegt.
- Ein bestimmtes Integral hat auch dann den Wert null, wenn die „Flächenbilanz" null ist. Das bedeutet, dass sich die von der x-Achse und dem Graphen der Funktion vollständig eingeschlossenen vorzeichenbehafteten Teilflächeninhalte in der Summe aufheben.

**Aufgabe d**

*Skizze*

- Setzen Sie $a = -2$ in die Funktionsgleichung von $y = p_a(x)$ ein.
- Ist eine quadratische Funktion in der Form $y = f(x) = a \cdot (x - x_1) \cdot (x - x_2)$ gegeben, so sind $x_1$ und $x_2$ die Nullstellen der Funktion. Der Faktor a gibt darüber Auskunft, ob die zugehörige Parabel gestreckt oder gestaucht bzw. nach oben oder nach unten geöffnet ist.
- Um den Graphen von $p_{-2}$ zu skizzieren, können Sie aus der faktorisierten Darstellung die Nullstellen ablesen. Die Abszisse des Scheitelpunkts muss dann wegen der Achsensymmetrie der Parabel in der Mitte zwischen den Nullstellen liegen. Der zugehörige Funktionswert kann durch Einsetzen in die Funktionsgleichung berechnet werden.
- Die Skizze der Parabel kann nun mithilfe der bekannten Eigenschaften erfolgen, ggf. kann auch eine Schablone genutzt werden.

*Streckung/Stauchung in Richtung der y-Achse; Spiegelung an der x-Achse*

- Berücksichtigen Sie, dass der Faktor a in der Funktion $y = a \cdot f(x)$ für Streckung, Stauchung und auch Spiegelung des Graphen an der x-Achse verantwortlich ist.
- Für $|a| > 1$ geht der Graph von $y = a \cdot f(x)$ durch Streckung aus dem Graphen von $y = f(x)$ hervor.
- Für $|a| < 1$ geht der Graph von $y = a \cdot f(x)$ durch Stauchung aus dem Graphen von $y = f(x)$ hervor.
- Für $a = -1$ geht der Graph von $y = a \cdot f(x)$ durch Spiegelung an der x-Achse aus dem Graphen von $y = f(x)$ hervor.

**Aufgabe e**

*Extrempunkt von $p_a$ auf dem Graphen von f*

- Die Nullstellen von $p_a$ sind unabhängig von a.
- Der Extrempunkt von $p_a$ ist der Scheitelpunkt der Parabel.
- Die Abszisse des Scheitelpunkts liegt in der Mitte zwischen beiden Nullstellen. Sie ist deshalb auch von a unabhängig und hat den Wert $x_s = 1{,}5$.
- Wenn der Scheitelpunkt von $p_a$ auf dem Graphen von f liegen soll, dann müssen die Funktionswerte beider Funktionen an der Stelle $x_s$ übereinstimmen.
- Aus dem Ansatz $p_a(x_s) = f(x_s)$ können Sie den gesuchten Wert für a ermitteln.

*Berührung von $p_a$ und f im Punkt B(3; f(3))*

- Die Graphen zweier Funktionen berühren sich an einer Stelle $x_0$, wenn dort die Funktionswerte und die Anstiege beider Funktionen übereinstimmen.
- Da $x = 3$ eine gemeinsame Nullstelle von $p_a$ und f ist, gilt B(3; 0), und B ist gemeinsamer Punkt beider Graphen.
- Bestimmen Sie die 1. Ableitung jeder der Funktionen f und $p_a$, setzen Sie die beiden Terme gleich und berechnen Sie für $x_0 = 3$ den gesuchten Wert von a.

**Aufgabe f**

- Machen Sie sich anhand der Skizze von Teilaufgabe a klar, welche Fläche im I. Quadranten vollständig vom Graphen von f und der x-Achse begrenzt ist.
- Berechnen Sie den Inhalt dieser Fläche mithilfe der Integralrechnung.
- Der Graph von $p_a$ schließt mit der x-Achse im Intervall $0 \le x \le 3$ eine Fläche vollständig ein.
- Diese Fläche kann in Abhängigkeit vom Vorzeichen des Faktors a oberhalb oder unterhalb der x-Achse liegen.
- Beachten Sie, dass Sie bei Berechnung dieser Fläche mithilfe der Integralrechnung deshalb den Betrag des Integrals berücksichtigen müssen.
- Die Integrationsgrenzen sind nicht von a abhängig.
- Vereinfachen Sie vor dem Integrieren den Funktionsterm von $p_a$ durch Ausmultiplizieren.
- Setzen Sie die Ergebnisse der beiden Flächenberechnungen gleich und bestimmen Sie die zugehörigen Werte für die Variable a.
- Geben Sie einen dieser Werte als Ergebnis an.

## Lösungen

a) **Symmetrie**

Da die Funktion f eine ganzrationale Funktion dritten Grades mit nur ungeraden Exponenten ist, ist ihr Graph punktsymmetrisch zum Ursprung.

Eine weitere Erklärung ist durch die Untersuchung der Gleichung $f(-x) = -f(x)$ möglich:

$$f(-x) = \frac{1}{3} \cdot (9 \cdot (-x) - (-x)^3) = \frac{1}{3} \cdot (-9 \cdot x + x^3) = -\frac{1}{3} \cdot (9x - x^3) = -f(x)$$

Jede reelle Zahl x erfüllt für die gegebene Funktion f diese Gleichung, also ist der Graph von f punktsymmetrisch bezüglich des Koordinatenursprungs.

**Schnittpunkte mit den Koordinatenachsen**

Der Schnittpunkt mit der y-Achse wird für $x = 0$ berechnet:

$$y = f(0) = \frac{1}{3} \cdot (9 \cdot 0 - 0^3) = 0$$

$\underline{\underline{S_y(0; 0)}}$ ist der Schnittpunkt mit der y-Achse.

Die Schnittpunkte mit der x-Achse ergeben sich für $y = 0$:

$$0 = \frac{1}{3} \cdot (9x - x^3) \qquad | \text{ x ausklammern}$$

$$0 = \frac{1}{3} \cdot x \cdot (9 - x^2) \qquad | \text{ Ein Produkt ist null, wenn ein Faktor null ist.}$$

$$0 = \frac{1}{3} \cdot x \quad \Rightarrow \quad x_1 = 0$$

$$0 = 9 - x^2 \quad \Rightarrow \quad x_2 = 3 \text{ oder } x_3 = -3$$

Die Punkte $\underline{\underline{S_1(0; 0)}} = S_y$, $\underline{\underline{S_2(-3; 0)}}$ und $\underline{\underline{S_3(3; 0)}}$ sind die Schnittpunkte mit der x-Achse.

**Lokale Extrempunkte**

Ableitungen von f ermitteln:

$$f(x) = \frac{1}{3} \cdot (9x - x^3) = 3x - \frac{1}{3}x^3$$

$$f'(x) = 3 - x^2$$

$$f''(x) = -2x$$

$$f'''(x) = -2$$

Notwendige Bedingung: $f'(x) = 0$

$$0 = f'(x) = 3 - x^2 \quad \Rightarrow \quad x^2 = 3 \quad \Rightarrow \quad |x| = \sqrt{3}$$

Es gibt zwei mögliche Extremstellen $x_{e_1} = \sqrt{3}$ und $x_{e_2} = -\sqrt{3}$.

Hinreichende Bedingung: $f''(x_e) \neq 0$

$$f''(\sqrt{3}) = -2 \cdot \sqrt{3} < 0 \quad \Rightarrow \quad \text{lokales Maximum}$$

$$f''(-\sqrt{3}) = -2 \cdot (-\sqrt{3}) = 2 \cdot \sqrt{3} > 0 \quad \Rightarrow \quad \text{lokales Minimum}$$

Koordinaten

$$y = f(\sqrt{3}) = 3 \cdot \sqrt{3} - \frac{1}{3} \cdot (\sqrt{3})^3 = 3 \cdot \sqrt{3} - \frac{1}{3} \cdot (\sqrt{3})^2 \cdot (\sqrt{3})^1 = 3 \cdot \sqrt{3} - 1 \cdot \sqrt{3} = 2 \cdot \sqrt{3}$$

$$y = f(-\sqrt{3}) = \ldots = -2 \cdot \sqrt{3}$$

Hochpunkt $\underline{\underline{H(\sqrt{3}; 2 \cdot \sqrt{3}) \approx H(1{,}73; 3{,}46)}}$

Tiefpunkt $\underline{\underline{T(-\sqrt{3}; -2 \cdot \sqrt{3}) \approx T(-1{,}73; -3{,}46)}}$

Aus der Punktsymmetrie des Graphen von f kann man ebenfalls auf die Existenz und die Koordinaten des zweiten Extrempunktes schließen.

**Wendepunkt**

Notwendige Bedingung für den Wendepunkt: $f''(x) = 0$
$-2x = 0 \quad \Rightarrow \quad x_w = 0$ ist ein möglicher Wendepunkt.

Hinreichende Bedingung für den Wendepunkt: $f'''(x_w) \neq 0$
Wegen $f'''(x) = -2 < 0$ ist die hinreichende Bedingung erfüllt.

Koordinaten des Wendepunktes:

$$f(0) = 3 \cdot 0 - \frac{0^3}{3} = 0 \quad \Rightarrow \quad \underline{\underline{W(0; 0)}}$$

**Graph von f**

Die oben berechneten Punkte werden in einer Tabelle zusammengefasst (hier fett gedruckt) und durch einige weitere ergänzt. Das Intervall sollte wegen der Schnittpunkte mit der x-Achse etwas größer sein als [–3; 3].
Man kann sich die Punktsymmetrie zunutze machen, um Rechenarbeit zu sparen.

| x | –3,5 | **–3** | **–1,7** | –1 | **0** |
|---|---|---|---|---|---|
| y | 3,8 | **0** | **–3,5** | –2,7 | **0** |

| x | 1 | **1,7** | **3** | 3,5 |
|---|---|---|---|---|
| y | 2,7 | **3,5** | **0** | –3,8 |

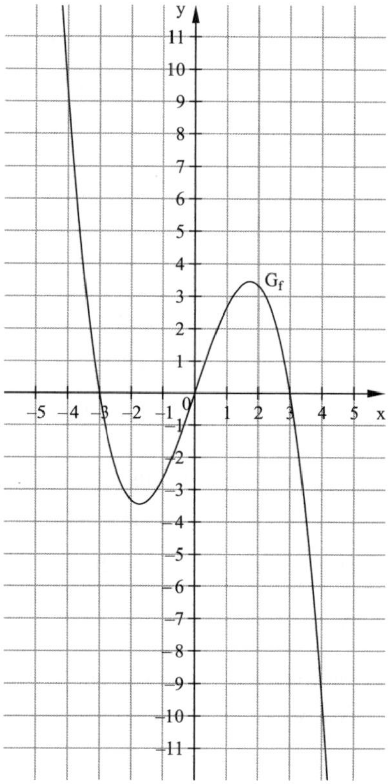


Mithilfe dieser Wertepaare wird der Graph von f skizziert.

**Tangente t im Punkt P(0; 0)**

Eine Tangente an den Graphen einer Funktion hat allgemein die Form $y = t(x) = m \cdot x + n$.
Da hier die Tangente durch den Ursprung gehen soll, gilt $n = 0$.
Der Anstieg m von t ist $m = f'(x_0)$.

Wegen $f'(x) = 3 - x^2$ ist $m = f'(0) = 3$.
Die Tangente hat die Gleichung $\underline{\underline{y = 3x}}$.

**Anstiegswinkel der Tangente t**

Mit $\tan(\alpha) = m$ und $m = 3$ folgt $\tan(\alpha) = 3 \Rightarrow \alpha = \tan^{-1}(3)$.

Der Anstiegswinkel der Tangente ist $\underline{\underline{\alpha \approx 71{,}6°}}$.

b) Das nebenstehende Bild veranschaulicht den Sachverhalt.
Mit $A = \frac{1}{2} \cdot a \cdot b$ ergibt sich hier
$a = \overline{PQ} = r$ und $b = \overline{QR} = f(r)$ mit $0 < r < 3$.
Der Flächeninhalt des Dreiecks PQR lässt sich in Abhängigkeit von r angeben:

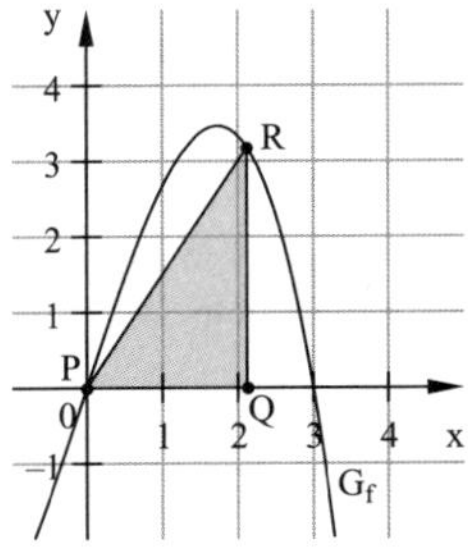


$$A(r) = \frac{1}{2} \cdot r \cdot f(r) = \frac{1}{2} \cdot r \cdot \left(3r - \frac{1}{3}r^3\right) = \frac{3}{2}r^2 - \frac{1}{6}r^4 \text{ mit } 0 < r < 3$$

Zur Ermittlung des maximalen Flächeninhalts werden die ersten beiden Ableitungen von A(r) gebildet:

$$A'(r) = 3r - \frac{2}{3}r^3, \quad A''(r) = 3 - 2r^2$$

Notwendige Bedingung für ein lokales Maximum: $A'(r) = 0$

$$3r - \frac{2}{3}r^3 = 0 \qquad | \text{ r ausklammern}$$

$$r \cdot \left(3 - \frac{2}{3}r^2\right) = 0 \qquad | \text{ Ein Produkt ist null, wenn ein Faktor null ist.}$$

$$r = 0 \qquad | \text{ entfällt wegen } 0 < r < 3$$

$$3 - \frac{2}{3}r^2 = 0 \qquad \left| + \frac{2}{3}r^2\right.$$

$$3 = \frac{2}{3}r^2 \qquad \left| \cdot \frac{3}{2}\right.$$

$$r^2 = \frac{9}{2} \qquad | \sqrt{\phantom{x}}$$

$$|r| = \sqrt{\frac{9}{2}} = \frac{\sqrt{9}}{\sqrt{2}} = \frac{3}{\sqrt{2}} = \frac{3 \cdot \sqrt{2}}{2} \approx 2{,}12$$

$$r = \pm \frac{3 \cdot \sqrt{2}}{2} \approx \pm 2{,}12$$

Wegen $0 < r < 3$ entfällt die negative Lösung.

$r_e = \frac{3 \cdot \sqrt{2}}{2} \approx 2{,}12$ ist eine mögliche Extremstelle.

Hinreichende Bedingung für ein lokales Maximum: $A''(r_e) < 0$

$$A''\left(\frac{3 \cdot \sqrt{2}}{2}\right) = 3 - 2 \cdot \left(\frac{3 \cdot \sqrt{2}}{2}\right)^2 = 3 - 2 \cdot \frac{9 \cdot 2}{4} = -6 < 0$$

Die hinreichende Bedingung ist erfüllt.

Der Wert $r_e = \frac{3 \cdot \sqrt{2}}{2} \approx 2{,}12$ liegt im Intervall $0 < r < 3$.

Das Dreieck PQR hat maximalen Flächeninhalt für $\underline{\underline{r = \frac{3 \cdot \sqrt{2}}{2} \approx 2{,}12}}$.

c) Die Gleichung $\int_{-1}^{c} f(x)\,dx = 0$ ist z. B. dann erfüllt, wenn $c = -1$ ist. In diesem Fall stimmen untere und obere Integrationsgrenze überein.

Eine weitere sofort ersichtliche Lösung ist für $c = 1$ gegeben. Wegen der Punktsymmetrie des Graphen von f bezüglich des Ursprungs sind die beiden Teilflächen, die durch den Graphen von f in den Teilintervallen [–1; 0] und [0; 1] begrenzt werden, gleich groß, die zugehörigen bestimmten Integrale haben aber entgegengesetzte Vorzeichen, sodass die Flächenbilanz null wird (siehe Bild rechts).

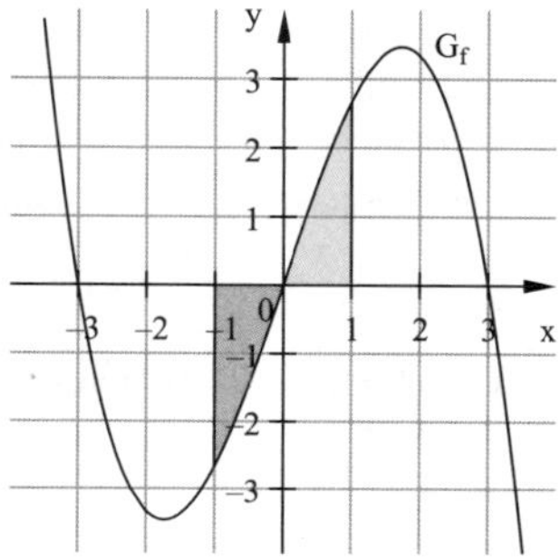


Ein ähnlicher Fall tritt ein, wenn die obere Integrationsgrenze c so weit nach rechts verschoben wird, dass die oberhalb der x-Achse liegende Teilfläche im Intervall [0; 3] den gleichen Inhalt hat wie die beiden unterhalb der x-Achse liegenden Teilflächen in den Intervallen [–1; 0] und [3; c] zusammen (siehe linkes Bild unten).

Schließlich gibt es noch den Fall, dass die obere Integrationsgrenze kleiner als die untere Grenze ist ($c < -1$). Auch hier gibt es eine Teilfläche im Intervall [–3; –1], die unterhalb der x-Achse liegt und eine gleichgroße Teilfläche im Intervall [c; –3] mit $c < -3$, die oberhalb der x-Achse liegt. Beide Teilflächen können bei geeigneter Wahl von c die gleichen Inhalte haben, die zugehörigen Integrale haben dann jedoch entgegengesetzte Vorzeichen, sodass die Flächenbilanz null ergibt (siehe rechtes Bild unten).

Insgesamt gibt es also vier Lösungen dieser Gleichung.

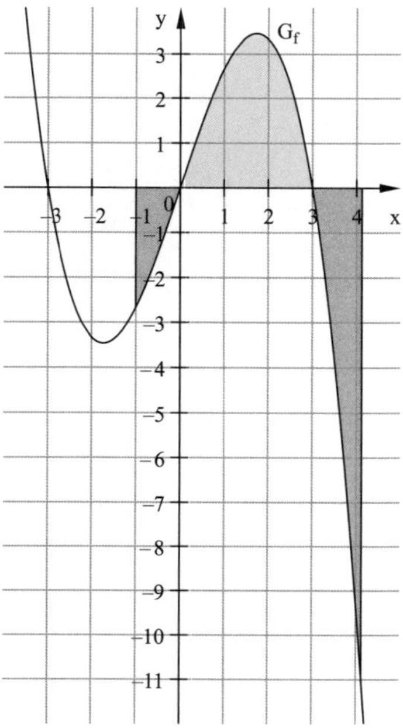


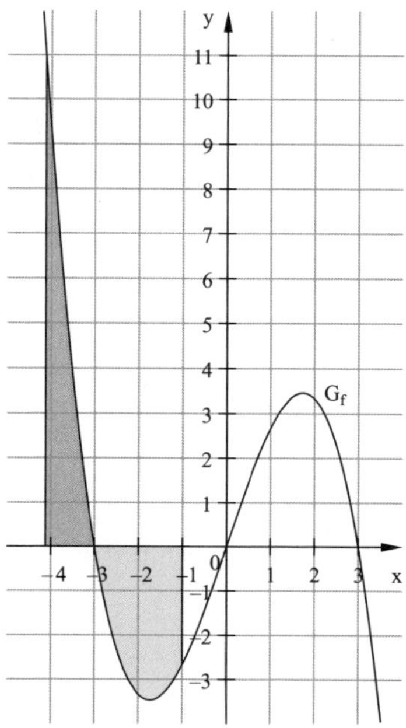

d) **Skizze**

Mit $a = -2$ ergibt sich aus $y = p_a(x) = a \cdot x \cdot (x - 3)$ $(a, x \in \mathbb{R}; a \neq 0)$ die quadratische Funktion

$y = p_{-2}(x) = -2 \cdot x \cdot (x - 3)$.

Die Nullstellen werden abgelesen:

$p_{-2}(x)$ wird null für $x_1 = 0$ und $x_2 = 3$.

Die Abszisse $x_s$ des Scheitelpunktes S ist:

$$x_s = \frac{x_1 + x_2}{2} = \frac{0 + 3}{2} = 1{,}5$$

Die Ordinate $y_s$ des Scheitelpunktes wird durch Einsetzen von $x_s$ in die Gleichung von $p_{-2}(x)$ berechnet:

$y_s = p_{-2}(1{,}5) = -2 \cdot 1{,}5 \cdot (1{,}5 - 3) = 2 \cdot 1{,}5^2 = 2 \cdot 2{,}25 = 4{,}5 \quad \Rightarrow \quad S(1{,}5; 4{,}5)$

Skizze der Parabel:

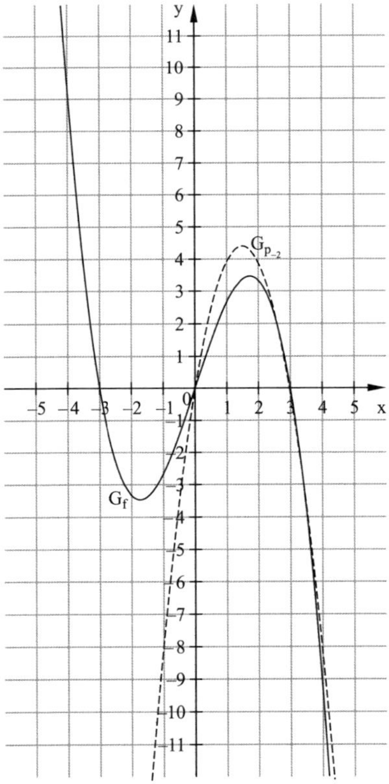

**Streckung/Stauchung in Richtung der y-Achse; Spiegelung an der x-Achse**

Um den Graphen von $y = p_a(x) = a \cdot x \cdot (x-3)$ $(a, x \in \mathbb{R};\ a \neq 0)$ im Vergleich zum Graphen von $y = p_{-2}(x) = -2 \cdot x \cdot (x-3) = -2x^2 + 6x$ in Richtung der y-Achse

- zu strecken, muss der Faktor $a = -2$ dem Betrage nach größer werden. Dies wird für alle Zahlen $|a| > 2$ erreicht. Eine dieser Zahlen, z. B. $a = -3$ sollte laut Aufgabenstellung angegeben werden.
  Gibt man für a eine Zahl $a > 2$ an, so wird ebenfalls eine Streckung in Richtung der y-Achse bei gleichzeitiger Spiegelung des ursprünglichen Graphen an der x-Achse erzeugt.
- zu stauchen, muss der Faktor $a = -2$ dem Betrage nach kleiner werden. Dies wird für alle Zahlen $|a| < 2$ erreicht. Da hier ausdrücklich noch eine Spiegelung an der x-Achse erfolgen soll, muss a das Vorzeichen wechseln, also als Ergebnis eine Zahl a mit $0 < a < 2$ angegeben werden.
  Zum Beispiel ist $a = 1$ eine solche Zahl.

e) **Extrempunkt von $p_a$ auf dem Graphen von f**

Aus dem Ansatz $p_a(x_s) = f(x_s)$ ergibt sich folgende Gleichung:

$$a \cdot x_s \cdot (x_s - 3) = \frac{1}{3} \cdot (9 \cdot x_s - x_s^3) \qquad \Big|\ x_s = 1{,}5 = \tfrac{3}{2} \text{ einsetzen}$$

$$a \cdot \frac{3}{2} \cdot \left(\frac{3}{2} - 3\right) = \frac{1}{3} \cdot \left(9 \cdot \frac{3}{2} - \left(\frac{3}{2}\right)^3\right) \qquad \Big|\ \text{vereinfachen}$$

$$a \cdot \frac{3}{2} \cdot \left(-\frac{3}{2}\right) = 3 \cdot \frac{3}{2} - \frac{1}{3} \cdot \left(\frac{3}{2}\right)^3$$

$$-\frac{9}{4} \cdot a = \frac{27}{8} \qquad \Big|\cdot\left(-\tfrac{4}{9}\right)$$

$$\underline{\underline{a = -\frac{3}{2}}}$$

Für $a = -\frac{3}{2}$ liegt der Extrempunkt von $p_a$ auf dem Graphen von f.

**Berührung von $p_a$ und f im Punkt B(3; f(3))**

Beide Graphen sollen einander im Punkt B(3; 0) berühren.

Die 1. Ableitung von f wurde in Teilaufgabe a bestimmt: $f'(x) = 3 - x^2$

Um die 1. Ableitung von $y = p_a(x) = a \cdot x \cdot (x-3)$ zu ermitteln, ist es zweckmäßig, den Funktionsterm auszumultiplizieren: $y = p_a(x) = a \cdot x^2 - 3a \cdot x$

Damit ergibt sich $p_a'(x) = 2a \cdot x - 3a$.

Für $x = 3$ sollen die beiden Ableitungen übereinstimmen:

$$f'(3) = p_a'(3)$$

$$3 - x^2 = 2a \cdot x - 3a \qquad \Big|\ x = 3 \text{ einsetzen}$$

$$3 - 3^2 = 2a \cdot 3 - 3a \qquad \Big|\ \text{zusammenfassen und ordnen}$$

$$-6 = 3a \qquad \Big|\ :3$$

$$\underline{\underline{a = -2}}$$

Für $a = -2$ berühren sich die Graphen von f und $p_a$ im Punkt B(3; f(3)).

f) Die Fläche A, die f im I. Quadranten mit der x-Achse vollständig begrenzt, kann durch

$$A = \int_0^3 f(x)\,dx$$ bestimmt werden:

$$A = \int_0^3 \frac{1}{3}\cdot(9x - x^3)\,dx = \frac{1}{3}\cdot\int_0^3 (9x - x^3)\,dx = \frac{1}{3}\cdot\left[\frac{1}{2}\cdot 9x^2 - \frac{1}{4}\cdot x^4\right]_0^3$$

$$= \frac{1}{3}\cdot\left(\left(\frac{1}{2}\cdot 9\cdot 3^2 - \frac{1}{4}\cdot 3^4\right) - \left(\frac{1}{2}\cdot 9\cdot 0^2 - \frac{1}{4}\cdot 0^4\right)\right) = \frac{1}{2}\cdot 3\cdot 3^2 - \frac{1}{4}\cdot 3^3 = \frac{1}{4}\cdot 3^3 = \frac{27}{4}$$

Die Fläche A(a), die $p_a$ im I. Quadranten oder im IV. Quadranten mit der x-Achse vollständig begrenzt, kann durch

$$A(a) = \left|\int_0^3 p_a(x)\,dx\right|$$

bestimmt werden:

$$A(a) = \left|\int_0^3 a\cdot x\cdot(x-3)\,dx\right| = \left|\int_0^3 (a\cdot x^2 - 3a\cdot x)\,dx\right| = \left|\left[\frac{1}{3}a\cdot x^3 - \frac{3}{2}a\cdot x^2\right]_0^3\right|$$

$$= \left|\left(\frac{1}{3}a\cdot 3^3 - \frac{3}{2}a\cdot 3^2\right) - \left(\frac{1}{3}a\cdot 0^3 - \frac{3}{2}a\cdot 0^2\right)\right| = \left|\left(a\cdot 3^2 - \frac{27}{2}a\right)\right| = \left|-\frac{9}{2}a\right| = \frac{9}{2}\cdot|a|$$

Gleichsetzen ergibt:

$$\frac{9}{2}\cdot|a| = \frac{27}{4} \quad\Rightarrow\quad \underline{\underline{|a| = \frac{3}{2}}}$$

Die beiden Flächen besitzen den gleichen Inhalt für $a = \frac{3}{2}$ oder $a = -\frac{3}{2}$.

## Kernfach Mathematik (Thüringen): Abiturprüfung 2012
## Aufgabe A2: Analysis (mit CAS)

Für jede reelle Zahl t mit $t \neq 0$ ist eine Funktion $f_t$ gegeben durch

$$y = f_t(x) = \frac{1}{t} \cdot (t^2x - x^3) \quad (x \in \mathbb{R}).$$

a) Untersuchen Sie für $t = 3$ den Graphen der Funktion $f_t$ auf Symmetrie.
Berechnen Sie gegebenenfalls die Koordinaten der lokalen Extrempunkte und der Wendepunkte des Graphen von $f_3$.
Der Graph von $f_3$ soll so im Koordinatensystem verschoben werden, dass ein Extrempunkt auf der x-Achse, ein Extrempunkt auf der y-Achse und der Wendepunkt im IV. Quadranten liegen.
Geben Sie eine Gleichung an, die diesen Graphen beschreibt. (7 BE)

b) Jeder Graph der Funktion $f_t$ begrenzt mit der x-Achse zwei Flächen vollständig.
Berechnen Sie einen Wert für t so, dass der Gesamtinhalt dieser Flächen 864 FE beträgt.
Ermitteln Sie die Anzahl der Extremstellen von $f_t$ in Abhängigkeit von t.
Durch einen Eingabefehler wird die Funktionsgleichung zu

$$y = g_t(x) = \frac{1}{t} \cdot (t^3x - x^3)$$

verändert.
Geben Sie an, wie sich diese Änderung auf die Anzahl der Extremstellen von $f_t$ auswirkt. (6 BE)

c) Der Graph von $f_3$ soll im Intervall $0 \leq x \leq 3$ durch den Graphen einer quadratischen Funktion angenähert werden.
Beschreiben Sie Ihren Ansatz und geben Sie eine Gleichung einer solchen Funktion an.
Begründen Sie, dass im Intervall $0 \leq x \leq 3$ keine Parabel existiert, die den Graphen von $f_3$ exakt beschreibt. (4 BE)

d) Der Koordinatenursprung O, der Punkt R(3; 0) und ein Punkt $Q(q; f_3(q))$ mit $0 < q < 3$ bilden ein Dreieck ORQ.
Untersuchen Sie, ob die Seiten $\overline{OR}$, $\overline{QR}$ bzw. $\overline{OQ}$ jeweils Basis eines gleichschenkligen Dreiecks ORQ sein können.
Bestimmen Sie gegebenenfalls für jede Möglichkeit näherungsweise die Stellen q. (4 BE)

e) Auf dem Graphen von $f_3$ liegt für $0 < p < 3$ ein Punkt $P(p; f_3(p))$. Die Punkte P, S(p; 0) und R(3; 0) bilden ein Dreieck.
Berechnen Sie p so, dass der Flächeninhalt des Dreiecks PSR maximal wird.
Geben Sie den maximalen Flächeninhalt an. (4 BE)

f) Durch die Gleichung $y = mx + n$ ($x \in \mathbb{R}$; $m, n \in \mathbb{R}$) werden alle Tangenten an den Graphen von $f_3$ beschrieben.
Für $m = -1$ existieren zwei Tangenten an den Graphen von $f_3$.
Bestimmen Sie die Gleichungen dieser Tangenten.
Berechnen Sie den Abstand der beiden Tangenten.
Ermitteln Sie die Anzahl der Tangenten an den Graphen von $f_3$ in Abhängigkeit vom Anstieg m. (5 BE)

(30 BE)

---

## Hinweise und Tipps

### Aufgabe a

*Symmetrie*

- Definieren Sie die Funktion $f_t$ auf Ihrem Rechner.
- Setzen Sie in der Funktionsgleichung für den Parameter t den Wert $t = 3$ ein.
- Zeichnen Sie den Graphen der Funktion $f_3$ mit Ihrem Rechner.
- Welche Symmetrieart lässt sich vermuten?
- Ziehen Sie Rückschlüsse aus der Tatsache, dass die Funktion f eine ganzrationale Funktion dritten Grades mit nur ungeraden Exponenten ist.
- Untersuchen Sie, ob eine der Gleichungen $f(-x) = f(x)$ oder $f(-x) = -f(x)$ für die gegebene Funktion erfüllt ist. Welchen Schluss kann man daraus bezüglich der Symmetrie ziehen?
- Ist die Gleichung $f(-x) = f(x)$ für alle $x \in D_f$ erfüllt, handelt es sich um eine gerade Funktion. Es liegt dann Achsensymmetrie zur y-Achse vor.
- Gilt für alle $x \in D_f$ die Gleichung $f(-x) = -f(x)$, handelt es sich um eine ungerade Funktion. Es liegt dann Punktsymmetrie bezüglich des Koordinatenursprungs vor.

*Extrempunkte und Wendepunkt*

- Bilden Sie die 1., 2. und 3. Ableitung der Funktion $f_3$.
- Speichern Sie die Ableitungsfunktionen unter geeigneten Bezeichnungen ab.
- Extrempunkte:
  - Berechnen Sie für die notwendige Bedingung die Nullstellen $x_e$ der 1. Ableitungsfunktion.
  - Stellen Sie für die Überprüfung der hinreichenden Bedingung die Vorzeichen der 2. Ableitung an den Stellen $x_e$ fest.
  - Berechnen Sie die Funktionswerte an den Stellen $x_e$ und geben Sie die Koordinaten der Extrempunkte als geordnete Paare an.

  Hinweis: Durch Nutzung der Ergebnisse der Symmetrieuntersuchung können Sie sich Rechenarbeit ersparen.
- Wendepunkt:
  - Berechnen Sie für die notwendige Bedingung die Nullstellen $x_w$ der 2. Ableitungsfunktion.
  - Stellen Sie für die Überprüfung der hinreichenden Bedingung die Vorzeichen der 3. Ableitung an den Stellen $x_w$ fest.
  - Berechnen Sie die Funktionswerte an den Stellen $x_w$ und geben Sie die Koordinaten des Wendepunktes als geordnetes Paar an.
- Kontrollieren Sie die berechneten Werte auf grafischem Wege mit dem Rechner.
- Achten Sie auf eine ausreichende Dokumentation des Lösungsweges.

*Graph verschieben*

- Eine Verschiebung des Graphen einer Funktion f(x) um d Einheiten in y-Richtung lässt sich erreichen durch Addition von d zum Funktionsterm $(y = f(x) + d)$.
- Eine Verschiebung des Graphen einer Funktion f(x) um +c Einheiten in x-Richtung entsteht durch Addition von −c zum Argument x im Funktionsterm $(y = f(x - c))$.
- Beachten Sie die Forderung, dass der Wendepunkt nach der Verschiebung im IV. Quadranten liegen soll.

**Aufgabe b**

*Flächeninhalt*

- Um eine Vorstellung von dem zu untersuchenden Sachverhalt zu bekommen, können Sie zunächst unter Bezug auf Ergebnisse von Teilaufgabe a den Inhalt dieser Flächen für einige Werte von t grafisch veranschaulichen.
- Für die Berechnung der Flächen benötigen Sie als Integrationsgrenzen die Nullstellen der Funktion $f_t$.
- Beachten Sie, dass eine der beiden Teilflächen unterhalb der x-Achse liegt. Das zugehörige Integral hat ein negatives Vorzeichen.
- Die Berücksichtigung der Punktsymmetrie des Graphen von $f_t$ vereinfacht die Berechnung des Gesamtinhalts der beiden Teilflächen.
- Berechnen Sie den Inhalt der Flächen mithilfe der Integralrechnung für allgemeines t.
- Setzen Sie das Integral gleich dem gegebenen Wert für den Flächeninhalt und lösen Sie diese Gleichung nach t auf.

*Anzahl der Extremstellen von $f_t$*

- Untersuchen Sie die notwendige und die hinreichende Bedingung für lokale Extremstellen für $f_t$.
- Achten Sie auf den Definitionsbereich der 1. Ableitungsfunktion von $f_t$.

*Auswirkung des Eingabefehlers*

- Untersuchen Sie die notwendige Bedingung für lokale Extremstellen der Funktion $g_t(x)$.
- Achten Sie auf den Definitionsbereich der 1. Ableitungsfunktion von $g_t$.
- Bedenken Sie, dass Wurzeln nur für nichtnegative Radikanden definiert sind.

**Aufgabe c**

*Näherungsparabel*

- Es gibt verschiedene Möglichkeiten, diese Näherung durchzuführen, z. B.:
  (1) Nutzen Sie den Satz des Vieta für quadratische Funktionen (Linearfaktorzerlegung).
  (2) Legen Sie drei geeignete Punkte fest, die der Graph von $f_3$ und die Näherungsparabel gemeinsam haben sollen. Lösen Sie das dadurch entstehende lineare Gleichungssystem für die Koeffizienten in der Gleichung der Näherungsparabel.
  (3) Erzeugen Sie mithilfe einer Wertetabelle für $f_3$ im angegebenen Intervall eine Näherungsparabel durch quadratische Regression.

*Begründung*

- Nutzen Sie Symmetrieeigenschaften von Parabeln.
- Überlegen Sie, ob der Graph von $f_3$ im Intervall $0 \leq x \leq 3$ über solche Symmetrieeigenschaften verfügt oder nicht.

**Aufgabe d**

*Gleichschenklige Dreiecke ORQ*

- Veranschaulichen Sie diesen Sachverhalt in einer Skizze.
- Man kann solche Stellen q näherungsweise sowohl durch geometrische Konstruktion mit der dynamischen Geometriesoftware des Rechners als auch durch Berechnung bestimmen. In einer Prüfungssituation ist jedoch die rechnerische Variante vorzuziehen, weil sie sich schneller realisieren lässt.
- Für eine Berechnung der Werte für q nehmen Sie eine Fallunterscheidung vor: Jeweils zwei der Seiten des Dreiecks müssen die gleiche Länge besitzen.
- Fassen Sie die Seiten als Vektoren auf, sodass Sie für die Ermittlung der Seitenlängen mit dem Befehl für die Berechnung des Vektorbetrages arbeiten können.
- Die Beträge der entsprechenden Vektoren werden gleichgesetzt. Aus dieser Gleichung werden die zugehörigen Werte für q berechnet.
- Schränken Sie den Definitionsbereich gemäß der Aufgabenstellung ein.
- Bei Verwendung der dynamischen Geometriesoftware muss das Dreieck streckenweise konstruiert werden. Die Länge der Dreieckseiten kann man anzeigen lassen. Man verändert die Lage des Punktes Q mit dem Zugmodus so lange, bis zwei der Dreieckseiten annähernd gleiche Länge haben.

**Aufgabe e**

*Flächeninhalt Dreieck PSR maximieren*

- Skizzieren Sie den Sachverhalt.
- Beachten Sie, dass das Dreieck PSR ein rechtwinkliges Dreieck ist, dessen Flächeninhalt sich durch $A = \frac{1}{2} \cdot a \cdot b$ berechnen lässt. Dabei sind a und b die Kathetenlängen des Dreiecks.
- Geben Sie den Flächeninhalt A(p) in Abhängigkeit von p an.
- Berechnen Sie das Maximum von A(p) für $0 < p < 3$ mithilfe des Ableitungskalküls.
- Mit der dynamischen Geometriesoftware des CAS-Rechners können Sie den maximalen Flächeninhalt auch durch den Zugmodus näherungsweise bestimmen. Das kann hier aber nur zur Kontrolle dienen, denn es ist ausdrücklich eine Berechnung verlangt.
- Das Maximum im Intervall $0 < p < 3$ kann auch mit dem Befehl fMax() bestimmt werden.

**Aufgabe f**

*Tangentengleichungen bestimmen*

- Der Anstieg der Tangente an den Graphen von f an der Stelle $x_0$ entspricht dem Wert der 1. Ableitung der Funktion f an der Stelle $x_0$.
- Ermitteln Sie aus diesem Ansatz die Berührstellen der Tangenten mit dem Graphen von $f_3$.
- Mithilfe der Berührstellen können die Tangentengleichungen mit dem Befehl tangentline(f(x),x,$x_0$) bestimmt werden.

*Abstand der Tangenten berechnen*

- Begründen Sie, weshalb beide Tangenten parallel zueinander sind.
- Der Abstand zweier Parallelen ist die Länge einer Strecke $\overline{P_1P_2}$, die senkrecht zu den Parallelen verläuft und diese in den beiden Punkten $P_1$ und $P_2$ trifft.
- Die beiden Tangenten schneiden die Achsen in vier Punkten. Überlegen Sie, welche besonderen Eigenschaften das aus diesen Punkten gebildete Viereck hat.

- Begründen Sie, dass jede Seite dieses Vierecks gerade die Länge des gesuchten Abstands hat.
- Berechnen Sie die Seitenlänge mit dem Satz des Pythagoras.
- Schließen Sie auf den Abstand der Tangenten.

*Abstand der Tangenten berechnen: Alternative Lösung 1*

- Ermitteln Sie die Gleichung einer zu den beiden parallelen Tangenten senkrechten Geraden g.
- Für die Anstiege $m_1$ und $m_2$ zweier zueinander senkrechter Geraden gilt $m_1 \cdot m_2 = -1$.
- Bestimmen Sie die Schnittpunkte $P_1$ und $P_2$ von g mit den beiden Tangenten.
- Berechnen Sie den Abstand der beiden Schnittpunkte.

*Abstand der Tangenten berechnen: Alternative Lösung 2*

- Stellen Sie eine der Tangentengleichungen in Parameterform $\vec{x}(s)$ dar.
- Wählen Sie einen Punkt P der zweiten Tangente aus und geben Sie seinen Ortsvektor $\overrightarrow{OP}$ an.
- Berechnen Sie für den gesuchten Abstand mit fMin() das Minimum des Betrages des Differenzvektors, also $|\vec{x}(s) - \overrightarrow{OP}| \to$ Minimum.

*Anzahl der Tangenten in Abhängigkeit vom Anstieg*

- Der Anstieg m an der Stelle $x_0$ entspricht der 1. Ableitung von $f_3$ an der Stelle $x_0$.
- Setzen Sie $m = f_3'(x)$.
- Stellen Sie diese Gleichung nach x um.
- Diskutieren Sie den Definitionsbereich der umgestellten Gleichung und schließen Sie daraus auf die Existenz und Anzahl von Tangenten.

## Lösungen

### a) Symmetrie

Weisen Sie dem Funktionsterm eine Variable zu, z. B. f(t, x). Setzen Sie t = 3 in den Funktionsterm ein und multiplizieren Sie aus. Lassen Sie sich den Funktionsterm für t = 3 anzeigen. Ergebnis:

$$f_3(x) = \frac{1}{3} \cdot (3^2 \cdot x - x^3) = 3x - \frac{x^3}{3}$$

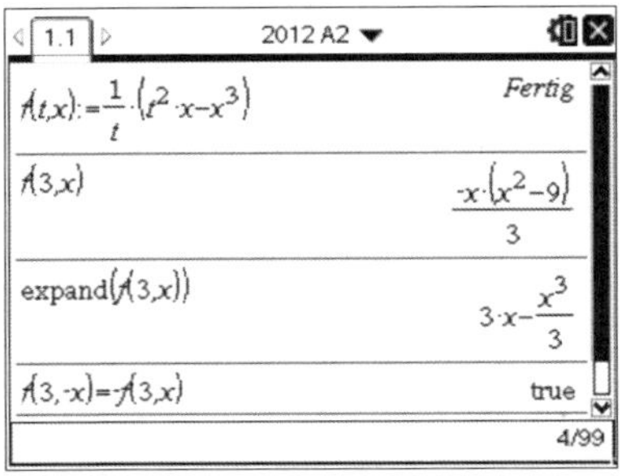


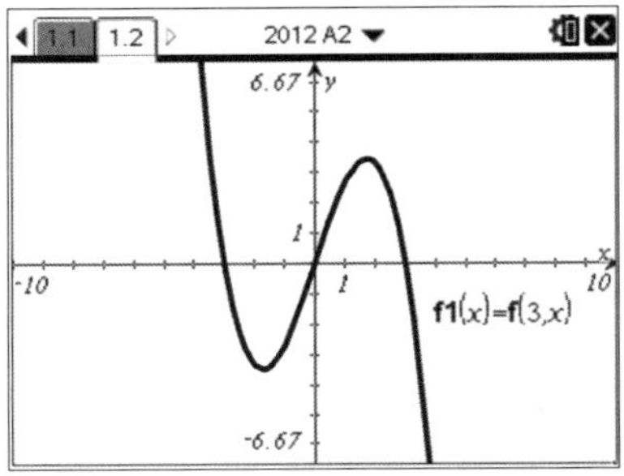


Die grafische Darstellung der Funktion $f_3$ lässt Punktsymmetrie zum Koordinatenursprung vermuten. Der Symmetrienachweis lässt sich mit dem CAS-Rechner führen: Die Eingabe f(3, –x) = –f(3, x) führt zur Ausgabe „true“.
Der Graph ist daher punktsymmetrisch zum Koordinatenursprung.

**Rechnung ohne CAS**

$$f_3(-x) = 3 \cdot (-x) - \frac{(-x)^3}{3} = -3x + \frac{x^3}{3} = -\left(3x - \frac{x^3}{3}\right) = -f_3(x)$$

Für alle reellen Zahlen x ist also $f_3(-x) = -f_3(x)$ wahr, d. h., die Funktion $f_3$ ist punktsymmetrisch zum Koordinatenursprung.
Die Punktsymmetrie lässt sich auch durch die Tatsache begründen, dass $f_3$ eine ganzrationale Funktion mit nur ungeraden Exponenten in der Variablen x ist.

**Extrempunkte und Wendepunkt**

Achten Sie darauf, dass Sie Ansätze, Zwischenschritte und Ergebnisse in einer nachvollziehbaren Form notieren.

Ableitungsfunktionen bilden und abspeichern:

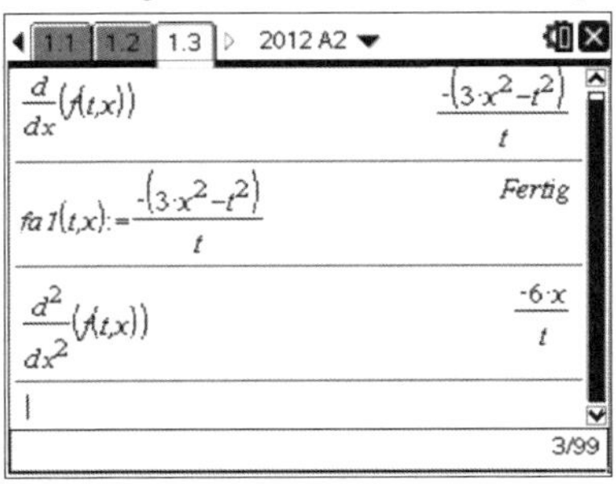


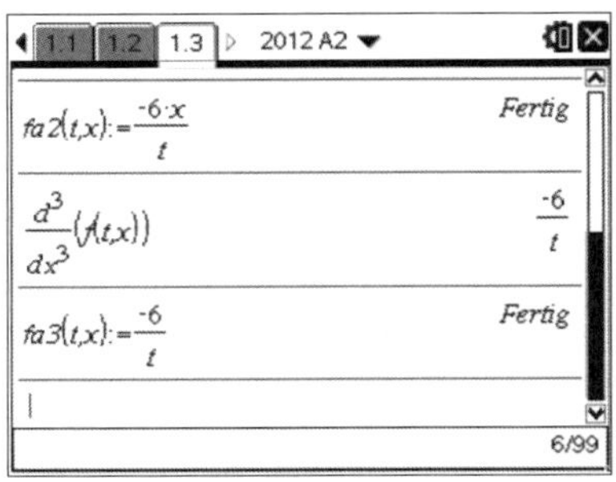


Achtung: Vermeiden Sie dynamische Definitionen. Speichern Sie den Term der Ableitungsfunktion und nicht nur das Ableitungssymbol. (Vergleichen Sie Seite XIII.)

Notieren der Ergebnisse für t = 3:

$f_3'(x) = 3 - x^2$

$f_3''(x) = -2x$

$f_3'''(x) = -2$

Notwendige Bedingung für Extrempunkte:

$f_3'(x) = 0$

$x_{e1} = -\sqrt{3}$ und $x_{e2} = \sqrt{3}$ sind mögliche Extremstellen.

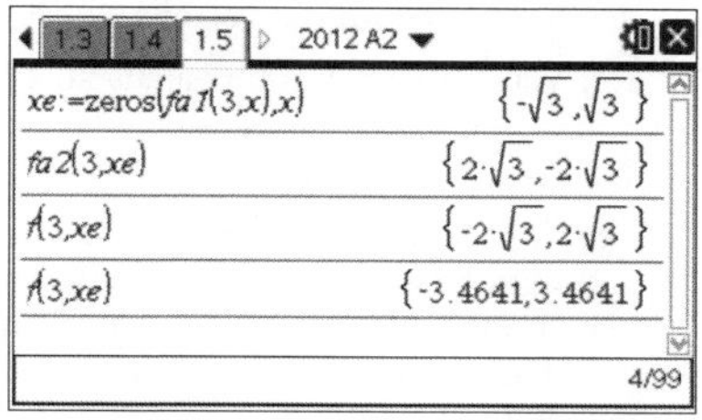


Hinreichende Bedingung für Extrempunkte:

$f_3''(x) \neq 0$

$f_3''(x_{e1}) = 2 \cdot \sqrt{3} > 0 \quad \Rightarrow \quad$ lokales Minimum

$f_3''(x_{e2}) = -2 \cdot \sqrt{3} < 0 \quad \Rightarrow \quad$ lokales Maximum

Koordinaten der Extrempunkte:

$\underline{\underline{H(\sqrt{3}; 2 \cdot \sqrt{3}) \approx H(1,73; 3,46)}}$

$\underline{\underline{T(-\sqrt{3}; -2 \cdot \sqrt{3}) \approx T(-1,73; -3,46)}}$

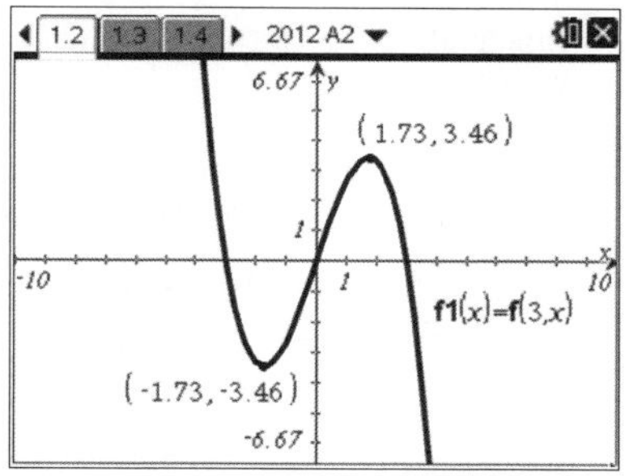


Eine grafische Kontrolle für die Berechnung der Extrempunkte bestätigt die Resultate.

Auf den Nachweis der notwendigen und hinreichenden Bedingung sowie die Berechnung der y-Koordinate für den **zweiten** Extrempunkt kann man verzichten, wenn man auf die Punktsymmetrie hinweist, die weiter oben nachgewiesen wurde. Damit muss der zweite Extrempunkt punktsymmetrisch bezüglich des Ursprungs zum ersten Extrempunkt liegen.

Notwendige Bedingung für den Wendepunkt:

$f_3''(x) = 0$

$-2x = 0 \quad \Rightarrow \quad x_w = 0$ ist eine mögliche Wendestelle.

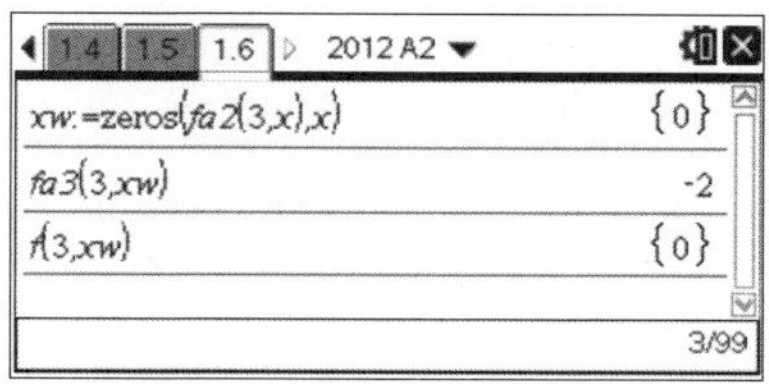


Hinreichende Bedingung für den Wendepunkt:

$f_3'''(x) \neq 0$

Wegen $f_3'''(x) = -2 < 0$ ist die hinreichende Bedingung erfüllt.

Koordinaten des Wendepunktes:

$$f_3(x) = 3x - \frac{x^3}{3} \quad \Rightarrow \quad f_3(0) = 0 \quad \Rightarrow \quad \underline{\underline{W(0; 0)}}$$

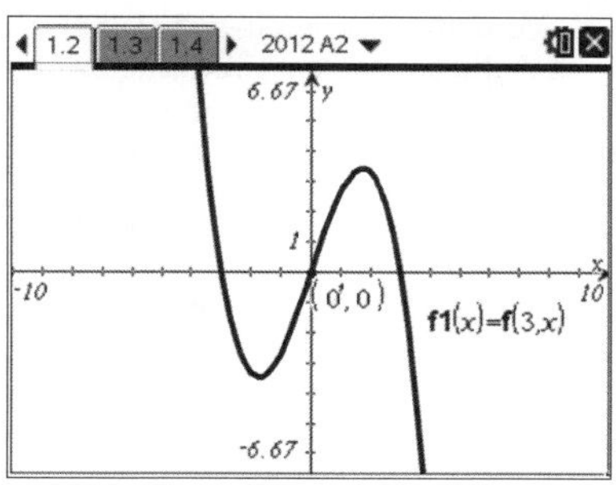


Eine grafische Kontrolle für die Berechnung des Wendepunkts bestätigt das Resultat.

Die Rechnungen sind sehr einfach und lassen sich auch ohne CAS-Rechner realisieren. Sie finden diese Rechnungen im Lösungsteil für die Abituraufgabe 2012, A2 ohne CAS, Teilaufgabe a.

**Verschiebung des Graphen**

Wird der Graph einer Funktion $y = f(x)$ in y-Richtung um d Einheiten verschoben, so hat der verschobene Graph die Gleichung $y = f(x) + d$.
Eine Verschiebung in x-Richtung um $+c$ Einheiten erreicht man durch die Veränderung des Funktionsgraphen in $y = f(x - c)$.

Der Graph von $f_3$ wird um $2 \cdot \sqrt{3}$ nach unten verschoben, sodass der Hochpunkt auf der x-Achse liegt. Außerdem erfolgt eine Verschiebung um $\sqrt{3}$ Einheiten nach rechts, damit der Tiefpunkt auf die y-Achse zu liegen kommt.

Der verschobene Graph hat also die Gleichung:

$$\underline{\underline{y = g(x) = f_3(x - \sqrt{3}) - 2 \cdot \sqrt{3}}}$$

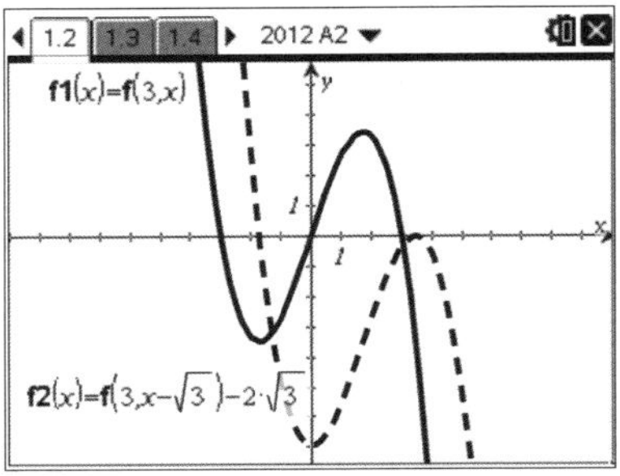


Der Wendepunkt wird bei diesen Verschiebungen vom Ursprung nach unten und nach rechts verschoben, also in den IV. Quadranten gelangen. Damit sind alle Bedingungen der Aufgabenstellung erfüllt.

Eine grafische Kontrolle bestätigt diese Überlegungen.

Die Gleichung des verschobenen Graphen kann auch explizit angegeben werden durch:

$$\underline{\underline{g(x) = -\frac{1}{3}x^3 + \sqrt{3} \cdot x^2 - 4 \cdot \sqrt{3}}}$$

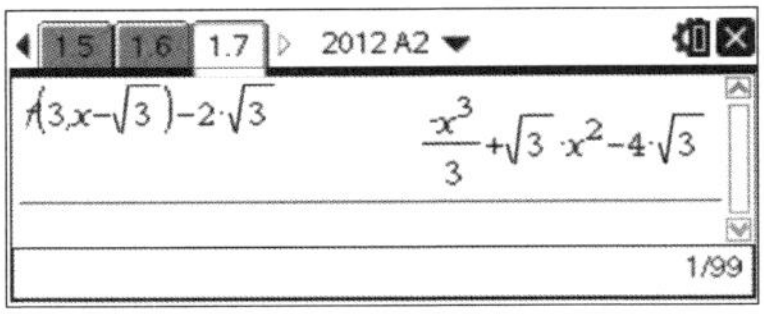


b) **Wert für t berechnen**

Für jeden Wert von t ist der Graph von $f_t$ punktsymmetrisch zum Ursprung, denn es gilt stets $f_t(-x) = -f_t(x)$.

Deshalb sind die Inhalte der beiden Teilflächen gleich groß.
Beim Integrieren jeder Teilfläche ergeben sich jedoch unterschiedliche Vorzeichen, weil eine der beiden Teilflächen vollständig unterhalb der x-Achse, die andere darüber liegt.

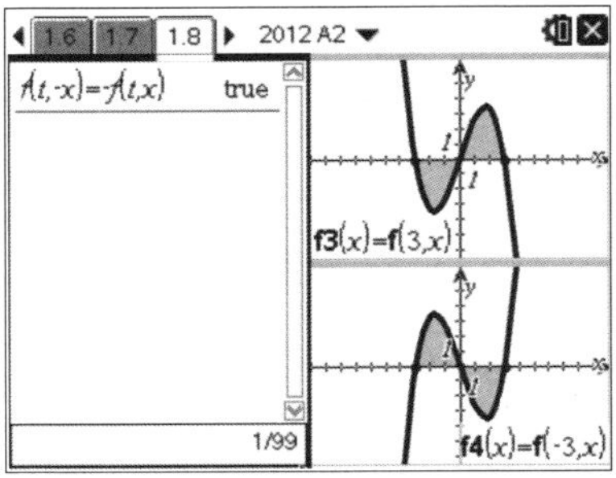


Die Integrationsgrenzen für die Berechnung der Inhalte der beiden Teilflächen werden durch jeweils zwei Nullstellen bestimmt. Die Nullstellen sind die Lösungen der Gleichung $f_t(x) = 0$:

$$\frac{1}{t} \cdot (t^2 \cdot x - x^3) = 0 \quad \Rightarrow \quad x \cdot (t^2 - x^2) = 0$$

$$\Rightarrow \quad x_{01} = 0; \; x_{02} = t; \; x_{03} = -t$$

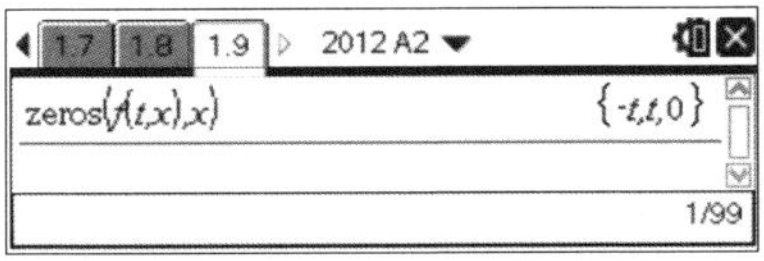

Unter Nutzung der Punktsymmetrie kann der Inhalt der beiden Flächen berechnet werden durch $A = 2 \cdot \left| \int_0^t f_t(x)\,dx \right|$. Mit $A = 864$ FE folgt:

$$864 = 2 \cdot \left| \int_0^t f_t(x)\,dx \right|$$

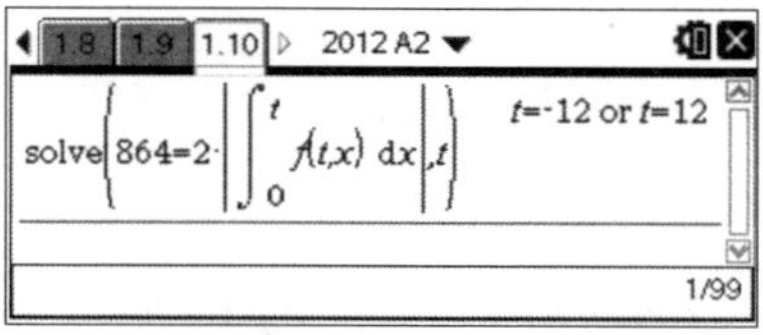


Die Lösungen dieser Gleichung werden mit dem CAS berechnet zu $t = -12$ oder $t = 12$.

Die Ergebnisse können in der grafischen Darstellung verifiziert werden.

Damit ergibt sich als Ergebnis:

Für $\underline{\underline{t = -12}}$ und für $\underline{\underline{t = 12}}$ beträgt der Gesamtinhalt der zwei Flächen 864 FE.

Laut Aufgabenstellung genügt die Angabe eines dieser Werte.

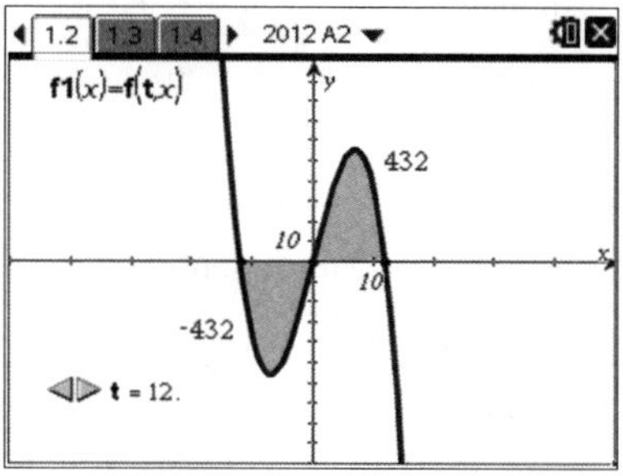


**Anzahl der Extremstellen**

Die Ableitungen von $f_t$ sind:

$$y = f_t(x) = \frac{1}{t} \cdot (t^2 \cdot x - x^3)$$

$$y = f_t'(x) = \frac{1}{t} \cdot (t^2 - 3 \cdot x^2) = t - \frac{3}{t} \cdot x^2$$

$$y = f_t''(x) = \frac{1}{t} \cdot (-6 \cdot x) = \frac{-6}{t} \cdot x$$

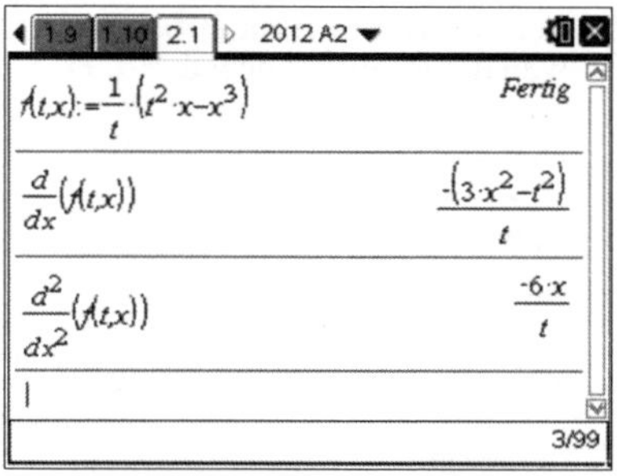


Notwendige Bedingung:

Die Lösung der Gleichung $f_t'(x) = 0$ ergibt zwei mögliche Extremstellen:

$x_{e1} = \frac{1}{3} \cdot \sqrt{3} \cdot t$ und $x_{e2} = -\frac{1}{3} \cdot \sqrt{3} \cdot t$

Hinreichende Bedingung:

$f_t''(x_{e1}) = -2 \cdot \sqrt{3} < 0 \quad \Rightarrow$ lokales Maximum

$f_t''(x_{e2}) = 2 \cdot \sqrt{3} > 0 \quad \Rightarrow$ lokales Minimum

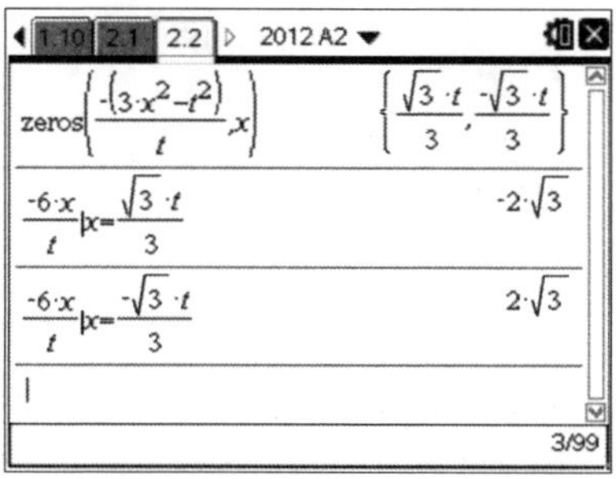


Die Funktion $f_t$ besitzt (für $t \neq 0$) stets zwei lokale Extremstellen.

Eine Berechnung der zugehörigen y-Werte ist laut Aufgabenstellung nicht notwendig.

**Auswirkung des Eingabefehlers**

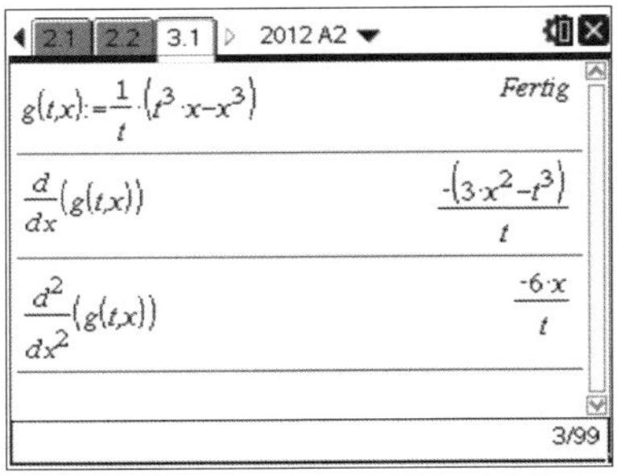


$y = g_t(x) = \frac{1}{t} \cdot (t^3 \cdot x - x^3) = t^2 \cdot x - \frac{1}{t} \cdot x^3$

Ableitungen:

$y = g_t'(x) = t^2 - \frac{3}{t} \cdot x^2$

$y = g_t''(x) = -\frac{6}{t} \cdot x$

Notwendige Bedingung für lokale Extremstellen:

$y = g_t'(x) = t^2 - \frac{3}{t} \cdot x^2 = 0$

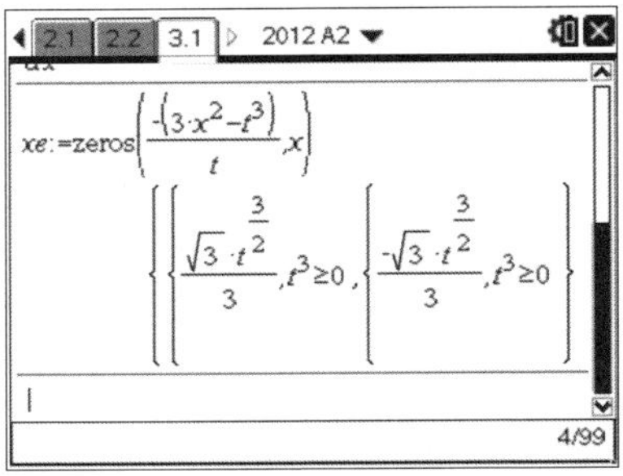


$\Rightarrow \quad |x| = \frac{\sqrt{3} \cdot t^{\frac{3}{2}}}{3}$ mit $t^3 > 0$

($t = 0$ ist aus dem Definitionsbereich von $f_t$ ausgeschlossen.)
Für $t > 0$ ist dieser Term also definiert.

Es gibt zwei mögliche Extremstellen:

$x_{e1} = \frac{\sqrt{3} \cdot t^{\frac{3}{2}}}{3}$ und $x_{e2} = -\frac{\sqrt{3} \cdot t^{\frac{3}{2}}}{3}$

Für $t < 0$ ist der Term $t^{\frac{3}{2}} = \sqrt{t^3}$ nicht definiert, weil der Radikand negativ ist. Damit ist die notwendige Bedingung nicht erfüllt, d. h., für $t < 0$ gibt es keine Extremstellen.

Hinreichende Bedingung für lokale Extremstellen:

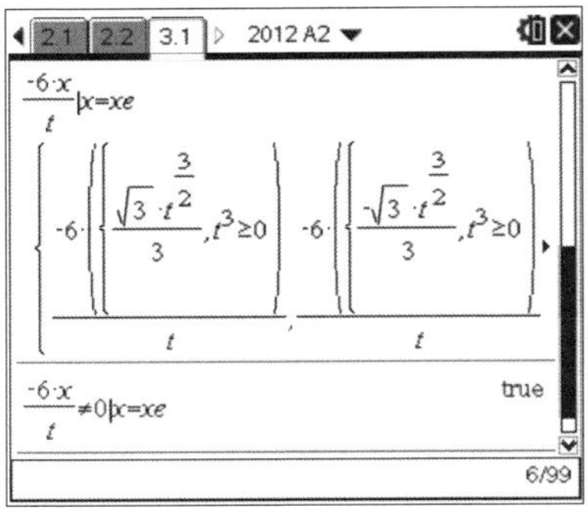


Im Fall $t > 0$ ist für

$x_{e1} = \frac{\sqrt{3} \cdot t^{\frac{3}{2}}}{3} = \sqrt{\frac{t^3}{3}}$ und $x_{e2} = -\sqrt{\frac{t^3}{3}}$

die zweite Ableitung

$y = g_t''(x_e) = -\frac{6}{t} \cdot \left( \pm\sqrt{\frac{t^3}{3}} \right)$

ungleich null. Damit ist die Existenz von zwei Extremstellen für $t > 0$ gesichert.

Zusammen ergibt sich als Ergebnis:
Die Funktion $g_t$ besitzt für $t > 0$ genau zwei und für $t < 0$ keine Extremstellen.

c) **Näherungsparabel**

Es gibt verschiedene Möglichkeiten, diese Näherung durchzuführen. Drei dieser Möglichkeiten werden im Folgenden vorgestellt.
In der Prüfungssituation genügt es, genau eine Möglichkeit zu beschreiben und die zugehörige Gleichung anzugeben.

**1. Möglichkeit: Satz von Vieta**

Nach den Ergebnissen aus den Teilaufgaben a und b hat die Funktion $f_3$ im Intervall $0 \le x \le 3$ den Extrempunkt $H(\sqrt{3}; 2 \cdot \sqrt{3})$ sowie die Nullstellen $x_1 = 0$ und $x_2 = 3$. Möchte man die Parabel z. B. so legen, dass sie durch die Nullstellen geht und sich ihr Scheitel in der Höhe des Extrempunktes von $f_3$ befindet, so lässt sich folgender Ansatz für die Parabel h(x) aufstellen:

$h(x) = a \cdot (x - x_1) \cdot (x - x_2)$ (Satz von Vieta)

Dabei sind $x_1$ und $x_2$ die Nullstellen von h, also auch die Nullstellen von $f_3$. Wegen der Achsensymmetrie der Parabel muss dann der Scheitelpunkt S der Parabel in der Mitte zwischen den beiden Nullstellen liegen:

$x_s = 1{,}5$

Wählt man wie oben angegeben $y_s = 2 \cdot \sqrt{3}$, so hat S die Koordinaten $S(1{,}5; 2 \cdot \sqrt{3})$. Setzt man die Koordinaten von S und die Nullstellen in die Gleichung für h ein, so kann man den Koeffizienten a in der Gleichung von h(x) berechnen:

$$2 \cdot \sqrt{3} = a \cdot (1{,}5 - 0) \cdot (1{,}5 - 3) \quad \Rightarrow \quad a = -\frac{2 \cdot \sqrt{3}}{1{,}5^2}$$

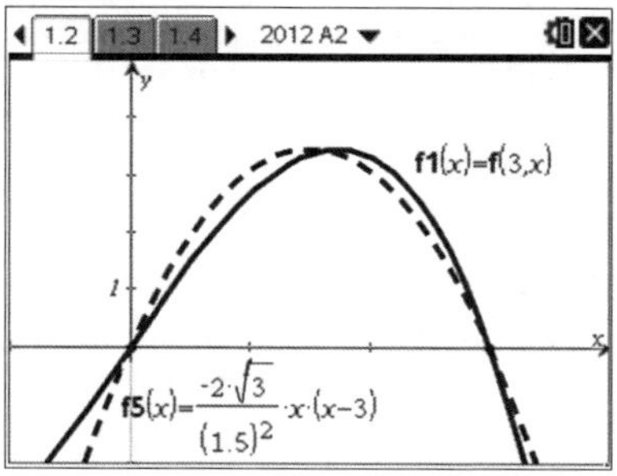


Damit hat die Näherungsparabel die Gleichung:

$$h(x) = -\frac{2 \cdot \sqrt{3}}{1{,}5^2} \cdot x \cdot (x - 3)$$

Eine grafische Darstellung dient zur Veranschaulichung und Kontrolle der Lösung.

**2. Möglichkeit: lineares Gleichungssystem**

Man wählt aus dem Intervall $0 \le x \le 3$ drei (möglichst gleichmäßig über das Intervall verteilte) Punkte aus, die auf dem Graphen von $f_3$ liegen. Die Koordinaten dieser Punkte werden in die Gleichung $h(x) = a \cdot x^2 + b \cdot x + c$ eingesetzt. Aus dem damit entstehenden linearen Gleichungssystem werden die Koeffizienten a, b und c bestimmt.

Im folgenden Beispiel wurden die Schnittpunkte von $f_3$ mit der x-Achse im Intervall $0 \le x \le 3$ sowie der Hochpunkt ausgewählt. Die Gleichung der Näherungsparabel lautet:

$$y = h(x) = -\frac{\sqrt{3} + 3}{3} \cdot x^2 + (\sqrt{3} + 3) \cdot x$$

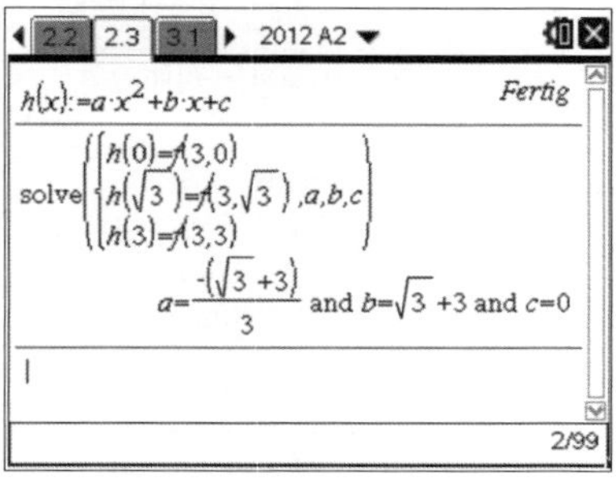


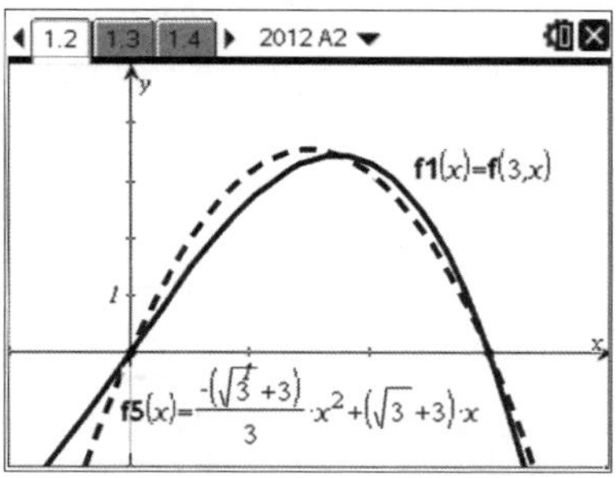

**3. Möglichkeit: quadratische Regression**

Die Gleichung der quadratischen Funktion wird durch eine quadratische Regression ermittelt. In der Tabellenkalkulation sind in der Spalte A x-Werte im Intervall $0 \le x \le 3$ mit der Schrittweite 0,2 tabelliert. In der Spalte B wurden die zugehörigen Funktionswerte der Funktion $f_3$ berechnet. Die Punkte wurden grafisch dargestellt und eine Ausgleichsparabel durch quadratische Regression bestimmt.

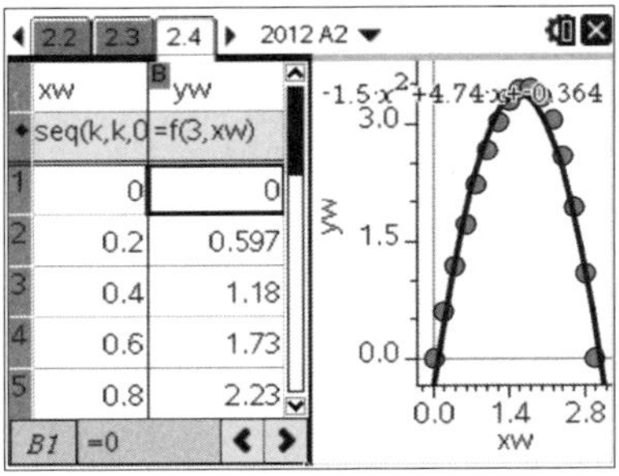


Die Gleichung der Näherungsparabel ist:

$$\underline{\underline{h(x) = -1{,}5x^2 + 4{,}74x - 0{,}36}}$$

**Begründung, dass keine Parabel den Graphen von $f_3$ exakt beschreiben kann**

Der Graph einer quadratischen Funktion ist stets achsensymmetrisch bezüglich der Parallelen zur y-Achse durch den Scheitelpunkt. Diese Eigenschaft hat der Graph von $f_3$ im Intervall $0 \le x \le 3$ nicht, denn der Hochpunkt liegt nicht an der Stelle $x = 1{,}5$, also in der Mitte des Intervalls. Dies wäre aber eine Voraussetzung, um eine exakte Beschreibung des Graphen von $f_3$ durch eine quadratische Funktion zu erreichen, weil dann sowohl der Hochpunkt als auch die Nullstellen zu den Graphen beider Funktionen gehören müssten.

d) **Gleichschenklige Dreiecke ORQ**

Eine grafische Veranschaulichung zeigt der nebenstehende Bildschirmabdruck.

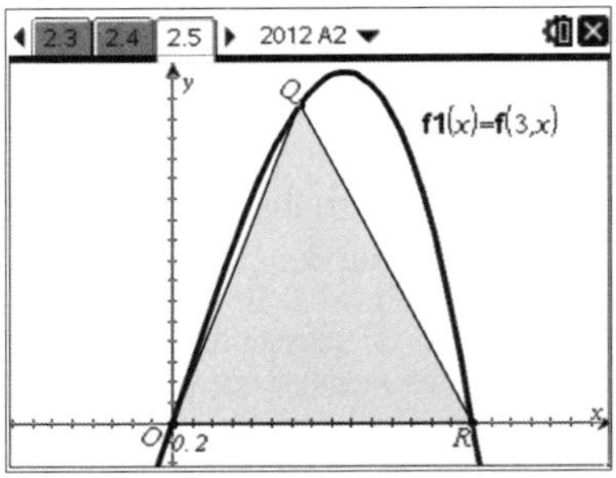


Um gleichschenklige Dreiecke ORQ zu erhalten, müssen jeweils zwei der Dreieckseiten gleich groß sein.
Die zugehörigen Vektoren werden gleichgesetzt und diese Gleichungen nach q aufgelöst.
Für die Berechnung werden die Ortsvektoren der Eckpunkte R und Q definiert und unter Variablenbezeichnungen abgespeichert:

$$\overrightarrow{OR} = \begin{pmatrix} 3 \\ 0 \end{pmatrix}; \quad \overrightarrow{OQ} = \begin{pmatrix} q \\ f_3(q) \end{pmatrix}$$

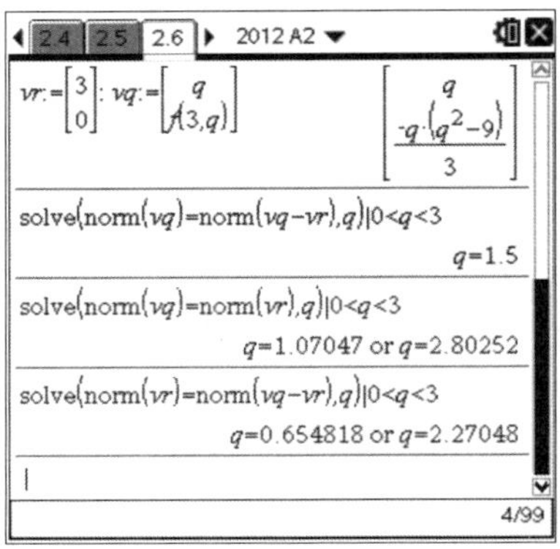


Beim Vektor $\overrightarrow{OQ}$ kann man nicht ein und dieselbe Variable für die Vektorbezeichnung und die Koordinate verwenden.

Es wird eine Fallunterscheidung vorgenommen:

$|\overrightarrow{OQ}| = |\overrightarrow{RQ}| \Rightarrow \underline{\underline{q_1 = 1{,}5}}$

$|\overrightarrow{OQ}| = |\overrightarrow{OR}| \Rightarrow \underline{\underline{q_2 \approx 1{,}07}}$ und $\underline{\underline{q_3 \approx 2{,}80}}$

$|\overrightarrow{OR}| = |\overrightarrow{RQ}| \Rightarrow \underline{\underline{q_4 \approx 0{,}65}}$ und $\underline{\underline{q_5 \approx 2{,}27}}$

Es gibt insgesamt fünf Werte für q mit $0 < q < 3$, für die das Dreieck ORQ gleichschenklig ist.

e) **Flächeninhalt Dreieck PSR maximieren**

Der Inhalt des rechtwinkligen Dreiecks PSR wird berechnet durch:

$$A = \frac{1}{2} \cdot \overline{SR} \cdot \overline{SP}$$

Wegen $\overline{SR} = 3 - p$ und $\overline{SP} = f_3(r)$ mit $0 < p < 3$ kann der Flächeninhalt A in Abhängigkeit von p angegeben werden:

$$A(p) = \frac{1}{2} \cdot (3-p) \cdot f_3(r) = \frac{1}{2} \cdot (3-p) \cdot \left(3p - \frac{1}{3} \cdot p^3\right)$$

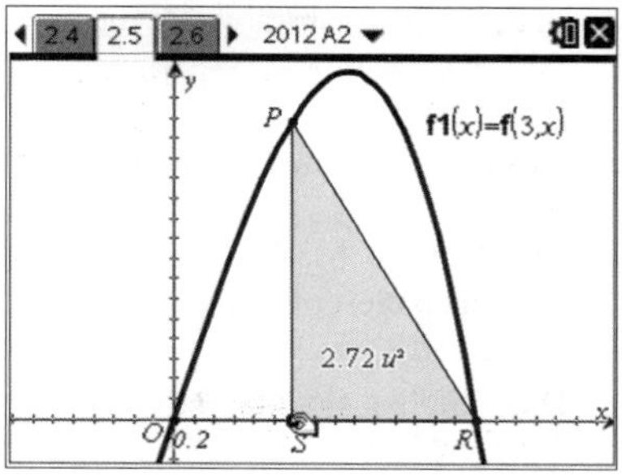


In diesem Bildschirmausdruck ist auch angedeutet, wie man den Zugmodus am Punkt S verwenden kann, um eine Näherungslösung zu finden.

Die Zielfunktion

$$a(p) = \frac{1}{2} \cdot (3-p) \cdot \left(3p - \frac{1}{3} \cdot p^3\right)$$

wird definiert und unter der Bezeichnung a(p) abgespeichert.

Die erste und zweite Ableitung von a(p) wird gebildet und unter geeigneten Bezeichnungen abgespeichert:

$$a'(p) = \frac{2}{3}p^3 - \frac{3}{2}p^2 + \frac{9}{2}$$

$$a''(p) = 2p^2 - 3p - 3$$

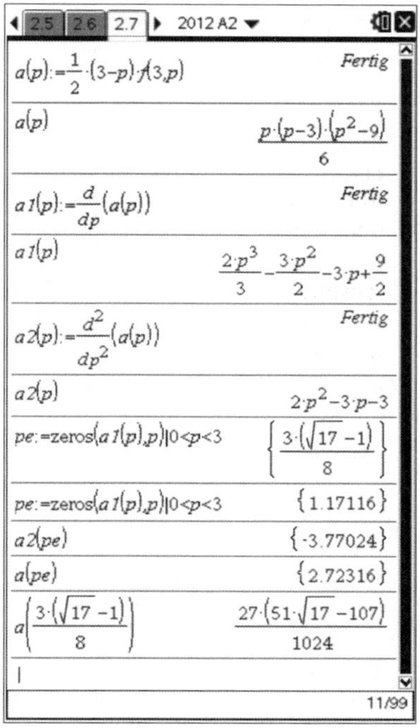


Notwendige Bedingung:
$a'(p) = 0$ mit $0 < p < 3 \Rightarrow p_e = \frac{3}{8} \cdot (\sqrt{17} - 1) \approx 1{,}17$ ist eine mögliche Extremstelle.

Hinreichende Bedingung:
$a''(p_e) < 0$, denn $a''(1{,}17) \approx -3{,}77 < 0$

Für $p = \frac{3}{8} \cdot (\sqrt{17} - 1) \approx 1{,}17$ liegt ein Maximum für den Flächeninhalt des Dreiecks PSR vor.

Durch Einsetzen dieses Wertes in die Formel für den Flächeninhalt wird dieses Maximum berechnet: $a(1{,}17) \approx 2{,}72$ FE

Die Maximumstelle und der maximale Flächeninhalt können auch mit dem Befehl fMax() bestimmt werden.

Allerdings lässt der Hinweis *„zweifelhafte Genauigkeit“* das oben dargestellte Verfahren mit dem Ableitungskalkül angeraten erscheinen.

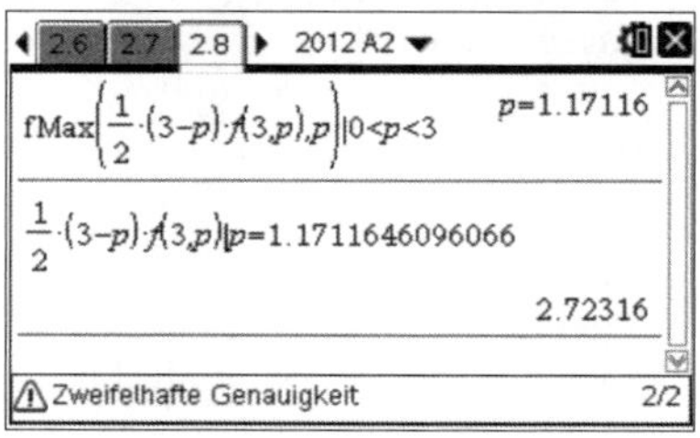

f) **Tangentengleichungen bestimmen**

In der Teilaufgabe a wurde die erste Ableitung von $f_3(x)$ bestimmt:

$f_3'(x) = 3 - x^2$

Aus $m = -1$ ergibt sich damit wegen $m = f_3'(x)$ der Ansatz:

$-1 = 3 - x^2$

Lösungen dieser Gleichung sind:

$x_1 = 2$ und $x_2 = -2$

Diese Stellen sind die Berührstellen der gesuchten Tangenten.

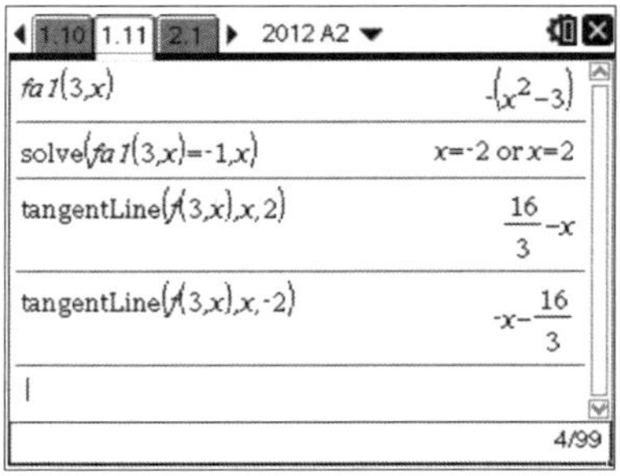


Die Tangentengleichungen werden mit der Anweisung tangentline() bestimmt:

$$y = t_1(x) = -x + \frac{16}{3}$$

$$y = t_2(x) = -x - \frac{16}{3}$$

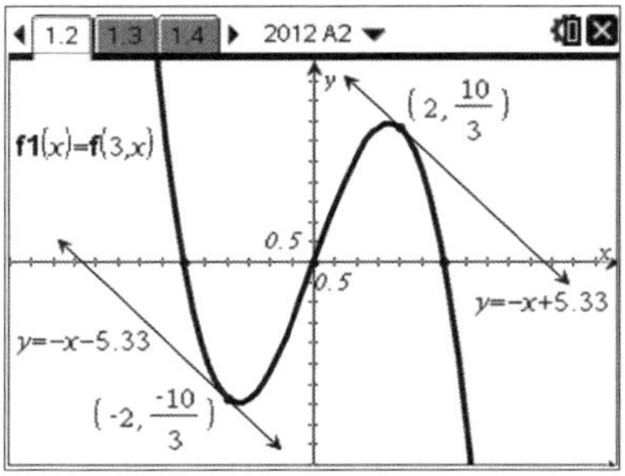


Das rechnerische Ergebnis kann grafisch kontrolliert werden, wie die nebenstehende Abbildung zeigt.

**Abstand der Tangenten berechnen**

Aus den beiden Tangentengleichungen kann man entnehmen:

(1) Die beiden Tangenten sind wegen $m = -1$ parallel zueinander.

(2) Die x-Achse wird von jeder Tangente wegen $\tan(\alpha) = m$ unter einem Winkel von 135° geschnitten.

(3) Wegen (2) und weil die Achsen senkrecht aufeinander stehen, bildet jede Tangente mit den Achsen ein rechtwinklig-gleichschenkliges Dreieck.

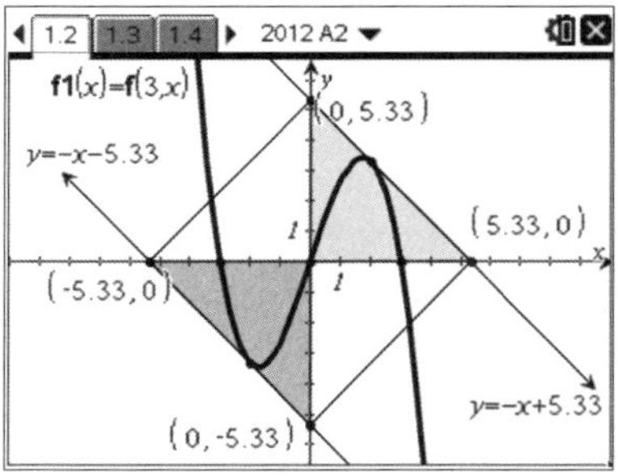


Wegen (1) und (3) und weil die Schnittpunkte der Tangenten mit den Achsen gleich weit vom Ursprung entfernt sind (Entfernung $\frac{16}{3}$), bilden diese Schnittpunkte ein Quadrat.

Der Abstand der beiden Tangenten kann deshalb durch eine Seitenlänge dieses Quadrates angegeben werden:

$$d = \sqrt{\left(\frac{16}{3}\right)^2 + \left(\frac{16}{3}\right)^2} = \frac{16}{3} \cdot \sqrt{2} \quad \text{(Satz des Pythagoras)}$$

*Alternative Lösung 1:*

Eine zu diesen beiden Tangenten senkrechte Gerade g muss wegen $m_1 \cdot m_2 = -1$ den Anstieg $m = 1$ haben. Der Einfachheit wählt man g so, dass g durch den Koordinatenursprung geht. Deshalb hat g die Gleichung $y = x$.

Der Schnittpunkt von g mit der Tangente $t_1$ ergibt sich aus:

$$x = -x + \frac{16}{3}$$

Als Lösung dieser Gleichung erhält man $x = \frac{8}{3}$ und damit wegen $y = x$ den Schnittpunkt $S_1\left(\frac{8}{3}; \frac{8}{3}\right)$. Wegen der Punktsymmetrie von $f_3$ und g hat der Schnittpunkt $S_2$ von g und $t_2$ die Koordinaten $S_2\left(-\frac{8}{3}; -\frac{8}{3}\right)$.

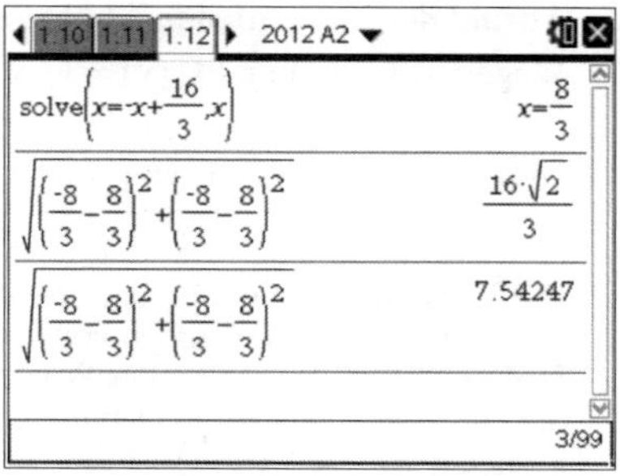


Mit $\overline{S_1S_2} = \sqrt{(x_2 - x_1)^2 + (y_2 - y_1)^2}$ wird der Abstand der beiden Punkte mit dem CAS berechnet. Der Abstand der beiden Tangenten beträgt:

$$d = \frac{16 \cdot \sqrt{2}}{3} \approx 7{,}54 \text{ LE}$$

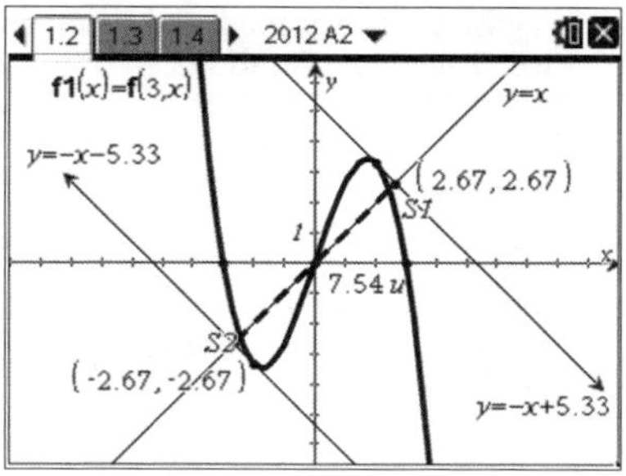


Zur Kontrolle kann diese Entfernung auch näherungsweise in der grafischen Darstellung bestimmt werden. Eine Berechnung ist hier aber zwingend vorgeschrieben.

*Alternative Lösung 2:*
Eine der Tangentengleichungen wird in Parameterform aufgestellt:

$$y = -x + \frac{16}{3} \quad \Rightarrow \quad \begin{cases} x = s + 0 \\ y = -s + \frac{16}{3} \end{cases}$$

$$\Rightarrow \quad \vec{x} = \begin{pmatrix} 0 \\ \frac{16}{3} \end{pmatrix} + s \cdot \begin{pmatrix} 1 \\ -1 \end{pmatrix}$$

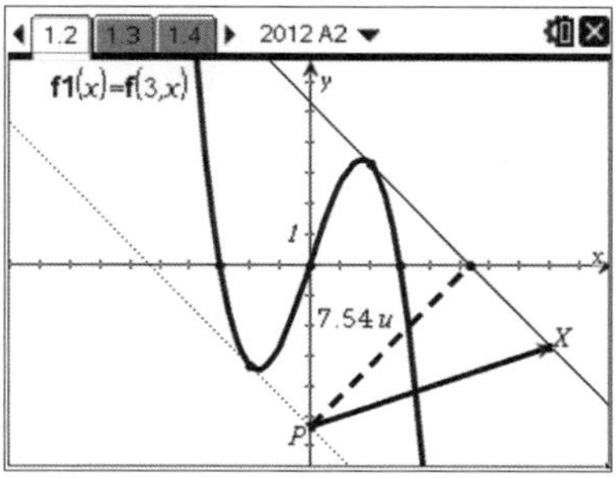


Die Gleichung $\vec{x}(s)$ beschreibt nun einen beliebigen Punkt X der Tangente.

Die Entfernung eines beliebigen Punktes der anderen Tangente, z. B. des Punktes $P\left(0; -\frac{16}{3}\right)$ von einem Punkt X der ersten Tangente kann nun angegeben werden durch: $|\overrightarrow{PX}| = |\vec{x}(s) - \overrightarrow{OP}|$

Das Minimum dieser Entfernung entspricht dem gesuchten Abstand beider Tangenten. Es kann mit dem Befehl fMin() bestimmt werden.

Auch hier erhält man als Abstand der beiden Tangenten:

$$d = \frac{16 \cdot \sqrt{2}}{3} \approx 7{,}54 \text{ LE}$$

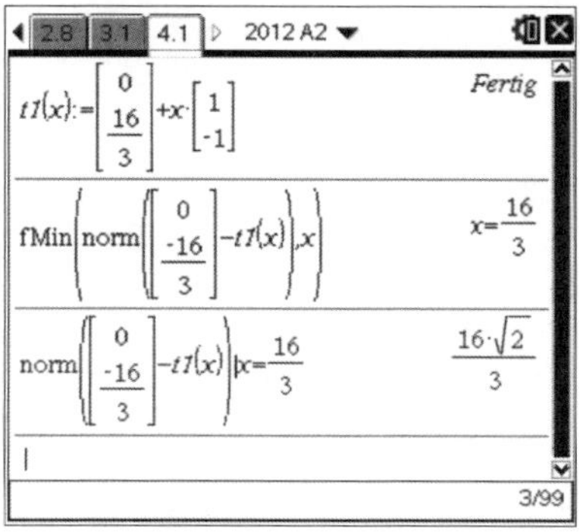

**Anzahl der Tangenten in Abhängigkeit vom Anstieg**

Wegen $m = f_3'(x)$ und $f_3'(x) = 3 - x^2$ ist

$m = 3 - x^2$

Diese Gleichung wird nach x umgestellt:

$|x| = \sqrt{3 - m}$

Die Variable x beschreibt hier den Wert bzw. die Werte möglicher Berührstellen von Tangenten mit dem Graphen von $f_3$ in Abhängigkeit vom Anstieg m.
Der Ausdruck $3 - m$ unter der Wurzel muss größer oder gleich null sein, damit Lösungen der Gleichung existieren. Damit ergeben sich folgende Fälle:

$3 - m > 0 \quad \Rightarrow \quad m < 3$
Es gibt zwei verschiedene Lösungen $x_0 = \pm\sqrt{3 - m}$ für die Berührstellen, demzufolge zwei Tangenten für $m < 3$.

$3 - m = 0 \quad \Rightarrow \quad m = 3$
Es gibt genau eine Lösung, also eine Berührstelle $x_0 = 0$, demzufolge genau eine Tangente für $m = 3$.

$3 - m < 0 \quad \Rightarrow \quad m > 3$
Es gibt keine reelle Lösung, also keine Berührstellen, demzufolge keine Tangenten für $m < 3$.

## Kernfach Mathematik (Thüringen): Abiturprüfung 2012
## Aufgabe B1: Analytische Geometrie/Vektorrechnung

Gegeben sind die Punkte A(10; 1; 1) und B(0; 7; –7) sowie die Gerade

$$g:\ \vec{x} = \begin{pmatrix} 0 \\ 9 \\ 7 \end{pmatrix} + t \cdot \begin{pmatrix} -5 \\ -3 \\ 4 \end{pmatrix} \quad (t \in \mathbb{R}).$$

a) Zeigen Sie, dass der Mittelpunkt M der Strecke $\overline{AB}$ nicht auf der Geraden g liegt. (2 BE)

b) Die Ebene ε enthält den Punkt M und die Gerade g.
Ermitteln Sie eine parameterfreie Gleichung dieser Ebene.
(Kontrollergebnis: $5x - 3y + 4z = 1$)
Weisen Sie nach, dass die Punkte A und B symmetrisch bezüglich der Ebene ε liegen. (5 BE)

c) Der Abstand der Punkte A und B beträgt $d = \sqrt{200}$ LE.
Auf der Geraden g liegen zwei Punkte C und D, die vom Punkt A ebenfalls den Abstand $d = \sqrt{200}$ LE haben.
Ermitteln Sie die Koordinaten dieser beiden Punkte.
(Kontrollergebnis: C(0; 9; 7), D(10; 15; –1))
Berechnen Sie die Größe des Winkels ∡CAD. (6 BE)

d) Die Punkte A, B, C und D sind die Eckpunkte eines Tetraeders. Bei regulären Körpern sind alle Kanten gleich lang.
Weisen Sie nach, dass es sich bei dem Körper ABCD um ein reguläres Tetraeder handelt. (3 BE)

e) Eine Ebene η verläuft parallel zur Ebene ε und wird von den Koordinatenachsen in den Punkten $S_x$, $S_y$ und $S_z$ durchstoßen.
Ermitteln Sie eine Gleichung einer Ebene η, sodass die Koordinaten aller drei Durchstoßpunkte ganzzahlig sind.
Diese drei Punkte $S_x$, $S_y$ und $S_z$ und der Koordinatenursprung bilden eine dreiseitige Pyramide.
Berechnen Sie das Volumen dieser Pyramide. (4 BE)

(20 BE)

## Hinweise und Tipps

### Allgemeines für CAS-Nutzer

- Die Aufgabe B1 für das Abitur ohne CAS ist identisch mit der Aufgabe B1 im CAS-Abitur. Aus diesem Grunde wurde auf eine getrennte Darstellung verzichtet. Hinweise zum Einsatz des CAS-Rechners sind eingefügt worden.

### Aufgabe a

*Mittelpunkt*

- Bestimmen Sie die Koordinaten des Mittelpunktes M der Strecke $\overline{AB}$.
- Die Koordinaten des Mittelpunktes einer Strecke sind das arithmetische Mittel der entsprechenden Koordinaten der Endpunkte der Strecke.
- Alternativ kann der Mittelpunkt M einer Strecke $\overline{AB}$ auch über die Vektorgleichung $\overrightarrow{OM} = \overrightarrow{OA} + \frac{1}{2} \cdot \overrightarrow{AB}$ bestimmt werden.

*Mittelpunkt: zusätzliche Hinweise für CAS-Nutzer*

- Geben Sie die Ortsvektoren der Punkte A und B ein und weisen Sie diesen Vektoren geeignete Variable zu.
- Sie können dann stets mit diesen Variablen arbeiten und brauchen nicht jedes Mal die Koordinaten neu einzugeben.

*Nachweis, dass M nicht auf g liegt*

- Setzen Sie den Ortsvektor von M in die Geradengleichung ein.
- Überprüfen Sie, ob jede der drei Gleichungen ein und denselben Wert für den Parameter t ergibt. Wenn das nicht der Fall ist, dann liegt M nicht auf g.

*Nachweis, dass M nicht auf g liegt: zusätzliche Hinweise für CAS-Nutzer*

- Geben Sie die Gleichung für die Gerade g ein und weisen Sie ihr eine Funktion, z. B. g(t) zu.
- Sie können diese Gleichung unter Verwendung der Variablen für die Gerade und den Punkt M aufstellen und lösen.

### Aufgabe b

*Ebene $\varepsilon$*

- Stellen Sie zunächst eine Parametergleichung der Ebene auf.
- Als Stützvektor der Ebene kommen z. B. der Stützvektor der Geraden g oder der Ortsvektor des Punktes M infrage.
- Für die Richtungsvektoren der Ebene können Sie beispielsweise den Richtungsvektor der Geraden g und den Vektor, der durch den festen Punkt (0; 9; 7) der Geraden g sowie den Punkt M festgelegt ist, verwenden.
- Überzeugen Sie sich davon, dass die von Ihnen gewählten Richtungsvektoren für die Ebene linear unabhängig sind.
- Schreiben Sie die Vektorgleichung der Ebene zeilenweise und eliminieren Sie die Parameter.
- Nutzen Sie das Additionsverfahren.
- Alternativ können Sie auch das Vektorprodukt nutzen, um eine koordinatenfreie Ebenengleichung aufzustellen.
- Bestimmen Sie anhand zweier linear unabhängiger Richtungsvektoren (siehe oben) einen Normalenvektor der Ebene mithilfe des Vektorprodukts.

- Die Koordinaten des Normalenvektors sind die Koeffizienten a, b und c in der Ebenengleichung $ax + by + cz = d$.
- Setzen Sie für x, y und z die Koordinaten eines zur Ebene gehörenden Punktes ein und bestimmen Sie das Absolutglied d.
- Formulieren Sie die vollständige Ebenengleichung.

*Ebene ε: zusätzliche Hinweise für CAS-Nutzer*

- Sie können das Gleichungssystem mit dem Rechner lösen.
- Verwenden Sie den alternativen Lösungsweg, so können Sie den Normalenvektor mit dem Rechner bestimmen.

*Punkte A und B symmetrisch zur Ebene ε*

- Für den Symmetrienachweis sind zwei Bedingungen zu untersuchen:
  - Die Strecke $\overline{AB}$ ist orthogonal zur Ebene ε.
  - Die Punkte A und B sind gleich weit von der Ebene ε entfernt.
- Bestimmen Sie die Gleichung der durch die Punkte A und B bestimmten Geraden h.
- Zeigen Sie, dass die Gerade h senkrecht zur Ebene ε ist.
- Eine Gerade steht senkrecht zu einer Ebene, wenn der Richtungsvektor der Geraden parallel zum Normalenvektor der Ebene ist.
- Bestimmen Sie den Durchstoßpunkt F der Geraden h durch die Ebene ε.
- Zeigen Sie, dass die Strecken $\overline{AF}$ und $\overline{BF}$ gleich lang sind.

*Punkte A und B symmetrisch zur Ebene ε: alternativer Lösungsweg*

- Zeigen Sie, dass der Vektor $\overrightarrow{AB}$ parallel zum Normelenvektor der Ebene ε ist.
- Nutzen Sie die Eigenschaften von M zur weiteren Argumentation.

*Punkte A und B symmetrisch zur Ebene ε: zusätzlicher Hinweis für CAS-Nutzer*

- Übertragen Sie die Rechnungen weitgehend an den Rechner.

**Aufgabe c**

*Punkte C und D ermitteln*

- Die nicht maßstäbliche Skizze veranschaulicht den Sachverhalt.

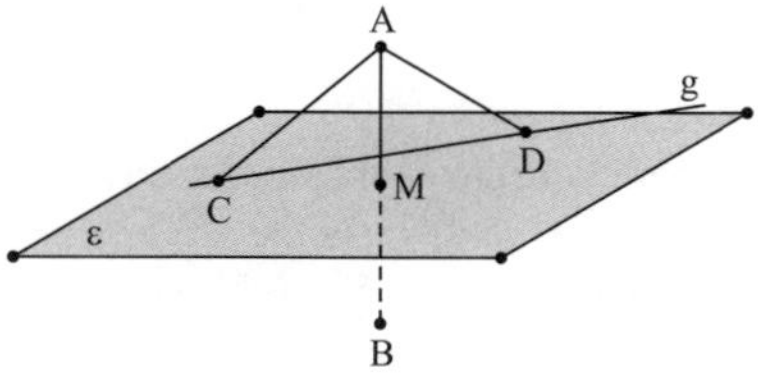


- Wenn die Punkte C und D auf der Geraden g liegen, müssen ihre Koordinaten die Geradengleichung erfüllen.
- Verwenden Sie die Forderung für die Längen der Strecken $\overline{AC}$ bzw. $\overline{AD}$.
- Der Abstand zweier Punkte kann über die Koordinaten der Punkte berechnet werden. Entnehmen Sie ggf. die Formel dem Tafelwerk.
- Setzen Sie in die Formel die gegebenen Werte ein und setzen Sie diesen Term gleich dem Abstand $\sqrt{200}$.
- Lösen Sie die entstandene Gleichung.

- Sie können die Rechnung vereinfachen, wenn Sie nur die Radikanden der Wurzelausdrücke untersuchen.
- Setzen Sie die für t gefundenen Werte in die Gleichung der Geraden g ein.
- Berechnen Sie die Koordinaten der Punkte C und D.
- Vergleichen Sie mit dem Kontrollergebnis.

*Punkte C und D ermitteln: zusätzliche Hinweise für CAS-Nutzer*

- Die Rechnung mit dem CAS verkürzt sich auf wenige Zeilen, wenn Sie die vorher definierten Variablen für die Geradengleichung von g und den Ortsvektor des Punktes A nutzen.
- Verwenden Sie für die Berechnung der Seitenlänge den Befehl für die Berechnung des Betrages eines Vektors.
- Beachten Sie, dass der Rechner ggf. auch die vektoriellen Gleichungen löst.
- Speichern Sie die Ergebnisse für die Ortsvektoren der Punkte C und D mit Blick auf die weitere Rechnung unter geeigneten Variablen ab.

*Winkel ∡CAD berechnen*

- Beachten Sie, dass die Schreibweise impliziert, dass A der Scheitelpunkt des Winkels ist.
- Der gesuchte Winkel wird von den Vektoren $\overrightarrow{AC}$ und $\overrightarrow{AD}$ eingeschlossen.
- Sie können die Winkelberechnung zurückführen auf bereits bekannte Ergebnisse wie den Abstand der Punkte C und D vom Punkt A.
- Verwenden Sie die Formel für die Berechnung des Winkels zwischen zwei Vektoren.

*Winkel ∡CAD berechnen: alternativer Lösungsweg*

- Beachten Sie, dass Sie bereits zwei der Längen der Dreieckseiten des Dreiecks CAD kennen.
- Berechnen Sie die dritte Dreiecksseite.
- Vergleichen Sie die Längen der Dreieckseiten. Es liegt ein spezielles Dreieck vor, sodass Sie ohne weitere Rechnung die Größe des gesuchten Winkels angeben können.

*Winkel ∡CAD berechnen: zusätzlicher Hinweis für CAS-Nutzer*

- Wenn Sie die für die Winkelberechnung benötigten Vektoren in den vorangegangenen Rechnungen als Variable gespeichert haben, können Sie damit ohne großen Eingabeaufwand die Winkelberechnung durchführen.

**Aufgabe d**

*Nachweis reguläres Tetraeder*

- Überdenken Sie, welche Kantenlängen des Tetraeders Sie bereits kennen und welche Sie noch nicht wissen.
- Sie können auf unbekannte Kantenlängen ohne Rechnung schließen, wenn Sie Schlussfolgerungen aus den Eigenschaften der bisher untersuchten geometrischen Objekte ziehen.
- Beachten Sie, dass die Punkte A und B symmetrisch zur Ebene ε liegen, und dass die Punkte C und D in dieser Ebene liegen.

*Nachweis reguläres Tetraeder: alternativer Lösungsweg*

- Die Ihnen noch unbekannten Kantenlängen können Sie auch mithilfe der Punktkoordinaten berechnen.

*Nachweis reguläres Tetraeder: zusätzliche Hinweise für CAS-Nutzer*

- Wenn Sie die für die Längenberechnungen benötigten Vektoren in den vorangegangenen Rechnungen als Variable gespeichert haben, können Sie damit ohne großen Eingabeaufwand die Längenberechnungen durchführen.
- Beachten Sie, dass Sie die Seitenlängen als Beträge der zugehörigen Vektoren ermitteln können.

**Aufgabe e**

*Gleichung der parallelen Ebene $\eta$*

- Zueinander parallele Ebenen kann man z. B. daran erkennen, dass sich ihre Gleichungen $ax + by + cz = d$ nur im Absolutglied d unterscheiden.
- Berechnen Sie die Durchstoßpunkte der Koordinatenachsen durch die Ebene $\varepsilon$.
- Setzen Sie dazu stets zwei der drei Variablen x, y oder z gleich null.
- Überlegen Sie, unter welchen Bedingungen diese Koordinaten ganze Zahlen sein können.
- Die in den Schnittpunktkoordinaten auftretenden Brüche werden ganzzahlig, wenn der Zähler ein gemeinsames Vielfaches aller auftretenden Nenner ist.
- Wählen Sie ein solches gemeinsames Vielfache für das Absolutglied d aus und lassen Sie die Koeffizienten a, b und c von x, y und z unverändert.
- Formulieren Sie die Gleichung der Ebene $\eta$.
- Berechnen Sie zur Probe und für die folgende Volumenberechnung die Durchstoßpunkte der Koordinatenachsen durch die Ebene $\eta$.

*Volumen der Pyramide $OS_xS_yS_z$*

- Skizzieren Sie den Sachverhalt.
- Beachten Sie, dass man jede Seitenfläche der Pyramide als Grundfläche wählen kann.
- Wählen Sie eine der Seitenflächen als Grundfläche, die vollständig in einer der Koordinatenebenen liegt. Eine solche Seitenfläche hat zwei der Durchstoßpunkte und den Ursprung als Eckpunkte.
- Bei dieser Wahl ergibt sich ein rechtwinkliges Dreieck als Grundfläche.
- Der Flächeninhalt eines rechtwinkligen Dreiecks kann mit $A = \frac{1}{2} \cdot a \cdot b$ berechnet werden, wobei a und b die Längen der Katheten sind.
- Für die Höhe der Pyramide können Sie nun die Kante wählen, die senkrecht zu Ihrer Grundfläche steht. Die Länge der Höhe entspricht also dem Abstand des dritten Durchstoßpunktes vom Ursprung.

a) **Mittelpunkt**

Mit A(10; 1; 1) und B(0; 7; –7) ergeben sich die Koordinaten des Mittelpunktes M der Strecke $\overline{AB}$ als arithmetisches Mittel der einander entsprechenden Koordinaten der Endpunkte A und B:

$$M\left(\frac{10+0}{2}; \frac{1+7}{2}; \frac{1-7}{2}\right) \Rightarrow M(5; 4; -3)$$

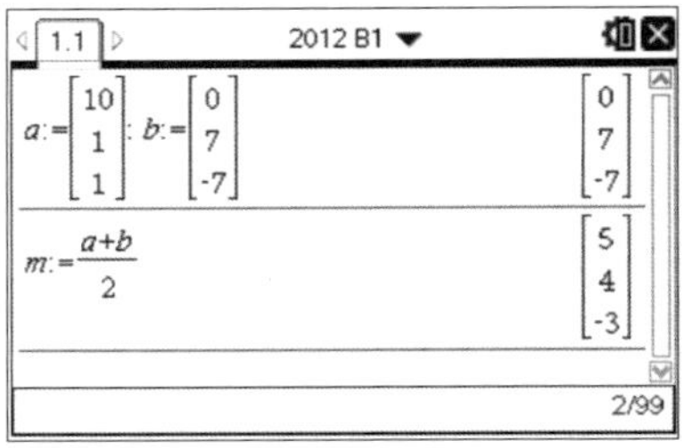


Alternativ erhält man dasselbe Ergebnis über die Vektorgleichung $\overrightarrow{OM} = \overrightarrow{OA} + \frac{1}{2} \cdot \overrightarrow{AB}$:

$$\overrightarrow{OM} = \begin{pmatrix} 10 \\ 1 \\ 1 \end{pmatrix} + \frac{1}{2} \cdot \begin{pmatrix} 0-10 \\ 7-1 \\ -7-1 \end{pmatrix} = \begin{pmatrix} 10 \\ 1 \\ 1 \end{pmatrix} + \begin{pmatrix} -5 \\ 3 \\ -4 \end{pmatrix}$$

$$= \begin{pmatrix} 5 \\ 4 \\ -3 \end{pmatrix} \Rightarrow M(5; 4; -3)$$

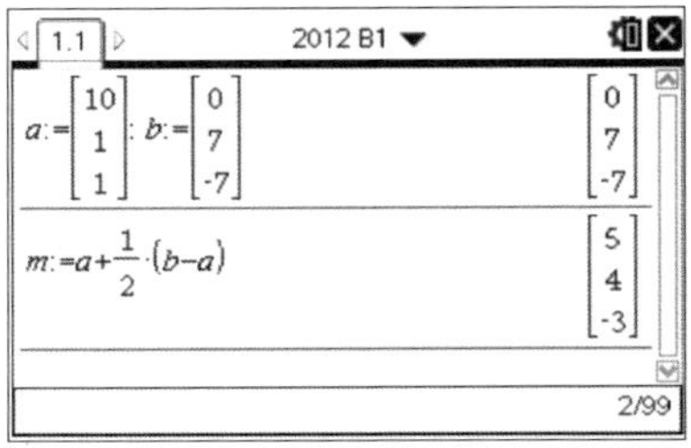


**Nachweis, dass M nicht auf g liegt**

Ortsvektor von M in die Geradengleichung einsetzen:

$$\begin{pmatrix} 5 \\ 4 \\ -3 \end{pmatrix} = \begin{pmatrix} 0 \\ 9 \\ 7 \end{pmatrix} + t \cdot \begin{pmatrix} -5 \\ -3 \\ 4 \end{pmatrix}$$

Gleichung zeilenweise schreiben und jede Gleichung nach t auflösen:

$$5 = 0 - 5t \Rightarrow t = -1$$

$$4 = 9 - 3t \Rightarrow t = \frac{5}{3}$$

$$-3 = 7 + 4t \Rightarrow t = -\frac{10}{4}$$

Es ergibt sich jedes Mal ein anderer Wert für t, also liegt M nicht auf g.

Schon wenn bereits der zweite berechnete Wert für t vom ersten Wert abweicht, ist dieser Nachweis erbracht.

**Lösungshinweis für das CAS-Abitur**

Die Anzeige false weist darauf hin, dass das Gleichungssystem nicht lösbar ist, also liegt M nicht auf g.

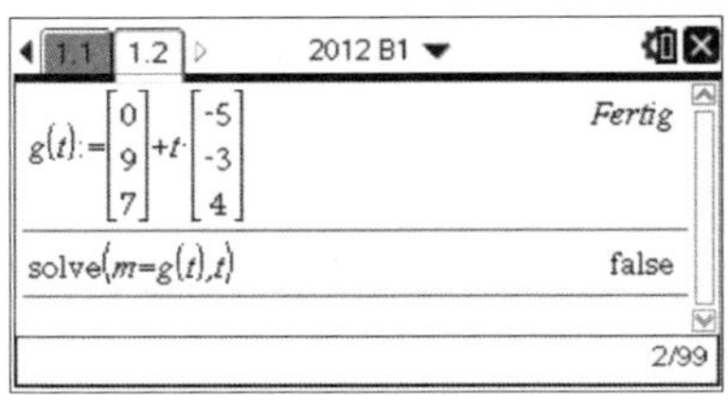

b) **Ebene ε**

Stützvektor $\vec{s}$ der Ebene sei der Ortsvektor der Geraden g:

$$\vec{s} = \begin{pmatrix} 0 \\ 9 \\ 7 \end{pmatrix}$$

Als Richtungsvektoren der Ebene werden der Richtungsvektor der Geraden g und der Vektor $\vec{m} - \vec{s}$ gewählt, wobei $\vec{m}$ der Ortsvektor des Punktes M ist. Diese beiden Vektoren sind linear unabhängig, denn in Teilaufgabe a wurde gezeigt, dass M nicht auf g liegt.

$$\varepsilon\colon \vec{x} = \begin{pmatrix} 0 \\ 9 \\ 7 \end{pmatrix} + t \cdot \begin{pmatrix} -5 \\ -3 \\ 4 \end{pmatrix} + r \cdot \begin{pmatrix} 5-0 \\ 4-9 \\ -3-7 \end{pmatrix} \text{ mit } t, r \in \mathbb{R}$$

$$\varepsilon\colon \vec{x} = \begin{pmatrix} 0 \\ 9 \\ 7 \end{pmatrix} + t \cdot \begin{pmatrix} -5 \\ -3 \\ 4 \end{pmatrix} + r \cdot \begin{pmatrix} 5 \\ -5 \\ -10 \end{pmatrix} \text{ mit } t, r \in \mathbb{R}$$

Diese Parametergleichung wird zeilenweise geschrieben:

(1) $x = 0 - 5t + 5r$

(2) $y = 9 - 3t - 5r$

(3) $z = 7 + 4t - 10r$

Durch Addition der Zeilen (1) und (2) kann der Parameter r eliminiert werden. Die dadurch entstandene neue Zeile erhält die Nummer (4).
Die Zeile (5) ist das Ergebnis der Addition des Doppelten von Zeile (1) mit Zeile (3), weil dadurch auch hier der Parameter r eliminiert wird:

(4) $x + y = 9 - 8t$

(5) $2x + z = 7 - 6t$

Um den Parameter t zu eliminieren, muss so multipliziert werden, dass das kleinste gemeinsame Vielfache der Koeffizienten von t, also das kgV von 8 und 6, mit unterschiedlichen Vorzeichen entsteht, damit es beim anschießenden Addieren „herausfällt“. Deshalb wird Gleichung (4) mit 3 und Gleichung (5) mit −4 multipliziert, sodass man die Gleichungen (6) und (7) erhält:

(6) $3x + 3y = 27 - 24t$

(7) $-8x - 4z = -28 + 24t$

Durch Addition von (6) und (7) ergibt sich die gesuchte parameterfreie Ebenengleichung:
$-5x + 3y - 4z = -1$

Wird diese Gleichung noch mit −1 multipliziert, so hat die Ebenengleichung die Form, die als Kontrollergebnis angegeben ist:

$\underline{\underline{5x - 3y + 4z = 1}}$

*Alternativer Lösungsweg*

Mit den oben bereits bestimmten linear unabhängigen Richtungsvektoren wird der Normalenvektor der Ebene mithilfe des Vektorprodukts bestimmt:

$$\begin{pmatrix} -5 \\ -3 \\ 4 \end{pmatrix} \times \begin{pmatrix} 5 \\ -5 \\ -10 \end{pmatrix} = \begin{pmatrix} 50 \\ -30 \\ 40 \end{pmatrix} = 10 \cdot \begin{pmatrix} 5 \\ -3 \\ 4 \end{pmatrix}$$

Als Normalenvektor wird $\vec{n} = \begin{pmatrix} 5 \\ -3 \\ 4 \end{pmatrix}$ gewählt.

Die Koordinaten des Normalenvektors werden in die allgemeine Koordinatengleichung für die Koeffizienten eingesetzt:

$5 \cdot x - 3 \cdot y + 4 \cdot z = d$

Der Punkt M(5; 4; –3) soll in der Ebene liegen, seine Koordinaten müssen also die Ebenengleichung erfüllen.

$5 \cdot 5 - 3 \cdot 4 + 4 \cdot (-3) = d \quad \Rightarrow \quad d = 1$

$\underline{\underline{5 \cdot x - 3 \cdot y + 4 \cdot z = 1}}$

**Lösungshinweis für das CAS-Abitur**

Die oben aufgestellte Parametergleichung wird eingegeben und das damit gegebene lineare Gleichungssystem gelöst.
Unter den angezeigten Lösungen findet sich auch die Ebenengleichung (zweite Zeile von oben, grau unterlegt):

$$x = \frac{3y - 4z + 1}{5}$$

Diese muss nur etwas umgeformt werden, um sie leichter mit dem Kontrollergebnis vergleichen zu können.

Für den alternativen Lösungsweg wurde die Normalenform $\vec{n} \circ (\vec{x} - \vec{x}_0) = 0$ der Ebenengleichung genutzt (letzte Zeile).

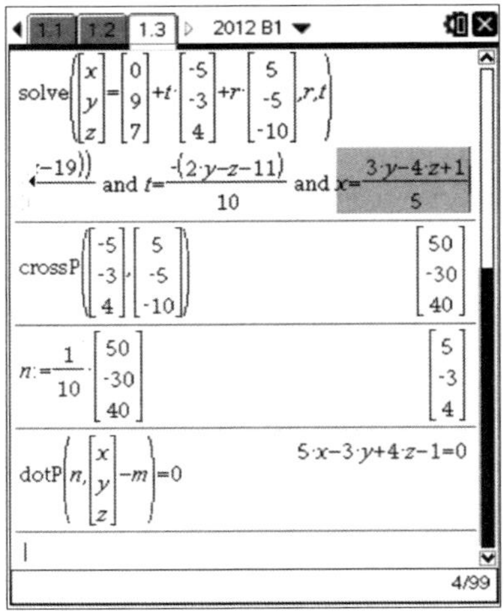


**Punkte A und B symmetrisch zur Ebene ε**

Die Gleichung der Geraden h durch die Punkte A und B kann z. B. beschrieben werden durch $\vec{x} = \overrightarrow{OA} + s \cdot \overrightarrow{AB}$ mit $s \in \mathbb{R}$:

$$h\colon \vec{x} = \begin{pmatrix} 10 \\ 1 \\ 1 \end{pmatrix} + s \cdot \begin{pmatrix} 0-10 \\ 7-1 \\ -7-1 \end{pmatrix} = \begin{pmatrix} 10 \\ 1 \\ 1 \end{pmatrix} + s \cdot \begin{pmatrix} -10 \\ 6 \\ -8 \end{pmatrix}$$

Der Richtungsvektor $\overrightarrow{AB} = \begin{pmatrix} -10 \\ 6 \\ -8 \end{pmatrix} = -2 \cdot \begin{pmatrix} 5 \\ -3 \\ 4 \end{pmatrix}$ der Geraden h ist ein Vielfaches des Normalenvektors $\vec{n} = \begin{pmatrix} 5 \\ -3 \\ 4 \end{pmatrix}$. Die Gerade h verläuft deshalb senkrecht zur Ebene ε.

Durch Einsetzen der Koordinaten der Geradengleichung in die Ebenengleichung kann der Durchstoßpunkt bestimmt werden:

$$\begin{aligned} 5 \cdot (10 - 10s) - 3 \cdot (1 + 6s) + 4 \cdot (1 - 8s) &= 1 \\ 50 - 50s - 3 - 18s + 4 - 32s &= 1 \\ -100s &= -50 \\ s &= 0{,}5 \end{aligned}$$

Dieser Wert s = 0,5 wird in die Gleichung für h eingesetzt:

$$\vec{x} = \begin{pmatrix} 10 \\ 1 \\ 1 \end{pmatrix} + 0{,}5 \cdot \begin{pmatrix} -10 \\ 6 \\ -8 \end{pmatrix} = \begin{pmatrix} 5 \\ 4 \\ -3 \end{pmatrix}$$

Der Durchstoßpunkt hat die Koordinaten (5; 4; –3), d. h., der Durchstoßpunkt ist identisch mit dem in Teilaufgabe a bestimmten Mittelpunkt M der Strecke $\overline{AB}$. Aus dieser Tatsache folgt, dass der Durchstoßpunkt gleiche Entfernung von den Punkten A und B hat.

Damit ist nachgewiesen, dass A und B symmetrisch zur Ebene ε liegen.

*Alternative Argumentation*

Der Vektor $\overrightarrow{AB} = \begin{pmatrix} -10 \\ 6 \\ -8 \end{pmatrix} = -2 \cdot \begin{pmatrix} 5 \\ -3 \\ 4 \end{pmatrix}$ ist ein Vielfaches des Normalenvektors $\vec{n}$ der Ebene ε, also steht $\overrightarrow{AB}$ senkrecht zu dieser Ebene.
Weiter oben wurde M als Mittelpunkt der Strecke $\overline{AB}$ berechnet. M liegt nach Aufgabenstellung in der Ebene ε, also sind die Punkte A und B symmetrisch zu ε.

**Lösungshinweis für das CAS-Abitur**

Die folgenden Bildschirme bilden die oben erläuterte Rechnung ab. Die Kommentare sind der besseren Übersichtlichkeit wegen eingefügt worden. Sie sind bei der Nutzung des Rechners in der Prüfungssituation nicht notwendig.

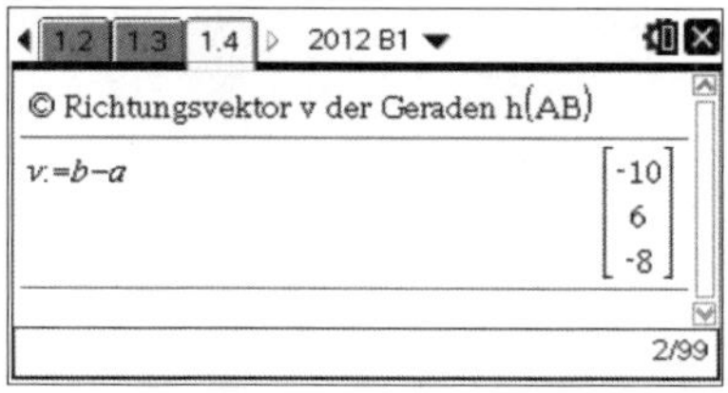


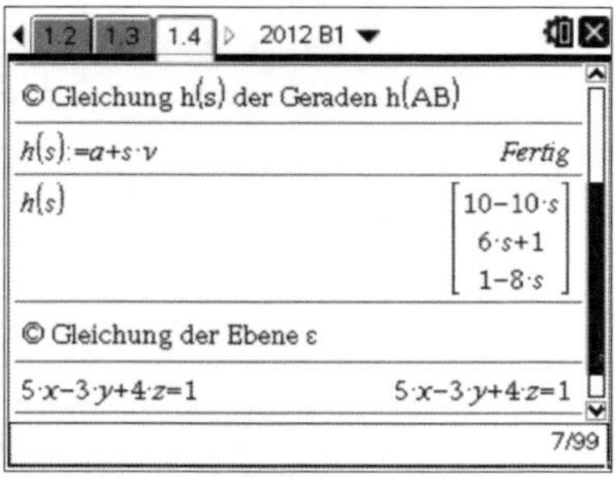


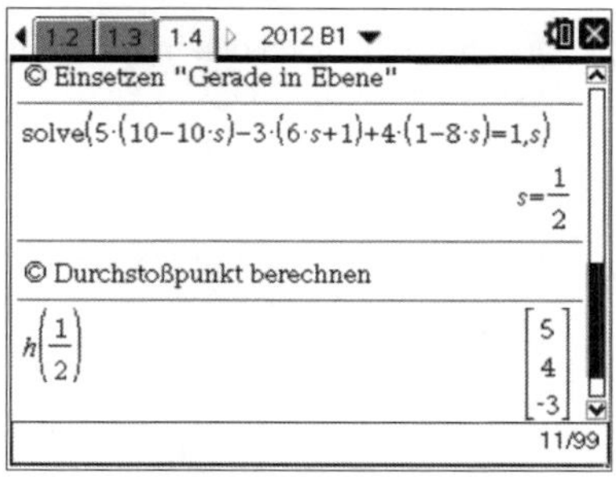


c) **Punkte C und D ermitteln**

Weil die Punkte C und D auf der Geraden g liegen, gibt es Werte für den Parameter t, die den Punkten C bzw. D zugeordnet werden können:

$$\vec{x}_{C,D} = \begin{pmatrix} 0 \\ 9 \\ 7 \end{pmatrix} + t_{C,D} \cdot \begin{pmatrix} -5 \\ -3 \\ 4 \end{pmatrix}$$

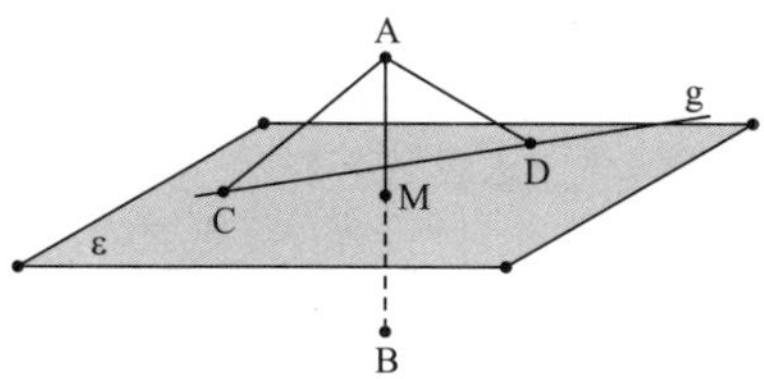


Der Punkt A hat die Koordinaten A(0; 1; 1).

Die Längen der Strecken $\overline{AC}$ und $\overline{AD}$ sollen $\sqrt{200}$ LE betragen.

Die Länge einer Strecke $\overline{AB}$ wird berechnet durch:

$$|\overline{AB}| = \sqrt{(a_x - b_x)^2 + (a_y - b_y)^2 + (a_z - b_z)^2}$$

Daraus folgt hier für die Strecke $\overline{AC}$ unter Beachtung, dass sie eine Länge von $\sqrt{200}$ LE haben soll:

$$|\overline{AC}| = \sqrt{(10-(-5t))^2 + (1-(9-3t))^2 + (1-(7+4t))^2} = \sqrt{200}$$

Da der gleiche Ansatz auch für die Strecke $\overline{AD}$ gilt, braucht der Ansatz nur einmal weiter verfolgt zu werden.
Die Wurzeln auf beiden Seiten der Gleichung sind gleich, wenn die Radikanden gleich sind. Deshalb wird die folgende Gleichung betrachtet:

$$\begin{aligned}
(10-(-5t))^2 + (1-(9-3t))^2 + (1-(7+4t))^2 &= 200\\
(10+5t)^2 + (-8+3t)^2 + (-6-4t)^2 &= 200\\
100 + 100t + 25t^2 + 64 - 48t + 9t^2 + 36 + 48t + 16t^2 &= 200\\
200 + 100t + 50t^2 &= 200\\
100t + 50t^2 &= 0\\
50t \cdot (2+t) &= 0
\end{aligned}$$

Diese Gleichung hat die Lösungen $t_1 = 0$ und $t_2 = -2$.

Setzt man diese Lösungen in die Gleichung der Geraden g ein, so ergeben sich die Ortsvektoren der Punkte C und D:

$$\vec{x}_C = \begin{pmatrix} 0\\9\\7 \end{pmatrix} + 0 \cdot \begin{pmatrix} -5\\-3\\4 \end{pmatrix} = \begin{pmatrix} 0\\9\\7 \end{pmatrix} \Rightarrow \underline{\underline{C(0;9;7)}}$$

$$\vec{x}_D = \begin{pmatrix} 0\\9\\7 \end{pmatrix} - 2 \cdot \begin{pmatrix} -5\\-3\\4 \end{pmatrix} = \begin{pmatrix} 10\\15\\-1 \end{pmatrix} \Rightarrow \underline{\underline{D(10;15;-1)}}$$

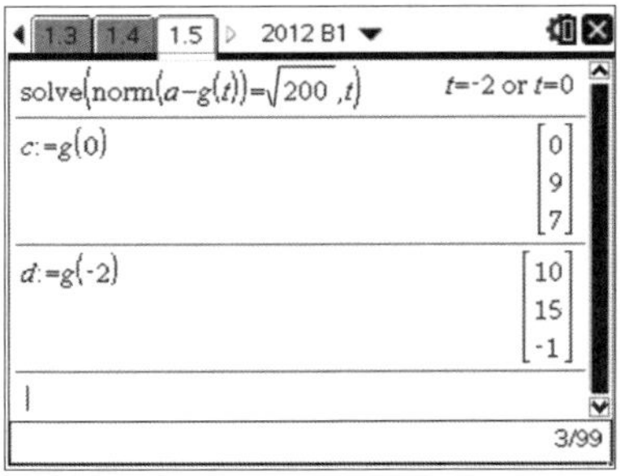


Das entspricht auch den in der Aufgabe gegebenen Kontrollergebnissen.

**Winkel ∡CAD berechnen**

Der Winkel ∡CAD wird von den Vektoren $\overrightarrow{AC}$ und $\overrightarrow{AD}$ eingeschlossen. Es gilt die Formel:

$$\cos(\measuredangle CAD) = \frac{\overrightarrow{AC} \circ \overrightarrow{AD}}{|\overrightarrow{AC}| \cdot |\overrightarrow{AD}|}$$

Die Beträge der Vektoren $\overrightarrow{AC}$ und $\overrightarrow{AD}$ sind aus der Aufgabenstellung bekannt:

$$\cos(\measuredangle CAD) = \frac{\begin{pmatrix} 0-10\\9-1\\7-1 \end{pmatrix} \circ \begin{pmatrix} 10-10\\15-1\\-1-1 \end{pmatrix}}{\sqrt{200} \cdot \sqrt{200}} = \frac{100}{200} = \frac{1}{2}$$

$\Rightarrow \underline{\underline{\measuredangle CAD = 60^\circ}}$

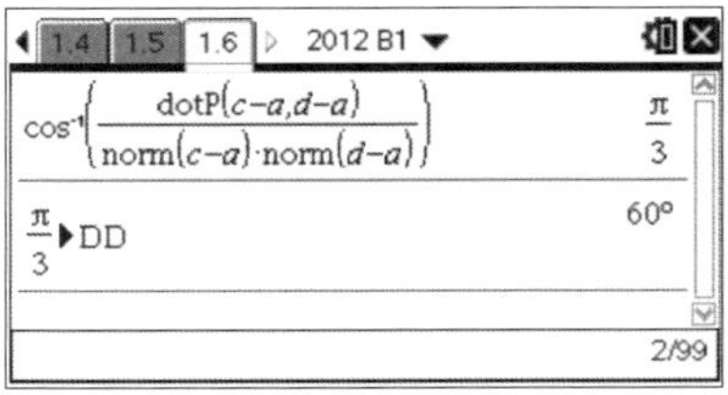


Der Winkel ∡CAD ist 60° groß.

*Alternative Lösung*

Im Dreieck CAD sind die Längen der Seiten $\overline{AC}$ und $\overline{AD}$ bekannt. Sie betragen jeweils $\sqrt{200}$ LE. Die Länge der Strecke $\overline{CD}$ kann berechnet werden:

$$|\overline{CD}| = \sqrt{(10-0)^2 + (15-9)^2 + (-1-7)^2} = \sqrt{100+36+64} = \sqrt{200} \text{ LE}$$

Das Dreieck CAD ist also gleichseitig, d. h., der Winkel ∡CAD ist 60° groß.

d) **Nachweis reguläres Tetraeder**

Aus den vorigen Teilaufgaben sind die Längen folgender Seiten bekannt:

$\overline{AB} = \overline{AC} = \overline{AD} = \sqrt{200}$

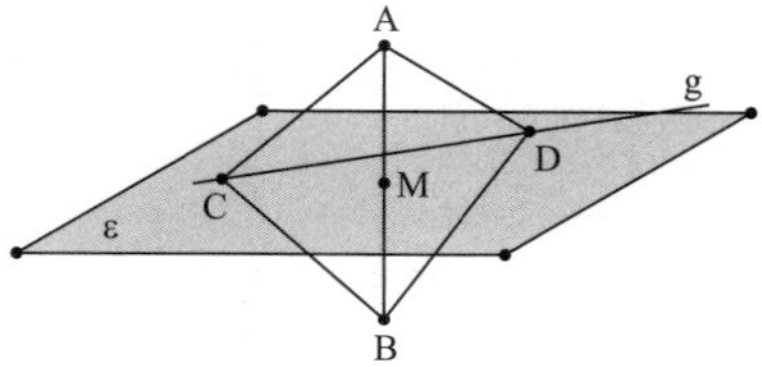


Für die Seite $\overline{CD}$ gilt ebenfalls $\overline{CD} = \sqrt{200}$. Der Nachweis wurde in der Alternativlösung zu Teilaufgabe c geführt.

Da der Punkt B bezüglich der Ebene ε spiegelsymmetrisch zum Punkt A liegt (siehe Teilaufgabe b) und die Punkte C und D zur Gerade g gehören, die ihrerseits in der Ebene ε liegt, sind die Strecken $\overline{CB}$ und $\overline{DB}$ spiegelsymmetrisch zu den Strecken $\overline{AC}$ und $\overline{AD}$ und deshalb genauso lang wie diese.

Alle sechs Kantenlängen des Tetraeders ABCD sind also gleich lang, deshalb handelt es sich um ein reguläres Tetraeder.

*Alternative Lösung*

Berechnung der Seitenlängen $\overline{CB}$ und $\overline{DB}$:

$$|\overline{CB}| = \sqrt{(0-0)^2 + (7-9)^2 + (-7-7)^2} = \sqrt{0+4+196} = \sqrt{200}$$

$$|\overline{DB}| = \sqrt{(0-10)^2 + (7-15)^2 + (-7+1)^2} = \sqrt{100+64+36} = \sqrt{200}$$

Alle Kanten haben die gleiche Länge:

$\sqrt{200} = \sqrt{100 \cdot 2} = 10 \cdot \sqrt{2}$ LE

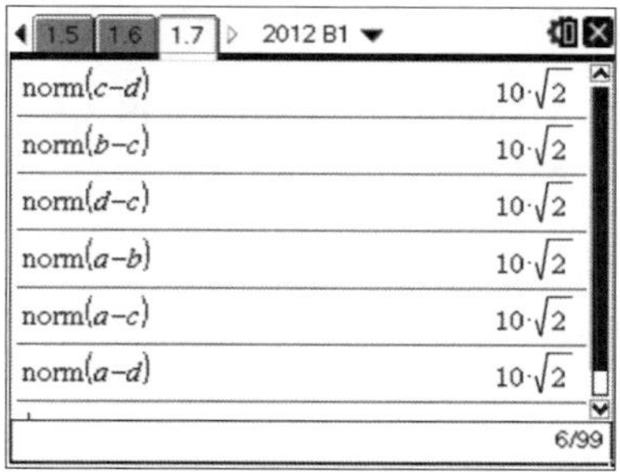


e) **Gleichung der parallelen Ebene η**

Es werden die Durchstoßpunkte der Koordinatenachsen durch die Ebene ε: $5x - 3y + 4z = 1$ berechnet.

Durchstoßpunkt der x-Achse für $y = z = 0$:

$$5x - 3 \cdot 0 + 4 \cdot 0 = 1 \quad \Rightarrow \quad x = \frac{1}{5} \quad \Rightarrow \quad E_x\left(\frac{1}{5};\ 0;\ 0\right)$$

Durchstoßpunkt der y-Achse für $x = z = 0$:

$$5 \cdot 0 - 3y + 4 \cdot 0 = 1 \quad \Rightarrow \quad y = -\frac{1}{3} \quad \Rightarrow \quad E_y\left(0;\ -\frac{1}{3};\ 0\right)$$

Durchstoßpunkt der z-Achse für $x = y = 0$:

$$5 \cdot 0 - 3 \cdot 0 + 4z = 1 \quad \Rightarrow \quad z = \frac{1}{4} \quad \Rightarrow \quad E_z\left(0;\ 0;\ \frac{1}{4}\right)$$

In diesen Durchstoßpunkten kommen neben den Nullen immer Brüche mit dem Zähler 1 und den Nennern 3, 4 und 5 vor.

Diese Brüche entstehen durch die Division des Absolutgliedes $d = 1$ auf der rechten Seite der Gleichung für Ebene ε. Wenn statt $d = 1$ dort eine ganze Zahl steht, die ein gemeinsames Vielfaches der Nenner 3, 4 und 5 ist, so müssen bei der Berechnung der Durchstoßpunkte immer ganze Zahlen entstehen.

Wählt man z. B. für das Absolutglied d in $ax + by + cz = d$ das kleinste gemeinsame Vielfache von 3, 4 und 5, also die Zahl $D = 3 \cdot 4 \cdot 5 = 60$, so wäre dieses Ziel erreicht.

Die Koeffizienten a, b und c werden nicht verändert, damit die Parallelität der Ebenen gewährleistet ist.

$\eta$: $\underline{\underline{5x - 3y + 4z = 60}}$

Zur Probe kann man die Durchstoßpunkte der Koordinatenachsen durch diese Ebene $\eta$ berechnen.

Durchstoßpunkt der x-Achse für $y = z = 0$:

$$5x - 3 \cdot 0 + 4 \cdot 0 = 60 \quad \Rightarrow \quad x = \frac{60}{5} = 12 \quad \Rightarrow \quad S_x(12;\ 0;\ 0)$$

Durchstoßpunkt der y-Achse für $x = z = 0$:

$$5 \cdot 0 - 3y + 4 \cdot 0 = 60 \quad \Rightarrow \quad y = -\frac{60}{3} = -20 \quad \Rightarrow \quad S_y(0;\ -20;\ 0)$$

Durchstoßpunkt der z-Achse für $x = y = 0$:

$$5 \cdot 0 - 3 \cdot 0 + 4z = 60 \quad \Rightarrow \quad z = \frac{60}{4} = 15 \quad \Rightarrow \quad S_z(0;\ 0;\ 15)$$

**Volumen der Pyramide $OS_xS_yS_z$**

Skizze:

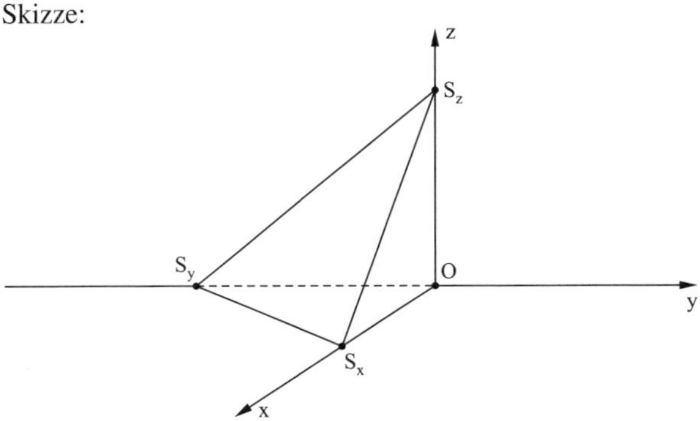


Für die Volumenberechnung der dreiseitigen Pyramide kann z. B. die Seitenfläche $OS_xS_y$ als Grundfläche und die Strecke $\overline{OS_z}$ als Höhe mit der Länge $h = 15$ LE gewählt werden.

Mit dieser Wahl können die Koordinaten der oben berechneten Durchstoßpunkte $S_x$, $S_y$ und $S_z$ für die Volumenberechnung verwendet werden.

Die Grundfläche $OS_xS_y$ ist ein rechtwinkliges Dreieck mit den Kathetenlängen

$|\overline{OS_y}| = 20$ LE und $|\overline{OS_x}| = 12$ LE.

Der Flächeninhalt dieses Dreiecks beträgt:

$$A = \frac{1}{2} \cdot |\overline{OS_y}| \cdot |\overline{OS_x}| = \frac{1}{2} \cdot 20\ \text{LE} \cdot 12\ \text{LE} = 120\ \text{FE}$$

Das Pyramidenvolumen ergibt sich dann zu:

$$V = \frac{1}{3} \cdot A \cdot h = \frac{1}{3} \cdot 120\ \text{FE} \cdot 15\ \text{LE} = \underline{\underline{600\ \text{VE}}}$$

## Kernfach Mathematik (Thüringen): Abiturprüfung 2012
## Aufgabe B2: Stochastik

Ein Internethändler hat festgestellt, dass jeder versendete Artikel mit einer Wahrscheinlichkeit von 30 % zurückgegeben wird.

a) An einem bestimmten Tag werden 1 Fernseher, 3 Kameras, 5 Blu-Ray-Player und 6 Handys versendet.
Bestimmen Sie die Wahrscheinlichkeiten folgender Ereignisse.
A := „Es werden genau zwei Artikel zurückgegeben."
B := „Die einzigen zurückgegebenen Artikel sind zwei Kameras."
C := „Es werden mindestens 13 Artikel behalten." (4 BE)

b) Berechnen Sie, wie viele Artikel der Händler pro Tag versenden muss, um mit einer Wahrscheinlichkeit von mindestens 90 % mindestens einen Artikel zu verkaufen. (3 BE)

c) Bei der Bezahlung der Artikel bietet der Händler den Kauf auf Rechnung und die Zahlung mit der Kreditkarte an. Mit Kreditkarte bezahlen 70 % der männlichen Kunden. Bei den weiblichen Kunden sind es nur 20 %. Insgesamt zahlen 50 % der Kunden mit Kreditkarte.
Berechnen Sie den prozentualen Anteil der weiblichen Kunden bei diesem Händler. (2 BE)

Der Händler verkauft unter anderem auch Laptoptaschen, die er zu einem Preis von 13,00 € pro Stück bezieht. Erfahrungsgemäß sind 20 % der Taschen mit kleinen Fehlern behaftet.

d) Eine einwandfreie Tasche verkauft er zum Preis von 18,00 €. Fehlerhafte Taschen bietet er 10 % billiger an.
Berechnen Sie den Gewinn des Händlers, wenn er 500 Taschen verkauft. (3 BE)

e) Ermitteln Sie den Preis für eine einwandfreie Tasche, wenn er pro verkaufter Tasche einen Gewinn von mindestens 7,00 € machen möchte. (3 BE)

f) Der Händler möchte seinen Umsatz erhöhen, indem er jedem verschickten Artikel ein kostenloses Werbegeschenk beilegt. Diese Aktion lohnt sich allerdings nur, wenn der Anteil der zurückgegebenen Artikel nicht über 30 % ansteigt. Er führt deshalb eine Testaktion mit 100 Kunden durch.
Stellen Sie eine Entscheidungsregel auf, bei der die Irrtumswahrscheinlichkeit höchstens 10 % beträgt.
Wie groß ist dann die Wahrscheinlichkeit dafür, dass er die Aktion startet, obwohl die Rückgabequote auf 40 % angestiegen ist? (5 BE)

(20 BE)

## Binomialverteilung

| n | k | p = 0,30 | | p = 0,35 | | p = 0,40 | |
|---|---|---|---|---|---|---|---|
| | | B(n; p; k) | $\sum_{i=0}^{k} B(n;p;i)$ | B(n; p; k) | $\sum_{i=0}^{k} B(n;p;i)$ | B(n; p; k) | $\sum_{i=0}^{k} B(n;p;i)$ |
| 100 | 15 | 0,00025 | 0,00040 | 0,00000 | 0,00001 | | |
| | 16 | 0,00056 | 0,00097 | 0,00001 | 0,00002 | | |
| | 17 | 0,00119 | 0,00216 | 0,00003 | 0,00005 | | |
| | 18 | 0,00236 | 0,00452 | 0,00009 | 0,00014 | | |
| | 19 | 0,00436 | 0,00889 | 0,00020 | 0,00034 | 0,00000 | 0,00001 |
| | 20 | 0,00758 | 0,01646 | 0,00044 | 0,00078 | 0,00001 | 0,00002 |
| | 21 | 0,01237 | 0,02883 | 0,00090 | 0,00169 | 0,00003 | 0,00004 |
| | 22 | 0,01903 | 0,04787 | 0,00175 | 0,00343 | 0,00006 | 0,00011 |
| | 23 | 0,02767 | 0,07553 | 0,00319 | 0,00662 | 0,00014 | 0,00025 |
| | 24 | 0,03804 | 0,11357 | 0,00551 | 0,01213 | 0,00031 | 0,00056 |
| | 25 | 0,04956 | 0,16313 | 0,00901 | 0,02114 | 0,00063 | 0,00119 |
| | 26 | 0,06127 | 0,22440 | 0,01400 | 0,03514 | 0,00121 | 0,00240 |
| | 27 | 0,07197 | 0,29637 | 0,02066 | 0,05581 | 0,00220 | 0,00460 |
| | 28 | 0,08041 | 0,37678 | 0,02901 | 0,08482 | 0,00383 | 0,00843 |
| | 29 | 0,08556 | 0,46234 | 0,03878 | 0,12360 | 0,00634 | 0,01478 |
| | 30 | 0,08678 | 0,54912 | 0,04942 | 0,17302 | 0,01001 | 0,02478 |
| | 31 | 0,08398 | 0,63311 | 0,06009 | 0,23311 | 0,01507 | 0,03985 |
| | 32 | 0,07761 | 0,71072 | 0,06977 | 0,30288 | 0,02166 | 0,06150 |
| | 33 | 0,06854 | 0,77926 | 0,07741 | 0,38029 | 0,02975 | 0,09125 |
| | 34 | 0,05788 | 0,83714 | 0,08214 | 0,46243 | 0,03908 | 0,13034 |
| | 35 | 0,04678 | 0,88392 | 0,08340 | 0,54584 | 0,04913 | 0,17947 |
| | 36 | 0,03620 | 0,92012 | 0,08109 | 0,62692 | 0,05914 | 0,23861 |
| | 37 | 0,02683 | 0,94695 | 0,07552 | 0,70245 | 0,06820 | 0,30681 |
| | 38 | 0,01907 | 0,96602 | 0,06742 | 0,76987 | 0,07538 | 0,38219 |
| | 39 | 0,01299 | 0,97901 | 0,05771 | 0,82758 | 0,07989 | 0,46208 |
| | 40 | 0,00849 | 0,98750 | 0,04739 | 0,87498 | 0,08122 | 0,54329 |
| | 41 | 0,00532 | 0,99283 | 0,03734 | 0,91232 | 0,07924 | 0,62253 |
| | 42 | 0,00321 | 0,99603 | 0,02825 | 0,94057 | 0,07421 | 0,69674 |
| | 43 | 0,00185 | 0,99789 | 0,02052 | 0,96109 | 0,06673 | 0,76347 |
| | 44 | 0,00103 | 0,99891 | 0,01431 | 0,97540 | 0,05763 | 0,82110 |
| | 45 | 0,00055 | 0,99946 | 0,00959 | 0,98499 | 0,04781 | 0,86891 |
| | 46 | 0,00028 | 0,99974 | 0,00617 | 0,99116 | 0,03811 | 0,90702 |
| | 47 | 0,00014 | 0,99988 | 0,00382 | 0,99498 | 0,02919 | 0,93621 |
| | 48 | 0,00007 | 0,99995 | 0,00227 | 0,99725 | 0,02149 | 0,95770 |
| | 49 | 0,00003 | 0,99998 | 0,00130 | 0,99855 | 0,01520 | 0,97290 |
| | 50 | 0,00001 | 0,99999 | 0,00071 | 0,99926 | 0,01034 | 0,98324 |
| | 51 | 0,00001 | 1,00000 | 0,00038 | 0,99964 | 0,00676 | 0,98999 |
| | 52 | | | 0,00019 | 0,99983 | 0,00424 | 0,99424 |
| | 53 | | | 0,00009 | 0,99992 | 0,00256 | 0,99680 |
| | 54 | | | 0,00004 | 0,99997 | 0,00149 | 0,99829 |
| | 55 | | | 0,00002 | 0,99999 | 0,00083 | 0,99912 |
| | 56 | | | 0,00001 | 0,99999 | 0,00044 | 0,99956 |
| | 57 | | | | 1,00000 | 0,00023 | 0,99979 |
| | 58 | | | | | 0,00011 | 0,99990 |
| | 59 | | | | | 0,00005 | 0,99996 |
| | 60 | | | | | 0,00002 | 0,99998 |
| | 61 | | | | | 0,00001 | 0,99999 |
| | 62 | | | | | 0,00000 | 1,00000 |

## Hinweise und Tipps

### Aufgabe a

- Jeder versendete Artikel besitzt dieselbe Rückgabewahrscheinlichkeit. Demzufolge ist die zufällige Anzahl der zurückgegebenen Artikel eine binomialverteilte Zufallsgröße.
- Diese Zufallsgröße $X_n$ ist binomialverteilt mit den Parametern:
  n = Anzahl der versendeten Artikel und
  p = Rückgabewahrscheinlichkeit = 0,30
- Die Bernoulliformel für genau k zurückgegebene Artikel bei n versendeten lautet:
  $P(X_n = k) = \binom{n}{k} \cdot p^k \cdot (1-p)^{n-k}$

### Aufgabe b

- Versuchen Sie, die beschriebene Wahrscheinlichkeit mit der im Aufgabenteil a definierten Zufallsgröße $X_n$ zu beschreiben.
- P(„mindestens einen der n versendeten Artikel verkaufen")
  = P(„weniger als n Artikel werden bei n versendeten zurückgegeben")
- Es soll $P(X_n < n) \geq 0{,}90$ gelten.
- Um diese Ungleichung rechnerisch zu lösen, ist es sinnvoll, zum Gegenereignis $\overline{E}$ von E = „X < n" mit $P(E) = 1 - P(\overline{E})$ überzugehen.
  Die Ungleichung $P(X_n < n) \geq 0{,}90$ könnte man auch durch systematisches Probieren für n = 1, n = 2, … lösen.

### Aufgabe c

- Das Kaufen durch einen männlichen bzw. weiblichen Kunden und das Bezahlen mit bzw. ohne Kreditkarte kann man als einen zweistufigen Vorgang auffassen.
- Obwohl dieser Vorgang kein Zufallsexperiment ist, lässt er sich wie bei einem zweistufigen Zufallsexperiment durch ein zweistufiges Baumdiagramm veranschaulichen, an dessen Ästen statt der jeweiligen Übergangswahrscheinlichkeiten die jeweiligen Anteile stehen.
- Der Anteil der mit Kreditkarte zahlenden Kunden berechnet sich nach der für Zufallsexperimente bekannten Summenregel.

### Aufgabe d

- Wenn Sie den gegebenen Prozentsatz 20 % als eine relative Häufigkeit betrachten und zwar als einen Näherungswert für die Wahrscheinlichkeit, mit der jede der betrachteten Laptoptaschen einen kleinen Fehler aufweist, so können Sie den zufälligen Gewinn als eine Zufallsgröße G definieren.
- Die zwei möglichen Werte der Zufallsgröße ergeben sich als die zwei möglichen Gewinne (ohne Maßeinheit Euro) des Händlers pro Laptoptasche.
- Das n-Fache des Erwartungswertes EG ist (abgesehen von der noch fehlenden Maßeinheit Euro) als zu erwartender und damit durchschnittlicher Gewinn des Händlers bei n verkauften Laptoptaschen zu interpretieren. (Der laut Aufgabenstellung zu berechnende „Gewinn des Händlers" lässt sich aufgrund der gegebenen Daten jedoch nicht berechnen.)

**Aufgabe e**

- Hinterfragen Sie die in der Aufgabenstellung benutzte Formulierung „pro verkaufter Tasche einen Gewinn von mindestens 7,00 Euro“.
- Dieser Aufgabenteil lässt zwei Interpretationen als sinnvoll erscheinen.
- Man kann sowohl den tatsächlichen Mindestgewinn als auch den zu erwartenden Gewinn jeweils für jede verkaufte Tasche betrachten.
- Man kann also sowohl fordern, dass selbst jede billigere Tasche mit kleinen Fehlern einen Gewinn von mindestens 7 Euro abwirft, als auch, dass der Erwartungswert des zufälligen Gewinns einer jeden Tasche mindestens 7 Euro beträgt.

**Aufgabe f**

- Konstruieren Sie einen Signifikanztest mit der Nullhypothese $p \leq 0{,}30$ und der Gegenhypothese $p > 0{,}30$ für das Signifikanzniveau $\alpha = 0{,}1$.
- Wählen Sie als binomialverteilte Testgröße X die zufällige Anzahl der zurückgegebenen Artikel in der Zufallsstichprobe.
- Wählen Sie als Ablehnungsbereich $\overline{A}$ die Werte von X, die gegen $H_0$ und damit für $H_1$ sprechen.
- Ein Fehler 1. Art tritt auf, wenn $H_0$ wahr ist, aber aufgrund des Testergebnisses abgelehnt wird.
- Bestimmen Sie den Ablehnungsbereich $\overline{A} = \{k; k+1; \ldots; 100\}$ so, dass $B_{100;\,0,30}(X \geq k) \leq 0{,}10$ gilt.
- Formulieren Sie eine (gesuchte) Entscheidungsregel, indem Sie angeben, bei wie vielen Rückgaben während der Testaktion der Händler davon ausgehen kann, dass sich seine Aktion für ihn nicht lohnt bzw. für ihn lohnt.

## Lösungen

a) Werden n Artikel versendet, so gebe die Zufallsgröße $X_n$ die zufällige Anzahl der davon zurückgegebenen Artikel an.
$X_n$ ist binomialverteilt mit einer Erfolgswahrscheinlichkeit von $p = 0{,}30$:

$X_n \sim B_{n;\,0,30}$, d. h. $P(X_n = k) = \binom{n}{k} \cdot 0{,}30^k \cdot 0{,}70^{n-k}$

**Wahrscheinlichkeit P(A)**

$$P(A) = P(X_{15} = 2) = \binom{15}{2} \cdot 0{,}30^2 \cdot 0{,}70^{13} = 0{,}091560\ldots$$

$$\underline{\underline{P(A) \approx 0{,}092}}$$

**Wahrscheinlichkeit P(B)**

P(B) = P(„von den 12 versendeten Nicht-Kameras wird kein Artikel zurückgegeben und von den drei versendeten Kameras werden genau zwei zurückgegeben")

$$P(B) = P(X_{12} = 0) \cdot P(X_3 = 2)$$

$$P(B) = \binom{12}{0} \cdot 0{,}30^0 \cdot 0{,}70^{12} \cdot \binom{3}{2} \cdot 0{,}30^2 \cdot 0{,}70^1 = 0{,}002616\ldots$$

$$\underline{\underline{P(B) \approx 0{,}0026}}$$

**Wahrscheinlichkeit P(C)**

$$P(C) = P(X_{15} \le 2) = \sum_{k=0}^{2} \binom{15}{k} \cdot 0{,}30^k \cdot 0{,}70^{15-k}$$

$$= 0{,}126827\ldots$$

$$\underline{\underline{P(C) \approx 0{,}13}}$$

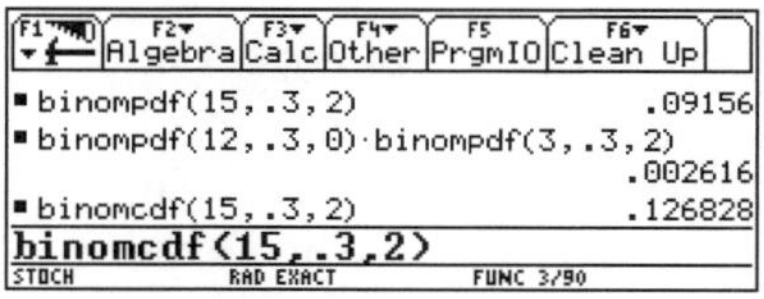


b) **Dreimal-Mindestens-Aufgabe**

Die Wahrscheinlichkeit, dass nicht alle versendeten Artikel zurückgegeben werden, soll mindestens 0,90 betragen. Es sei wieder $X_n \sim B_{n;\,0,30}$ (vgl. Aufgabenteil a).

$$P(X_n < n) \ge 0{,}90$$

$$1 - P(X_n = n) \ge 0{,}90$$

$$0{,}10 \ge P(X_n = n)$$

$$0{,}10 \ge \binom{n}{n} \cdot 0{,}30^n \cdot 0{,}70^0$$

$$0{,}10 \ge 0{,}30^n$$

$$\ln 0{,}10 \ge n \cdot \ln 0{,}30 \qquad |: \ln 0{,}30 \text{ mit } \ln 0{,}30 < 0$$

$$\frac{\ln 0{,}10}{\ln 0{,}30} \le n$$

$$1{,}912\ldots \le n \text{ und } n \in \mathbb{N}$$

$$\Rightarrow \underline{\underline{n \ge 2}}$$

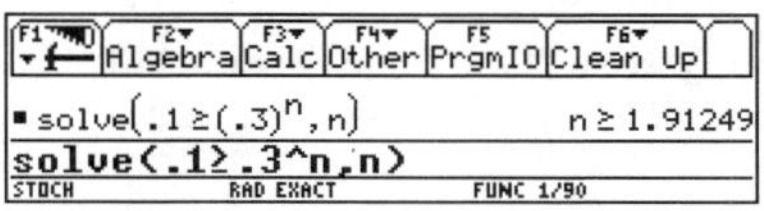

Alternativ zu diesem Lösungsweg könnte man die Ungleichung $P(X_n < n) \geq 0{,}90$ auch besonders einfach durch systematisches Probieren lösen.

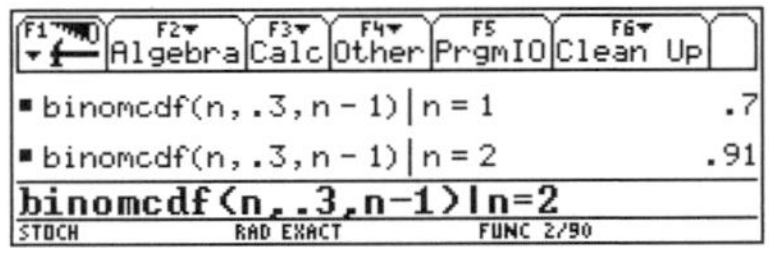


$$n=1:\ P(X_1=0)=\binom{1}{0}\cdot 0{,}30^0\cdot 0{,}70^1=0{,}70<0{,}90$$

$$n=2:\ P(X_2=0)+P(X_2=1)=\binom{2}{0}\cdot 0{,}30^0\cdot 0{,}70^2+\binom{2}{1}\cdot 0{,}30^1\cdot 0{,}70^1$$
$$=0{,}70^2+2\cdot 0{,}30\cdot 0{,}70$$
$$=0{,}91\geq 0{,}90\quad\Rightarrow\quad \underline{\underline{n\geq 2}}$$

Der Händler muss mindestens zwei Artikel an einem Tag versenden, um für diesen Tag mit einer Wahrscheinlichkeit von mindestens 0,90 mindestens einen Artikel zu verkaufen.

c) **Prozentualer Anteil**

Obwohl hier ein reines *Anteilsproblem* und kein stochastisches Problem zu lösen ist, bietet sich ein Baumdiagramm zum Veranschaulichen an, bei dem statt Übergangswahrscheinlichkeiten Anteile eingetragen werden. Der zu bestimmende Anteil x der weiblichen Kunden berechnet sich nach der „Summenregel" für das Ereignis K.

m: männliche Kunden
w: weibliche Kunden
K: Kunden, die mit Kreditkarte bezahlen

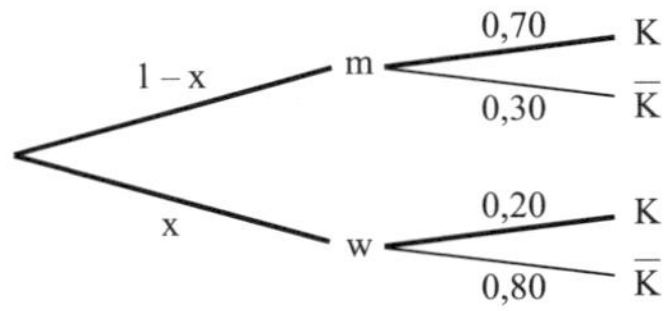


Anteil von K beträgt 0,50.

$$(1-x)\cdot 0{,}70+x\cdot 0{,}20=0{,}50$$
$$0{,}70-0{,}70x+0{,}20x=0{,}50$$
$$0{,}20=0{,}50x$$
$$\underline{\underline{0{,}40=x}}$$

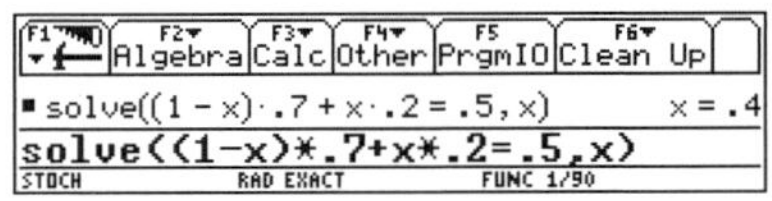


Der prozentuale Anteil der weiblichen Kunden beträgt demzufolge 40 %.

d) **Zu erwartender Gewinn**

Modellannahme: Jede der betrachteten Laptoptaschen weist mit der Wahrscheinlichkeit $p=0{,}20$ einen kleinen Fehler auf.

Die Zufallsgröße $G \triangleq \begin{pmatrix}5{,}00 & 3{,}20\\ 0{,}80 & 0{,}20\end{pmatrix}$ beschreibt den zufälligen Gewinn pro Laptoptasche.

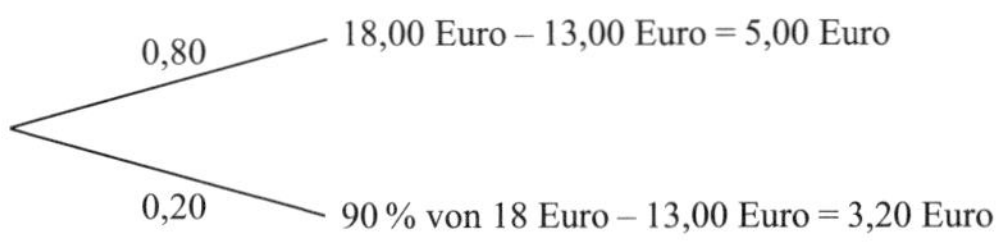


Für jede Laptoptasche erzielt der Händler mit einer Wahrscheinlichkeit von 0,80 einen Gewinn von 5,00 Euro und ansonsten einen Gewinn von 3,20 Euro. Der zu erwartende Gewinn für eine Laptoptasche beträgt (in Euro) $EG=5{,}00\cdot 0{,}80+3{,}20\cdot 0{,}20=4{,}64$.

Der zu erwartende Gewinn bei 500 Laptoptaschen beträgt (in Euro):
$500\cdot EG=500\cdot 4{,}64=\underline{\underline{2\,320}}$

Der zu erwartende Gewinn des Händlers beim Verkauf von 500 Laptoptaschen beträgt 2 320 Euro. (Den laut Aufgabenstellung zu berechnenden „Gewinn des Händlers" kann man jedoch nicht berechnen.)

e) **Gewinn und Verkaufspreis**

Aufgrund der nicht eindeutigen Aufgabenstellung sind zwei Interpretationsvarianten zu betrachten. Dabei betrage der Verkaufspreis einer einwandfreien Laptoptasche jeweils x Euro.

*Interpretationsvariante 1:* Jede verkaufte Laptoptasche soll einen **tatsächlichen** Gewinn von 7,00 Euro abwerfen.

Damit jede verkaufte Tasche einen Gewinn von 7,00 Euro abwirft, müssen dies auch die billigeren verkauften Taschen mit kleinen Fehlern ermöglichen.

$$90\,\% \text{ von } x - 13 \geq 7$$

$$0{,}90 \cdot x - 13 \geq 7$$

$$x \geq \frac{20}{0{,}90} = 22{,}\overline{2}$$

$$\Rightarrow \underline{\underline{x \geq 22{,}23}}$$

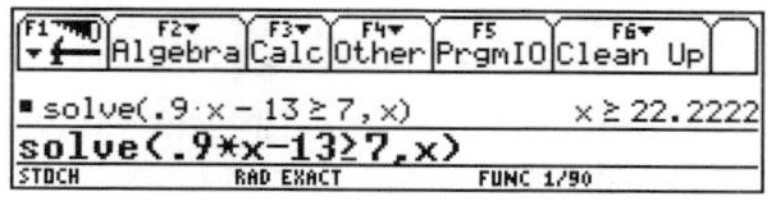


Der Verkaufspreis für eine einwandfreie Laptoptasche müsste bei dieser Interpretationsvariante mindestens 22,23 Euro betragen.

*Interpretationsvariante 2:* Jede verkaufte Laptoptasche soll einen zu **erwartenden** Gewinn von mindestens 7,00 Euro abwerfen.

Die Zufallsgröße $G_2 \triangleq \begin{pmatrix} x-13 & 0{,}90x-13 \\ 0{,}80 & 0{,}20 \end{pmatrix}$ beschreibt den zufälligen Gewinn pro Laptoptasche.

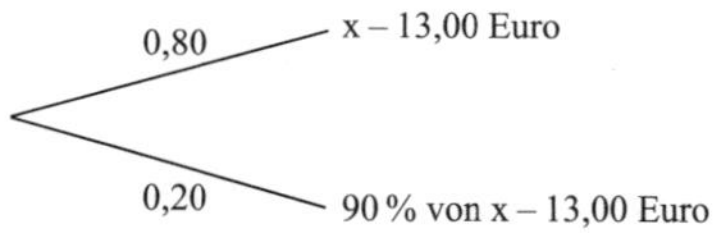


Der zu erwartende Gewinn $EG_2$ in Euro soll mindestens 7,00 Euro betragen.

$$EG_2 = 0{,}80 \cdot (x-13) + 0{,}20 \cdot (0{,}90x - 13)$$

$$7 \leq 0{,}80x - 10{,}4 + 0{,}18x - 2{,}6$$

$$20 \leq 0{,}98x$$

$$20{,}4081\ldots \leq x$$

$$\Rightarrow \underline{\underline{x \geq 20{,}41}}$$

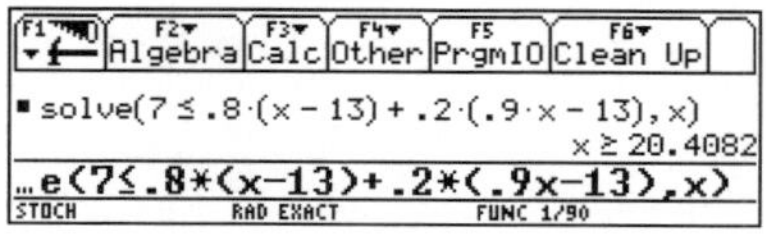


Der Verkaufspreis für eine einwandfreie Laptoptasche müsste mindestens 20,41 Euro betragen.

f) **Entscheidungsregel für einen einseitigen Signifikanztest**

Modellannahme:
- Die „100 Kunden" sind als eine Zufallsstichprobe zu interpretieren.
- Aufgrund der veränderten Versandbedingungen (beiliegendes Werbegeschenk) kann man nicht mehr von einer Rückgabewahrscheinlichkeit von 0,30 ausgehen.

Testgröße X: zufällige Anzahl der zurückgegebenen Artikel in der Zufallsstichprobe $X \sim B_{100;\,p}$

Nullhypothese: $H_0$: $p \leq 0{,}30$; Gegenhypothese $H_1$: $p > 0{,}30$

Ablehnungsbereich: $\overline{A} = \{k; k+1; \ldots; 100\}$

Annahmebereich: $A = \{0;\ 1;\ \ldots;\ k-1\}$

Die Wahrscheinlichkeit für einen Fehler 1. Art soll höchstens 0,10 betragen.

$$\underset{p \le 0{,}30}{B_{100;\,p}}(X \ge k) \le B_{100;\,0{,}30}(X \ge k) \le 0{,}10$$

$$1 - B_{100;\,0{,}30}(X \le k-1) \le 0{,}10$$

$$0{,}90 \le B_{100;\,0{,}30}(X \le k-1)$$

$$36 \le k-1$$

$$37 \le k$$

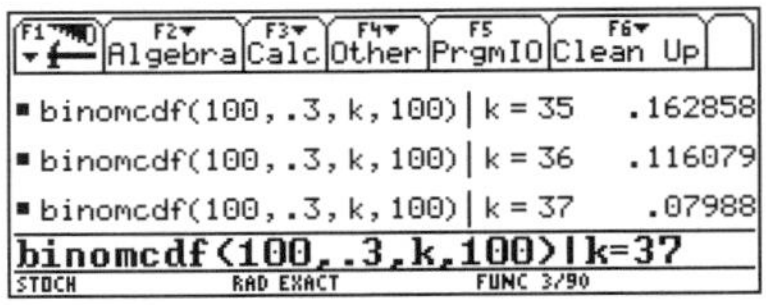


$$\Rightarrow \quad \overline{A} = \{37; 38; \ldots; 100\}$$

Damit ergibt sich als Entscheidungsregel:
$H_0$ ist genau dann abzulehnen, wenn mindestens 37 Rückgaben in der Zufallsstichprobe registriert werden. Bei mindestens 37 Rückgaben während der Testaktion hätte der Händler davon auszugehen, dass sich seine Aktion mit den kostenlosen Werbegeschenken für ihn nicht lohnt.

**Wahrscheinlichkeit für einen Fehler 2. Art**

Gesucht ist die Wahrscheinlichkeit dafür, dass höchstens 36 Rückgaben erfolgen, obwohl die Rückgabewahrscheinlichkeit 0,40 beträgt.

$$B_{100;\,0{,}40}(X \le 36) \approx \underline{\underline{0{,}24}}$$

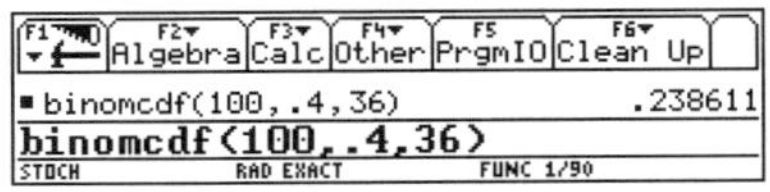


Die laut Aufgabenstellung gesuchte Wahrscheinlichkeit, dass der Händler „die Aktion **startet**, obwohl die Rückgabequote auf 40 % angestiegen ist“, kann man nicht berechnen: Auch wenn das Testergebnis für eine Aktion spricht, muss der Händler sie nicht starten.

## Kernfach Mathematik (Thüringen): Abiturprüfung 2012
## Aufgabe C: Themenübergreifend

a) Gegeben ist die Funktion f durch $y = f(x) = \frac{x^2+1}{x-1}$ $(x \in \mathbb{R}, x \neq 1)$.

Ermitteln Sie die Gleichungen aller Asymptoten des Graphen von f.
Geben Sie die Gleichung einer Stammfunktion von f an. (3 BE)

**Formulierung für das CAS-Abitur**
Gegeben ist die Funktion f durch $y = f(x) = \frac{x^2+1}{x-1}$.

Geben Sie den größtmöglichen Definitionsbereich und die Gleichungen aller Asymptoten des Graphen von f an.
Geben Sie die Gleichung derjenigen Stammfunktion von f an, deren Graph durch den Punkt P(2; 2 012) verläuft.

b) Gegeben sind die Funktion f durch $f(x) = \sin x$ und die Funktion $g_a$ durch $g_a(x) = a + \cos x$ $(a, x \in \mathbb{R})$.

Bestimmen Sie einen Wert für a so, dass sich die Graphen der beiden Funktionen berühren. (3 BE)

**Formulierung für das CAS-Abitur**
Geben Sie die Bedingungen dafür an, dass sich die Graphen der beiden Funktionen berühren.
Für welche Werte von a sind diese Bedingungen erfüllt?

c) Gegeben ist das Parallelogramm ABCD.

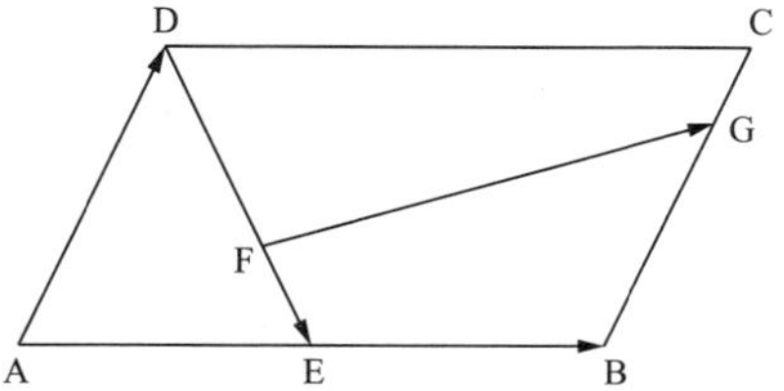


Skizze nicht maßstäblich

Der Punkt E ist der Mittelpunkt der Seite $\overline{AB}$.

Der Punkt F teilt die Strecke $\overline{DE}$ im Verhältnis 2 : 1 und der Punkt G teilt die Seite $\overline{BC}$ im Verhältnis 3 : 1.

Stellen Sie die Vektoren $\overrightarrow{DE}$ und $\overrightarrow{FG}$ mithilfe der Vektoren $\vec{a} = \overrightarrow{AB}$ und $\vec{b} = \overrightarrow{AD}$ dar. (2 BE)

d) Max weiß von seiner vierstelligen Geheimzahl, dass sie aus zwei Dreien und zwei Fünfen besteht.
Mit welcher Wahrscheinlichkeit kann er spätestens im dritten Versuch die richtige Zahl bestimmen? (2 BE)

(10 BE)

## Hinweise und Tipps

### Aufgabe a

*CAS-Abitur: Größtmöglicher Definitionsbereich*

- Ein Wert x gehört nur dann zum Definitionsbereich der Funktion f, wenn der zugehörige Funktionswert f(x) ein endlicher Wert ist.
- Eine gebrochenrationale Funktion f besitzt nur dann einen endlichen Funktionswert $f(x)=\frac{Z(x)}{N(x)}$, wenn $N(x)\neq 0$ gilt.

*Asymptoten*

- Um alle Asymptoten des Graphen $G_f$ von f mit $f(x)=\frac{Z(x)}{N(x)}$ zu bestimmen, ist $G_f$ auf schiefe, waagerechte und senkrechte Asymptoten zu untersuchen.
- $G_f$ besitzt eine schiefe Asymptote, wenn der Grad der (ganzrationalen) Zählerfunktion Z um eins größer ist als der Grad der (ganzrationalen) Nennerfunktion N.
- $G_f$ besitzt eine waagerechte Asymptote, wenn der Grad von Z gleich dem Grad von N ist.
- $G_f$ besitzt eine senkrechte Asymptote, wenn $G_f$ eine Polstelle besitzt.
- Den Funktionsterm der schiefen Asymptote kann man mittels Polynomdivision bestimmen.
- f besitzt die Polstelle $x_P$ genau dann, wenn $N(x_P)=0$ und $Z(x_P)\neq 0$.

*Abitur ohne CAS: Stammfunktion*

- Eine Stammfunktion von f erhält man als unbestimmtes Integral der Funktion f mit einem fest gewählten Wert für die Integrationskonstante C.
- $\int f(x)\,dx = \int \frac{Z(x)}{N(x)}\,dx$ lässt sich nach durchgeführter Polynomdivision $Z(x):N(x)$ ermitteln.
- Bei der weiteren Integration ist zu beachten, dass $\int \frac{a}{x-b}\,dx = a\cdot \ln|x-b|$ mit $x\neq b$ gilt.

*CAS-Abitur: Spezielle Stammfunktion*

- Die Gesamtheit aller Stammfunktionen $F_C$ von f erhält man als unbestimmtes Integral der Funktion f mit der Integrationskonstante C.
- $F_C(x)=\int f(x)\,dx = F(x)+C \quad (C\in\mathbb{R})$
- Damit der Punkt P(2; 2 012) auf dem Graphen von $F_C$ liegt, muss $F_C(2)=2\,012$ erfüllt sein.

### Aufgabe b

- Die Graphen $G_f$ und $G_{g_a}$ der Funktionen f und $g_a$ berühren sich im Punkt $B(x_B;\, y_B)$ genau dann, wenn der Punkt B sowohl auf $G_f$ als auch auf $G_{g_a}$ liegt und beide Graphen im Punkt B denselben Anstieg besitzen.
- $B(x_B;\, f(x_B))$ ist ein Berührungspunkt von $G_f$ und $G_{g_a}$ genau dann, wenn $x_B$ den beiden Gleichungen $f(x_B)=g_a(x_B)$ und $f'(x_B)=g_a'(x_B)$ genügt.
- Sinnvoll ist es, zuerst die Gleichung $f'(x_B)=g_a'(x_B)$, d. h. $\cos x = -\sin x$ zu lösen, weil sie den Parameter a nicht mehr enthält. (Beim *Nicht-CAS-Abitur* genügt es, eine Lösung zu ermitteln.)
- Setzt man die erhaltenen Lösungen in die Gleichung $f(x)=g(x)$ ein, kann man jeweils den zugehörigen Wert für a bestimmen. (Beim *Nicht-CAS-Abitur* genügt es, mit der einen Lösung den zugehörigen a-Wert zu ermitteln.)

**Aufgabe c**

- Versuchen Sie alle für das Viereck ABCD gegebenen Eigenschaften mithilfe von Vektoren durch vektorielle Gleichungen zu beschreiben.
- PQRS ist ein Parallelogramm. $\Rightarrow$ $\overrightarrow{PQ} = \overrightarrow{SR}$ und $\overrightarrow{PS} = \overrightarrow{QR}$
  T teilt die Strecke $\overline{UV}$ im Verhältnis k : 1. $\Rightarrow$ $\overrightarrow{UT} = \frac{k}{k+1} \cdot \overrightarrow{UV}$ (gebräuchlicherweise) bzw.
  $\overrightarrow{UT} = \frac{1}{k+1} \cdot \overrightarrow{UV}$ (nicht falsch)
- Für die Vektoren $\overrightarrow{DE}$ und $\overrightarrow{FG}$ werden Linearkombinationen der Art $\overrightarrow{DE} = p\vec{a} + q\vec{b}$, $\overrightarrow{FG} = r\vec{a} + s\vec{b}$ gesucht.
- Fassen Sie die Vektoren $\overrightarrow{DE}$ und $\overrightarrow{FG}$ jeweils als eine Vektorkette auf und zwar nur aus Vektoren, die in der Skizze (eventuell bis auf ihren Richtungssinn) vorgegeben sind.
- $\overrightarrow{DE}$ und $\overrightarrow{FG}$ lassen sich als Summe der Vektoren dieser jeweiligen Vektorkette darstellen.
- Diese Summen lassen sich mithilfe der anfangs bereitzustellenden vektoriellen Gleichungen zu den beiden gesuchten Linearkombinationen vereinfachen.

**Aufgabe d**

- Lösen Sie die Aufgabe unter der Annahme, dass Max von seiner Geheimzahl nur weiß, dass sie eine vierstellige natürliche Zahl ist, mit zwei Dreien und zwei Fünfen.
- Überlegen Sie, wie viele derartige Zahlen existieren.
- Bestimmen Sie die gesuchte Wahrscheinlichkeit unter der Annahme, dass Max aus den möglichen Geheimzahlen „auf gut Glück“ und „ohne Zurücklegen“ seine Zahl auswählt.
- Um die gesuchte Wahrscheinlichkeit zu berechnen, bietet sich ein dreistufiges Baumdiagramm an, das auf jeder Stufe dieselben zwei Ereignisse „Geheimzahl“ und „Nichtgeheimzahl“ enthält, deren Übergangswahrscheinlichkeiten sich aber von Stufe zu Stufe ändern.

## Lösungen

a) **CAS-Abitur: größtmöglicher Definitionsbereich**

Die Funktion f ist für alle die x-Werte definiert, für die der Nenner des Funktionsterms ungleich null ist.

$D_f = \{x \mid x - 1 \neq 0\}$

$\underline{\underline{D_f = \mathbb{R} \setminus \{1\} = \{x \mid x \in \mathbb{R} \text{ und } x \neq 1\}}}$

**Asymptoten**

Der Graph der gebrochenrationalen Funktion f besitzt eine schiefe Asymptote $a_1$, wenn der Grad der Zählerfunktion von f um eins größer ist als der Grad der Nennerfunktion von f. Die Gleichung von $a_1$ könnte man dann mittels Polynomdivision bestimmen.

Der Grad der Zählerfunktion Z mit $Z(x) = x^2 + 1$ beträgt 2.
Der Grad der Nennerfunktion N mit $N(x) = x - 1$ beträgt 1.

$$f(x) = \frac{x^2+1}{x-1} = (x^2+1):(x-1) = x+1+\frac{2}{x-1}$$
$$\underline{-(x^2-x)}$$
$$x+1$$
$$\underline{-(x-1)}$$
$$2$$

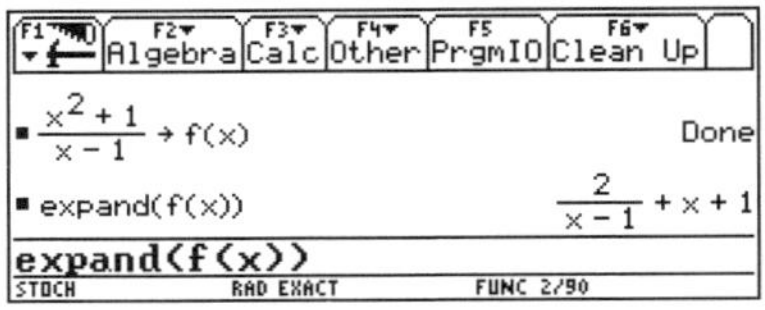


$\Rightarrow$ $\underline{\underline{a_1(x) = x + 1}}$ ist die Gleichung der schiefen Asymptote des Graphen von f.

Eine senkrechte Asymptote $a_2$ besitzt der Graph der gebrochenrationalen Funktion f, wenn f eine Polstelle hat.

$0 = N(x) = x - 1$

$x = 1$

$Z(1) \neq 0 \Rightarrow$ $x_P = 1$ ist die einzige Polstelle von f.

$\Rightarrow$ $\underline{\underline{a_2\!: x = 1}}$ ist die Gleichung der senkrechten Asymptote des Graphen von f.

**Abitur ohne CAS: Stammfunktion F**

Eine Stammfunktion von f erhält man über $F_C(x) = \int f(x)\,dx = F(x) + C$ für einen speziellen C-Wert, z. B. $C = 0$.

$$F_C(x) = \int f(x)\,dx = \int \frac{x^2+1}{x-1}\,dx = \int \left(x+1+\frac{2}{x-1}\right)dx = \frac{1}{2}x^2 + x + 2 \cdot \ln|x-1| + C$$

mit $x \neq 1$ und z. B. für $C = 0$

$\Rightarrow$ $\underline{\underline{F(x) = \frac{1}{2}x^2 + x + 2 \cdot \ln|x-1|}}$

**CAS-Abitur: Spezielle Stammfunktion F**

Die Gesamtheit aller Stammfunktionen $F_C$ ($C \in \mathbb{R}$) von f erhält man über:

$F_C(x) = \int f(x)\,dx$

Die gesuchte spezielle Stammfunktion F muss zusätzlich noch der Bedingung $F_C(2) = 2\,012$ genügen.

$$F(x) = 2 \cdot \ln|x-1| + \frac{x^2}{2} + x + 2\,008$$

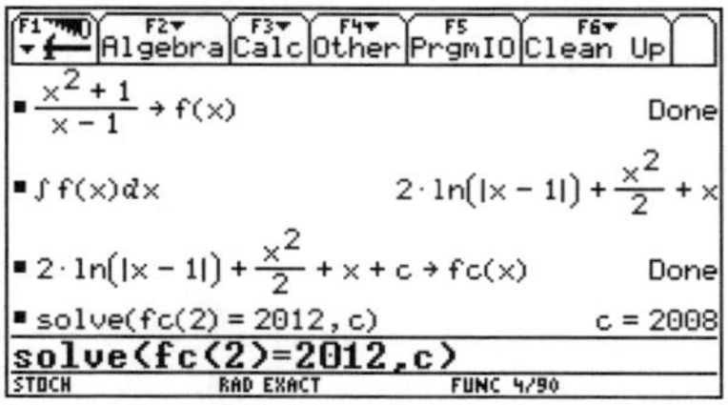


b) **Parameter a für Berührungspunkte**

Die Graphen der Funktionen f und $g_a$ berühren sich im Punkt $B(x_B; f(x_B))$, wenn die beiden Gleichungen gelten:
$f(x_B) = g_a(x_B)$ und $f'(x_B) = g'_a(x_B)$

$f(x) = \sin x \quad \Rightarrow \quad f'(x) = \cos x$

$g_a(x) = a + \cos x \quad \Rightarrow \quad g'_a(x) = -\sin x$

I $\quad f'(x) = g'_a(x)$ $\qquad$ II $\quad f(x) = g_a(x)$

$\quad \cos x = -\sin x$ $\qquad\qquad \sin x = a + \cos x$

*Lösungsweg 1:* **Abitur ohne CAS**

Falls die Gleichung (I) eine Lösung x mit einem exakt tabellierten Funktionswert mit $\cos x = -\sin x$ besitzt, wäre sie im Tafelwerk erfasst.

| | |
|---|---|
| x | $\frac{3}{4}\pi$ |
| | 135° |
| sin x | $\frac{1}{2}\sqrt{2}$ |
| cos x | $-\frac{1}{2}\sqrt{2}$ |

$\Rightarrow \quad x = \frac{3}{4}\pi$ ist eine Lösung der Gleichung (I).

*Lösungsweg 2:*
Um die Gleichung (I) rechnerisch zu lösen, kann man cos x durch $\sqrt{1-\sin^2 x}$ substituieren.

$$\cos x = -\sin x$$
$$\sqrt{1-\sin^2 x} = -\sin x \qquad |\,()^2$$
$$1-\sin^2 x = \sin^2 x$$
$$1 = 2\sin^2 x$$
$$0{,}5 = \sin^2 x$$
$$\pm\frac{\sqrt{2}}{2} = \sin x$$

ist mit dem TR im RAD-Modus zu lösen

$\sin x = \frac{\sqrt{2}}{2} \quad \Rightarrow \quad x_1 = \frac{\pi}{4} + 2k\pi \ (k \in \mathbb{Z})$ und $x_2 = \pi - x_1 = \frac{3}{4}\pi + 2k\pi \ (k \in \mathbb{Z})$

$\sin x = -\frac{\sqrt{2}}{2} \quad \Rightarrow \quad x_1 = -\frac{\pi}{4} + 2k\pi \ (k \in \mathbb{Z})$ und $x_2 = \pi - x_1 = \frac{5}{4}\pi + 2k\pi \ (k \in \mathbb{Z})$

Da das Quadrieren einer Gleichung keine äquivalente Umformung ist, muss eine Probe durchgeführt werden.

Probe:

$$\left.\begin{array}{ll} \cos\frac{\pi}{4}=\frac{\sqrt{2}}{2} & \cos\left(\frac{5}{4}\pi\right)=-\frac{\sqrt{2}}{2} \\ -\sin\frac{\pi}{4}=-\frac{\sqrt{2}}{2} & -\sin\left(\frac{5}{4}\pi\right)=\frac{\sqrt{2}}{2} \end{array}\right\} \Rightarrow x_B \neq \frac{\pi}{4} \text{ und } x_B \neq \frac{5}{4}\pi$$

$$\left.\begin{array}{ll} \cos\frac{3}{4}\pi=-\frac{\sqrt{2}}{2} & \cos\left(-\frac{1}{4}\pi\right)=\frac{\sqrt{2}}{2} \\ -\sin\frac{3}{4}\pi=-\frac{\sqrt{2}}{2} & -\sin\left(-\frac{1}{4}\pi\right)=\frac{\sqrt{2}}{2} \end{array}\right\} \Rightarrow x=\frac{3}{4}\pi \text{ und } x=-\frac{\pi}{4} \text{ sind Lösungen der Gleichung (I).}$$

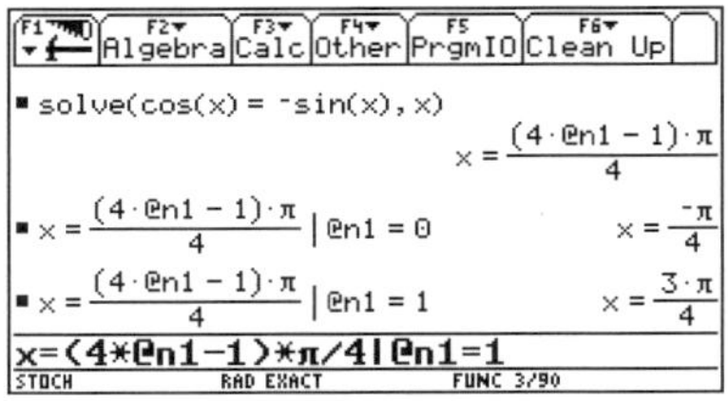


$x=\frac{3}{4}\pi+2k\pi$ und $x=-\frac{\pi}{4}+2k\pi$ ($k\in\mathbb{Z}$) sind nur dann Berührungsstellen der Graphen von f und $g_a$, wenn sie bei geeigneter Wahl von a jeweils auch eine Lösung von (II) sind.

$$\sin\left(\frac{3}{4}\pi+2k\pi\right)=a+\cos\left(\frac{3}{4}\pi+2k\pi\right) \qquad \sin\left(-\frac{\pi}{4}+2k\pi\right)=a+\cos\left(-\frac{\pi}{4}+2k\pi\right) \quad (k\in\mathbb{Z})$$

$$\sin\left(\frac{3}{4}\pi\right)=a+\cos\left(\frac{3}{4}\pi\right) \qquad \sin\left(-\frac{\pi}{4}\right)=a+\cos\left(-\frac{\pi}{4}\right)$$

$$\frac{\sqrt{2}}{2}=a-\frac{\sqrt{2}}{2} \qquad -\frac{\sqrt{2}}{2}=a+\frac{\sqrt{2}}{2}$$

$$\underline{\underline{\sqrt{2}=a_1}} \qquad \underline{\underline{-\sqrt{2}=a_2}}$$

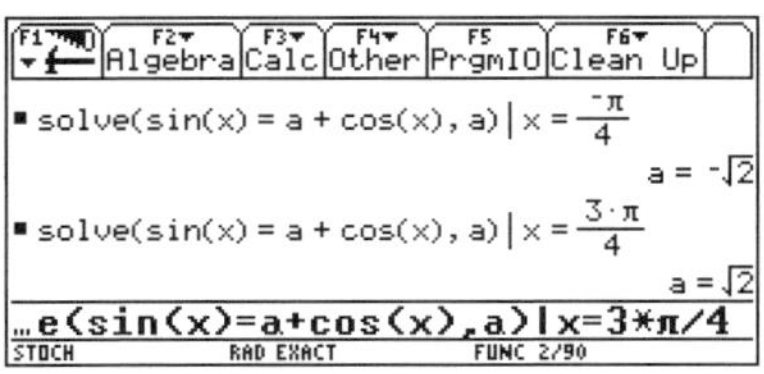


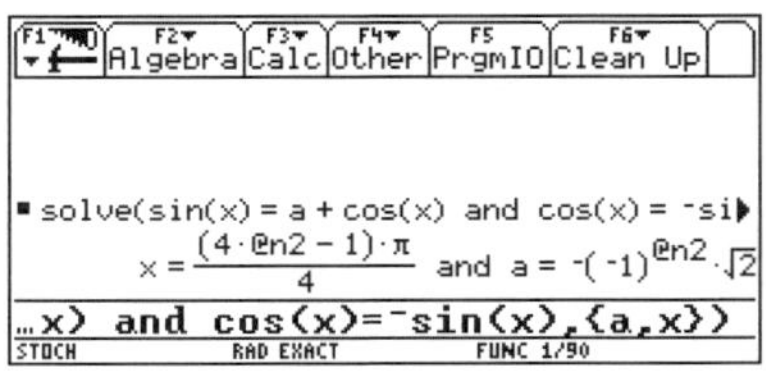


Für $\underline{\underline{a_{1,2}=\pm\sqrt{2}}}$ (und nur für $a_{1,2}=\pm\sqrt{2}$) berühren sich die Graphen von f und $g_a$.

*Hinweis:* Beim **Abitur ohne CAS** genügt es, einen a-Wert (und demzufolge einen $x_B$-Wert) zu ermitteln. Eine solche Lösung kann man auch mit einigen zugelassenen Nicht-CAS-Taschenrechnern ermitteln:

$\cos x=-\sin x \;\Rightarrow\; x=-45$ (im DEG-Modus) bzw. $x=-0{,}7853\ldots$ (im RAD-Modus)

$\sin(-45)=a+\cos(-45) \;\Rightarrow\; \underline{\underline{a=-1{,}4142\ldots}}$

c) Alle für das Viereck ABCD gegebenen Eigenschaften lassen sich vektoriell beschreiben.

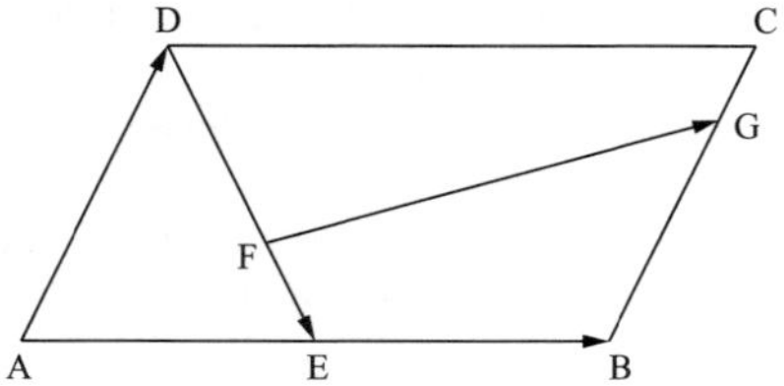


$\vec{a} = \overrightarrow{AB}$

$\vec{b} = \overrightarrow{AD}$

ABCD ist ein Parallelogramm. $\Rightarrow$ $\overrightarrow{AB} = \overrightarrow{DC}$ und $\overrightarrow{AD} = \overrightarrow{BC}$

E ist der Mittelpunkt von $\overline{AB}$. $\Rightarrow$ $\overrightarrow{AE} = \overrightarrow{EB} = \frac{1}{2}\overrightarrow{AB}$

F teilt $\overline{DE}$ im Verhältnis 2 : 1. $\Rightarrow$ $\overrightarrow{DF} = \frac{2}{3} \cdot \overrightarrow{DE},\ \overrightarrow{FE} = \frac{1}{3}\overrightarrow{DE}$

G teilt $\overline{BC}$ im Verhältnis 3 : 1. $\Rightarrow$ $\overrightarrow{BG} = \frac{3}{4}\overrightarrow{BC}$

**Linearkombination $\overrightarrow{DE} = p\vec{a} + q\vec{b}$**

$\overrightarrow{DE}$ lässt sich als eine Summe von Vektoren einer Vektorkette mit dem Anfangspunkt D und dem Endpunkt E darstellen. Diese Summe kann anschließend so weit vereinfacht werden, dass sie nur noch Vielfache der zwei Vektoren $\vec{a}$ und $\vec{b}$ enthält.

$$\begin{aligned}\overrightarrow{DE} &= \overrightarrow{DA} + \overrightarrow{AE}\\ &= -\overrightarrow{AD} + \frac{1}{2}\overrightarrow{AB}\\ &= -\vec{b} + \frac{1}{2}\vec{a}\\ \overrightarrow{DE} &= \frac{1}{2}\vec{a} - \vec{b}\end{aligned}$$

$$\begin{aligned}\overrightarrow{DE} &= \overrightarrow{DC} + \overrightarrow{CB} + \overrightarrow{BE}\\ &= \overrightarrow{AB} - \overrightarrow{AD} - \frac{1}{2}\overrightarrow{AB}\\ &= \frac{1}{2}\overrightarrow{AB} - \overrightarrow{AD}\\ \overrightarrow{DE} &= \frac{1}{2}\vec{a} - \vec{b}\end{aligned}$$

**Linearkombination $\overrightarrow{FG} = r\vec{a} + s\vec{b}$**

$$\begin{aligned}\overrightarrow{FG} &= \overrightarrow{FE} + \overrightarrow{EB} + \overrightarrow{BG}\\ &= \frac{1}{3}\overrightarrow{DE} + \frac{1}{2}\overrightarrow{AB} + \frac{3}{4}\overrightarrow{BC}\\ &= \frac{1}{3}(\overrightarrow{DA} + \overrightarrow{AE}) + \frac{1}{2}\overrightarrow{AB} + \frac{3}{4}\overrightarrow{AD}\\ &= \frac{1}{3}\left(-\overrightarrow{AD} + \frac{1}{2}\overrightarrow{AB}\right) + \frac{1}{2}\overrightarrow{AB} + \frac{3}{4}\overrightarrow{AD}\\ &= -\frac{1}{3}\overrightarrow{AD} + \frac{1}{6}\overrightarrow{AB} + \frac{1}{2}\overrightarrow{AB} + \frac{3}{4}\overrightarrow{AD}\\ &= \frac{5}{12}\overrightarrow{AD} + \frac{2}{3}\overrightarrow{AB}\\ \overrightarrow{FG} &= \frac{2}{3}\vec{a} + \frac{5}{12}\vec{b}\end{aligned}$$

d) **Wahrscheinlichkeit**

Da in der Aufgabenstellung nicht eindeutig angegeben ist, was Max über seine Geheimzahl alles weiß, müssen Sie eine zusätzliche Annahme formulieren.

Modellannahme: Max weiß von seiner Geheimzahl nur, dass sie eine vierstellige natürliche Zahl ist, die aus zwei Dreien und zwei Fünfen gebildet wird.

Die Anzahl derartiger Zahlen ist gleich der Anzahl der Möglichkeiten, zwei rote und zwei weiße Kugeln, die sich ansonsten nicht weiter voneinander unterscheiden, in einer Reihe anzuordnen.

Es gibt sechs derartige Anordnungsmöglichkeiten und damit sechs infrage kommende Zahlen.

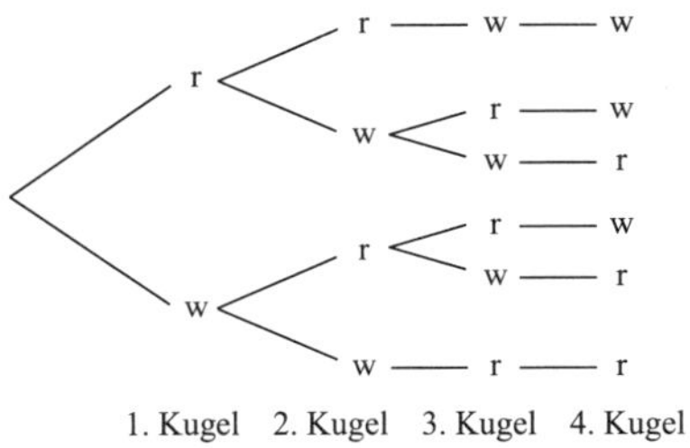


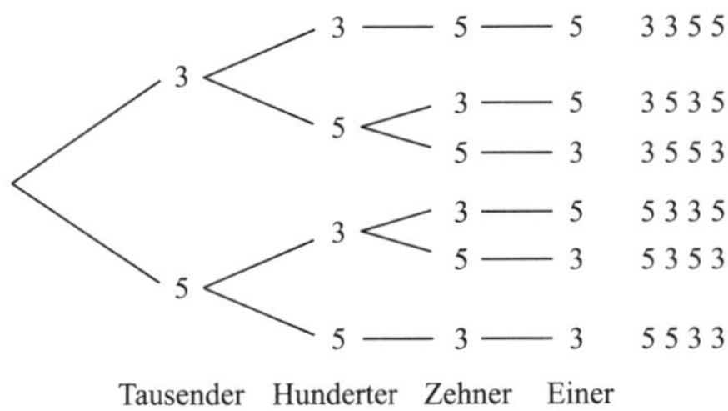


Da die Aufgabenstellung keine näheren Angaben über das von Max zu verwendende Auswahlverfahren enthält, müssen Sie dazu eine sinnvolle Modellannahme machen.

Modellannahme: Max zieht „auf gut Glück“ und „ohne Zurücklegen“ aus den sechs infrage kommenden Zahlen genau drei nacheinander.

P(„spätestens bei der dritten Ziehung erhält er seine Geheimzahl“)

$= \sum_{i=1}^{3} P(\text{„bei der i-ten Ziehung erhält er seine Geheimzahl“})$

$= \frac{1}{6} + \frac{5}{6} \cdot \frac{1}{5} + \frac{5}{6} \cdot \frac{4}{5} \cdot \frac{1}{4}$

$= \frac{1}{6} + \frac{1}{6} + \frac{1}{6} = \underline{\underline{0{,}5}}$

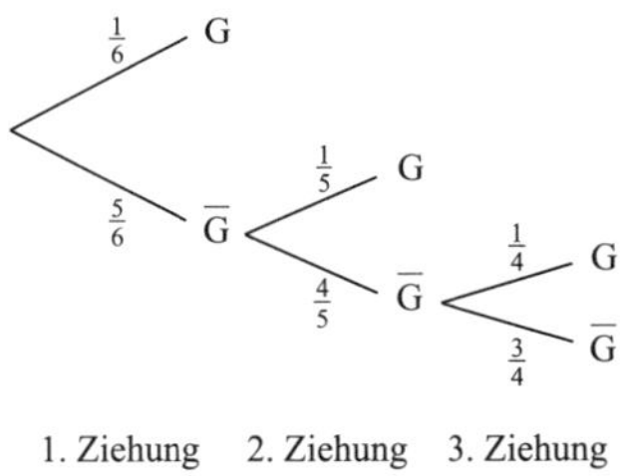

**Kernfach Mathematik (Thüringen): Abiturprüfung 2013**
**Aufgabe A1: Analysis (mit CAS)**

Gegeben ist die Funktion f durch $y = f(x) = 2x^2 \cdot e^{\frac{1}{2}x}$ $(x \in \mathbb{R})$.

a) Untersuchen Sie den Graphen der Funktion f auf lokale Extrempunkte und Wendepunkte.
Berechnen Sie deren Koordinaten.
Geben Sie den Wertebereich der Funktion f an.
Eine Gerade mit der Gleichung $y = k$ $(k \in \mathbb{R})$ schneidet den Graphen der Funktion f.
Geben Sie die Anzahl der gemeinsamen Punkte dieser Geraden mit dem Graphen von f in Abhängigkeit von k an. (10 BE)

b) Durch eine Verschiebung des Graphen der Funktion f um $\vec{v} = \begin{pmatrix} 3 \\ -2 \end{pmatrix}$ entsteht der Graph einer Funktion g.
Geben Sie die Gleichung sowie die Koordinaten der lokalen Extrempunkte der neu entstandenen Funktion g an. (2 BE)

c) Im Punkt P(–2; f(–2)) wird die Tangente t an den Graphen von f gelegt. Die Gerade s ist die Senkrechte zur Tangente t im Punkt P. Die Tangente t und die Gerade s begrenzen mit der x-Achse ein Dreieck. Diese Geraden haben Gleichungen der Form $y = m \cdot x + n$.
Berechnen Sie jeweils die Werte von m und n.
Zeigen Sie, dass der Flächeninhalt dieses Dreiecks $(e^2 + 16) \cdot 8e^{-3}$ FE beträgt.
Weisen Sie nach, dass es sich um ein unregelmäßiges Dreieck handelt. (7 BE)

d) Der Graph der Funktion f teilt die Fläche des Rechtecks mit den Eckpunkten A(0; 0), B(3; 0), C(3; 8e), und D(0; 8e) in zwei Teilflächen.
Berechnen Sie den Flächeninhalt dieser Teilflächen. (3 BE)

e) Begründen Sie ohne Rechnung, dass für alle Stammfunktionen F der Funktion f für alle reellen Zahlen a, b mit $a < b$ die Ungleichung $F(b) - F(a) > 0$ gilt. (2 BE)

f) Der Graph einer ganzrationalen Funktion dritten Grades p hat die gleichen lokalen Extrempunkte wie die Funktion f.
Bestimmen Sie eine Gleichung einer solchen Funktion p.
[Kontrollergebnis: $y = p(x) = e^{-2}x^3 + 6e^{-2}x^2$]
Es gibt außer den Extremstellen noch genau eine weitere Stelle u $(u \in \mathbb{R})$, an der die Graphen der Funktionen f und p den gleichen Anstieg besitzen.
Ermitteln Sie diese Stelle u.
Begründen Sie, dass an dieser Stelle u die Differenz der Funktionswerte der Funktionen f und p im Intervall $-4 \le u \le 0$ ein lokales Extremum annimmt. (6 BE)

(30 BE)

## Hinweise und Tipps

- Definieren Sie den Funktionsterm f(x) auf Ihrem Taschencomputer.
- Ermitteln Sie die Funktionsterme f'(x), f''(x) und f'''(x) auf Ihrem Taschencomputer und speichern Sie diese in geeigneter Weise dort ab.

### Aufgabe a

*Lokale Extrempunkte*

- Die Extremstellen können Sie mit der ersten und zweiten Ableitung von f bestimmen.
- Alle möglichen Extremstellen $x_E$ erhalten Sie als Nullstellen der ersten Ableitungsfunktion f'.
- Gilt für eine mögliche Extremstelle $x_E$ außerdem $f''(x_E) \neq 0$, so ist $x_E$ tatsächlich eine lokale Extremstelle. (Gilt $f''(x_E) < 0$, so ist $x_E$ eine lokale Maximumstelle, gilt $f''(x_E) > 0$, so ist $x_E$ eine lokale Minimumstelle.)
- Die gesuchten Extrempunkte ergeben sich als Punkte $E(x_E; f(x_E))$.
- Kontrollieren Sie die berechneten Koordinaten $x_E$ und $f(x_E)$ auf grafischem Wege mit dem Taschencomputer.

*Wendepunkte*

- Die Wendestellen können Sie mit der zweiten und der dritten Ableitung von f bestimmen.
- Alle möglichen Wendestellen $x_W$ erhalten Sie als Nullstellen der zweiten Ableitungsfunktion f''.
- Gilt für eine mögliche Wendestelle $x_W$ außerdem $f'''(x_W) \neq 0$, so ist $x_W$ tatsächlich eine Wendestelle.
- Die gesuchten Wendepunkte ergeben sich als Punkte $W(x_W; f(x_W))$.
- Kontrollieren Sie die berechneten Koordinaten $x_W$ und $f(x_W)$ auf grafischem Wege mit dem Taschencomputer.

*Wertebereich*

- Der Wertebereich einer Funktion f ist die Menge aller ihrer Funktionswerte y.
- Den Wertebereich können Sie dem Graphen $G_f$ entnehmen, wenn Sie dabei sein Verhalten an den Grenzen seines Definitionsbereiches beachten. (Da Sie den Wertebereich laut Aufgabenstellung nur angeben sollen, ist keinerlei Begründung notwendig.)

*Anzahl der Schnittpunkte*

- Fertigen Sie im Grafikmodus Ihres Taschencomputers eine Lageskizze an. (Zeichnen Sie in den Graphen von f verschiedenartige Geraden mit den gegebenen Gleichungen ein.)
- Berücksichtigen Sie, dass im Weiteren vier verschiedene Fälle zu betrachten sind.

### Aufgabe b

*Verschieben des Graphen $G_f$*

- Die Verschiebung des Graphen $G_f$ mit dem Vektor $\vec{v} = \begin{pmatrix} v_x \\ v_y \end{pmatrix}$ bewirkt, dass jeder Punkt $P(x_P; f(x_P))$ von $G_f$ auf den Bildpunkt P' mit dem Ortsvektor $\overrightarrow{OP'} = \overrightarrow{OP} + \vec{v}$ abgebildet wird.
- $\overrightarrow{OP'} = \begin{pmatrix} x_P + v_x \\ f(x_P) + v_y \end{pmatrix}$ beschreibt jeden Bildpunkt P' des Graphen $G_g$.

- Für die Funktionen f und g gilt:
  $f\colon x \mapsto f(x)$
  $g\colon x_P + v_x \mapsto f(x_P) + v_y$
- Aus den vorangestellten Überlegungen (oder direkt aus dem Schulwissen) folgt als Ansatz für die gesuchte Gleichung der Bildfunktion $g(x) = f(x - v_x) + v_y$.

*Verschobene Extrempunkte*

- Jeder Punkt $P(x_P; f(x_P))$ des Graphen $G_f$ wird bei der Verschiebung mit $\vec{v} = \begin{pmatrix} v_x \\ v_y \end{pmatrix}$ auf den Bildpunkt $P'(x_P + v_x; f(x_P) + v_y)$ abgebildet.

**Aufgabe c**

*Tangente t*

- Der Tangentenanstieg $m_t$ ist gleich dem Anstieg von $G_f$ an der Stelle $x_P = -2$.
- Der somit erhaltenen Gleichung $t(x) = f'(-2) \cdot x + n_t$ müssen auch die Koordinaten des Berührungspunktes $P(-2; f(-2))$ genügen.

*Hinweis:* Falls Ihr Taschencomputer den tangentLine-Befehl enthält, können Sie mit ihm direkt die Gleichung der Tangente t bestimmen.

*Normale s*

- Der Normalenanstieg $m_s$ berechnet sich aus der Gleichung $m_s \cdot m_t = -1$.
- Der somit erhaltenen Gleichung $s(x) = -\frac{1}{m_t} \cdot x + n_s$ müssen auch die Koordinaten des Berührungspunktes $P(-2; f(-2))$ genügen.

*Hinweis:* Falls Ihr Taschencomputer den normalLine-Befehl enthält, können Sie mit ihm die Gleichung der Normalen s direkt bestimmen.

*Flächeninhalt eines Dreiecks*

- Veranschaulichen Sie sich das beschriebene Dreieck im Grafikmodus Ihres Taschencomputers.
- Der Flächeninhalt eines Dreiecks lässt sich nach der Formel $A = \frac{1}{2} g \cdot h_g$ (bzw. nach einer anderen Flächeninhaltsformel des Tafelwerks bzw. mittels bestimmten Integrals oder Vektorrechnung) berechnen.
- Die Seitenlänge g entspricht dem Betrag der Nullstelle der Normalen s und die Höhe $h_g$ der Ordinate $y_P$ des Punktes P.

*Unregelmäßiges Dreieck*

- Ein Dreieck ABC ist genau dann unregelmäßig, wenn seine drei Seitenlängen paarweise verschieden sind.
- Die Seitenlängen $\overline{AB}$, $\overline{BC}$ und $\overline{AC}$ lassen sich unter Nutzung des Satzes des Pythagoras (oder auch als Längen von Vektoren) berechnen.
- Ermitteln Sie unter Zuhilfenahme des veranschaulichten Dreiecks ABC die Länge der auf der x-Achse liegenden Seite $\overline{AB}$.
- Die Seitenlänge $\overline{BC}$ ist die Länge der Hypotenuse im rechtwinkligen Dreieck mit den beiden Kathetenlängen $|x_C|$ und $|y_C|$.
- Die Seitenlänge $\overline{AC}$ ist die Länge der Hypotenuse im rechtwinkligen Dreieck mit den beiden Kathetenlängen $|x_C - x_A|$ und $|y_C - y_A|$.

**Aufgabe d**

- Veranschaulichen Sie sich die zu berechnenden Flächeninhalte im Koordinatensystem mit $G_f$ und dem Rechteck ABCD.
- Die eine Teilfläche besitzt den Inhalt $A_1$ der Fläche, die zwischen der Strecke $\overline{DC}$ und $G_f$ über dem Intervall $0 \leq x \leq x_S$ liegt. Dabei ist $x_S$ die Schnittstelle von $\overline{DC}$ und $G_f$.
- $A_1$ berechnet sich als bestimmtes Integral von $h(x) - f(x)$ mit den Integrationsgrenzen 0 und $x_S$, h(x) ist hierbei der zur Rechteckseite $\overline{DC}$ gehörende Funktionsterm.
- $A_2$ kann als positive Differenz aus dem Rechteckflächeninhalt und $A_1$ berechnet werden.

**Aufgabe e**

- Da der Nachweis ohne weitere Rechnung zu erbringen ist, sucht man nach einer geeigneten Interpretation von $F(b) - F(a)$ im Zusammenhang mit dem Graphen $G_f$ bzw. der Funktion f.
- Eine Interpretationsmöglichkeit von $F(b) - F(a)$ ist die eines bestimmten Integrals.
- Ein bestimmtes Integral (bei dem seine Integrationsuntergrenze kleiner als seine Integrationsobergrenze ist) besitzt einen positiven Wert, wenn ihr Integrand stets nicht negativ ist.
- Der Integrand ist stets nicht negativ aufgrund des bereits im Aufgabenteil a angegebenen Wertebereiches.

**Aufgabe f**

*Ganzrationale Funktion*

- p soll eine ganzrationale Funktion dritten Grades sein.
- Wählen Sie als Gleichung für p den allgemeinen Ansatz für eine derartige Funktion.
- Aufgrund der gegebenen zwei Extrempunkte $E_1$ und $E_2$ des Graphen von p erhalten Sie jeweils zwei Gleichungen bezüglich spezieller Funktionswerte von p und von p'.
- Durch Lösen des Gleichungssystems können Sie zwar eine Gleichung für die Funktion p erhalten, jedoch sind noch die hinreichenden Bedingungen dafür zu testen, dass $E_1$ und $E_2$ tatsächlich Extrempunkte vom Graphen der Funktion p sind.

*Anstiegsgleiche Stelle u*

- Die Funktionen f und p besitzen an der Stelle u den gleichen Anstieg, wenn ihre Ableitungsfunktionen an der Stelle u denselben Wert besitzen.
- Die gesuchte Stelle u erhalten Sie als Lösung der Gleichung $f'(u) = p'(u)$, die weder $-4$ noch 0 beträgt.

*Lokale Extremstelle u*

- Betrachten Sie die Differenz $f(x) - p(x) =: d(x)$ (bzw. $p(x) - f(x) =: D(x)$).
- Mögliche lokale Extremstellen u lassen sich mit dem notwendigen Kriterium $d'(x) = 0$ unter der zusätzlichen Bedingung $-4 \leq x \leq 0$ bestimmen. (Das Lösen dieser Gleichung kann entfallen, da u bereits als ihre Lösung, nämlich von $f'(x) = p'(x)$, ermittelt worden ist.)
- Ob die ermittelte mögliche Extremstelle u tatsächlich eine lokale Extremstelle von d ist, lässt sich mit dem hinreichenden Kriterium $d''(u) \neq 0$ überprüfen.

*Hinweis:* Um nachzuweisen, dass u eine lokale Extremstelle von d (bzw. von D) ist, genügt der Nachweis von $f''(u) - p''(u) \neq 0$.

# Lösungen

$f(x) = 2x^2 \cdot e^{\frac{1}{2}x}$

$f'(x) = (x^2 + 4x) \cdot e^{\frac{1}{2}x}$

$f''(x) = \left(\frac{1}{2}x^2 + 4x + 4\right) \cdot e^{\frac{1}{2}x}$

$f'''(x) = \left(\frac{1}{4}x^2 + 3x + 6\right) \cdot e^{\frac{1}{2}x}$

$G_f$ bezeichnet den Graphen der Funktion f.

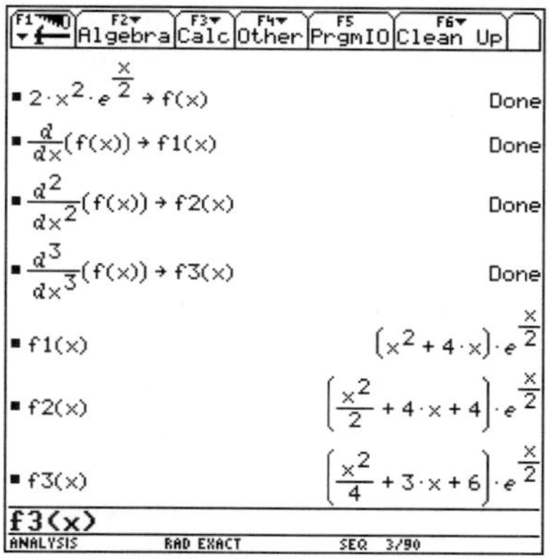


a) **Lokale Extrempunkte E**

$E(x_E; f(x_E))$ ist ein lokaler Extrempunkt von $G_f$, wenn sowohl die Gleichung $f'(x_E) = 0$ als auch die Ungleichung $f''(x_E) \neq 0$ gelten.

$0 = f'(x) = (x^2 + 4x) \cdot e^{\frac{1}{2}x}$

$x_1 = -4$

$x_2 = 0$

$\Rightarrow$ $x_1 = -4$ und $x_2 = 0$ sind die einzig möglichen Extremstellen von $G_f$.

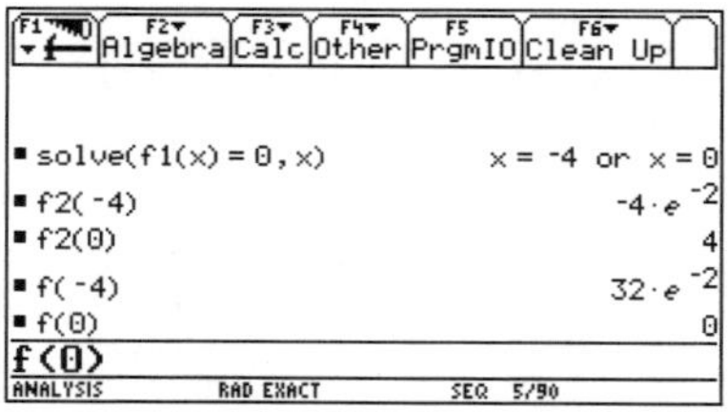


$f''(-4) = -4e^{-2} < 0$

$f''(0) = 4 > 0$

$f(-4) = 32 \cdot e^{-2} \approx 4{,}3$

$f(0) = 0$

$\Rightarrow$ Als einzige Extrempunkte von $G_f$ sind $\underline{\underline{E_1(-4; 32e^{-2})}}$ der Hochpunkt H und $\underline{\underline{E_2(0; 0)}}$ der Tiefpunkt T.

**Wendepunkt W**

$W(x_W; f(x_W))$ ist ein Wendepunkt von $G_f$, wenn sowohl die Gleichung $f''(x_W) = 0$ als auch die Ungleichung $f'''(x_W) \neq 0$ gelten.

$0 = f''(x) = \left(\frac{1}{2}x^2 + 4x + 4\right) \cdot e^{\frac{1}{2}x}$

$x_1 = -2\sqrt{2} - 4 \approx -6{,}8$

$x_2 = 2\sqrt{2} - 4 \approx -1{,}2$

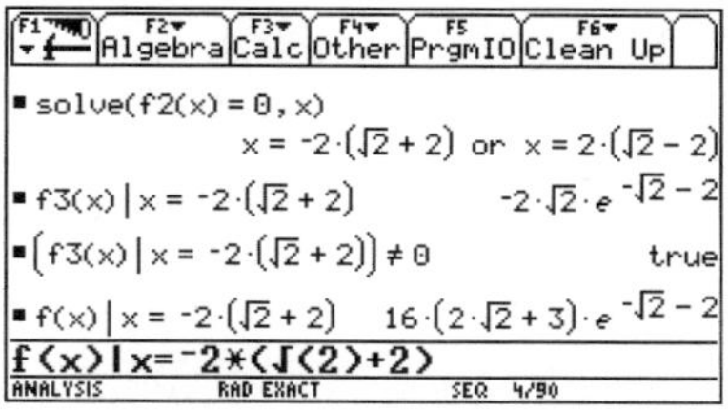


$f'''(-2\sqrt{2} - 4) = -2\sqrt{2} \cdot e^{-\sqrt{2} - 2} \neq 0$

$f(-2\sqrt{2} - 4) = (32\sqrt{2} + 48) \cdot e^{-\sqrt{2} - 2} \approx 3{,}1$

$\Rightarrow$ $\underline{\underline{W_1(-2\sqrt{2} - 4; (32\sqrt{2} + 48)e^{-\sqrt{2} - 2})}}$

$f'''(2\sqrt{2}-4) = 2\sqrt{2}\cdot e^{\sqrt{2}-2} \neq 0$

$f(2\sqrt{2}-4) = (-32\sqrt{2}+48)\cdot e^{\sqrt{2}-2} \approx 1{,}5$

$\Rightarrow \quad \underline{\underline{W_2(2\sqrt{2}-4;\,(-32\sqrt{2}+48)e^{\sqrt{2}-2})}}$

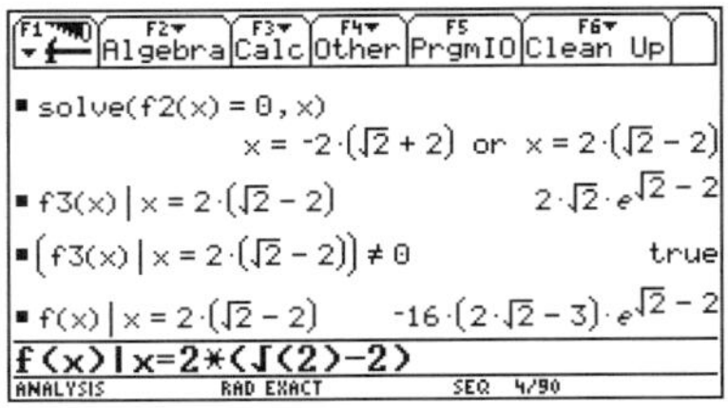


### Wertebereich $W_f$

Wesentliche Informationen zur Bestimmung des Wertebereiches der Funktion f kann man dem Graphen $G_f$ entnehmen.

$G_f$ besitzt genau zwei Extrempunkte mit $x_H = -4$ und $x_T = 0$.

$G_f$ besitzt genau zwei Wendepunkte mit $x_H < x_{W_2} < x_T$ und $x_{W_1} < x_H$.

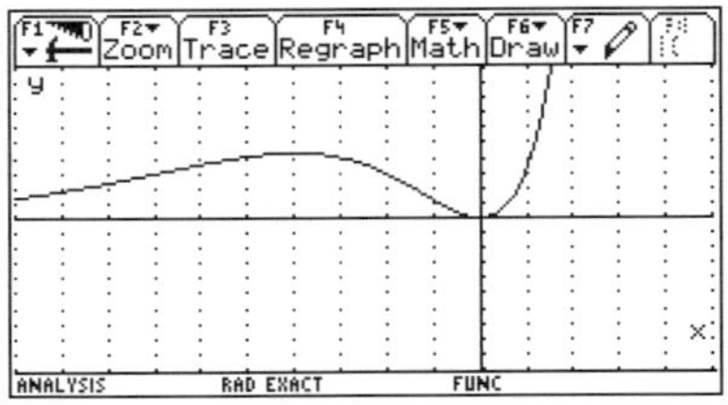


Diese Information sprechen für $W_f = \{y \mid 0 \leq y < \infty\} = [0; \infty[$.

Aber diese Informationen schließen $\lim\limits_{x \to -\infty} f(x) < 0$ nicht aus.

$\lim\limits_{x \to -\infty} f(x) \geq 0$ kann z. B. geschlussfolgert werden aus dem Funktionsterm, dessen beide Faktoren $2x^2$ und $e^{\frac{1}{2}x}$ niemals negativ sein können, oder aus der Grenzwertbetrachtung $\lim\limits_{x \to -\infty} f(x) = 0$ oder auch aus der Tatsache, dass f nur die eine Nullstelle $x_T = 0$ besitzt.

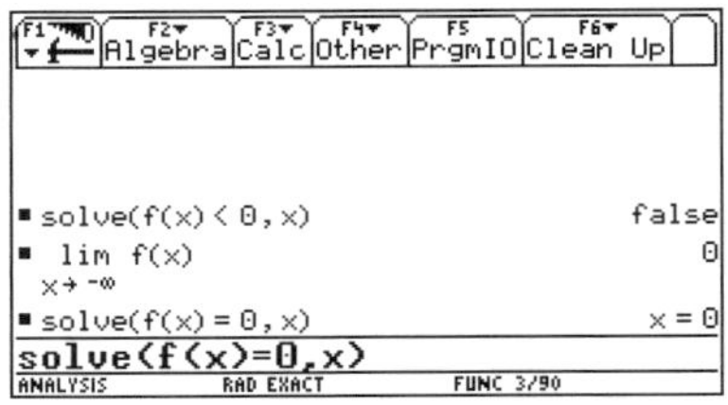


$\Rightarrow \quad \underline{\underline{W_f = \{y \mid 0 \leq y < \infty\} = [0; \infty[}}$

### Anzahl der gemeinsamen Punkte

Jede Gerade $g_k$ mit der Gleichung $y = k$ ($k \in \mathbb{R}$) ist eine Horizontale im Abstand $|k|$ von der x-Achse.
Die Anzahl der gemeinsamen Punkte von $G_f$ und $g_k$ lässt sich den gezeichneten Graphen entnehmen.

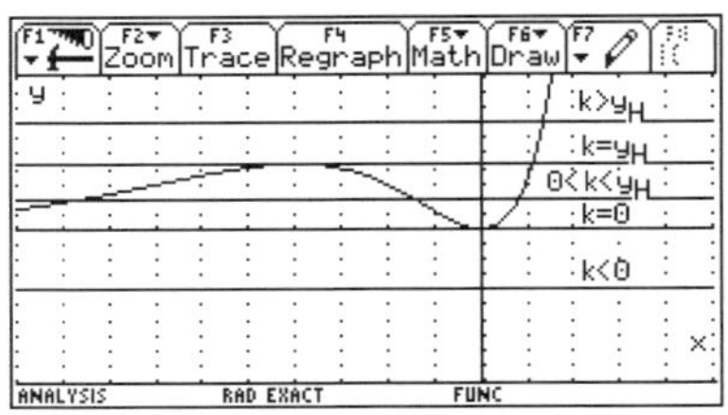


| | |
|---|---|
| kein gemeinsamer Punkt: | $k < 0$ |
| genau ein gemeinsamer Punkt: | $k = 0$ bzw. $k > y_H = 32e^{-2}$ |
| genau zwei gemeinsame Punkte: | $k = y_H = 32e^{-2}$ |
| genau drei gemeinsame Punkte: | $0 < k < y_H = 32e^{-2}$ |

b) **Verschieben des Graphen $G_f$**

Die Verschiebung $\vec{v} = \begin{pmatrix} v_x \\ v_y \end{pmatrix}$ des Graphen $G_f$ bewirkt, dass $G_f$ um $v_x$ Längeneinheiten in x-Achsen-Richtung und um $v_y$ Längeneinheiten in y-Achsen-Richtung verschoben wird.

Die Funktion g des verschobenen Graphen genügt demzufolge der Gleichung $g(x) = f(x - v_x) + v_y$.

Durch die Verschiebung $\vec{v} = \begin{pmatrix} 3 \\ -2 \end{pmatrix}$ des Graphen $G_f$ entsteht der Graph der Funktion g mit $g(x) = f(x-3) - 2$.

$$\underline{\underline{g(x) = 2(x-3)^2 \cdot e^{\frac{1}{2}x - \frac{3}{2}} - 2}}$$

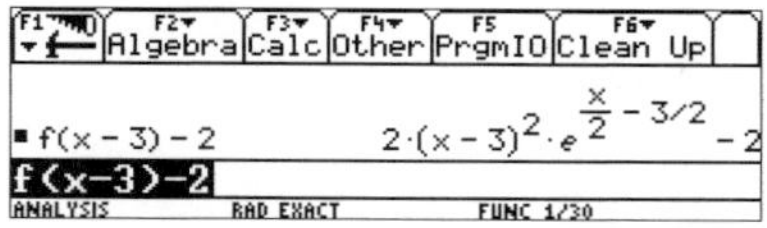


**Verschobene Extrempunkte**

Die lokalen Extrempunkte des Graphen von g sind die verschobenen lokalen Extrempunkte von $G_f$. Wird ein Punkt $P(x_P; y_P)$ von $G_f$ durch $\vec{v} = \begin{pmatrix} v_x \\ v_y \end{pmatrix}$ verschoben, so gilt für den Ortsvektors $\overrightarrow{OQ}$ des entstehenden Bildpunktes:
$\overrightarrow{OQ} = \overrightarrow{OP} + \vec{v}$, d. h., der Punkt P wird auf den Punkt $Q(x_P + v_x; y_P + v_y)$ verschoben.

$E_1(-4; 32e^{-2})$ wird durch $\vec{v} = \begin{pmatrix} 3 \\ -2 \end{pmatrix}$ auf $Q_1(-4+3; 32e^{-2} - 2) = \underline{\underline{Q_1(-1; 32e^{-2} - 2)}}$ und

$E_2(0; 0)$ auf $Q_2(0+3; 0-2) = \underline{\underline{Q_2(3; -2)}}$ verschoben.

c) **Tangente t**

$t(x) = m_t \cdot x + n_t$ mit $m_t = f'(-2)$ und $t(-2) = f(-2)$

$$\Rightarrow \quad \underline{\underline{m_t = -\frac{4}{e}}} \quad \text{und} \quad \underline{\underline{n_t = 0}}$$

$$t(x) = -\frac{4}{e} \cdot x$$

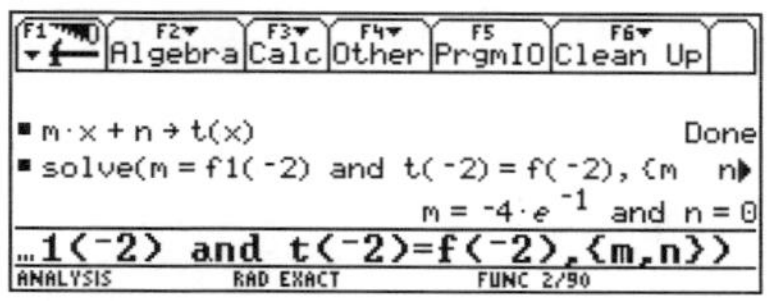


**Senkrechte s zur Tangente t (Normale s)**

$s(x) = m_s \cdot x + n_s$ mit $m_s \cdot m_t = -1$ und $s(-2) = f(-2)$

$$\Rightarrow \quad \underline{\underline{m_s = \frac{e}{4}}} \quad \text{und} \quad \underline{\underline{n_s = \frac{e}{2} + \frac{8}{e}}}$$

$$s(x) = \frac{e}{4} \cdot x + \frac{e}{2} + \frac{8}{e}$$

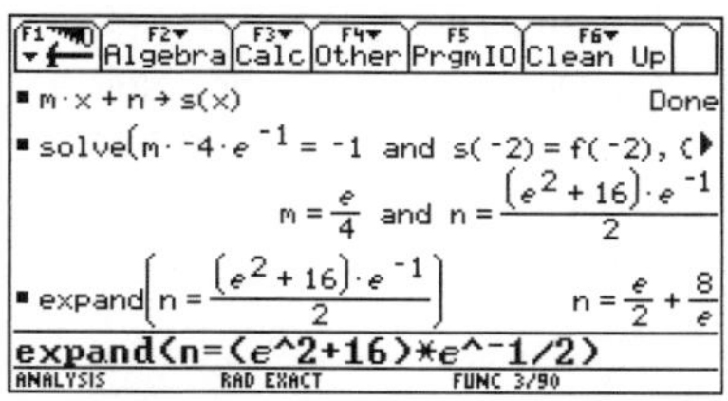


**Nachweis für die Größe des Flächeninhalts $A_D$ eines Dreiecks**

Zu bestimmen ist der Flächeninhalt $A_D$ des Dreiecks ABC mit $A(x_0; 0)$, $B(0; 0)$, $C(-2; f(-2))$, wobei $x_0$ die Nullstelle der Funktion s ist.

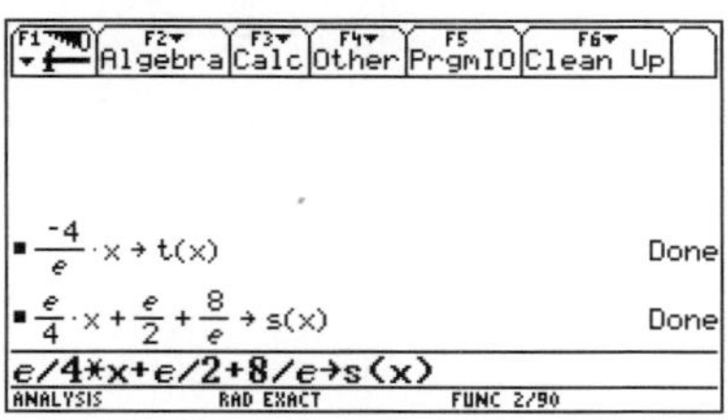


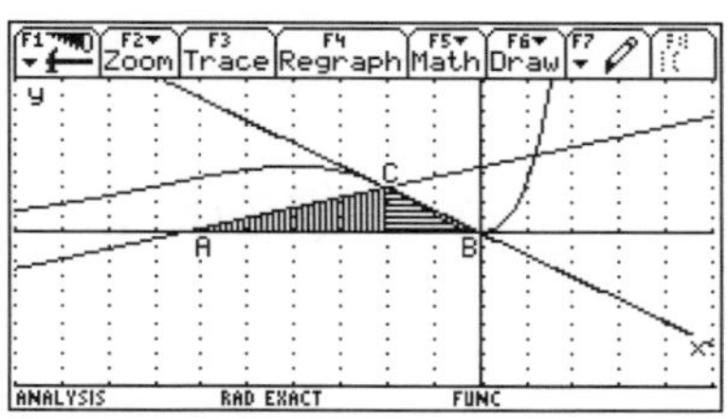

*Lösungsweg 1:*

$A_D = \frac{1}{2}gh = \frac{1}{2}(-x_0) \cdot f(-2)$ mit $0 = s(x_0)$

$\Rightarrow \quad x_0 = -\frac{32}{e^2} - 2$

$A_D = 8 \cdot (e^2 + 16) \cdot e^{-3}$ **q. e. d.**

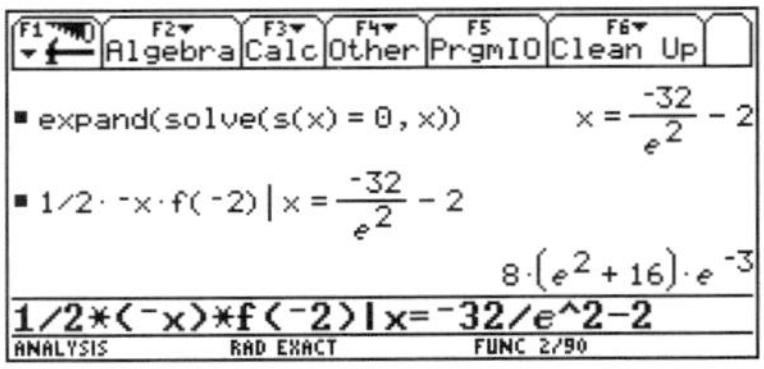


*Lösungsweg 2:*

$A_D = \int_{x_0}^{-2} s(x)\,dx + \int_{-2}^{0} t(x)\,dx$ mit $0 = s(x_0)$

$\Rightarrow \quad x_0 = -\frac{32}{e^2} - 2$

$A_D = 8 \cdot (e^2 + 16) \cdot e^{-3}$ **q. e. d.**

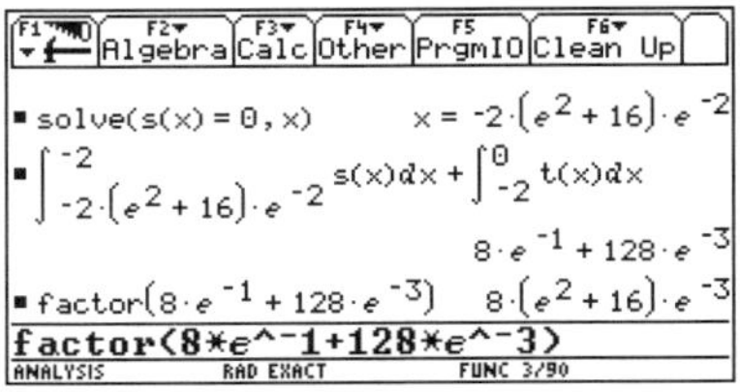


*Lösungsweg 3:*

$A_D = \frac{1}{2} \cdot |\overrightarrow{AC}| \times |\overrightarrow{AB}|$ mit $0 = s(x_0)$

$\Rightarrow \quad x_0 = -\frac{32}{e^2} - 2$

$A_D = 8 \cdot (e^2 + 16) \cdot e^{-3}$ **q. e. d.**

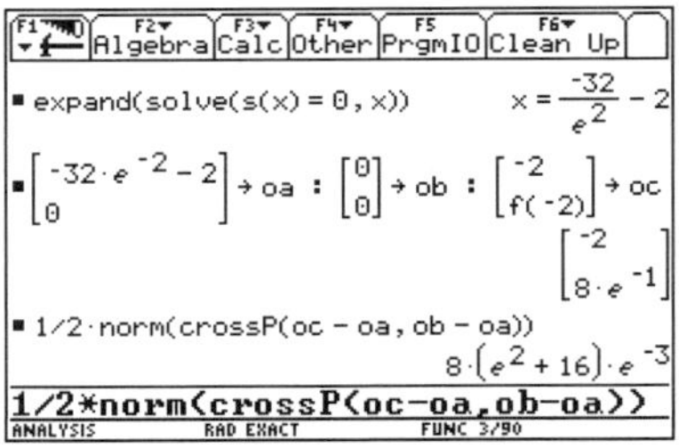


Somit ist nachgewiesen, dass der Flächeninhalt des Dreiecks ABC $8 \cdot (e^2 + 16) \cdot e^{-3}$ FE beträgt.

**Nachweis der Unregelmäßigkeit eines Dreiecks**

Ein Dreieck ABC ist unregelmäßig genau dann, wenn seine drei Seitenlängen $\overline{AB}$, $\overline{BC}$ und $\overline{AC}$ paarweise verschieden sind.

*Lösungsweg 1:*

$\overline{AB} = x_B - x_0$, da beide Punkte auf der x-Achse liegen

$\overline{AB} = \frac{32}{e^2} + 2$

$\overline{BC} = |\overrightarrow{OC}| = \sqrt{x_C^2 + y_C^2} = \sqrt{(-2)^2 + (f(-2))^2}$

$\overline{BC} = \frac{2}{e} \cdot \sqrt{e^2 + 16}$

$\overline{AC} = \sqrt{(x_C - x_A)^2 + (y_C - y_A)^2}$

$\overline{AC} = \sqrt{\left(-2 - \left(-\frac{32}{e^2} - 2\right)\right)^2 + (f(-2) - 0)^2}$

$\overline{AC} = \frac{8}{e^2} \cdot \sqrt{e^2 + 16}$

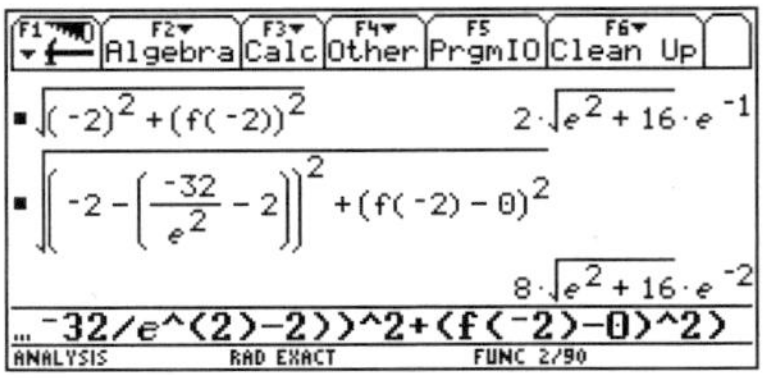

*Lösungsweg 2:*

$\overrightarrow{OA} = \begin{pmatrix} -32e^{-2} - 2 \\ 0 \end{pmatrix}$

$\overrightarrow{OB} = \begin{pmatrix} 0 \\ 0 \end{pmatrix}$

$\overrightarrow{OC} = \begin{pmatrix} -2 \\ f(-2) \end{pmatrix}$

$\overline{AB} = |\overrightarrow{OB} - \overrightarrow{OA}| = \frac{32}{e^2} + 2$

$\overline{BC} = |\overrightarrow{OC} - \overrightarrow{OB}| = \frac{2}{e} \cdot \sqrt{e^2 + 16}$

$\overline{AC} = |\overrightarrow{OC} - \overrightarrow{OA}| = \frac{8}{e^2} \cdot \sqrt{e^2 + 16}$

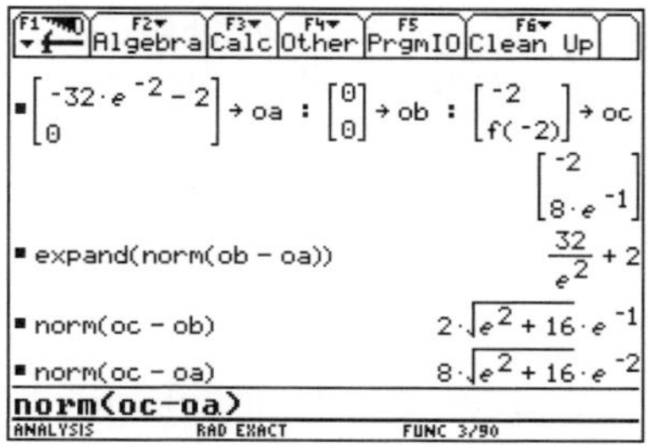


Die Seitenlängen $\overline{AB}$, $\overline{BC}$ und $\overline{AC}$ sind paarweise verschieden.
Es handelt sich daher um ein unregelmäßiges Dreieck. **q. e. d.**

d) **Inhalte zweier Teilflächen**

$A_1$ sei der Inhalt der Teilfläche des Rechtecks ABCD, die oberhalb von $G_f$ liegt. Diese Teilfläche liegt unterhalb der Geraden DC mit $y = y_D = y_C = 8e$ und oberhalb $G_f$ über dem Intervall $[0; x_S]$. Dabei ist $x_S$ Schnittstelle von DC und $G_f$.

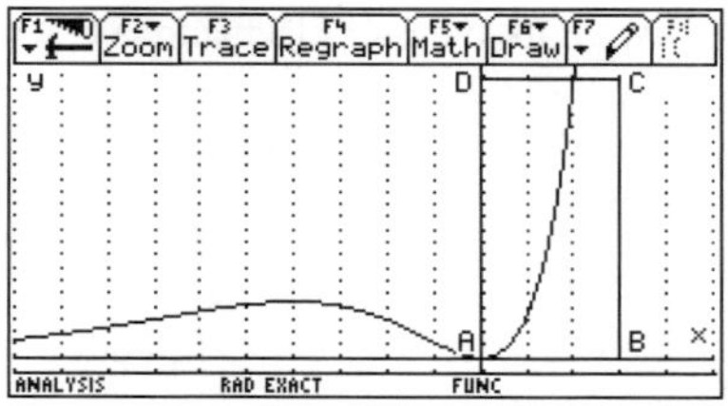


$8e = f(x) \quad \Rightarrow \quad x_S = 2$

Auch wenn der Taschencomputer davor warnt, es könnten noch mehrere Lösungen der Gleichung $8e = f(x)$ existieren, ist diese Gleichung eindeutig lösbar (vgl. Ergebnisse der letzten Teilaufgabe von a mit $8e > y_H$).

$$A_1 = \int_0^2 (8e - f(x))\,dx$$

$\underline{\underline{A_1 = 32}}$

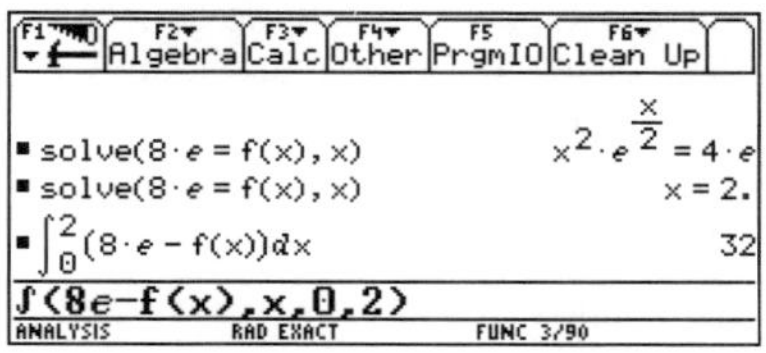


*Lösungsweg 1:*

$A_2$ ist die positive Differenz zwischen dem Inhalt $A_{Re}$ des Rechtecks ABCD und $A_1$.

$A_2 = A_{Re} - A_1$ mit $A_{Re} = \overline{AB} \cdot \overline{BC} = 3 \cdot 8e = 24e$

$\underline{\underline{A_2 = 24e - 32 \approx 33{,}2}}$

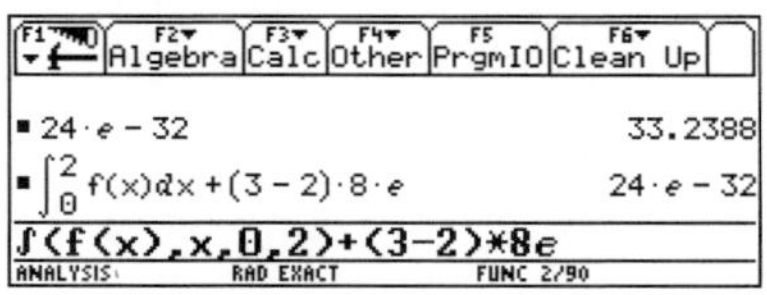

*Lösungsweg 2:*

$A_2$ setzt sich aus dem Inhalt der Fläche unter $G_f$ über dem Intervall $[0; x_S]$ und dem Inhalt des Rechtecks mit der Breite $x_B - x_S$ und der Höhe $\overline{BC}$ zusammen.

$$A_2 = \int_0^{x_S} f(x)\,dx + (3-2)\cdot 8e$$

$$\underline{\underline{A_2 = 24e - 32 \approx 33{,}2}}$$

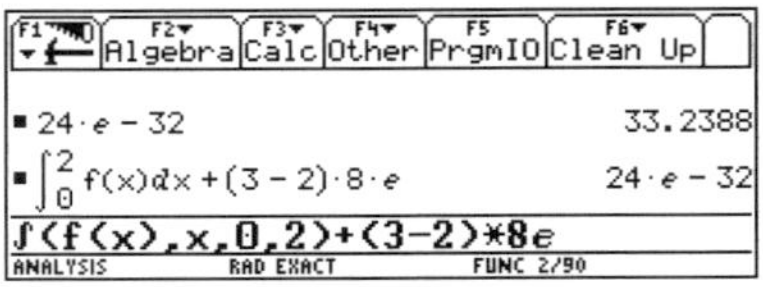


Die Flächeninhalte der beiden Teilflächen betragen 32 FE und (24e − 32) FE.

e) **Nachweis, dass F(b) − F(a) > 0 gilt für b > a**

Die Behauptung soll ohne weitere Rechnung nachgewiesen werden.

*Lösungsweg 1:*

Die Differenz $F(b) - F(a)$ lässt sich für $a < b$ als $\int_a^b f(x)\,dx$ interpretieren.

Da $f(x) \geq 0$ (vgl. $W_f$ aus Aufgabenteil a) für alle $x \in \mathbb{R}$ gilt, kann dieses bestimmte Integral als Inhalt der Fläche gedeutet werden, die zwischen dem niemals unterhalb der x-Achse verlaufenden Graphen $G_f$ und der x-Achse liegt und dies über dem Intervall $[a; b]$. Somit ist für $a < b$ dieser Flächeninhalt stets positiv und damit gilt $F(b) - F(a) > 0$ für $a < b$. **q. e. d.**

*Lösungsweg 2:*

Für alle $x \in \mathbb{R}$ und $x \neq 0$ gilt $f(x) > 0$. Somit besitzt jede Stammfunktion F von f nur positive Anstiege, d. h. $F'(x) = f(x) > 0$ für $x \in \mathbb{R}, x \neq 0$. Das bedeutet, dass F streng monoton wachsend ist für alle $x \in \mathbb{R}, x \neq 0$ und daher auch für alle $x \in \mathbb{R}$, weil sich das Monotonieverhalten von F an einer Stelle nicht ändern kann. Folglich besitzt F nur positive Differenzenquotienten, d. h. $\frac{F(b) - F(a)}{b - a} > 0$. Für diesen positiven Quotienten gilt $F(b) - F(a) > 0$ für alle $b > a$. **q. e. d.**

f) **Bestimmen einer ganzrationalen Funktion**

Ein allgemeiner Ansatz für p als ganzrationale Funktion dritten Grades lautet $p(x) = ax^3 + bx^2 + cx + d$ mit $a \neq 0$.

Der Graph von p soll die gleichen lokalen Extrempunkte $E_1(-4; 32e^{-2})$ und $E_2(0; 0)$ wie $G_f$ besitzen. Daher müssen die vier Parameter a, b, c, d dem folgenden Gleichungssystem genügen:

$$\begin{aligned} p(-4) &= 32e^{-2} \\ p'(-4) &= 0 \\ p(0) &= 0 \\ p'(0) &= 0 \end{aligned}$$

$$\Rightarrow \quad a = e^{-2}, \quad b = 6e^{-2}, \quad c = 0, \quad d = 0$$

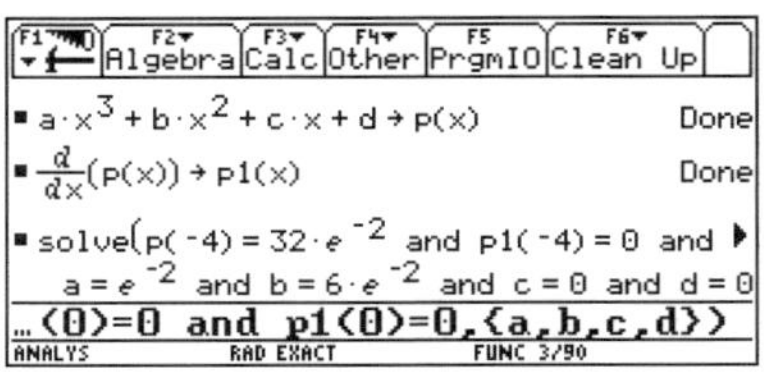


$$\Rightarrow \quad p(x) = e^{-2}\cdot x^3 + 6e^{-2}\cdot x^2$$

Zu überprüfen sind noch die hinreichenden Bedingungen dafür, dass $E_1$ und $E_2$ tatsächlich Extrempunkte des Graphen von p sind.

$p''(-4) = -12e^{-2} \neq 0$

$p''(0) = 12e^{-2} \neq 0$

$\Rightarrow \quad \underline{\underline{p(x) = e^{-2} \cdot x^3 + 6e^{-2} \cdot x^2}}$

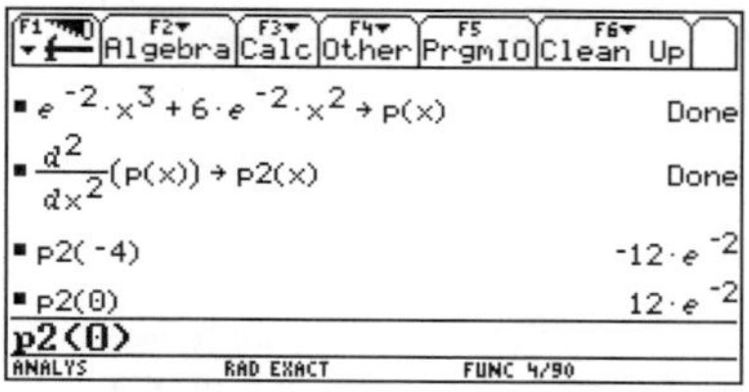


**Ermitteln einer anstiegsgleichen Stelle u**

Die Funktionen f und g besitzen an der Stelle u denselben Anstieg genau dann, wenn $f'(u) = p'(u)$ gilt.

$f'(u) = p'(u)$ mit $u \neq -4$ und $u \neq 0$

$\Rightarrow \quad \underline{\underline{u = 2 \cdot (\ln(3) - 2)}}$

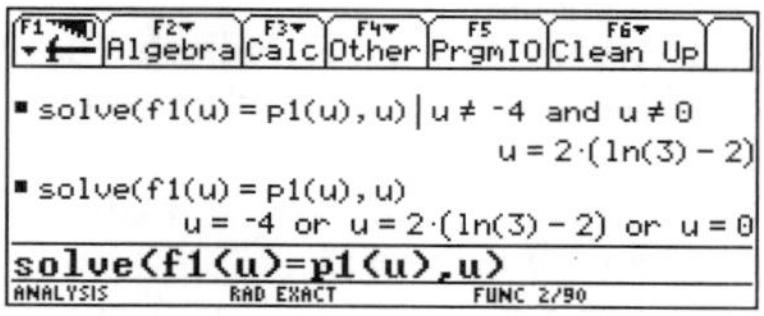


**Nachweis der lokalen Extremstelle u**

*Lösungsweg 1:*

Die Differenzen $f(x) - p(x)$ besitzen an der Stelle u genau dann einen lokalen Extremwert, wenn die beiden Gleichungen $f'(u) - p'(u) = 0$ und $f''(u) - p''(u) \neq 0$ erfüllt sind.

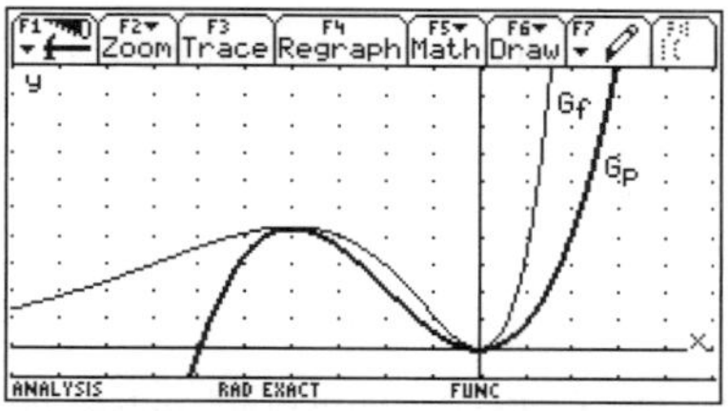


Für $u = 2 \cdot (\ln(3) - 2) \approx -1{,}8$ gilt:
$f'(u) - p'(u) = 0$
$f''(u) - p''(u) \approx -0{,}804 < 0$
Die Differenzen $f(x) - p(x)$ besitzen also an der Stelle u einen lokalen Extremwert (genauer einen lokalen Maximumwert von ca. 0,793). **q. e. d.**

Analoge Betrachtungen der Differenzen $p(x) - f(x)$ ergeben, dass diese Differenzen an der Stelle u einen lokalen Minimumwert von ca. $-0{,}793$ besitzen. **q. e. d.**

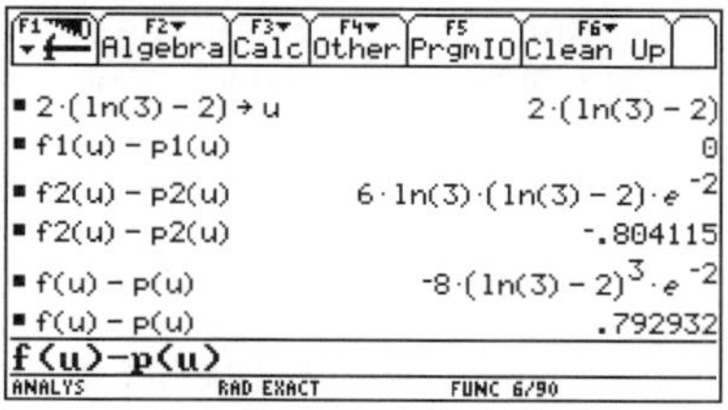


*Lösungsweg 2:*

Da die Funktionen f und p differenzierbar sind, muss ein lokales Extremum von $f(x) - p(x)$ bezüglich eines endlichen Intervalls $a \leq x \leq b$ mit $a < b$ zugleich ein globales Extremum bezüglich dieses Intervalls sein.

$f(x) - p(x)$ besitzt über dem Intervall $-4 \leq x \leq 0$ die globale und damit lokale Maximumstelle $x = 2 \cdot (\ln(3) - 2) = u$. **q. e. d.**

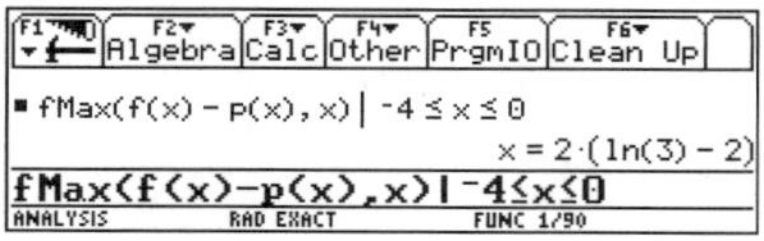


*Lösungsweg 3:*
Da die Funktionen f und p an der Stelle $u = 2 \cdot (\ln(3) - 2) \approx -1{,}8$ denselben Anstieg besitzen, gilt $f'(u) - p'(u) = 0$ und es genügt der Nachweis von $f''(u) - p''(u) \neq 0$.

$f''(u) - p''(u) \approx -0{,}804 \neq 0$ (siehe Schirmbild zum Lösungsweg 1) **q. e. d.**

## Kernfach Mathematik (Thüringen): Abiturprüfung 2013
## Aufgabe A2: Analysis (mit CAS)

Gegeben sind die Funktionen f und g durch
$y = f(x) = (\ln x)^2$ und $y = g(x) = \ln x$.

a) Geben Sie den größtmöglichen Definitionsbereich der Funktion f an.
Zeigen Sie, dass der Graph von f die x-Achse berührt.
Begründen Sie anhand der Funktionsgleichung ohne Verwendung der Differentialrechnung, dass der Graph der Funktion f einen Tiefpunkt besitzen muss.
Berechnen Sie die Koordinaten des Wendepunktes.
Skizzieren Sie den Graphen von f in einem geeigneten Intervall. (7 BE)

b) Begründen Sie, dass es für f keine Umkehrfunktion über ihrem gesamten Definitionsbereich gibt.
Geben Sie ein Intervall an, über dem es für f eine Umkehrfunktion gibt.
Bestimmen Sie für das von Ihnen angegebene Intervall eine Gleichung der Umkehrfunktion. (3 BE)

c) An den Graphen von f wird die Tangente mit dem größten positiven Anstieg gelegt.
Berechnen Sie die Größe des Winkels, unter dem diese Tangente die x-Achse schneidet. (3 BE)

d) Der Graph der Funktion h entsteht durch Spiegelung des Graphen von f an der x-Achse.
Der Graph der Funktion k entsteht durch Spiegelung des Graphen von f an der y-Achse.
Der Graph der Funktion $\ell$ entsteht durch Spiegelung des Graphen von f am Koordinatenursprung.
Geben Sie je eine Gleichung für h, k und $\ell$ an. (3 BE)

e) Die Gerade p mit der Gleichung $y = 1$ und der Graph von f begrenzen eine Fläche A vollständig.
Berechnen Sie den Flächeninhalt von A.

Bei der Bearbeitung eines weiteren Problems zeigt ein CAS-Rechner Folgendes an.

| $f(x)$ | $(\ln(x))^2$ |
|---|---|
| $\text{solve}\left(\int_{\frac{1}{e}}^{b} (1-f(x))\,dx = \frac{2}{e}, b\right)$ | |
| $b=0.042599$ or $b=1.26967$ or $b=4.14298$ | |

Formulieren Sie eine mögliche Aufgabenstellung, die damit bearbeitet wurde.
Wählen Sie aus den angezeigten Lösungen die zu Ihrer Aufgabenstellung passende Lösung aus. (5 BE)

f) Zeichnen Sie den Graphen der Funktion g in das Koordinatensystem aus Teilaufgabe a.
Geben Sie die Koordinaten der Schnittpunkte der Graphen von f und g an.
Jede Gerade mit der Gleichung $x = a$ ($a \in \mathbb{R}$; $1 < a < e$) schneidet den Graphen von f in einem Punkt A und den Graphen von g in einem Punkt B.
Berechnen Sie den Wert von a, für den die Länge der Strecke $\overline{AB}$ maximal ist.
Geben Sie diese maximale Länge an. (6 BE)

g) Betrachtet werden alle Stellen u mit $u = e^n$.
Zeigen Sie, dass für alle n ($n \in \mathbb{N}$; $n \geq 1$) die Differenz $f(u) - g(u)$ eine natürliche Zahl ist.
Bestimmen Sie einen Wert für n mit $n \notin \mathbb{N}$, für den die Differenz $f(u) - g(u)$ ebenfalls eine natürliche Zahl ist. (3 BE)

(30 BE)

---

## Hinweise und Tipps

### Aufgabe a

*Definitionsbereich*

- Stellen Sie den Graphen der Funktion f auf Ihrem Rechner dar, um eine anschauliche Vorstellung vom Graphen zu erhalten.
- Der Definitionsbereich gibt die Menge der zulässigen x-Werte an.
- Beachten Sie, dass die Logarithmusfunktion $y = \ln x$ nur für $x > 0$ definiert ist.
- Verwenden Sie den Befehl domain(f(x), x) (siehe Hinweis auf Seite XIX).

*Graph berührt x-Achse*

- Berühren sich zwei Graphen, dann stimmen an der Berührstelle sowohl die Funktionswerte als auch die Anstiege beider Funktionen überein.
- Wenn eine Berührung des Graphen von f mit der x-Achse vorhanden ist, dann müssen dort sowohl eine Nullstelle als auch eine waagerechte Tangente vorliegen.
- Ermitteln Sie die Nullstelle $x_0$ von f und bestimmen Sie den Anstieg $f'(x_0)$.

*Begründung für Tiefpunkt*

- Verwenden Sie, dass die Funktion f genau eine Nullstelle hat.
- Beachten Sie, dass Quadrate reeller Zahlen nicht negativ sein können.

*Wendepunkt*

- Berechnen Sie für die notwendige Bedingung die Nullstelle $x_w$ von $f''(x)$ als mögliche Wendestelle.
- Überprüfen Sie, ob die Ungleichung $f'''(x_w) \neq 0$ erfüllt ist (hinreichende Bedingung für Wendepunkte).
- Berechnen Sie die y-Koordinate des Wendepunktes.
- Geben Sie den Wendepunkt mit seinen Koordinaten an.
- Überprüfen Sie das rechnerische Ergebnis durch eine grafische Kontrolle (siehe Hinweise auf Seite XII).

*Grafische Darstellung*

- Nutzen Sie die Grafik des Rechners.
- Übertragen Sie die Grafik sorgfältig mithilfe einer Wertetabelle auf Papier (siehe Hinweise auf Seite XII).
- Nutzen Sie die aus den bisherigen Überlegungen bekannten Eigenschaften des Graphen.
- Beachten Sie das asymptotische Verhalten des Graphen von f für $x \to 0$.

**Aufgabe b**

*f ist nicht umkehrbar über dem gesamten Definitionsbereich*

- Beachten Sie, dass eine Funktion nur dann umkehrbar ist, wenn ihr eine eineindeutige Zuordnung zugrunde liegt.
- Eine eineindeutige Zuordnung ist dann gegeben, wenn jedem Element des Definitionsbereiches genau ein Element des Wertebereiches und umgekehrt jedem Element des Wertebereiches genau ein Element des Definitionsbereiches zugeordnet ist.

*Intervalle mit Umkehrfunktion*

- Umkehrfunktionen existieren nur für eineindeutige Funktionen.
- Prüfen Sie, in welchen Teilintervallen des Definitionsbereiches für die Funktion f eine eineindeutige Zuordnung gegeben ist.
- Die Gleichung einer Umkehrfunktion ergibt sich aus der Gleichung der gegebenen Funktion durch Umstellen nach x und Vertauschen der Variablen x und y.
- Beachten Sie, dass die Gleichung der Umkehrfunktion mit dem zugehörigen Definitionsbereich erfolgen muss.
- Der Definitionsbereich der Funktion f wird zum Wertebereich der Umkehrfunktion $\overline{f}$, der Wertebereich von f wird der Definitionsbereich von $\overline{f}$.

**Aufgabe c**

*Tangente mit dem größten positiven Anstieg/Schnittwinkel mit der x-Achse*

- Überlegen Sie, in welchem Teilintervall des Definitionsbereiches die Tangenten an den Graphen von f einen positiven Anstieg haben.
- Stellen Sie den Zusammenhang zwischen Tangentenanstieg und 1. Ableitung her.
- Ermitteln Sie einen Term für den Anstieg von f und bestimmen Sie denjenigen x-Wert $x_0$, für den der Anstieg positiv und maximal wird.
- Ermitteln Sie den Wert des Anstiegs an der Stelle $x_0$.
- Beachten Sie, dass sich der Schnittwinkel der Tangente mit der x-Achse mithilfe der Tangensfunktion ermitteln lässt.

**Aufgabe d**

*Spiegelung des Graphen von f an der x-Achse*

- Spiegelt man einen Graphen an der x-Achse, so werden alle Funktionswerte von f gespiegelt, d. h., aus f(x) wird –f(x).
- Prüfen Sie Ihre Überlegung durch grafische Darstellung der Funktionen f und h in ein und demselben Koordinatensystem.

*Spiegelung des Graphen von f an der y-Achse*

- Sind zwei Funktionen f und k symmetrisch zur y-Achse, so nimmt die Funktion k an der Stelle –x denselben Funktionswert an wie die Funktion f an der Stelle x. Es gilt: $k(-x) = f(x)$
- Prüfen Sie Ihre Überlegung durch grafische Darstellung der Funktionen f und k in ein und demselben Koordinatensystem.

*Spiegelung des Graphen von f am Koordinatenursprung*

- Die Spiegelung eines Graphen am Koordinatenursprung können Sie sich zusammengesetzt denken als die Nacheinanderausführung einer Spiegelung an der x-Achse und an der y-Achse.
- Verwenden Sie die Ergebnisse der ersten beiden Spiegelungen.
- Prüfen Sie Ihre Überlegung durch grafische Darstellung der Funktionen f und $\ell$ in ein und demselben Koordinatensystem.

**Aufgabe e**

*Flächeninhalt von A*

- Veranschaulichen Sie den Sachverhalt in einer Skizze.
- Berechnen Sie den Flächeninhalt als Differenz zweier anderer geeigneter Flächeninhalte.
- Ermitteln Sie dazu die Schnittstellen der Geraden $y = 1$ mit dem Graphen von f.
- Verwenden Sie das bestimmte Integral zur Flächenberechnung.

*Aufgabenstellung finden*

- Die Aufgabe ist sehr offen formuliert, sodass es mehrere Möglichkeiten gibt, eine sinnvolle Aufgabe zu formulieren.
- Beispiel 1:
  - Vergleichen Sie die im Bildschirmabdruck gezeigte Lösung mit Ihren Überlegungen zur Berechnung des Flächeninhaltes A.
  - Interpretieren Sie das bestimmte Integral in diesem Bildschirmabdruck z. B. als Ansatz zu einer Flächenberechnung.
  - Überlegen Sie, welche Rolle dabei die Variable b spielt. Wo müsste b liegen, damit eine zur Berechnung des Flächeninhaltes A analoge Fragestellung entsteht?
  - Formulieren Sie nun eine mögliche Aufgabenstellung in diesem Kontext.
- Beispiel 2:
  - Fassen Sie den Term $1 - f(x)$ als eine neue Funktion auf. Stellen Sie diese Funktion grafisch dar und interpretieren Sie nun das gegebene bestimmte Integral für $b > e$ als „Flächenbilanz".
  - Formulieren Sie eine entsprechende Aufgabenstellung.
- Beispiel 3:
  - Fassen Sie den Term $1 - f(x)$ als eine neue Funktion auf. Stellen Sie diese Funktion grafisch dar und interpretieren Sie nun das gegebene bestimmte Integral für $b < e^{-1}$ als „Flächenbilanz".
  - Beachten Sie das Vorzeichen des bestimmten Integrals in den Fällen, in denen die untere Integrationsgrenze größer als die obere Integrationsgrenze ist.
  - Welches Vorzeichen hat das bestimmte Integral in einem Intervall [a; b], wenn der Graph der Funktion in diesem Intervall unterhalb der x-Achse liegt?
  - Formulieren Sie eine entsprechende Aufgabenstellung.

**Aufgabe f**

*Graph von g einzeichnen/Schnittpunkte von f und g berechnen*

- Zeichnen Sie die Graphen von f und g in ein gemeinsames Koordinatensystem.
- Sie sollen die Schnittpunktkoordinaten angeben, d. h., Sie können sie grafisch oder rechnerisch ermitteln und brauchen nur das Ergebnis mitzuteilen.
- Für eine grafische Ermittlung verwenden Sie das Werkzeug *Graph analysieren*.
- Um die Schnittstellen zu berechnen, setzen Sie beide Funktionsgleichungen gleich und lösen die entstandene Gleichung.
- Geben Sie die Koordinaten beider Schnittpunkte vollständig an.

*Strecke maximaler Länge*

- Die Länge der Strecke $\overline{AB}$ ergibt sich als Differenz der Funktionswerte beider Funktionen an der Stelle $x = a$.
- Stellen Sie einen Term für diese Differenz in Abhängigkeit von a auf.
- Ermitteln Sie das Maximum des Terms. Beachten Sie das vorgegebene Intervall für die Variable a.
- Überprüfen Sie das Ergebnis auf einem anderen Lösungsweg.

**Aufgabe g**

*Nachweis Ganzzahligkeit*

- Bilden Sie einen Term für die Differenz $f(u) - g(u)$.
- Setzen Sie für u den Term $e^n$ ein und formen Sie den Ausdruck mithilfe eines Logarithmengesetzes um.
- Begründen Sie, weshalb das Ergebnis immer eine natürliche Zahl ist.

*Wert für $n \notin \mathbb{N}$ bestimmen*

- Nutzen Sie die Umformungen von $f(u) - g(u)$ für $u = e^n$ aus der vorigen Teilaufgabe.
- Setzen Sie den umgeformten Term für $f(u) - g(u)$ gleich eine natürliche Zahl k und lösen Sie diese Gleichung.
- Interpretieren Sie das Ergebnis im Sinne der Aufgabenstellung.

# Lösungen

a) **Definitionsbereich**

Da die Funktion $y = \ln x$ für alle reellen Zahlen $x > 0$ definiert ist, trifft dies auch für die Quadrate der Funktionswerte von $y = \ln x$ zu.

Der größtmögliche Definitionsbereich der Funktion f umfasst alle reellen Zahlen $\underline{\underline{x > 0}}$.

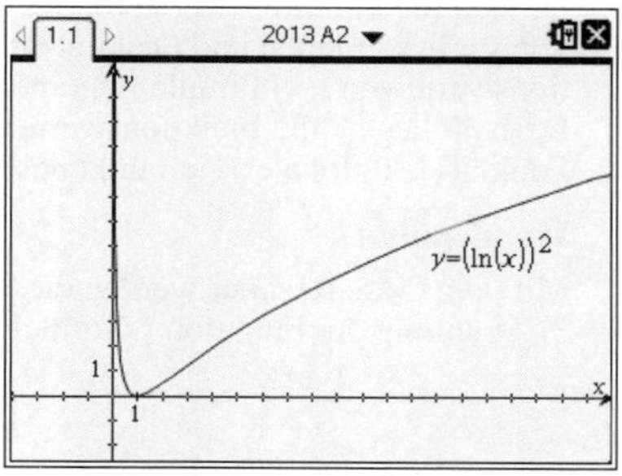


Mithilfe des Befehls domain((ln(x))²,x) ergibt sich ebenfalls der größtmögliche Definitionsbereich mit $\underline{\underline{x \in \mathbb{R};\, x > 0}}$.

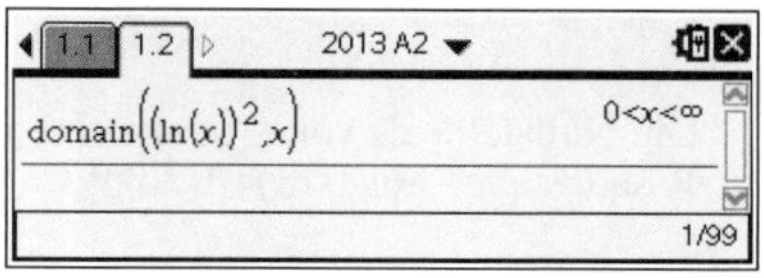


**Graph berührt x-Achse**

Die Funktion f hat genau eine Nullstelle $x_0 = 1$, denn nur für $x = 1$ gilt $\ln x = \ln 1 = 0$, also auch $(\ln x)^2 = (\ln 1)^2 = 0$.

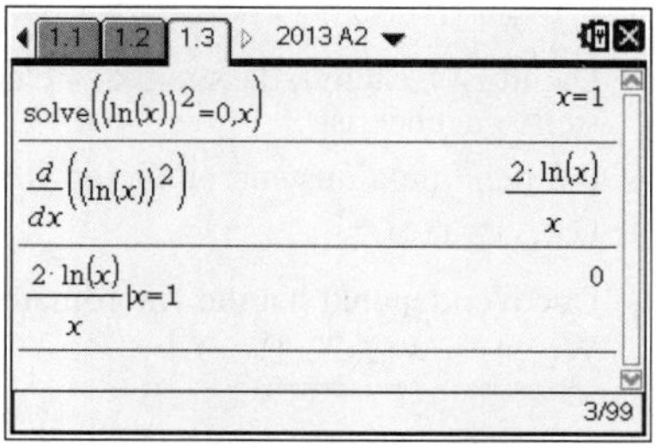


Für die erste Ableitung von f gilt nach der Kettenregel:

$$f'(x) = 2 \cdot \ln x \cdot \frac{1}{x}$$

Damit ergibt sich für $x_0 = 1$:

$$f'(x_0) = f'(1) = 2 \cdot \ln 1 \cdot \frac{1}{1} = 0$$

Funktionswert und Anstieg des Graphen von f an der Stelle $x_0 = 1$ sind also null, d. h., der Graph von f berührt dort die x-Achse.

*Alternativer Lösungsweg:*
Die Bedingungen für die Berührung $f(x) = 0$, $f'(x) = 0$ und $y = 0$ (Gleichung der x-Achse) lassen sich als Gleichungssystem auffassen. Die Lösung dieses Gleichungssystems ergibt $x = 1$ und $y = 0$.

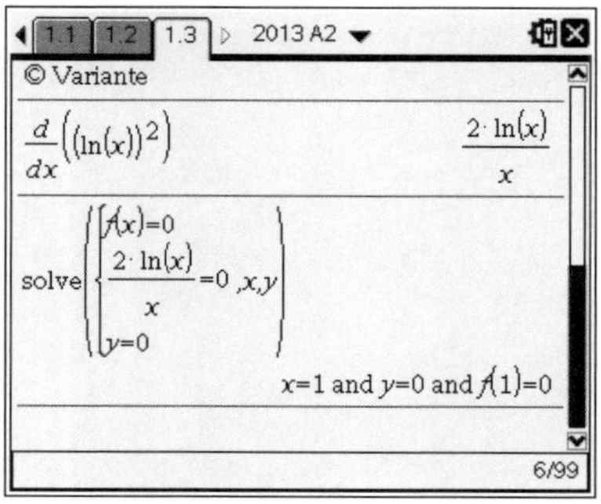


Die Berührung der x-Achse erfolgt im Punkt B(1; 0).

**Begründung für Tiefpunkt**

Aus den Überlegungen zur Berührung der x-Achse ist bereits bekannt, dass die Funktion f genau eine Nullstelle hat, denn nur für $x = 1$ gilt $\ln x = \ln 1 = 0$, also auch $(\ln x)^2 = (\ln 1)^2 = 0$. Da sich die Funktionswerte von $f(x) = (\ln x)^2$ durch Quadrieren aus den Funktionswerten von $y = \ln x$ ergeben und Quadratzahlen stets nicht negative Zahlen sind, müssen die Funktionswerte von f(x) für alle Argumente $x > 0$ mit $x \neq 1$ positiv sein.
Deshalb liegen alle Funktionswerte von f(x) für $x \neq 1$ oberhalb von $f(1) = 0$, also ist der Punkt T(1; 0) lokaler Tiefpunkt des Graphen von f.

**Wendepunkt**

Mit dem CAS-Rechner werden die 2. und 3. Ableitung der Funktion f ermittelt:

$$f''(x) = \frac{2}{x^2} - \frac{2 \cdot \ln x}{x^2}$$

$$f'''(x) = \frac{4 \cdot \ln x}{x^3} - \frac{6}{x^3}$$

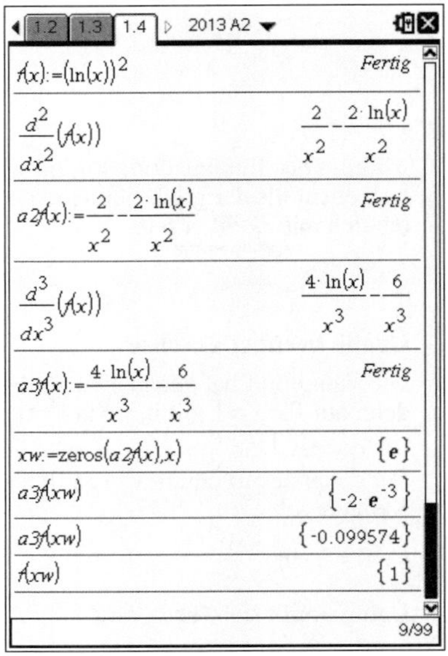


Die Nullstelle $x_w$ von f''(x) ist eine mögliche Wendestelle. Aus $f''(x) = 0$ folgt:
$x_w = e$

Für die hinreichende Bedingung ergibt sich:

$$f'''(x_w) = f'''(e) = -2 \cdot e^{-3} \approx -0{,}1 \neq 0$$

Damit ist bestätigt, dass mit $x_w = e$ eine Wendestelle gegeben ist.
Für den Funktionswert an dieser Stelle gilt:
$f(x_w) = f(e) = 1$

Der Wendepunkt hat die Koordinaten:
$W(e; 1) \approx W(2{,}72; 1)$

Eine grafische Ermittlung mit dem Werkzeug *Graph analysieren* bestätigt das rechnerisch ermittelte Resultat (siehe auch die Hinweise auf Seite XII).

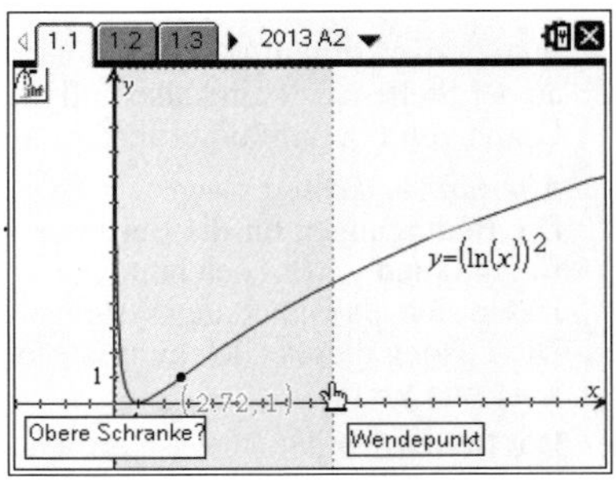

**Grafische Darstellung**

Als geeignetes Intervall kann man z. B. $0 < x < 10$ wählen. Auf jeden Fall sollten die berechneten Punkte T(1; 0) und W(e; 1) in dem ausgesuchten Intervall liegen.
Um dem asymptotischen Verhalten für $x \to 0$ gerecht zu werden, sollten die Funktionswerte im Intervall $0 < x < 1$ mit einer kleineren Schrittweite (etwa $\Delta x = 0{,}1$) tabelliert und eingezeichnet werden als die Werte für $x > 1$ (siehe auch die Hinweise auf Seite XII).

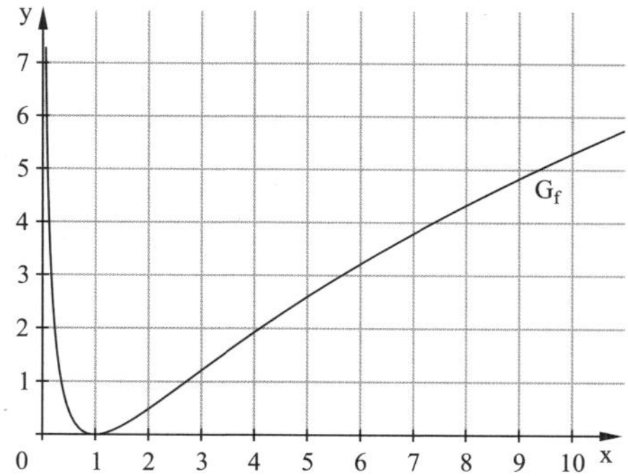


b) **f ist nicht umkehrbar über dem gesamten Definitionsbereich**

Betrachtet man den gesamten Definitionsbereich von f, so gibt es unendlich viele Funktionswerte y, denen zwei zugehörige x-Werte $x_1$ und $x_2$ zugeordnet werden können. (Einzige Ausnahme ist der Funktionswert $y = 0$, dem genau ein x-Wert $(x = 1)$ zugeordnet wird.)
Deshalb ist die Funktion f über dem gesamten Definitionsbereich nicht umkehrbar.

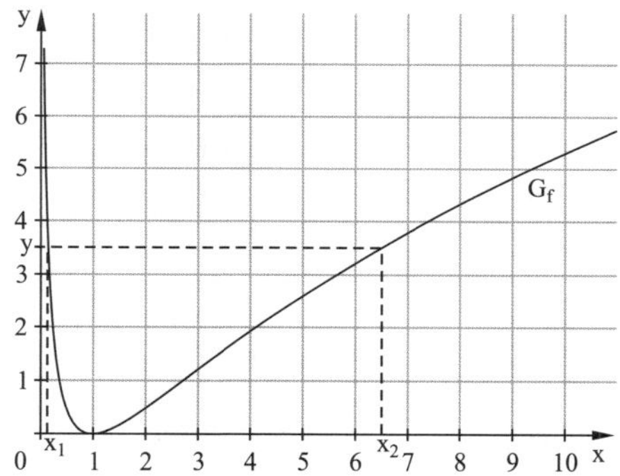


Alternativ kann die Argumentation auch mit dem Satz über den Zusammenhang von strenger Monotonie und Umkehrbarkeit geführt werden:
*Jede in ihrem Definitionsbereich streng monotone Funktion ist umkehrbar.*

Da die Funktion f genau einen lokalen Tiefpunkt T(1; 0) hat (siehe Teilaufgabe a), ist sie für $0 < x < 1$ streng monoton fallend und für $x > 1$ streng monoton steigend. Über dem gesamten Definitionsbereich ist sie also nicht streng monoton und deshalb dort nicht umkehrbar.

**Intervalle mit Umkehrfunktion**

Betrachtet man die Funktion f in den Teilintervallen $0 < x < 1$ oder $1 < x < \infty$, so ist die Funktion dort streng monoton fallend bzw. streng monoton steigend, also in jedem der beiden Teilintervalle umkehrbar.

Um die Gleichung der jeweiligen Umkehrfunktion zu bestimmen, wird die Gleichung $y = (\ln x)^2$ nach x umgestellt. Anschließend werden die Variablen x und y vertauscht.

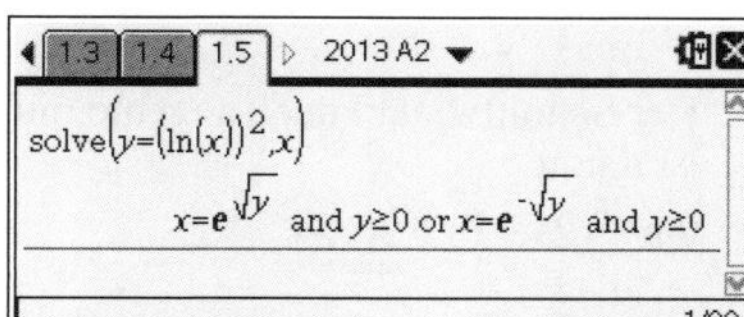


Es ergeben sich die beiden Gleichungen:

$y = e^{\sqrt{x}}$ und $y = e^{-\sqrt{x}}$

*Hinweise:*
- Es können auch die halboffenen Intervalle $0 < x \leq 1$ bzw. $1 \leq x < \infty$ gewählt werden.
- Laut Aufgabenstellung genügt die Angabe der Umkehrfunktion für eines der möglichen Teilintervalle.

Um eine richtige Zuordnung dieser beiden Funktionsgleichungen zum jeweiligen Teilintervall zu erreichen, ist eine grafische Darstellung hilfreich. Die Graphen von Funktion und Umkehrfunktion müssen symmetrisch zur Winkelhalbierenden des I. Quadranten sein.

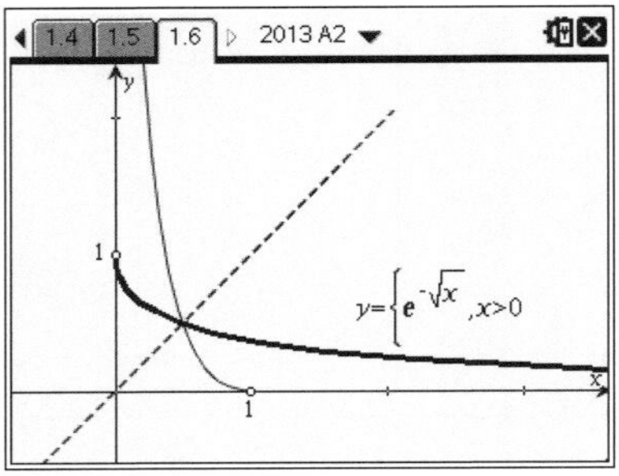


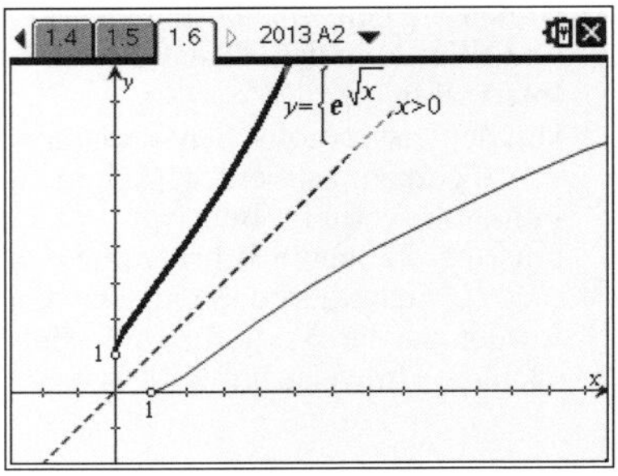


Mögliche Ergebnisse:
Die Funktion f ist für $\underline{\underline{0 < x < 1}}$ umkehrbar. Die Funktion f hat in diesem Intervall den Wertebereich $0 < y < \infty$. Die Gleichung der Umkehrfunktion lautet:

$\underline{\underline{y = \overline{f}(x) = e^{-\sqrt{x}} \text{ mit } 0 < x < \infty}}$

Die Funktion f ist für $\underline{\underline{x > 1}}$ umkehrbar. Die Funktion f hat in diesem Intervall den Wertebereich $0 < y < \infty$. Die Gleichung der Umkehrfunktion lautet in diesem Fall:

$\underline{\underline{y = \overline{f}(x) = e^{\sqrt{x}} \text{ mit } 0 < x < \infty}}$

c) **Tangente mit dem größten positiven Anstieg/Schnittwinkel mit der x-Achse**

Da der Graph von f nur für $x > 1$ monoton steigend ist, haben nur in diesem Teilintervall die Tangenten positive Anstiege.

Der Anstieg der Tangente an der Stelle $x_0$ entspricht dem Wert der 1. Ableitung von f an dieser Stelle. Es ist:

$$f'(x) = \frac{2 \cdot \ln x}{x}$$

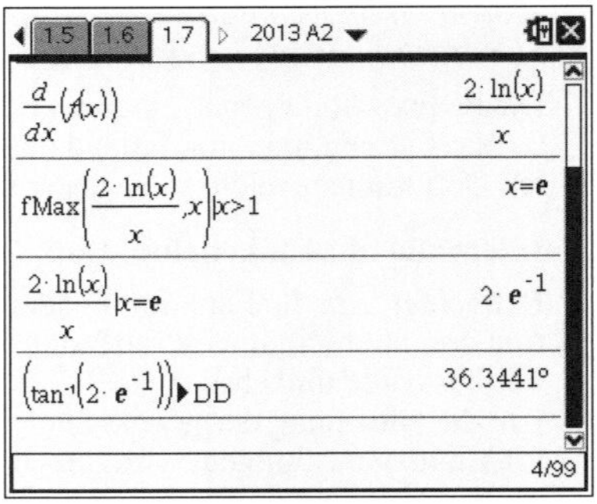


Das Maximum von f'(x) wird für $x > 1$ an der Stelle $x_0 = e$ angenommen. Der größte Anstieg für $x > 1$ hat also den Wert:

$$f'(e) = \frac{2 \cdot \ln e}{e} = \frac{2}{e} = 2 \cdot e^{-1}$$

Der Schnittwinkel der Tangente mit der x-Achse ist damit:

$\tan^{-1}(2 \cdot e^{-1}) \approx \underline{\underline{36{,}34°}}$

*Hinweis:* Dass $x_0 = e$ die Stelle für den größten Anstieg von f für $x > 1$ ist, lässt sich auch aus der Tatsache vermuten, dass $x_0 = e$ die Wendestelle des Graphen ist (siehe Teilaufgabe a). Der Wendepunkt beschreibt immer ein Extremum der Ableitungsfunktion. Wegen $f'''(x_w) = f'''(e) = -2 \cdot e^{-3} \approx -0{,}1 < 0$ liegt an der Stelle $x_0 = e$ ein Links-Rechts-Wendepunkt vor, woraus man auf ein lokales Maximum von f'(x) an der Stelle $x_0 = x_w = e$ schließen kann.

Eine Kontrolle mit dem Geometriewerkzeug *Messen – Steigung* ist möglich.

Man legt eine Tangente an den Graphen von f und misst deren Steigung. Der Schnittpunkt der Senkrechten zur x-Achse durch den Berührpunkt der Tangente mit der x-Achse wird konstruiert. Seine Koordinaten werden angezeigt. Nun kann man die Tangente so lange längs des Graphen von f verschieben, bis ihre Steigung ein Maximum hat, und den zugehörigen x-Wert ablesen.

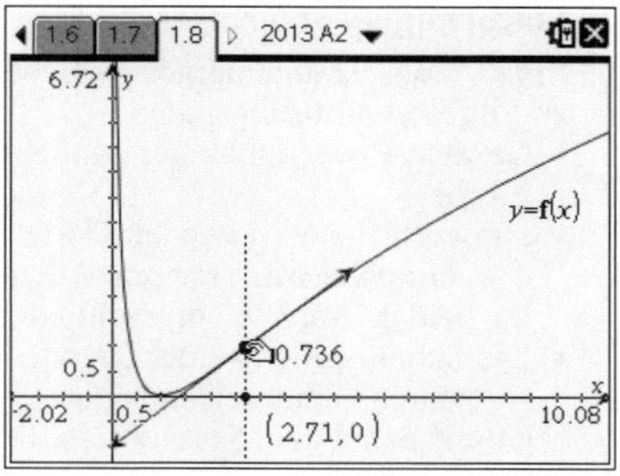


d) **Spiegelung des Graphen von f an der x-Achse**

Für zwei zur x-Achse symmetrische Funktionen $f_1$ und $f_2$ gilt $f_2(x) = -f_1(x)$.

Die Gleichung der Funktion h lautet deshalb:

$\underline{\underline{h(x)}} = -f(x) = \underline{\underline{-(\ln x)^2}}$

Die grafische Darstellung veranschaulicht die Spiegelung.

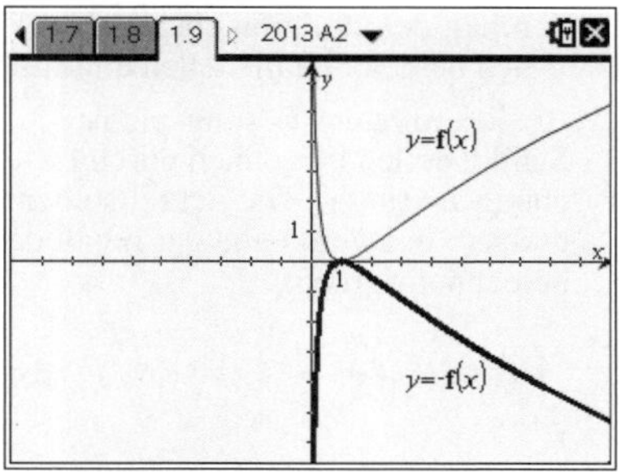


**Spiegelung des Graphen von f an der y-Achse**

Für eine Funktion k, deren Graph durch Spiegelung aus dem Graphen einer Funktion f an der y-Achse hervorgeht, gilt $k(x) = f(-x)$.

Die Gleichung der Funktion k in diesem speziellen Fall lautet:

$\underline{\underline{k(x) = (\ln(-x))^2}}$

Die grafische Darstellung veranschaulicht die Spiegelung.

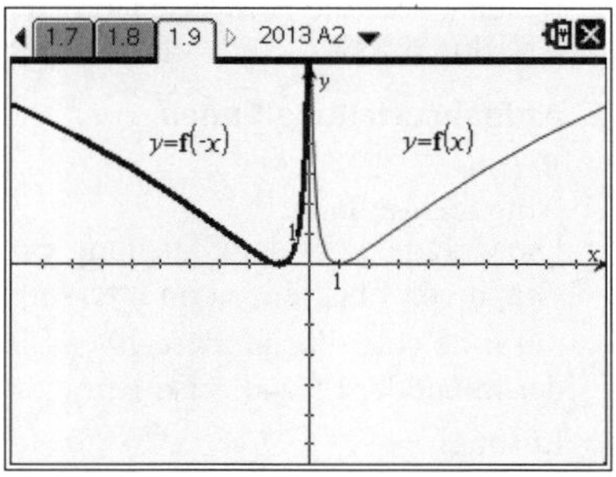


**Spiegelung des Graphen von f am Koordinatenursprung**

Für eine Funktion $\ell$, deren Graph durch Spiegelung aus dem Graphen einer Funktion f am Koordinatenursprung hervorgeht, gilt $\ell(x) = -f(-x)$.

Die Gleichung der Funktion k in diesem speziellen Fall lautet:

$\underline{\underline{\ell(x) = -\ln(-x))^2}}$

Die grafische Darstellung veranschaulicht die Punktspiegelung.

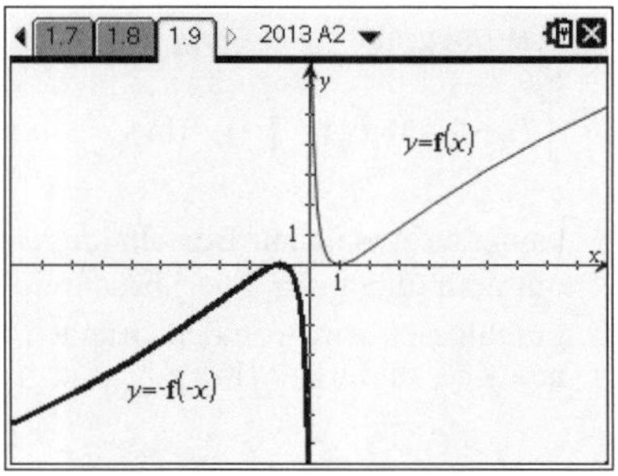

e) **Flächeninhalt von A**

Eine Veranschaulichung des Sachverhaltes führt zu folgendem Lösungsplan:

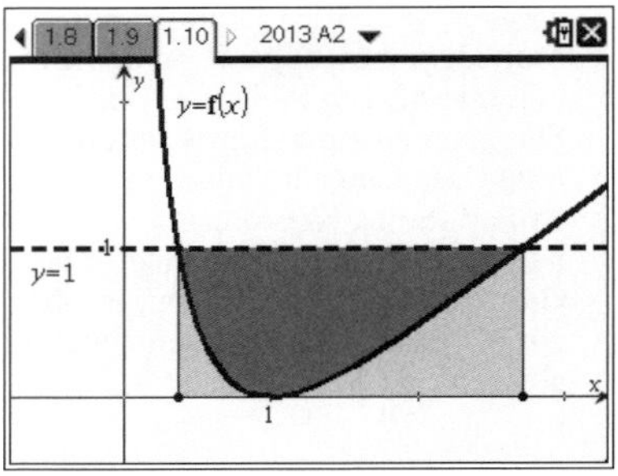


- Gesucht ist der Inhalt der dunkel eingefärbten Fläche.
- Diese Fläche wird von der Geraden $y = 1$ und dem Graphen von f zwischen den Schnittstellen beider Graphen eingeschlossen.
- Die Schnittstellen beider Graphen ergeben sich durch Gleichsetzen beider Funktionsgleichungen und dem Lösen dieser Gleichung. Der Inhalt der gesuchten Fläche A ist als Differenz aus dem Inhalt des Rechtecks, das die Gerade $y = 1$ mit der x-Achse zwischen den beiden Schnittstellen einschließt, und dem Inhalt der (hellgrau eingefärbten) Fläche, die der Graph von f mit der x-Achse zwischen den beiden Schnittstellen einschließt, zu berechnen.

Realisierung des Lösungsplans:
Schnittstellen berechnen durch Lösen der Gleichung $1 = (\ln x)^2$: Die Schnittstellen sind $x_1 = e^{-1}$ und $x_2 = e$. Damit kann der Inhalt der Fläche A berechnet werden:

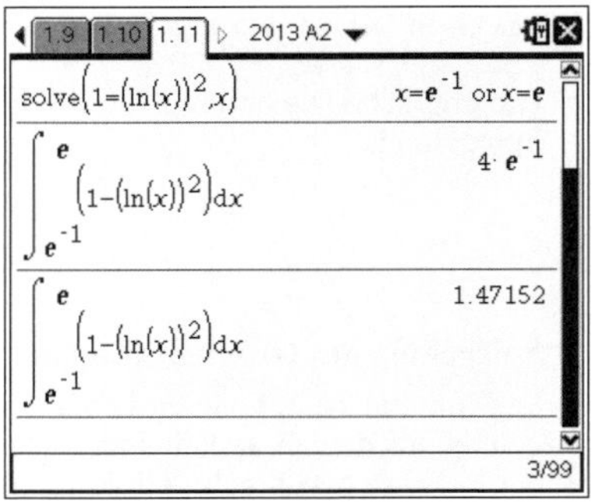


$$\int_{e^{-1}}^{e} (1 - f(x))\,dx = \int_{e^{-1}}^{e} (1 - (\ln x)^2)\,dx$$

$$= 4 \cdot e^{-1} \approx \underline{\underline{1,47 \text{ FE}}}$$

Beachten Sie die Hinweise auf den Seiten X, XVIII und XIX.

**Aufgabenstellung finden**

*Beispiel 1:*
Aufgabenstellung:
Die Gerade p mit der Gleichung $y = 1$ und der Graph von f begrenzen im Intervall $\frac{1}{e} \le x \le b$ mit $b < e$ eine Fläche. Berechnen Sie b so, dass der Inhalt der Fläche $\frac{2}{e}$ FE beträgt.

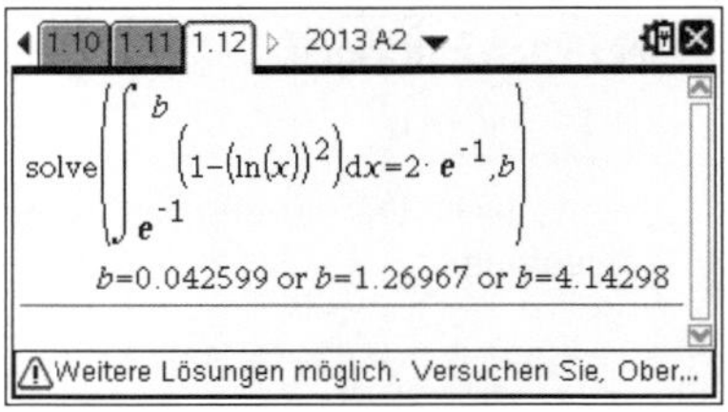


Lösung:
Die Variable b hat den Wert $b \approx 1{,}26967 \approx 1{,}27$.

Hinweis zur Lösungsfindung:
Das Integral

$$\int_{\frac{1}{e}}^{b} (1 - f(x))\,dx = \int_{e^{-1}}^{b} (1 - (\ln x)^2)\,dx = \frac{2}{e} = 2 \cdot e^{-1}$$

kann den Ansatz zur Berechnung einer Fläche mit dem Inhalt $\frac{2}{e} = 2 \cdot e^{-1}$ beschreiben, die eingeschlossen wird von den Graphen der Funktionen $y = 1$ und $f(x) = (\ln x)^2$.

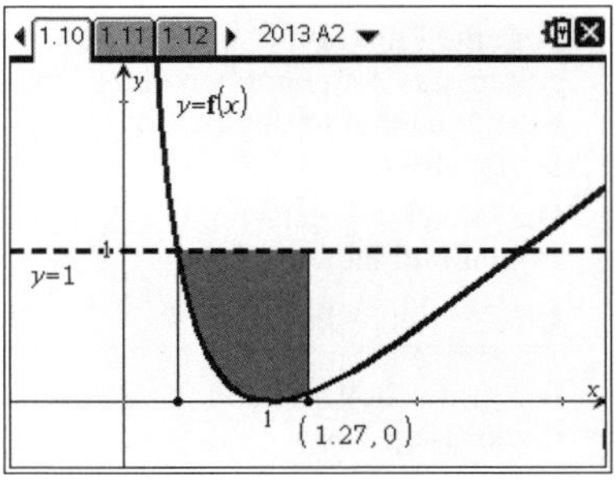

Da die Fläche mit dem Inhalt $\frac{2}{e}$ gerade halb so groß wie die oben berechnete Fläche mit dem Inhalt $A = 4 \cdot e^{-1}$ ist und weil der Graph von f im angegebenen Intervall nicht oberhalb der Geraden $y = 1$ verläuft, müsste b zwischen $x_1 = e^{-1}$ und $x_2 = e$ liegen, also den Wert $b \approx 1{,}26967 \approx 1{,}27$ haben.

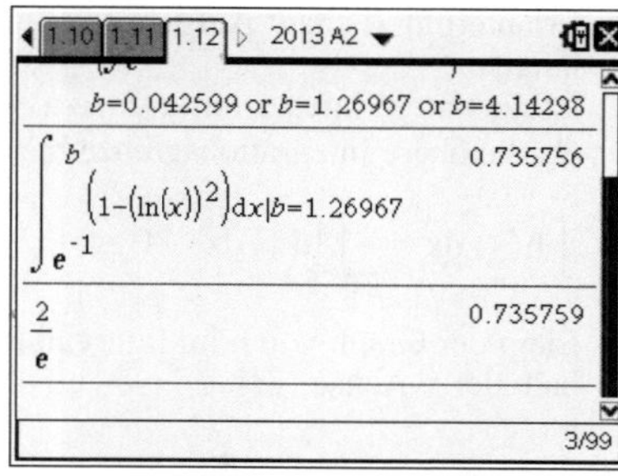


Die Variable b gibt dabei die obere Grenze des bestimmten Integrals an.

*Beispiel 2:*
Aufgabenstellung:
Bestimmen Sie b mit $b > e$ so, dass für die Funktion $h(x) = 1 - f(x)$ gilt:

$$\int_{e^{-1}}^{b} h(x)\,dx = \frac{2}{e} = 2 \cdot e^{-1}$$

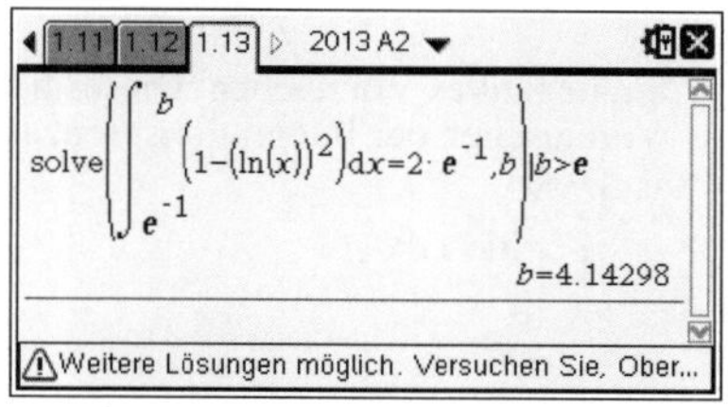


Lösung:
Die obere Integrationsgrenze b hat in diesem Fall den Wert $b \approx 4{,}14298 \approx 4{,}14$.

Erläuterung (ist laut Aufgabenstellung nicht verlangt):

Betrachtet man den Graphen der Funktion h, so lässt das bestimmte Integral

$$\int_{\frac{1}{e}}^{b} (1 - f(x))\,dx = \int_{e^{-1}}^{b} (1 - (\ln x)^2)\,dx = \frac{2}{e} = 2 \cdot e^{-1}$$

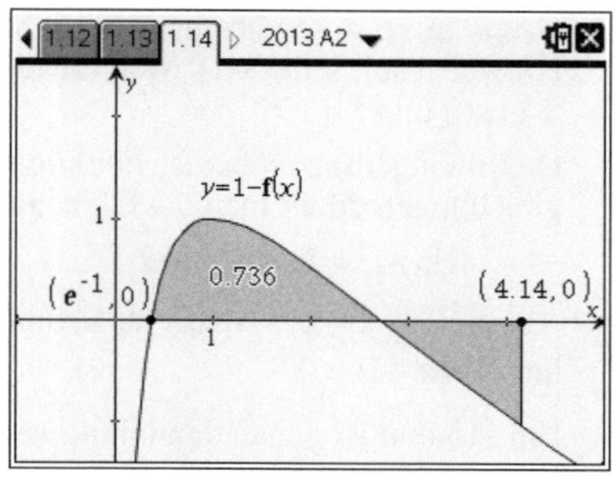


eine Deutung als „Flächenbilanz" zu. Gesucht ist die obere Grenze b ($b > e$), sodass der Gesamtflächeninhalt der vom Graphen von h(x) und der x-Achse eingeschlossenen Teilflächen $\frac{2}{e}$ FE beträgt. Dabei werden die Inhalte der oberhalb der x-Achse liegenden Teilflächen mit positivem und die unterhalb der x-Achse liegenden mit negativem Vorzeichen in die Bilanz eingehen.

*Beispiel 3:*
Aufgabenstellung:
Bestimmen Sie b mit $b < e^{-1}$ so, dass für die Funktion $h(x) = 1 - f(x)$ gilt:

$$\int_{e^{-1}}^{b} h(x)\,dx = \frac{2}{e} = 2 \cdot e^{-1}$$

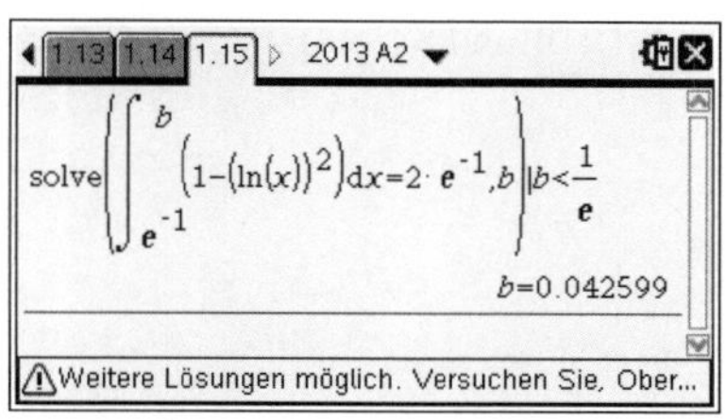


Lösung:
Der Wert für b ist in diesem Fall $b \approx 0{,}042599 \approx 0{,}04$.

Erläuterung (ist laut Aufgabenstellung nicht verlangt):
Ist die untere Integrationsgrenze $a = \frac{1}{e}$ größer als die obere Integrationsgrenze b, so gilt:

$$\int_a^b h(x)\,dx = -\int_b^a h(x)\,dx$$

Liegt der Graph von h im Intervall [a; b] unterhalb der x-Achse, so hat

$$\int_a^b h(x)\,dx$$

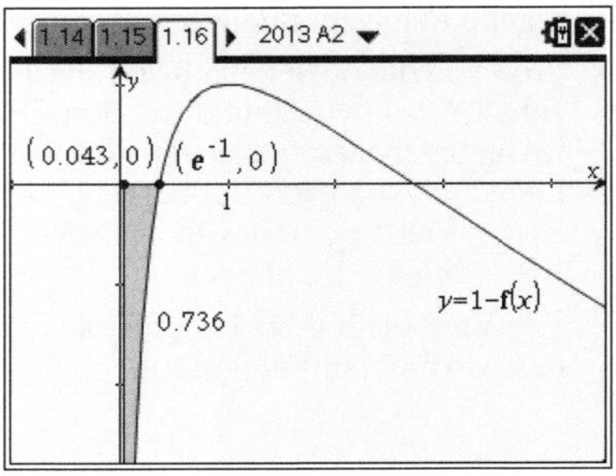


ein negatives Vorzeichen. Dieses hebt sich mit dem negativen Vorzeichen, das durch Vertauschen der Integrationsgrenzen entsteht, wieder auf. Deshalb gilt:

$$\int_{e^{-1}}^{0{,}042599} h(x)\,dx \approx \frac{2}{e}$$

f) **Graph von g einzeichnen/Schnittpunkte von f und g berechnen**

Die Koordinaten der Schnittpunkte lassen sich näherungsweise mit dem Werkzeug *Graph analysieren* bestimmen (siehe Hinweise auf Seite XII). Man erhält:
$S_1(1;\,0)$ und $S_2(2{,}72;\,1)$

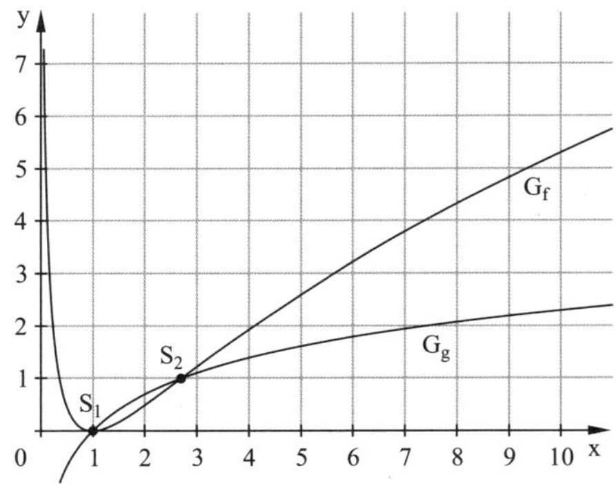


Durch Gleichsetzen beider Funktionsgleichungen erhält man die Gleichung:

$$(\ln x)^2 = \ln x \quad \big| -\ln x$$
$$(\ln x)^2 - \ln x = 0 \quad \big| \ln x \text{ ausklammern}$$
$$\ln x \cdot (\ln x - 1) = 0$$

Ein Produkt ist genau dann null, wenn ein Faktor null ist:

$$\ln x = 0 \;\Rightarrow\; x_1 = 1 \quad \text{oder}$$
$$\ln x = 1 \;\Rightarrow\; x_2 = e$$

Die genauen Koordinaten der Schnittpunkte der Graphen von f und g sind:
$\underline{\underline{S_1(1;\,0)}}$ und $\underline{\underline{S_2(e;\,1)}}$

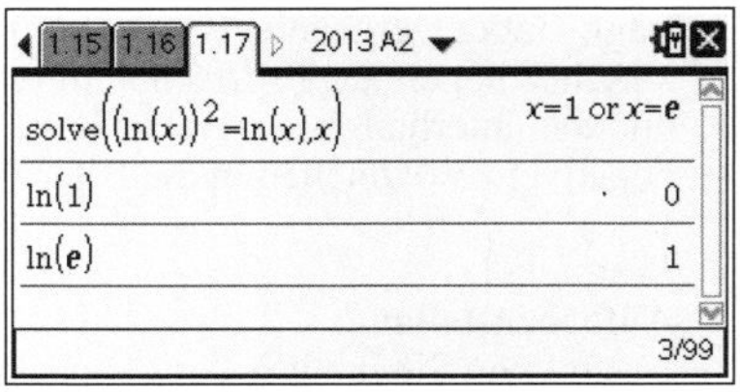

**Strecke maximaler Länge**

Die Länge d(a) der Strecke $\overline{AB}$ ist für $1 < a < e$ die Differenz der Funktionswerte der Funktionen g und f an der Stelle a:

$d(a) = \ln a - (\ln a)^2$

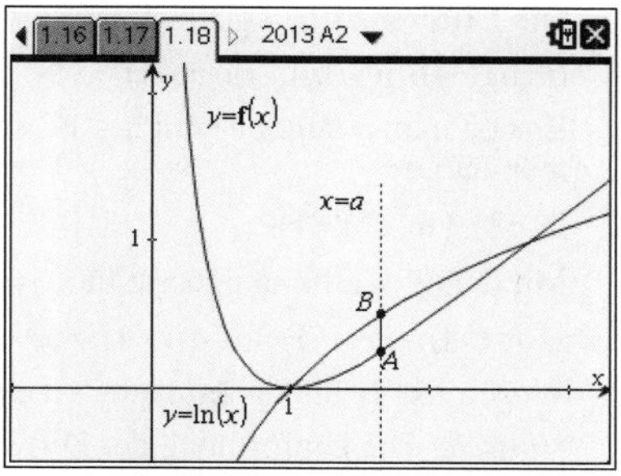


Das Maximum der Funktion d(a) mit $1 < a < e$ kann mit dem Befehl fMax(f(x), x) bestimmt werden. Es wird an der Stelle

$\underline{\underline{a}} = e^{\frac{1}{2}} = \sqrt{e} \approx \underline{\underline{1{,}65}}$

angenommen.

Die maximale Länge der Strecke $\overline{AB}$ ist damit:

$\underline{\underline{d\left(e^{\frac{1}{2}}\right) = \frac{1}{4}}}$

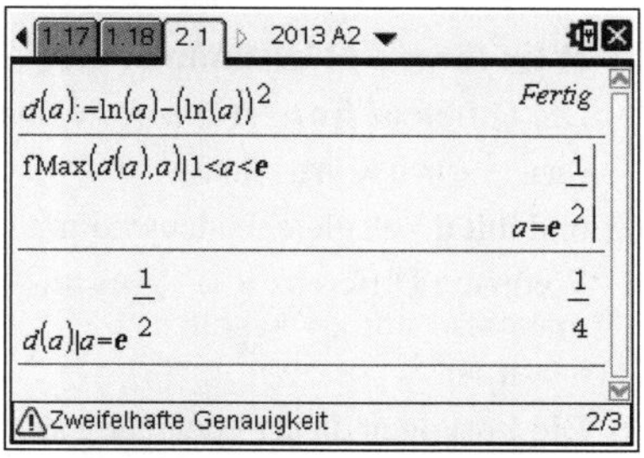


Weil der Rechner den Warnhinweis „Zweifelhafte Genauigkeit“ anzeigt, sollte man dieses Ergebnis noch auf einem anderen Weg überprüfen.

Dies kann z. B. auf geometrischem Wege erfolgen, indem man die Länge der Strecke $\overline{AB}$ in der Zeichnung misst (siehe auch die Hinweise auf Seite XIII).

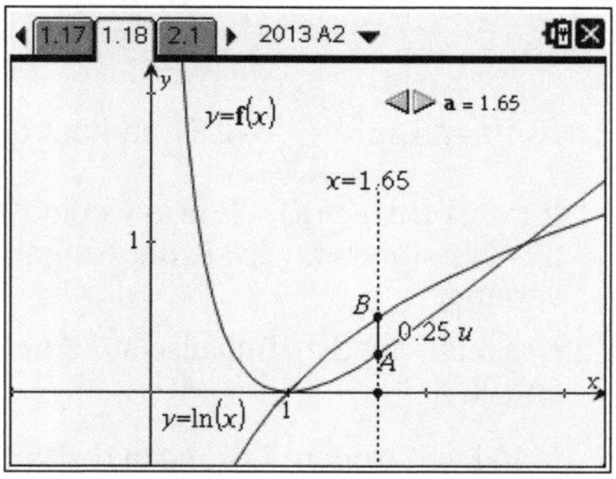


Eine andere Möglichkeit der Überprüfung ist mit dem Ableitungskalkül für die Ermittlung lokaler Extrempunkte gegeben.

Das Vorgehen ist in nebenstehendem Bildschirmabdruck angedeutet und soll hier aus Platzgründen nicht ausführlicher dargestellt werden (siehe die Hinweise auf Seite XVIII).

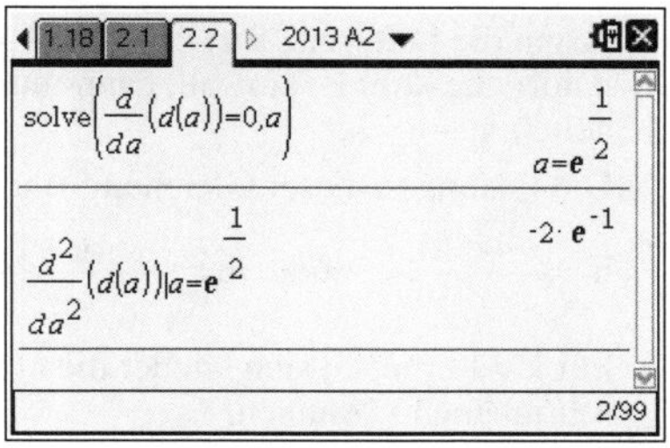

g) **Nachweis Ganzzahligkeit**

Die Differenz $f(u) - g(u)$ ist gegeben durch:

$(\ln u)^2 - \ln u = \ln u \cdot (\ln u - 1)$

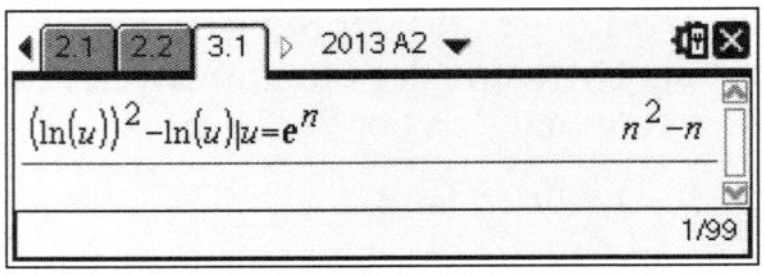


Ersetzt man u durch $e^n$ mit $n \in \mathbb{N}$, so erhält man daraus:

$\ln(e^n) \cdot \left(\ln(e^n) - 1\right)$

Mit dem Logarithmengesetz $\ln(x^r) = r \cdot \ln x$ (für $x > 0$) und wegen $\ln e = 1$ folgt daraus:

$n \cdot \ln e \cdot (n \cdot \ln e - 1) = n \cdot (n - 1) = n^2 - n$

Wegen $n \in \mathbb{N}$ und $n^2 \geq n$ ist $n^2 - n$ eine natürliche Zahl.

*Hinweis:* Die Umformung der Differenz zu $n^2 - n$ kann man auch dem Rechner überlassen. Der Term $n^2 - n$ muss dann aber im Sinne der Aufgabenstellung interpretiert werden.

**Wert für $n \notin \mathbb{N}$ bestimmen**

Die Differenz $f(u) - g(u)$ ist, wie oben bereits beschrieben, gegeben durch

$(\ln u)^2 - \ln u = \ln u \cdot (\ln u - 1)$

und mit $u = e^n$ gleichbedeutend mit dem Term $n^2 - n$.

Wenn die Differenz $f(u) - g(u) = n^2 - n$ eine natürliche Zahl k, z. B. $k = 1$ sein soll, dann muss also (für $k = 1$) gelten:

$n^2 - n = 1$

Die Lösungen dieser Gleichung sind:

$n = \dfrac{\sqrt{5} + 1}{2}$ oder $n = \dfrac{-\sqrt{5} + 1}{2}$

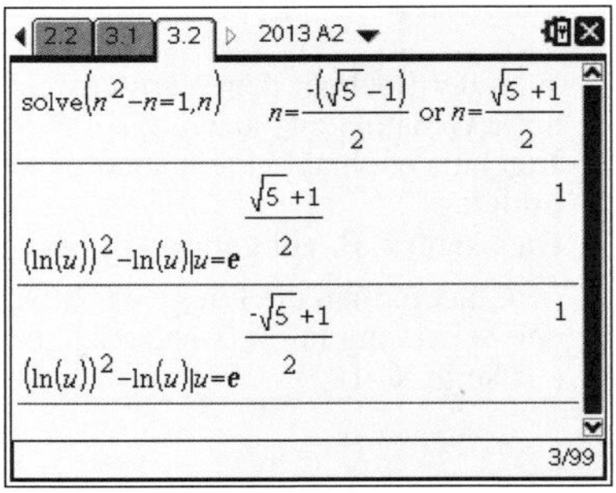


Es ist z. B. $n = \dfrac{\sqrt{5} + 1}{2} \notin \mathbb{N}$ und mit diesem Wert für n ist $f(u) - g(u) = 1$, also ist eine solche Zahl $n \notin \mathbb{N}$ gefunden, wie sie die Aufgabenstellung verlangt.

Beachten Sie die Hinweise auf den Seiten IX und X.

Man kann weitere Lösungen durch folgende Überlegungen finden:
Wenn die Differenz $f(u) - g(u) = n^2 - n$ eine natürliche Zahl k sein soll, dann muss also gelten $n^2 - n = k$.

Die Lösungen dieser Gleichung sind:

$n = \dfrac{\sqrt{4k + 1} + 1}{2}$ oder $n = \dfrac{-\sqrt{4k + 1} + 1}{2}$

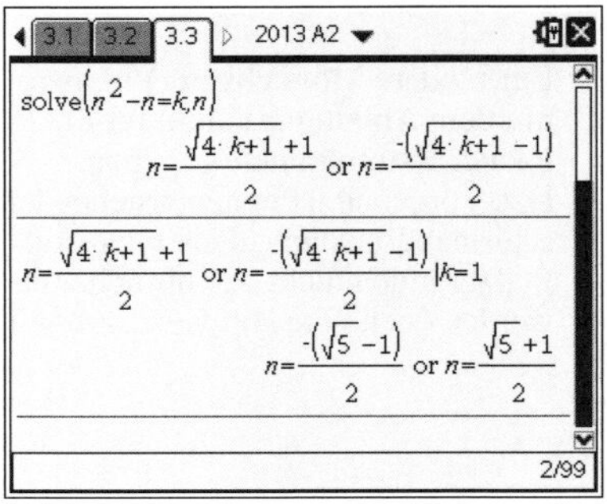


Für $k = 1$ ergeben sich wieder die oben beschriebenen Lösungen.

## Kernfach Mathematik (Thüringen): Abiturprüfung 2013
## Aufgabe B1: Analytische Geometrie/Vektorrechnung

Gegeben ist ein Pyramidenstumpf ABCDEFGH mit quadratischer Grundfläche.

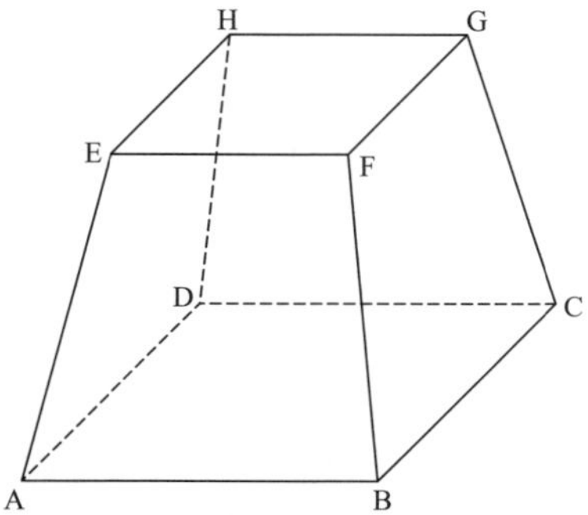


(Skizze nicht maßstäblich)

A(5; –1; 0)
B(5; 5; 0)
C(–1; 5; 0)
D(–1; –1; 0)
E(4; 0; 5)
F(4; 4; 5)
G(0; 4; 5)
H(0; 0; 5)

a) Die Ebene $\varepsilon$ enthält die Punkte A, F und H.
Bestimmen Sie eine Gleichung der Ebene $\varepsilon$ in parameterfreier Form. (2 BE)

b) Die Raumdiagonale $\overline{CE}$ durchstößt die Ebene $\varepsilon$ im Punkt P.
Berechnen Sie den Abstand der Punkte C und P. (5 BE)

c) Berechnen Sie die Größe des Winkels, den die Kanten $\overline{EA}$ und $\overline{EF}$ einschließen. (2 BE)

d) Die Pyramide ABCDS wurde von einer Ebene parallel zur Grundfläche ABCD geschnitten. Einer der beiden beim Schnitt entstandenen Teilkörper ist der gegebene Pyramidenstumpf.
Bestimmen Sie das Volumen der ursprünglichen Pyramide ABCDS. (4 BE)

e) Der Pyramidenstumpf ABCDEFGH kann durch eine Ebene in zwei volumengleiche Teilkörper zerlegt werden.
Geben Sie Gleichungen zweier solcher Ebenen an. (2 BE)

f) Der Punkt T liegt auf der Geraden g, die durch die Punkte A und G verläuft.
Die Gerade h verläuft durch die Punkte B und T und ist senkrecht zur Geraden g.
Bestimmen Sie die Koordinaten des Punktes T.
Geben Sie den Abstand des Punktes B von der Geraden g an. (5 BE)

(20 BE)

## Hinweise und Tipps

**Allgemein**

- Treffen Sie Festlegungen für die Speicherung von Variablen für verschiedene Objekte auf dem Rechner. Beachten Sie auch die Hinweise auf den Seiten XVI und XXVI.

**Aufgabe a**

*Parameterfreie Ebenengleichung*

- Stellen Sie zunächst eine Parametergleichung für die Ebene $\varepsilon_{AFH}$ auf.
- Eliminieren Sie die Parameter aus der Ebenengleichung, um eine parameterfreie Gleichung zu erhalten.
- Alternativ können Sie auch den Normalenvektor der Ebene $\varepsilon_{AFH}$ bestimmen und die parameterfreie Ebenengleichung über die Normalenform ermitteln.

**Aufgabe b**

*Abstand der Punkte C und P*

- Bestimmen Sie zunächst eine Parametergleichung für die Gerade, auf der die Raumdiagonale $\overline{CE}$ liegt.
- Ermitteln Sie den Durchstoßpunkt P dieser Geraden mit der Ebene $\varepsilon_{AFH}$.
- Bestimmen Sie den Abstand der Punkte C und P als Betrag des zugehörigen Vektors.

**Aufgabe c**

*Winkel zwischen den Kanten $\overline{EA}$ und $\overline{EF}$*

- Der Winkel zwischen den Kanten entspricht dem Winkel zwischen den zugehörigen Vektoren.
- Der Winkel kann mithilfe des Skalarprodukts berechnet werden.
- Achten Sie darauf, den Winkel gegebenenfalls ins Gradmaß umzurechnen.

**Aufgabe d**

*Volumen der Pyramide ABCDS*

- Denken Sie sich die Kanten $\overline{AE}$, $\overline{BF}$, $\overline{CG}$ und $\overline{DH}$ nach oben verlängert bis zum Schnittpunkt S.
- Bestimmen Sie die Koordinaten von S als Schnittpunkt von Geraden, die durch zwei dieser Kanten verlaufen.
- Bestimmen Sie die Entfernung des Punktes S von der Grundfläche ABCD. Beachten Sie dabei, dass die Grundfläche ABCD in der x-y-Ebene liegt.
- Berechnen Sie die Länge einer der Seiten der Grundfläche ABCD.
- Bestimmen Sie das Volumen der Pyramide ABCDS. Beachten Sie, dass die Grundfläche ein Quadrat ist.

**Aufgabe e**

*Zerlegung in volumengleiche Teilkörper*

- Machen Sie sich klar, dass es sich um einen geraden Pyramidenstumpf handelt.
- Eine Zerlegung in zwei volumengleiche Teilkörper können Sie z. B. durch Ebenen erreichen, die durch parallele Diagonalen von Deck- und Grundfläche verlaufen.

*Alternative Lösung*

- Machen Sie sich die Lage der Eckpunkte des Pyramidenstumpfes in dem zugehörigen Koordinatensystem klar.
- Nutzen Sie für die Ermittlung von geeigneten Ebenengleichungen solche Ebenen, die senkrecht zur x-y-Ebene und parallel zur y-z-Ebene bzw. zur x-z-Ebene sind.
- Verwenden Sie die weiter oben berechnete Länge der Kanten der Grundfläche.

**Aufgabe f**

*Koordinaten von T und Abstand des Punktes B von der Geraden g(AG)*

- Ermitteln Sie eine Gleichung der Geraden durch die Punkte A und G.
- Der Abstand des Punktes B entspricht dem Minimum des Betrages des Differenzvektors aus dem Ortsvektor von B und dem Ortsvektor eines Punktes der Geraden durch die Punkte A und G.
- Ermitteln Sie denjenigen Wert des Parameters der Geraden durch A und G, für den dieses Minimum erreicht wird.
- Bestimmen Sie mithilfe dieses Parameters und der Geradengleichung die Koordinaten von T.
- Ermitteln Sie den Betrag des Vektors $\overrightarrow{BT}$.

## Lösungen

Für die Speicherung von Variablen im Rechner werden vorab folgende Festlegungen getroffen:

- Ortsvektoren von Punkten werden in der Regel durch einstellige Variable, z. B. a bezeichnet.
- Geradengleichungen werden durch zweistellige, mit dem Buchstaben g beginnende Variable bezeichnet, z. B. g1(t).
- Ebenengleichungen werden durch zweistellige, mit dem Buchstaben e beginnende Variable bezeichnet, z. B. e1(r, s).
- Vektoren für Objekte, die sich aus Rechnungen ergeben, können durch mehrstellige Variable bezeichnet werden, z. B. „spitze“.

a) **Parameterfreie Ebenengleichung**

Eine Parametergleichung der Ebene $\varepsilon_{AFH}$ ist gegeben durch:

$$\vec{x} = \overrightarrow{OA} + r \cdot \overrightarrow{AF} + s \cdot \overrightarrow{AH} \quad \text{mit } r, s \in \mathbb{R}$$

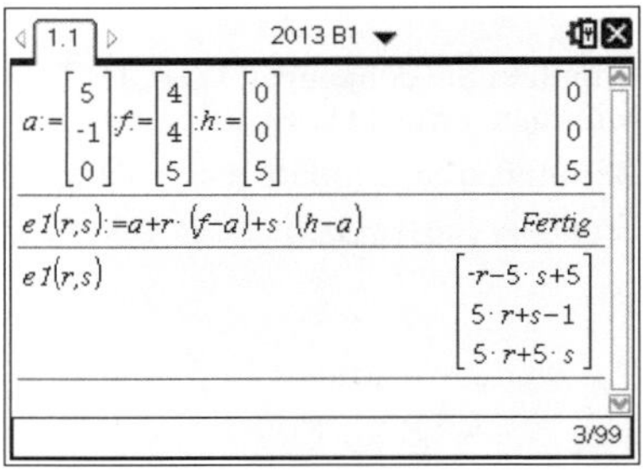


Nach Einsetzen der gegebenen Koordinaten von A, F und H ergibt das die Gleichung:

$$\vec{x} = \begin{pmatrix} 5 \\ -1 \\ 0 \end{pmatrix} + r \cdot \begin{pmatrix} -1 \\ 5 \\ 5 \end{pmatrix} + s \cdot \begin{pmatrix} -5 \\ 1 \\ 5 \end{pmatrix}$$

Sie wird hier unter der Variablen e1(r, s) gespeichert. Aus dieser Gleichung lassen sich durch Lösen des Gleichungssystems

$$\begin{pmatrix} x \\ y \\ z \end{pmatrix} = \begin{pmatrix} 5 \\ -1 \\ 0 \end{pmatrix} + r \cdot \begin{pmatrix} -1 \\ 5 \\ 5 \end{pmatrix} + s \cdot \begin{pmatrix} -5 \\ 1 \\ 5 \end{pmatrix}$$

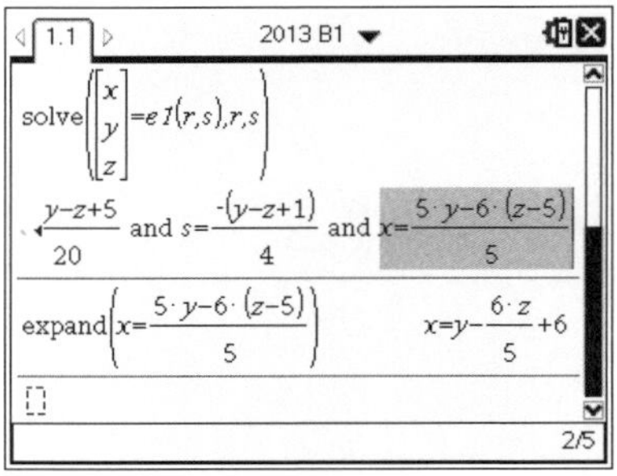


die Parameter r und s eliminieren; u. a. ergibt sich dabei

$$x = \frac{5y - 6 \cdot (z - 5)}{5}$$

als parameterfreie Ebenengleichung. Diese lässt sich noch umformen zu:

$$\underline{\underline{5x - 5y + 6z = 30}}$$

*Alternativ* lässt sich ein Normalenvektor der Ebene $\varepsilon_{AFH}$ durch das Vektorprodukt ermitteln:

$$\overrightarrow{AF} \times \overrightarrow{AH} = \begin{pmatrix} 20 \\ -20 \\ 24 \end{pmatrix} = 4 \cdot \begin{pmatrix} 5 \\ -5 \\ 6 \end{pmatrix}$$

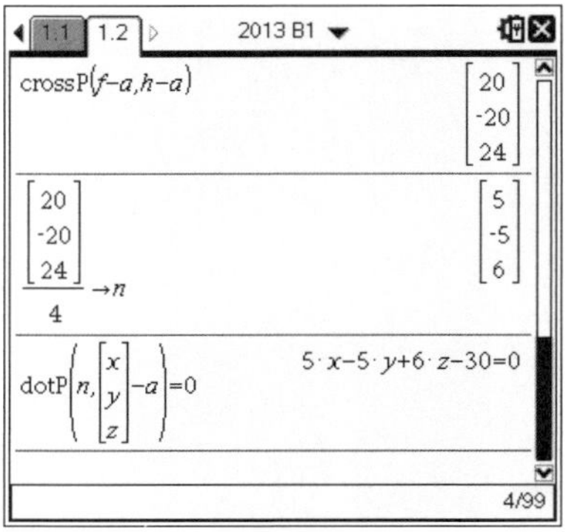


Als Normalenvektor kann also $\vec{n} = \begin{pmatrix} 5 \\ -5 \\ 6 \end{pmatrix}$ verwendet werden.

Mithilfe der Normalenform $\vec{n} \circ (\vec{x} - \vec{x}_0) = 0$ einer Ebenengleichung wird nun die parameterfreie Ebenengleichung angegeben.

Es ergibt sich das gleiche Resultat wie oben:

$$\underline{\underline{5x - 5y + 6z = 30}}$$

b) **Abstand der Punkte C und P**

Die Raumdiagonale $\overline{CE}$ liegt auf der Geraden $g_1(t)$: $\vec{x} = \overrightarrow{OC} + t \cdot \overrightarrow{CE}$ mit $t \in \mathbb{R}$.

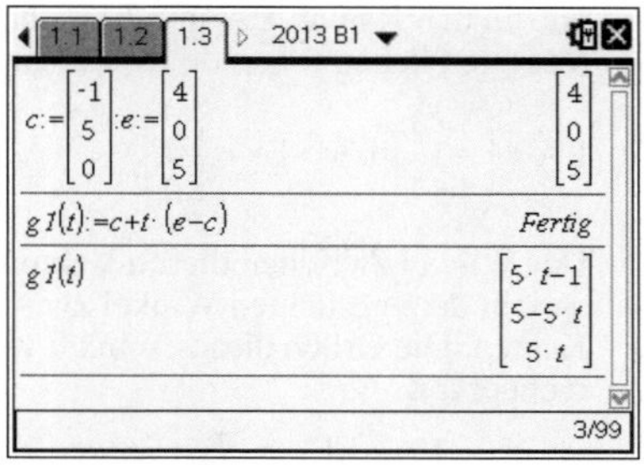


Nach Einsetzen der Koordinaten der Punkte C und E ist:

$$g_1(t)\colon\ \vec{x} = \begin{pmatrix} -1 \\ 5 \\ 0 \end{pmatrix} + t \cdot \begin{pmatrix} 5 \\ -5 \\ 5 \end{pmatrix} \quad (t \in \mathbb{R})$$

Die Koordinaten des Durchstoßpunktes der Raumdiagonalen $\overline{CE}$ durch die Ebene $\varepsilon_{AFH}$ können durch Gleichsetzen der Geradengleichung $g_1(t)$ und der Ebenengleichung von $\varepsilon_{AFH}$ bestimmt werden. Dazu kann auch die Parametergleichung von $\varepsilon_{AFH}$ verwendet werden.

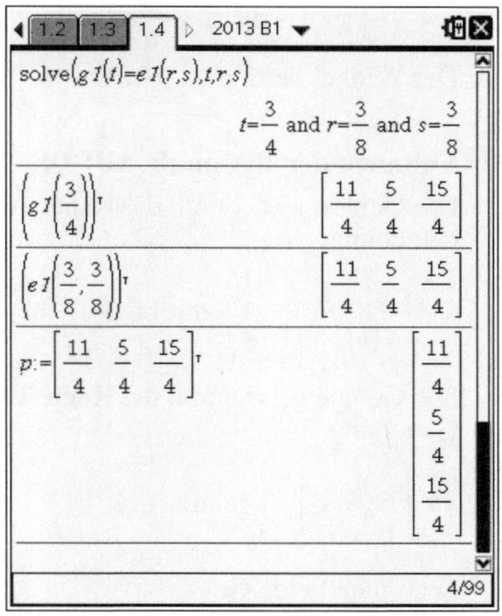


Das Gleichungssystem $g_1(t) = e1(r, s)$ hat die Lösungen:

$$r = s = \frac{3}{8} \quad \text{und} \quad t = \frac{3}{4}$$

Setzt man diese Werte in die zugehörigen Gleichungen ein, so ergibt sich der Durchstoßpunkt:

$$P\left(\frac{11}{4}; \frac{5}{4}; \frac{15}{4}\right)$$

Beachten Sie bezüglich des Symbols $^T$ die Hinweise auf Seite XVII. Seine Verwendung erfolgt hier aus darstellerischen Gründen, damit die Vektoren $g1\left(\frac{3}{4}\right)^T$ bzw. $e1\left(\frac{3}{8}, \frac{3}{8}\right)^T$ als Zeilenvektoren auf dem Bildschirm weniger Platz benötigen. Der Ortsvektor des Punktes P wird dann aber wieder als Spaltenvektor gespeichert, um in weiteren Rechnungen im selben Format wie die anderen Ortsvektoren zur Verfügung zu stehen.

Der Vektor $\overrightarrow{CP}$ hat die Koordinaten:

$$\overrightarrow{CP} = \begin{pmatrix} \frac{15}{4} \\ -\frac{15}{4} \\ \frac{15}{4} \end{pmatrix}$$

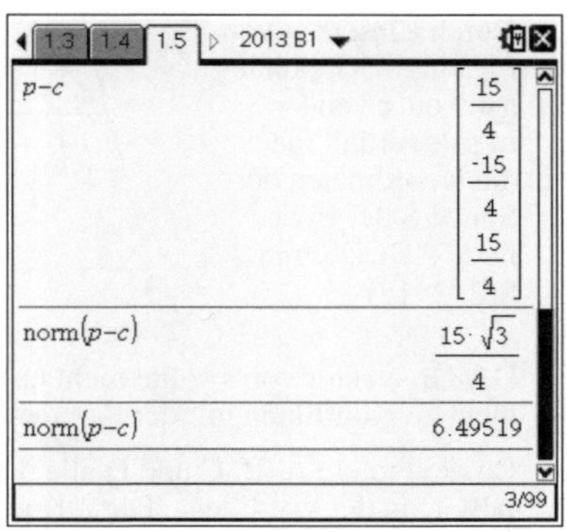


Für den Betrag dieses Vektors gilt:

$$|\overrightarrow{CP}| = \frac{15 \cdot \sqrt{3}}{4}$$

Damit haben die Punkte C und P den Abstand:

$$\underline{\underline{\frac{15 \cdot \sqrt{3}}{4} \approx 6{,}5\ [\text{LE}]}}$$

c) **Winkel zwischen den Kanten $\overline{EA}$ und $\overline{EF}$**

Die zu den Kanten $\overline{EA}$ und $\overline{EF}$ gehörenden Vektoren haben folgende Koordinaten:

$$\overrightarrow{EA} = \begin{pmatrix} 1 \\ -1 \\ -5 \end{pmatrix} \text{ bzw. } \overrightarrow{EF} = \begin{pmatrix} 0 \\ 4 \\ 0 \end{pmatrix}$$

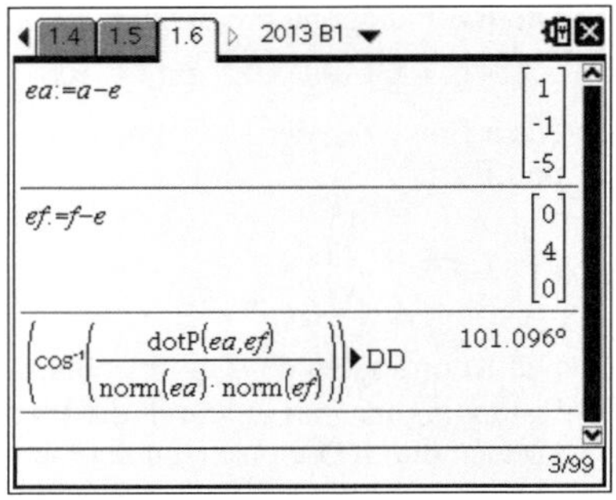


Der Winkel zwischen diesen Vektoren entspricht dem gesuchten Winkel zwischen den Kanten. Die Größe dieses Winkel wird berechnet mit:

$$\cos^{-1}\left(\frac{\overrightarrow{EA} \circ \overrightarrow{EF}}{|\overrightarrow{EA}| \cdot |\overrightarrow{EF}|}\right)$$

Der Winkel beträgt ca. $\underline{\underline{101{,}1°}}$.

d) **Volumen der Pyramide ABCDS**

Die Gerade $g_2(r)$ durch die Kante $\overline{AE}$ hat die Gleichung

$$\vec{x} = \begin{pmatrix} 5 \\ -1 \\ 0 \end{pmatrix} + r \cdot \begin{pmatrix} -1 \\ 1 \\ 5 \end{pmatrix} \quad \text{mit } r \in \mathbb{R}.$$

Die Gerade $g_3(s)$ durch die Kante $\overline{BF}$ hat die Gleichung

$$\vec{x} = \begin{pmatrix} 5 \\ 5 \\ 0 \end{pmatrix} + s \cdot \begin{pmatrix} -1 \\ -1 \\ 5 \end{pmatrix} \quad \text{mit } s \in \mathbb{R}.$$

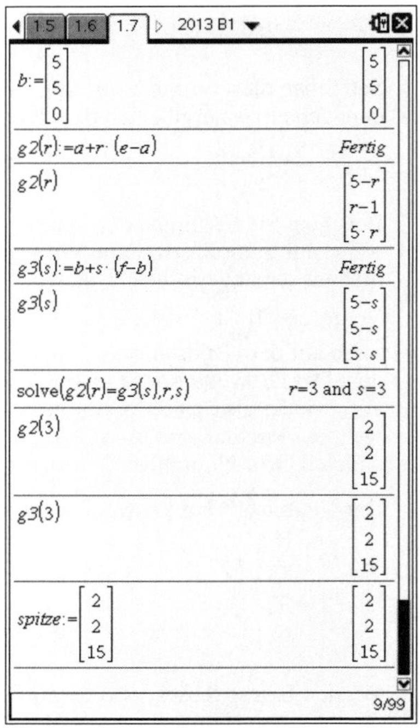


Setzt man beide Geradengleichungen gleich, so ergibt sich als Lösung des Gleichungssystems:

$r = s = 3$

Durch Einsetzen von $r = 3$ in die Gleichung $g_2(r)$ oder von $s = 3$ in $g_3(s)$ erhält man die Koordinaten der Spitze S der Pyramide ABCDS mit:

S(2; 2; 15)

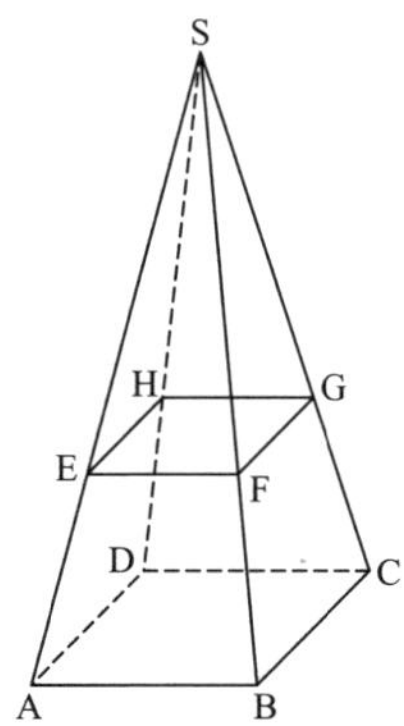


(Zeichnung nicht maßstäblich)

Der Ortsvektor von s sollte nicht unter der Variablen „s“ gespeichert werden, damit es nicht zu Konflikten mit der Parameterbezeichnung „s“ kommt.

Da die Punkte A, B, C und D alle die z-Koordinate $z = 0$ haben, liegt die Grundfläche ABCD in der x-y-Ebene. Die z-Koordinate von S gibt dann also den Abstand von S zur Grundfläche und damit die Höhe h der Pyramide an. Sie beträgt:

$h = 15$ LE

Die Grundfläche wird in der Aufgabenstellung bereits als Quadrat angegeben. Die Länge der Kante $\overline{AB}$ wird als Betrag des zugehörigen Vektors berechnet. Es ist:

$|\overrightarrow{AB}| = 6$

Die Grundfläche ABCD ist also ein Quadrat mit der Seitenlänge 6 LE. Sie hat einen Flächeninhalt von $A_G = 6 \cdot 6 = 36$ [FE].

Damit ergibt sich für das Volumen der Pyramide ABCDS:

$$V = \frac{1}{3} \cdot A_G \cdot h = \frac{1}{3} \cdot 36 \cdot 15 = 12 \cdot 15 = \underline{\underline{180\,[VE]}}$$

Die Koordinaten der Spitze S lassen sich auch mit Geraden bestimmen, die durch andere Kanten des Pyramidenstumpfes laufen.

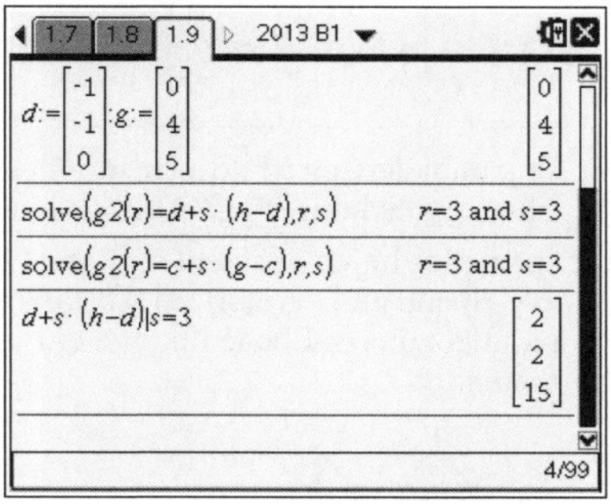


e) **Zerlegung in volumengleiche Teilkörper**

Ebenengleichungen für den Pyramidenstumpf halbierende Ebenen lassen sich z. B. in Parameterform angeben. Sie können jeweils bestimmt werden durch drei Eckpunkte, von denen zwei zu einer der nach oben verlaufenden Kante gehören und der dritte Punkt ein dieser Kante gegenüberliegender Eckpunkt ist, oder durch die Mittelpunkte dreier zueinander paralleler Kanten.

Verwendet man z. B. die Eckpunkte A, E und C, so erhält man als schneidende und halbierende Ebene in Parameterform:

$$\vec{x} = \begin{pmatrix} 5 \\ -1 \\ 0 \end{pmatrix} + r \cdot \begin{pmatrix} -1 \\ 1 \\ 5 \end{pmatrix} + s \cdot \begin{pmatrix} -6 \\ 6 \\ 0 \end{pmatrix} \quad (r, s \in \mathbb{R})$$

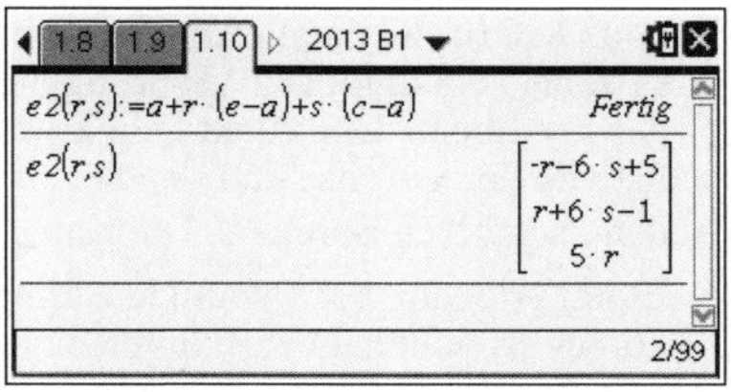


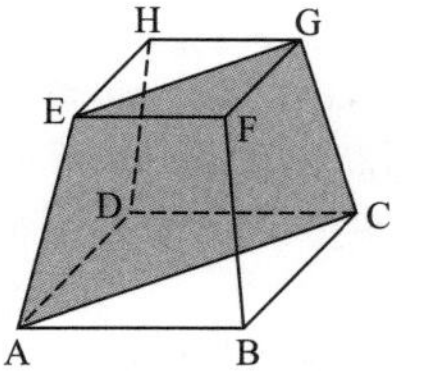


(Zeichnung nicht maßstäblich)

Die schneidende und halbierende Ebene durch die Eckpunkte B, F und H hat die Gleichung:

$$\vec{x} = \begin{pmatrix} 5 \\ 5 \\ 0 \end{pmatrix} + r \cdot \begin{pmatrix} -1 \\ -1 \\ 5 \end{pmatrix} + s \cdot \begin{pmatrix} -5 \\ -5 \\ 5 \end{pmatrix} \quad (r, s \in \mathbb{R})$$

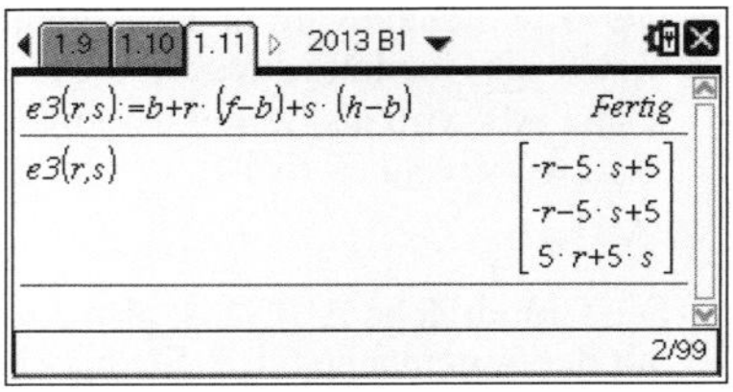


Verwendet man die Mittelpunkte der Kanten $\overline{AD}$, $\overline{EH}$ und $\overline{BC}$, so erhält man $M_{AD}(2; -1; 0)$, $M_{EH}(2; 0; 5)$ und $M_{BC}(2; 5; 0)$.

Die aus den drei Punkten gebildete Ebenengleichung in Parameterform lautet:

$$\vec{x} = \begin{pmatrix} 2 \\ -1 \\ 0 \end{pmatrix} + r \cdot \begin{pmatrix} 0 \\ 6 \\ 0 \end{pmatrix} + s \cdot \begin{pmatrix} 0 \\ 1 \\ 5 \end{pmatrix} \quad (r, s \in \mathbb{R})$$

In parameterfreier Form entspricht das der Ebenengleichung $x = 2$. Dies ist eine Ebene in spezieller Lage. Sie steht senkrecht auf der x-y-Ebene und verläuft im Abstand von 2 LE parallel zur y-z-Ebene durch den I. und IV. Oktanten.

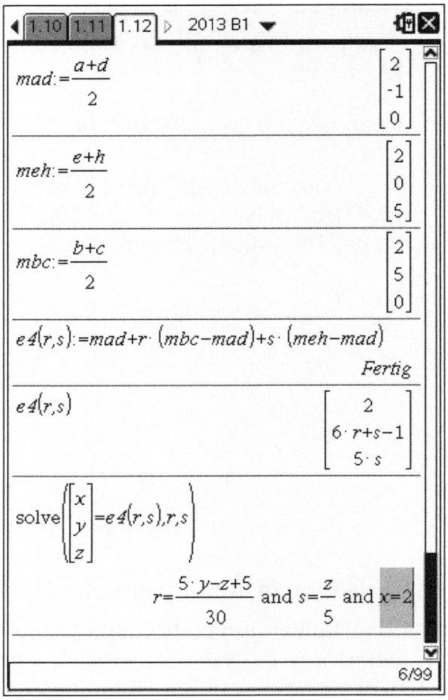


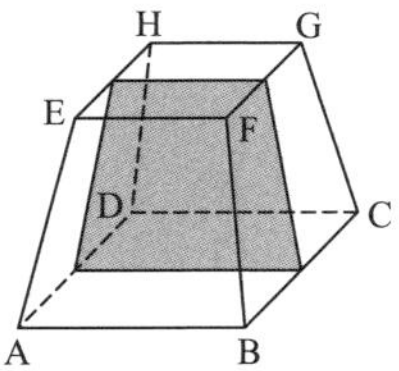


(Zeichnung nicht maßstäblich)

*Alternative Lösung:* Aus den Koordinaten der Eckpunkte des Pyramidenstumpfes kann man den Schluss ziehen, dass die Kanten von Grund- und Deckfläche parallel zu den Achsen des zugehörigen Koordinatensystems verlaufen. Der Ursprung liegt senkrecht unter dem Punkt H in der x-y-Ebene. Der Punkt D liegt wie der Punkt A in der x-y-Ebene, D hat von der x-Achse und von der y-Achse jeweils den Abstand 1 LE in den „negativen Bereich“. Die Kante $\overline{AD}$ ist 6 LE lang.

Grundriss des Pyramidenstumpfes:

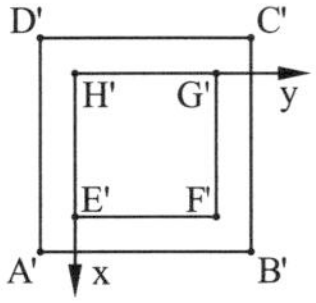


Eine Zerlegung des Pyramidenstumpfes in zwei volumengleiche Teilkörper erreicht man z. B. durch eine schneidende Ebene, die durch die Mittelpunkte der Kanten $\overline{AD}$ und $\overline{EH}$ sowie parallel zur Kante $\overline{CD}$ verläuft. Eine solche Ebene steht senkrecht zur x-y-Ebene, ist parallel zur y-z-Ebene und hat von dieser den Abstand 2 LE. Der Mittelpunkt der Kante $\overline{AD}$ hat die Koordinaten $M_{AD}(2; -1; 0)$, der Mittelpunkt der Kante $\overline{EH}$ hat die Koordinaten $M_{EH}(2; 0; 5)$. Die Gleichung der schneidenden Ebene ist $x = 2$.

Man kann eine solche schneidende Ebene auch parallel zur x-z-Ebene, senkrecht zur x-y-Ebene durch die Mittelpunkte der Kanten $\overline{EF}$ und $\overline{AB}$ legen. Diese Ebene hat die Gleichung $y = 2$.

f) **Koordinaten von T und Abstand des Punktes B von der Geraden g(AG)**

Die Gleichung $g_4(t)$ der Geraden durch die Punkte A und G lautet:

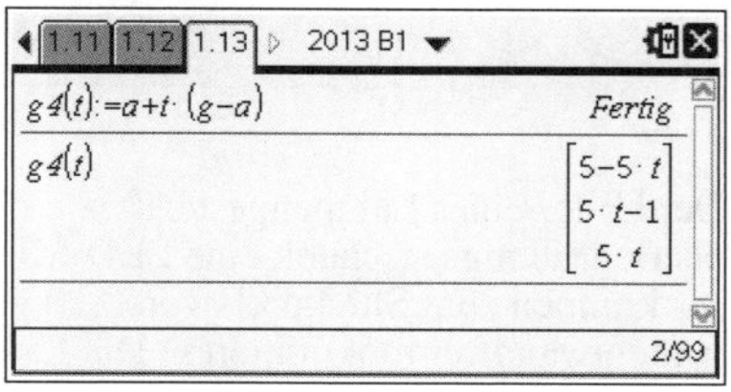


$$\vec{x} = \overrightarrow{OA} + t \cdot \overrightarrow{AG} = \begin{pmatrix} 5 \\ -1 \\ 0 \end{pmatrix} + t \cdot \begin{pmatrix} -5 \\ 5 \\ 5 \end{pmatrix} \quad (t \in \mathbb{R})$$

Da die Gerade h durch die Punkte B und T senkrecht zur Geraden durch die Punkte A und G verlaufen soll, muss der Punkt T auf der Geraden durch A und G so liegen, dass der Betrag des Vektors $g_4(t) - \overrightarrow{OB}$ minimal ist. Das ist genau dann der Fall, wenn h senkrecht zu g verläuft.

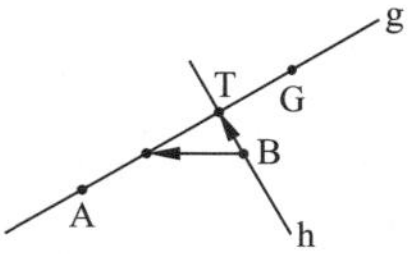


Für den Betrag des Vektors $g_4(t) - \overrightarrow{OB}$ ergibt sich der Term:

$\sqrt{3 \cdot (25t^2 - 20t + 12)}$

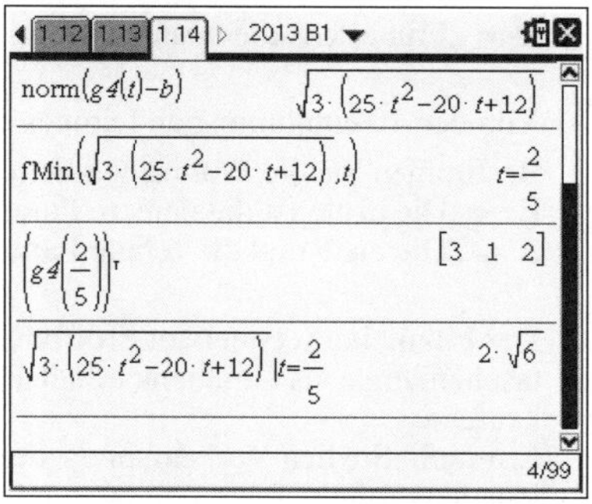


Das Minimum des Betrages des Vektors $g_4(t) - \overrightarrow{OB}$ wird für $t = \frac{2}{5}$ angenommen. Damit lassen sich die Koordinaten des Punktes T durch $g_4\left(\frac{2}{5}\right)$ berechnen:

T(3; 1; 2)

Der Abstand von B zur Geraden durch A und G ist dann der Betrag des Vektors $g_4(t) - \overrightarrow{OB}$ für $t = \frac{2}{5}$. Der Abstand beträgt $2 \cdot \sqrt{6}$ LE.

*Alternativer Lösungsweg:* Wenn die Gerade g senkrecht zur Geraden h ist, sind auch die beiden Richtungsvektoren dieser Geraden orthogonal zueinander. Das Skalarprodukt dieser Richtungsvektoren muss deshalb null sein. Als Richtungsvektor der Geraden g kann man z. B. nehmen:

$$\overrightarrow{AG} = \begin{pmatrix} -5 \\ 5 \\ 5 \end{pmatrix}$$

Ein Richtungsvektor der Geraden h ist:

$$\overrightarrow{BT} = \overrightarrow{OT} - \overrightarrow{OB} = \begin{pmatrix} 5 \\ -1 \\ 0 \end{pmatrix} + t \cdot \begin{pmatrix} -5 \\ 5 \\ 5 \end{pmatrix} - \begin{pmatrix} 5 \\ 5 \\ 0 \end{pmatrix} = \begin{pmatrix} 0 \\ -6 \\ 0 \end{pmatrix} + t \cdot \begin{pmatrix} -5 \\ 5 \\ 5 \end{pmatrix}$$

Dabei ist T ein Punkt der Geraden durch A und G mit noch zu bestimmendem Wert für den Parameter t.

Aus der Bedingung für das Skalarprodukt,

$\overrightarrow{AG} \circ \overrightarrow{BT} = 0,$

ergibt sich wie oben $t = \frac{2}{5}$ und damit T(3; 1; 2).

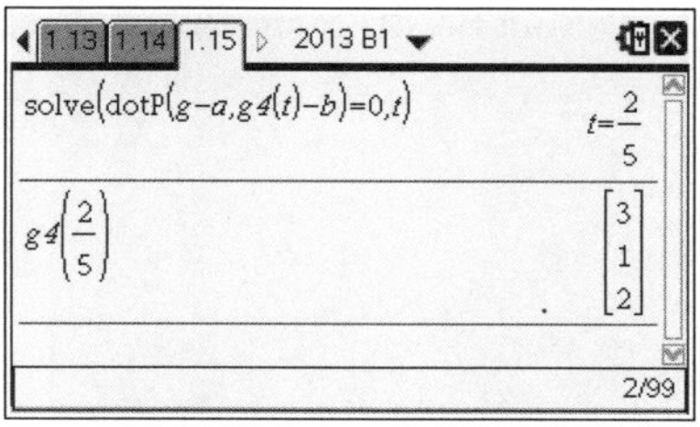

## Kernfach Mathematik (Thüringen): Abiturprüfung 2013
## Aufgabe B2: Stochastik

Der Leiter eines Lampengeschäftes möchte zur Eröffnung einer neuen Filiale seinen Kunden als Begrüßungsgeschenk eine LED-Minitaschenlampe überreichen. Er bezieht 1000 Stück dieser Lampen zum Stückpreis von 0,20 € von einem Hersteller, der angibt, dass 95 % der Lampen einwandfrei funktionieren. Die Lampen wurden in Packungen zu je 40 Stück angeliefert.

a) Der ersten Packung werden 10 Lampen entnommen.
Bestimmen Sie die Wahrscheinlichkeiten folgender Ereignisse:
A := „Alle Lampen sind einwandfrei."
B := „Genau eine Lampe ist defekt."
C := „Nur die zehnte Lampe ist defekt."
D := „Frühestens die neunte Lampe ist defekt." (4 BE)

b) Von den 10 entnommenen Lampen ist genau eine defekt.
Bestimmen Sie die Wahrscheinlichkeiten folgender Ereignisse:
E := „Die dritte ist die defekte Lampe."
F := „Die erste und die zehnte Lampe funktionieren einwandfrei." (2 BE)

c) Der Filialleiter rechnet am Eröffnungstag mit 200 Kunden, die eine LED-Minitaschenlampe als Geschenk erhalten sollen. Er beschließt, die restlichen zu verkaufen.
Ermitteln Sie den Verkaufspreis, den er mindestens kalkulieren muss, wenn er jede verkaufte defekte Lampe durch einen 10-€-Gutschein ersetzen und insgesamt keinen Verlust haben möchte. (3 BE)

d) Wie viele Lampen müssen mindestens geprüft werden, damit mit einer Wahrscheinlichkeit von mindestens 97 % mindestens eine defekte dabei ist? (3 BE)

e) Wie viele defekte Lampen sind pro Packung zu erwarten?
Geben Sie die Wahrscheinlichkeit dafür an, dass dieser Erwartungswert nicht überschritten wird. (3 BE)

f) Der Filialleiter wählt drei Packungen aus. In der ersten Packung findet er genau vier defekte Lampen und nimmt deshalb an, dass der Anteil der defekten Lampen 10 % beträgt.
Wie viele defekte Lampen darf der Filialleiter in den nächsten beiden Packungen höchstens noch finden, damit bei einer Irrtumswahrscheinlichkeit von 4 % die vom Hersteller angegebene Funktionstüchtigkeit erfüllt ist? (5 BE)

(20 BE)

## Binomialverteilung

| n | k | p = 0,05 | | p = 0,10 | | p = 0,15 | |
|---|---|---|---|---|---|---|---|
| | | $B(n;p;k)$ | $\sum_{i=0}^{k} B(n;p;i)$ | $B(n;p;k)$ | $\sum_{i=0}^{k} B(n;p;i)$ | $B(n;p;k)$ | $\sum_{i=0}^{k} B(n;p;i)$ |
| 100 | 0 | 0,00592 | 0,00592 | 0,00003 | 0,00003 | | |
| | 1 | 0,03116 | 0,03708 | 0,00030 | 0,00032 | | |
| | 2 | 0,08118 | 0,11826 | 0,00162 | 0,00194 | 0,00001 | 0,00002 |
| | 3 | 0,13958 | 0,25784 | 0,00589 | 0,00784 | 0,00008 | 0,00009 |
| | 4 | 0,17814 | 0,43598 | 0,01587 | 0,02371 | 0,00033 | 0,00043 |
| | 5 | 0,18002 | 0,61600 | 0,03387 | 0,05758 | 0,00113 | 0,00155 |
| | 6 | 0,15001 | 0,76601 | 0,05958 | 0,11716 | 0,00315 | 0,00470 |
| | 7 | 0,10603 | 0,87204 | 0,08890 | 0,20605 | 0,00746 | 0,01217 |
| | 8 | 0,06487 | 0,93691 | 0,11482 | 0,32087 | 0,01531 | 0,02748 |
| | 9 | 0,03490 | 0,97181 | 0,13042 | 0,45129 | 0,02762 | 0,05509 |
| | 10 | 0,01672 | 0,98853 | 0,13187 | 0,58316 | 0,04435 | 0,09945 |
| | 11 | 0,00720 | 0,99573 | 0,11988 | 0,70303 | 0,06404 | 0,16349 |
| | 12 | 0,00281 | 0,99854 | 0,09879 | 0,80182 | 0,08382 | 0,24730 |
| | 13 | 0,00100 | 0,99954 | 0,07430 | 0,87612 | 0,10012 | 0,34743 |
| | 14 | 0,00033 | 0,99986 | 0,05130 | 0,92743 | 0,10980 | 0,45722 |
| | 15 | 0,00010 | 0,99996 | 0,03268 | 0,96011 | 0,11109 | 0,56832 |
| | 16 | 0,00003 | 0,99999 | 0,01929 | 0,97940 | 0,10415 | 0,67246 |
| | 17 | 0,00001 | 1,00000 | 0,01059 | 0,98999 | 0,09081 | 0,76328 |
| | 18 | | 1,00000 | 0,00543 | 0,99542 | 0,07390 | 0,83717 |
| | 19 | | 1,00000 | 0,00260 | 0,99802 | 0,05628 | 0,89346 |
| | 20 | | 1,00000 | 0,00117 | 0,99919 | 0,04022 | 0,93368 |
| | 21 | | 1,00000 | 0,00050 | 0,99969 | 0,02704 | 0,96072 |
| | 22 | | 1,00000 | 0,00020 | 0,99989 | 0,01714 | 0,97786 |
| | 23 | | 1,00000 | 0,00007 | 0,99996 | 0,01026 | 0,98811 |
| | 24 | | 1,00000 | 0,00003 | 0,99999 | 0,00581 | 0,99392 |
| 120 | 0 | 0,00212 | 0,00212 | | | | |
| | 1 | 0,01340 | 0,01553 | 0,00004 | 0,00005 | | |
| | 2 | 0,04198 | 0,05751 | 0,00028 | 0,00033 | | |
| | 3 | 0,08690 | 0,14441 | 0,00124 | 0,00157 | 0,00001 | 0,00001 |
| | 4 | 0,13378 | 0,27819 | 0,00404 | 0,00562 | 0,00003 | 0,00003 |
| | 5 | 0,16336 | 0,44155 | 0,01042 | 0,01604 | 0,00011 | 0,00014 |
| | 6 | 0,16479 | 0,60634 | 0,02220 | 0,03824 | 0,00037 | 0,00052 |
| | 7 | 0,14125 | 0,74759 | 0,04016 | 0,07840 | 0,00107 | 0,00159 |
| | 8 | 0,10501 | 0,85259 | 0,06303 | 0,14143 | 0,00268 | 0,00427 |
| | 9 | 0,06878 | 0,92137 | 0,08716 | 0,22859 | 0,00588 | 0,01016 |
| | 10 | 0,04018 | 0,96155 | 0,10750 | 0,33609 | 0,01153 | 0,02168 |
| | 11 | 0,02115 | 0,98270 | 0,11944 | 0,45553 | 0,02034 | 0,04202 |
| | 12 | 0,01011 | 0,99281 | 0,12055 | 0,57607 | 0,03261 | 0,07463 |
| | 13 | 0,00442 | 0,99723 | 0,11127 | 0,68734 | 0,04780 | 0,12243 |
| | 14 | 0,00178 | 0,99901 | 0,09449 | 0,78184 | 0,06447 | 0,18691 |
| | 15 | 0,00066 | 0,99967 | 0,07419 | 0,85603 | 0,08040 | 0,26731 |
| | 16 | 0,00023 | 0,99990 | 0,05410 | 0,91013 | 0,09311 | 0,36042 |
| | 17 | 0,00007 | 0,99997 | 0,03677 | 0,94691 | 0,10052 | 0,46094 |
| | 18 | 0,00002 | 0,99999 | 0,02338 | 0,97029 | 0,10151 | 0,56245 |
| | 19 | 0,00001 | 1,00000 | 0,01395 | 0,98423 | 0,09617 | 0,65862 |
| | 20 | | | 0,00783 | 0,99206 | 0,08570 | 0,74432 |
| | 21 | | | 0,00414 | 0,99620 | 0,07202 | 0,81633 |
| | 22 | | | 0,00207 | 0,99827 | 0,05719 | 0,87352 |
| | 23 | | | 0,00098 | 0,99925 | 0,04300 | 0,91653 |
| | 24 | | | 0,00044 | 0,99969 | 0,03067 | 0,94720 |

## Hinweise und Tipps

### Aufgabe a

- Interpretieren Sie die Herstellerangabe, dass 95 % der 1 000 Lampen einwandfrei funktionieren, folgendermaßen: Jede der 1 000 Lampen funktioniert mit der Wahrscheinlichkeit 0,95. (Aber nicht: 95 % von 1 000 = 950 Lampen funktionieren.) Demzufolge ist die zufällige Anzahl der funktionierenden Lampen unter den n entnommenen Lampen eine binomialverteilte Zufallsgröße $X_n$.
- Die Zufallsgröße $X_n$ ist binomialverteilt mit den Parametern:
  n = Anzahl der entnommenen Lampen und
  p = 0,95 als Erfolgswahrscheinlichkeit
- Die Bernoulliformel für genau k funktionierende Lampen bei n entnommenen lautet:
  $$P(X_n = k) = B_{n;p}(X_n = k) = \binom{n}{k} \cdot p^k \cdot (1-p)^{n-k}$$
- Die Wahrscheinlichkeit, dass sich genau k defekte Lampen unter den n entnommenen befinden, beträgt:
  $$P(X_n = n-k) = B_{n;p}(X_n = n-k) = \binom{n}{n-k} \cdot p^{n-k} \cdot (1-p)^k = \binom{n}{k} \cdot (1-p)^k \cdot p^{n-k}$$

### Aufgabe b

- Die gesuchten Wahrscheinlichkeiten können Sie unter der folgenden Modellvorstellung bestimmen:
  Einer Urne mit genau zehn Kugeln (neun weiße für die neun funktionierenden Lampen und eine schwarze für die nur eine defekte Lampe) werden „auf gut Glück" und ohne Zurücklegen zehn Kugeln entnommen.
- Dieses zehnstufige Zufallsexperiment kann durch ein zehnstufiges Baumdiagramm veranschaulicht werden, wobei zu beachten ist, dass sich mit jeder Kugelentnahme die Anzahl der Kugeln in der Urne um jeweils eins verringert.

### Aufgabe c

- Der Verkaufspreis kann nicht so bestimmt werden, dass der Händler keinen Verlust haben wird, sondern nur so, dass der zu erwartende Gesamt(rein)gewinn nicht negativ wird.
- Die zufällige Einnahme durch den Verkauf einer Lampe kann durch eine Zufallsgröße mit zwei möglichen Werten beschrieben werden.
- Der zu erwartende Gesamt(rein)gewinn ist die Summe der zu erwartenden Einnahmen aller „Verkaufslampen" vermindert um den Einkaufsgesamtpreis.

### Aufgabe d

- Versuchen Sie, die beschriebene Wahrscheinlichkeit mit der in Aufgabenteil a definierten Zufallsgröße zu erfassen.
- P(„unter den n entnommenen Lampen mindestens eine defekte") = P(„weniger als n Lampen funktionieren")
- Es soll $P(X_n < n) \geq 0{,}97$ gelten.
- Die Ungleichung $P(X_n < n) \geq 0{,}97$ kann durch systematisches Probieren oder nach äquivalenten Umformungen direkt gelöst werden.

**Aufgabe e**

*Zu erwartende Anzahl*

- Um die zu erwartende Anzahl a defekter Lampen zu berechnen, kann man auf die Zufallsgröße $Y_n$ (zufällige Anzahl der defekten Lampen unter n entnommenen Lampen – vgl. Aufgabenteil d, Lösungsweg 2) oder auf die Zufallsgröße $X_n$ (zufällige Anzahl der funktionierenden Lampen unter n entnommenen Lampen – vgl. Aufgabenteil a) zurückgreifen.
- Zu berechnen ist a als Erwartungswert $EY_{40}$ der Zufallsgröße $Y_{40}$ oder als $40 - EX_{40}$, wobei $EX_{40}$ der Erwartungswert der Zufallsgröße $X_{40}$ ist.
- Der Erwartungswert einer zweiwertigen Zufallsgröße $Z \triangleq \begin{pmatrix} z_1 & z_2 \\ p_1 & p_2 \end{pmatrix}$ berechnet sich als die Summe $EZ = z_1 \cdot p_1 + z_2 \cdot p_2$.

*Binomialwahrscheinlichkeit*

- Hinterfragen Sie die in der Aufgabenstellung benutzte Formulierung „dass dieser Erwartungswert nicht überschritten wird".
- Die formulierte Aufgabenstellung lässt nicht nur eine Interpretation als sinnvoll erscheinen.
- Die Höchstzahl an defekten Lampen kann sich entweder auf eine „auf gut Glück" ausgewählte 40er-Packung oder auf jede der 25 40er-Packungen oder auf die Existenz wenigstens einer derartigen 40er-Packung beziehen.

**Aufgabe f**

- Konstruieren Sie einen Alternativtest bezüglich einer Zufallsstichprobe vom Umfang 120, den beiden Hypothesen $p = 0{,}05$ und $p = 0{,}10$ sowie der Irrtumswahrscheinlichkeit $\alpha = 0{,}04$.
- Die gegebene Irrtumswahrscheinlichkeit (das Signifikanzniveau) ist die Höchstwahrscheinlichkeit für einen Fehler erster Art, d. h. dafür, dass aufgrund der Stichprobe die Nullhypothese $H_0$ abgelehnt wird, obwohl $H_0$ in Wirklichkeit wahr ist.
- Die Aufgabenformulierung „bei einer Irrtumswahrscheinlichkeit von 4 % die vom Hersteller angegebene Funktionstüchtigkeit erfüllt ist" muss als Irrtumswahrscheinlichkeit für einen Fehler erster Art interpretiert werden.
- Die gegebene Irrtumswahrscheinlichkeit soll die Höchstwahrscheinlichkeit dafür sein, dass aufgrund der Stichprobe die vom Hersteller gegebene Garantie von $p = 0{,}05$ anzunehmen ist (d. h. $p = 0{,}10$ abzulehnen ist), obwohl in Wirklichkeit $p = 0{,}10$ wahr ist. Der Leiter des Lampengeschäftes möchte also die Wahrscheinlichkeit dafür, dass er aufgrund der Stichprobe eine „schlechte" Lieferung ($p = 0{,}10$) als solche nicht erkennt und damit annimmt, klein halten.
- Konstruieren Sie den Alternativtest mit der Nullhypothese $H_0$: $p = 0{,}10$ und der Gegenhypothese $H_1$: $p = 0{,}05$ für das Signifikanzniveau $\alpha = 0{,}04$.
- Wählen Sie als binomialverteilte Testgröße Z die zufällige Anzahl der defekten Lampen in der Zufallsstichprobe vom Umfang $n = 120$.
- Wählen Sie als Ablehnungsbereich $\overline{A}$ die Werte von Z, die gegen $H_0$ und damit für $H_1$ sprechen.
- Bestimmen Sie $\overline{A} = \{0; 1; \ldots; k\}$ so, dass $B_{120;\,0{,}10} = (Z \leq k) \leq 0{,}04$ gilt.
- Ermitteln Sie nun mit dem berechneten k-Wert von $\overline{A}$ noch die Höchstzahl defekter Lampen in den verbleibenden beiden 40er-Packungen.

## Lösungen

Modellannahme: Jede der vom Hersteller bezogenen 1 000 Lampen funktioniert mit der Wahrscheinlichkeit 0,95.

a) Die Zufallsgröße $X_n$ gebe die zufällige Anzahl der funktionierenden Lampen unter den n entnommenen Lampen an.
$X_n$ ist binomialverteilt mit den Parametern n und p = 0,95.

$X_n \sim B_{n;\,0,95}$, d. h. $P(X_n = k) = \binom{n}{k} \cdot 0{,}95^k \cdot 0{,}05^{n-k}$

**Wahrscheinlichkeit P(A)**

P(A) = P(„alle 10 Lampen funktionieren“)

$P(A) = B_{10;\,0,95}(X_{10} = 10)$

$\underline{\underline{P(A) \approx 0{,}60}}$

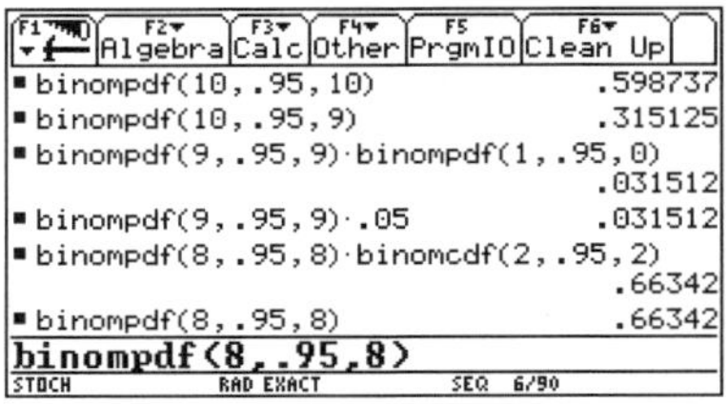


**Wahrscheinlichkeit P(B)**

P(B) = P(„genau 9 Lampen funktionieren“)

$P(B) = B_{10;\,0,95}(X_{10} = 9)$

$\underline{\underline{P(B) \approx 0{,}32}}$

**Wahrscheinlichkeit P(C)**

P(C) = P(„die ersten 9 Lampen funktionieren und die 10. Lampe funktioniert nicht“)

$P(C) = B_{9;\,0,95}(X_9 = 9) \cdot B_{1;\,0,95}(X_1 = 0) = B_{9;\,0,95}(X_9 = 9) \cdot 0{,}05$

$\underline{\underline{P(C) \approx 0{,}032}}$

**Wahrscheinlichkeit P(D)**

P(D) = P(„mindestens die ersten 8 Lampen funktionieren“)

P(D) = P(„die ersten 8 Lampen funktionieren und von den restlichen 2 Lampen (funktioniert entweder keine oder genau eine oder beide funktionieren)“)

$P(D) = B_{8;\,0,95}(X_8 = 8) \cdot B_{2;\,0,95}(X_2 = 0 \text{ oder } X_2 = 1 \text{ oder } X_2 = 2)$

$P(D) = B_{8;\,0,95}(X_8 = 8) \cdot B_{2;\,0,95}(X_2 \leq 2) = B_{8;\,0,95}(X_8 = 8) \cdot 1$

$P(D) = B_{8;\,0,95}(X_8 = 8)$

$\underline{\underline{P(D) \approx 0{,}66}}$

b) Mathematisches Modell: Einer Urne mit genau zehn Kugeln (neun weiße für die funktionierenden Lampen und eine schwarze für die defekte Lampe) werden „auf gut Glück“ und ohne Zurücklegen Kugeln entnommen.

**Wahrscheinlichkeit P(E)**

P(E) = P(„als dritte Kugel wird die schwarze Kugel entnommen“)

$P(E) = \frac{9}{10} \cdot \frac{8}{9} \cdot \frac{1}{8}$

$\underline{\underline{P(E) = 0{,}1}}$

**Wahrscheinlichkeit P(F)**

P(F) = P(„die erste und die zehnte entnommene Kugel sind weiß")

P(F) = P(„die erste entnommene Kugel ist weiß und (die zweite entnommene Kugel ist schwarz oder die dritte entnommene Kugel ist schwarz oder … oder die neunte entnommene Kugel ist schwarz) und die zehnte Kugel ist weiß")

P(F) = 8 · P(„nur die zweite entnommene Kugel ist schwarz")

$$P(F) = 8 \cdot \frac{9}{10} \cdot \frac{1}{9} \cdot \frac{8}{8} \cdot \frac{7}{7} \cdot \frac{6}{6} \cdot \frac{5}{5} \cdot \frac{4}{4} \cdot \frac{3}{3} \cdot \frac{2}{2} \cdot \frac{1}{1}$$

$$\underline{\underline{P(F) = 0{,}8}}$$

c) **Bestimmen des Verkaufspreises mithilfe des Erwartungswertes**

Von den vorhandenen 1 000 Lampen sind genau 800 für den Verkauf bestimmt. Der Preis x (in Euro) einer einzelnen für den Verkauf bestimmten Lampe soll so festgesetzt werden, dass der zu erwartende Gesamtgewinn, d. h. unter Einbeziehung der 200 „Geschenklampen", nicht negativ ist.
Die zufällige Einnahme des Händlers für eine einzelne „Verkaufslampe" lässt sich durch eine Zufallsgröße X beschreiben.

$$X \triangleq \begin{pmatrix} x & x-10 \\ 0{,}95 & 0{,}05 \end{pmatrix}$$

Der zu erwartende Gesamtreingewinn EG errechnet sich als Summe der 800 zu erwartenden Erlöse EX abzüglich des Einkaufspreises für 1 000 Lampen.

$$EG = 800 \cdot EX - 1\,000 \cdot 0{,}20$$

$$EG = 800 \cdot (x \cdot 0{,}95 + (x-10) \cdot 0{,}05) - 1\,000 \cdot 0{,}20 \geq 0$$

$$\underline{\underline{x \geq 0{,}75}}$$

Der Filialleiter muss einen Verkaufspreis von mindestens 0,75 € je „Verkaufslampe" kalkulieren.

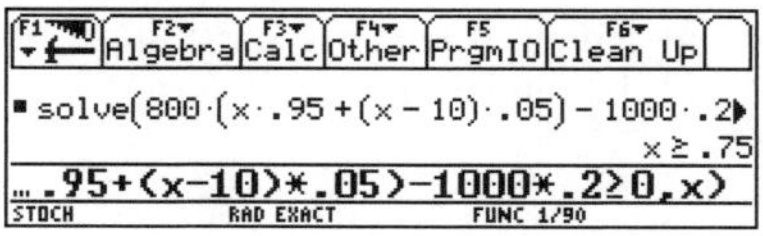


d) **Dreimal-Mindestens-Aufgabe**

*Lösungsweg 1:*

Die Wahrscheinlichkeit, dass sich unter n entnommenen Lampen mindestens eine defekte befindet, soll mindestens 0,97 betragen.
Es sei wieder $X_n \sim B_{n;\,0,95}$ (vgl. Aufgabenteil a).

$$B_{n;\,0,95}(X_n < n) = B_{n;\,0,95}(X_n \leq n-1) \geq 0{,}97 \text{ mit } n \in \mathbb{N}$$

Diese Ungleichung kann durch systematisches Probieren gelöst werden:

$$B_{68;\,0,95}(X_{68} \leq 67) = 0{,}969\ldots < 0{,}97$$

$$B_{69;\,0,95}(X_{69} \leq 68) = 0{,}970\ldots \geq 0{,}97$$

$$\Rightarrow \underline{\underline{n \geq 69}}$$

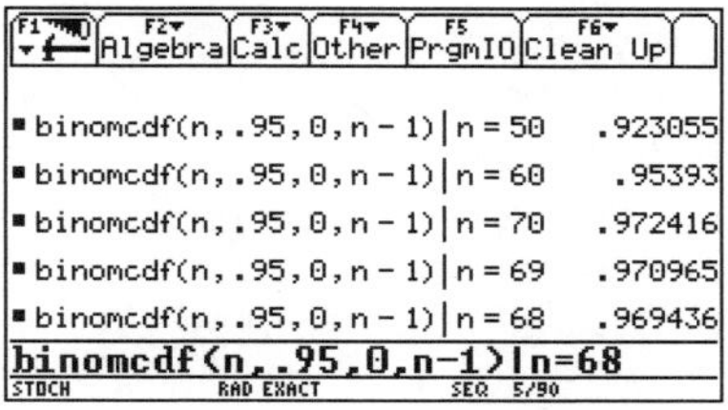

Alternativ dazu besteht auch die Möglichkeit, die Ungleichung direkt zu lösen, nachdem sie äquivalent umgeformt wurde.

$$B_{n;\,0,95}(X_n < n) \geq 0{,}97 \quad \text{mit } n \in \mathbb{N}$$

$$1 - B_{n;\,0,95}(X_n = n) \geq 0{,}97$$

$$1 - \binom{n}{n} \cdot 0{,}95^n \cdot 0{,}05 \geq 0{,}97$$

$$1 - 0{,}95^n \geq 0{,}97$$

$$n \geq 68{,}3\ldots \quad \text{und } n \in \mathbb{N}$$

$$\underline{\underline{n \geq 69}}$$

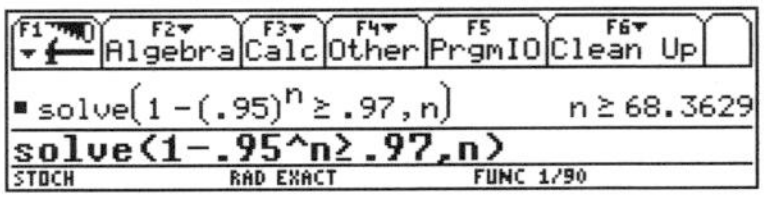


*Lösungsweg 2:*

Die Zufallsgröße $Y_n$ gebe die zufällige Anzahl der defekten Lampen unter den n entnommenen Lampen an. $Y_n$ ist binomialverteilt mit den Parametern n und $p = 0{,}05$.

$$Y_n \sim B_{n;\,0,05}, \text{ d. h. } P(Y_n = k) = \binom{n}{k} \cdot 0{,}05^k \cdot 0{,}95^{n-k}$$

$$B_{n;\,0,05}(Y_n \geq 1) \geq 0{,}97 \quad \text{mit } n \in \mathbb{N} \quad (*)$$

$$1 - B_{n;\,0,95}(Y_n = 0) \geq 0{,}97$$

$$0{,}03 \geq B_{n;\,0,05}(Y_n = 0) = \binom{n}{n} \cdot 0{,}05^0 \cdot 0{,}95^{n-0}$$

$$0{,}03 \geq 0{,}95^n$$

$$n \geq 68{,}3\ldots \quad \text{und } n \in \mathbb{N}$$

$$\underline{\underline{n \geq 69}}$$

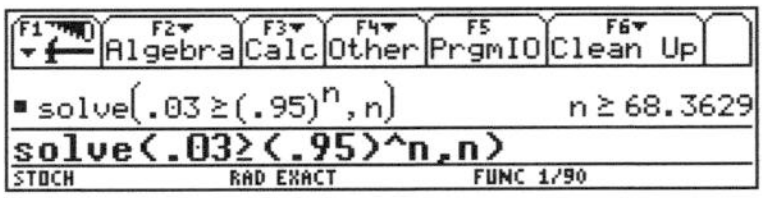


Wie im Lösungsweg 1 könnte man die Ungleichung (*) auch durch systematisches Probieren lösen.

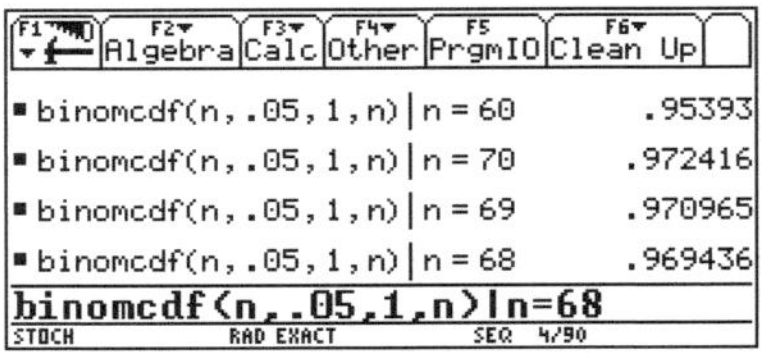


e) **Zu erwartende Anzahl**

*Lösungsweg 1:*

Es sei wieder $Y_n \sim B_{n;\,0,05}$ (vgl. Aufgabenteil d, Lösungsweg 2). Gesucht wird der Erwartungswert der Zufallsgröße $Y_{40}$.

$$EY_{40} = 40 \cdot 0{,}05$$

$$\underline{\underline{EY_{40} = 2}}$$

*Lösungsweg 2:*

Es sei wieder $X_n \sim B_{n;\,0,95}$ (vgl. Aufgabenteil a) mit dem Erwartungswert $EX_n$. Gesucht wird $40 - EX_{40}$.

$$40 - EX_{40} = 40 - 40 \cdot 0{,}95$$

$$\underline{\underline{40 - EX_{40} = 2}}$$

Zwei defekte Lampen sind pro Packung zu erwarten.

**Binomialwahrscheinlichkeit**

Aufgrund der nicht eindeutigen Aufgabenstellung sind drei Interpretationen naheliegend.

*Interpretationsvariante 1:*

Für eine „auf gut Glück" ausgewählte 40er-Packung soll die Wahrscheinlichkeit berechnet werden:
P(„in dieser Packung sind höchstens 2 defekte Lampen")

$B_{40;\,0,05}(Y_{40} \le 2) \approx 0,68$ oder

$B_{40;\,0,95}(X_{40} \ge 38) \approx 0,68$

*Interpretationsvariante 2:*

Es soll die Wahrscheinlichkeit berechnet werden, dass sich in jeder der 25 40er-Packungen höchstens zwei defekte Lampen befinden.

$(B_{40;\,0,05}(Y_{40} \le 2))^{25} \approx 0,000058$ oder

$(B_{40;\,0,95}(X_{40} \ge 38))^{25} \approx 0,000058$

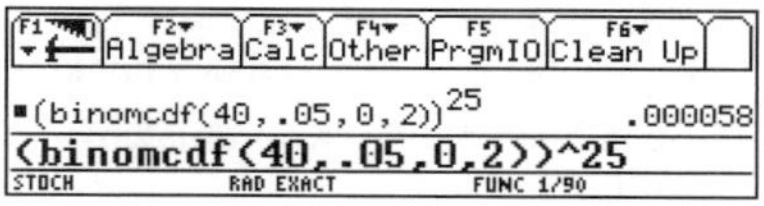


*Interpretationsvariante 3:*

Es soll die Wahrscheinlichkeit berechnet werden, dass sich in mindestens einer der 25 40er-Packungen höchstens zwei defekte Lampen befinden.

$1-(B_{40;\,0,05}(Y_{40} > 2))^{25} \approx 1$ oder

$1-(B_{40;\,0,95}(X_{40} < 38))^{25} \approx 1$

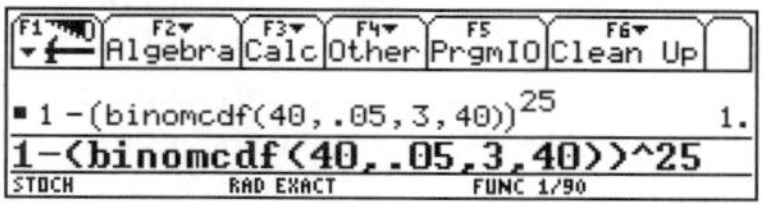


f) **Alternativtest**

Modellannahme: Die 120 ausgewählten Lampen sind eine Zufallsstichprobe aus der Gesamtlieferung.

Testgröße Z: zufällige Anzahl der defekten Lampen in den drei 40er-Packungen; $Z \sim B_{120;\,p}$

Die gegebene Irrtumswahrscheinlichkeit $\alpha = 0,04$ soll die Höchstwahrscheinlichkeit dafür sein, dass in Wirklichkeit $p = 0,10$ gilt, obwohl aufgrund des Stichprobenergebnisses $p = 0,05$ anzunehmen ist. Da $\alpha$ als Höchstwert für einen Fehler erster Art definiert ist, gilt für die Nullhypothese $H_0$: $p = 0,10$.

Nullhypothese $H_0$: $p = 0,10$; Gegenhypothese $H_1$: $p = 0,05$

Ablehnungsbereich: $\overline{A} = \{0; 1; \ldots; k\}$

Annahmebereich: $A = \{k+1; k+2; \ldots; 120\}$

$B_{120;\,0,10}(Z \le k) \le 0,04$

$\Rightarrow \; k \le 6$ (durch systematisches Probieren)

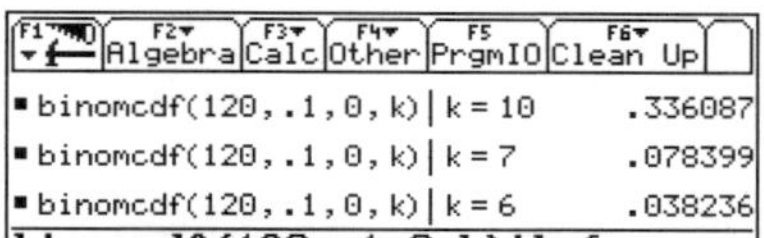


Höchstens sechs defekte Lampen dürfen sich in der Zufallsstichprobe vom Umfang $n = 120$ befinden. In der ersten 40er-Packung befanden sich bereits vier defekte Lampen. Also:

In den nächsten beiden 40er-Packungen darf der Filialleiter nur noch insgesamt zwei defekte Lampen finden.

**Kernfach Mathematik (Thüringen): Abiturprüfung 2013**
**Aufgabe C: Themenübergreifend**

a) Eine ganzrationale Funktion f vierten Grades ist symmetrisch zur y-Achse. Die Punkte $E_1(-4;\ 0)$ und $E_2(0;\ -2)$ sind Extrempunkte von f.
Bestimmen Sie eine Gleichung für die Funktion f. (2 BE)

b) Für jede natürliche Zahl n ($n \geq 1$) ist eine Funktion $f_n$ durch die Gleichung
$y = f_n(x) = \frac{x^n}{x^2 - 4}$ ($x \in \mathbb{R};\ |x| \neq 2$) gegeben.
Untersuchen Sie den Graphen von $f_n$ auf Symmetrie. (2 BE)

c) Gegeben sind die Punkte $A(-2;\ 3;\ -4)$ und $B(4;\ 0;\ 2)$.
Geben Sie den Abstand des Punktes A vom Koordinatenursprung an.
Berechnen Sie die Koordinaten eines Punktes P, der die Strecke $\overline{AB}$ im Verhältnis 1 : 2 teilt. (3 BE)

d) Ein Radfahrer nimmt an allen 10 Etappen einer Rundfahrt teil. Nach jeder Etappe werden 3 % der Fahrer einem Dopingtest unterzogen.
Bestimmen Sie die Wahrscheinlichkeiten folgender Ereignisse:
A := „Der Radfahrer wird nur zur 7. Etappe getestet."
B := „Der Radfahrer wird genau einmal getestet."
C := „Der Radfahrer wird nicht getestet."

(3 BE)
(10 BE)

## Hinweise und Tipps

### Aufgabe a

- Die Funktion f soll eine ganzrationale Funktion vierten Grades sein.
- $f(x) = ax^4 + bx^3 + cx^2 + dx + e$ mit $a \neq 0$ wäre ein sinnvoller Ansatz für eine Funktionsgleichung von f.
- Der Graph von f soll axialsymmetrisch zur y-Achse verlaufen, d. h., f soll auch eine gerade Funktion sein.
- Der Ansatz für eine Funktionsgleichung von f vereinfacht sich auf $f(x) = ax^4 + cx^2 + e \quad (a \neq 0)$.
- Zur Bestimmung der drei Parameter a, c und e genügen drei (voneinander unabhängige) geltende Gleichungen.
- Vier derartige Gleichungen ergeben sich aus der Bedingung, dass die Punkte $E_1(-4; 0)$ und $E_2(0; -2)$ Extrempunkte des Graphen von f sind. (Wählt man drei dieser Gleichungen aus, so darf keine Gleichung dabei sein, die bei beliebiger Parameterwahl für $f(x) = ax^4 + cx^2 + e$ mit $a \neq 0$ stets erfüllt ist.)

### Aufgabe b

- Untersuchen Sie, für welche n-Werte der Graph $G_{f_n}$ von $f_n$ axialsymmetrisch zur y-Achse und für welche n-Werte er punktsymmetrisch zum Koordinatenursprung verläuft. Erste Vermutungen können Sie hierzu den Graphen $G_{f_n}$ entnehmen, nachdem Sie diese mit dem Taschencomputer für einige n-Werte gezeichnet haben.
- $G_{f_n}$ ist axialsymmetrisch zur y-Achse genau dann, wenn $f_n(-x) = f_n(x)$ für alle x aus dem Definitionsbereich von $f_n$ gilt, d. h. für alle $x \in \mathbb{R}, |x| \neq 2$.
- $G_{f_n}$ ist punktsymmetrisch zum Koordinatenursprung genau dann, wenn $f_n(-x) = -f_n(x)$ für alle x aus dem Definitionsbereich von $f_n$ gilt, d. h. für alle $x \in \mathbb{R}, |x| \neq 2$.
- Beim Vergleich von $f_n(-x)$ und $f_n(x)$ genügt es, die jeweiligen Zählerterme miteinander zu vergleichen, da $f_n(-x)$ und $f_n(x)$ in den Nennertermen übereinstimmen.

### Aufgabe c

*Abstand*

- Der Abstand des Punktes A vom Koordinatenursprung ist die Länge der Strecke $\overline{AO}$ mit O(0; 0; 0).
- Die Streckenlänge $\overline{AO}$ lässt sich mithilfe des „räumlichen" Satzes des Pythagoras oder als Länge des Vektors $\overrightarrow{OA}$ mit dem norm-Befehl berechnen.

*Teilungspunkt*

- Wenn der Punkt auf der Strecke $\overline{AB}$ liegt, entstehen die Teilstrecken $\overline{AP}$ und $\overline{PB}$.
- Das gegebene Teilungsverhältnis 1 : 2 kann für $\overline{AP} : \overline{PB}$ oder für $\overline{PB} : \overline{AP}$ stehen. Gleichbedeutend damit steht das Teilungsverhältnis 1 : 3 für $\overline{AP} : \overline{AB}$ oder für $\overline{PB} : \overline{AB}$.
- Die Länge einer Strecke berechnet sich mit dem Taschencomputer besonders einfach als Länge des entsprechenden Vektors.
- Der Punkt P liegt genau dann auf der Strecke $\overline{AB}$, wenn für seinen Ortsvektor $\overrightarrow{OP}$ gilt: $\overrightarrow{OP} = \overrightarrow{OA} + t\,\overrightarrow{AB}$ mit $0 \leq t \leq 1$
- Das Teilungsverhältnis 1 : 2 kann auch über Vektorgleichungen wie z. B. $\overrightarrow{PB} = 2 \cdot \overrightarrow{AP}$ oder $\overrightarrow{AP} = 2 \cdot \overrightarrow{PB}$ zum Ausdruck gebracht werden. Diese Vektorgleichungen können für $P(x_P; y_P; z_P)$ mit dem Taschencomputer direkt gelöst werden im Sinne eines Gleichungssystems mit den drei Variablen $x_P, y_P, z_P$.

**Aufgabe d**

Lösen Sie die Aufgabe unter der Annahme, dass der Radfahrer nach jeder der zehn Etappen mit der Wahrscheinlichkeit 0,03 getestet wird.

Die gesuchten Wahrscheinlichkeiten lassen sich über ein Baumdiagramm ermitteln.

Als Baumdiagramm bietet sich ein zehnstufiges an, das auf jeder Stufe dieselben zwei Ereignisse E = „Radfahrer wird getestet“ und sein Gegenereignis $\overline{E}$ enthält.

$P(E) = 0{,}03$ und $P(\overline{E}) = 1 - P(E)$.

Enthält ein Pfad genau k-mal das Ereignis E, so beträgt seine Pfadwahrscheinlichkeit $P(E)^k \cdot (1 - P(E))^{10-k}$ für die natürlichen Zahlen k mit $0 \le k \le 10$.

P(A) und P(C) berechnen sich jeweils als eine Pfadwahrscheinlichkeit.

P(B) ergibt sich als Summe von zehn gleichwertigen Pfadwahrscheinlichkeiten.

Alternativ lassen sich die gesuchten Wahrscheinlichkeiten auch direkt mittels binomialverteilter Zufallsgrößen bestimmen.

## Lösungen

a) **Funktionsgleichung einer Parabel vierten Grades**

*Lösungsweg 1:*

Die Funktion f ist eine ganzrationale Funktion vierten Grades.

$$f(x) = ax^4 + bx^3 + cx^2 + dx + e \quad (a \neq 0)$$

Der Graph $G_f$ verläuft axialsymmetrisch zur y-Achse, d. h. $f(-x) = f(x)$ für alle $x \in \mathbb{R}$.

$$f(x) = ax^4 + cx^2 + e \quad (a \neq 0)$$

$E_1(-4; 0)$ und $E_2(0; -2)$ sind (lokale) Extrempunkte von $G_f$.

Für f ist also das folgende Gleichungssystem zu lösen:

$$f'(-4) = 0 \text{ und } f(-4) = 0$$
$$f'(0) = 0 \text{ und } f(0) = -2$$

$$\Rightarrow \quad a = -\frac{1}{128}, \quad c = \frac{1}{4}, \quad e = -2$$

$$\Rightarrow \quad f(x) = -\frac{1}{128}x^4 + \frac{1}{4}x^2 - 2$$

$$= -\frac{1}{128}(x-4)^2 \cdot (x+4)^2$$

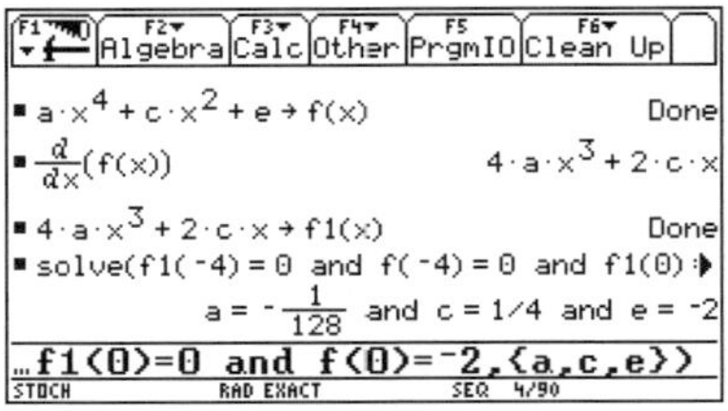


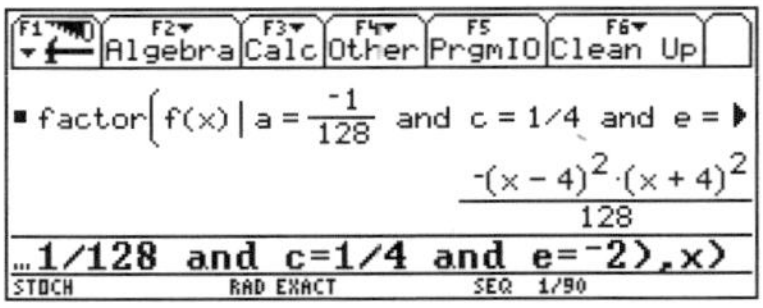


*Hinweis:* Will man die drei Parameter mit nur drei der vier Gleichungen lösen, so darf $f'(0) = 0$ nicht unter den ausgewählten Gleichungen sein, denn mit $f(x) = ax^4 + cx^2 + e \; (a \neq 0)$ gilt $f'(x) = 4ax^3 + 2cx$ und damit stets $f'(0) = 0$.

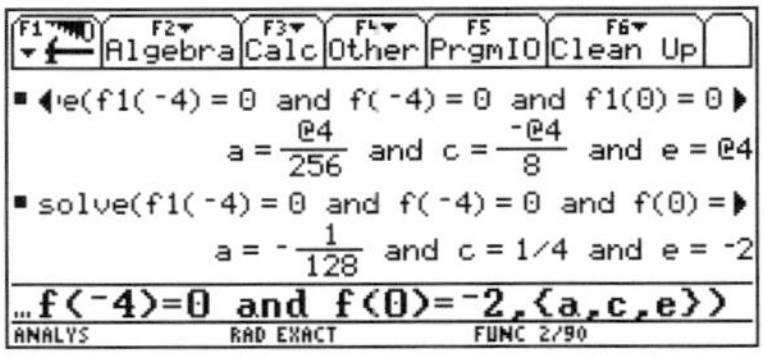

*Lösungsweg 2:*

Der Graph der ganzrationalen Funktion f vom Grade vier verläuft (axial-)symmetrisch zur y-Achse. Demzufolge besitzt $G_f$ mit dem (lokalen) Extrempunkt $E_1(-4;\,0)$ auch den (lokalen) Extrempunkt $E_3(4;\,0)$. Beide Extrempunkte liegen auf der x-Achse. Die Funktion f genügt demzufolge der Gleichung $f(x) = a \cdot (x - x_{E_1})^2 \cdot (x - x_{E_2})^2$.

$f(x) = a(x+4)^2 \cdot (x-4)^2 \quad (a \neq 0)$

$E_2(0;\,-2)$ liegt auf $G_f$.

Um den Parameter a zu berechnen ist die folgende Gleichung zu lösen:

$f(0) = -2$

$$\Rightarrow \quad a = -\frac{1}{128}$$

$$\Rightarrow \quad f(x) = -\frac{1}{128}(x-4)^2 \cdot (x+4)^2$$

$$= -\frac{1}{128}x^4 + \frac{1}{4}x^2 - 2$$

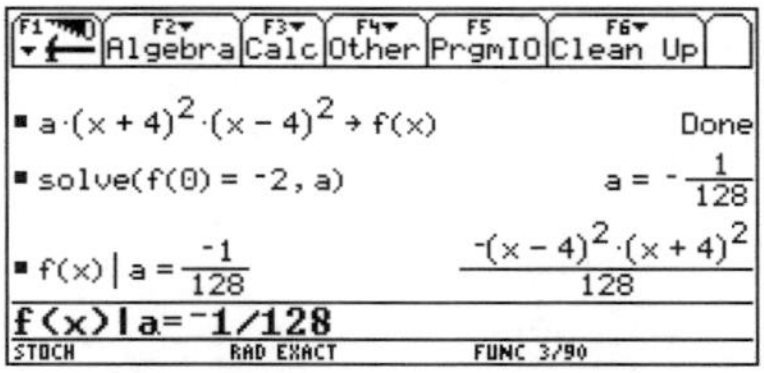


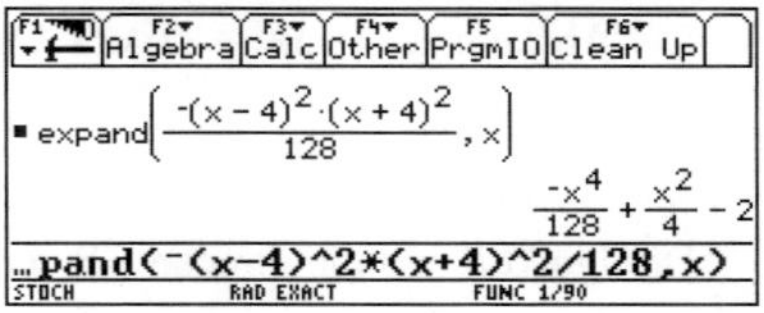


b) **Symmetrie des Graphen $G_{f_n}$**

Aus den Graphen der Funktionen $f_2$ und $f_3$ lässt sich eine Vermutung zur Symmetrie der Graphen von $f_n$ entnehmen.

Vermutung:

- Wie $G_{f_2}$ ist $G_{f_n}$ axialsymmetrisch zur y-Achse, wenn n gerade ist.
- Wie $G_{f_3}$ ist $G_{f_n}$ punktsymmetrisch zum Koordinatenursprung, wenn n ungerade ist.

Der Graph $G_{f_n}$ der Funktion $f_n$ ist genau dann axialsymmetrisch zur y-Achse, wenn $f_n(-x) = f_n(x)$ für alle $x \in \mathbb{R}$, $|x| \neq 2$ gilt.

$$\frac{(-x)^n}{(-x)^2 - 4} = \frac{x^n}{x^2 - 4} \quad (n \in \mathbb{N},\ n \geq 1)$$

Weil $(-x)^2 = x^2$ für alle $x \in \mathbb{R}$ gilt und $(-x)^n = x^n$ für alle $x \in \mathbb{R}$ mit $|x| \neq 2$ genau dann gilt, wenn n eine gerade natürliche Zahl ist, ergibt sich:
Der Graph der Funktion $f_n$ ist genau dann axialsymmetrisch zur y-Achse, wenn n ($n \in \mathbb{N}$, $n \geq 1$) gerade ist.

Der Graph $G_{f_n}$ der Funktion $f_n$ ist genau dann punktsymmetrisch zum Koordinatenursprung, wenn $f_n(-x) = -f_n(x)$ für alle $x \in \mathbb{R}$, $|x| \neq 2$ gilt.

$$\frac{(-x)^n}{(-x)^2 - 4} = -\frac{x^n}{x^2 - 4} \quad (n \in \mathbb{N},\ n \geq 1)$$

Weil $(-x)^2 = x^2$ für alle $x \in \mathbb{R}$ gilt und $(-x)^n = -x^n$ für alle $x \in \mathbb{R}$ mit $|x| \neq 2$ genau dann gilt, wenn n eine ungerade natürliche Zahl ist, ergibt sich:
Der Graph der Funktion $f_n$ ist genau dann punktsymmetrisch zum Koordinatenursprung, wenn n ($n \in \mathbb{N}$, $n \geq 1$) ungerade ist.

c) **Abstand des Punktes A vom Koordinatenursprung**

Der Abstand des Punktes A(–2; 3; –4) vom Koordinatenursprung O(0; 0; 0) ist die Länge der Strecke $\overline{AO}$.

*Lösungsweg 1:*

$$\overline{AO} = \sqrt{(x_A - x_O)^2 + (y_A - y_O)^2 + (z_A - z_O)^2}$$

$$\overline{AO} = \sqrt{x_A^2 + y_A^2 + z_A^2} = \sqrt{(-2)^2 + 3^2 + (-4)^2}$$

$$\underline{\underline{\overline{AO} = \sqrt{29}}}$$

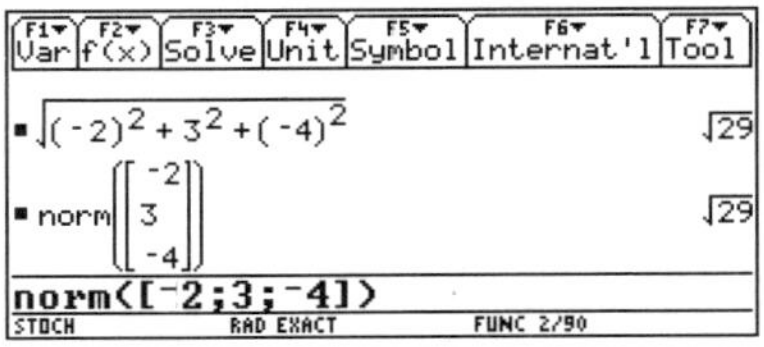


*Lösungsweg 2:*

$\overline{AO} = |\overrightarrow{OA}|$ lässt sich mit dem norm-Befehl berechnen.

$$\underline{\underline{\overline{AO} = \sqrt{29}}}$$

Der Abstand des Punktes A vom Koordinatenursprung beträgt $\sqrt{29}$ LE.

**Teilungspunkt P**

*Lösungsweg 1:*

Der Punkt P teilt die Strecke $\overline{AB}$ im Verhältnis 1 : 2, wenn $\frac{\overline{AP}}{\overline{PB}} = \frac{1}{2}$ bzw. $\frac{\overline{AP}}{\overline{AB}} = \frac{1}{3}$.

$$\frac{\overline{AP}}{\overline{PB}} = \frac{1}{2} \text{ bzw. } \frac{\overline{AP}}{\overline{AB}} = \frac{1}{3}, \text{ d. h.}$$

$$\frac{|\overrightarrow{AP}|}{|\overrightarrow{PB}|} = \frac{1}{2} \text{ bzw. } \frac{|\overrightarrow{AP}|}{|\overrightarrow{AB}|} = \frac{1}{3}$$

Mit den Ortsvektoren

$$\overrightarrow{OA} = \begin{pmatrix} -2 \\ 3 \\ -4 \end{pmatrix}, \overrightarrow{OB} = \begin{pmatrix} 4 \\ 0 \\ 2 \end{pmatrix},$$

$$\overrightarrow{OP} = \overrightarrow{OA} + t\overrightarrow{AB} \quad (0 \le t \le 1)$$

ergibt sich jeweils:

$$t = \frac{1}{3}$$

$$\Rightarrow \quad \underline{\underline{P(0; 2; -2)}}$$

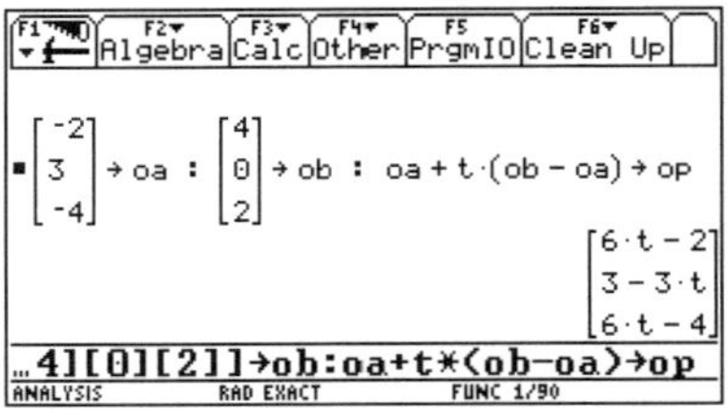


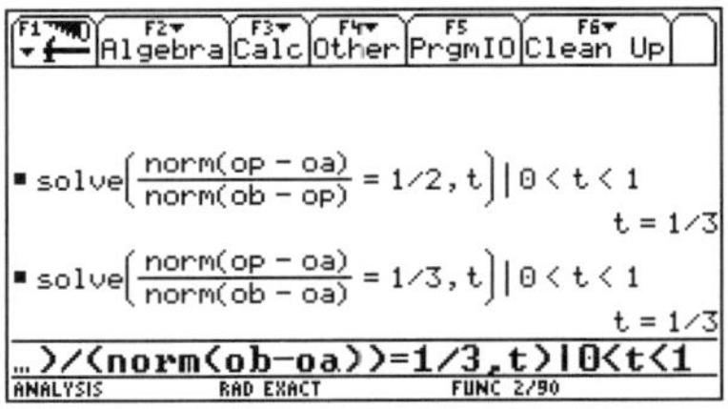


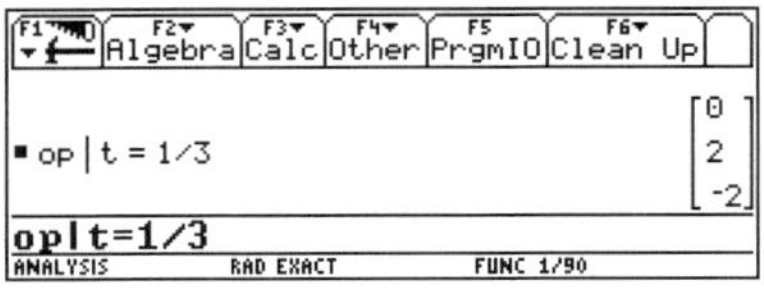


Alternativ zu den zwei betrachteten Ausgangsgleichungen $\frac{\overline{AP}}{\overline{PB}} = \frac{1}{2}$ bzw. $\frac{\overline{AP}}{\overline{AB}} = \frac{1}{3}$ könnte man über $\frac{|\overrightarrow{PB}|}{|\overrightarrow{AP}|} = \frac{1}{2}$ bzw. $\frac{|\overrightarrow{PB}|}{|\overrightarrow{AB}|} = \frac{1}{3}$ den zweiten derartigen Punkt $\underline{\underline{P(2; 1; 0)}}$ berechnen.

*Lösungsweg 2:*

Der Punkt P teilt die Strecke $\overline{AB}$ im Verhältnis 1 : 2, wenn $\overrightarrow{PB} = 2 \cdot \overrightarrow{AP}$ (bzw. $\overrightarrow{AP} = 0{,}5 \cdot \overrightarrow{PB}$ bzw. $\overrightarrow{AP} = 0{,}\overline{3} \cdot \overrightarrow{AB}$ bzw. $\overrightarrow{PB} = 0{,}\overline{6} \cdot \overrightarrow{AB}$) gilt.

$$\begin{pmatrix} x_B - x_P \\ y_B - y_P \\ z_B - z_P \end{pmatrix} = 2 \cdot \begin{pmatrix} x_P - x_A \\ y_P - y_A \\ z_P - z_A \end{pmatrix}$$

$$\begin{pmatrix} 4 - x_P \\ -y_P \\ 2 - z_P \end{pmatrix} = 2 \cdot \begin{pmatrix} x_P + 2 \\ y_P - 3 \\ z_P + 4 \end{pmatrix}$$

$\Rightarrow \underline{\underline{P(0; 2; -2)}}$

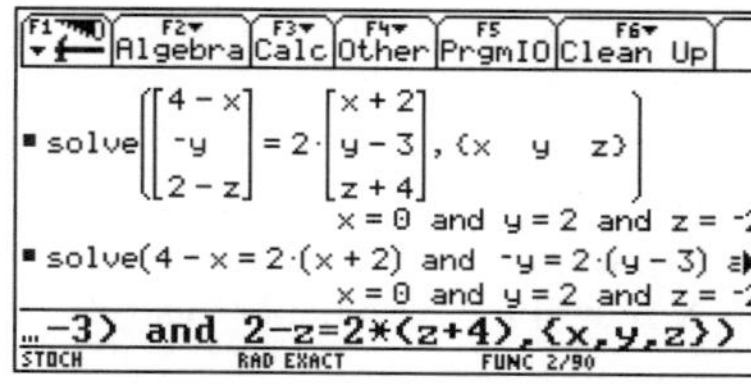


Alternativ zu $\overrightarrow{PB} = 2 \cdot \overrightarrow{AP}$ könnte man über $\overrightarrow{AP} = 2 \cdot \overrightarrow{PB}$ den zweiten derartigen Punkt P berechnen.

$\Rightarrow \underline{\underline{P(2; 1; 0)}}$

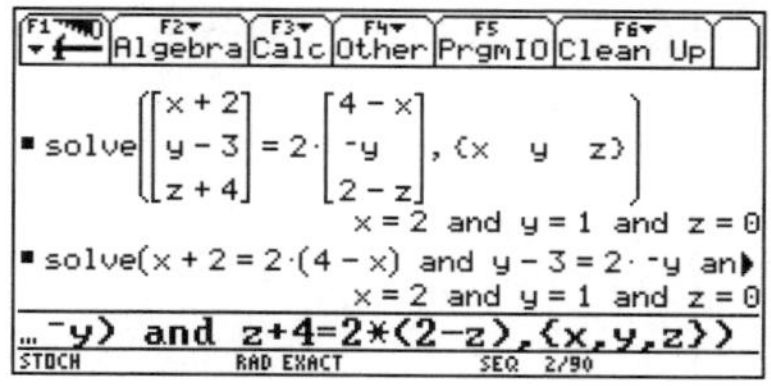


Sowohl (0; 2; –2) als auch (2; 1; 0) könnte als (innerer) Teilungspunkt P gewählt werden, denn beide teilen die Strecke $\overline{AB}$ im Verhältnis 1 : 2.

d) **Berechnen von Wahrscheinlichkeiten**

Modellannahme: Der Radfahrer wird nach jeder der zehn Etappen mit der Wahrscheinlichkeit 0,03 getestet.

*Lösungsweg 1:*

Das zufällige Testen des Radfahrers kann durch ein zehnstufiges Baumdiagramm beschrieben werden, wobei auf jeder Stufe nur die beiden Ereignisse E und $\overline{E}$ mit

P(E) = P(„Radfahrer wird getestet“) = 0,03

stehen. Die Wahrscheinlichkeit eines jeden Pfades mit genau k Ereignissen E beträgt

$p_k = 0{,}97^{10-k} \cdot 0{,}03^k$ für $k \in \{0, 1; \ldots; 10\}$.

**Wahrscheinlichkeit P(A)**

P(A) ist die Wahrscheinlichkeit des Pfades, bei dem nur an der 7. Stelle das Ereignis E steht, sonst immer $\overline{E}$.

$P(A) = P(„\overline{E} - \overline{E} - \overline{E} - \overline{E} - \overline{E} - \overline{E} - E - \overline{E} - \overline{E} - \overline{E}“)$

$P(A) = 0{,}97^6 \cdot 0{,}03 \cdot 0{,}97^3 = 0{,}97^9 \cdot 0{,}03 = p_1$

$\underline{\underline{P(A) \approx 0{,}023}}$

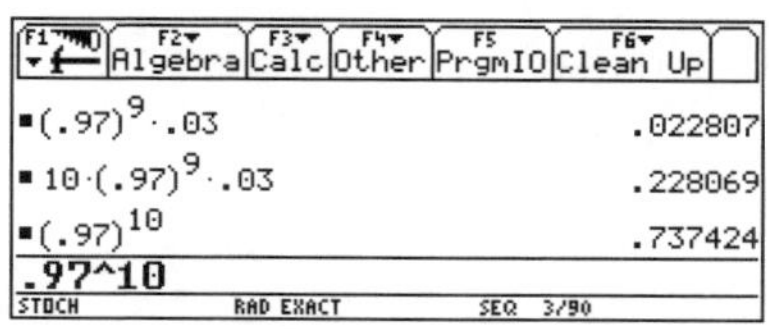


**Wahrscheinlichkeit P(B)**

P(B) ist die Summe aller wertgleichen Pfadwahrscheinlichkeiten derjenigen Pfade, auf denen genau einmal das Ereignis E steht. Es existieren $\binom{10}{1} = 10$ derartige Pfade.

$P(B) = 10 \cdot p_1 = 10 \cdot 0{,}97^9 \cdot 0{,}03$

$\underline{\underline{P(B) \approx 0{,}23}}$

**Wahrscheinlichkeit P(C)**

P(C) ist die Wahrscheinlichkeit des Pfades, der kein einziges Ereignis E enthält.

$P(C) = p_0 = 0{,}97^{10} \cdot 0{,}03^0$

$\underline{\underline{P(C) \approx 0{,}74}}$

*Lösungsweg 2:*

Das zufällige Testen des Radfahrers kann durch binomialverteilte Zufallsgrößen beschrieben werden:
$X_n$: zufällige Anzahl der Tests des Radfahrers auf genau n Etappen ($n \in \{0; 1; \ldots; 10\}$)
$X_n \sim B_{n;\,0,03}$

**Wahrscheinlichkeit P(A)**

$P(A) = B_{6;\,0,03}(X_6 = 0) \cdot B_{1;\,0,03}(X_1 = 1) \cdot B_{3;\,0,03}(X_3 = 0)$

$\underline{\underline{P(A) \approx 0{,}023}}$

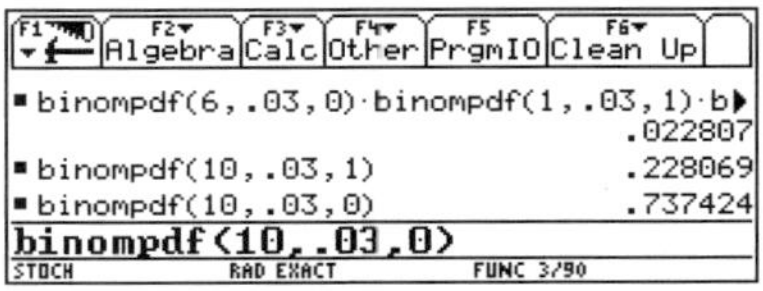


**Wahrscheinlichkeit P(B)**

$P(B) = B_{10;\,0,03}(X_{10} = 1)$

$\underline{\underline{P(B) \approx 0{,}23}}$

**Wahrscheinlichkeit P(C)**

$P(C) = B_{10;\,0,03}(X_{10} = 0)$

$\underline{\underline{P(C) \approx 0{,}74}}$

## Abitur-Prüfungsaufgaben

Zentral gestellte Abitur-Prüfungsaufgaben der letzten Jahre.
Mit schülergerechten Lösungen.

### Sachsen

Abiturprüfung Mathematik – LK Sachsen ......... Best.-Nr. 145000
Abiturprüfung Mathematik – GK Sachsen ........ Best.-Nr. 145100
Abiturprüfung Deutsch – GK/LK Sachsen ......... Best.-Nr. 145400
Abiturprüfung Englisch – LK Sachsen ............... Best.-Nr. 145460
Abiturprüfung Physik – LK Sachsen ................ Best.-Nr. 145300
Abiturprüfung Chemie – GK/LK Sachsen ......... Best.-Nr. 145730
Abiturprüfung Biologie – GK Sachsen ............. Best.-Nr. 145700
Abiturprüfung Geschichte – GK/LK Sachsen ..... Best.-Nr. 145760

### Sachsen-Anhalt

Abiturprüfung Mathematik – EN Sachsen-Anhalt ............ Best.-Nr. 155000
Abiturprüfung Mathematik – GN Sachsen-Anhalt ............ Best.-Nr. 155100
Abiturprüfung Deutsch – GKN/LKN Sachsen-Anhalt ............ Best.-Nr. 155400
Abiturprüfung Englisch – GN/LN Sachsen-Anhalt ............ Best.-Nr. 155460
Abiturprüfung Biologie – GKN/LKN Sachsen-Anhalt ............ Best.-Nr. 155700

### Thüringen

Abiturprüfung Mathematik – Thüringen .......... Best.-Nr. 165100
Abiturprüfung Deutsch – Thüringen ................ Best.-Nr. 165400
Abiturprüfung Englisch – eA Thüringen mit Audio-Dateien zum Downloaden ................ Best.-Nr. 165460
Abiturprüfung Physik – Thüringen .................. Best.-Nr. 165300
Abiturprüfung Biologie – gA/eA Thüringen ...... Best.-Nr. 165700

### Mecklenburg-Vorpommern

Abiturprüfung Mathematik Mecklenburg-Vorpommern ............................. Best.-Nr. 135000

### Berlin/Brandenburg

Abiturprüfung Mathematik mit CD-ROM – LK Berlin/Brandenburg ...................................... Best.-Nr. 125000
Abiturprüfung Mathematik mit CD-ROM – GK Berlin ........................................ Best.-Nr. 125100
Abiturprüfung Deutsch Berlin/Brandenburg ...................................... Best.-Nr. 125400
Abiturprüfung Englisch Berlin/Brandenburg ...................................... Best.-Nr. 125460
Abiturprüfung Biologie Berlin/Brandenburg ...................................... Best.-Nr. 125700

## Was kommt nach dem Abitur?

Die STARK Ratgeber helfen weiter!
Weitere STARK Fachbücher zur Studien- und Berufswahl finden Sie unter **www.berufundkarriere.de**

■ Best.-Nr. E10485
■ Best.-Nr. E10484
■ Best.-Nr. E10479

23_VMN

**Bestellungen bitte direkt an:**
STARK Verlagsgesellschaft mbH & Co. KG · Postfach 1852 · 85318 Freising
Tel. 0180 3 179000* · Fax 0180 3 179001* · www.stark-verlag.de · info@stark-verlag.de
*9 Cent pro Min. aus dem deutschen Festnetz, Mobilfunk bis 42 Cent pro Min.
Aus dem Mobilfunknetz wählen Sie die Festnetznummer: 08167 9573-0

Lernen • Wissen • Zukunft
STARK